건축구조 시스템 (Structure System)

본서는 1997 Hatje Cantz Verlag에서 발행한 개정판의 2005년 인쇄본을
원본으로 하여 발행합니다.
Orignal edition published in 1997 by Hatje Cantz Verlag GmbH & Co.
Zeppelinstrasse 32
73751 Ostfildern, Germany
www.hatjecantz.com

한국어판 발행(2011) MGHBooks Co.
엠지에이치북스 사
서울시 송파구 충민로 52, 가든파이브 웍스관 BB-511 (우)05839
Tel.+82 2 2047 0360 Fax.+82 2 2047 0363
E mail: mghbooks511@gmail.com
www.mghbook.com

Editor Gerd Hatje Publishers (Hatje Cantz Verlag)
지은이 공학박사 Heino Engel
옮긴이 박선우, 최취경

한국어판 편집 Smart*design (Tel.+82 2 3432 6430)

정 가 39,000원 ISBN 978-89-88552-16-2 (93610)

Heino Engel

박선우, 최취경 옮김

건축구조 시스템

Structure Systems

Ralph Rapson의 머릿말

with a preface by
Ralph Rapson

MGHBooks

Rose에게 바칩니다.

dedicated to Rose

2009년 9월자 제4판 인쇄본에 대한 출판사의 한 마디:

본 책은 1967년 독일 Stuttgart에서 DVA에 의해 처음 출판된 바 있습니다.
Hatje Cantz는 1997년 이후부터 본 책을
독일어/영어로 개정하여 출판하였으며, 지금까지 본 책과
아래의 번역본까지 모두 합쳐 35,000부를 판매하였습니다.

스페인어-포르투갈어(1998)
인도네시아어(1998)
중국어(2001)
이태리어(2001)
대만어(2002)
터키어(2004)
일본어(2005)
아랍식 프랑스어(2005)
러시아어(2005)
한국어(2011)

감사의 말

본 작업은 저자인 본인이 미국의 University of Minnesota의 건축학부에서 1956년부터 1964년까지 했던 강의활동에서 비롯되었다. 당시 그 학교의 지식적 환경이 본 작업의 아이디어를 낳게 하였으며, 오늘날 광범위하게 개정된 인쇄본을 위한 토대 역할을 해주었다.

당시에 본인의 많은 지인들이 – 동료, 학생, 전문가들– 본 작품의 연구와, 1967년 본 책이 출판되기까지 많은 도움을 주었다. 이들 중 세 명에 대해서 특별히 언급을 하고자 한다. 왜냐하면 이들이 없었더라면 본 작품이 있을 수 없었을 것이며, 적어도 목표 및 형태 등 구조적인 측면에서 상당히 다른 작업이 되었을 것이기 때문이다.

Ralph Rapson 교수,
당시에 그는 University of Minnesota의 건축학부 학장이었으며, 본 작업을 기반으로 강의를 주도한 분이었다. Rapson은 그의 고매한 인격과 능력으로 본 작업의 적합성, 개방성, 전문성, 그리고 아이디어와 윤곽을 촉진하는 논쟁적 토론들로 가득찬 학문적 환경을 조성하여 주었다.

Hannskarl Bandel 공학박사 (†1993),
세계적으로 저명한 구조공학자이자 과학자인 그는, 당시에 Severud 사무실의 파트너였으며, 창의적인 공학부를 대표하였고, 그의 디자인 잠재력을 본 작품들을 통해 보여주고자 하였다. 과학적인 지식은 단순한 그림을 통해서도 획득할 수 있다는, 매우 솔직한 명제를 가지고 있던 그는 본 작업의 내용과 매개체를 정의하는 데에 있어서 결정적인 역할을 하였다.

Guntis Plesums 교수,
당시에 그는 건축학부를 졸업한 젊은이였고, 건축학 분야의 저명한 대학강사이자 전문가였으며, 건축가들의 구조이론에 대한 가능성, 기준 그리고 한계에 대한 초기 논의에 참여했습니다. 1967년에 본 작품이 처음 발간되었을 때부터 그는 지난 수 년 동안 후속 연구를 계속 수행해왔으며, 그의 연구는 본 책의 확장된 개정판이 발행되는데 크게 기여하였다.

Acknowledgments

The origins of this work go back to the author's teaching activities in the USA at the School of Architecture, University of Minnesota, from 1956 to 1964. The intellectual environment of this School in those days has given birth to the idea of this work and has remained the groundwork for the enlarged, revised edition of now.

Back then, many individuals – colleagues, students, specialists – were of assistance in enabling this research and bringing the results to publication in 1967. Amongst them, three need to be singled out for mention. For, without them, these works would have barely come about, or at least would have taken on quite a different disposition as to objective and form.

Professor Ralph Rapson,
at that time Head of the School of Architecture of the University, was instigator of the lecture series from which these works originated. Rapson's personality had shaped an academic environment of qualification, open-mindedness and professionalism, and of controversal debate too, that prompted the idea and profile of this work.

Dr. Ing. Hannskarl Bandel (†1993),
structural engineer and scientist of international renown, at that time a partner in the office of Severud, represented the faculty of creative engineering and hence of that design potential which these works attempt to make accessible. His unreserved identification with the proposition that a scientific body of knowledge can be acquired through simplified pictorial means as well, was an essential determinant in defining contents and medium of this work.

Professor Guntis Plesums,
at that time a young graduate of the School of Architecture and later himself a noted University educator and an expert in the field of architectural structures, was the immediate partner in the early dialogue about possibilities, criteria and limitations of the theory of structures for architects. Also later on, after the first publication of the book in 1967, he accompanied the ensuing studies as critical counterpart over the years up to this enlarged, revised edition of the book.

서문
Ralph Rapson 저

1967

건축의 범위와 설계의 복잡함이 한없이 확장되어 가는 오늘날에 있어서, 건축은 그 어느 때보다도 건축이라는 예술의 틀 속에 과학적이고 기술적인 진보를 받아들이는 문제에 직면해 있다. 이 미묘한 문제의 한 가지 측면에는 창의적이고 상상력이 풍부하며 아울러 경제적으로 순수한 구조를 설계과정에 통합하는 것이 있다.

건축가 Heino Engel은 이 사려 깊고 고무적인 책을 통해 핵심적인 문제를 다루며, 구조에 대한 이론과 현실의 차이를 좁히기 위해 독특하고 도전적인 과정을 제시한다.

본 책은 건축구조 시스템에 대하여 주로 다루었지만, 이러한 시스템들의 가장 핵심적인 의미에 집중하고 있다: 그것은 바로 건축적 형태와 공간의 형성이다. 건축구조의 메카니즘(mechanism)를 그림들을 통해 설명하고 이들이 건축설계에 대해 지니는 무한한 가능성을 제시하는 와중에서도, 환경을 이루는 많은 요소들 중에서도 단 하나의 복잡한 요인을 끄집어 내어 건축을 이해하는 데에 사용하였다; 설계에 대한 상상력을 자극할 수 있는 많은 요소들 중 하나에 대한 무한히 많은 지식에 명확한 초점을 두며 다루었다.

이것이 본 책이 가지는 의미이다. 이것은 또한 본인이 University of Minnesota에서 수 년에 걸쳐 수립한 건축철학과 건축학 프로그램, 그리고 Heino Engel이 초빙교수로서 현저하고 지속적인 기여를 남긴 것에 대한 답례이기도 하다.

이 철학을 서문에서 언급하는 것은, 본 책의 관점을 적절하게 수립하는 것이자 본 책에 포함된 아이디어들이 만들어지고 토대를 두는 지적 환경을 설명하기 위함이다.

설계: 창조적 통합

건축설계는 물리적 예술이자 사람과 환경의 갈등을 해소하는 것의 예술이다. 설계는 복잡하고 섬세한 과정이지만, 모든 환경적 상황 속에는 자연적인 또는 유기적인 해결책이 내포되어 있다. 우리의 환경을 조성하는 것들로서는 역사적 연속성, 지역적 및 부지 특유의 조건들, 사회의 물질적이고 심리적인 욕구, 구조적 혁신과 기술적 우위 요인, 표현적인 형태와 창의적인 공간 등, 여러 가지 요인들과 구성요소들이 있을 수 있다. 주의 깊고 세심한 분석과, 우리가 살고 있는 시대의 틀을 통해 모든 요소들을 부지런히 조사하는 것만이 창조적 통합을 진일보시킬 수 있다.

종합적 환경설계의 다차원적 의무와 책임들은 건축가들에게 이전과는 상상할 수 없을 만큼의 종합적 사고력을 요구한다. 건축가들은 우리 시대가 지니고 있는 가능성들의 기대에 부합하는 의미 심장한 해결책을 만들고자 한다면, 그들은 건축이란 본디 예술이었으나 이제는 엄청나게 다양한 분야의 지식들을 구성하고 응용하는 데에 기반을 두는 매우 엄밀한 과학이 되었음을 가장 먼저 깨달아야 한다.

오늘날에는 어떠한 환경적 상황이라도 건축가로 하여금 홍보, 프로그램 기획, 연구, 통계적 분석, 대규모 도시 및 지역계획, 세부설계 및 공사감독 등 전분야를 아우르는 활동들에 관여하도록 한다. 건축가들은 넓으면서도 깊은 지식이 요구되며, 적어도 경제학 및 사회학, 미학 및 공학, 기획 그리고 설계 등에 대하여 해박한 지식을 갖춰야 이 모든 활동들을 창조적으로 통합할 수 있을 것이라 기대된다.

실천: 다양한 재능

하지만 건축의 실제활동에 있어서 이러한 면들을 한 개인에게서 전부 발견하기는 쉽지 않다. 나아가 이 많은 과업들은 다양한 사람들이 모여 함께 달성하는 것이 흔하다. 그렇다고 설계를 여러 사람들이 위원회를 구성하여 고안한다는 것은 아니다; 많은 사람들이 설계과정에 기여하고 증진할 수 있을지언정, 설계 권한을 가진 사람은 오직 한 사람뿐이어야 한다는 것이 본인의 의견이다.

다시 말하자면, 건축가들은 각자 다양한 재능과 관심 분야를 가졌으며, 각자 특정 분야에서 활동할 때에 현장에서 빛을 발휘한다. 실제로, 건축을 실현하는 데에 있어서 수준 높은 전문성이 현실적으로 필요할 경우도 있을 것이다. 그러나 위의 광범위한 요구사항들을 개인의 교육과 정식훈련에 포함하는 것은 또 다른 이야기이다. 학교에서의 교육은, 학생들의 사고방식이 아직 젊기에 그들의 주된 재능이 무엇인지를 밝혀내기가 힘들다. 사람의 능력과 자질들은 학교에서 구체화되기 힘든 것들이다. 이는 즉 특별한 재능 이전에 일반적인 재능이 선행되어야 한다는 것이며, 기본원리와 절차가 필요하다는 것이다.

교육: 개인에 대한 관심

건축가의 정규교육은 두 가지 측면을 지닌다. 한 편으로는 당대의 희망과 가능성에 부합한 넓고 성숙한 철학-건축적 개념과 신념-이 필요하다; 다른 한 편으로는 전체적인 작품을 조정하고 이뤄내는 데에 필요한 다양한 능력과 도구들 – 세부적이고 기술적인 지식 – 이 필요하다.

교육의 기본전제는, 모든 지식에 대하여 궁극의 경지에 다다랐다는 절대적인 확신이란 없다는 것과 모든 질문에 있어서 완전한 답변이란 존재하지 않는다는 것이다. 인류의 문제에 대해 고민하고 동기를 부여 받는 건축은, 어떠한 환경적 경우에 대해서도 명암이 뚜렷한 해답을 제시하지 않는다. 오히려, 건축가의 내재적이고 훈련된 자질들에 의해서만 한계를 보이는, 색채가 풍부한 팔레트의 장엄함과 풍부함만이 있을 뿐이다.

근본적으로 교육은 개인에게 관심을 가진다; 교육은 개인의 독창력과 지적능력을 함양해야 한다. 이 과정은 세 가지로 나뉜다: 첫째, 사람의 논리적이고 분석적인 사고력과 창의력을 키워주는 과정이 있고, 둘째로는 지식과 판단을 적용할 줄 아는 사고력을 길러주는 과정이 있으며, 마지막으로는 끊임 없이 질문을 던지고 배우는 지성을 계발하는 과정이 있다.

이러한 배움의 과정에 대한 완벽한 이해는 필수 불가결하다. 창조적 사고는 신비적인 것도 독립적인 자연현상도 아니다; 광범위한 목표를 염두에 둔 사실적 지식의 질서 정연한 획득의 결과일 뿐이다.

이 훈련은 교육의 기본이지만, 얼만큼의 사실적 지식을 선택해야 하며 그 깊이를 어디까지 가져갈 지에 대한 중요한 의사결정을 해야 한다. 일상적인 습관과 관습, 그리고 알려진 해답들은 의문이 설 자리를 남기지 않으며, 의문 없이는 배움에 대한 동기를 부여 받지 못한다. 과거의 성공적인 해답들에 대한 정보와 지식이 쌓일수록 상상력을 상실할 위험이 커져만 간다.

엄밀함은 건축가에게 있어서 반드시 필요한 기본자질이다; 교육은 학생들에게 탐색과 절차에 대한 질서 정연한 습관을 심어주어야 하며, 이 습관들은 후에 그들이 특정과제를 해결하는 데에 있어서 필요한 정보를 지혜롭게 획득하고 소화해내며 적용할 수 있게 해주어야 한다.

영감: 고되지만 애정이 깃든 노동

창조적 통합은 의심의 여지 없이 건축교육과 건축활동의 생명과도 같다. 상상력과 판단력을 통해 획득한 지식을 적용하는 것은 모든 창의적인 건축가들에게 있어서 반드시 필요한 일이다. 하지만 창의적인 활동에 대해서는 수 많은 오해가 있지만 진정으로 이해하는 이들은 드물다. 본인의 의견에는 대개 창의적인 건축 활동들은 획득된 지식의 틀 속에서 광범위하고 온전한 지적 연상을 유지하는 것에 기반을 두는 것 같다.

직관, 또는 영감은, 창의적 건축의 중요한 요소이다. 하지만 영감은 사람들이 흔히 생각하는 것처럼 느슨하게 환상에 젖는 것이 아니다; 오히려 고된, 애정 어린 노동이다. 직관적인 활동은 비록 눈에 보이는 근거가 없어 보일지라도, 절대로 지시 없이 헤매는 것이 아니다. 건축가들은 그들이 받았던 훈련과 습득한 지식, 문화적 배경과 성장과정, 기호와 의사결정, 가치관과 윤리 등으로 이뤄진 틀 속에서 방향을 찾는다.

지식의 획득도 중요하지만, 교육은 사실과 정보의 획득만 관장하는 것이 아니다; 오히려 교육은 지성을 자극하고, 경계를 넓히며, 개인으로 하여금 생각을 하도록 만든다. 이를 위해서 교육은 사람들의 사고력을 자극하고 양분을 공급하여야 하는데, 그 이유는 배움의 과정을 마치 하나의 신나는 모험처럼 느껴질 때에야 비로소 우리가 사람들의 생각 속에 주입시켜주고자 하는 이 유동적인 성질들이 머리 속으로 흡수되기 때문이다. 이러한 모험은 건축가에게 있어서 창조적 통합을 위해 새롭고 궁극적인 미지의 것을 끊임 없이 찾는 것이다.

건축가: 구조를 가르치는 스승

현역 건축가이자 건축 교육자로서 본인은 이론과 현실 모두에 대하여 고민하여 왔다. 본인은 젊은 건축가들에게 건축구조에 대하여 소개하고 가르치는 기존의 방법들에 대해 만족을 느끼지 못한지 오래됐을뿐더러, 이러한 방법들이 불필요하게 복잡하며 대체로 혼란스럽고 방향도 느껴왔다. 이들은 구조와 건축적 설계 사이의 관계를 규명하는 데에 실패했으며, 젊은 건축가들에게 있어서 구조의 기본을 창의적으로 적용하도록 자극하는 그런 종류의 교육과는 거리가 멀게만 느껴진다.

건축에 대한 훈련을 실시할 때, 어떠한 특정과목을 가르치는 데에 있어서 실제 건축활동에 활발히 참여하는 것만큼 더 큰 자극을 주는 것은 없다는 신념이 있기에, 본인의 의견으로는 현장에서 뼈가 굵고 컨셉이 진보하였으며 흥미와 특정과목에 대한 재능이 뛰어난 건축가야말로 해당 과목을 젊은 건축가들에게 가르치기에 가장 적당한 사람이라고 생각한다.

이러한 이유로 본인은 1959년에 본교 건축학부에서 3년 동안 건축을 가르쳐왔던 Heino Engel에게 건축구조에 대한 교과과정을 개설하여 구조개발의 기반이 되는 기본원리와 구조 시스템의 설계 가능성을 조명해달라고 하였다.

당시에 Heino Engel이 구성한 이 뛰어난 교과목은 건축구조를 이해하고 활용하는 데에 있어서 매우 창의적이고 독창적인 접근법의 토대를 구성하여 주었다.

본 책은 건물의 설계에 관련된 모든 이들, 건축학부 학생, 건축가, 건축학 교수 및 학자들 모두의 흥미를 자극할 수 있을 것이다. 학생들에게는 모든 구조들에 대한 포괄적이고 충분한 지식을 신속하게 획득할 수 있는 긍정적인 수단이 될 것이다; 건축가들에게는 그들의 건물을 설계하는데 있어서 풍부한 자극이 되고 디자인을 펼치는데 있어서 새로운 가능성들을 열어줄 것이다; 교수들과 학자들에게는 여러 건축문헌에 흩어져 있는 주제들을 집결한 자료가 되어 그들의 연구를 계획하는 데에 도움이 될 것이다.

본 책은, 고도로 기술적인 부분들을 도식적 방법들로 다루면 면밀함과 깊이를 상실할 것이라는 선입견을 해소시킬 것이다. 시스템에만 초점을 둠으로써 기본적인 문제를 가려버리는 과도한 세부사항들을 배제하기 때문에, 본 책은 모범이 될 것이며, 다른 시스템 연구에도 이러한 방법론을 도입하게 하며 현대시대의 건축 디자인을 결정하는 다양한 분야에 적용할 수 있을 것이다.

1997

30여 년 전에 구조 시스템(Structure Systems)이 처음 출판된 이후, 인간의 환경에 대한 설계는 많은 변화를 거쳐왔다. 과학, 기술 그리고 커뮤니케이션의 각기 다양한 발전과 함께 전세계에 걸친 사회적, 경제적 그리고 정치적 변화는 설계과정을 더욱 복잡하게 만들었다. 관심의 대상이 되는 범위가 무한으로 치달았다. 컴퓨터 그래픽을 통한 설계의 발전(CADD)은 설계 방법에 있어서 의심의 여지 없이 다양한 선택권과 드넓은 가능성을 열어주었으나, 이 기술의 발전 때문에 기술의 혜택을 오 · 남용하는 경우도 많아지기도 하였다.

이러한 발전단계에서, Heino Engel의 구조 시스템은 특별한 의미를 지닌다. 본 책은 환경설계에서 원칙이 있다는 것, 그리고 이 원칙들이 시대의 변화와 흐름을 초월하고 있다는 것을 확정해주고 있다. 건축가와 공학자들에게 있어서 절대적으로 필요한, 시대를 초월한 원리적 지식체를 집결한 책이 바로 여기에 있다. 본 책의 아이디어와 내용은 오늘날과 같은 시대에 더욱 더 기본적이고 적절하다고 생각한다.

Engel의 작품에서 주장하는 근본적인 논지는, 본인이 1954년부터 1984년까지 University of Minnesota에서 건축조경학부장으로서 가르쳤던 건축철학을 입증해준다. 본인은 1967년에 썼던 본 책의 서문에서도 이러한 신념들을 밝힌 바 있다. 이 신념이 오늘날에도 통한다는 중요한 사실 뿐만 아니라, Heino Engel의 뛰어난 노력이 40년 동안에도 변함없이 전해져 내려왔다는 것에 감사할 따름이다.

하지만 이 책은 본보기적으로 달성한 성과의 전반적인 가치를 넘어선 참신함을 지닌다. 본 책이 다루는 주제는 풍부한 새 지식과 창의적인 제안이 넘칠 뿐만 아니라, 최초로 구조에 대한 포괄적인 질서를 구체화하였다. 그러나 본 개정판은 초판에서 세운 엄밀한 '골격'을 구현하는 수준을 넘어서, 건축구조의 형태언어에 대한 유기적이고 완벽한 체계를 수립했다는 점에서도 참신함을 자랑한다. 아이디어와 시스템을 표현하기 위해 Heino Engel이 개발한 도식적 매개체들은 명료하고 이해하기 쉬울 뿐만 아니라 그 미적 탁월함 또한 두드러진다.

한 마디로, 본인이 30년 전에 제시했던 견해들을 오늘날에도 동일하게 강조하고자 하며, 본 개정판에서는 이를 더욱 피력하고자 한다: 구조 시스템은 모든 건축가, 공학자 그리고 디자이너들의 필수품이다!

Ralph Rapson

Ralph Rapson

1967

With the rapidly expanding scope and complexity of architectural practice, the architect today is faced, more so than at any other time in history, with the staggering problem of assimilating the many scientific and technological advances into the art of architecture. One main aspect of this intricate problem is the integration of creative, imaginative and economically pure structure into the design process.

In this thoughtful and provocative book Architect Heino Engel adresses himself to this most critical problem and advances a unique and challenging process to bridge the gap between structural theory and structural reality.

While this book concerns itself with the systems of architectural structures, it is clearly focused on what is the prime reason for such systems: the creation of architectural form and space. By explaining the mechanisms of architectural structures primarily through pictorial means and suggesting their vast potential for architectural design, one complex factor of the many that shape environment is effectively brought to the understanding of the architect; one inexhaustible body of knowledge of the many that may spark design imagination is brought clearly into focus and within reach of the architect.

This is the significance of this book. This is also acknowledgement of the architectural philosophy and the architectural program of the University of Minnesota that I have developed over the past years and to which Heino Engel in his eight years as a visiting professor made a significant and lasting contribution.

Stating this philosophy in this foreword is but to set the book into proper perspective and to describe the intellectural environment within which the idea of this book was conceived and its groundwork laid.

Design: Creative synthesis

Architectural design is physical art and the act of resolving the conflict of man and his environment. Design is a complex and intricate process, yet deep within any given environmental situation there lies a natural or organic solution. There are many factors and components – such as historical continuity, regional and specific site conditions, physical and psychological needs of society, structural innovations and technological advantage, expressive form and creative space – that shape our environment. Only by careful and sensitive analysis and by diligently sifting all factors within the framework of our times does the creative synthesis evolve.

The multi-faceted duties and responsibilites of total environmental design today require a comprehensiveness of the architect as never before imagined. If he hopes to produce significant solutions commensurate with the great potential of our times, he must recognize that architecture, while primarily an art, has become an extremely precise science that is based on coordinated application of the most varied fields of knowledge.

Today any given environmental situation may involve the architect in a wide range of activities – from promotion and programming to reserarch and statistical evaluation, from large scale urban and regional planning to detailed design and construction supervision. The architect may be expected to be both a generalist and a specialist, or at least he must be sufficiently knowledgeable in economics and sociology, aesthetics and engineering, planning and design to enable him to integrate all into creative synthesis.

Practice: Varying talents

In the reality of architectural practice, however, such a specification is seldom realized in any one individual. More often this overwhelming task is accomplished in varying degrees by coordinated group effort. This must not imply design by committees, for while many contribute and reinforce the design process, there still must be, in my judgement, only one central design authority.

That is to say that there are architects of varying talent and interest who do a fine job in practive if engaged in their special capacity. In fact, there even may be a high degree of specialization necessary and practical in the practice of architecture. However, to fill this comprehensive specification in the education and formal training of the individual, is quite another thing. In school education it is far too early in the development of the young mind to determine where his prime talent lies. Education cannot mold all its products to a narrow specification. It follows, then, that the general must precede the specific, with concern for basic principles and procedure.

Education: Concern with the individual

Formal education of the architect is a two-fold process. On the one hand it is necessary to have the broad, mature philosophy – an architectural concept and conviction –, worthy of the aspirations and capacities of our times; on the other hand it is necessary to develop the many skills and tools – the detailed and technical knowledge – necessary to achieve the coordinated whole product.

Basic to education is the understanding that we cannot have full assurance of the finality of any knowledge or facts and that there are no absolute answers to any question. Architecture concerned and motivated as it is with the problems of humanity, very seldom provides a black and white solution to any environmental situation. Rather there is the geat richness of the entire palette limited basically only by the architect's inherent and developed qualities.

Fundamentally education is concerned with the individual; it must develop the individual initiative and intellectual powers. There are three broad phases to this process: first, the mind must learn to analyse clearly and logically, or to think creatively, second, the mind must develop the ability to employ knowledge with judgement, or to apply it creativerly; and third, the mind must forever remain alert and fluid to continue the capacity to question and learn.

Complete understanding of this learning process is essential. Creative thinking is neither a mystical nor an isolated phenomenon; it can only be the result of orderly acquisition of factual knowledge basic to the broad objective.

This discipline is fundamental to education although just how much factual knowledge should be selected and of what quality it should be is a critical decision. Normal habits and practice and known answers often leave no room for doubt anymore, and without doubt one of the strong inducements for learning is no longer present. As more and more information and knowledge of previously successful solutions is acquired, there is the ever present danger of stultifying the imagination.

Thoroughness is a basic characteristic necessary to the architect; education must instill orderly habits of search and procedure into the student, habits that will in later life enable him to acquire wisely, digest and employ all the information relative to the particular assignment at hand.

Inspiration: Hard loving work

Creative synthesis is preeminently the life blood of architectural education and architectural practice. The ability to apply acquired knowledge with imagination and judgement is necessary to every creative architect. There is considerable confusion and little real understanding relative to the creative act. Broadly speaking it seems to me, creative architectural action is based upon the ability to maintain broad and full mental association within the framework of acquired knowledge.

Intuition, or inspiration, is a major factor in creative architecture. However, inspiration is not idle dreaming as many imagine; rather it is hard, loving work. Intuitive action, while sometimes without apparent reason, is certainly never without guidance. The architect is guided within the framework of his training and acquired knowledge, his cultural background and upbringing, his taste and judgement, his values and ethics.

While the acquisition of knowledge is important, education is not primarily the acquisition of facts and data; rather education must excite and inflame the intellect, widen horizons, and teach the individual to think. To this end it is imperative that education stimulate and nourish the mind, for much of the dynamic quality that we wish to instill in the mind is the result of making the learning process an exciting adventure – a continuous search for the new and unknown, culminating, for the architect, in creative synthesis.

Architect: Teacher on structures

As a practicing architect and as an architectural educator, I have been concerned with both theory and reality. I have long found that the normal methods of introducing and teaching architectural structures to the young architect have been far from satisfactory, overly complicated, and generally confusing and misguided. They fail to establish clear relationships to the total act of architectural design, and are not of a kind which stimulates creative application of structural basics on the part of the young designer.

In the conviction that active participation in actual building holds strong impulses expecially for the teaching of any specific subject of architectural training, I consider the practicing architect, progressive in conception and with particular interest and talent in the given subject, most qualified to introduce a specialized subject matter to the young architect.

Therefore in 1959 I encouraged Heino Engel, then already teaching for three years at the School of Architecture, to develop course work in architectural structures that would clarify basic principles underlying the invention of structures and would show the design possibilities of structural systems.

It is most gratifying that the brilliant course work that Heino Engel developed has provided the basis for this highly creative and original approach to the understanding and use of architectural structures.

This book will interest everyone engaged in the design of buildings: the architectural student, the practicing architect, the architectural teacher and scholar. To the student it will provide a positive method, by which he may rapidly acquire comprehensive and competent knowledge on all structures; to the architect it will give a rich stimulus and show new possibilities for the design of his buildings; to the teacher and scholar it will present collective materials on a subject so widely scattered in architectural literature and will aid him in programing his research.

The book will dissolve the preconception that a highly technical matter cannot be treated with thoroughness and depth by pictorial means. Being concerned only with systems and hence excluding the many details that only too often obscure the basic problem, the book is a prototype of its kind and thus may well encourage similar system research of the other and many specialized fields that determine architectural design in this modern age.

1997

Since STRUCTURE SYSTEMS was first published some thirty years ago, the design of the human environment has undergone many changes. The different developments in science, technology and communication together with the societal, economical and political transformations on global scale have made the process of design more and more complex. The scope of concern has expanded to seemingly no end. Certainly, the advancement of computer graphics in design (CADD) has opened vast new potentials in design options, but this development has also and only too often led to gross misuses of the disciplines of technology.

At this stage of development, Heino Engel's STRUCTURE SYSTEMS is of particular significance. It confirms that there are guiding principles in environmental design that are beyond the changes and trends of the time. Here is a book that presents a body of practically timeless principal knowledge absolutely essential for architect and engineer. In fact, I find the idea and substance of the book even more basic and relevant today than ever before.

The fundamental line of argument in Engel's work also attests to my own philosophy on the teaching of architecture which I put into practice as Head of the School of Architecture and Landscape Architecture at the University of Minnesota from 1954 until 1984. I have already outlined these convictions in the preceding 1967 Foreword of the book. I am gratified to find that the thoughts of then not only are still valid now, but that in Heino Engel's excellent elaborations, they have remained alive for almost four decades.

But aside from the universal worth of this prototypical accomplishment, this revised edition must be ranked novel. It not only contains a wealth of new information and creative proposals to the subject itself, but also substantiates, for the first time, a comprehensive order of structures. But this revised edition is also novel in that the stringent 'skeleton' of the original version has been implemented to now exhibit an articulated, complete 'edifice' of form language for structures in architecture. To this end the pictorial media, developed by Heino Engel for presenting ideas and systems, not only prove to be eminently clear and understandable, but also excel in their aesthetic brilliance.

In all, what I stated thirty years ago can be re-confirmed, and even more so, for this enlarged edition: STRUCTURE SYSTEMS should be in the hands of all architects, engineers and designers!

Ralph Rapson

저자의 서문
개정판을 내면서

1967년에 구조 시스템이 처음 출판되었을 때, 전문분야에 상반된 의견을 불러 일으켰다:
- 구조설계 분야를 건축가들의 손에 되돌려주는, 관습을 탈피하는 접근법이라는 격찬
- 구조이론을 수치적 분석이 아닌, 단순한 도식언어로 전달하는 파격적인 주장에 대한 비판

"순수" 구조공학분야의 전문가들은 이 책이 건축설계를 하는 건축가를 위한 유혹자가 될 수 있다는 공포심에 빠져들게 될 것이다!

이렇듯 극적으로 상반된 평가를 감안하면, 본 책과 함께 지난 30년의 세월 동안 일어난 결과들을 생각하면 실로 흥미롭다:
- 1990년이 될 때까지 변경내용 없이 6판까지 출판되었다(1994년에는 일본에서도 출판되었다)
- 여러 언어로 번역되어 다양한 국가들에서 출판되었다:
  미국 스페인 대만 브라질
  영국 일본 포르투갈 사우디아라비아 (예정)
- (그리고 한 마디만 더 하자면) 1967년 Frankfurt의 국제서적박람회에서 디자인이 우수한 10대 서적 중에 하나였다.

그러나 기술서적의 품질과 효용은 이러한 외적인 많은 데이타들이 아니라, 어떻게 그러한 이론을 관철했느냐에 달렸다. 본 책은 다음과 같이 말한다: 본 책에서 제시하는 건물에서 구조체계는 많은 후속 및 유관 연구에 방향을 제시해주었다; 본 책의 주장, 분석, 그리고 형태발전들은 학계와 업계, 모두 완벽하게, 적어도 일관된 의견으로 받아들여졌다.

또한 구조거동을 도식적 방법으로 제시하는 특이한 방법은 다른 기술 서적들에서도 채택되었다. 이뿐만이 아니다: 1967년에 본 책이 출판된 이후 – 우연히도 저자의 허락 없이 – 다른 책에서 거의 그대로 인용되거나 약간 변경된 형태로 출판되었다. 최근에 한 독일대학에서는 책을 두 권으로 복사 · 제본하여 학생들에게 판매하였다: 완벽한 불법 복제인 것이다!

이러한 상황을 고려한다면, 개정판을 생각해 볼 필요조차 없었다. 하지만 개정판을 구성하게 된 이유는 구조 시스템의 주제에 근본적이고 필수적인 내용과 품질을 더할 필요가 있었기 때문이다: 대학교수이자 건축 및 도시계획 사무실을 운영하는 자로서, 본 저자는 학생들과 현장 전문가들을 위해 지난 몇 년간 본 책의 내용을 강의록 형태로 구성하여 왔다. 이제 이 내용을 보다 더 넓은 논의를 위해 대중에게 공개할 따름이다.

먼저 본 개정판은 건물들의 구조에 대한 이론적 근본원리들을 규명하고자 하며 이들을 별도의 장에서 그림과 도표로써 제시하고자 한다: 환경과 건축의 관계, (프로세스와 객체로서 지니는) 전체로서 체계계통과 범위를 다음과 같이 제시한다;
- 기본 원리 / 체계 (Basics / Systematics)

두 번째로, 초판에서 제시된 내용의 현실화와 수정사항에 추가적으로 다음과 같은 구조시스템들을 근본적으로 수정하고 확대하였고, 또 새롭게 제시한 부분도 있다
- 공기압 시스템 (Pneumatic Systems)
- 추력 격자 시스템 (Thrust Lattice Systems)
- 고층건물 시스템 (Highrise Systems)
- 하이브리드 시스템 (Hybrid Systems)

마지막으로, 본 책의 실질적인 기능을 쉽게 하도록 각 장마다 특수 구조형태의 설계방침을 서술하였다;
- 정의 / 특징 (Definitions / Characteristics)
- 시스템 구성요소 (Systems Components)
- 유형 및 형태분류 (Categorized Types and Forms)
- 재료 / 스팬 (Material / Spans)

이러한 추가적인 내용으로 책의 볼륨이 어느 정도 증가하였고, 본 책이 매뉴얼로 유지하기 위하여 다른 내용을 제한하였다.
- 1967년 초판에서 책의 대부분을 차지하였던, 모형건물 예시의 사진들을 제거함
- 한 개의 구조유형을 제외한 나머지 구조유형들의 기하학적 기본 지식들을 '기하학과 구조형태(geometry and structure form)' 부록으로 옮김

이러한 새로운 내용과 개정은 본 책의 시초를 근거로 한 책의 가이드 라인을 명확하게 할 것이다. 건축물에서 구조물의 본질과 인과관계를 인지하고 구조물의 전체범위를 측정하고, 이들의 거동과 구조형태의 특징을 이해했을 때 만이 건물의 계획가 '건축가 또는 공학자'는 구조의 잠재력을 창의적으로 설계하여 오늘날의 건축적 아이디어들을 뒷받침해 줄 수 있을 것이다.

1997 Heino Engel(저자)

Author's Foreword to the Revised Edition

When the book STRUCTURE SYSTEMS was first published in 1967, it encountered a divided echo in the profession:
- commendation for the unconventional approach to return the domain of structural design back into the hands of the architect
- critique on the unconventional claim to be able to convey the theory of structures not through mathematical analysis, but through the simple language of pictures

From the faction of 'pure' structural engineering fear was even voiced that the book may lead the designing architect astray!

In the light of such contradictory reaction it will be of interest to learn what results has the book to exhibit after altogether 30 years of uninterrupted sequence:
- The book has been reprinted altogether 6 times without any change, last time in 1990 (and again in Japan 1994).
- The book has been translated into several languages and has been printed in other countries:

USA	Spain	Taiwan	Brazil
England	Japan	Portugal	Saudi-Arabia (in preparation)

- (And just to be complete:) The book was elected into the circle of the 10 best designed books at the International Book Fair 1967 in Frankfurt.

Quality and utility of a technical book, however, are not measured along these more external data, but by the degree to which the main ideas brought forth have gained ground. Here it is to be stated: The systematics of structures in building, as elaborated in this book, has served for many subsequent and related studies as a guideline; the statements, analyses, and form developments presented here were met in school and practice, if not with outright acceptance, with continuous dialogue.

Also the particular methods of presenting structural behaviour through pictorial means have found their followers in a number of technical books. And not only that: Since its first publication in 1967, parts of the book – incidently without permission – were literally copied in other writings or were published in slightly changed appearance. Very recently at a German University the whole book was xeroxed in 2 volumes and sold to students: a complete pirated edition!

Under these circumstances there was no real motive for considering a revised edition. That it materialized nevertheless, is due to the fundamental and conducive quality to be attributed to new materials on the subject STRUCTURE SYSTEMS: The author, as University teacher and head of a private office for architecture and city planning, has put together this material over the years in the form of instruction papers for his students and the professionals in his office. He makes them now accessible for wider discussion.

The new material concerns, in the first place, the attempt to identify the theoretical basics of structures in building and presents them through pictures and diagrams in a separate introductory chapter: their meaning, their relationship with environment and architecture (as process and object), the volume and order of their systematics as a whole
- Basics / Systematics

Secondly, – in addition to the usual actualizations and corrections of materials presented in the original edition – the following structure systems have been basically revised and enlarged or have been introduced for the first time:
- Pneumatic Systems
- Thrust lattice Systems
- Highrise Systems
- Hybrid Systems

Finally, as an introduction to each chapter design orientations for the specific structure type are spelled out in order to facilitate the practical function of the book
- Definitions / Characteristics
- Systems Components
- Catagorized Types and Forms
- Material / Spans

Due to these additions, though, the total volume of the book expanded to an extent that, in order to maintain its quality as manual, limitations in other contents seemed necessary
- elimination of the photographic materials on the exemplary model constructions that in the original 1967 version had occupied an essential part of the book
- delegation of all studies dealing with geometric basics from the context of but one structure family and their compilation as appendix 'geometry and structure form'

These new contents and revisions will attest to the guideline of the book that has been fundamental to its inception: Only when the essence and causality of structures in building is realized, only when the full scope of structures is measured, and only when the features of their behaviour and of their structure forms are understood, only then can the planner of building – architect or engineer – creatively bring the potential of structures to bear in the development of architectural ideas of today.

The author 1997

Contents

(1) 논의와 가정

본 작품의 주장들은 본 작품의 집필 의도이자 가정들을 실체화하며, 다음과 같이 나뉜다.

1. 구조는 건축에 있어서 존재감을 부여하며 형태를 유지한다.
2. 건축, 설계 그리고 이를 구현하는 것을 책임지는 주체는 건축가이다.
3. 건축가는 그의 전문성을 통해 설계 내에 구조적 컨셉을 실현시킨다.

주택, 기계, 나무 또는 움직이는 물체 등의 물질적 형태의 존재감에 기여하는 기본조건들 중 구조는 핵심적인 요소이다. 구조가 없다면 물질적 형태는 결코 유지될 수 없으며, 형태가 보존되지 못한다면 물체의 형태는 자기의 생존 자체를 유지할 수 없게 된다. 그러므로, 물체에 구조가 없다면 물체가 움직이든 안 움직이든 어떠한 복잡한 행동도 있을 수 없다는 것은 자명한 사실이다.

특히 건축에 있어서 구조는 근본적인 요소로서 자리잡는다.

- 구조는 건축에 있어서 형태와 공간을 형성하는 주요 및 유일한 메카니즘이다.
- 구조는 자연과학의 법칙을 따른다. 그렇기 때문에 건축 디자인의 구성적 영향력 중에서도 구조는 절대적인 표준으로서 자리잡는다.
- 그럼에도 구조는 건축과의 관계 속에서 해석의 여지가 무한하다. 구조는 건물의 형태에 의해 완벽하게 가려질 수 있는 것이 아니다; 건물의 형태의 일부분, 즉 건축 그 자체가 될 수 있다.
- 구조는 설계자의 창의적 계획을 구체화하여 형태, 재료 그리고 힘을 통합한다. 그러므로 구조는 건물의 형태와 체험을 위한 미적이고 창조적인 매개체가 된다.

이로부터 다음과 같이 추론할 수 있다: 구조는 건물의 시초, 존재, 그리고 결과를 근본적으로 결정한다; 그러므로 구조의 컨셉, 즉 기본구조설계를 개발하는 것은 참된 건축설계에 있어서 절대적으로 필요한 요소이다. 따라서, 구조설계는 목적, 절차, 중요도, 그리고 수행자 측면에 있어서 건축설계와 다르지 않으며 건축의 이유와 발상과 동일하다.

그러므로 건축설계와 구조설계의 차이점은 해소되어야 마땅하다.

(2) 문제점

앞서 언급한 주장을 실체화하는 데에는 몇 가지 장애요소들이 따른다. 어떤 것들은 구조설계 그 자체로부터 비롯되는 것들이며, 다른 것들은 옛 습관의 관성에서 비롯되는 것들이다. 두 가지 장애요소 모두 서로에게 영향을 준다.

먼저, '구조이론'이 지니는 다양함과 분량은 배우는 이들로 하여금 이것을 완벽하게 이해하는 데에 걸림돌이 되었다. 구조이론의 다양한 과목 내용들을 체계화하고 확인하는 것과 배우는 것 그 자체가 문제가 되었고, 이를 창의적으로 응용하는 것은 말할 것도 없다. 구조전문가, 즉 구조공학자에게 있어서 조차 이 분야의 모든 부분들을 적절하게 사용하는 것은 불가능한데, 하물며 건축분야의 다른 지식들을 함께 응용해야 하는 건축가는 어떠하랴.

문제의 심각함은 창의적인 건축가들이 지니는 전통적이지만 비합리적인 불신에 의해 더 심각해진다; 이들은 설계를 수행하는 데에 있어서 과학적인 바탕을 단순히 계산적이거나 논리적인 것으로 치부해버리는 경향이 있다. 규범적인 필수조건들 – 분석적, 수단적, 프로세스 방법론적인 것들 – 을 적용하는 것은 창의성을 펼치는 데에 장애물이 된다고 생각한다. 무의식적이지만, 이들은 구조이론의 기본지식들이 모자라게 되며, 이것은 이들의 편견에 의해 합리화되고 이들의 부족함은 미덕으로 승화된다.

나아가, 건축계획 내에서 구조설계가 지니는 지위에 대한 오해가 만연하며, 이는 대중뿐만이 아니라 전문가들을 훈련시키는 커리큘럼, 전문가협회, 심지어 훈련비의 과금 등에까지 나타난다. 이런 경우에 구조계획은 건물의 주요 아이디어 발상이 아닌, 창의적인 설계를 내용적, 중요성, 그리고 시간적 측면에서 뒤따르는 행동들 중 하나로 취급된다.

그러므로 문제는 두 가지로 나뉠 수 있다: 건축가들의 무지나 반감으로 인해 건축물을 설계할 때 구조적 형태를 멀리한다는 것이 하나다. 구조의 아름다움과 가르침을 무시하거나 아예 생략해버리는 것은 당연한 결과이다. 공학자들은 주어진 건축물을 세우고, 유지하고 지속하도록 지어야 한다는 과제에 제한되기 때문에, 현대 건축물을 설계하거나 새로운 구조 시스템을 발명하는 등의 창의적인 잠재력을 전혀 발휘할 수 없게 된다.

(3) 접근법: 체계화

이러한 문제들을 어떻게 처리하거나 해소해야 할 것이며, 적어도 이들의 효과를 경감할 수 있을까?

하나의 복잡한 분야는 그 내용을 여러 가지로 분류함으로써 접근할 수 있다: 바로 체계화(Systematics)이다. 체계화는 지배적인 질서의 원리하에 내용을 확인, 분류, 그리고 명확하게 하는 것이다. 이러한 지배적인 질서의 법칙은 다루어지는 대상 및 이의 응용으로부터 도출된 것이라면 절대성을 지니게 된다.

본 책에서 소개하는 연구들을 위해 '기본원리 / 체계' 장에서 소개하는 질서의 원리들은 네 가지 주장을 바탕으로 한다:

1. 건축의 동기는 –과거와 현재– 모두 사람의 존재와 행위를 위한 공간을 제공하고 해석하기 위함이다; 이것은 물질적 형태를 형성함으로써 달성한다.
2. 물질적 형태들은 이들의 유지를 방해하는 힘들의 영향력하에 처하게 되며, 이들의 존재의 의미와 목적이 늘 위험에 처하게 된다.
3. 형태와 공간에 작용하는 힘이 그 작용 대상에 직접적으로 작용하지 않도록 우회함으로써 위의 위험을 회피할 수 있다.
4. 이를 위한 메카니즘이 바로 구조이다: 힘의 방향을 바꿔주는 것이 구조의 존재 이유이자 본질이다.

그러므로, 이것이 창의적인 기획자, 즉 건축가와 공학자 모두에게 기존 및 잠재적 구조들에는 어떠한 것들이 있는지를 알려주는 것의 핵심이다:
구조를 위한 시스템 이론은, 그 본질이 힘의 방향을 바꿔주는 기능을 하는 것이며, 다음과 같은 시스템 특성들을 도식적으로 분석하는 것이다:

- 역학적 작용
- 형태 및 공간 기하학
- 설계 가능성

(4) 주제선언 / 명확화

특정 대상에 작용하는 힘을 다루는 데에는, 즉 힘의 방향을 전환하는 데에는 본질적 및 기술적으로 네 가지 방법들이 있다. 이 메카니즘들은 기본적인 것들이다; 내재적인 특성들이 있다; 인간은 이러한 힘들을 일상 속에서 만나며, 이들을 견디고, 어떻게 반응해야 할 줄 안다.

1. 힘에의 적응
물질의 형태에 의해 활성화되는 구조들
• 형태저항 구조 시스템
단일 응력조건 하의 시스템: 압축력 또는 인장력

2. 힘의 분해
압축재 또는 인장재의 조합으로 작용하는 구조물들
• 벡터저항 구조 시스템
응력조건이 동시에 작용하는 시스템:
압축력 및 인장력

3. 힘의 제한
재료의 단면 및 연속성으로 저항하는 구조들
• 단면저항 구조 시스템
응력조건 하에 휘어지는 시스템:
단면력

4. 힘의 분산
표면의 확장 및 형태로 인해 저항되는 구조들
• 면저항 구조 시스템
면 응력조건 하의 시스템 :
막력(Membrane)

이들 네 가지와 별도로 또 다른 메카니즘이 추가되어야 한다. 이 메카니즘은 건물의 수직적 확정에 의해 발생하며, 위의 네 가지 힘의 방향 전환체계가 이름을 얻었듯이, 이 메카니즘은 그 특유의 기능으로 인해 별도의 구조 시스템으로 분류된다.

5. 힘의 결집과 접지
하중을 수직적으로 전달함으로써 저항하는 구조
• 높이저항 구조 시스템
(특별한 응력 조건이 없는 시스템)

이리하여 각 경우마다의 시스템 구분조건은 곧 힘의 방향전환의 대표적인 특성이 된다. 각 체계의 지배적인 특징들을 통해 각 구조 내에서 다른 시스템들을 설명하는 작용력들이 저항된다는 것을 미리 짐작할 수 있다. 그러나, 만일 주요 전개 요인, 즉 힘의 방향전환의 지배적인 메카니즘을 고려한다면, 모든 구조들을 위와 같이 다섯 개의 '종류들' 중 하나로 분류할 수 있다.

위와 같은 시스템 단순화는 정당화될 필요가 있다. 건물의 형태와 공간들은 2차적 하중전달보다, 주요 전개기능을 수행하는 시스템의 특성과 성질에 의해 영향을 더 받는다. 그러므로 구조 시스템의 분야를 이론적으로 접근하는 데에 뿐만 아니라 구조 컨셉을 현실적으로 전개해 나가는 데에 있어서 2차적인 기능들은 무시하는 것이 타당하다.

반면에, 고층건물구조들은 '높이저항 구조' 분류에 넣어야만이 일관성을 유지할 수 있다. 이 건축물들의 주요 과제는 높은 곳의 하중을 땅으로 전달하는 것이기 때문이며, 다시 말해 마치 전기 공학에서 '접지'와도 같이 하중집결, 하중전달 그리고 횡적 안정화 등을 담당하는 요소들로 구성된 시스템과도 같기 때문이다. 이러한 건축물들은 형태에 의해 구조가 결정되는 것이 아니며, 힘의 방향전환을 위해 이 네 가지 구조물 분류 중의 하나를 채택해야 할 필요가 없기 때문에 별도의 분류에 넣는 것이 마땅하다.

(5) 주제성립 / 한정

건축 또는 구조설계를 위해 구조 시스템의 지식을 설계자들이 접근할 수 있도록 구성하는 것은, 이러한 지식의 사용 목적에 따라 달라진다.
- 건축가들과 설계자들이 아이디어를 떠올리고 의사소통을 하는 매개체, 그림
- 구조 시스템과 이들의 작용 특징들이 지니는 물질적 거동
- 물리적 과정과 공간배치를 설명하기 위한, 아이소메트리 및 원근법적 성질이 지니는 장점

이러한 조건들은 구조 시스템과 이들의 체계적 및 상호관계의 원인과 결과 및 구조적 형태의 설명을 간소화하며 시각적-도식적 방법을 통해 표현하는 데에 유리하게 작용한다. 이는 또한 머릿속에나 존재하는 추상적인 객체나 절차들을 도표, 그래프 또는 도식으로 표현할 수도 있을 것이라는 가능성을 의미한다.

그러나, 본질적인 것을 명확하게 표현하고 강조하기 위해서는 몇 가지가 더 필요하다: 비본질적인 것들을 제외해야 한다

- 수학(Mathematics)
구조 컨셉을 발달시키는 데에 있어서 수학적 계산이 지니는 의미는 미미하다.

심지어, 구조 시스템의 복잡한 작용을 이해하기 위한 직관을 제공하지도 않으며, 구조를 창조하고자 하는 창의적인 사고력에 절대적으로 필요한 것도 아니다.

단순한 대수학으로서의 수학은 구조의 기본개념 및 평형, 저항, 지렛대, 관성 등의 역학적인 조건들을 이해하는 데에는 도움이 되지만, 컨셉을 형성하는 데에는 쓸모가 없다. 컨셉과 필수요소들이 결정된 뒤에야 수리적 분석이 시스템을 점검하고 최적화하며, 구성요소들의 수치를 결정하고, 안전 및 경제성을 확보함으로써 그 참된 기능을 다 할 수 있는 것이다.

– 재료 (Material)

구조 시스템의 기본작용은 – 구조에의 적용에 적절하지 않은 재료를 제외하면 – 어떠한 재료에도 종속되지 않는다. 구조재료가 지니는 응력 속성이 시스템의 적합성과 구조물의 스팬에 있어서 하나의 조건이 될 수 있겠지만, 역학적 거동의 이해와 설계에의 응용은 재료와는 독립적이다.

– 스케일 (Scale)

특정 시스템의 구조역학을 이해하는 데에 있어서 절대적인 스케일은 의미가 없다. 평형상태를 유지하기 위해 하나의 시스템이 보이는 거동들은 크기나 스케일에 종속되지 않는다.

그럼에도 불구하고 구조적 컨셉을 개발하는 데에 있어서 스케일은 큰 부분을 차지하며, 적어도 다른 요소들이 구조에 차지하는 부분보다 많기에, 주제구성 상 이 부분은 생략하였다. 구조의 이미지를 구성하는 데에 있어서 각 경우마다 형태와 공간의 구체적인 모습을 만들 필요가 있으며, 스팬의 명확한 스케일 범위에 대해 독자를 인식시켜줄 필요가 있기 때문이다.

이러한 이유로, 본 개정판에서는 구조설계자의 이익을 위하여 구조 시스템의 개별분류의 정의 내에서, 각 구조유형의 합리적인(경제적) 스팬과 관련 구조재료들에 대한 조사내용을 수록하였다.

하지만 이를 제쳐두면, '스팬' 나 '스케일' 에 대한 논의는 본 책에서 다루려고 하지 않았다. 또한, 몇몇 그림들에서 볼 수 있는 사람 그림들은 스케일의 절대적인 범위를 암시하기 위함이 아니라 공간과 건물에 대한 상상력을 자극하기 위해 포함시킨 것이다.

– 안정화

횡적 및 비대칭적 하중에 대한 버팀(바람, 눈, 지진, 온도 등)이나 불안정한 평형상태의 제어라는 맥락에서의 '안정화' 는 '높이저항 구조 시스템' 에서만 다루었다. 그 이유는 건물이 높아질 때 이러한 요인들을 안정화할 필요가 있기 때문이다. 위의 요인들은 건물이 특정 높이를 넘어서면 수평력의 방향을 전환하고 수직하중을 지면으로 전달시키는 것이 형태와 유형을 생성하는 데에 주된 요인으로 작용하기 때문이다.

다른 모든 구조 시스템에 대해서는 안정화 조치에 대한 모든 과정 및 표현을 생략하였으며, 그 이유는 이것이 구조의 메카니즘의 일부가 아니기 때문이다. 정상적인 높이의 건물들과 이들이 기본 구조형태와 구조 컨셉에 끼치는 영향은 미미하다. 실제로, 대부분의 경우 컨셉을 개발한 뒤에야 안정화 문제에 대한 접근이 가능하다.

(6) 설계 기본원리

본 책에 소개된 연구들은 단 하나의 원칙 하에 모든 건축적 구조들을 소개하였다. 이 분야를 '1차원적으로' 소개하였기에 (2차적인 문제들은 제외하였기 때문에) 이 분야의 내용들은 구조설계자가 아이디어나 컨셉을 개발하는 데에 있어서 의사결정의 기준이 될 수 있다:
– 역학적 작용
– 형태 및 공간 기하학
– 설계 가능성

현실적, 물리적 또는 분석적 요인들에 의해 한계를 받지 않으며, 구조의 역학적 이치와 이들로부터 도출된 형태 및 가능성들, 즉 진정한 구조형태를 취급하는 것을 통해 설계자는 그들의 직관과 상상력에 몰두할 수 있다. 이러한 지식들은 또한 다양한 종류의 검증된 구조유형을 넘어서 새롭고 관습을 탈피하는 구조들을 유도해낼 수 있게 할 것이다.

이러한 형태들은 설계나 설계의 일부에 아무런 시험 없이 포함시킬 수 있는 구조들이 아니라 구조 시스템이다. 구조는 실제 예시이며 설계를 구현한 것이다; 구조 시스템은 질서이며 설계원리이다.

시스템으로서의 구조에서 힘의 방향전환을 위한 메카니즘은 구조의 개성을 초월하여 설계원리가 된다. 시스템으로서 구조는 재료나 공사와 관련된 지식에 얽매이거나 특정 지역조건에 구속되지 않고, 시간과 공간에 독립적인 타당성을 유지한다.

마지막으로, 시스템으로서의 구조는 인류가 스스로의 생존을 위해 고안한 거대한 안전 시스템의 일부이며, 이는 천체의 움직임이나 원자의 움직임을 관장하는 시스템의 일부이기도 하다.

Introduction

(1) Argument and Postulation

The arguments, being cause of this work and substantiating its postulations, are categorical.

1. Structure occupies in architecture a position that does both, bestows existence and sustains form
2. The agency responsible for architecture, its design and its realization, is the architect
3. The architect develops the structure concept in his designs out of professional propriety

Amongst the basic conditions contributing to the existence of material forms such as house, machine, tree or animate beings structure is most essential. Without structure, material forms cannot be preserved, and without preservance of form, the very destination of the form object cannot assert itself. Hence, it is a fact: without material structure no performing complex, animate or inanimate.

Especially in architecture, structure assumes a fundamental part

- Structure is the primary and solitary instrument for generating form and space in architecture. Owing to this function, structure becomes the essential means for shaping the material environment of man
- Structure relies on the discipline exerted by the laws of natural sciences. Consequently, amongst the formative forces of architectural design, structure ranks as an absolute norm
- Structure in its relationship to architectural form nevertheless commands an infinite scope for interpretation. Structure can completely be hidden by the building form; it can as well become the building form itself, architecture
- Structure personifies the creative intent of the designer to unify form, material and forces. Structure thus presents an aesthetic, inventive medium for both shaping and experiencing buildings

From this is to infer: Structures determine buildings in fundamental ways: their origination, their being, their consequence. Thus, developing structure concepts, i.e. basic structural design, is an integral component of genuine architectural design. Hence, the prevalent differentiation of structural design from architectural design – as to their objectives, their procedures, their ranking and, for that matter, as to their performers – is unfounded and in contradiction to cause and idea of architecture.

The differentiation of architectural design and structural design has to be dissolved.

(2) The Problem

In materializing the claims stated before, considerable obstacles stand in the way. Some of them are to be found in the subject matter itself, others are more a product of the inertia principle resting on old habits. Both affect each other.

To begin with: The subject 'theory of structures', through diversity and volume has long since eluded a total comprehension. Already the systematic and conclusive identification of mere subject contents, and hence its teachability, has become a problem; all the more so, the transmission of their creative application. Even for the structure specialist, the structural engineer, the competent utilization of all branches of the field no longer is possible, even less for the one who, in addition, has yet to command a number of other fields of knowledge basic to his performance, the architect.

The problems are further aggravated by the traditional though irrational mistrust of the creative architect toward all design directives that, having a scientific basis, can be calculated or logically derived. Application of normative essentials – the analytical, the instrumental, the process-methodical – generally are considered an impediment to the creative unfolding. Subconsciously, lacking knowledge in basic disciplines, as theory of structures unquestionably is, will thus be legitimized and insufficiency is tacitly turned to virtue.

Moreover, there exists a widely accepted misjudgement as to the ranking of structural design within the total process of architectural planning, and that not only in public opinion, but also – and even less understandably – in the profession itself with its institutionalized tracks such as training curricula, professional societies, fee ordinances etc. Here, the formulation of a structure idea is understood not as an integral part of primary idea generation for the building, but as an act following behind the creative architectural design: in substance, in importance and in time.

The problem, then, is twofold: The architects, due to either ignorance or antipathy, design buildings in aloofness of the poetry of structural forms. Disregard for, or even outright absence of, the beauty and discipline of structures in modern architecture is only too obvious. The engineers, being confined to the task of making given architectural forms stand, hold and last, cannot bring their creative potential to any architectural bearing on both, the design of modern architecture or the invention of new prototypical structural systems.

(3) Approach: Systematics

How can these problems be handled, resolved or at least alleviated in their effects?

Complex subject fields can best be made accessible through classification of their contents: Systematics. Systematization means identification, articulation and disclosure of contents under a governing principle of order. Such a principle is conclusive if derived from the very essence of subject matter itself and from its application.

For the studies presented here, the ordering principle, as explained in the introductory part 'Basics / Systematics', is based upon a four-arguments line:

1 The cause of architecture – past and present – is to provide and interpret space for man's being and acting; this is achieved through the shaping of material form.

2 The material form is subjected to forces that challenge the endurance of form and thus threaten its very purpose and meaning.
3 The threat will be warded off in that the acting forces are redirected into courses that don't encroach upon form and space.
4 The mechanism effectuating this is called structure: Redirection of forces is cause and essence of structure.

This, then, is the key for disclosing the total range of existing and potential structures for the creative application by the planner, both architect and engineer:

A systems theory for structures, built upon their essential function of redirecting forces, pictorially analyzed by the systems characteristics of
- mechanical behaviour
- form and space geometry
- design potential

(4) Subject Disclosure / Articulation

In nature and technique there are 4 typical mechanisms to deal with acting forces, i.e. to redirect them. They are basic; they possess intrinsic characteristics; they are familiar to man in his daily encounter with forces, how to bear them, and how to react.

> 1 ADJUSTMENT to the forces
> Structures acting mainly through material form:
> ● FORM-ACTIVE STRUCTURE SYSTEMS
> Systems in single stress condition:
> Compressive or tensile forces

> 2 DISECTION of forces
> Structures acting mainly through composition of compressive and tensile members:
> ● VECTOR-ACTIVE STRUCTURE SYSTEMS
> Systems in coactive stress condition:
> Compressive and tensile forces

> 3 CONFINEMENT of forces
> Structures acting mainly through cross section and continuity of material:
> ● SECTION-ACTIVE STRUCTURE SYSTEMS
> Systems in bending stress condition:
> Sectional forces

> 4 DISPERSION of forces
> Structures acting mainly through extension and form of surface
> ● SURFACE-ACTIVE STRUCTURE SYSTEMS
> Systems in surface stress condition:
> Membrane forces

To these four a fifth mechanism is to be added. This kind, which is necessitated by the vertical extension of buildings and as such is of concern in all four systems of force redirection named before, because of its particular function ranks as a structure system all its own.

> 5 COLLECTION and GROUNDING of forces
> Structures acting mainly as vertical load transmitter:
> ● HEIGHT-ACTIVE STRUCTURE SYSTEMS
> (Systems without typical stress condition)

The criterium of systems distinction, thus, is in each case the dominant characteristic of force redirection. Dominant characteristic will say that within each structure further operational forces will be active that are descriptive of other systems. However, if the major spanning action, i.e. the domineering mechanism for redirection of forces is considered, each structure easily can be classified into one of the five 'families' of structure systems.

Such systems simplification has further justification. Form and space in the building are less influenced by structures for secondary load transmission but receive character and quality predominantly by the system that performs the major spanning function. Therefore it is legitimate to ignore these secondary functions not only in the theoretical treatment of the subject structure systems but also when in practice developing a structure concept.

On the other hand, it is only consistent to put the highrise structures into the separate category of 'height-active structures'. For, the primary task of these constructions is the load transfer from the heights to the ground – in short 'grounding' in analogy to electrical engineering – consisting of the particular systems of load collection, load transmittance and lateral stabilization. Thereby it is irrelevant, since not form-determinant, that these systems necessarily have to employ, for redirection of forces, a mechanism belonging to one or several of the preceding four.

(5) Subject Mediation / Limitations

The choice of method and means of how the knowledge of structure systems can best be made accessible for the use in architectural or structural design follows conditions that are typical for this objective
- the predominantly pictorial media through which architects and planners formulate ideas and communicate
- the corporeal, apparatus-like nature of structure systems and their behavioural features
- the merits of isometry and perspective drawing for explaining mechanical processes and spatial constellations

These circumstances are incentive to presenting causes and consequences of structure systems, their systematics and interrelationships and, of course, their structural forms, through graphic-pictorial means while largely to refraining from verbal explanations. This even includes abstract matters or processes in thought that – as an attempt – are here shown by means of charts, graphs or diagrams.

However, a definite representation and accentuation of the essentials require something else yet: exclusion of the non-essential

- Mathematics

Mathematical calculations have little meaning for the development of structure concepts. In fact, they are not required to gain insight into the complex behaviour of structure systems or to inspire the creative spirit for structural invention.

Mathematics, in the form of simple algebra is helpful for the understanding of basic concepts of structures and of mechanical conditions such as equilibrium, resistance, lever arm, moment of inertia etc., but is of no use for the generation of concepts. Only after the concept is determined in its essential elements, the mathematical analysis fulfills its real function of checking and optimizing the system, dimensioning its components and securing safety and economy.

- Material

The basic behaviour of a structure system is – apart from materials unfit for any structural application – not dependent on material. It is true that the stressing property of the structural material necessarily also is criterion of qualification for system and span of structure, but the mechanical behaviour, the comprehension of it as much as its application for design are independent from the material.

- Scale

For understanding the structural mechanics of a certain system consideration of the absolute scale is not needed. The actions typical for the single system in order to attain states of equilibrium are basically not dependent on the size category, the scale.

Nevertheless, it is incontestable that, in developing structural concepts, the scale plays a major part, at least a part more important as is the case with other factors of influence that, for reason of topic profile, have been left out. For, developing a structure image requires in each case a concrete vision of form and space, i.e. awareness of a definite dimension range for span.

For this reason, in the revised edition the understandable interest of the structure planner has been considered in so far as in context with the definition of individual families of structure systems, a survey on the range of reasonable (economical) spans for each structure type related to the well used structural materials is listed.

But aside from that, a basic discussion on the subject 'span' or 'scale' is not attempted here. Also, the human figures as delineated in some of the drawings don't serve to suggesting a definite range of scale, but are meant to facilitate the imagination of space and building.

- Stabilization

Stabilization in the meaning of bracing against lateral and asymmetrical loading (wind, snow, earthquake, temperature etc.) or for controlling unstable states of equilibrium are treated only in the chapter 'Height-active structure systems'. For, predominantly it is the height extension of a building that necessitates its stabilization. This becomes so influential, that from a certain height on the redirection of horizontal forces and the grounding of height loadings will be the prime generator of form and type.

For all the other structure systems, a discourse and presentation of stabilizing measures has been omitted in as much as they are not already an integral part of the structure mechanism itself. For normal building heights, their influence upon the basic structure form, and thus upon the development of a structure concept, remains minor. In fact, it is only after the concept has been developed that, in most cases, a resolution of the stabilization problems is possible at all.

(6) Design Basics

The studies presented here show the field of architectural structures to its full extent under a single guiding principle. Due to the deliberately 'one-dimensional' disclosure of the field (accompanied by neglection of secondary concerns) the contents of this field of knowledge are made accessible in criteria decisive for the planner of structures when developing ideas and concepts:
- mechanical behaviour
- form and space geometry
- design potential

Not being bound by the many practical, physical or analytical considerations, but familiar with the mechanical logic and with the forms and possibilities arising from them, i. e. sovereign in the handling of true structure forms, the planner can submit to his intuition and imaginative power. Such knowledge also will qualify to look beyond the boundaries of well tested structures in their diversity and deduce novel, unconventional forms.

These forms do not represent STRUCTURES that without further test can be incorporated into the plan or section of a design, but are structure SYSTEMS. STRUCTURES are examples and hence design IMPLEMENTS; structure SYSTEMS are orders and hence design PRINCIPLES.

As systems, the mechanisms for redirection of forces rise above the individuality of a structure designed only for one specific task and become a design principle. As systems they are neither bound to the present state of knowledge on material and construction, nor to the particular local conditions, but maintain validity independent of time and space.

As systems, finally, they are part of a larger security system that man has devised for the survival of his kind, as this again is imbedded in the very system that governs the movement of the stars as much as the movement of the atoms.

기본원리 / 체계
Basics / Systematics

0

구조의 의미: 개체기능의 보존

인간의 물질적 환경은 개체들로 구성되며, 이들은 홀로 또는 함께, 거시적 또는 미시적, 동적 또는 정적, 자연적 또는 인공적인 개체들이다. 이들의 근원에 따라 자연적 개체와 기술적 개체로 나뉜다.

또한 하나의 개체를 이루는 요소들은 각기 하나의 개체이며, 마치 커다란 시스템 속에서 여러 개의 단일개체들이 하나로서 상호작용 하지만 그 자체는 또 다시 하나의 구성요소인 것과 같다. 다시 말해, 물질적 개체들은 특정한 규모에 소속되지 않는다. 이들은 거시적인 개체의 일부이자 미시적인 개체의 전체이다. 개념적으로 이들은 물질적 환경에서 정의할 수 있는 모든 물체들을 아우른다.

자연과 기술에서 모든 물체들은 그들만의 특별한 형태를 통해 존재감을 드러낸다. 물질계에서의 형태는 3차원 공간 속에서 개체의 내용이 어떻게 분포되어 있느냐에 따라 결정된다. 즉, 기하학적이다.

자연과 기술 속의 물질적 형태가 작용하는 방법은 각기 다르다; 이들은 특정 기능을 수행한다. 이러한 맥락에서의 기능이란 역학적이고 수단적인 것을 넘어서 생물학적, 의미론적, 그리고 심리적이기도 하며, 때로는 단순히 내용을 보존하는 인과관계를 지니기만 하기도 한다.

기능은 형태와 관련이 있다. 따라서, 만일 형태가 침해 당하거나 무너진다면, 그것의 기능 또한 영향을 받을 것이다. 따라서, 형태를 유지하는 것은 물질적 환경 속에서 기능을 유지하는 것보다 앞서야 한다.

각각의 물질적 형태, 즉 특정개체가 표현되는 형태는 불가피하게 중력의 작용(무게)을 받게 된다. 다른 힘의 작용은 개체의 기능에서, 그 다음에는 내용의 특성과 부분들, 그리고 마지막으로 환경의 조건들에 의해 비롯된다.

다시 말해, 한 개체와 그 형태가 존재하기 위해서는 그 개체가 이러한 힘들을 견딜 수 있어야 한다. 다양한 종류의 힘들을 '지탱'할 수 있는 능력은 그 개체의 특성이다. 이러한 능력을 지속적으로 부여해주는 것이 바로 구조이다.

그러므로, '환경 속에서 물질적 형태를 지니는 개체들은 구조를 통해서만 존재할 수 있으며 기능을 수행할 수 있다'는 주장은 타당하다. 구조는 자연 및 기술의 물질적 환경 속의 개체들의 기능을 유지해준다.

구조물의 작용: 힘의 흐름/ 힘의 방향전환

자연과 기술에서 구조물들은 개체자체의 무게만이 아니라 다른 추가적인 하중(힘)을 받도록 되어 있다. 이러한 역학적 작용을 '지탱한다'고 지칭한다.

그러나 힘을 지탱하는 과정의 본질은 하중을 받아들이는 가시적인 작용보다 이들을 내부적으로 전달하는 것에 있다.
하중을 전달하고 제거하는 능력이 없다면 어떠한 물체도 자중(사하중)은 물론이거니와 다른 추가적인 하중(활하중)도 지탱할 수 없을 것이다.

그러므로 구조는 다음과 같은 세 가지 작용을 통해 기능을 수행한다:
1. 하중부담
2. 하중전달
3. 하중제거

이 과정을 힘의 흐름이라고 한다. 이것이 구조설계에 있어서 기본적인 컨셉 이미지이며 아이디어이다. 힘의 흐름의 경로는 구조의 경제성을 측정하는 척도이기도 하다.

힘의 흐름은, 개체의 형태가 작용하는 힘의 방향과 일치하는 한 문제가 되지 않는다. 중력 하중의 경우, 지구와 직접 접촉할 때에 가장 직접적이고 짧은 경로로 진행한다. 하지만 만일 힘의 흐름이 이처럼 직접적인 경로가 아니라 우회를 해야 할 경우에 문제가 발생하는 것이다.

하지만 기술에 있어서는 위와 같은 상황이야말로 정상적인 상황이며, 다시 말해 특정기능을 수행하도록 만들어졌으며 힘의 자연스런 흐름과 무관하게도 보이고 때로는 거스르는 것처럼 보이도록 형태를 그리는 것이다. 따라서 기능적인 형태를 개발하는 데에 있어서 힘을 제어하는 것이 그 개체의 주된 기능이 아닌 한, 이러한 기능을 지니고 있지 않다.

그러므로, 기술의 영역에서 구조를 설계한다는 것은, 이미 그려진 기능적 이미지에 부합하며 유사한 힘의 흐름을 위한 시스템을 개발한다는 것을 의미한다. 설계자의 과제는 재료와 물질을 통해 흐르며 작용하는 힘의 '도식'을, 기능적 형태를 바꾸든 형태의 내용을 보강하든 추가적인 구조를 통해서든 간에, 전체적으로 동일한 힘을 지닐 수 있는 새로운 '도식'으로 전환하는 것이다.

그러나, 이처럼 힘의 새로운 '도식'은 힘의 크기보다 힘의 방향을 새롭게 배치함으로써 더 쉽게 얻을 수 있는 것이다. 실제로, 후자야말로 개체 내에서 힘의 크기를 결정하게 되는 것이다.

그러므로, 힘의 방향을 전환하는 것이야말로 힘의 새로운 '도식'이 비롯되는 원인이 된다. 다시 말해, 힘의 이동방향을 새로운 경로로 전환하는 것이 신선한 구조의 비결이다. 즉 힘의 방향전환이 개체 내에서 흐르는 힘을 이끌어주는 원리이다.

결론은 다음과 같다: 힘의 새로운 '도식'을 그리기 위해서는 힘의 방향을 전환하는 기존의 메카니즘들에 대한 지식이 선행되어야 한다. 힘의 방향을 전환하는 방법들이 지니는 잠재력에 관한 이론이야말로 구조에 대한 지식의 핵심이며 건축적 구조체계의 근간이 된다.

물질적 환경에서 구조가 지니는 의미

The significance of structures in the material environment

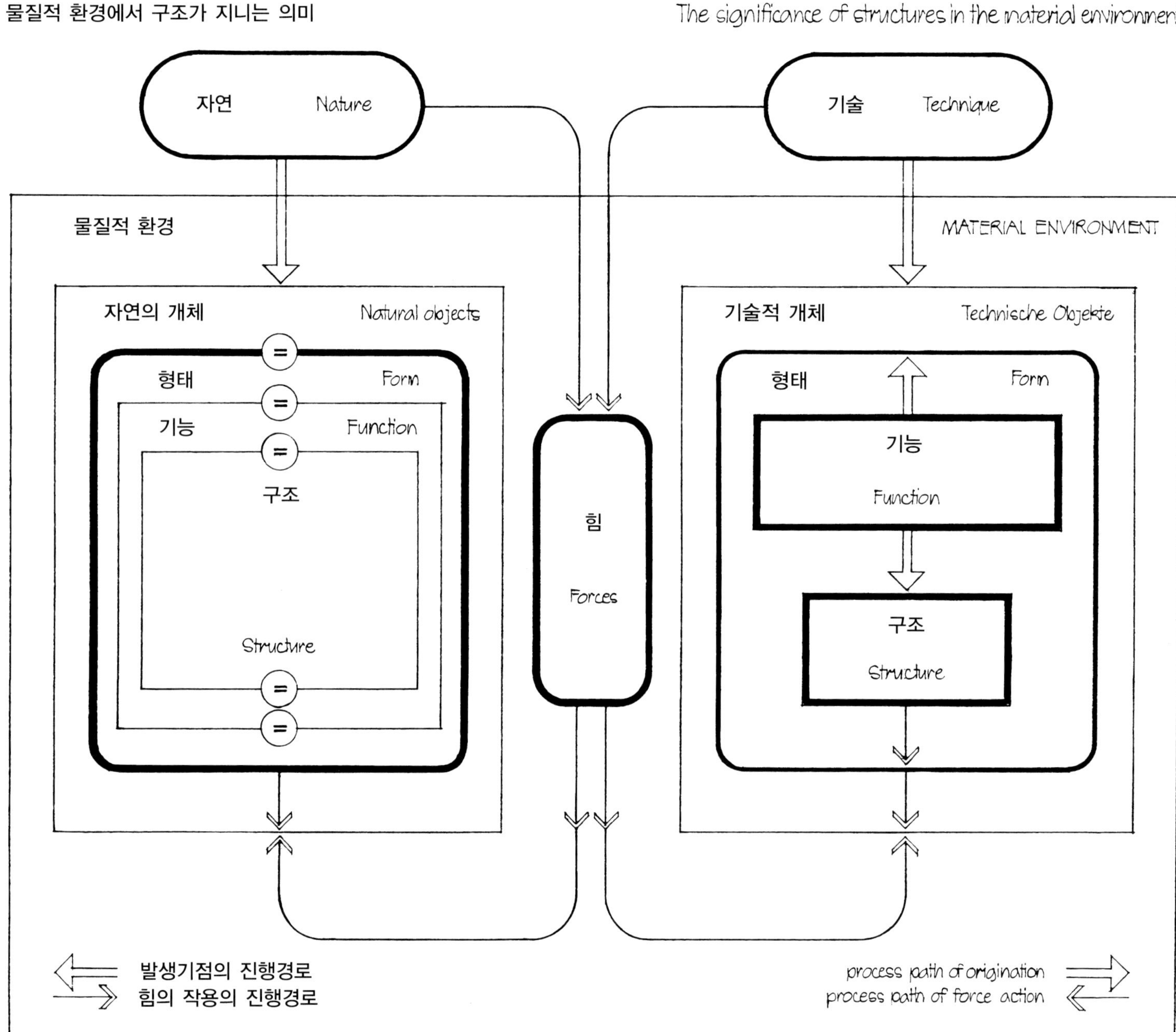

물질적 환경은 개체들로 구성되며, 이들은 홀로 또는 함께, 거시적 또는 미시적, 동적 또는 정적, 자연적 또는 인공적인 개체들이다. 이들의 근원에 따라 자연의 개체와 기술적 개체로 나뉜다.

개체들은 형태를 통해 작용한다. 그러므로, 형태에는 언제나 기능이 있으며, 다시 말해 기능이 존재하기 위해서는 형태의 보존이 선행되어야 한다.

모든 개체들은 힘에 노출되어 있다. 개체의 형태를 이에 작용하는 힘으로부터 보존하는 일관성이 바로 구조이다. 이로부터 다음과 같이 말할 수 있다: 구조는 인간의 자연 및 기술적 환경 속에서 개체의 기능들을 유지하기 위한 물질적 패턴이다.

The material environment consists of OBJECTS, single and in conjunction, macrocosmic and microcosmic, animate and unanimate, grown and built. According to the source of their origination there exist two categories of them: the NATURAL objects and the TECHNICAL objects

Objects operate through their FORM. Hence, form always has FUNCTION, i.e., preservation of the form is prerequisite to perpetuation of function

All objects are exposed to forces. The consistency securing the perpetuation of the object form against forces is called STRUCTURE. From that follows: Structures are material patterns for the preservation of object functions in the natural and technical environment of man

자연 및 기술의 구조

…는 작용 역학적으로는 차이가 없으나, 한 편으로는 개체의 형태와의 관계 속에서, 다른 한 편으로는 개체의 기능과의 관계 속에서 차이를 보인다. 자연환경에서 구조는 형태와 기능과 하나가 되며, 기술적 구조와 달리 스스로 존재하는 실체로 볼 수 없다.

Structures of nature and technique

don't differ in the mechanics of their actions, but in their relationship with the object form on the one hand and with the object function on the other. In nature structure is integrated in those two object contents and therefore - contrary to technical structures - cannot be distinguished as an entity on its own

The significance of structure: Preservation of object functions

The material environment of man is composed of objects, single and in conjunction, animate and inanimate, grown and built. According to their origination, there are two categories: the natural objects and the technical objects.

Also the elements, of which the single object is composed, are objects just like in reverse that greater system again figures as object, in which several single objects coact as one. That is to say, the material objects don't belong to a particular magnitude. They are components of both, macrocosm and microcosm. As a notion they comprehend all definable solids of the material environment.

All material objects in nature and technique manifest themselves through the form specific to them. Form in the realm of the corporeal is the distinctive distribution of the object substance in 3 dimensions. It is geometric.

The material forms in nature and technique perform each in a distinct manner; they fulfill functions. Functions in this context are not only the mechanical and instrumental, but also the biological, semantic and psychological or simply the substance-preserving causes and effects.

The specific function is tied to the specific form. Thus, if form is encroached upon or annihilated, the functions too will be afflicted likewise. The preservation of form, therefore, is prerequisite for the perpetuation of functions in the material environment.

Each material form, i.e. the object as represented by that form, is inevitably exposed to the action of gravitational forces (weight). Other force actions originate first from the function of the object, second from the characteristics and articulation of the substance and finally from the conditions of the surroundings.

That is to say, for the existence of an object and of its form, it is prerequisite that the object can bear those forces. It rests upon its capability to cope with forces of various kinds, to 'bear' them. The consistency that confers this capability is structure.

Therefore, the statement is valid: Only through their structures will the material forms of the environment remain themselves, and thus, can fulfill their functions. Structures are the very preserver of the functions of the material environment in nature and technique.

Action of structure: Flow of forces / Redirection of forces

Structures in nature and technique serve the purpose of not only controlling their own object weight but also of receiving additional loads (forces). This mechanical action is what is termed 'bearing'.

The essence of the bearing process, however, is not the rather overt action of receiving loads, but the internally operating process of transmitting them. Without the capability of transferring and discharging loads, a solid cannot bear, not its own (dead) load, and even less additional (live) loads.

The structure, thus, functions in altogether three subsequent operations:
1. Load reception
2. Load transfer
3. Load discharge

This process is called the FLOW OF FORCES. It is the basic conceptual image for the design of a structure, it is its basic idea. As path of forces, it is also yardstick for the economy of the structure.

The flow of forces does not pose problems as long as the object form follows the direction of the acting forces. In the case of gravitational loads, such a situation would exist if substance is connected in the most direct and shortest route with the point of load discharge, the Earth. A problem, however, will arise, when the flow of forces does not take such a direct route but has to accept detours.

But exactly this is the normal situation in technique, namely, that form is delineated in order to serve a particular function, initially independent of, and frequently contrary to, the natural flow of forces. Hence, the functional forms thus generated do not possess the faculty of controlling forces in development, except when that controlling is meant to be the object's function.

Thus, the design of structures in the realm of technique is committed to develop – as a subsequent act – a system for the flow of forces that matches with, or at least comes close to, a function image already delineated. The task is to convert the 'picture' of acting forces through material substance into a new 'picture' of forces with equal overall potency, be it through alteration of the functional form itself, be it through reinforcement of the form substance, or through additive structure.

But then, such a new 'picture' of forces will be generated less by changing the magnitude of forces than by laying out anew the direction of forces. In fact, it is the latter measure that will determine the magnitude of forces acting within the object.

Changing the direction of forces, then, is the very precondition under which new 'pictures' of forces will emerge. In other words, the transport of forces has to be led along novel routes, has to be redirected. REDIRECTION OF FORCES, thus, is the principle for steering the flow of forces in the object.

The conclusion is this: Knowledge of the known mechanisms for directing forces in other directions is the basic requisite for developing new 'pictures' of forces. The theory underlying the possibilities of how to redirect forces is the core of the knowledge on structures and is the basis for a systematics in architectural structures.

환경의 일부로서 건축의 해석 / Interpretation of architecture as part of the environment

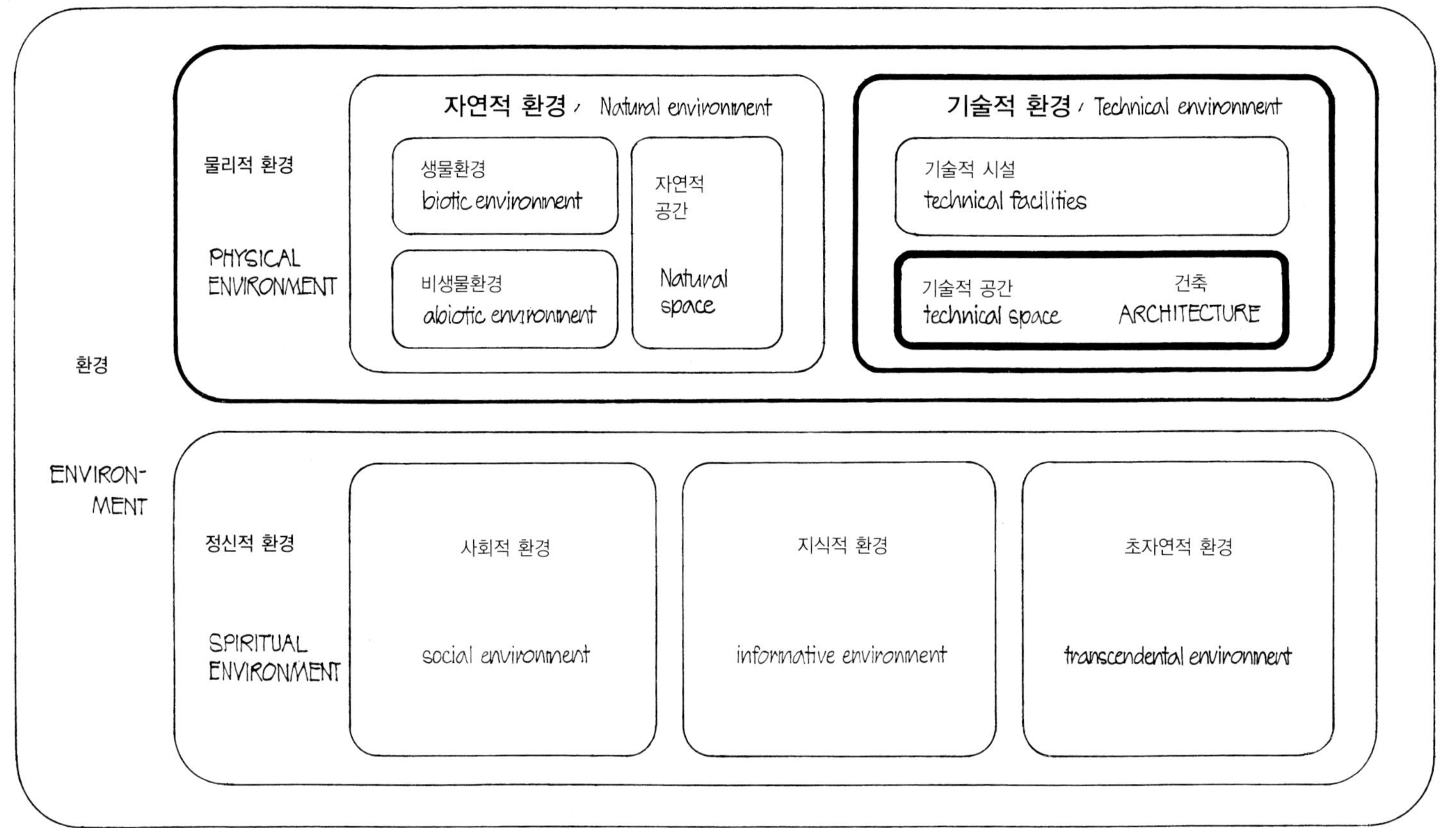

건축의 정의 건축은 물리적 환경의 기술적 공간이다. 본 맥락 하에서 '기술'이란 '사람에 의해 형상을 띤' 성질을 의미하며, 즉 '스스로로부터 비롯되지 않은 것'을 의미한다.

definition 'architecture' Architecture is the TECHNICAL SPACE of the physical environment. 'Technical' in this context means the quality of 'being-shaped-by-man', i.e. of 'not-having-originated-out-of-itself'

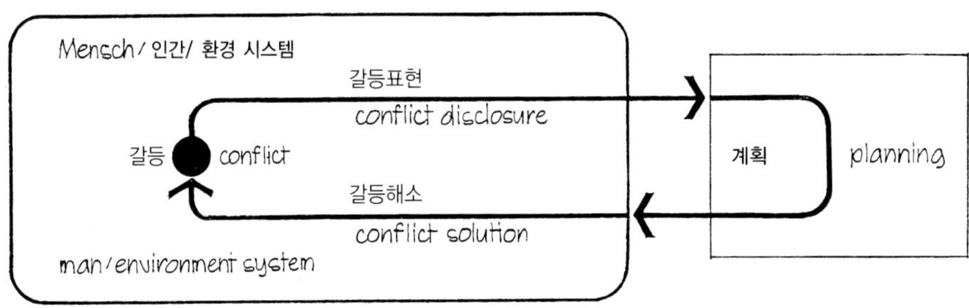

건축에서 설계의 인과관계 / Causality of planning in architecture

일반적으로 인간/환경 간의 갈등이 표현될 때 설계가 시작된다. 건축의 경우, 인위적인 환경인 '기술적 공간'이 사람의 특정 욕구에 부합하지 않거나 불충분하게 채워줄 때에 갈등이 발생한다.

Disclosure of a MAN/ENVIRONMENT CONFLICT is the causality of planning in general. In the case of architecture a conflict exists, if the built environment, the 'technical space', does not comply, or merely incompletely so, with certain wants of man

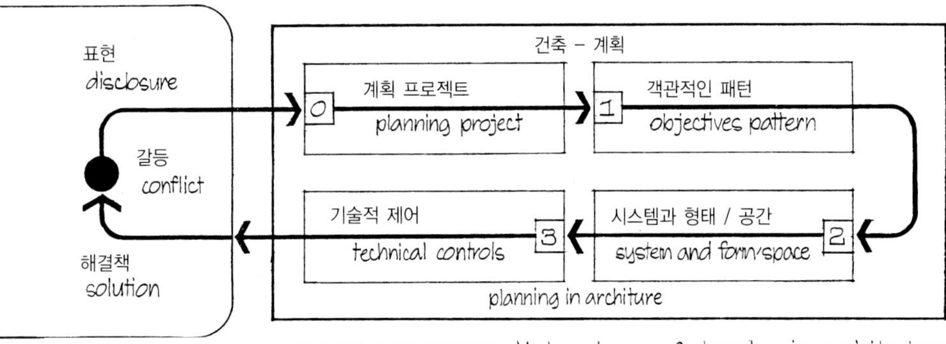

건축에서 설계의 주요단계 / Major phases of planning in architecture

건축에서의 설계는 설계 프로젝트에서 정의한 내용을 따라 움직인다. 설계는 세 개의 큰 단계로 구성된다.

1 객관적인 패턴의 분석
2 시스템 및 형태/ 공간구성의 설계
3 기술적 제어 시스템의 개발

Planning in architecture is initiated through the definition of the PLANNING PROJECT. It manifests itself as a sequence of 3 major phases

1 Construe of the OBJECTIVES PATTERN
2 Design of SYSTEM and FORM/SPACE CONFIGURATION
3 Development of the TECHNICAL CONTROL SYSTEMS

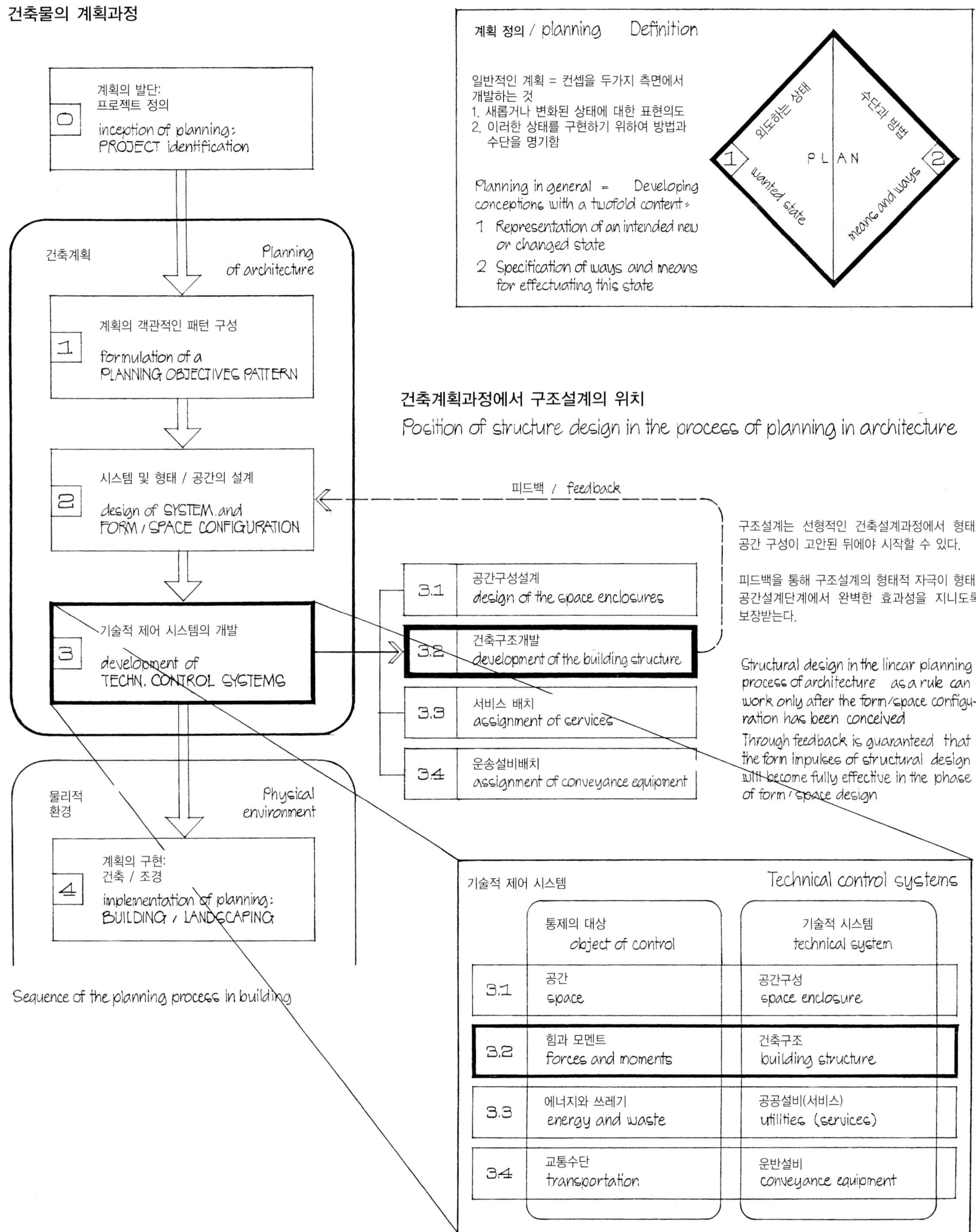
건축물의 계획과정
0
계획의 발단:
프로젝트 정의
inception of planning:
PROJECT identification
건축계획
Planning of architecture
1
계획의 객관적인 패턴 구성
formulation of a
PLANNING OBJECTIVES PATTERN
2
시스템 및 형태 / 공간의 설계
design of SYSTEM and
FORM / SPACE CONFIGURATION
3
기술적 제어 시스템의 개발
development of
TECHN. CONTROL SYSTEMS
물리적 환경
Physical environment
4
계획의 구현:
건축 / 조경
implementation of planning:
BUILDING / LANDSCAPING
Sequence of the planning process in building
계획 정의 / planning Definition
일반적인 계획 = 컨셉을 두가지 측면에서 개발하는 것
1. 새롭거나 변화된 상태에 대한 표현의도
2. 이러한 상태를 구현하기 위하여 방법과 수단을 명기함
Planning in general = Developing conceptions with a twofold content:
1 Representation of an intended new or changed state
2 Specification of ways and means for effectuating this state
의도하는 상태
수단과 방법
PLAN
1
2
wanted state
means and ways
건축계획과정에서 구조설계의 위치
Position of structure design in the process of planning in architecture
피드백 / feedback
3.1
공간구성설계
design of the space enclosures
3.2
건축구조개발
development of the building structure
3.3
서비스 배치
assignment of services
3.4
운송설비배치
assignment of conveyance equipment
구조설계는 선형적인 건축설계과정에서 형태/공간 구성이 고안된 뒤에야 시작할 수 있다.
피드백을 통해 구조설계의 형태적 자극이 형태/공간설계단계에서 완벽한 효과성을 지니도록 보장받는다.
Structural design in the linear planning process of architecture as a rule can work only after the form/space configuration has been conceived
Through feedback is guaranteed that the form impulses of structural design will become fully effective in the phase of form/space design
기술적 제어 시스템
Technical control systems
통제의 대상
object of control
기술적 시스템
technical system
3.1
공간
space
공간구성
space enclosure
3.2
힘과 모멘트
forces and moments
건축구조
building structure
3.3
에너지와 쓰레기
energy and waste
공공설비(서비스)
utilities (services)
3.4
교통수단
transportation
운반설비
conveyance equipment

구조의 기능과 의미

Function and significance of structures

구조와 시스템
자연계와 기술계의 구조들의 본질적 기능은 물리적 형태를 유지하는 것이다. 형태의 유지는 시스템이 제 기능을 하는 데에 있어서 선행되어야 한다 (예: 엔진/ 주택/ 나무/ 사람) + 구조 없이는 시스템도 없다.

구조와 건물
사회-기술적 시스템으로서의 '건물'의 기능은 정의된 공간의 존재 여부에 달려 있다. 공간은 구성에 따라 정의된다. 공간구성을 정의하는 것은 바로 구조이다 + 구조 없이는 건물도 없다.

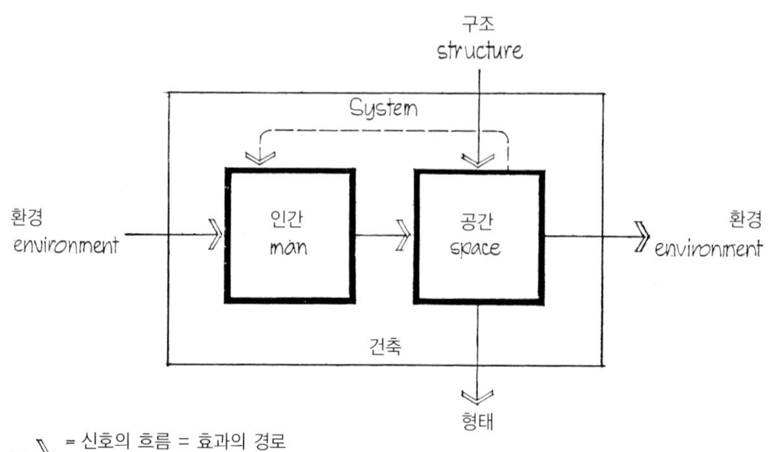

Structure and systems
Structures in nature and technique essentially serve the function of sustaining physical form. Preservation of form is prerequisite to the performance of systems: engine / house / tree / man
+ without structure no system

Structure and buildings
The function of the socio-technical system 'building' basically rests upon existence of defined space. Space is defined by its enclosures. Author of space enclosures is the structure
+ without structure no building

구조설계의 주요단계 / 개념의 비교

Major phases of structural design / Comparison of concepts

		Ambrose	Büttner / Hampe	HOAI (fee ordinance)
1	기준정의 criteria definition	프로그램 기획 programming	프로젝트 정의 project definition	프로젝트 명확화 project clarification
2	모형개발 model development	계획 (구조유형) planning (structure type)	기본해법개발 developm. of basic solutions	컨셉개발 concept development
3	구조 시스템 설계 structure system design	구조해석 structural analysis	설계통합 design consolidation	설계계획 design delineation
4	구조해석 structural analysis	확정설계 definitive design	분석평가 analytical evaluation	구조해석 structural analysis
5	공사계획 construction planning	공사 디테일 construction detailing	구조형태결정 determination of struct. form	실행계획 performance planning

계획과정의 일상적인 기능들

Routine functions accompanying the planning process

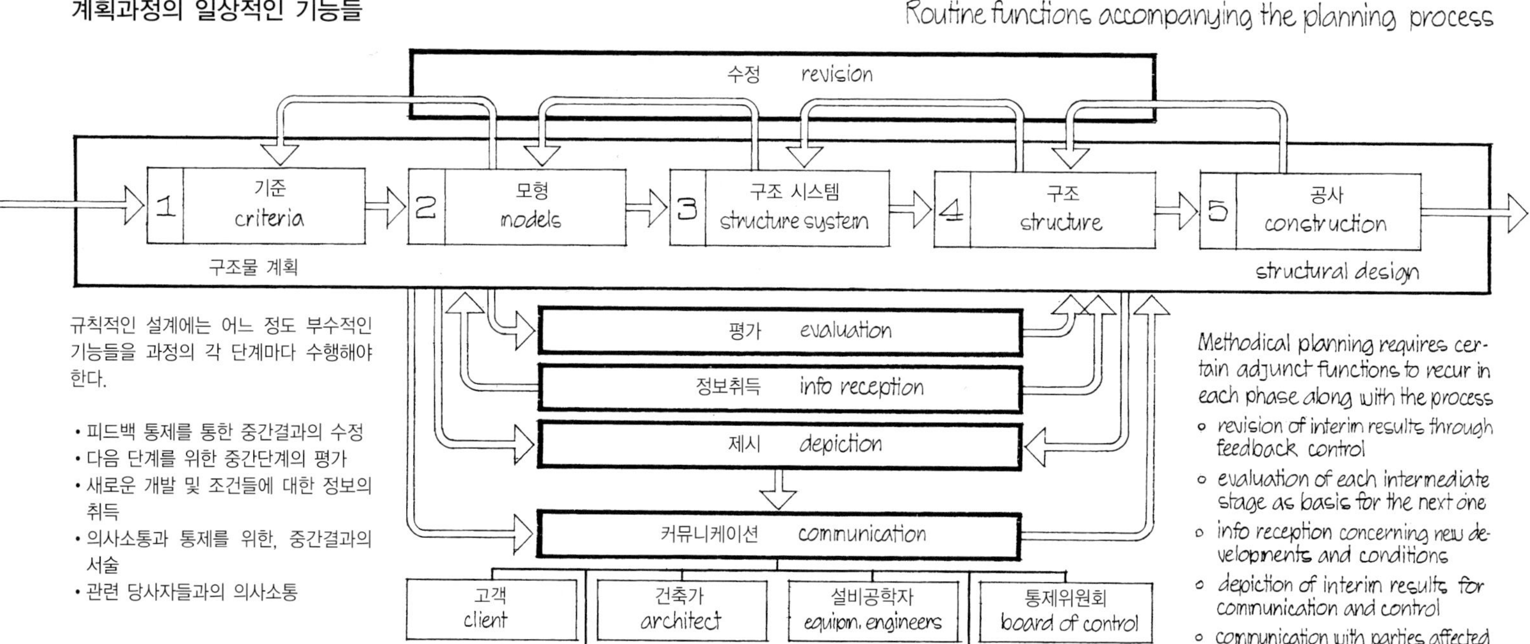

규칙적인 설계에는 어느 정도 부수적인 기능들을 과정의 각 단계마다 수행해야 한다.

- 피드백 통제를 통한 중간결과의 수정
- 다음 단계를 위한 중간단계의 평가
- 새로운 개발 및 조건들에 대한 정보의 취득
- 의사소통과 통제를 위한, 중간결과의 서술
- 관련 당사자들과의 의사소통

Methodical planning requires certain adjunct functions to recur in each phase along with the process

- revision of interim results through feedback control
- evaluation of each intermediate stage as basis for the next one
- info reception concerning new developments and conditions
- depiction of interim results for communication and control
- communication with parties affected

구조설계 프로세스의 양상 및 단계 / 조직도
Process pattern and phases of structural design / Organization chart

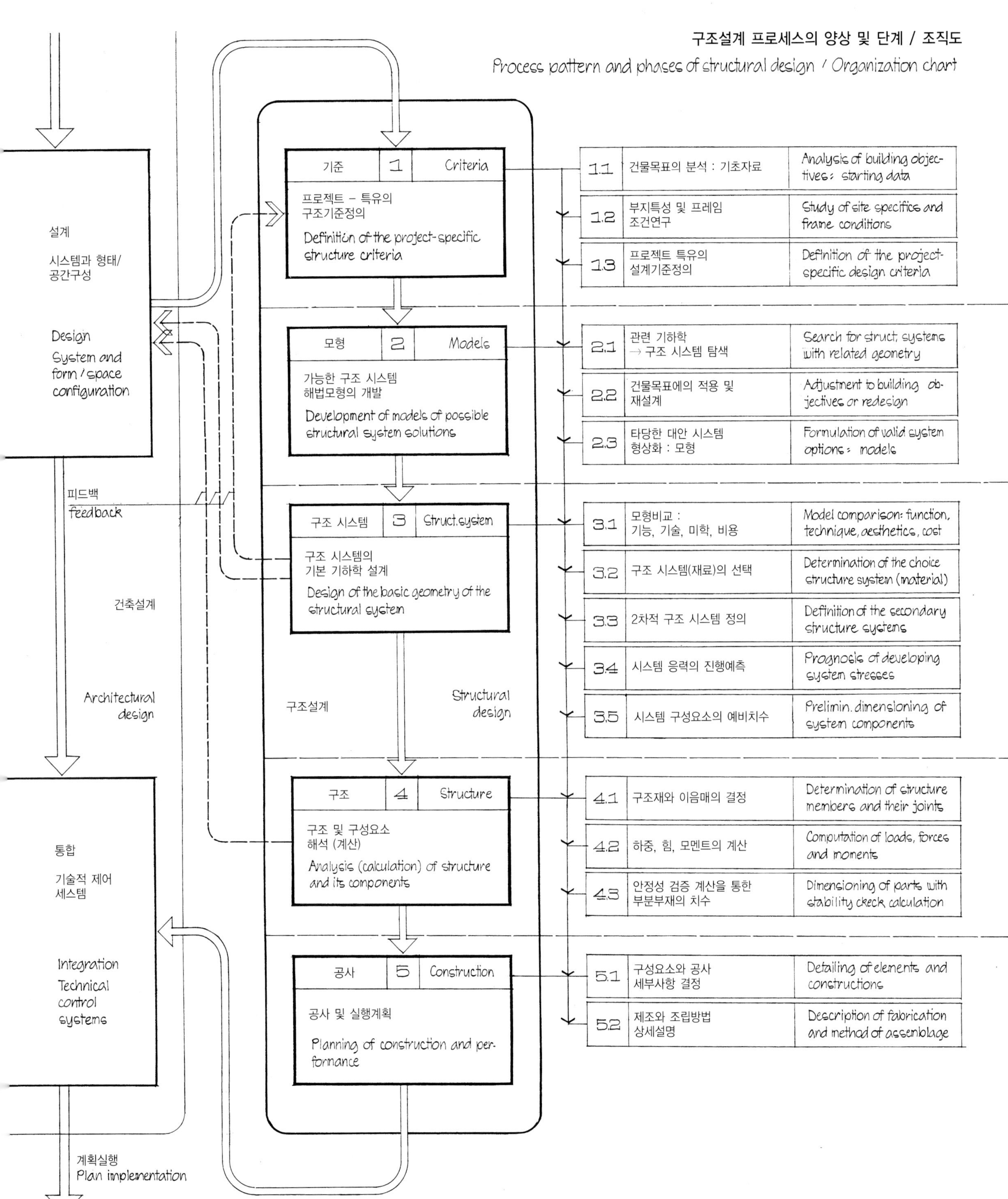

구조 시스템 설계에 대한 일반원리

General principles for the design of structure systems

설계과정에서 주요 결정요인들 간의 상호관계

Interrelationship of major determinants in the design process

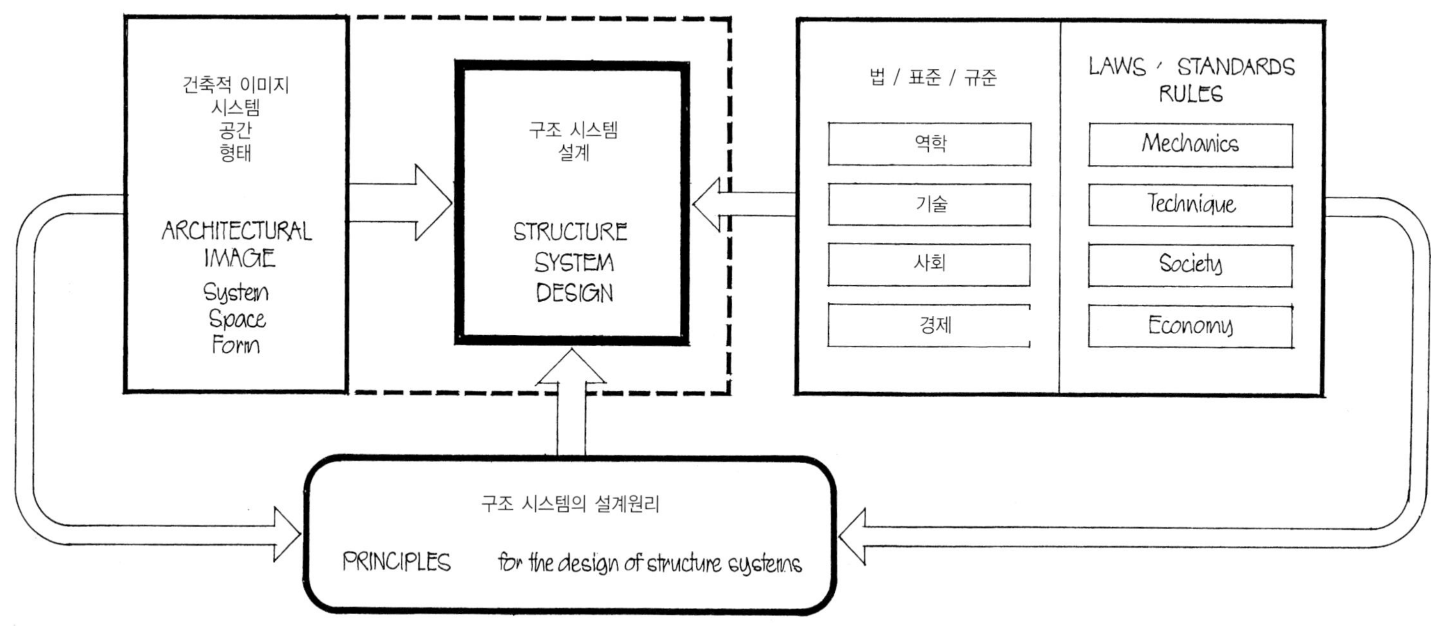

구조 시스템, 형태 그리고 기능을 결정하는 주요 요인들간의 상호관계로부터 구조 시스템의 설계를 위해 보편 타당한 원리들을 유도해낼 수 있다.

From the interrelationship of major agents that determine system, form and function of structures, universally valid principles for the design of structure systems can be derived

설계원리 = 구조 시스템의 품질기준

Design principles = Criteria for quality of structure systems

형태설계원리	건축적 설계와의 호환성 및 건축설계 아이디어 품질의 향상	1	Compatibility with, and qualification for enhancement of, the prime idea of the architectural design	FORM DESIGN principles
	건축적 형태에서 조합사용의 적절성	2	Appropriateness of ranking within the concert of architectural form generators	
	건물모양의 설계에 있어서 최적화 및 재평가의 가능성	3	Potential for optimization or re-evaluation in the design of the building shape	
구조원리	구조거동과 구조설계의 3차원적 현실성	4	Three-dimensional reality of structural behaviour and structural design	STRUCTURAL principles
	하중부담에서부터 하중제거까지의 힘의 흐름의 직진성과 논리성	5	Straightness and logic of the flow of forces from load reception to load discharge	
	수평 및 비대칭적 하중에 대한 안정화 시스템의 규명	6	Identification of system for stabilization against horizontal and asymmetrical loading	
	(정정 시스템 대비) 정적인 부정정 시스템의 선호도	7	Preference of statically indeterminate systems (versus determinate systems)	
경제원리	구조접합의 규칙성과 구조부재기능의 대칭성	8	Regularity of structural articulation and symmetry of structural component functions	ECONOMICAL principles
	동등하거나 관련된 구조적 기능들 간의 응력 분배의 균등성	9	Balanced stress distribution amongst members of equal or related structural functions	
	단일 구성요소에 대한 두 개 이상의 구조기능을 부과	10	Imposition of two or more structural functions on the single component member	

건물과 구조의 개념적 상호관계
Conceptual interrelationship of building and structure

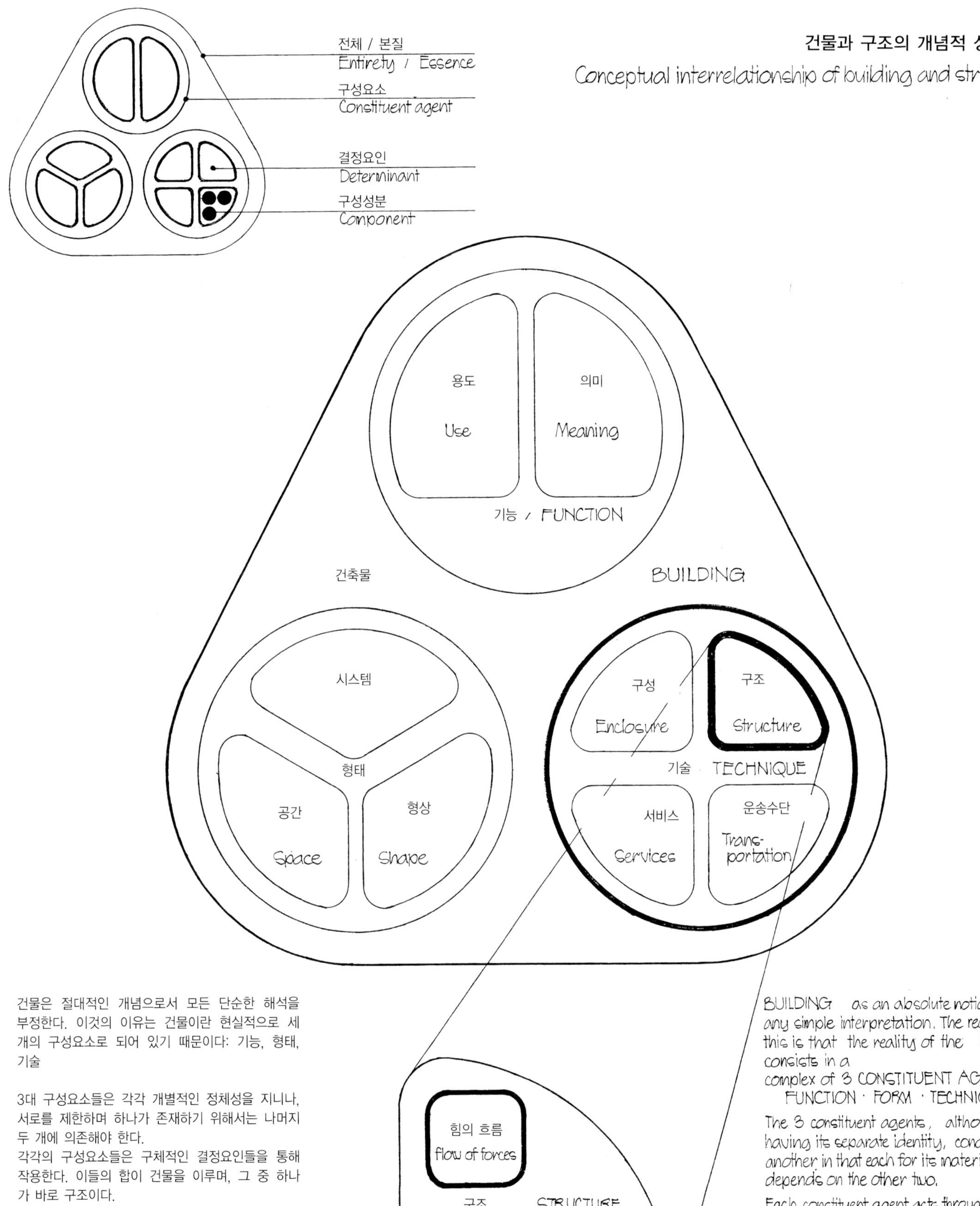

건물은 절대적인 개념으로서 모든 단순한 해석을 부정한다. 이것의 이유는 건물이란 현실적으로 세 개의 구성요소로 되어 있기 때문이다: 기능, 형태, 기술

3대 구성요소들은 각각 개별적인 정체성을 지니나, 서로를 제한하며 하나가 존재하기 위해서는 나머지 두 개에 의존해야 한다.
각각의 구성요소들은 구체적인 결정요인들을 통해 작용한다. 이들의 합이 건물을 이루며, 그 중 하나가 바로 구조이다.

구조는 또 다시 3개의 구성요소로 이뤄져 있다: 힘의 흐름, 기하학, 재료

BUILDING as an absolute notion eludes any simple interpretation. The reason for this is that the reality of the building consists in a complex of 3 CONSTITUENT AGENTS:
FUNCTION · FORM · TECHNIQUE

The 3 constituent agents, although each having its separate identity, condition one another in that each for its materialization depends on the other two.
Each constituent agent acts through a set of concrete contents: DETERMINANTS.
Their sum total is the reality of the building.
One of the determinants is STRUCTURE

Each single structure is positively defined through its 3 COMPONENTS: Flow of FORCES · GEOMETRY · MATERIAL

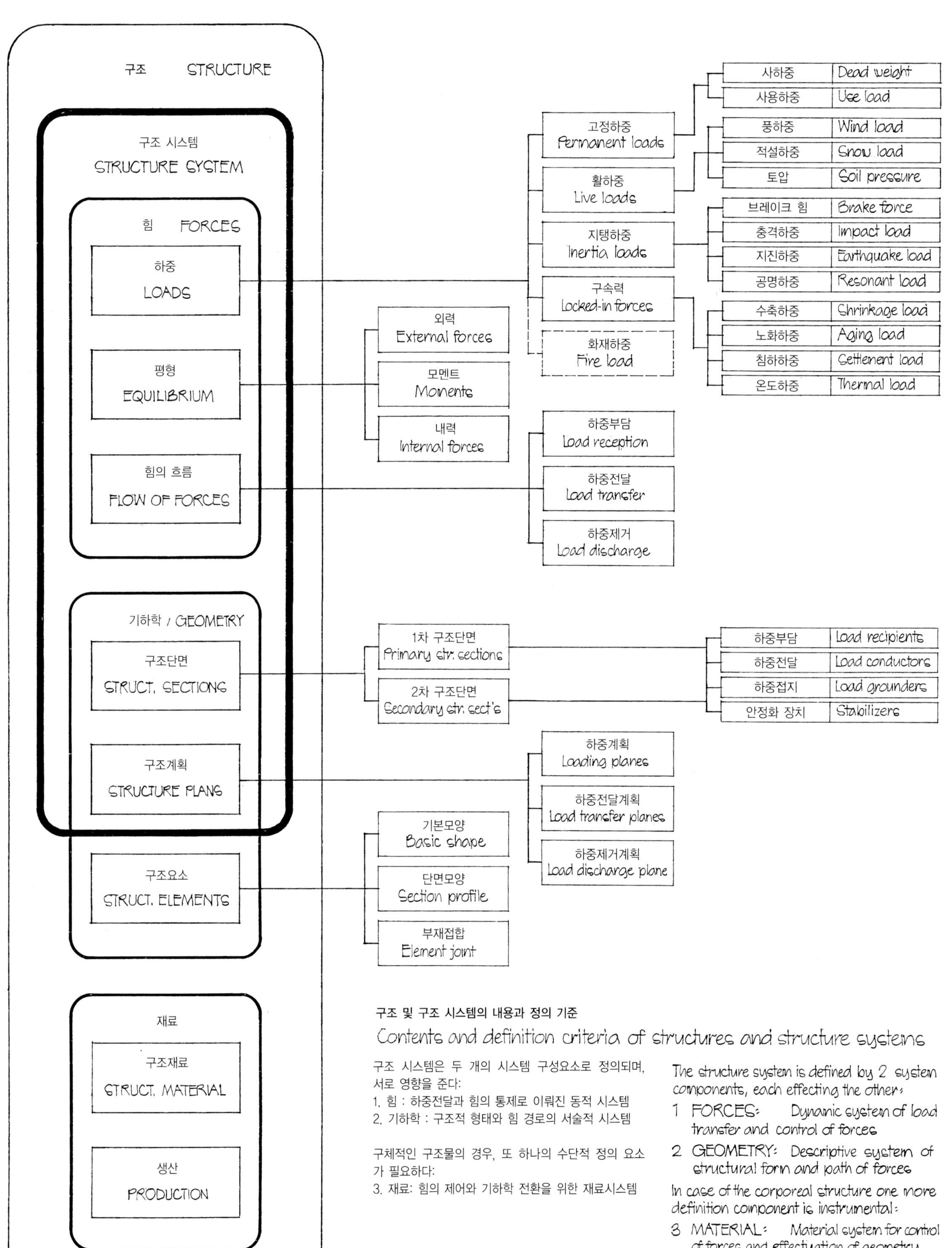

구조 및 구조 시스템의 내용과 정의 기준

Contents and definition criteria of structures and structure systems

구조 시스템은 두 개의 시스템 구성요소로 정의되며, 서로 영향을 준다:
1. 힘 : 하중전달과 힘의 통제로 이뤄진 동적 시스템
2. 기하학 : 구조적 형태와 힘 경로의 서술적 시스템

구체적인 구조물의 경우, 또 하나의 수단적 정의 요소가 필요하다:
3. 재료: 힘의 제어와 기하학 전환을 위한 재료시스템

The structure system is defined by 2 system components, each effecting the other:
1 FORCES: Dynamic system of load transfer and control of forces
2 GEOMETRY: Descriptive system of structural form and path of forces

In case of the corporeal structure one more definition component is instrumental:
3 MATERIAL: Material system for control of forces and effectuation of geometry

구조에 있어서 다양하게 작용하는 힘/ 명칭

Diversity of forces in structures / Denominations

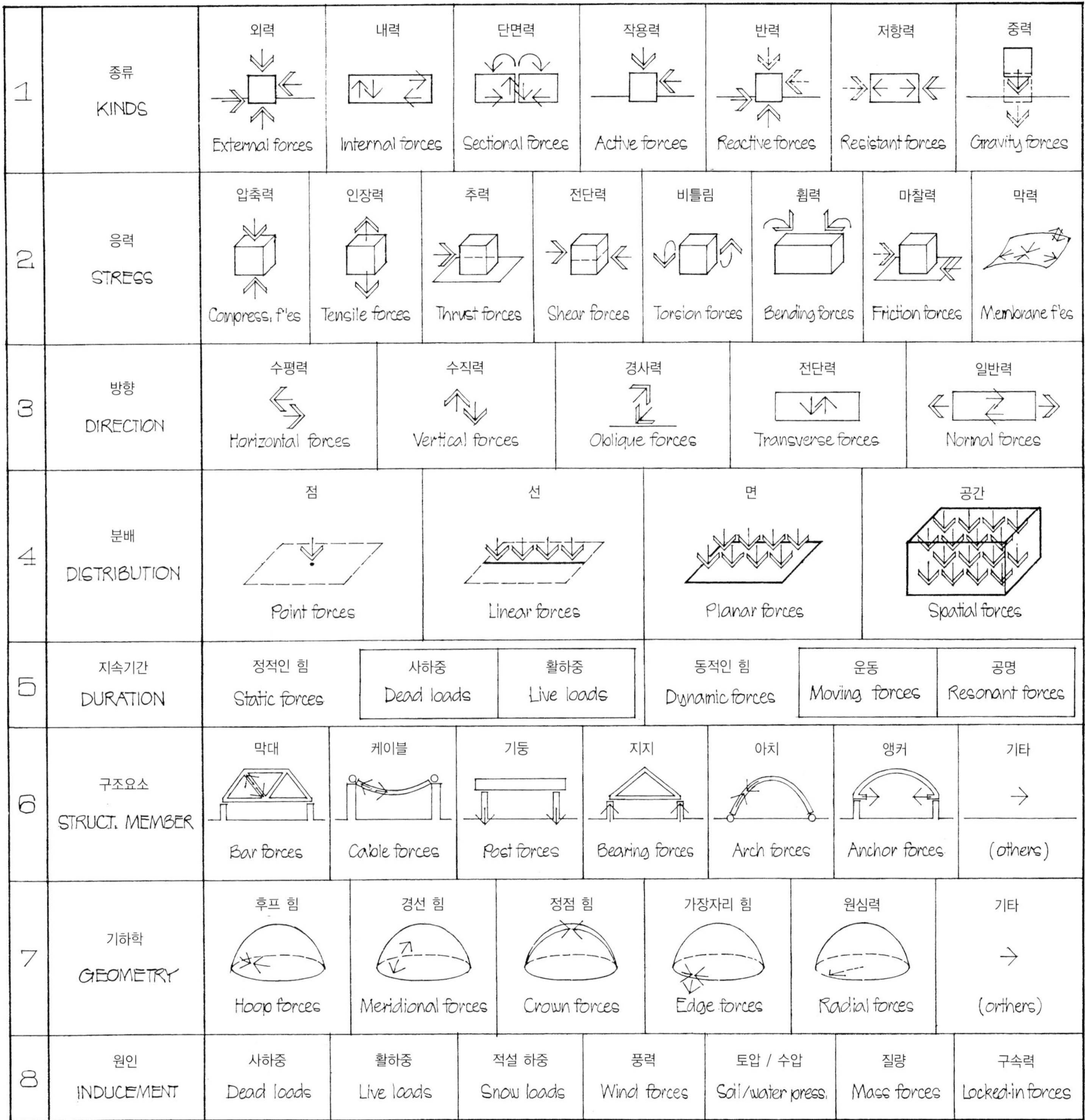

구조는 힘을 제한하고 방향을 전환하기 위한 기구이다. 이러한 힘은 각 건물마다 네 가지의 조건에 의해 결정된다:

1. 건물의 자중과 활하중
2. 건물의 용도
3. 건물구성물질의 특성과 접합
4. 부지와 환경의 영향 및 조건

구조설계의 방향을 결정하는 힘의 작용에 대해 두 가지를 생각할 수 있다:

+ 힘은 구조를 통해 '흐르며' 지면으로 '전달'된다
+ 힘은 내력과 외력을 통해 평형상태로 '고정되며' '정적이다'

Structures are devices for constraining and steering forces. These forces are determined by 4 conditions specific to each building:

1 Weight of the buildung and its live (utilitarian) loads
2 Kind of usage (consequences of operation) of the building
3 Properties and articulation of the building substance
4 Influences and conditions of the location and of its surroundings

Two conceptions about the operation of forces guide the design of structures:

+ forces 'FLOW' through the structure and are DISCHARGED to the Earth
+ forces 'STAY' FIXED' in equilibrium through counter forces and are STATIC

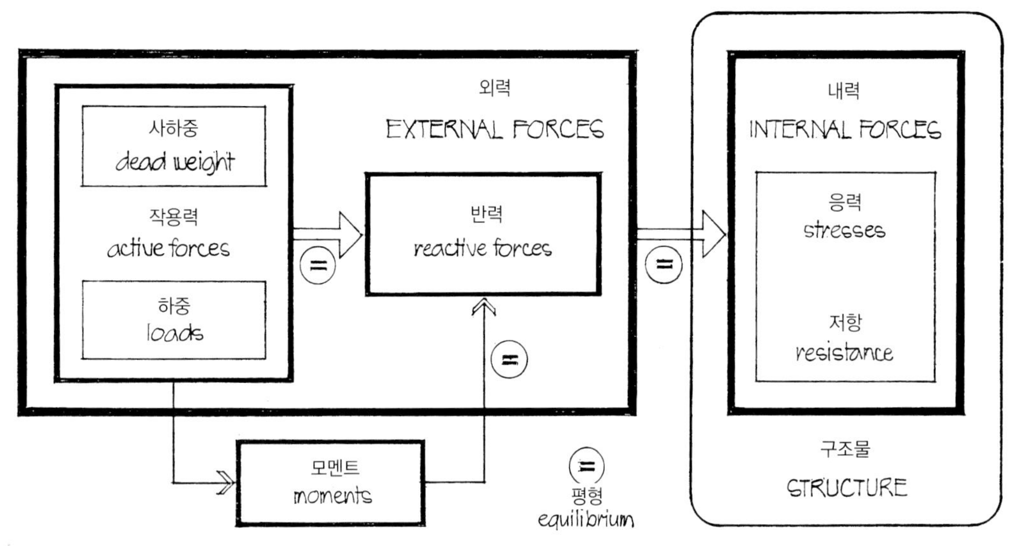

구조이론의 전제

구조의 창의적 설계와 분석에 있어서 주요 주제는 '평형상태의 힘'이다.
구조의 이미지는 작용력을 버티도록 설계하고 측정해야 한다; 즉, 평형상태를 유지하도록 반력을 사용하는 것이다.

Prerequisite of Theory of Structures

The central subject in the creative design and analysis of structures is:
FORCES in EQUILIBRIUM
A structure image is to be designed and dimensioned that resists the active forces, i.e. mobilizes opposite forces which secure the equilibrium.

구조거동에 있어서 필수적인 개념들

Essential concepts in the behaviour of structures

	힘 ...은 물체로 하여금 이동하거나 상태(또는 모양)가 변하도록 하는 것이다.	FORCE is a quantity which induces a solid to move or to change its state (or its shape)	힘 = 질량 × 가속도 F = m × a N / kN force = mass × acceleration
	하중 ...은 물체의 지지반력으로 제거되는 외부로부터 물체에 작용하는 힘이다.	LOADS are the forces that act upon a solid from the exterior, excepting the reactive forces emanating from the solid's bearings	하중 = 작용력 $L = F_A = m_A \times a$ N / kN load = active force
10 kg × 9,81 = 98,1 N	중력 ...은 지구의 질량이 물체를 지구 쪽으로 (물체의 질량에 비례하게) 잡아당기는 힘이다/ = 무게	GRAVITATIONAL FORCE is the force by means of which the mass of the Earth pulls a solid commensurate to the quantity of its mass / = weight	중력 = 질량 × 만유인력상수 $G = m \times 9{,}81\ m/s^2$ N / kN force of gravity = mass × gravitation
	모멘트 ....는 우력(偶力)에 의한 회전하는 힘이나 이동하는 중심이 힘의 방향 밖에 놓여 있을 때의 힘이다.	MOMENT is the turning motion induced by a couple or exerted by a force on a solid of which the center of motion lies outside the direction of force	모멘트 = 힘 × 거리 $M = F \times \ell$ (kN) Nm moment = force × lever arm
	응력 ...는 단위면적 당 내부의(저항하는) 힘으로 외력에 의해 물체가 움직일 때 발생한다.	STRESS is the internal (resistant) force per unit area which is mobilized in a solid through the action of an external force	응력 = 힘 ÷ 면적 $\sigma = F \div A$ (kN) N/cm² stress = force ÷ area
	저항 ...은 물체가 외력의 작용에 의한 변형이나 움직임을 버티는 힘이다. = 저항력	RESISTANCE is the force by means of which a solid withstands a deformation or motion induced by the action of an external force / = resistant force	저항 = 저항력 $R = F_A = m \times a$ N / kN resistance = resistant force
	평형 ...은 물체에 작용하는 힘의 합이 어떠한 움직임도 유발하지 않는 것이며, 이때 힘의 합은 0이다.	EQUILIBRIUM is the state in which the sum total of forces acting upon a solid does not produce any motion, meaning that it is equal zero	힘과 모멘트의 합 = 0 $\Sigma F + M = 0$ sum total of forces and moments = 0

1	형태저항 시스템	FORM-active systems
2	벡터저항 시스템	VECTOR-active systems
3	단면저항 시스템	SECTION-active systems
4	면저항 시스템	SURFACE-active systems
5	높이저항 시스템	HEIGHT-active systems

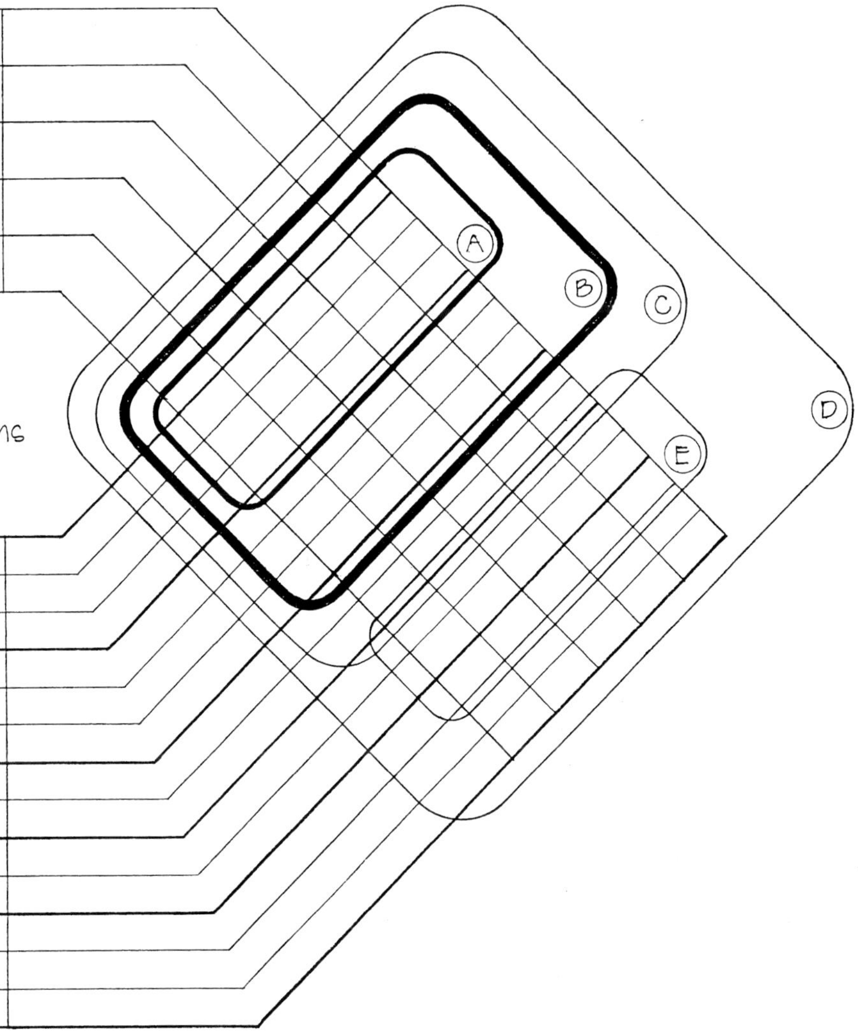

구조의 이론 : 주제, 관계, 분류
Theory of structures: Subjects, references, articulations

기하학 GEOMETRY	공간볼륨	Space volume
	공간구성	Enclosure mould
	기초형태	Footing shape
구조역학 MECHANICS	하중	Loads
	평형	Equilibrium
	힘의 흐름	Flow of forces
재료 MATERIAL	건축재료	Bldg. material
	건물의 화학적 특성	Bldg. chemistry
구조분석 STR. ANALYSIS	구조 유니트	Structural unit
	구조재	Struct. member
시공 CONSTRUCTION	부재접합	Connection joint
	건물의 물리적 특성	Bldg. physics
	공사방법	Constr. method

A B C D E

구조개념의 단계 : 정의

(A) 구조 이미지 = 건물의 실질적인 형태의 특성으로서, 건물에게 형태를 부여하고 유지함
= 재료에 건축적인 형태/공간 개념을 결정하는 기하학

(B) 구조 시스템 = 건물의 힘의 방향을 전환하고 전달하는, 조작적이고 도식적인 체계
= 건물 내의 힘들이 평형상태를 유지하는 역학에 대한 기본적인 기하학

(C) 구조 = 건물의 모든 구성요소들의 합계로, 하중을 지탱하는 기능을 수행함
= 구현된 구조 시스템 (또는 구조 이미지)
= 형태의 보존과 기능의 수행을 부여해주는 건물 본질의 구현체

(D) 구조구성 = 자율적인 건축공사로서 실현된, 건물구조의 기술적 현실
= 건물에 작용하는 힘을 제어하기 위한 기술들의 구성으로서, 개별부품들과 통합 메카니즘들의 상호작용을 모두 담당함

(E) 구조 패턴 = 구조구성의 내부적 분절
= 건물구조의 개별구성요소를 서로 연결하기 위한 질서 및 배치

Levels of structure concepts: Definitions

(A) Structure image = Characteristic form of that building substance which grants and preserves the building shape
= Determinant geometry that renders material the architectural form/space concept

(B) Structure system = Operational and pictorial scheme for redirection and transmission of forces in the building
= Basic geometry for the mechanics of equilibrium of forces within the building

(C) Structure = Sum total of all parts of the building, that peform bearing functions
= Substantiated structure system (or str. image)
= One agent of the building's essence that grants preservation of form and fulfillment of function

(D) Structure fabric = Technological reality of the building structure as autonomous engineering construction
= Technical fabric for controlling forces that act on the building, functioning as both, complex of individual parts and integral mechanism

(E) Structure pattern = Internal articulation of the structure fabric
= Ordering disposition for the interconnection of individual structural members of the building

구조 시스템의 분류와 체계를 위한 기본으로서 건축물의 구조기능과 상호관계

Causality and function of structures in building as a basis for a stringent classification and inspiring order of structure systems

발단 / Inception

인간의 활동은 기본적으로 수평면 상에서 펼쳐지며, 따라서 둘러싸인 공간은 수평으로 확장되어야 한다.

The activities of man essentially unfold upon horizontal plane and therefore predominantly require for the enclosed space the horizontal extension

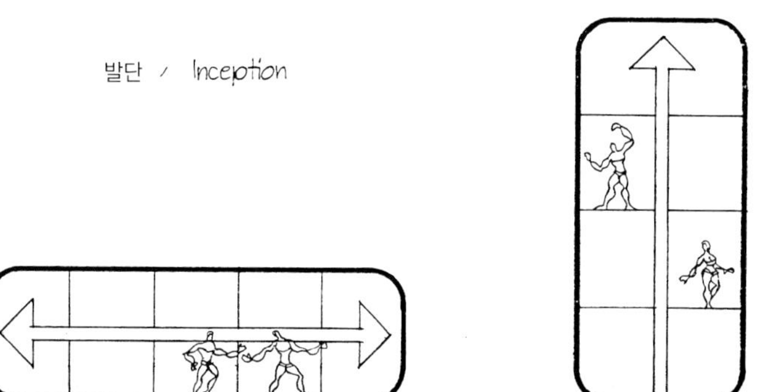

인간의 활동은 자유뿐만이 아니라 지구의 공간을 더욱 더 활용하기 위해 수직으로 확장할 필요도 있다.

The activities of man require spatial height not only for freedom of movement, but especially for the increase of use area on the planet

문제점 / Problem

중력으로 인하여 공간을 둘러싼 물체에 수직력이 작용하여 각 구성요소로 하여금 확장된 공간이 휘어진다.

The substance of the space enclosure due to gravitational pull develops vertical dynamics for each component part tending to efface the spatial extension

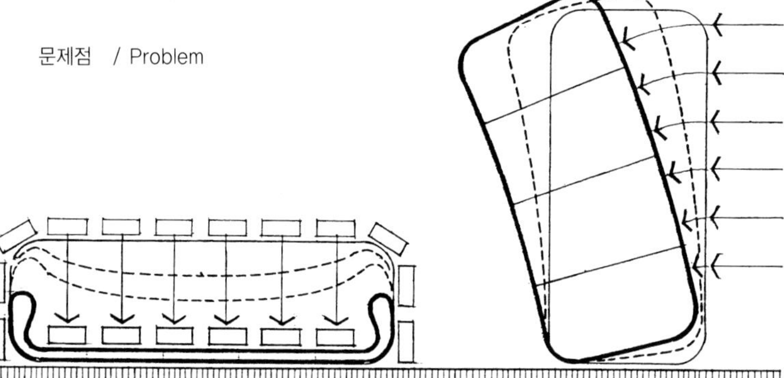

수직적 확장으로 인하여 바람에 의한 하중이 증가하며, 이로 인해 발생한 수평력이 시간이 지남에 따라 공간 부피의 기하학에 변형을 일으킨다.

The vertical extension due to the increasing wind load exposes the space enclosure to horizontal dynamics that tend to change the geometry of the space volume

갈등 / Conflict

중력방향과 인간활동의 방향이 갈등을 일으키기 때문에 건물에 구조가 필요하다.

The conflict of the two directions of gravitational pull and activity dynamics of man is primary cause for the necessity of structures in building

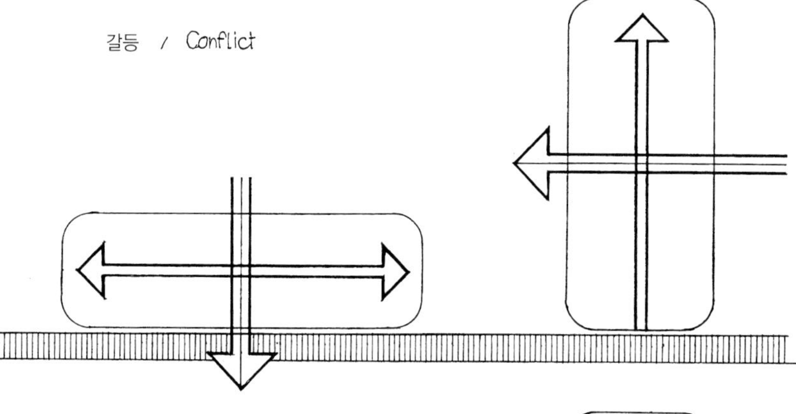

풍향과 높이의 확장이 갈등을 일으키기 때문에 건물에 구조가 필요하다.

The conflict of the two directions of wind load and height extension of enclosed space is the second cause for the necessity of structures in building

기능 / Function

구조를 통해 중력의 방향을 수평으로 전환하여, 이에 공간 볼륨의 필요에 따라 중력의 힘을 전달할 수 있다.

Through structures the acting gravitational forces will be redirected into horizontal direction and, according to the requirements of the space volume, will be grounded

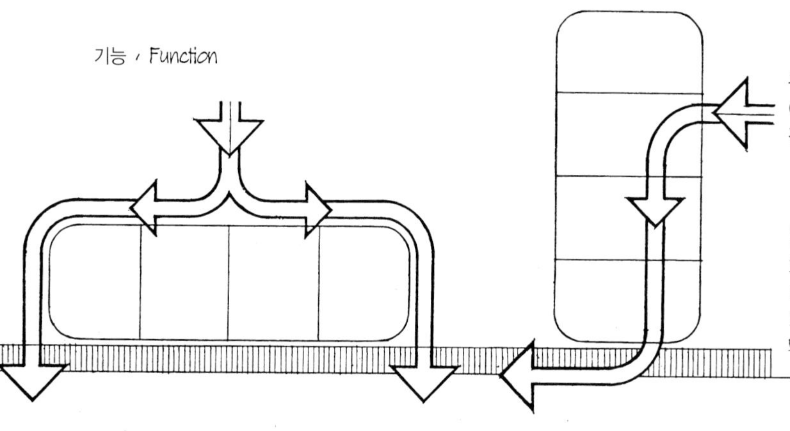

구조를 통해 풍향을 수직으로 전환하여, 이에 공간 볼륨의 필요에 따라 풍압을 전달할 수 있다.

Through structures the acting wind forces will be redirected into vertical direction and, according to the requirements of the space volume, will be grounded

구조 시스템의 형성에 대한 주요 아이디어 및 기준

복잡한 내용을 포함하는 분야들은 그 내용을 분류함으로써 쉽게 접근할 수 있다: 특정 분야의 체계는 해당 분야의 본질로부터 유도될 때에 타당성을 지닌다. 구조의 본질은 그 기능에 있다: 힘의 방향전환

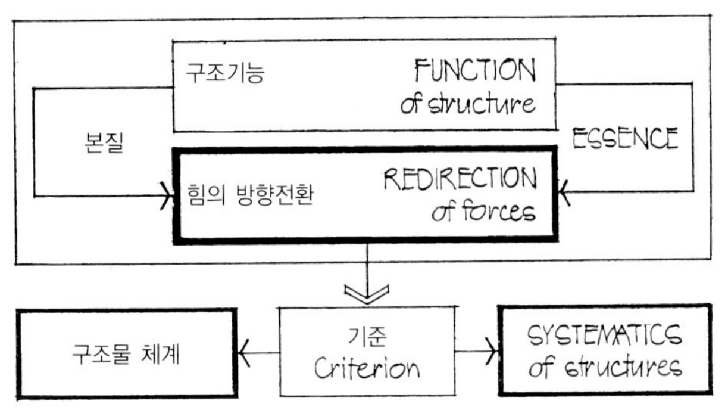

Central idea and criterion for the formation of a structures systematics

Complex subject fields are best made accessible through classification of their contents: SYSTEMATICS

The systematics of a subject field is rational if it is derived from the very ESSENCE OF THE SUBJECT itself

The essence of structure is its function: REDIRECTION OF FORCES

건물 구조의 체계

개체의 내용에 대해 작용하는 힘의 방향 전환을 위하여 자연계와 기술계는 네 가지의 기본적인 메카니즘을 사용한다 :

1 힘의 적응 → 형태저항
2 힘의 분해 → 벡터저항
3 힘의 제한 → 단면저항
4 힘의 분산 → 면저항

건물의 경우, 정반대되고, 비전형적인 메카니즘이 추가된다:

5 하중결집과 접지 → 높이저항

Systematics of structures in building

For the redirection of acting forces through substance nature and technique hold 4 distinct mechanisms:

1 Adjustment to the forces → FORM action
2 Dissection of the forces → VECTOR action
3 Confinement of the forces → CROSS SECTION action
4 Dispersion of the forces → SURFACE action

In building is to be added as a diametrical - atypical - mechanism:

5 Collection and grounding of loads. → HEIGHT action

구조체계 / Systematics of structures

힘의 흐름 / Flow of forces
내부응력 / Internal stresses

1 형태저항 FORM action
2 벡터저항 VECTOR action
3 단면저항 SECTION action
4 면저항 SURFACE action
5 높이저항 HEIGHT action

구조분야를 이해하고, 이들의 외형적 및 공간적 특징을 건축 설계에 창의적으로 적용하기 위해서는 다음과 같은 사항들이 필요하다:

- 힘의 방향을 전환하게 하는 메카니즘에 대한 지식
- 형태와 공간을 생성하기 위한, 구조 기하학에 대한 유효한 지식

The seizure of the domain of structures and the creative application of their formal and spatial idioms in architectural design therefore require

- knowledge of the mechanisms that make forces change their directions
- knowledge of valid structure geometries for generation of form and space

구조 시스템의 분류

Classification of structure systems in building

	기준 Criterion	표준형태 prototype	힘 forces	특징 feature	힘의 방향전환 mechanics of redirection of forces
1	형태	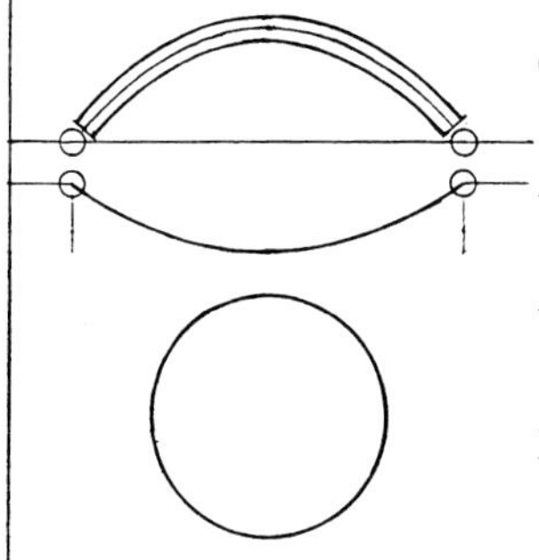 아치 funicular arch 서스펜션 케이블 suspension cable 원형 링 circular ring 기구 balloon	압축력 또는 인장력 compression or tension	선형 추력 thrust line 캐터네리 catenary 원 circle	형태저항 form-active 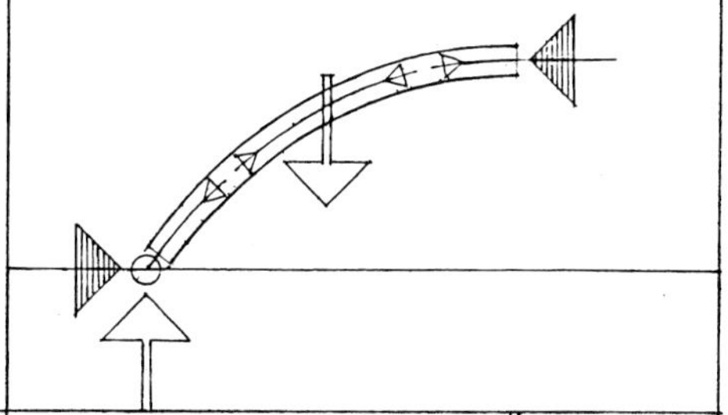
2	벡터 VECTOR	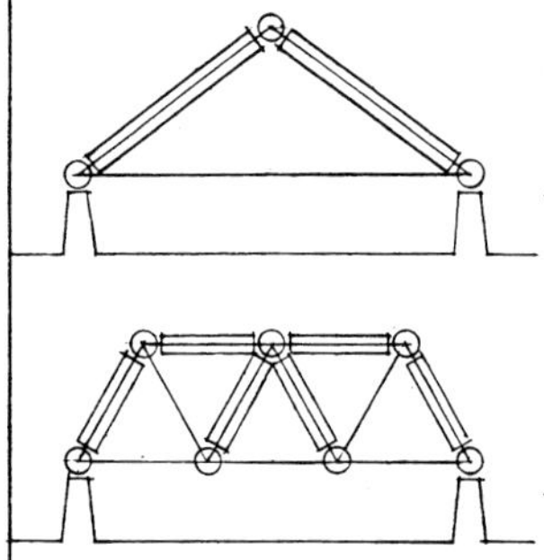 삼각 트러스 triangular truss 트러스 빔 trussed beam	압축력과 인장력 compression and tension	3각 분할 triangu-lation	벡터저항 vector-active 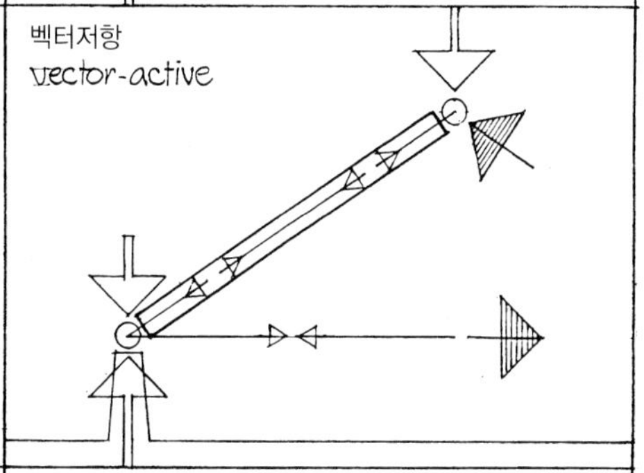
3	단면 CROSS SECTION	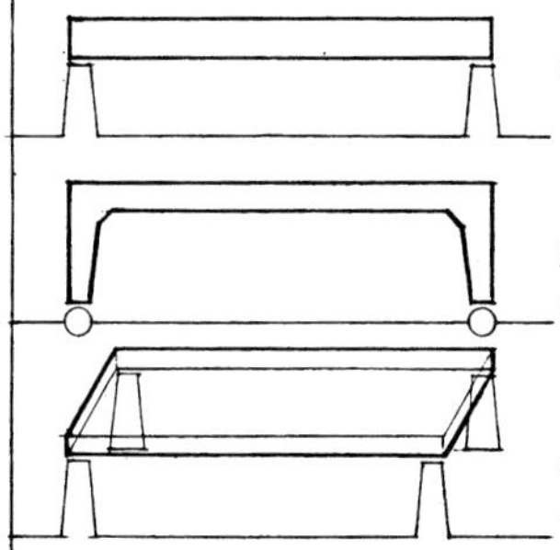 빔 beam 프레임 frame 평 슬래브 flat slab	휨 단면력 bending section forces	단면 sectional profile	단면저항 section-active 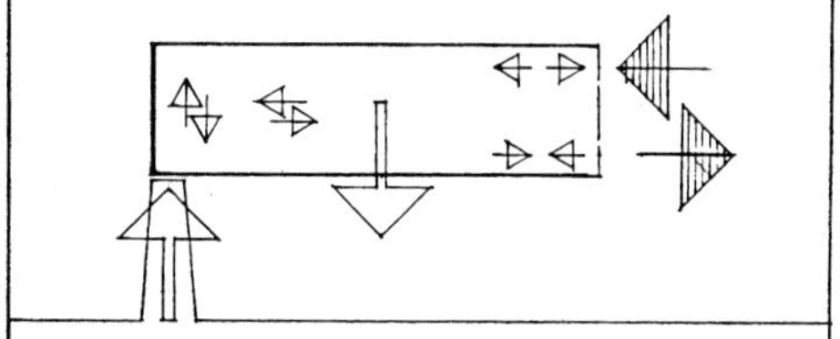
4	면 SURFACE	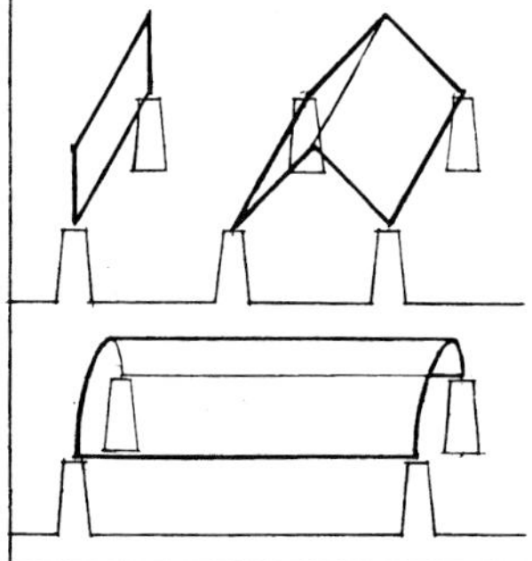 판 plate 절판 folded slab 실린더 쉘 cylindrical shell	막응력 membrane stresses	면형태 surface shape	면저항 surface-active 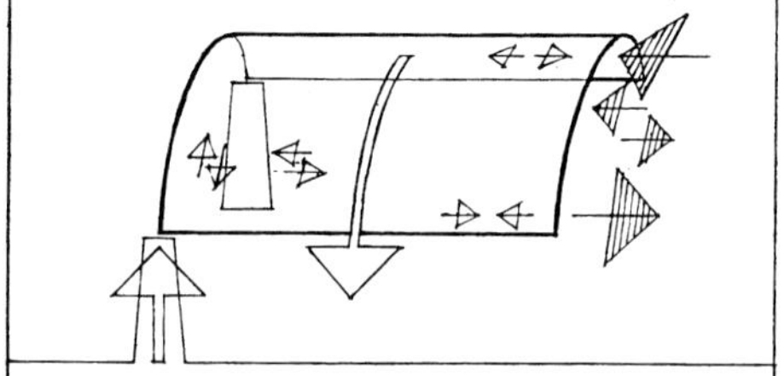
5	높이 HEIGHT	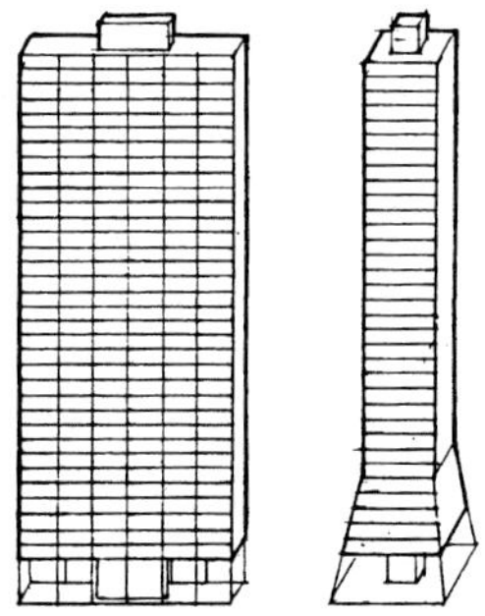 슬래브 slab 타워 tower	(복합조건) (complex conditions)	하중접지 안정 load grounding stabili-zation	높이저항 height-active 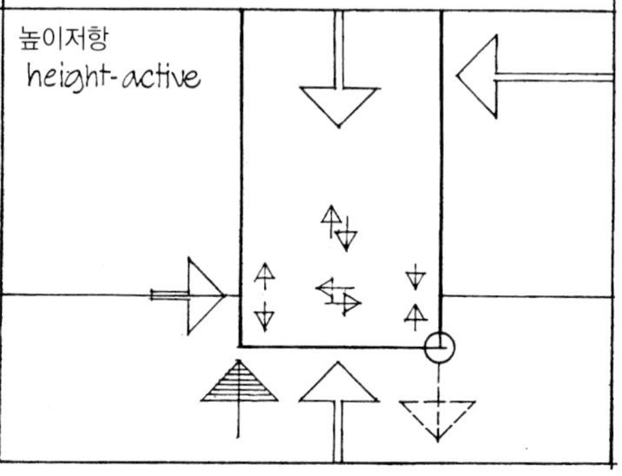

구조 시스템의 분류

Classification of structure systems in building

구조분류 Structure family		정의 / Definition		구조유형	Structure type
1	형태저항 구조 시스템 FORM-ACTIVE structure systems	…는 유연하고 비강성 물질로 된 시스템으로, 힘의 방향전환이 특정한 형태의 설계와 안정화 특성에 의해 저항한다. .... are systems of flexible, non-rigid matter, in which the redirection of forces is effected by particular FORM design and characteristic FORM stabilization	1.1	케이블 구조	CABLE structures
			1.2	텐트 구조	TENT structures
			1.3	공기압 구조	PNEUMATIC structures
			1.4	아치 구조	ARCH structures
2	벡터저항 구조 시스템 VECTOR-ACTIVE structure systems	…는 짧고 견고하며 직선재(막대)로 된 시스템으로, 힘의 방향전환이 벡터의 분해, 즉 하나의 힘을 다방향으로 나눔으로써 저항한다. (압축 또는 인장 막대) .... are systems of short, solid, straight lineal members (bars), in which the redirection of forces is effected by VECTOR partition, i.e. by multi-directional splitting of single forces (compressive or tensile bars)	2.1	평면 트러스	flat trusses
			2.2	변형 평면 트러스	transmitted flat trusses
			2.3	곡면 트러스	curved trusses
			2.4	공간 트러스	space trusses
3	단면저항 구조 시스템 SECTION-ACTIVE structure systems	…는 견고하고 단단하며 선형적인 요소들로, 판 모양의 압축된 형태를 포함하는 시스템으로, 힘의 방향전환이 단면력(내부)을 통해 저항한다. .... are systems of rigid, solid, linear elements - including their compacted form as slab -, in which the redirection of forces is effected by mobilization of SECTIONAL (inner) forces	3.1	빔 구조	BEAM structures
			3.2	프레임 구조	FRAME structures
			3.3	빔 그리드 구조	BEAM GRID structures
			3.4	슬래브 구조	SLAB structures
4	면저항 구조 시스템 SURFACE-ACTIVE structure systems	…는 유연하지만 다른 측면으로는 강한 면 (=압축력, 인장력, 전단력 등에 저항하는)으로 구성된 시스템으로, 힘의 방향전환의 면저항과 특정 면형태에 의해 저항한다. .... are systems of flexible, but otherwise rigid planes (= resistant to compression, tension, shear), in which the redirection of forces is effected by SURFACE resistance and particular SURFACE form	4.1	판구조	PLATE structures
			4.2	절판구조	FOLDED PLATE structures
			4.3	쉘 구조	SHELL structures
5	높이저항 구조 시스템 HEIGHT-ACTIVE structure systems	…는 힘의 방향전환을 높이의 확장을 통해 이루는 시스템이며, 즉 각 층과 풍하중을 모아서 전달하며, 높이에 대해 저항하는 고층건물들이 전형적인 사례이다. .... are systems, in which the redirection of forces necessitated by height extension, i.e. collection and grounding of storey loads and wind loads, is effected by typical HEIGHT-proof structures, HIGHRISES	5.1	베이형(BAY) 고층건물	BAY-TYPE highrises
			5.2	외피형(CASING) 고층건물	CASING highrises
			5.3	코어형(CORE) 고층건물	CORE highrises
			5.4	교량형(BRIDGE) 고층건물	BRIDGE highrises

구조분류의 기본원리

Guide principles to the classification of structures

구분 Disposition		기본원리 Guide principle	사례 Examples					
1단계	구조계열	힘의 방향전환과 전달 메카니즘	형태저항 구조		면저항 구조		높이저항 구조	
2단계	구조유형	구성 또는 공통적인 개체의 종류	아치 구조	텐트 구조	프레임 구조	빔 그리드	코어형 고층 건물	교량형 고층 건물
3단계	단일구조	기하학적인 또는 건축적인 특징	추력 격자	고점 텐트 구조	층별 프레임	단계적 격자	간접 하중 코어	층별 교량
Level 1	Structure FAMILY	Mechanism of redirection and transfer of forces	e.g. FORM-active structures		e.g. SECTION-active structures		e.g. HEIGHT-active structures	
Level 2	Structure TYPE	Configuration or common object denomination	ARCH structures	TENT structures	FRAME structures	BEAM GRID structures	CORE highrises	BRIDGE highrises
Level 3	Structure SINGLE	Geometric or constructional feature	thrust lattice	peak tents	storey frames	gradated grids	indirect load cores	storey bridges

1단계 : **5개의 구조계열**

힘의 방향전환과 전달의 메카니즘의 특징들이 구조를 5가지 시스템 '계열'로 나누는 기준이 된다 (각 계열마다 새로운 명칭이 부여됨)

2단계 : **19개의 구조유형**

계속되는 구조유형의 분류는 기존의 구조명칭들을 그 구성에 따라 분류하며, 이것에는 기술적인 구성에서부터 특징적인 구조요소까지 전부 포함된다.

3단계 : **70~80개의 단일구조**

최종구분은 구조체의 특징 중 지배적인 기하학적 또는 건축적 특징에 따라 분류된다. 이는 설계에 있어서 본질적인 형태 분야를 구성하는 구조모형들에 일목요연한 질서를 부여한다.

1st level: 5 structure FAMILIES

The characteristic mechanisms of redirection and transfer of forces form the basis for the major subdivision of structures into 5 system 'families' (with new denominations for each 'family')

2nd level: 19 structure TYPES

The subsequent subdivision into structure types makes use of the conventional denominations of structures that are derived from the configuration, from the technical composition or from the characteristic structural element

3rd level: 70-80 structure SINGLES

The final differentiation rests upon the dominant geometric or constructional feature of the structure body. It presents a comprehensive order of model structures that constitute an essential forms discipline in the design

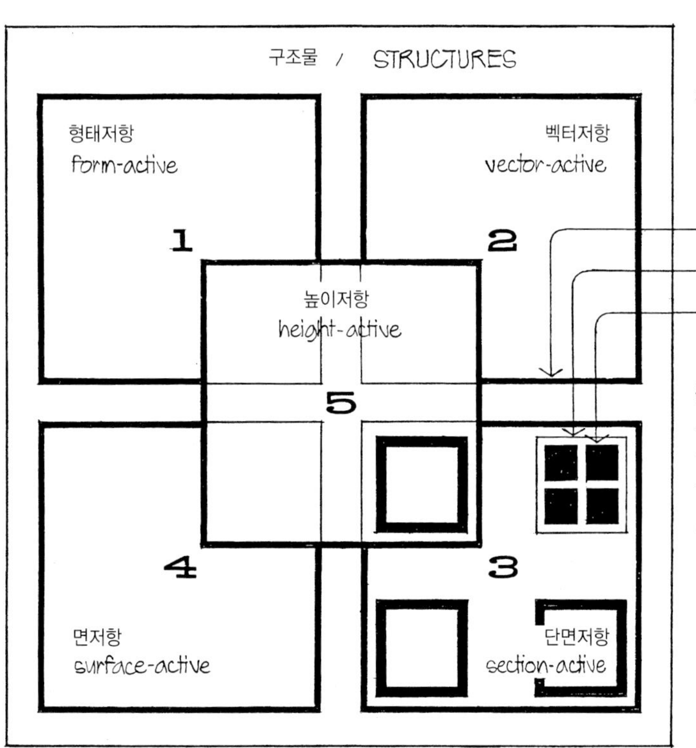

구조물 분류를 위한 조직표

Organization chart for the classification of structures

구조계열 1 / structure FAMILY 1 -5

구조유형 1.1 / structure TYPE 1.1 -5.4

단일구조 1.1.1 / structure SINGLE 1.1.1 -5.4.3

높이저항 구조 — Height-active structures

구조 '계열' 중에서도 높이저항 구조들은 예외적이다. 이 분류는 다른 '계열'들처럼 힘의 방향전환을 위한 메카니즘에 의해 나온 것이 아니라, '층별 하중의 결집과 접지, 바람 등 외부하중으로부터 구조체의 안정성을 확보하는' 특별한 구조적 기능으로 인해 자기만의 분류를 갖게 된 것이다. 이 기능을 위해 5번째 '계열'은 다른 4가지 계열들의 메카니즘들을 모두 조금씩 사용한다.

Amongst the structure 'families' the height-active structures are an exception. For, their distinction does not rest on a specific mechanism of redirecting forces as is the case with all the other 'families', but on the particular structural function: Collection and grounding of storey loads, stabilization of the structure body against wind and other deranging loads. For the performance of this function the 5th 'family' makes use of the mechanisms of all the other 4 'families'

합성구조 시스템 : 하이브리드 구조

Structure systems in coaction: Hybrid structures

정의

하이브리드 구조란, 서로 다르지만 효과성 측면에서는 동일한 구조 '계열' 두 개 이상을 가져와 힘의 방향을 전환하는 시스템이다.
하이브리드 구조는 두 가지의 시스템 연결을 통해 이루어진다: 중첩과 결합이다.

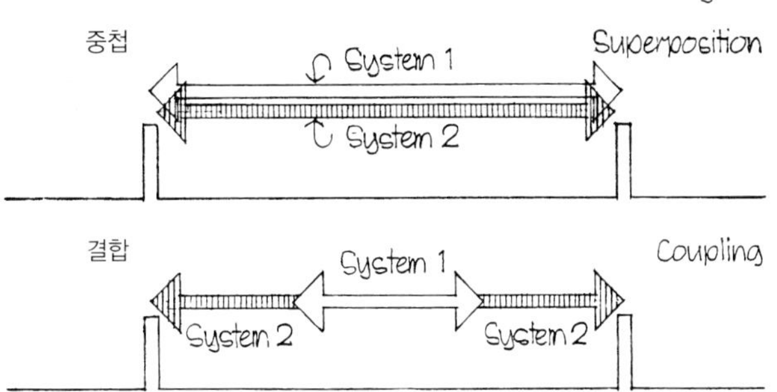

Definition

Hybrid structures are systems, in which the redirection of forces is effected through the coaction of two or several different - but in their efficacy basically equipotent - systems from different structure 'families'

The coaction is gained by two possible forms of systems linkage: SUPERPOSITION or COUPLING

'하이브리드'가 아닌 구조

하이브리드 구조 시스템은 하중수용, 하중부담, 하중전달, 하중제거, 바람 저항, 기타 안정화 메카니즘 등의 요소 지탱기능들을 각각 다른 구조 '계열'들에서 비롯된 건축물을 혼합한 시스템이 아니다.

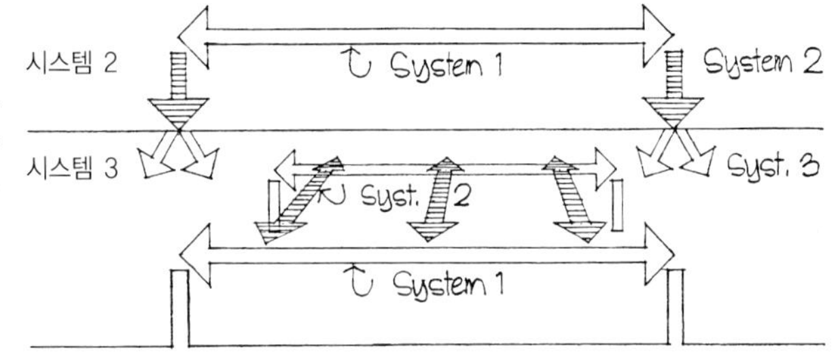

Incorrect 'hybrid' denomination

Hybrid structure systems are NOT to be understood as those systems, in which component bearing functions such as load reception, load transfer, load discharge, wind bracing or other stabilizations are performed by constructions each belonging to a different structure 'family'

하이브리드 구조의 효율성

1 임계력의 감소 또는 상호보완

예: 아치와 서스펜션 케이블의 토대에 놓인, 서로 상반된 수평력

2 단일구조재의 구조적 기능배가

예: 빔과 압축재로서 각각의 버팀대에서 상현재 기능

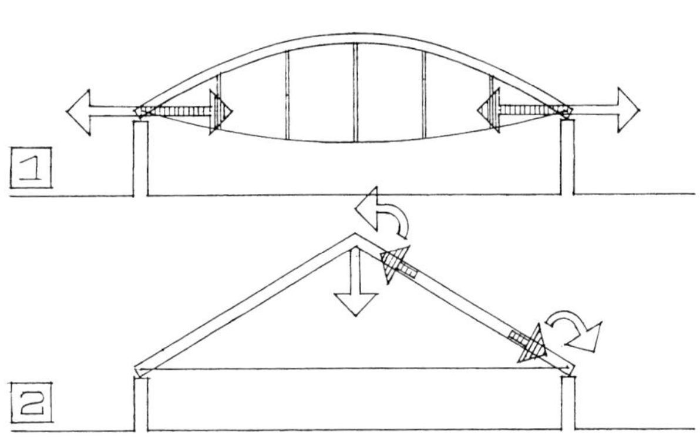

Potential of hybrid structures

1 Mutual compensation or reduction of critical forces

Example: Opposite horizontal forces at bases of funicular arch and suspens. cable

2 Twofold or multifold structural function of single structure members

Example: Function of upper chord resp. of rafter as beam and as compression bar

하이브리드 구조의 사례 / Examples of hybrid structures

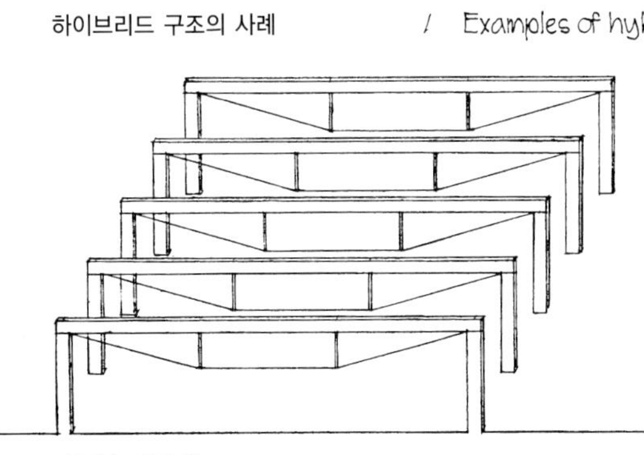

케이블-지지 빔:
단면저항 및 형태저항 시스템의 중첩

Cable-supported beam: Superposition of SECTION-active and FORM-active systems

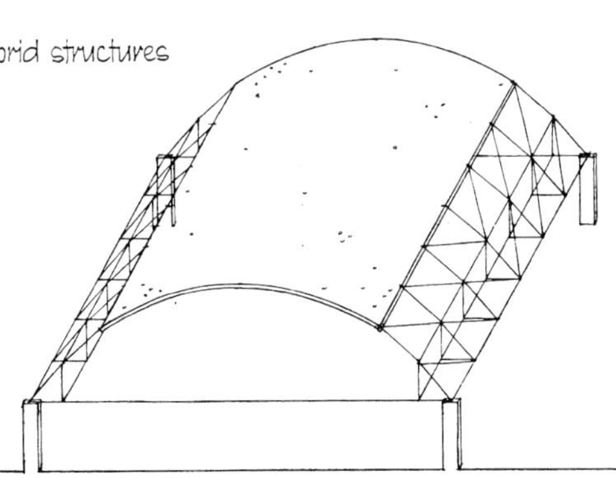

트러스 면으로 된 쉘:
면저항 및 벡터저항 시스템의 결합

Shell with trussed segment: Coupling of SURFACE-active and VECTOR-active systems

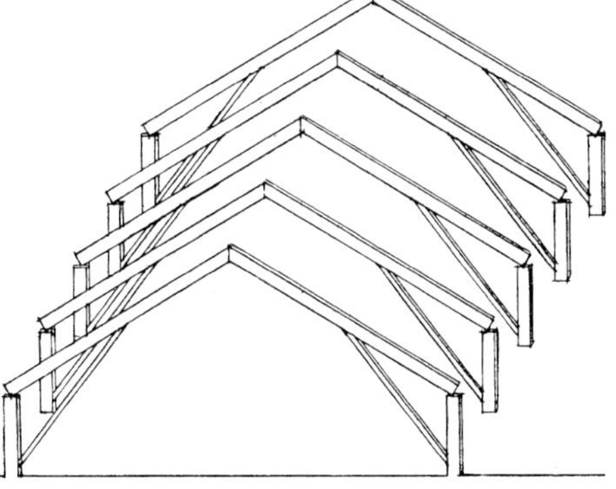

바팀대로 받친 서까래 틀:
단면저항 및 벡터저항 시스템의 결합

Braced rafter framing: Superposition of SECTION-active and VECTOR-active systems

하이브리드 구조 시스템은 자정식 구조라는 잘못된 인식

하이브리드 구조 시스템은 특별한 구조적 특성을 지닌, 별도의 구조 '계열'이나 구조 '유형'이 될 수 없다:

1. 하이브리드 구조 시스템에는 힘의 방향을 전환하는 내재적인 메카니즘이 없다.
2. 하이브리드 구조 시스템은 작용하는 힘이나 응력에 의해 특별한 조건을 별도로 형성하지 않는다.
3. 하이브리드 구조 시스템은 특별한 구조적 특징에 의해 지배받지 않는다.

Misinterpretation of hybrid structure systems as autonomous structure CLASS

Hybrid structure systems do NOT qualify as a separate structure 'FAMILY' or as a structure 'TYPE' definable by specific structure characteristics:

1. They do not possess an inherent mechanism for the redirection of forces
2. They do not develop a specific condition of acting forces or stresses
3. They do not command structural features characteristic to them

건축물에서 구조의 계보

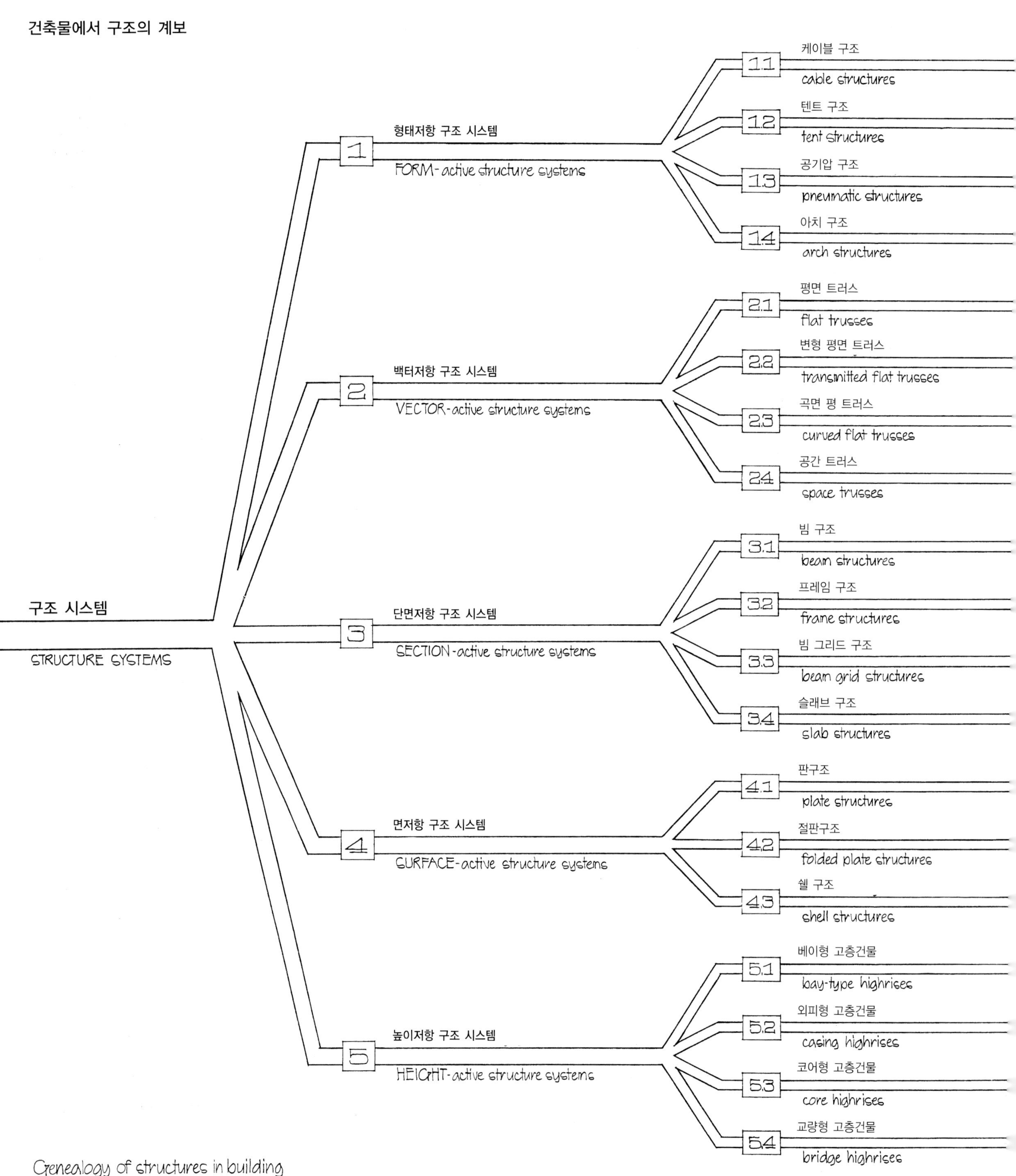

Genealogy of structures in building

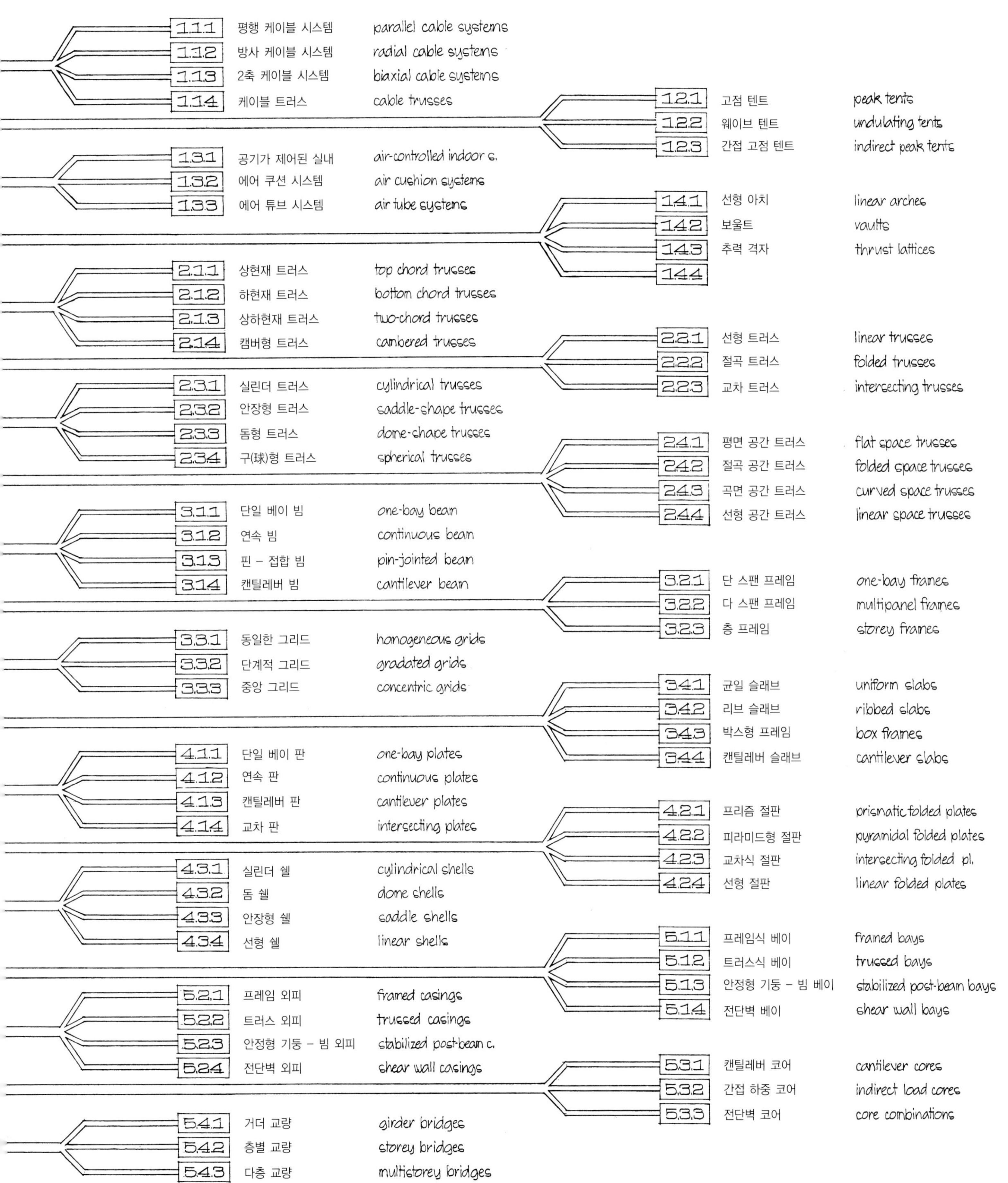
1.1.1 평행 케이블 시스템 parallel cable systems
1.1.2 방사 케이블 시스템 radial cable systems
1.1.3 2축 케이블 시스템 biaxial cable systems
1.1.4 케이블 트러스 cable trusses
1.2.1 고점 텐트 peak tents
1.2.2 웨이브 텐트 undulating tents
1.2.3 간접 고점 텐트 indirect peak tents
1.3.1 공기가 제어된 실내 air-controlled indoor s.
1.3.2 에어 쿠션 시스템 air cushion systems
1.3.3 에어 튜브 시스템 air tube systems
1.4.1 선형 아치 linear arches
1.4.2 보울트 vaults
1.4.3 추력 격자 thrust lattices
1.4.4
2.1.1 상현재 트러스 top chord trusses
2.1.2 하현재 트러스 bottom chord trusses
2.1.3 상하현재 트러스 two-chord trusses
2.1.4 캠버형 트러스 cambered trusses
2.2.1 선형 트러스 linear trusses
2.2.2 절곡 트러스 folded trusses
2.2.3 교차 트러스 intersecting trusses
2.3.1 실린더 트러스 cylindrical trusses
2.3.2 안장형 트러스 saddle-shape trusses
2.3.3 돔형 트러스 dome-shape trusses
2.3.4 구(球)형 트러스 spherical trusses
2.4.1 평면 공간 트러스 flat space trusses
2.4.2 절곡 공간 트러스 folded space trusses
2.4.3 곡면 공간 트러스 curved space trusses
2.4.4 선형 공간 트러스 linear space trusses
3.1.1 단일 베이 빔 one-bay beam
3.1.2 연속 빔 continuous beam
3.1.3 핀 – 접합 빔 pin-jointed beam
3.1.4 캔틸레버 빔 cantilever beam
3.2.1 단 스팬 프레임 one-bay frames
3.2.2 다 스팬 프레임 multipanel frames
3.2.3 층 프레임 storey frames
3.3.1 동일한 그리드 homogeneous grids
3.3.2 단계적 그리드 gradated grids
3.3.3 중앙 그리드 concentric grids
3.4.1 균일 슬래브 uniform slabs
3.4.2 리브 슬래브 ribbed slabs
3.4.3 박스형 프레임 box frames
3.4.4 캔틸레버 슬래브 cantilever slabs
4.1.1 단일 베이 판 one-bay plates
4.1.2 연속 판 continuous plates
4.1.3 캔틸레버 판 cantilever plates
4.1.4 교차 판 intersecting plates
4.2.1 프리즘 절판 prismatic folded plates
4.2.2 피라미드형 절판 pyramidal folded plates
4.2.3 교차식 절판 intersecting folded pl.
4.2.4 선형 절판 linear folded plates
4.3.1 실린더 쉘 cylindrical shells
4.3.2 돔 쉘 dome shells
4.3.3 안장형 쉘 saddle shells
4.3.4 선형 쉘 linear shells
5.1.1 프레임식 베이 framed bays
5.1.2 트러스식 베이 trussed bays
5.1.3 안정형 기둥 – 빔 베이 stabilized post-beam bays
5.1.4 전단벽 베이 shear wall bays
5.2.1 프레임 외피 framed casings
5.2.2 트러스 외피 trussed casings
5.2.3 안정형 기둥 – 빔 외피 stabilized post-beam c.
5.2.4 전단벽 외피 shear wall casings
5.3.1 캔틸레버 코어 cantilever cores
5.3.2 간접 하중 코어 indirect load cores
5.3.3 전단벽 코어 core combinations
5.4.1 거더 교량 girder bridges
5.4.2 층별 교량 storey bridges
5.4.3 다층 교량 multistorey bridges

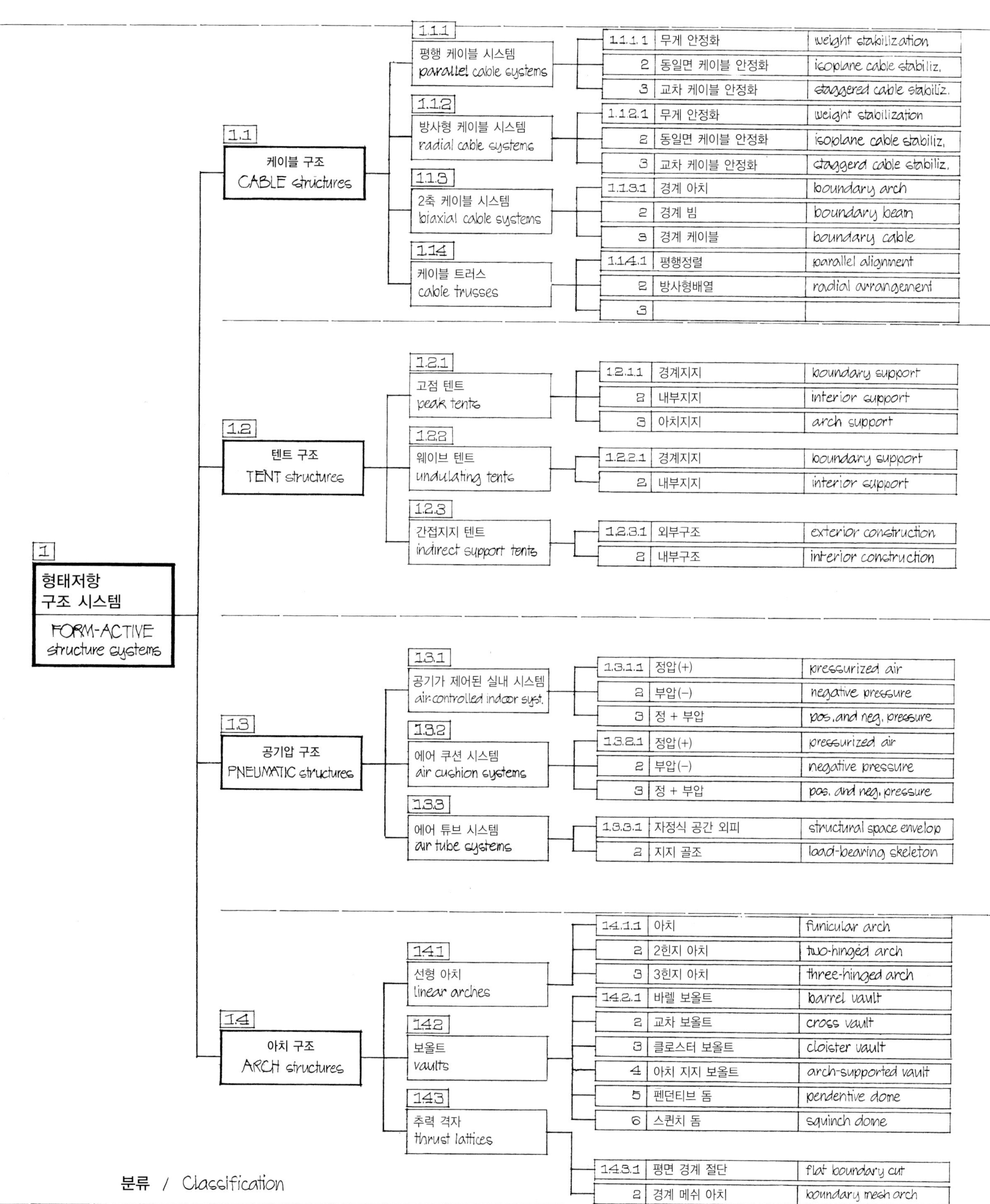
1
형태저항 구조 시스템
FORM-ACTIVE structure systems
1.1
케이블 구조
CABLE structures
1.1.1
평행 케이블 시스템
parallel cable systems
1.1.1.1 무게 안정화 weight stabilization
2 동일면 케이블 안정화 isoplane cable stabiliz.
3 교차 케이블 안정화 staggered cable stabiliz.
1.1.2
방사형 케이블 시스템
radial cable systems
1.1.2.1 무게 안정화 weight stabilization
2 동일면 케이블 안정화 isoplane cable stabiliz.
3 교차 케이블 안정화 staggerd cable stabiliz.
1.1.3
2축 케이블 시스템
biaxial cable systems
1.1.3.1 경계 아치 boundary arch
2 경계 빔 boundary beam
3 경계 케이블 boundary cable
1.1.4
케이블 트러스
cable trusses
1.1.4.1 평행정렬 parallel alignment
2 방사형배열 radial arrangement
3
1.2
텐트 구조
TENT structures
1.2.1
고점 텐트
peak tents
1.2.1.1 경계지지 boundary support
2 내부지지 interior support
3 아치지지 arch support
1.2.2
웨이브 텐트
undulating tents
1.2.2.1 경계지지 boundary support
2 내부지지 interior support
1.2.3
간접지지 텐트
indirect support tents
1.2.3.1 외부구조 exterior construction
2 내부구조 interior construction
1.3
공기압 구조
PNEUMATIC structures
1.3.1
공기가 제어된 실내 시스템
air-controlled indoor syst.
1.3.1.1 정압(+) pressurized air
2 부압(−) negative pressure
3 정 + 부압 pos. and neg. pressure
1.3.2
에어 쿠션 시스템
air cushion systems
1.3.2.1 정압(+) pressurized air
2 부압(−) negative pressure
3 정 + 부압 pos. and neg. pressure
1.3.3
에어 튜브 시스템
air tube systems
1.3.3.1 자정식 공간 외피 structural space envelop
2 지지 골조 load-bearing skeleton
1.4
아치 구조
ARCH structures
1.4.1
선형 아치
linear arches
1.4.1.1 아치 funicular arch
2 2힌지 아치 two-hinged arch
3 3힌지 아치 three-hinged arch
1.4.2
보올트
vaults
1.4.2.1 바렐 보올트 barrel vault
2 교차 보올트 cross vault
3 클로스터 보올트 cloister vault
4 아치 지지 보올트 arch-supported vault
5 펜덴티브 돔 pendentive dome
6 스퀸치 돔 squinch dome
1.4.3
추력 격자
thrust lattices
1.4.3.1 평면 경계 절단 flat boundary cut
2 경계 메쉬 아치 boundary mesh arch
분류 / Classification

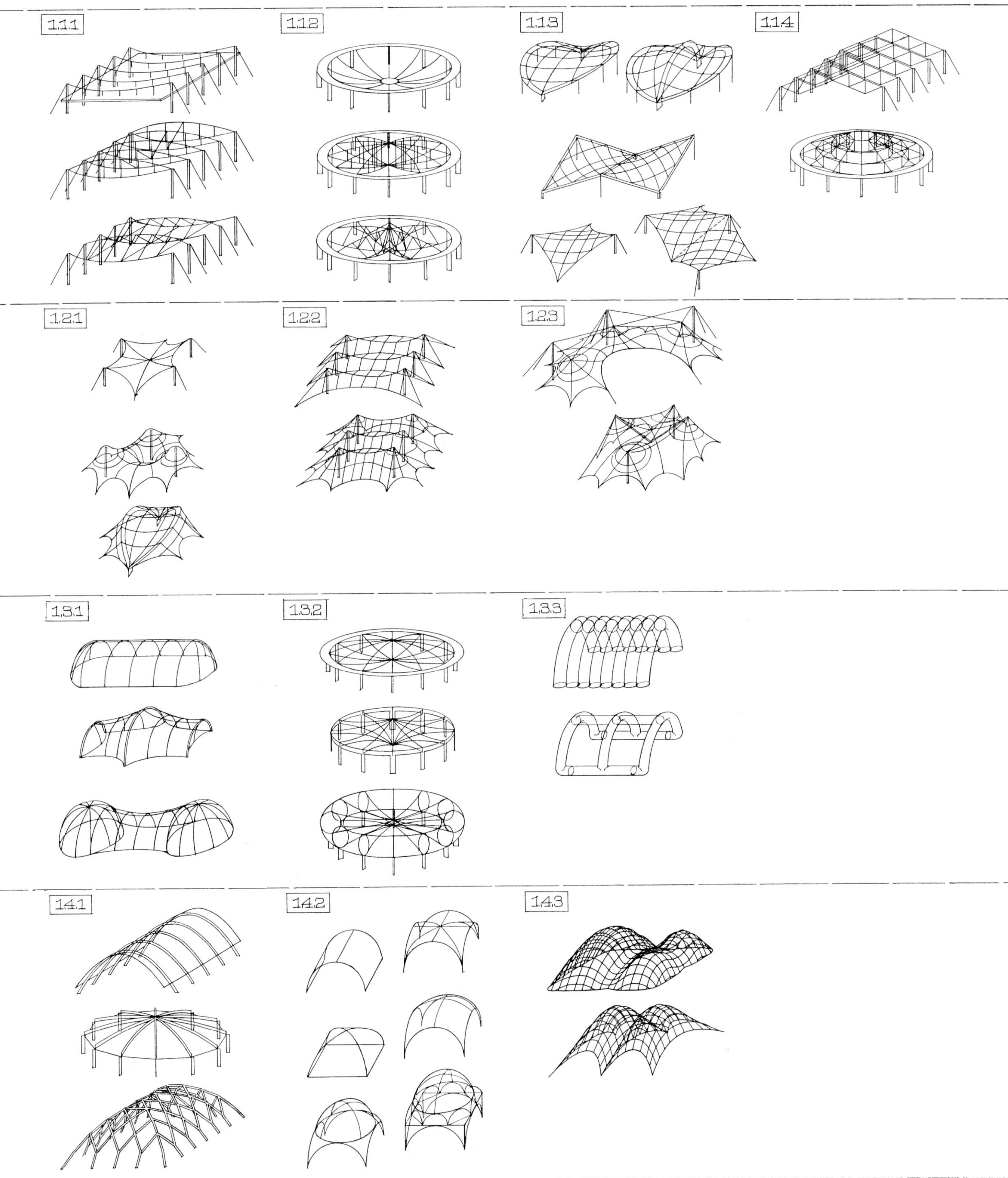
1.1.1
1.1.2
1.1.3
1.1.4
1.2.1
1.2.2
1.2.3
1.3.1
1.3.2
1.3.3
1.4.1
1.4.2
1.4.3

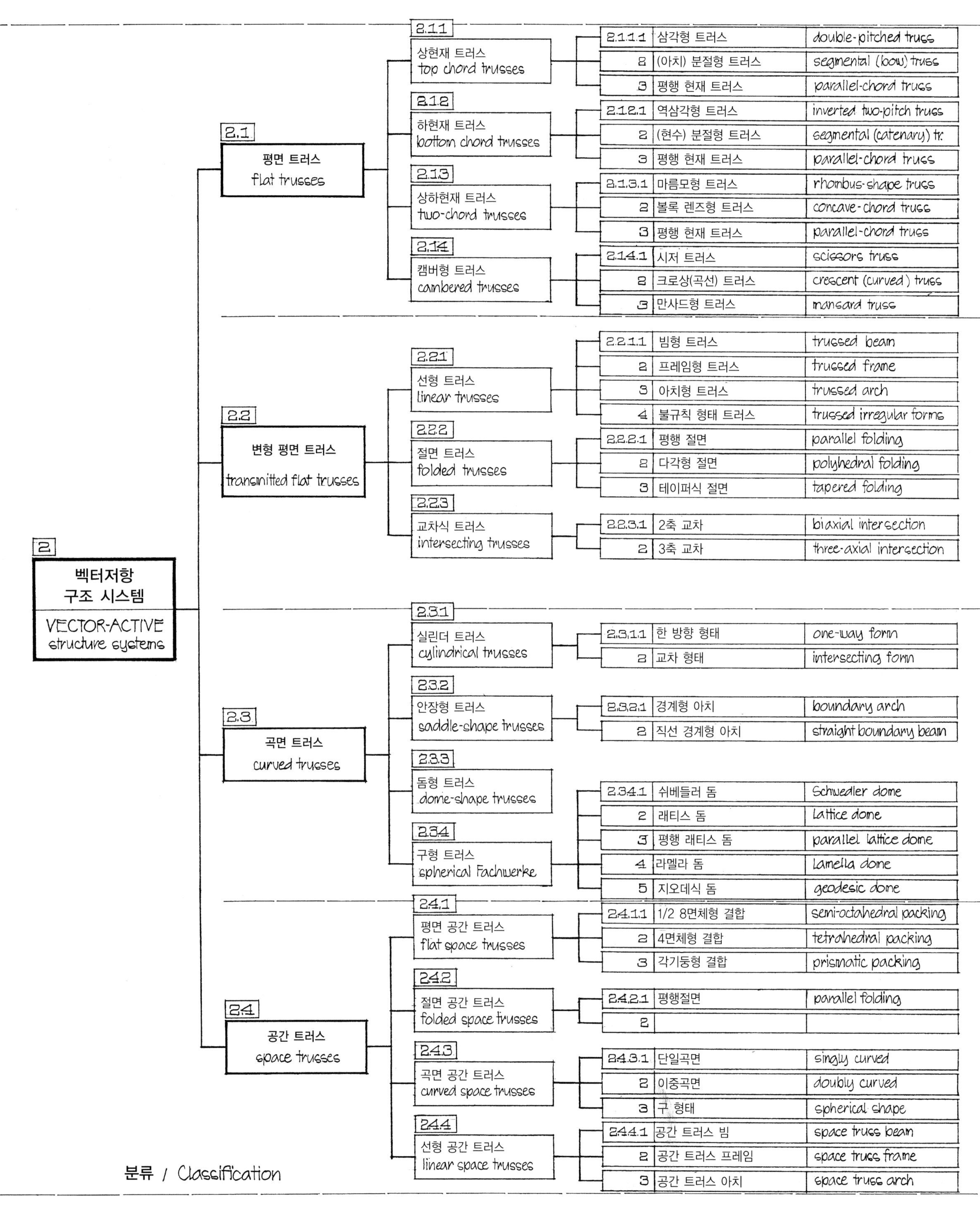

분류 / Classification

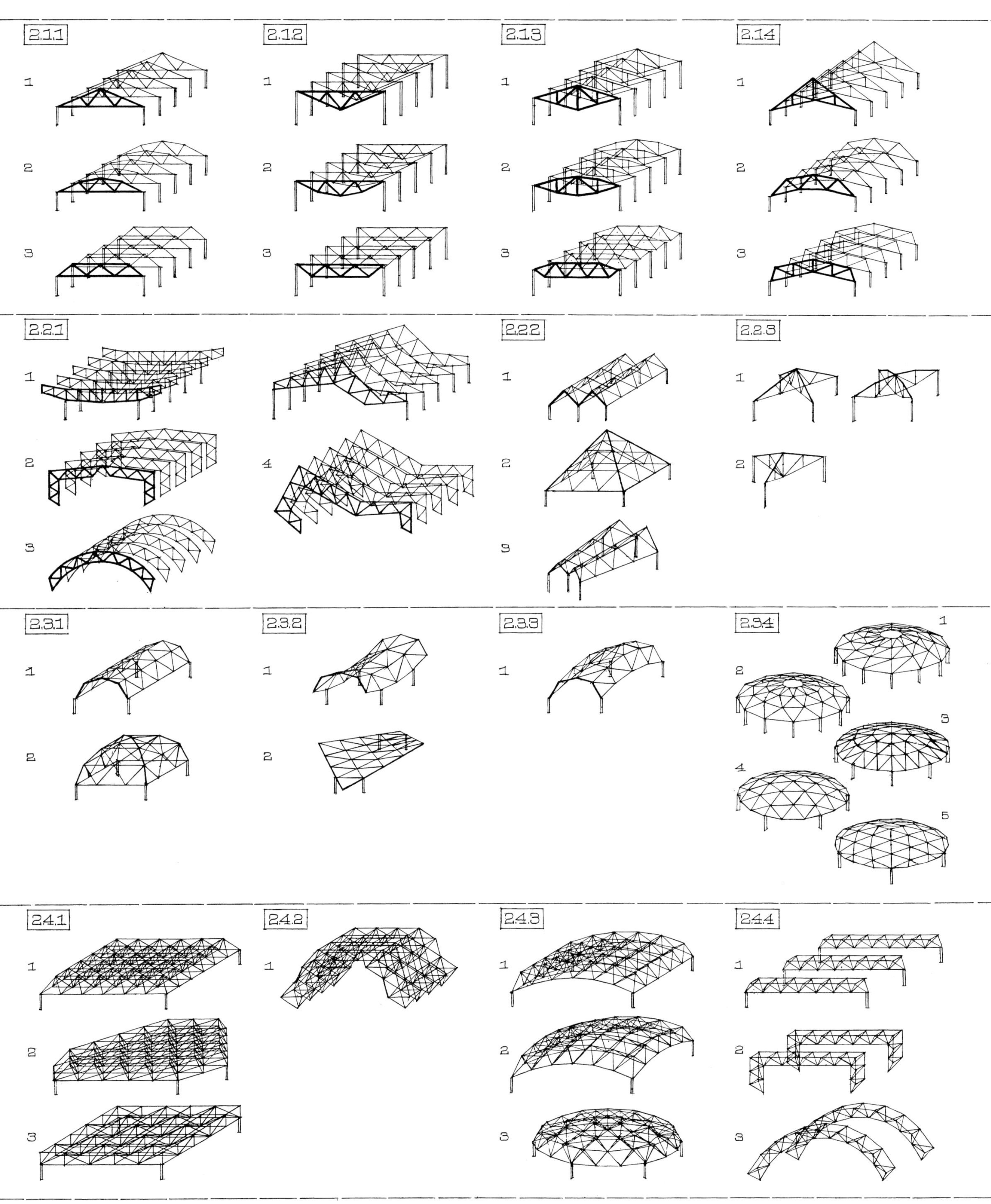
2.1.1
1
2
3
2.1.2
1
2
3
2.1.3
1
2
3
2.1.4
1
2
3
2.2.1
1
2
3
4
2.2.2
1
2
3
2.2.3
1
2
2.3.1
1
2
2.3.2
1
2
2.3.3
1
2.3.4
1
2
3
4
5
2.4.1
1
2
3
2.4.2
1
2.4.3
1
2
3
2.4.4
1
2
3

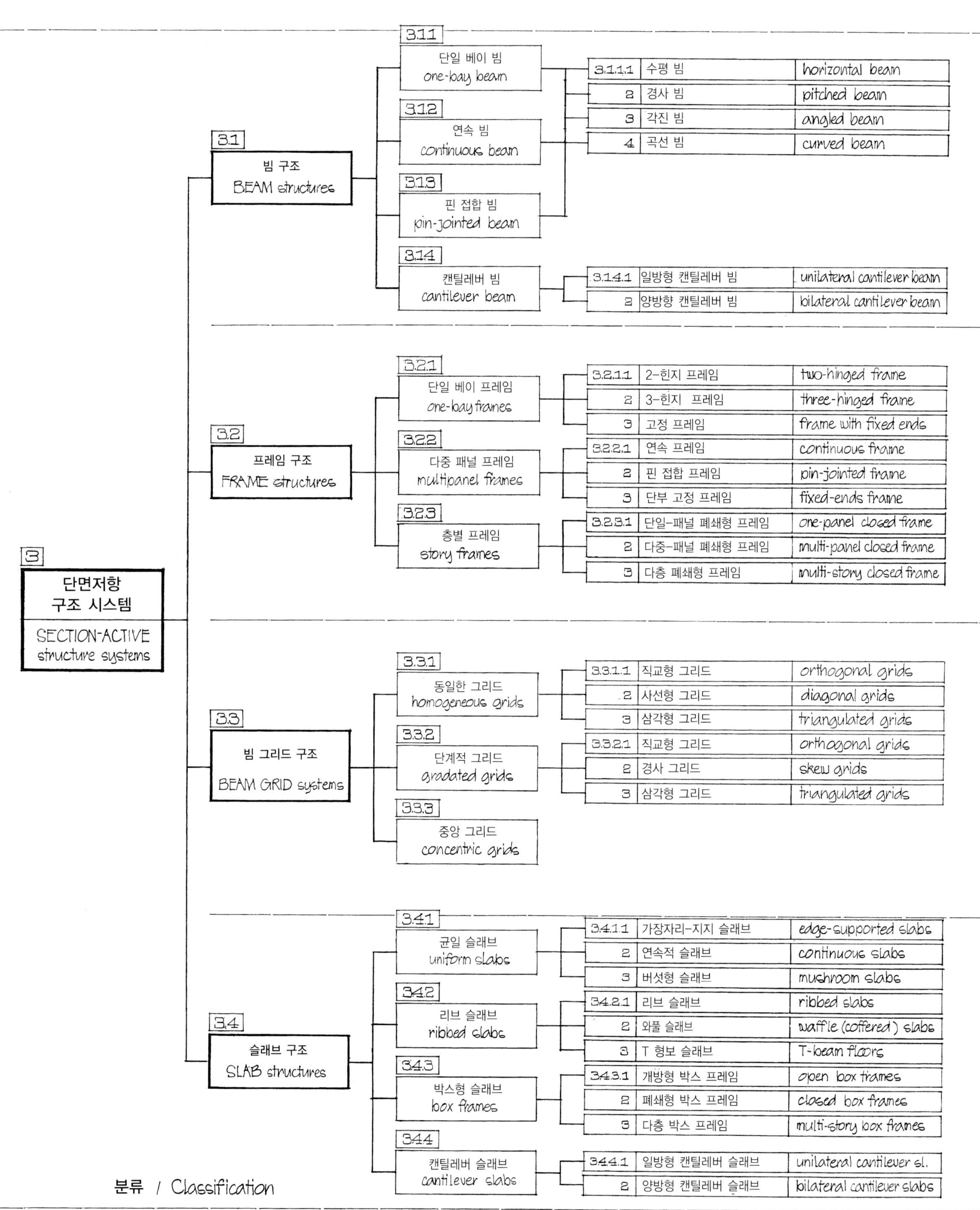
3
단면저항 구조 시스템
SECTION-ACTIVE structure systems
3.1
빔 구조
BEAM structures
3.1.1
단일 베이 빔
one-bay beam
3.1.2
연속 빔
continuous beam
3.1.3
핀 접합 빔
pin-jointed beam
3.1.4
캔틸레버 빔
cantilever beam
3.1.1.1 수평 빔 horizontal beam
2 경사 빔 pitched beam
3 각진 빔 angled beam
4 곡선 빔 curved beam
3.1.4.1 일방향 캔틸레버 빔 unilateral cantilever beam
2 양방향 캔틸레버 빔 bilateral cantilever beam
3.2
프레임 구조
FRAME structures
3.2.1
단일 베이 프레임
one-bay frames
3.2.2
다중 패널 프레임
multipanel frames
3.2.3
층별 프레임
story frames
3.2.1.1 2-힌지 프레임 two-hinged frame
2 3-힌지 프레임 three-hinged frame
3 고정 프레임 frame with fixed ends
3.2.2.1 연속 프레임 continuous frame
2 핀 접합 프레임 pin-jointed frame
3 단부 고정 프레임 fixed-ends frame
3.2.3.1 단일-패널 폐쇄형 프레임 one-panel closed frame
2 다중-패널 폐쇄형 프레임 multi-panel closed frame
3 다층 폐쇄형 프레임 multi-story closed frame
3.3
빔 그리드 구조
BEAM GRID systems
3.3.1
동일한 그리드
homogeneous grids
3.3.2
단계적 그리드
gradated grids
3.3.3
중앙 그리드
concentric grids
3.3.1.1 직교형 그리드 orthogonal grids
2 사선형 그리드 diagonal grids
3 삼각형 그리드 triangulated grids
3.3.2.1 직교형 그리드 orthogonal grids
2 경사 그리드 skew grids
3 삼각형 그리드 triangulated grids
3.4
슬래브 구조
SLAB structures
3.4.1
균일 슬래브
uniform slabs
3.4.2
리브 슬래브
ribbed slabs
3.4.3
박스형 슬래브
box frames
3.4.4
캔틸레버 슬래브
cantilever slabs
3.4.1.1 가장자리-지지 슬래브 edge-supported slabs
2 연속적 슬래브 continuous slabs
3 버섯형 슬래브 mushroom slabs
3.4.2.1 리브 슬래브 ribbed slabs
2 와플 슬래브 waffle (coffered) slabs
3 T 형보 슬래브 T-beam floors
3.4.3.1 개방형 박스 프레임 open box frames
2 폐쇄형 박스 프레임 closed box frames
3 다층 박스 프레임 multi-story box frames
3.4.4.1 일방형 캔틸레버 슬래브 unilateral cantilever sl.
2 양방향 캔틸레버 슬래브 bilateral cantilever slabs
분류 / Classification

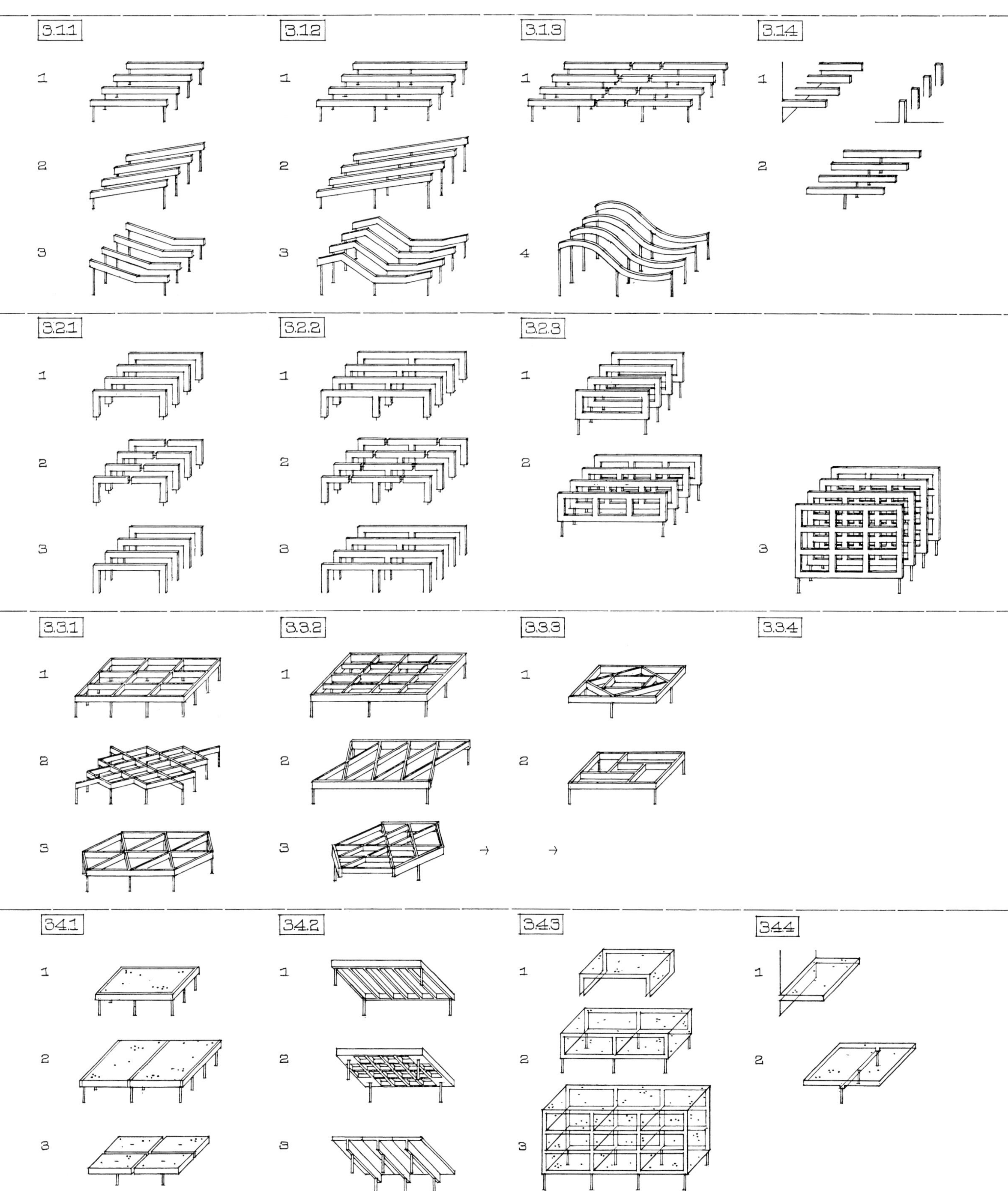
3.1.1
3.1.2
3.1.3
3.1.4
3.2.1
3.2.2
3.2.3
3.3.1
3.3.2
3.3.3
3.3.4
3.4.1
3.4.2
3.4.3
3.4.4

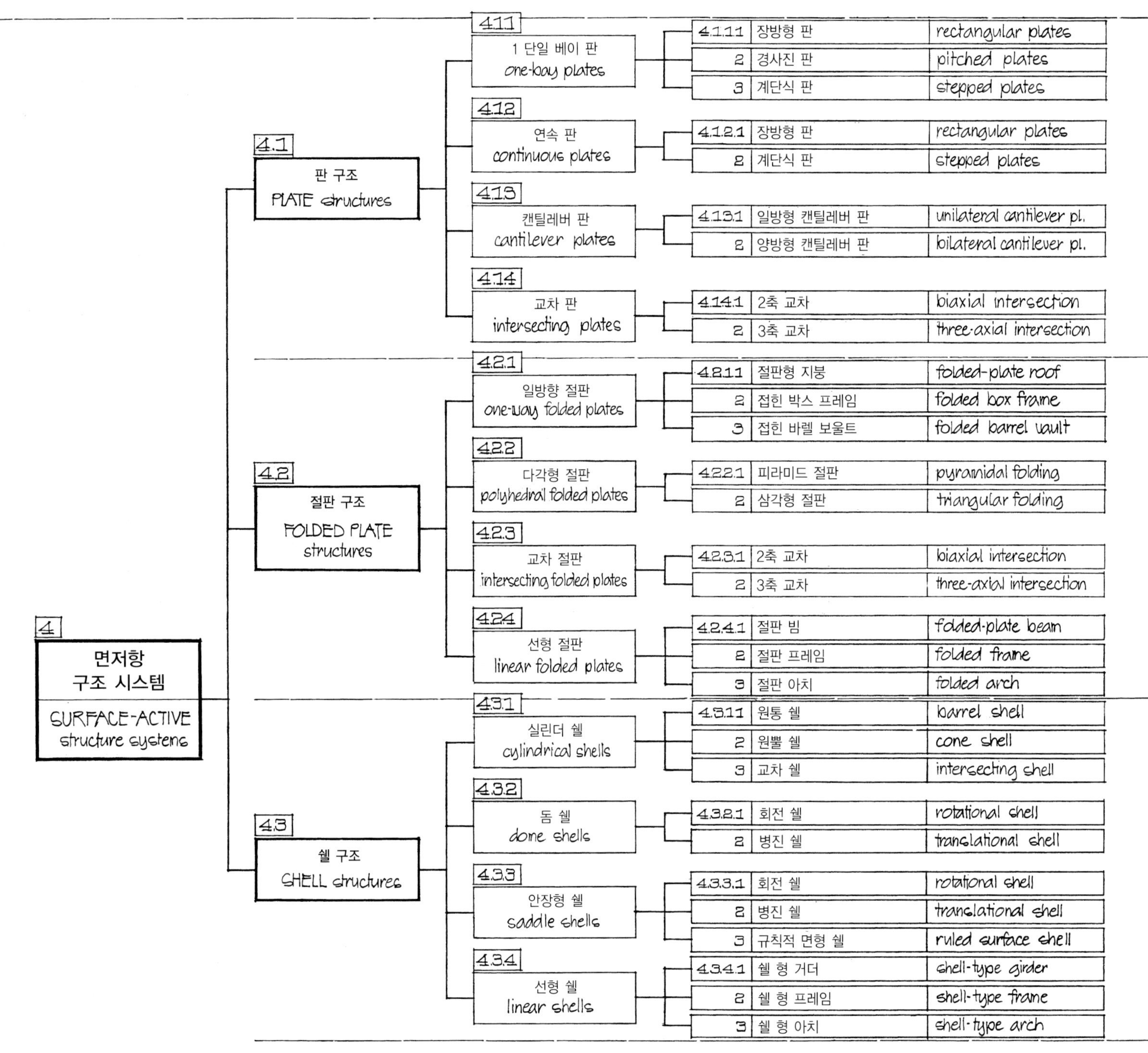
4
면저항 구조 시스템
SURFACE-ACTIVE structure systems
4.1
판 구조
PLATE structures
4.1.1
1 단일 베이 판
one-bay plates
4.1.1.1 장방형 판
rectangular plates
2 경사진 판
pitched plates
3 계단식 판
stepped plates
4.1.2
연속 판
continuous plates
4.1.2.1 장방형 판
rectangular plates
2 계단식 판
stepped plates
4.1.3
캔틸레버 판
cantilever plates
4.1.3.1 일방형 캔틸레버 판
unilateral cantilever pl.
2 양방형 캔틸레버 판
bilateral cantilever pl.
4.1.4
교차 판
intersecting plates
4.1.4.1 2축 교차
biaxial intersection
2 3축 교차
three-axial intersection
4.2
절판 구조
FOLDED PLATE structures
4.2.1
일방향 절판
one-way folded plates
4.2.1.1 절판형 지붕
folded-plate roof
2 접힌 박스 프레임
folded box frame
3 접힌 바렐 보울트
folded barrel vault
4.2.2
다각형 절판
polyhedral folded plates
4.2.2.1 피라미드 절판
pyramidal folding
2 삼각형 절판
triangular folding
4.2.3
교차 절판
intersecting folded plates
4.2.3.1 2축 교차
biaxial intersection
2 3축 교차
three-axial intersection
4.2.4
선형 절판
linear folded plates
4.2.4.1 절판 빔
folded-plate beam
2 절판 프레임
folded frame
3 절판 아치
folded arch
4.3
쉘 구조
SHELL structures
4.3.1
실린더 쉘
cylindrical shells
4.3.1.1 원통 쉘
barrel shell
2 원뿔 쉘
cone shell
3 교차 쉘
intersecting shell
4.3.2
돔 쉘
dome shells
4.3.2.1 회전 쉘
rotational shell
2 병진 쉘
translational shell
4.3.3
안장형 쉘
saddle shells
4.3.3.1 회전 쉘
rotational shell
2 병진 쉘
translational shell
3 규칙적 면형 쉘
ruled surface shell
4.3.4
선형 쉘
linear shells
4.3.4.1 쉘 형 거더
shell-type girder
2 쉘 형 프레임
shell-type frame
3 쉘 형 아치
shell-type arch

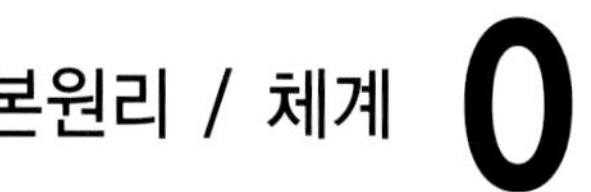

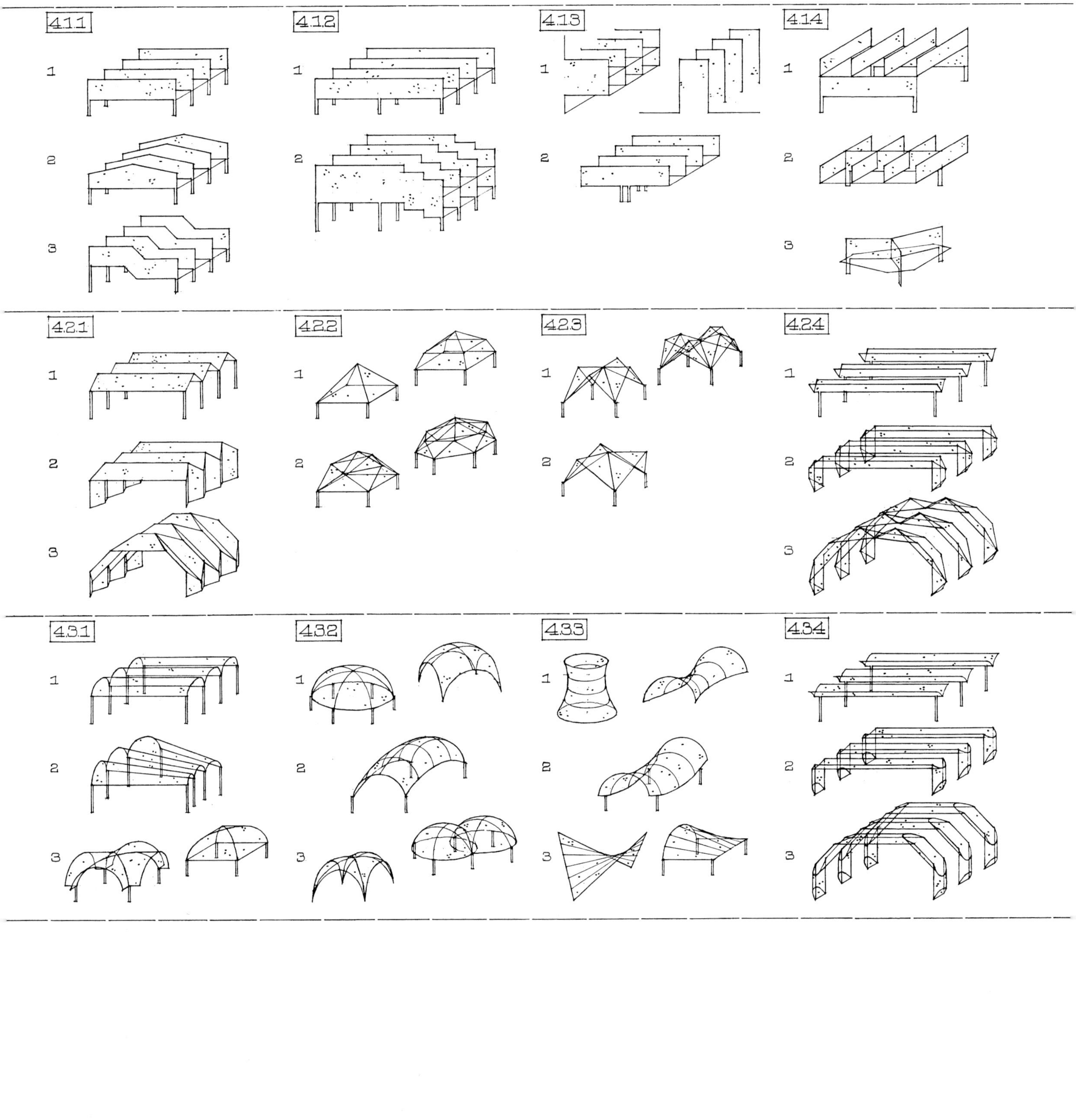

4.1.1

1

2

3

4.1.2

1

2

4.1.3

1

2

4.1.4

1

2

3

4.2.1

1

2

3

4.2.2

1

2

4.2.3

1

2

4.2.4

1

2

3

4.3.1

1

2

3

4.3.2

1

2

3

4.3.3

1

2

3

4.3.4

1

2

3

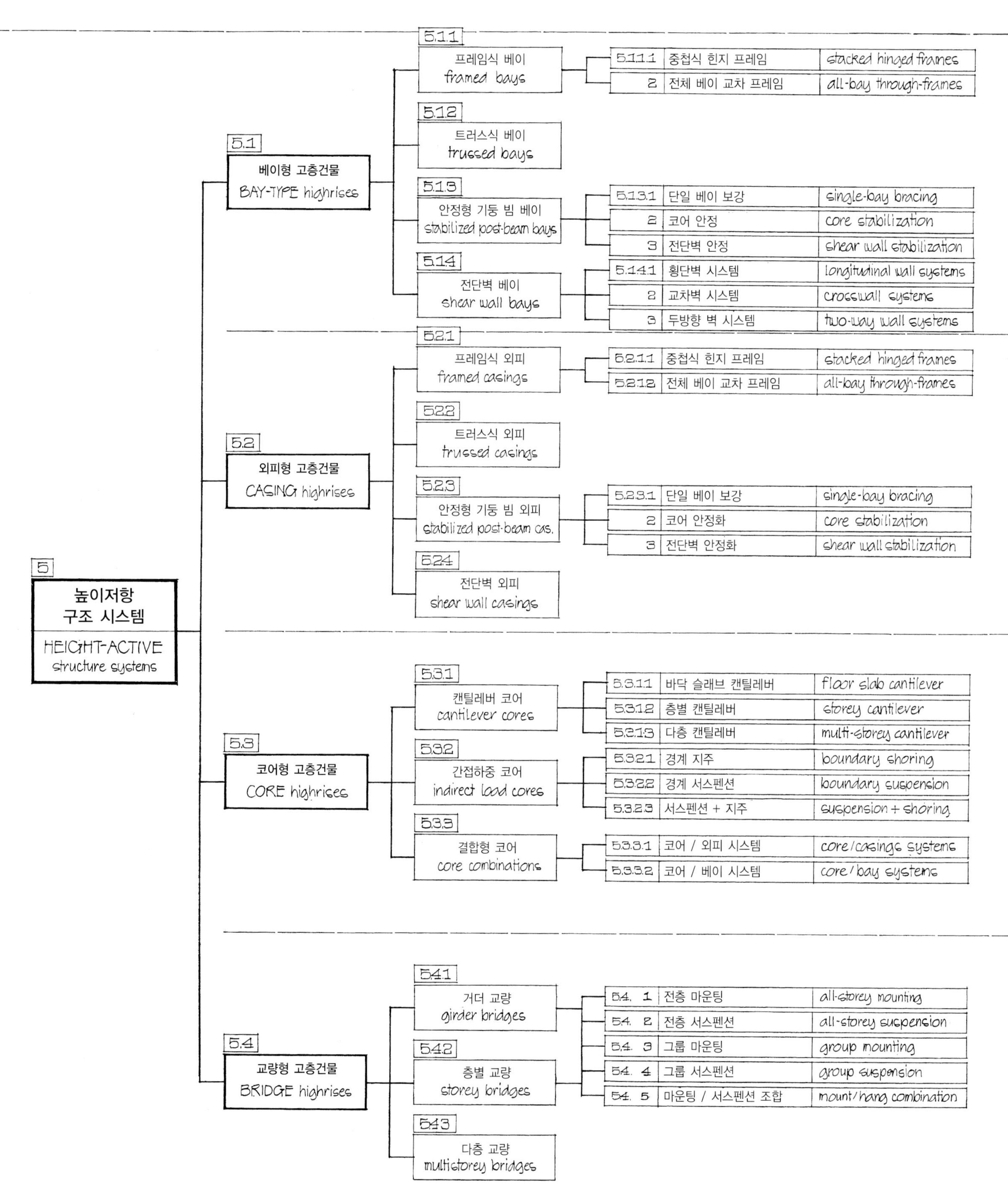

분류 / Classification

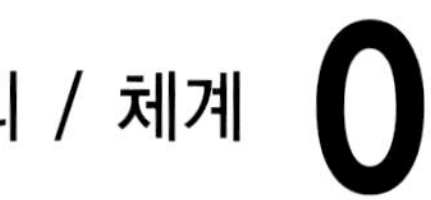

5.1.1 1 2

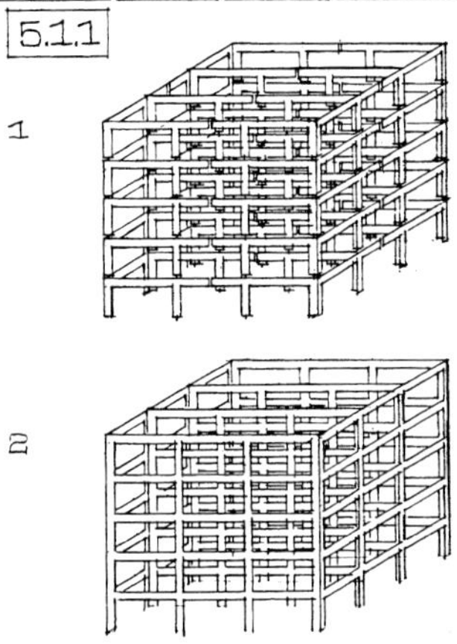

5.1.2 1 2

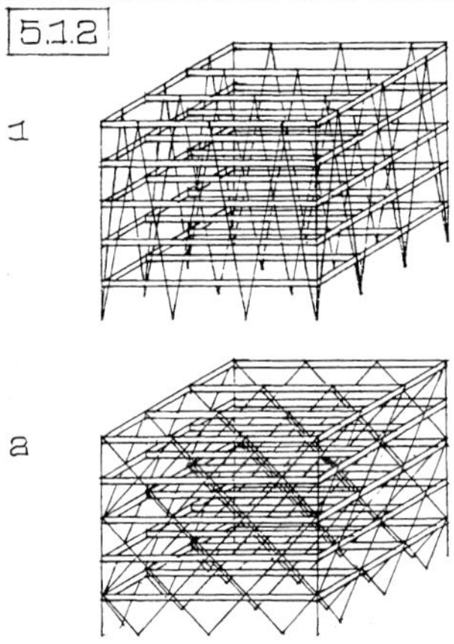

5.1.3 1 2

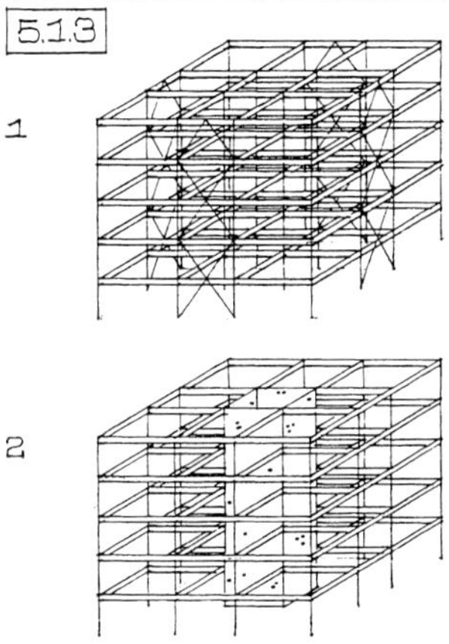

5.1.4 1 2

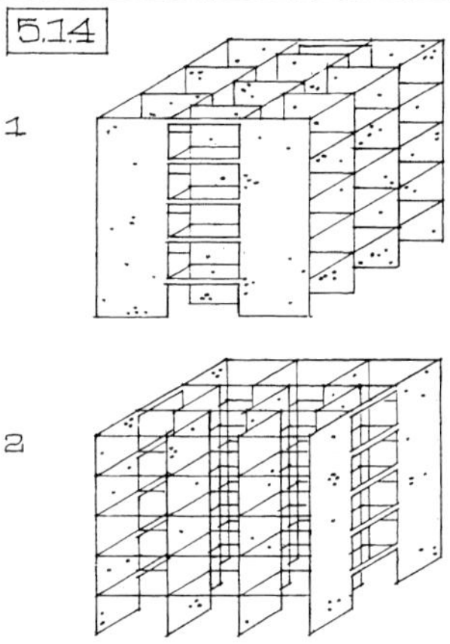

5.2.1

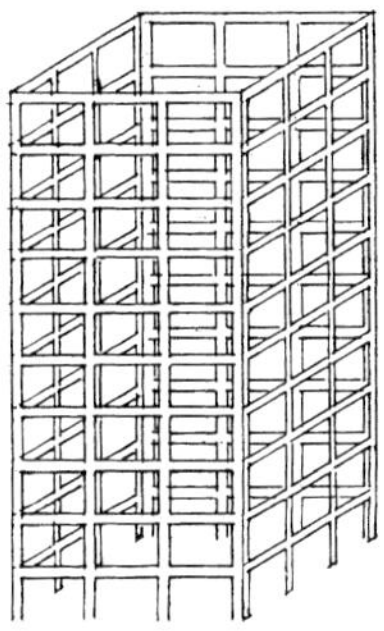

5.2.2

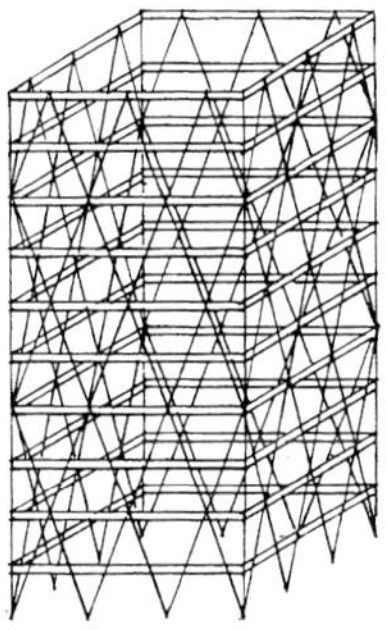

5.2.3

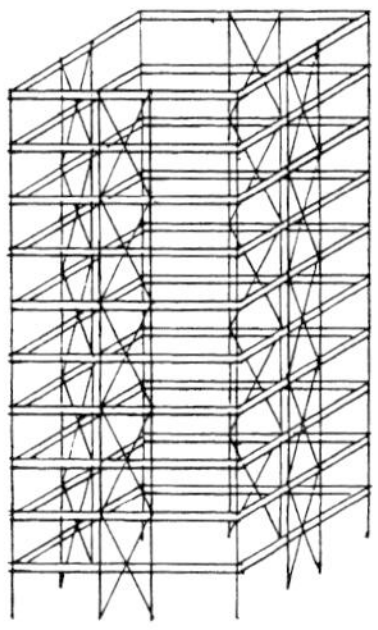

5.2.4

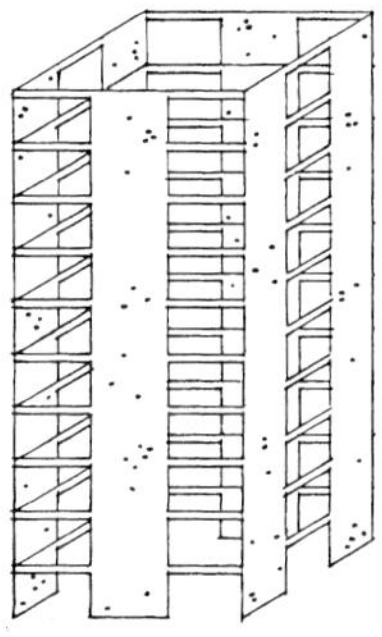

5.3.1 1 2

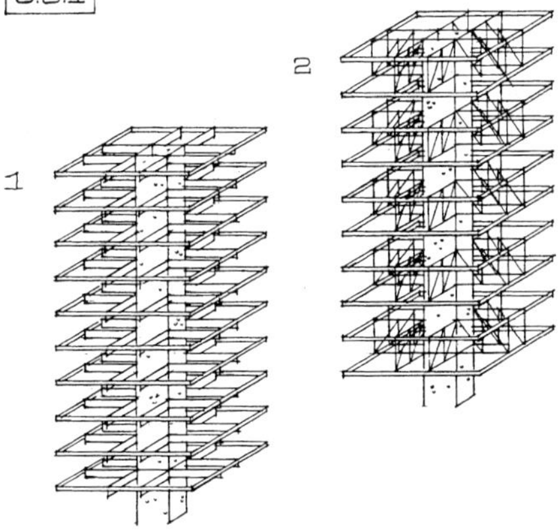

5.3.2 1 2 3

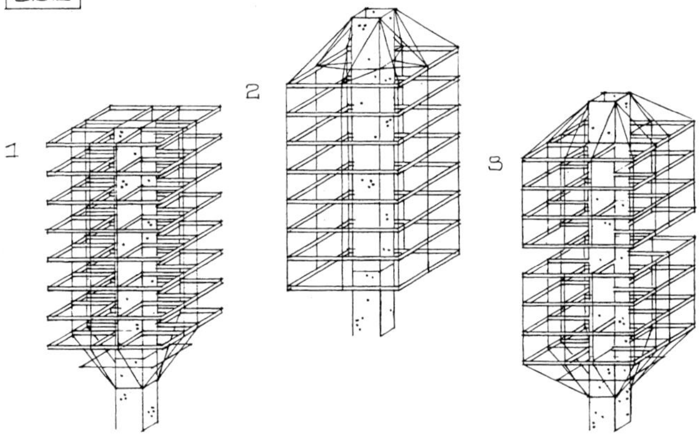

5.4.1 1 2

5.4.2 1 2 3

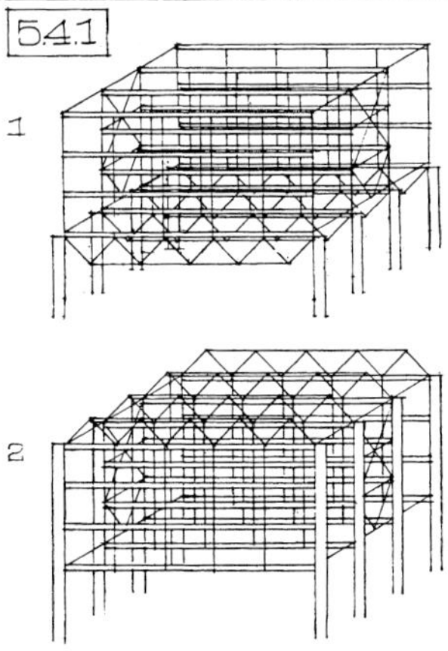

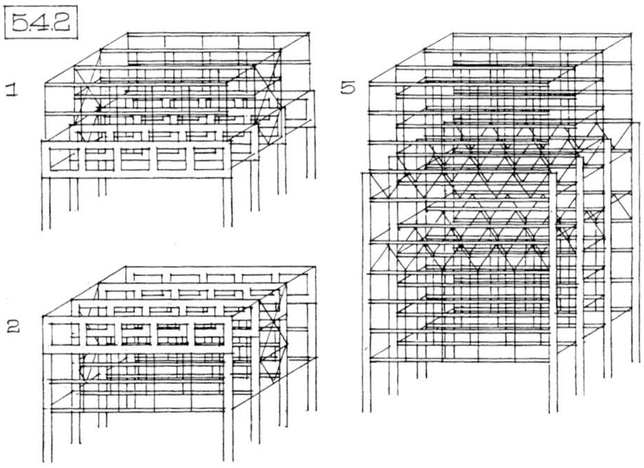

5.4.3

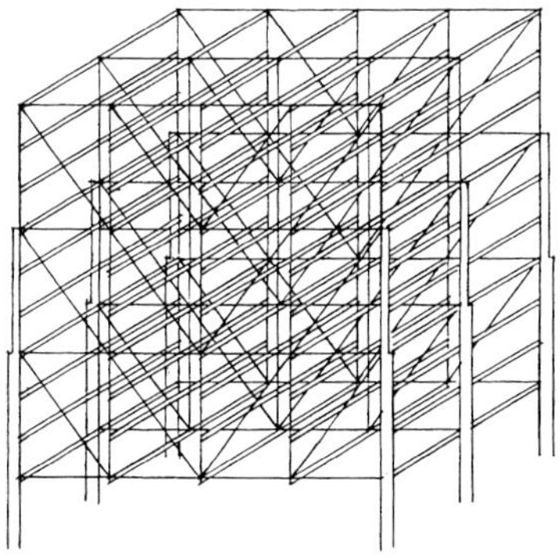

형태저항 구조 시스템

Form-active Structure Systems

1

비고정적, 연성 재료의 모양을 갖춰 끝을 고정함으로써 스스로를 유지하고 공간을 구성한다: 이것이 바로 형태저항 구조 시스템이다.

형태저항 구조 시스템의 전신은 수직 행거(hanger) 케이블로 매다는 지점으로 하중을 직접 전달하며, 세워진 기둥은 반대방향으로 힘을 바닥까지 전달한다.

수직기둥과 수직 행거 케이블들은 형태저항 구조 시스템의 원형이다. 이들은 단순하고 평범한 응력을 통해서만 하중을 전달하며, 이는 즉 압축력이나 인장력을 통해서만 작용한다는 것을 의미한다.

서스펜션 지점이 서로 다른 두 개의 케이블을 함께 묶음으로써 서스펜션 시스템을 형성할 수 있으며, 이를 통해 공간을 가로지르기도 하고 인장 응력만으로 하중을 전달할 수 있다.

서스펜션 케이블을 뒤집으면 아치가 된다. 특정 하중조건을 위한 이상적인 아치는 동일한 하중을 지탱하는 인장력을 받는 밧줄과 동일한 형태가 된다.

형태저항 구조 시스템은 단순하고 평범한 응력으로서 외력의 방향을 전환한다는 특징을 지닌다: 아치는 압축력으로, 서스펜션 케이블은 인장력으로 이를 달성한다.

형태저항 시스템의 지주 메카니즘의 본질은 재료의 형태에 있다. 정확한 형태로부터 조금이라도 벗어나면 시스템의 기능을 위태롭게 하거나 이러한 오차를 상쇄하기 위한 추가적인 메카니즘을 요하게 된다.

형태저항 구조 시스템의 이상적인 구조적 형태는 응력의 흐름과 동일하다. 그러므로 형태저항 구조 시스템은 물질로 표현된 '자연스러운' 힘의 흐름이다.

형태저항 압축력 시스템의 '자연스러운' 응력경로는 압축력 경로이며, 형태저항 인장력 시스템에 상응하는 것은 밧줄형 장력경로이다. 압축력 경로와 인장력 경로는 시스템에 작용하는 힘, 융기나 휨 그리고 양 끝의 거리에 의해 결정된다.

그러므로 압축력 경로와 인장력 경로는 형태저항 구조 시스템의 두 번째 특징이 된다.

하중 또는 지지조건에 변화가 있으면 밧줄 형태에 변화를 주며 새로운 구조형태를 초래하게 된다. '처진' 시스템으로서의 하중 케이블이 추가적인 하중을 받게 되면 새로운 인장력 경로의 형태를 취하지만, '튀어 나온' 시스템으로서의 아치는 압축력 경로가 변형되면 (휨 메카니즘을 통해) 더욱 경직된다.

서스펜션 케이블은 다양한 하중조건 하에서 형태를 바꾸기 때문에, 서스펜션 곡선은 기존의 하중에 대해서만 존재하게 된다. 반면에 아치는 형태가 바뀔 수 없기 때문에 단 하나의 하중조건에 대해서만 아치선을 띨 수 있다.

형태저항 구조 시스템은 하중 조건에 종속되어 있기 때문에 힘의 '자연스러운' 흐름의 법칙에 지배되며, 따라서 설계는 임의의 자유형태를 띨 수 없다. 건축적 형태와 공간은 하중지지 메카니즘의 결과일 뿐이다.

유연한 서스펜션 케이블이 지니는 가벼움과, 추가적인 하중에 대해 견고해지는 아치의 무거움은, 형태저항 구조 시스템의 건축적 단점이다. 이러한 특성은 시스템에 강철선을 넣어 압축응력을 부여함로써 제거할 수 있다.

서스펜션 케이블에 사전응력을 부여하면 안정화될 뿐만이 아니라 중력과 반대방향의 하중이 걸리더라도 형태가 유지되며, 아치에 대해서도 사전압축을 가하면 크게 휘어지지 않으면서도 비대칭적 하중의 방향을 전환할 수 있다.

아치와 서스펜션 케이블은 단순한 압축력 또는 인장력을 받기 때문에 공간을 형성하는 시스템으로서는 무게/공간 비율 측면에서는 가장 경제적인 시스템이다.

형태저항 구조 시스템은 힘의 '자연스러운' 흐름과 동일한 정체성을 지니기 때문에 대공간을 형성하는 데에 있어서 적절한 메카니즘이라고도 할 수 있다.

형태저항 구조 시스템은 작용하는 힘의 방향으로 하중을 분산시키기 때문에, 이들은 본질적 및 결과적으로 선형 거더와도 같다. 이는 케이블 네트, 박막형 돔이나 격자형 돔에 대해서도 해당되는데, 이들 구조에서는 하중이 한 개 이상의 축에 의해 분산되지만 전단 메카니즘이 없기 때문에 힘을 선형적으로 전환하는 데에 있어서는 공통점을 공유한다.

형태저항 구조요소들은 표면 구조를 형성하도록 밀집시킬 수 있다. 만일 형태저항 시스템의 특징인 단일 응력조건을 유지해야 한다면, 이들 또한 압축력 경로 또는 인장력 경로의 법칙에 지배를 받아야 할 것이다.

그러나 아치와 서스펜션 케이블은 형태저항 구조 시스템의 물질적 본질일 뿐만이 아니라, 모든 하중 지지 메카니즘의 기초적 발상이 되며, 사람이 공간을 기술적으로 점유한 것을 상징하기도 한다.

형태저항적 특성들은 다른 모든 구조 시스템에 적용할 수 있다. 특히 면저항 구조 시스템에서 이들은 하중지지 기능을 하는 데에 있어서 필수적인 요소이다.

공간에 길게 펼쳐질 수 있는 특성 덕분에 형태저항 시스템들은 이들이 창출할 수 있는 대규모 공간으로 인해 대규모 문명과도 관련이 있다. 이들은 미래형 건물의 잠재적 구조형태이다.

힘의 형태 저항적 방향전환 법칙에 대한 지식은 모든 구조 시스템의 설계의 필수조건이며, 구조설계와 관련된 건축가나 공학자에게 있어서 반드시 필요하다.

Non-rigid, flexible matter, shaped in a certain way and secured by fixed ends, can support itself and span space: form-active structure systems.

Predecessors of form-active structure systems are the vertical hanger cable that transmits the load directly to the point of suspension, and the vertical column that in reverse direction transfers the load directly to the base point.

Vertical column and vertical hanger cable are prototypes of form-active structure systems. They transmit loads only through simple normal stresses; i. e. either through compression or through tension.

Two cables with different points of suspension tied together form a suspersion system that can carry itself clear over free space and transfer loads laterally by pure tensile stresses.

A suspension cable turned up forms a funicular arch. The ideal form of an arch for a certain load condition is the corresponding funicular tension line for the same loading.

Distinction of the form-active structure systems then is that they redirect external forces by simple normal stresses: the arch by compression, the suspension cable by tension.

Form-active structure systems develop at their ends horizontal stresses. The reception of these stresses constitutes a major problem in designing form-active structure systems.

The bearing mechanism of form-active systems rests essentially on the material form. Deviation from the correct form, if possible at all, jeopardizes the functioning of the system or requires additional mechanisms that compensate the deviation.

The structure form of form-active structure systems in the ideal case coincides precisely with the flow of stresses. Form-active structure systems therefore are the 'natural' path of forces expressed in matter.

The 'natural' stress line of the form-active compression system is the funicular pressure line, that of the form-active tension system the funicular tension line. Pressure line and tension line are determined by the forces working on the system on the one hand, and by the rise or sag and the distance of the ends on the other.

Funicular pressure line and tension line are then the second distinction of form-active structure systems.

Any change of loading or support conditions changes the form of the funicular curve and causes a new structure form. While the load cable as a 'sagging' system under new loads assumes by itself a new tension line, the arch as a 'humping' system must compensate the changed pressure line with stiffness (bending mechanism).

Since the suspension cable under different loading changes its form, it is always the funicular curve for the existing load. On the other hand the arch, since it cannot change its form, can be funicular only for one certain loading condition.

Form-active structure systems, because of their dependence on loading conditions, are strictly governed by the discipline of the 'natural' flow of forces and hence cannot become subject to arbitrary free form design. Architectural form and space are the result of the bearing mechanism.

Lightness of the flexible suspension cable and heaviness of the arch stiffened against a variety of additional loads are architectural demerits of form-active structure systems. They can be largely eliminated through prestressing the systems.

As the suspension cable can be stabilized by prestressing so that it can receive additional forces that also may be upward directed, so too the arch can be precompressed to a degree that it can redirect asymmetrical loading without critical bending.

Arch and suspension cable, because of their being stressed only by simple compression or tension, are with regard to weight/span ratio the most economical systems of spanning space.

Because of their identity with the 'natural' flow of forces the form-active structure systems are the suitable mechanisms for achieving long spans and forming large spaces.

Since form-active structure systems disperse loads in the direction of resultant forces they are in effect and essence linear girders. This is true also for cable nets, membranes or lattice domes in which the loads, though being dispersed in more than one axis, are still transferred in a linear way because of lack of shear mechanism.

Form-active structure elements can be condensed to form surface structures. If the single stress condition, the distinction of form-active systems, is to be maintained, they too are submitted to the rules of funicular pressure line and tension line.

Arch and suspension cable, however, are not only the material essence of form-active structure systems, but are the elementary idea for any bearing mechanism and consequently the very symbol of man's technical seizure of space.

Form-active qualities can be brought to bear on all other structure systems. Especially in surface-active structure systems they are an essential constituent for the functioning of the bearing mechanism.

Form-active structure systems, because of their longspan qualities, have a particular significance for mass civilization with its demand for large scale spaces. They are potential structure forms for future building.

Knowledge of the laws of form-active redirection of forces is requisite for the design of any structure system and hence is essential for the architect or engineer concerned with structural design.

정의	…은 유연하고 비강성 물질로 된 시스템으로, 힘의 방향전환이 특정한 형태의 설계와 형태의 안정화 특성에 의해 활성화 된다.	FORM-ACTIVE STRUCTURE SYSTEMS are structure systems of flexible, non-rigid matter, in which the redirection of forces is effected through particular FORM DESIGN and characteristic FORM STABILIZATION
힘	주요 요소들은 단 하나의 평범한 응력, 즉 압축력 또는 인장력의 영향만 받는다: 단일 응력조건 하의 시스템	Its basic components are primarily subjected to but one kind of normal stresses, i.e. either to compression or to tension: SYSTEMS IN SINGLE STRESS CONDITION
특징	일반적인 구조특징들은 다음과 같다: 캐터너리 / 추력선 (압력선) / 원	The typical structure features are: CATENARY / THRUST LINE (PRESSURE L.) / CIRCLE

구성요소 및 명칭 / Components and denominations

1.1 케이블 시스템 / Cable systems

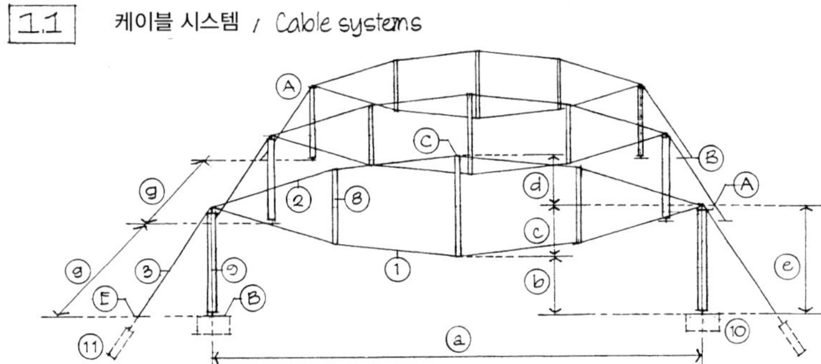

1.2 텐트 시스템 / Tent systems

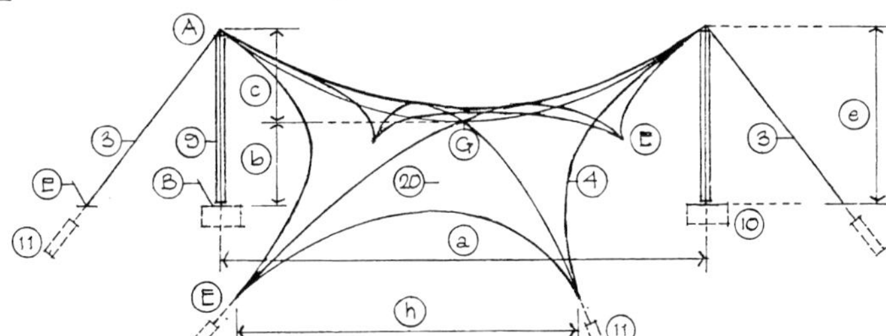

1.3 공기압 시스템 / Pneumatic systems

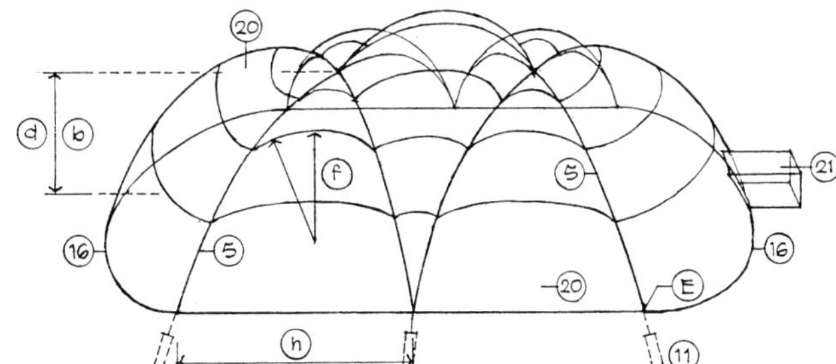

1.4 아치 시스템 / Arch systems

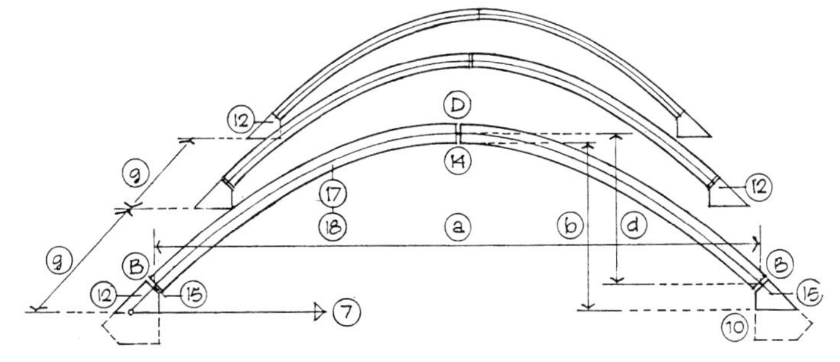

시스템 구성요소 / System members

①	서스펜션 케이블, 하중 케이블	suspension cable, load cable
②	당김 케이블	stabilization cable, stress cable
③	스테이 케이블	retaining cable, stay, guy
④	가장자리 케이블	edge cable, boundary cable
⑤	밸리 케이블	valley cable
⑥	행어	hanger
⑦	타이로드	tie rod, tieback
⑧	버팀목	compression rod (bar), spreader
⑨	기둥	column, pylon, mast, support
⑩	기초	foundation, footing
⑪	지반 앵커	soil anchor, retaining anchor
⑫	받침대	abutment
⑬	힌지 접합	pin joint, hinge
⑭	정점 힌지	crown hinge, top hinge, key hi.
⑮	지반 힌지	base hinge, impost hinge
⑯	앵커 링	anchor ring
⑰	아치	arch, funicular arch
⑱	힌지 아치	pinned arch, hinged arch
⑲	버트리스	buttress
⑳	막재	bearing membrane
㉑	에어 로크	air lock
㉒		
①-⑤	기능성 케이블	functional cables

시스템 상의 위상학적 지점 / Topographical system points

Ⓐ	서스펜션 지점	suspension point
Ⓑ	지지점	base point
Ⓒ	고점	peak, high point
Ⓓ	정점	key, top, crown, vertex, apex
Ⓔ	앵커지점	anchor point, retaining point
Ⓕ	지지점	point of support, bearing point
Ⓖ	저점	low point
Ⓗ		
Ⓘ		

시스템 치수 / System dimensions

ⓐ	스팬	span
ⓑ	순층고	clear height, clearance
ⓒ	처짐	cable sag
ⓓ	아치(케이블) 높이	arch (cable) rise
ⓔ	기둥 높이	column height, support height
ⓕ	곡률 반경	radius of curvature
ⓖ	구조물 간격	spacing, frame distance
ⓗ	앵커 간격	distance of anchor points
ⓘ		
ⓙ		

1.1 케이블 구조 / Cable structures

평행 스팬 시스템
Parallel span systems

방사형 스팬 시스템
Radial span systems

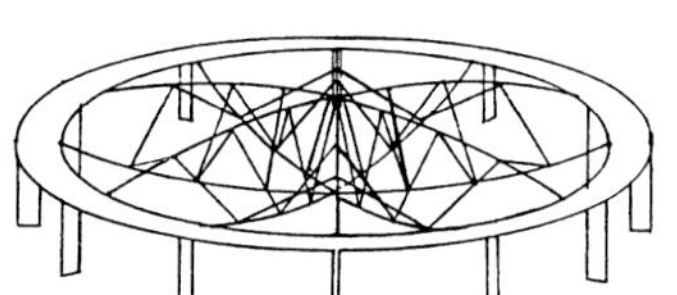

2축 스팬 시스템
Biaxial span systems

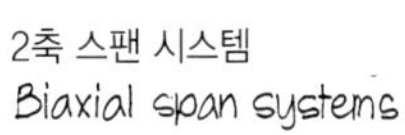

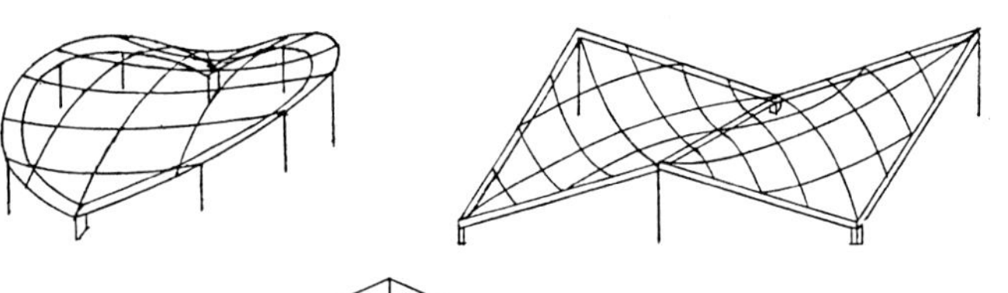

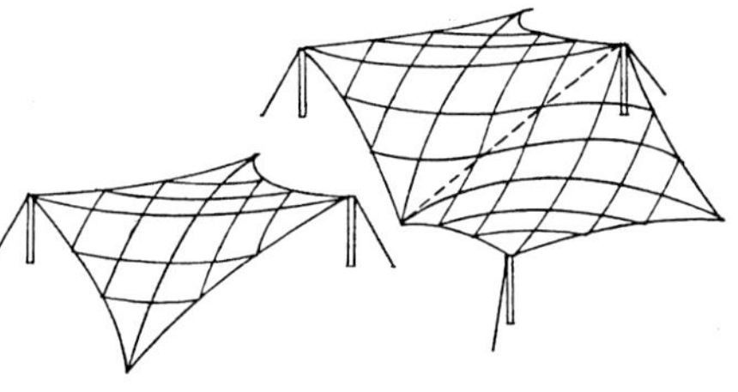

케이블 트러스
Cable trusses

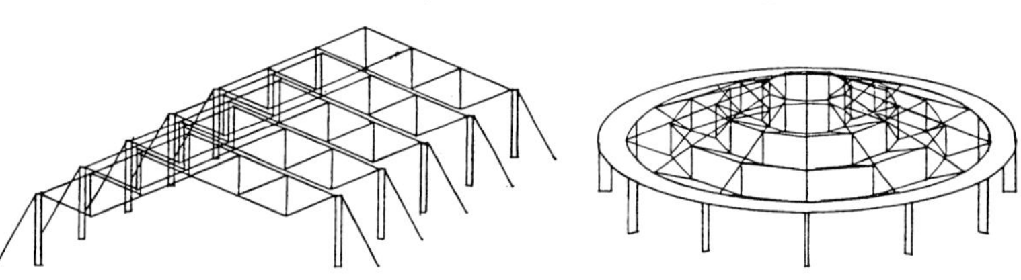

1.2 텐트 구조 / Tent structures

고점 텐트 구조
Peak tent systems

웨이브 텐트 구조
Undulating tent systems

간접 고점 텐트
Indirect peak tents

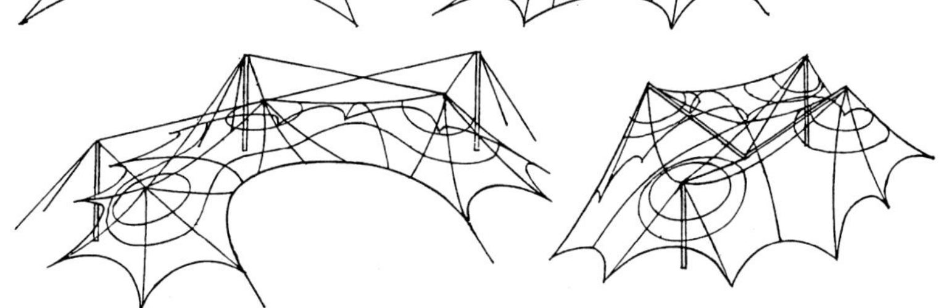

13 공기압 구조 / Pneumatic structures

공기가 제어된 내부 시스템
Air-controlled indoor systems

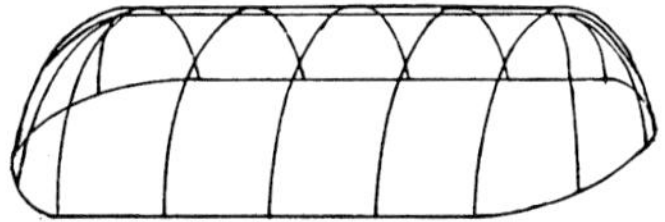
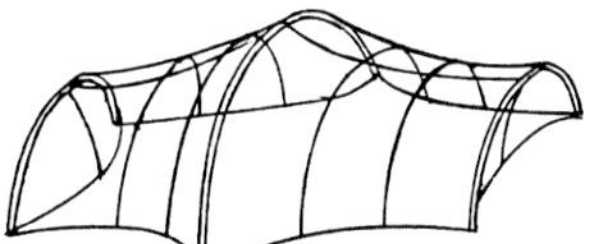
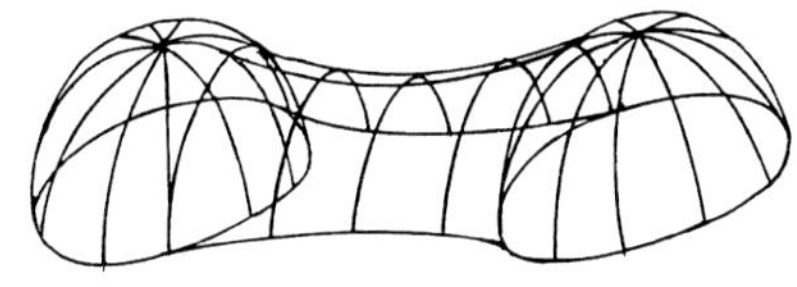

에어 쿠션 시스템
Air cushion systems

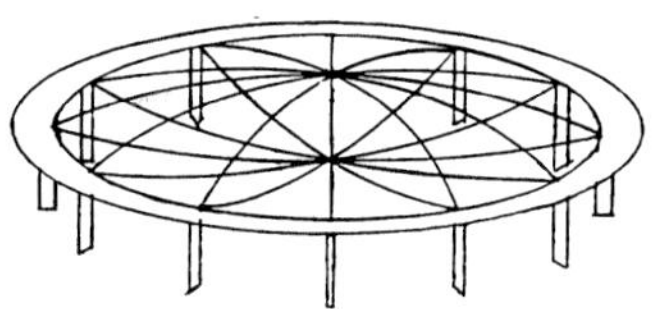
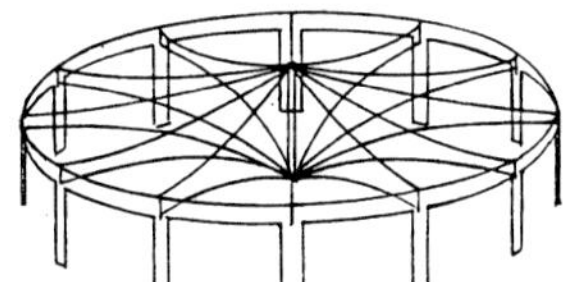
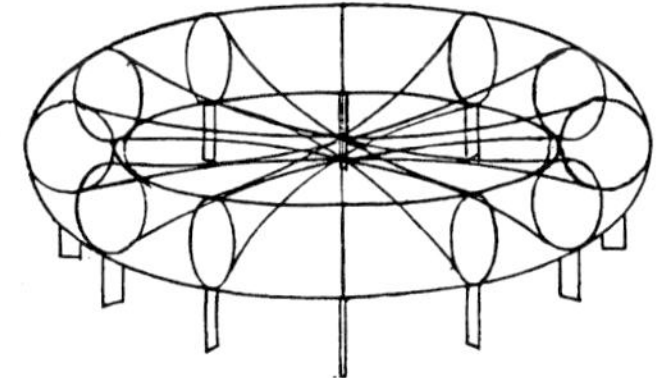

에어 튜브 시스템
Air tube systems

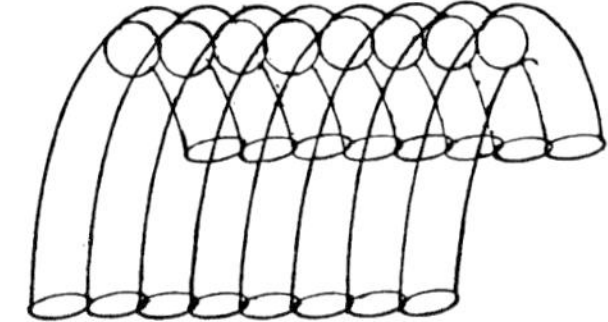
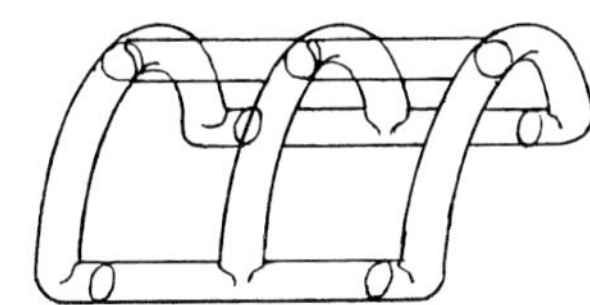

14 아치 구조 / Arch structures

선형 시스템
Linear systems

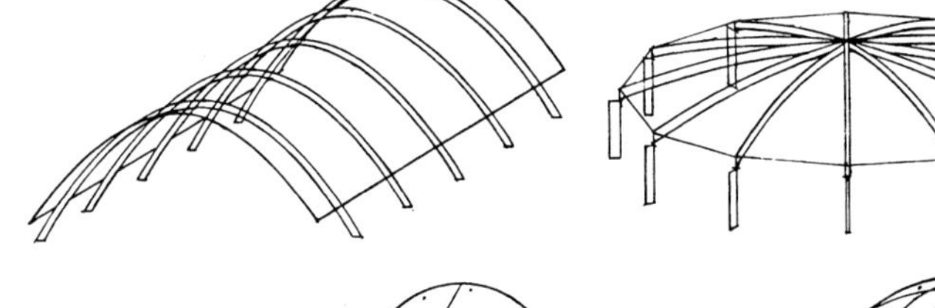

보울트 시스템
Vault systems

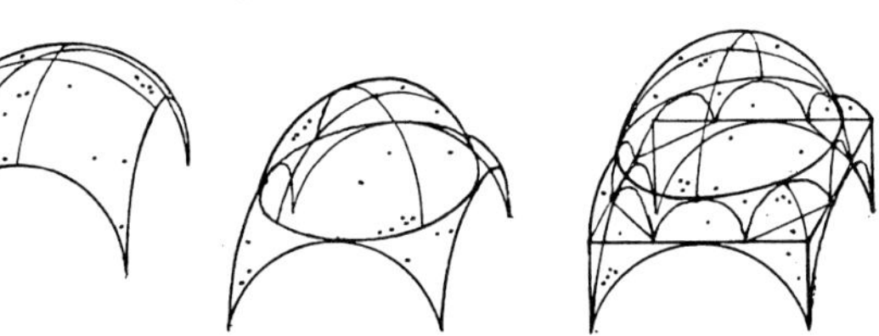

보울트 그리드 시스템
Vaulted lattice systems

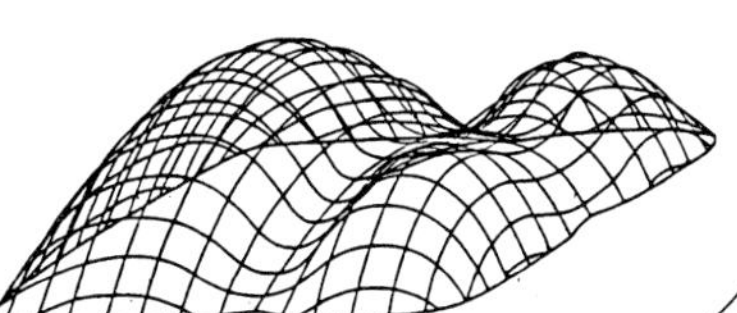
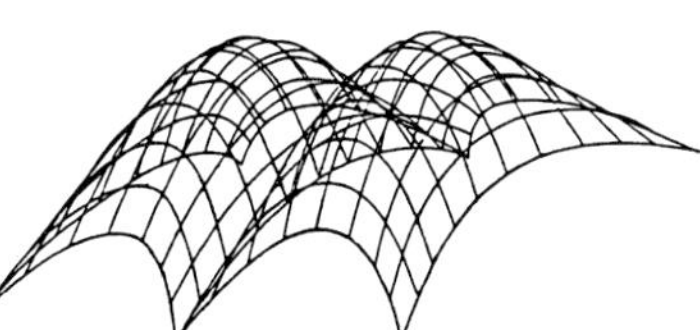

적용 : 구조 시스템 – 재료 – 스팬

Applications: structure system - material - span

구조 시스템 / Structure system	주요재료	Primary material	스팬 (m) / Spans in meters
케이블 구조 1.1 CABLE structures	전체 금속 금속 + 철근콘크리트	all metal metal + reinf. concrete	50 – 80 – 500
	전체 금속 금속 + 철근콘크리트	all metal metal + reinf. concrete	30 – 60 – 200 – 250
	전체 금속 금속 + 철근콘크리트 / 목재	all metal metal + reinf. concrete /+ wood	25 – 50 – 120 – 200
텐트 구조 1.2 TENT structures	섬유 + 금속/ 목재 플라스틱 + 금속/ 목재	textile + metal/+wood plastics + metal/+wood	5 – 10 – 25 – 40
	섬유 + 금속 / 목재 플라스틱 + 금속/목재	textile + metal/+wood plastics + metal/+wood	20 – 30 – 70 – 100
	플라스틱+금속/ 콘크리트 섬유 + 금속 목재/콘크리트	plastics + metal/+concr. textile + metal/+concr.	20 – 30 – 80 – 150
공기압 구조 1.3 PNEUMATIC structures	플라스틱 + 금속	plastics + metal	10 – 40 – 50; 70 – 90 – 220 – 300
	플라스틱 + 금속 /목재/콘크리트	plastics + metal/+wood /+ concrete	20 – 70 – 120
	플라스틱	plastics	10 – 50 – 70
아치 구조 1.4 ARCH structures	철근콘크리트/ 집성목/ 금속	reinf. concrete lamin. wood metal	15 – 25 – 70 – 100
	석재	masonry	4 – 8 – 20 – 30
	금속 목재	metal wood	10 – 20 – 90 – 150

Span scale: 0 5 10 15 20 25 30 40 50 60 80 100 150 200 250 300 400 500

각 구조유형별로 구성 요소마다 특정 응력조건이 내재되어 있다. 이는 구조설계 시 기본 구조 체제와 공간을 펼치는 정도에 따라 구조를 합리적을 선택할 수 있게 해준다.

To each structure type a specific stress condition of its members is inherent. This essential trait submits the design of structures to rational affiliations in the choice of primary structural fabric and in the attribution of span capacity

응력방향과 케이블 구조형태의 관계

relationship between stress direction and structure form of cable

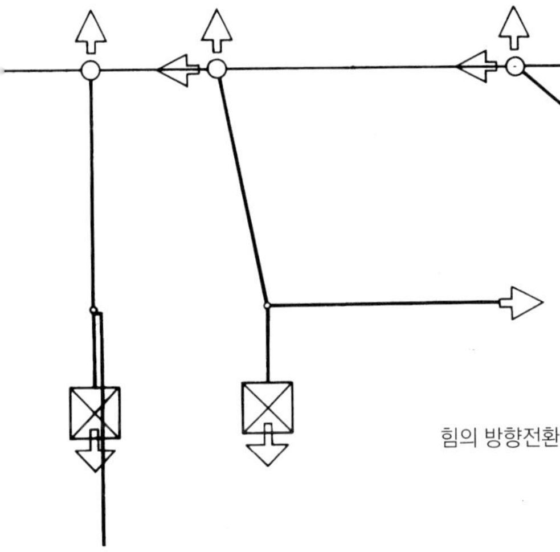

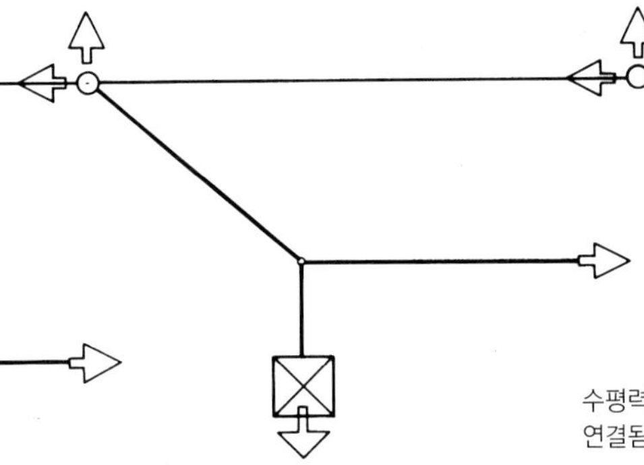

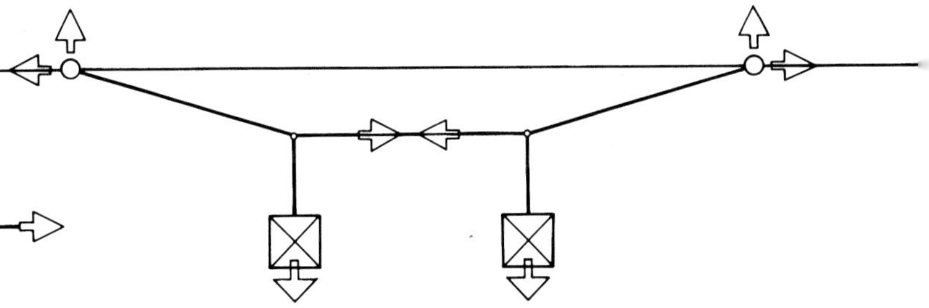

힘의 방향전환 redirection of forces

수평력의 크기에 따라, 하중은 지지점으로부터 멀어진다. 거울 반사와 같은 대칭적인 시스템과 연결됨으로써 수평력이 균형을 이룬다. 응력 방향전환 시스템은 닫힌다.

according to the magnitude of the horizontal force, the load will be moved away from the point of suspension. through linkeage with mirror-reflected systen horizontal forces will be held in balance. the system of stress redirection is closed within itself

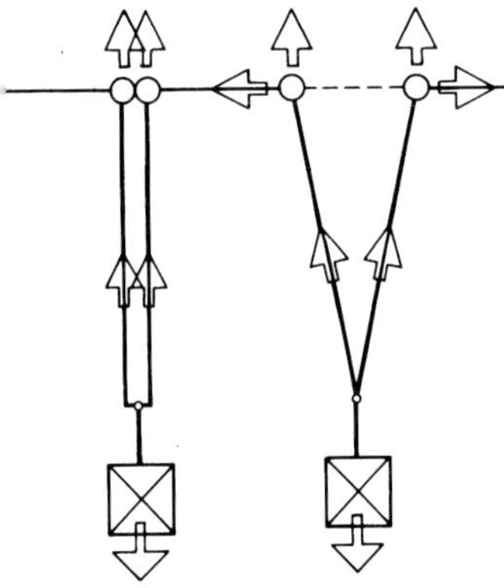

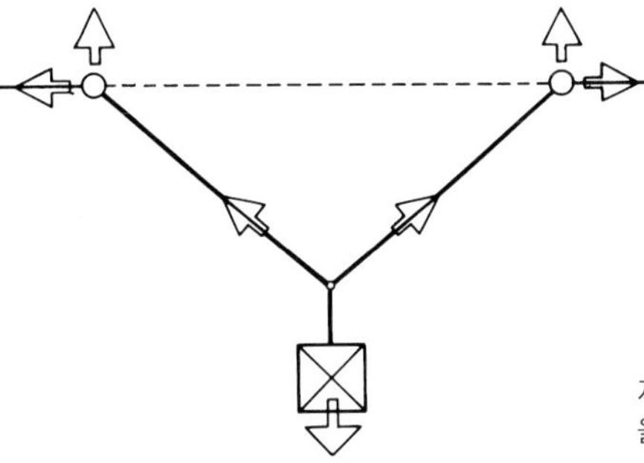

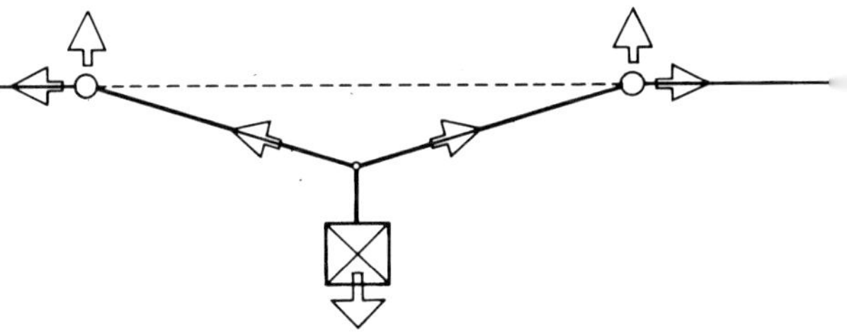

공간 확대 spanning space

지지점을 양측으로 당김으로써 하중을 상향함으로 공간을 다시 확보할 수 있다. 케이블은 하중을 양쪽 모두에 전달하며 공간을 오픈한다. 케이블의 형태는 힘의 방향을 따른다.

by bringing the points of suspension apart the load will be suspended in the space thus gained. the cable transmits the load to both sides and thus spans open space. the form of the cable follows the direction of stresses

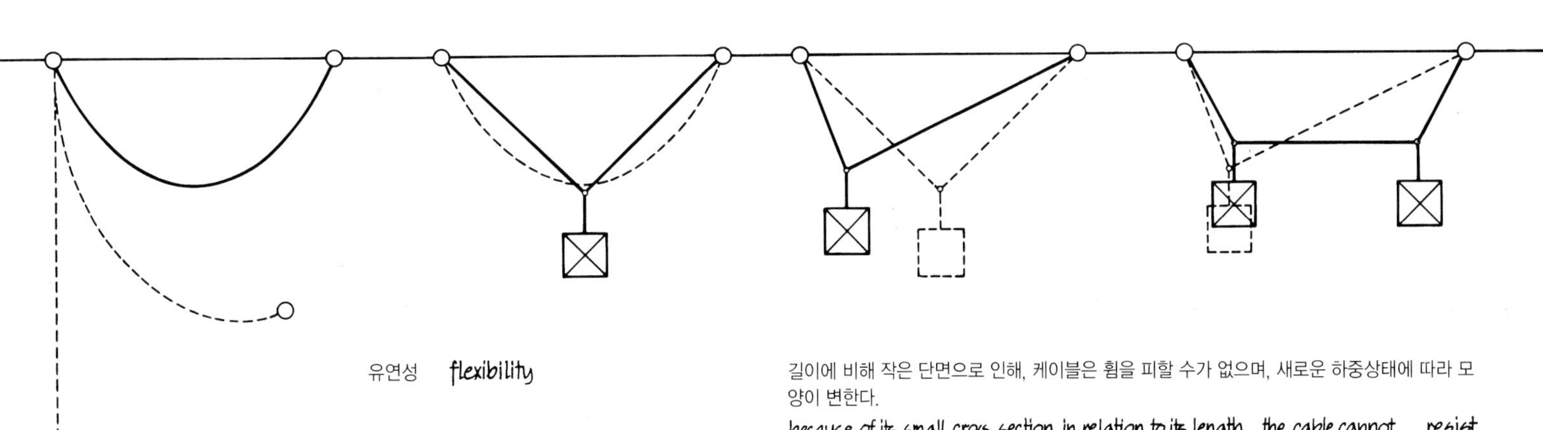

유연성 flexibility

길이에 비해 작은 단면으로 인해, 케이블은 휨을 피할 수가 없으며, 새로운 하중상태에 따라 모양이 변한다.

because of its small cross section in relation to its length, the cable cannot resist bending and thus changes its shape with each new loading condition

서스펜션 케이블의 지렛대 메카니즘 / lever mechanism of suspension cable

수평반력 모멘트 Mn로 인하여, 모멘트 Mp와 Ma의 차이는 평형을 이루며 휨은 없어진다.

due to the moment of horizontal reaction M_H the disparity of the moments M_P and M_A is compensated and bending is eliminated

응력분배에서 케이블 처짐이 주는 영향 / influence of sag on stress distribution

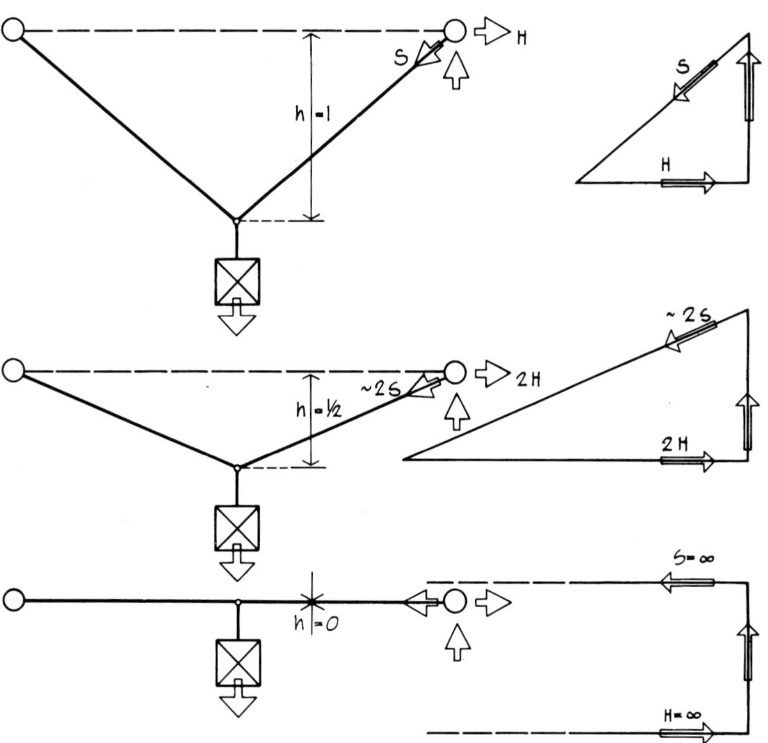

서스펜션 케이블의 케이블 응력 S와 수평추력 H는 케이블의 처짐 h 와 반비례 한다. 만일 h=0이면 케이블 응력과 수평추력이 무한대가 되며, 즉 서스펜션 케이블이 하중에 저항할 수가 없다.

cable stress S and horizontal thrust H of a suspension cable are inversely proportional to its sag h. if the sag is zero, cable stress and horizontal thrust will become infinite, i.e. the suspension cable cannot resist to the load

케이블의 기하학적 형태 / geometric funicular forms

캐터네리
catenary

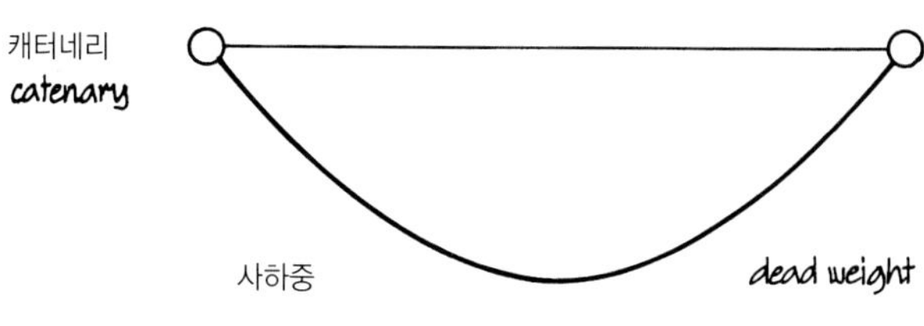

포물선
parabola

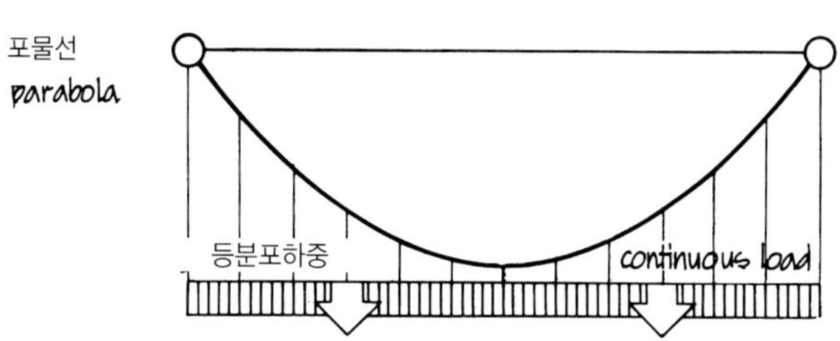

타원
ellipse

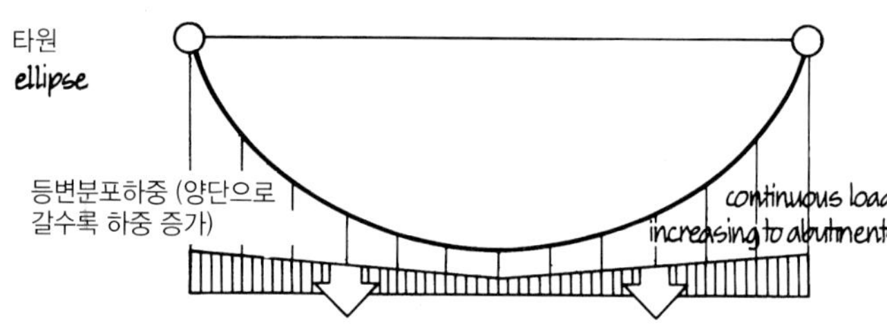

삼각형
triangle

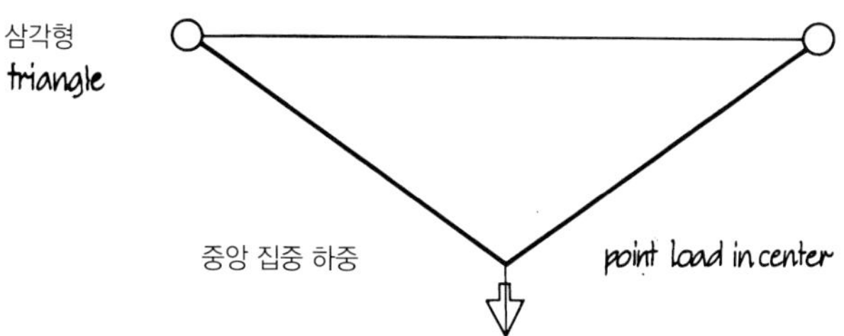

사다리꼴
trapezoid

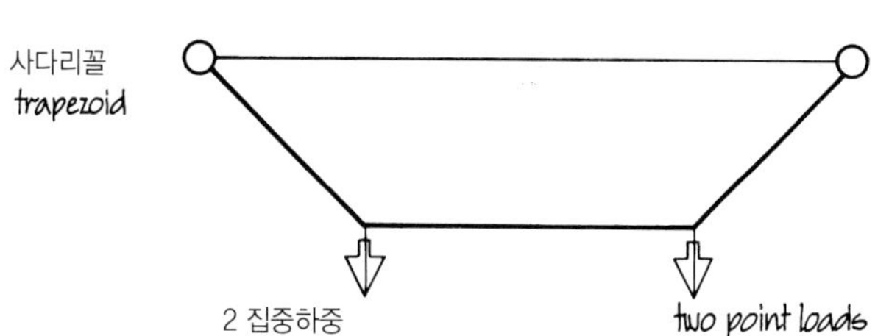

다각형
polygon

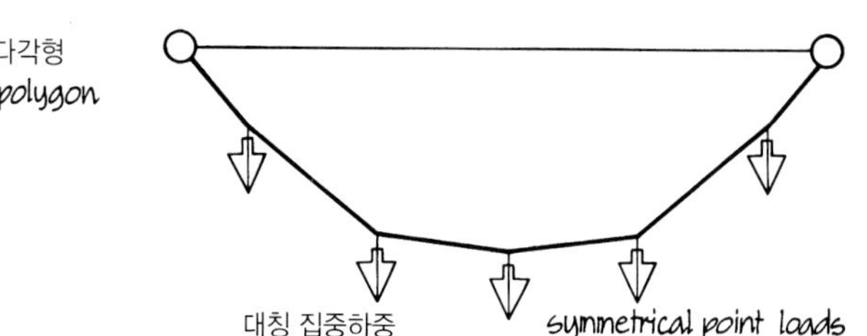

서스펜션 케이블의 임계처짐
critical deflections of the suspension cable

케이블의 길이에 비해 사하중이 작고 그 유연성으로 인하여 서스펜션 케이블은 바람에 의해 위로 들어 올려지거나, 진동에 의해 움직이는 비대칭적 및 이동성 하중에 의해 모양이 변형되기가 쉽다.

due to its small dead weight in relation to its span and because of its flexibility, the suspension cable is very susceptible to:
wind uplift, vibrations, asymmetrical and moving loads

서스펜션 케이블의 안정화
stabilization of suspension cable

사하중의 증가 *increase of dead weight*

stiffening through construction as inverted arch (or shell)
역 아치(또는 역 쉘)로서 강성을 높임

spreading against cable with opposite curvature
역곡률의 당김 케이블

fastening with transverse cables anchored to ground
케이블을 직접 지반으로 고정

평행 서스펜션 케이블을 위한 백 스테이 케이블
Restraining systems for parallel suspension cables

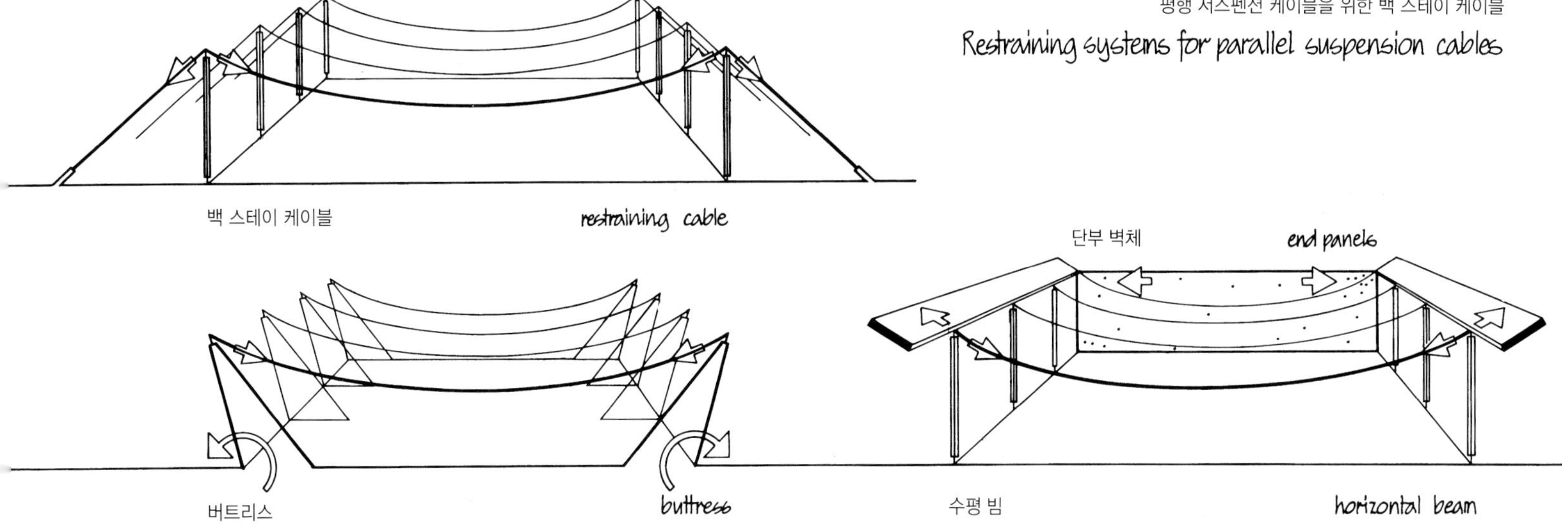

서스펜션 지점의 안정화를 위한 백 스테이 시스템
Restraining systems for stabilization of suspension points

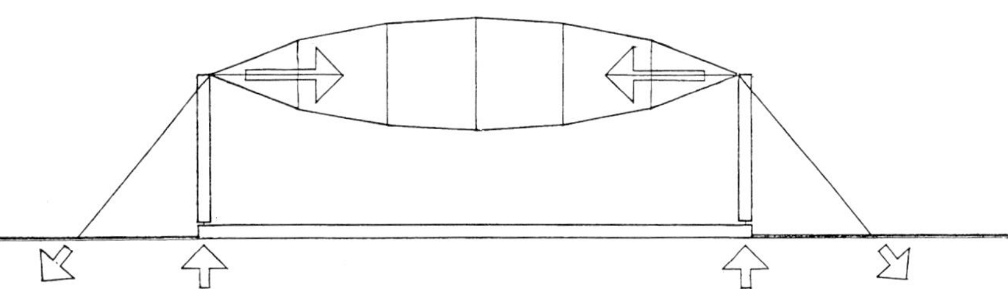

케이블을 지면에 고정시킴으로써 서스펜션 지점의 케이블 제어
Cable restraining of suspension points with soil anchorage of cables

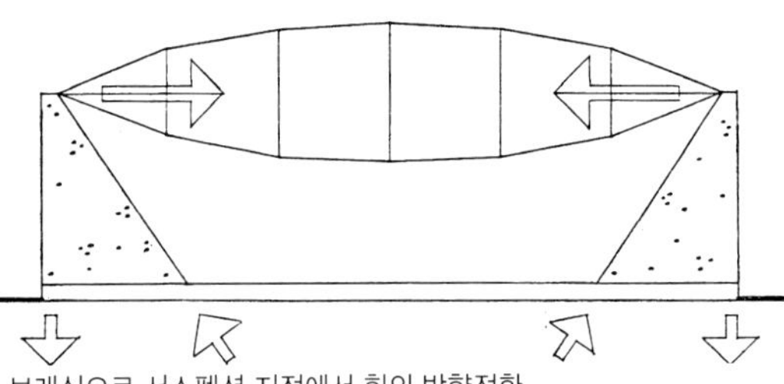

버트리스 또는 브래싱으로 서스펜션 지점에서 힘의 방향전환
Redirection of forces in the suspension points through buttresses or bracings

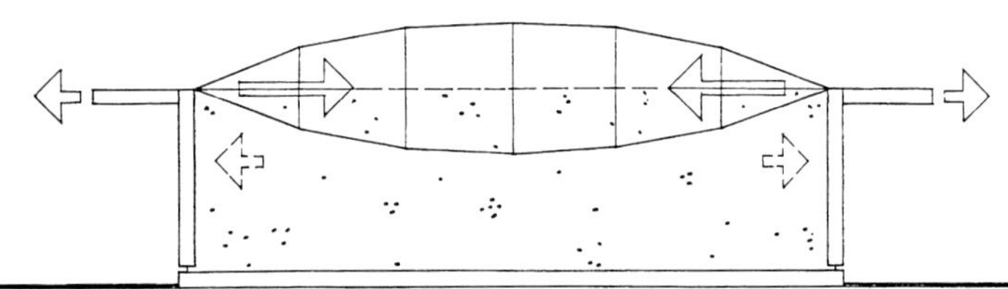

압축 빔 또는 벽체에 수평거더로 힘 전달
Force transfer by horizontal girders to transverse walls or compression beams

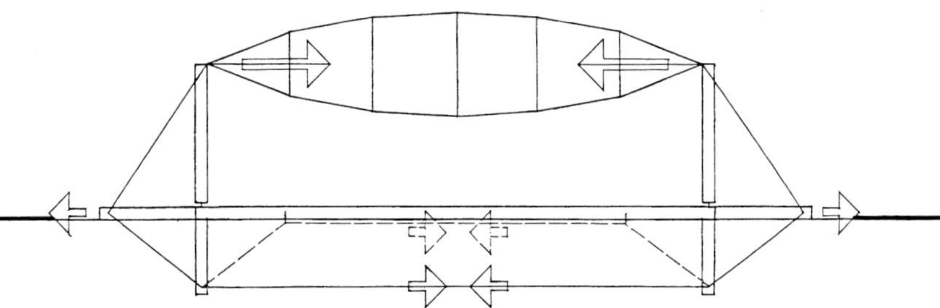

바닥 슬래브 하부의 인장 앵커 부재를 이용하여 케이블 응력을 제어
Cable restraining with balancing tie member connection beneath floor slab

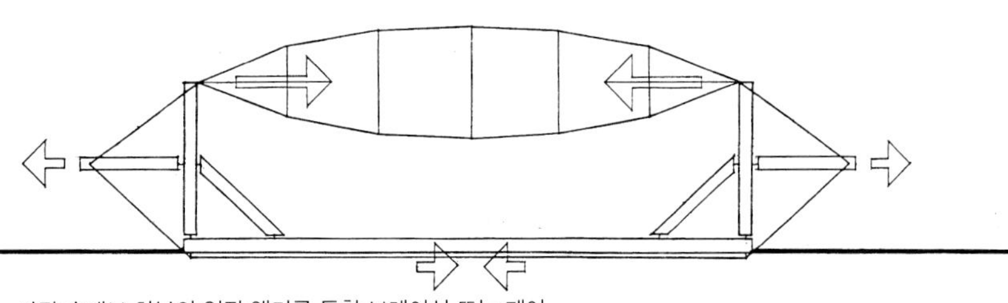

바닥 슬래브 하부의 인장 앵커를 통한 브레이싱 또는 제어
Restraining and bracing with tie member connection beneath/within floor slab

서스펜션 지점을 위한 구조
Structures for suspension points

형태저항 / form-active

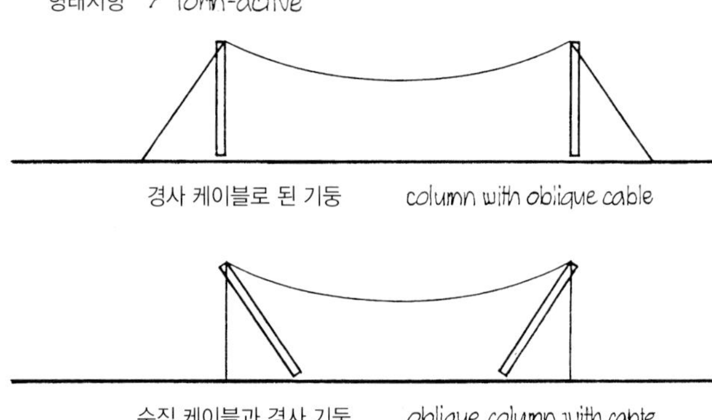

경사 케이블로 된 기둥 column with oblique cable

수직 케이블과 경사 기둥 oblique column with cable

벡터저항 / vector-active

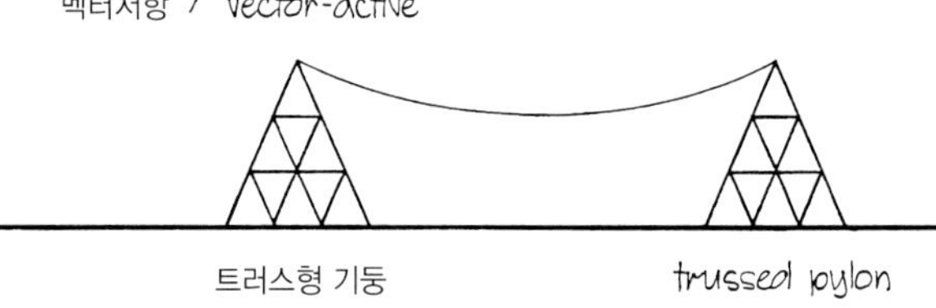

트러스형 기둥 trussed pylon

단면저항 / section-active

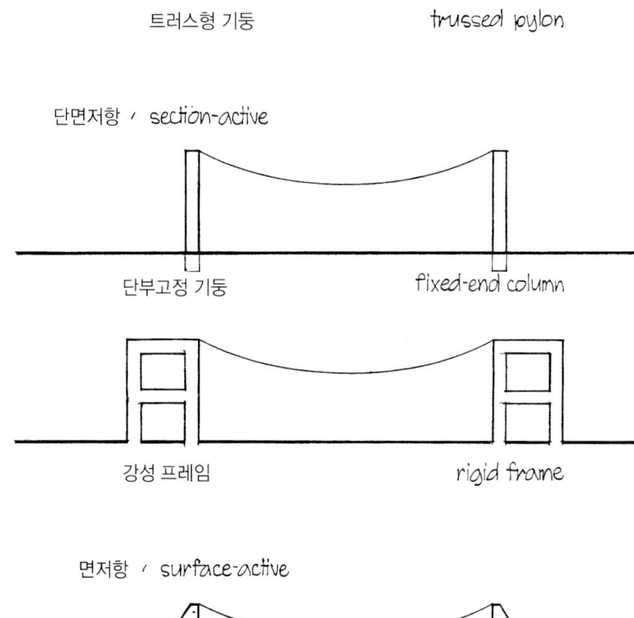

단부고정 기둥 fixed-end column

강성 프레임 rigid frame

면저항 / surface-active

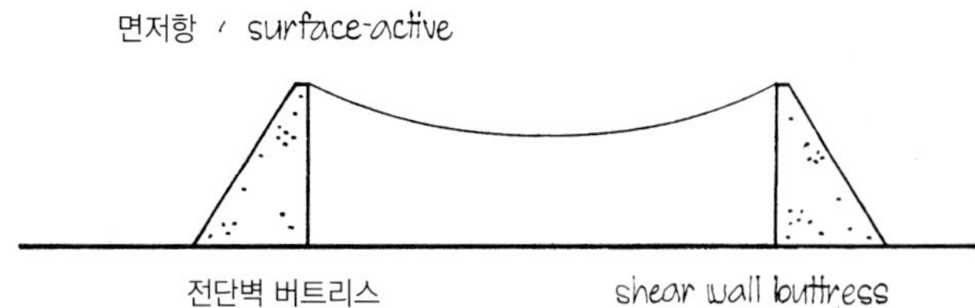

전단벽 버트리스 shear wall buttress

지붕 자중을 통해 안정되는 단순 평행 시스템

simple parallel systems with stabilization through roof weight

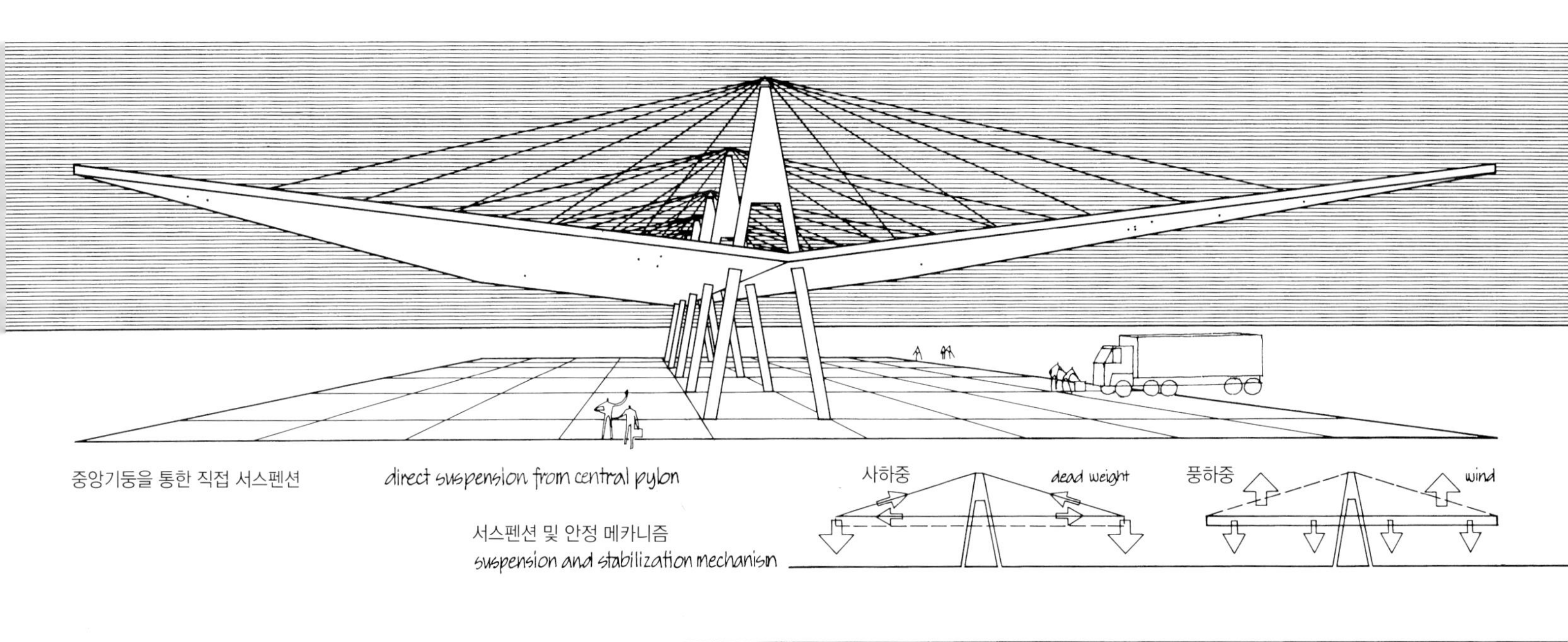

중앙기둥을 통한 직접 서스펜션 direct suspension from central pylon

서스펜션 및 안정 메카니즘
suspension and stabilization mechanism

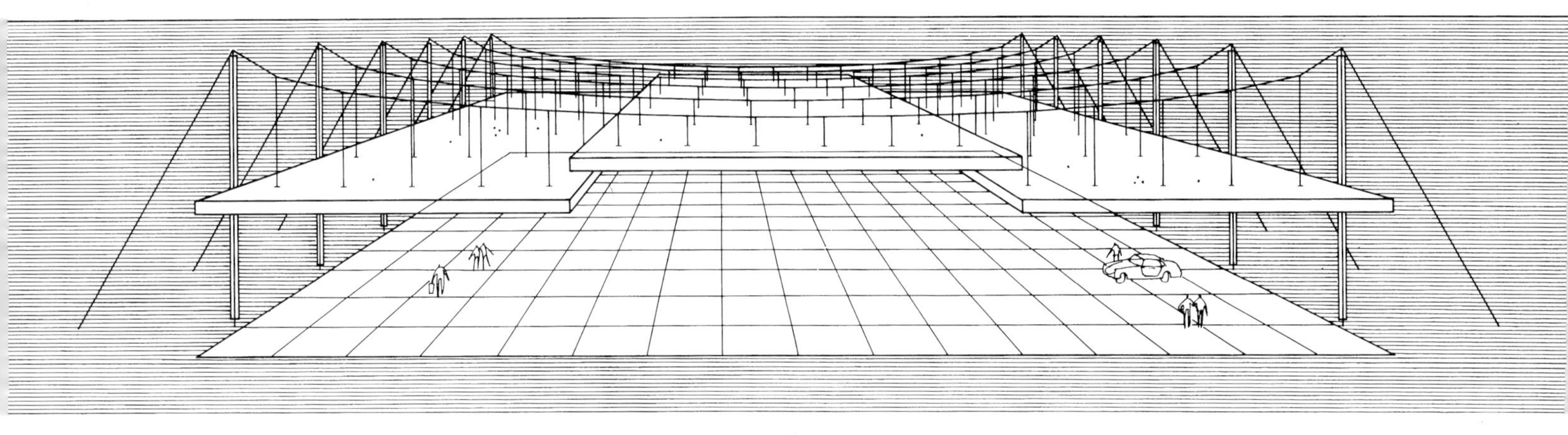

케이블에 현수된 지붕 roof suspended from cable

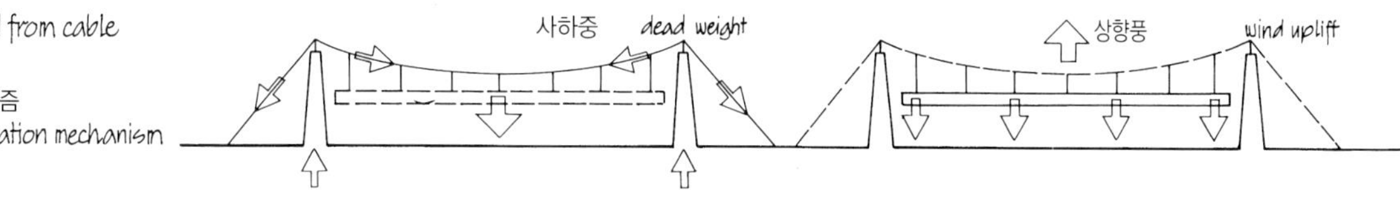

서스펜션 및 안정 메카니즘
suspension and stabilization mechanism

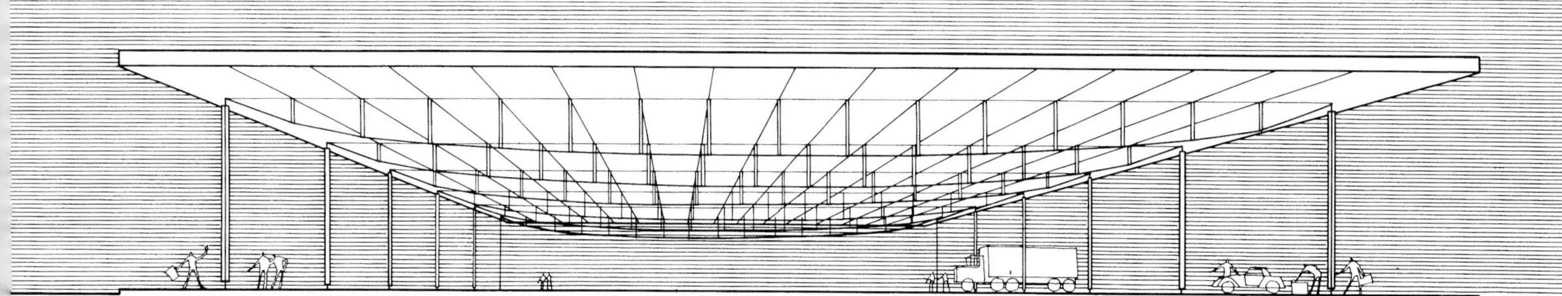

서스펜션 케이블 위에 지지된 지붕 roof stilted upon suspension cable

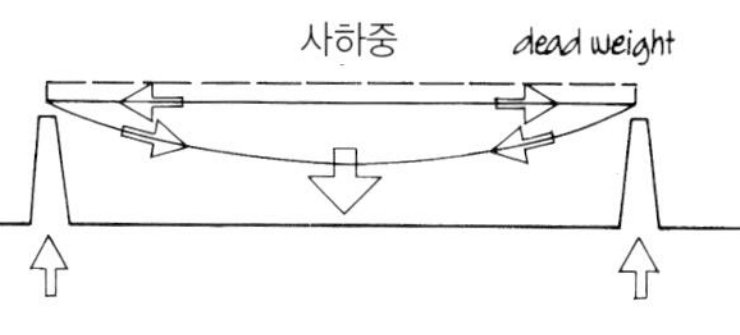

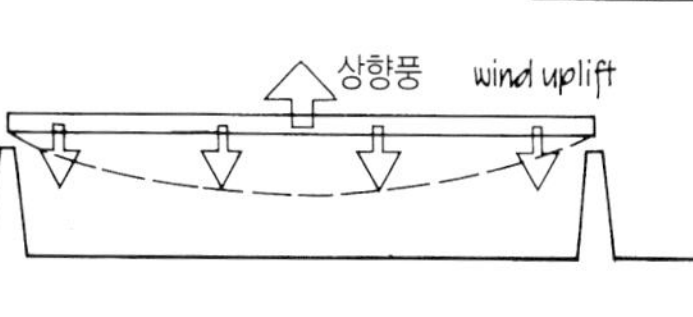

서스펜션 및 안정 메카니즘
suspension and stabilization mechanism

프리스트레스 시스템의 지지와 안정 메커니즘

bearing and stabilizing mechanism of prestressed systems

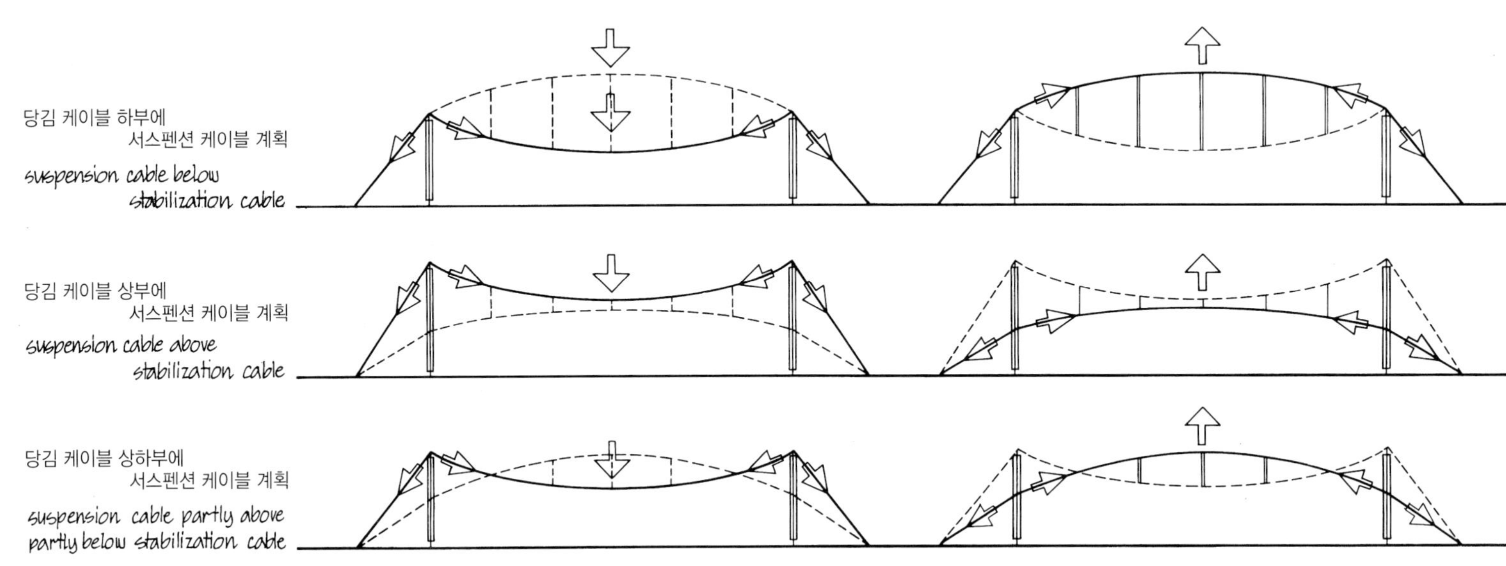

하중지지 메카니즘 / bearing mechanism

안정화 메카니즘 / stabilizing mechanism

서스펜션과 안정 케이블이 1방향인 시스템

systems with suspension and stabilization in one direction

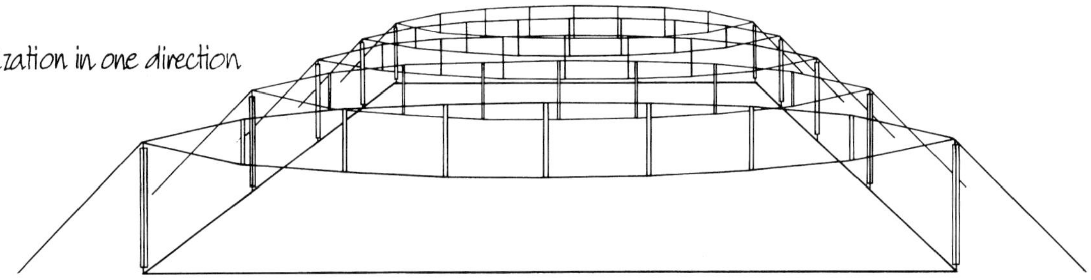

평면 평행 시스템
flat parallel system

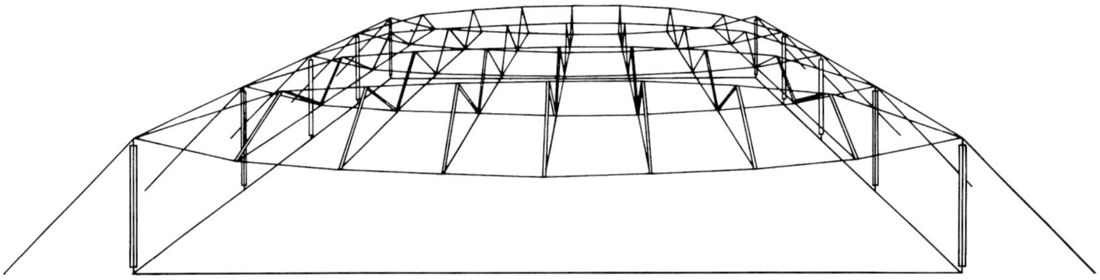

공간 평행 시스템
spatial parallel system

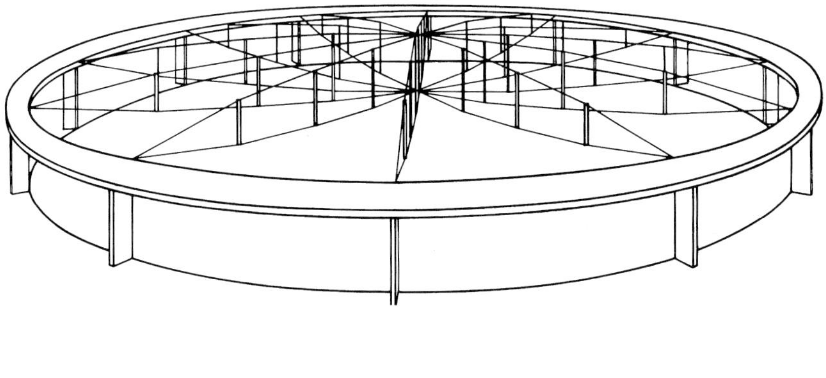

평면 회전 시스템
flat rotational system

당김 케이블을 통해 안정되는 평면 평행시스템

동일한 평면에서 서스펜션 케이블과 당김 케이블

flat parallel systems with stabilization through counter cables

suspension cable and stabilization cable in one plane

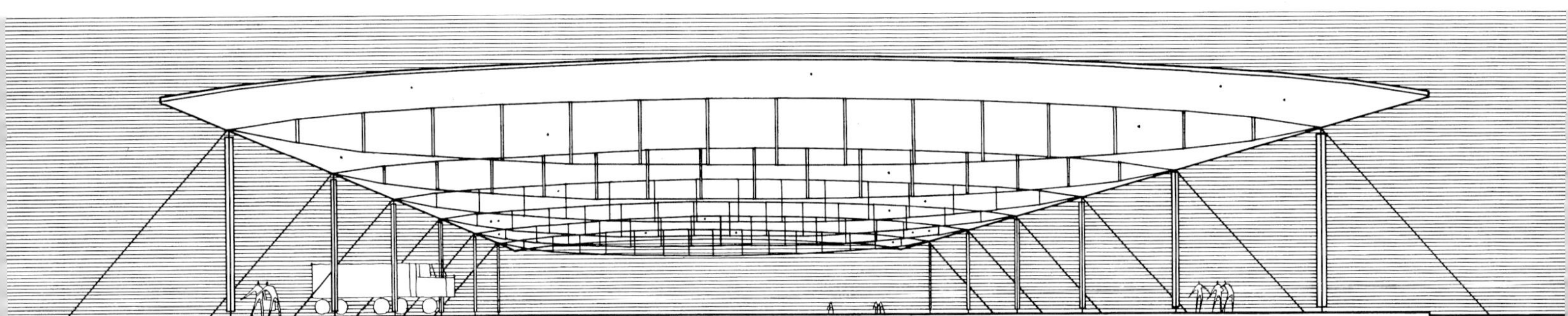

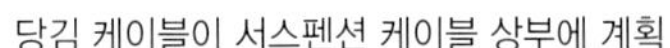

당김 케이블이 서스펜션 케이블 상부에 계획

stabilization cable above suspension cable

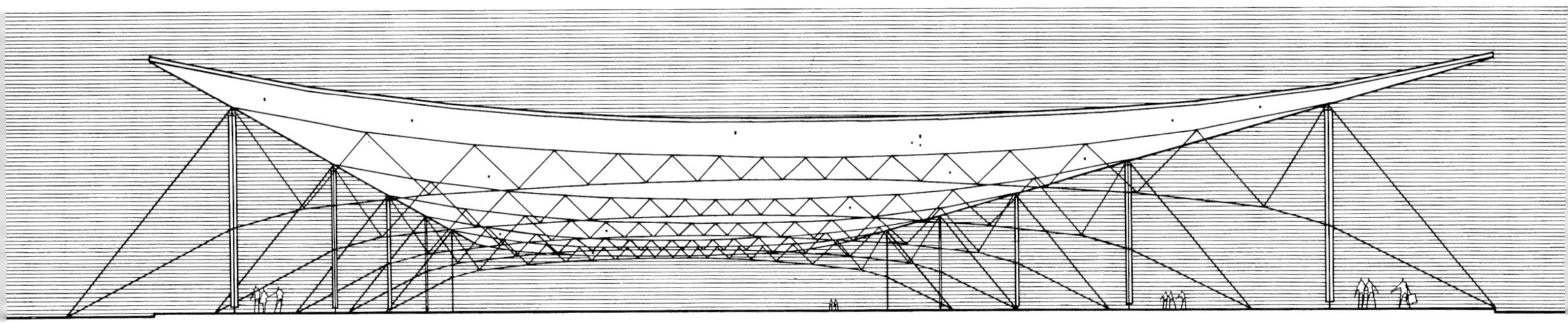

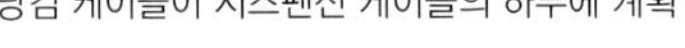

당김 케이블이 서스펜션 케이블의 하부에 계획

stabilization cable under suspension cable

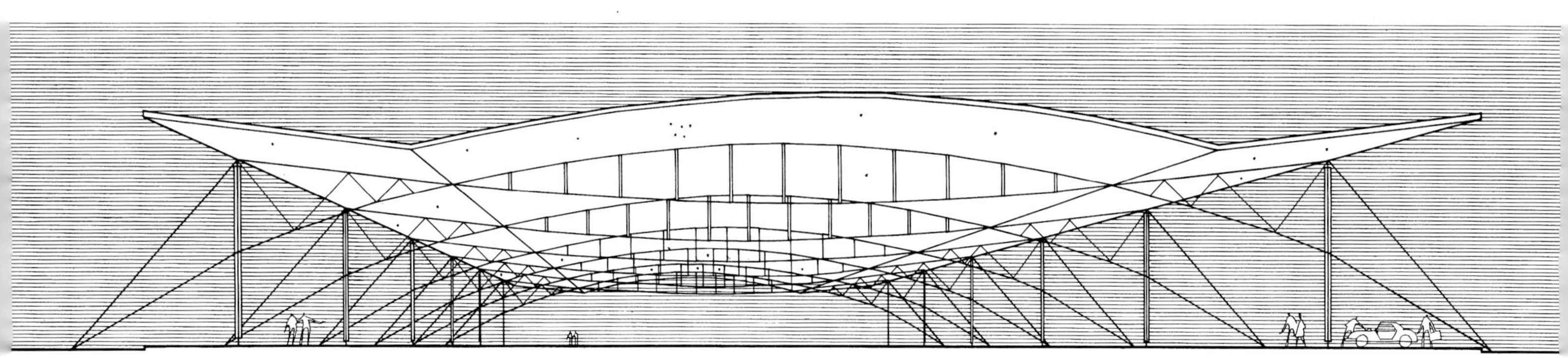

당김 케이블이 부분적으로 서스펜션 케이블 상하부에 계획

stabilization cable partly above partly below suspension cable

역곡률 당김 케이블로 옵셋된 평행 시스템

서스펜션 케이블과 당김 케이블이 서로 다른 평면에 계획

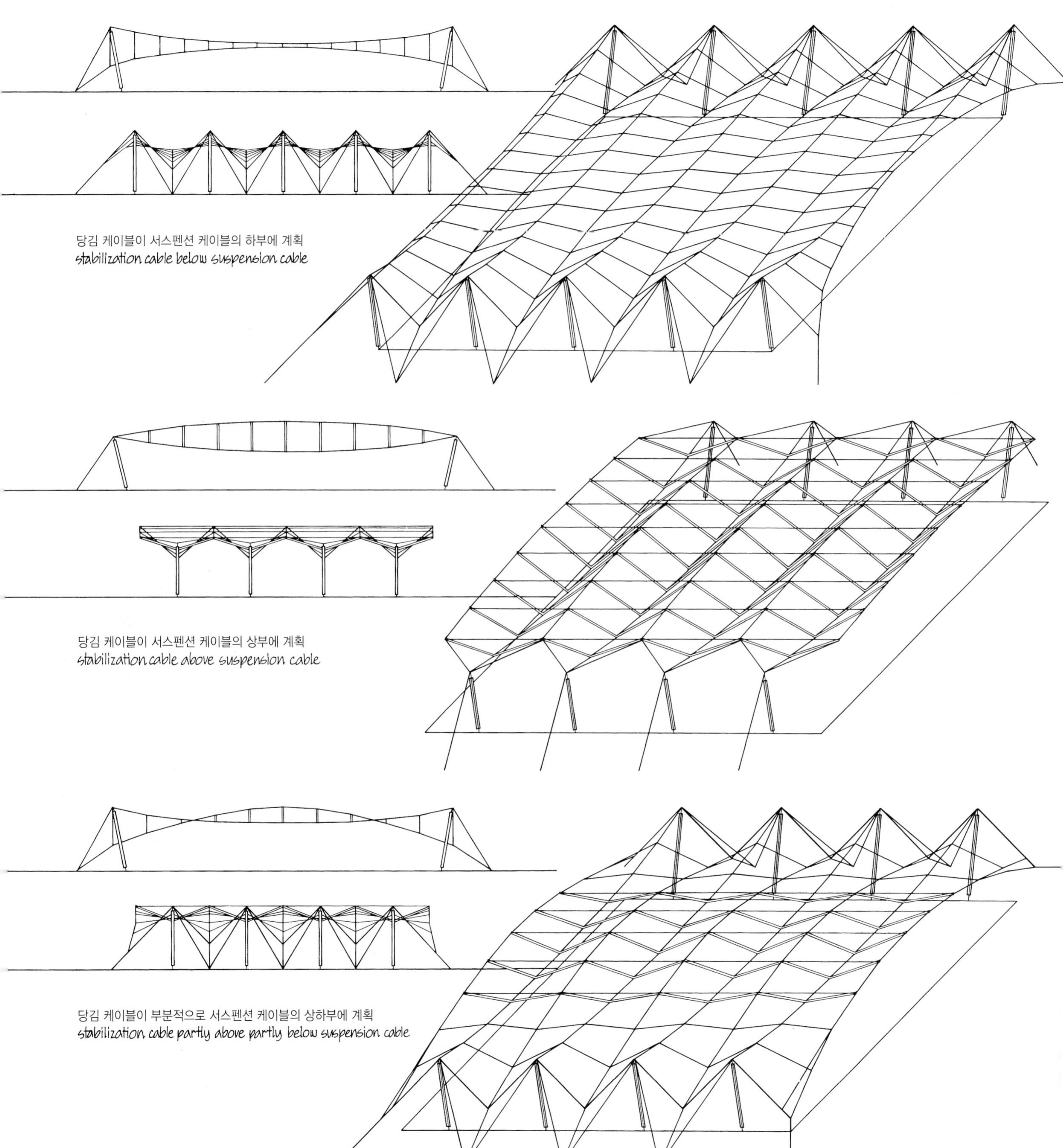

당김 케이블이 서스펜션 케이블의 하부에 계획
stabilization cable below suspension cable

당김 케이블이 서스펜션 케이블의 상부에 계획
stabilization cable above suspension cable

당김 케이블이 부분적으로 서스펜션 케이블의 상하부에 계획
stabilization cable partly above partly below suspension cable

spatial parallel systems with stabilization through counter cables

suspension cable and stabilization cable in different planes

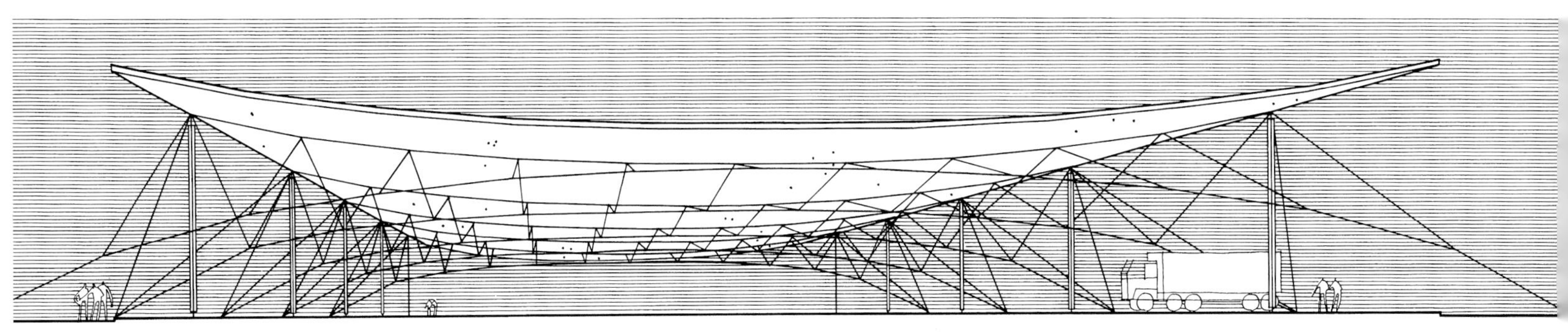

당김 케이블이 서스펜션 케이블의 하부에 계획

stabilization cable below suspension cable

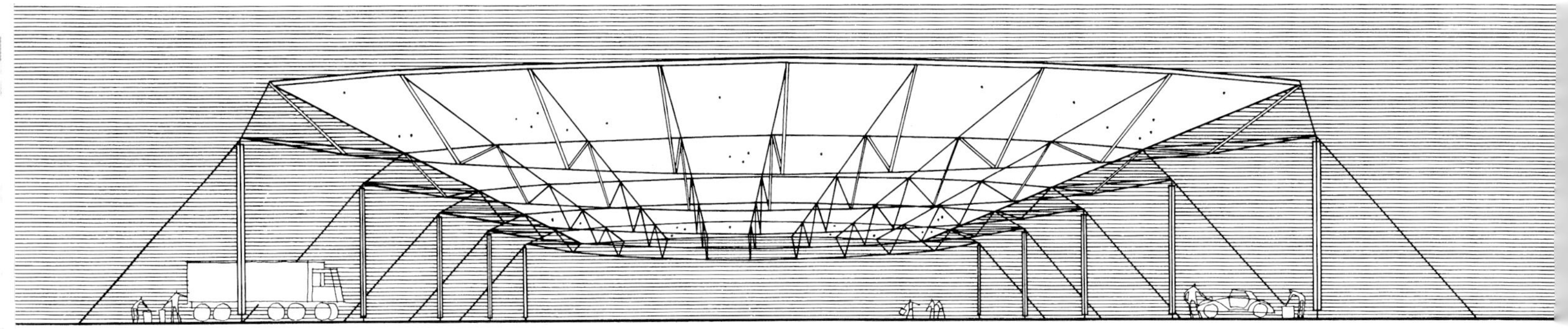

당김 케이블이 서스펜션 케이블의 상부에 계획

stabilization cable above suspension cable

마름모형 트러스에서 케이블 트러스의 유도

Derivation of cable truss from rhombic truss

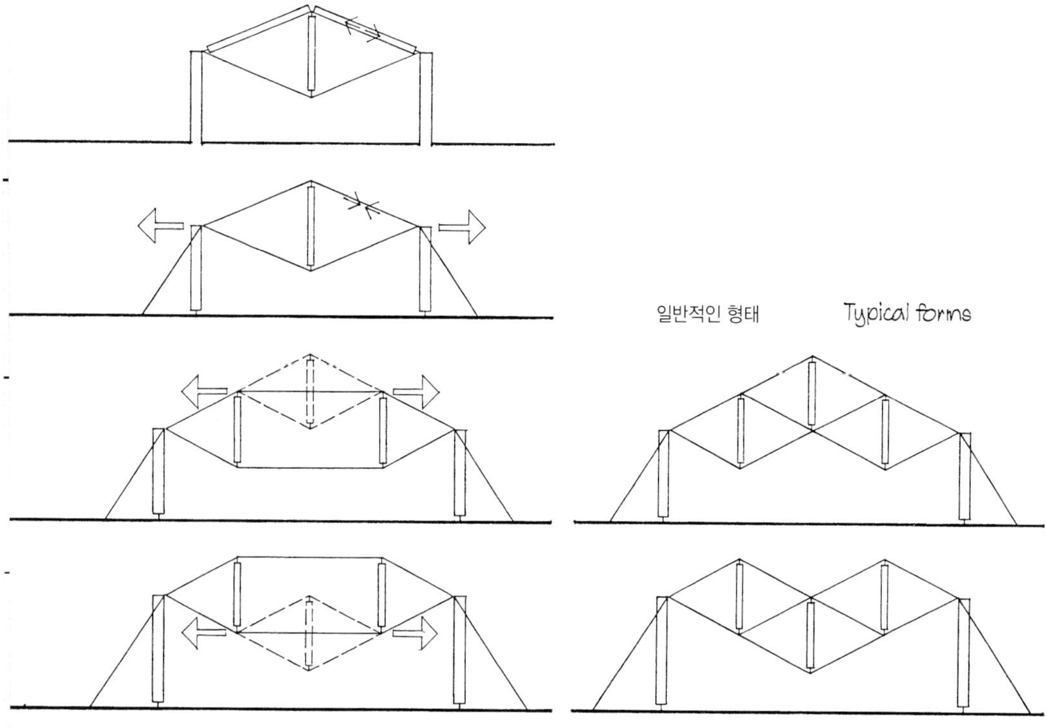

두 개의 상반적인 수평력(백 스테이 케이블)을 적용함으로써 상현재는 압축력을 받지않고 인장력을 받는다. 그러므로 이를 케이블로 설계할 수 있으며, 이를 케이블 트러스라 한다.

이 구조시스템은 각각의 인장재를 연결함으로서 단계별로 하중을 지지단부로 전달한다. 이러한 힘의 전달에 관여하지는 않지만 구조물에 응력을 부과하며 안정화하는 기능을 한다.

By applying two opposite horizontal forces (e.g. with restraining cables) the upper chords no longer are subjected to compressive but to tensile stresses. Hence they can be designed as cables = CABLE TRUSSES

The structure system rests upon the interlinkage of individual load suspensions that, step by step, transmits the loads to the end supports. The top chords do not participate in this action, but serve only to stress and stabilize the structure

마름모형 트러스와 케이블 트러스에서 응력분배의 비교

Comparison of stress distribution in rhombic truss and cable truss

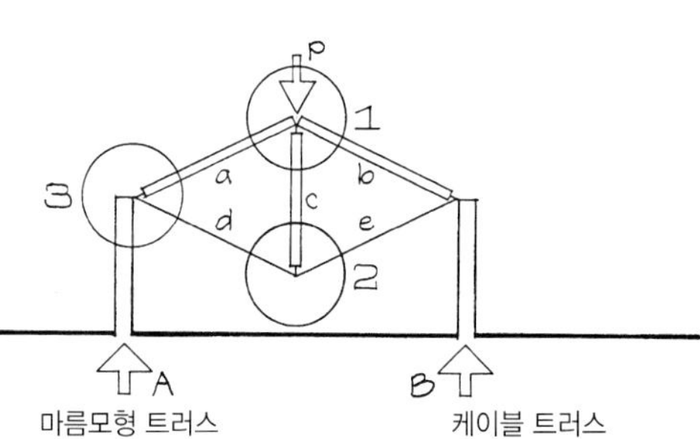

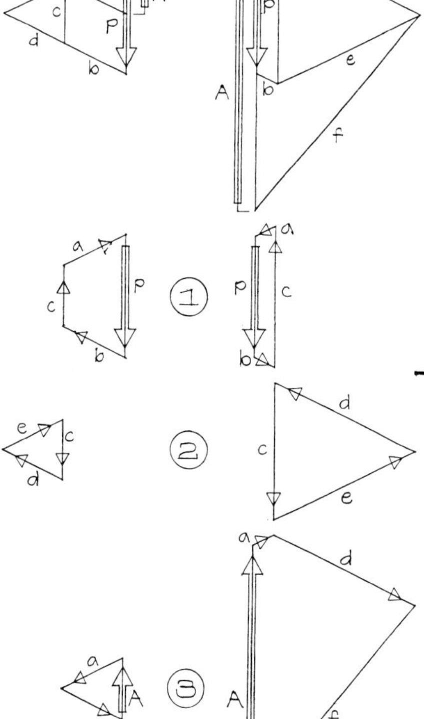

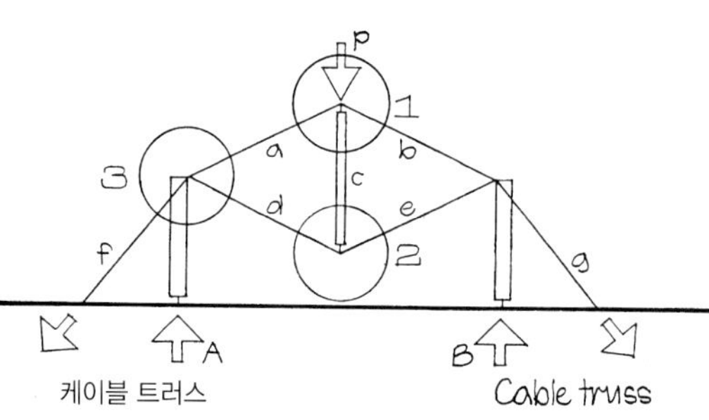

상현재 a–b와 하현재 d–e가 동일한 만큼 돌출되어 있으므로 하중 P가 현재에 동일하게 작용할 것이다. 그렇지만 돌출길이가 서로 다르더라도 트러스 부재들이 받는 응력은 여전히 적을 것이다.

With equal pitch of top chords a/b and bottom chords c/d the load P will be evenly received by the chords. But even with differing pitches of chords the stresses in the truss members remain relatively minor

아주 작은 인장력만으로도 상현재 a–b(당김 케이블)은 동일한 상층 하중 P에도 불구하고 케이블 트러스 부재들은 마름모형 트러스 부재보다 본질적으로 더 많은 응력을 받게 된다.

Even with only lightly tensioning the top chords a/b (= stabilization cables) under equal top loading P the members in the cable truss will be subjected to essentially higher stresses than the the members in the rhombic truss

평행으로 배치된 평면 케이블 트러스 시스템

Flat cable truss systems in parallel spanning

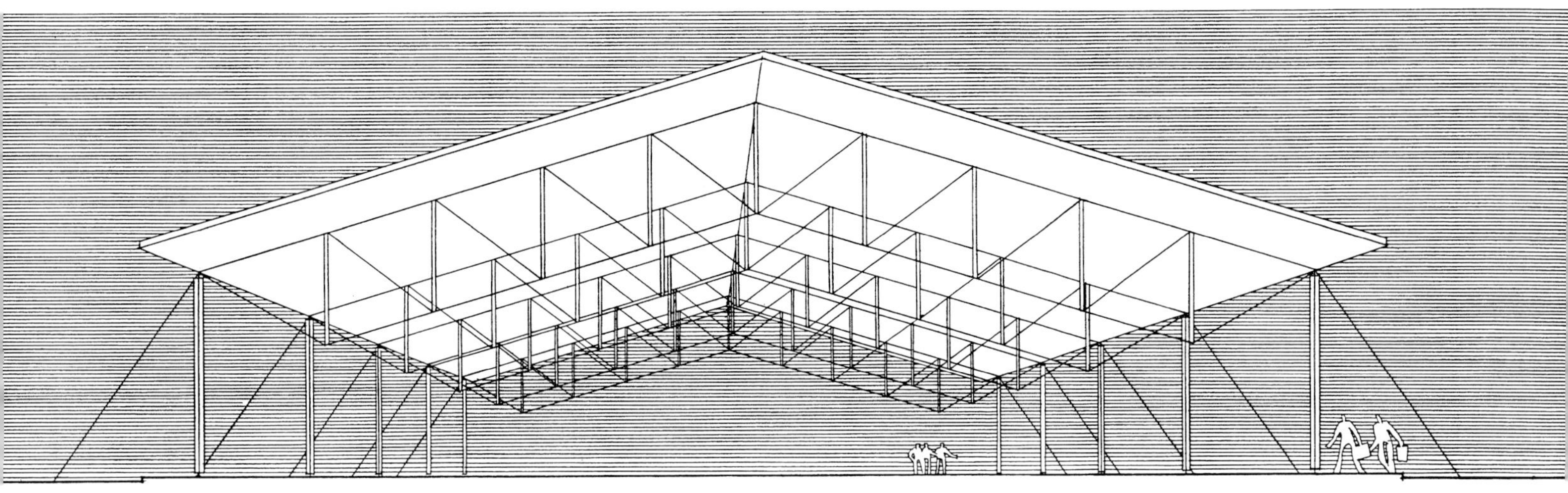

단순한 직선 형태의 박공 지붕

Double-pitched roof in simple straight-line form

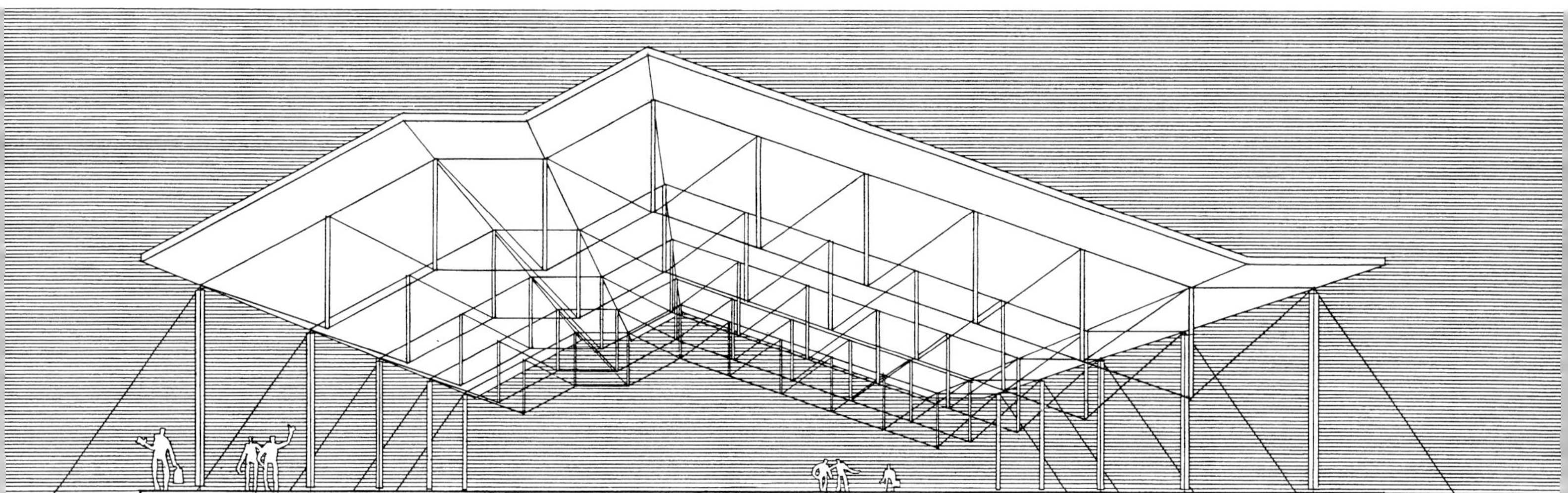

비대칭으로 분할된 박공 지붕

Double-pitched roof form with asymmetrical line break

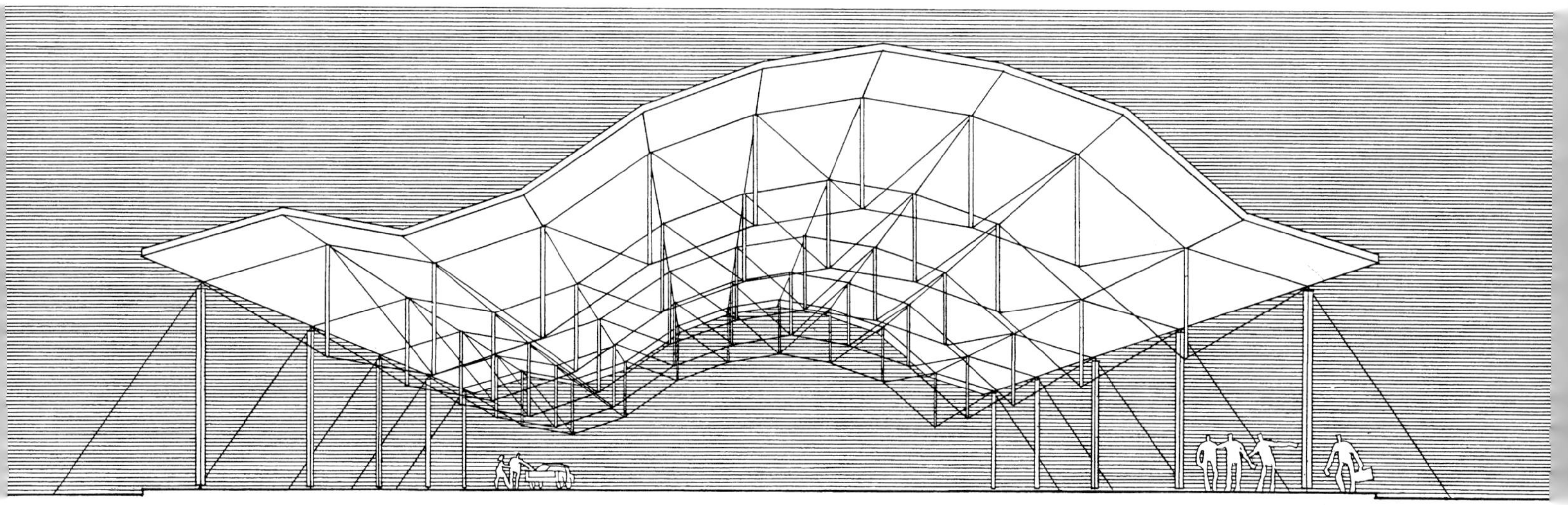

다각형의 자유형태 지붕

Polygonal, largely free-form design

중앙을 향해 솟는 방사형 케이블 트러스 시스템 *radial cable truss systems rising toward center*

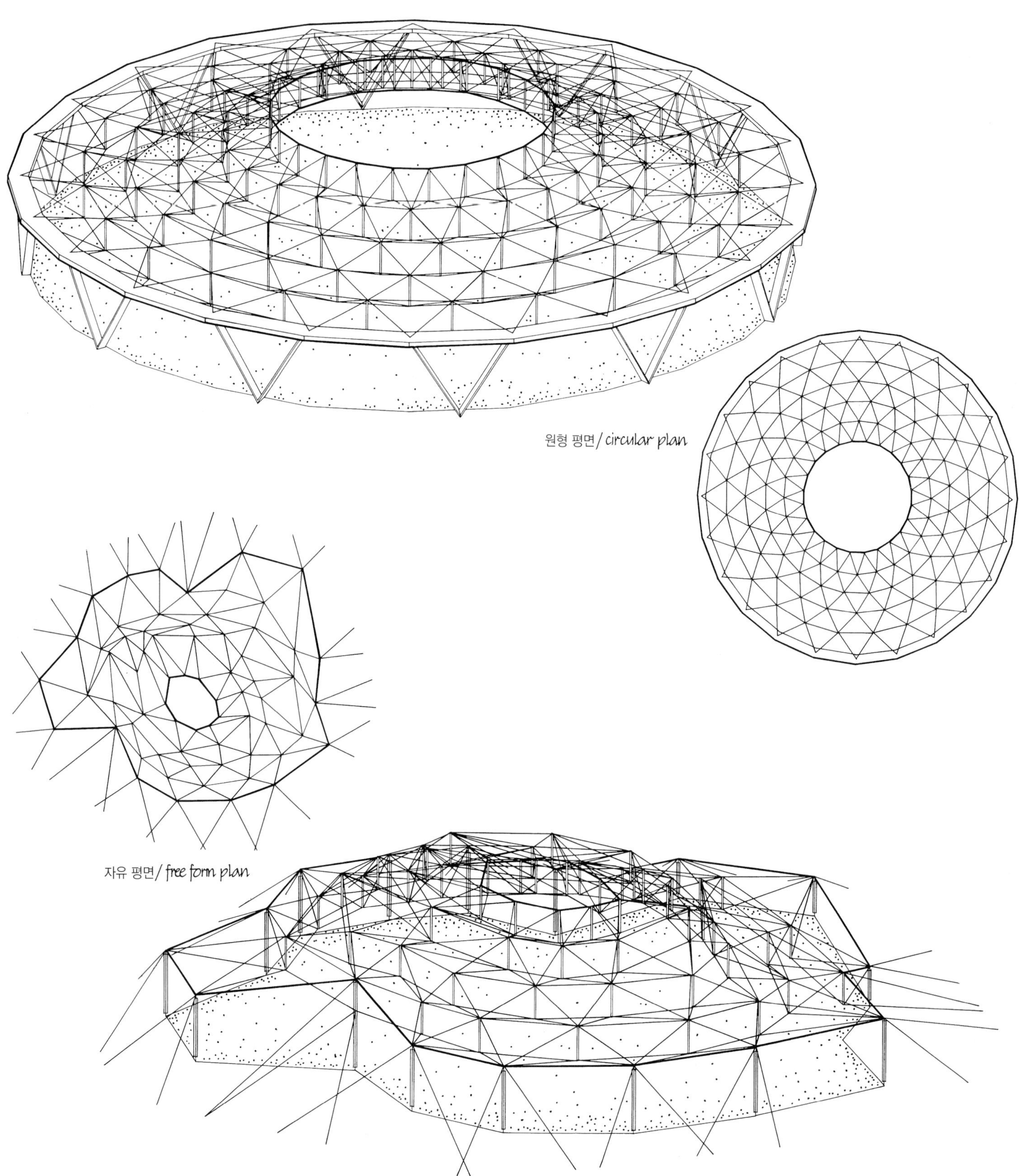

사전응력이 가해진 횡단 당김 케이블을 이용한 시스템

prestressed systems with transverse stabilization cables

단순 서스펜션 케이블에서 역곡률을 갖는 케이블 네트로 전개

development from simple suspension cable to the cable net with opposite curvature

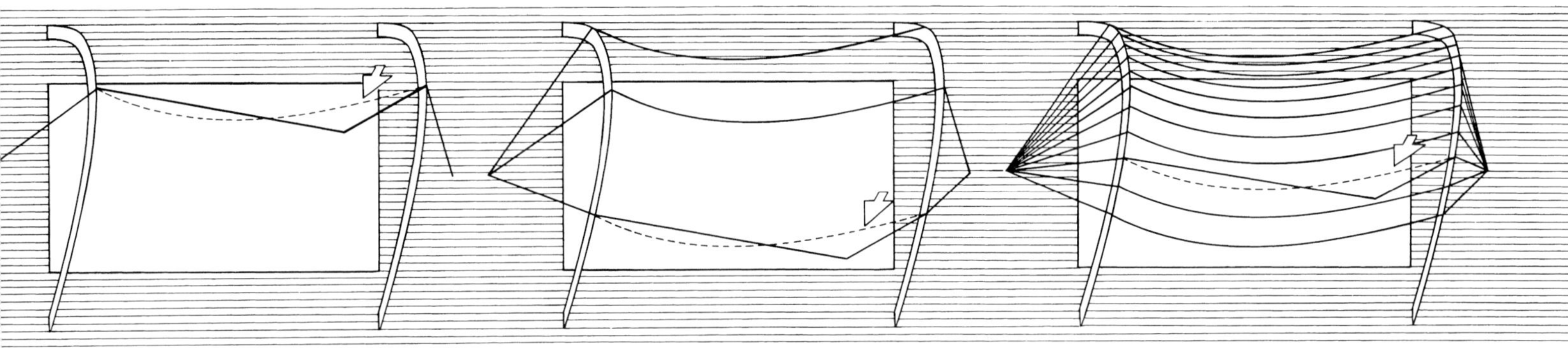

하나의 하중이라도 케이블은 큰 변형을 일으킨다.

single load causes major deflection that remains localized to the cable under load

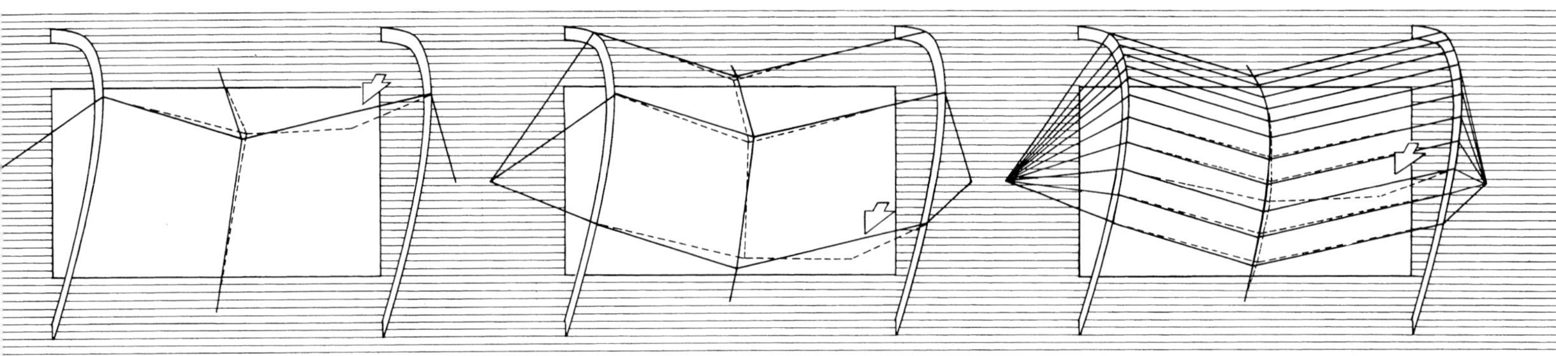

횡단 당김 케이블을 통해 서스펜션 케이블에 응력을 부과하면 변형에 대해 저항한다.

transverse stabilization cable stresses suspension cable and resists deflection

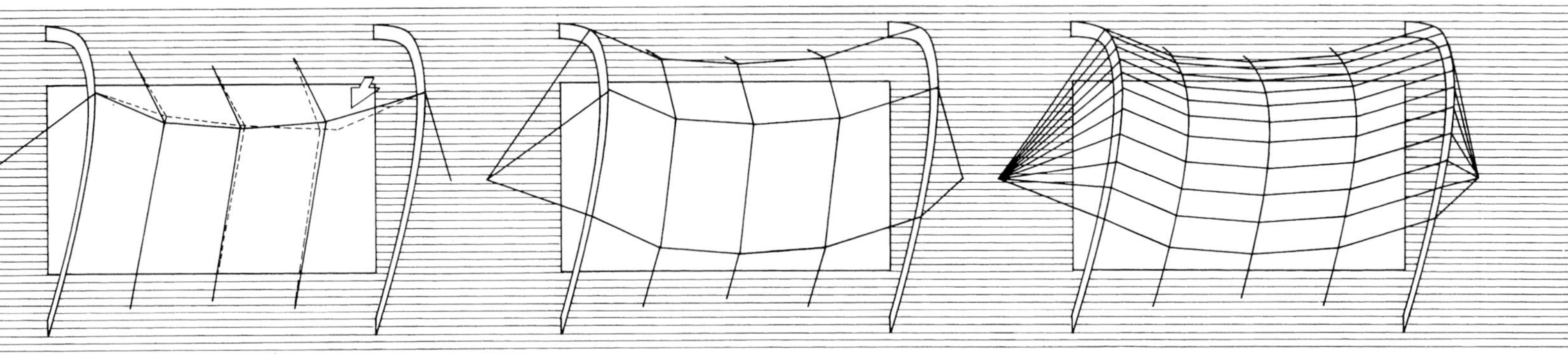

당김 케이블을 증가함으로써 한 하중의 경우에 비하여 저항력을 증가시킨다.

increase of stabilization cables strengthens resistance against point loads

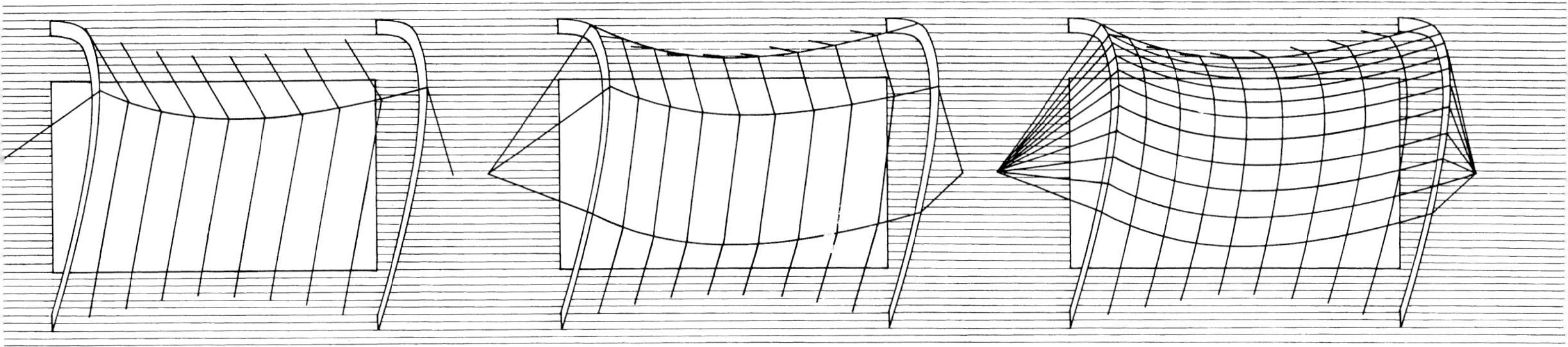

모든 케이블은 변형에 대한 저항 메카니즘을 갖는다.

all the cables are participating in the mechanism of resisting single load deflection

역곡률을 갖는 케이블 네트를 위한 경계 시스템
정방형 평면

systems of edge design for cable nets with opposite curvatures
derivation from square floor plan

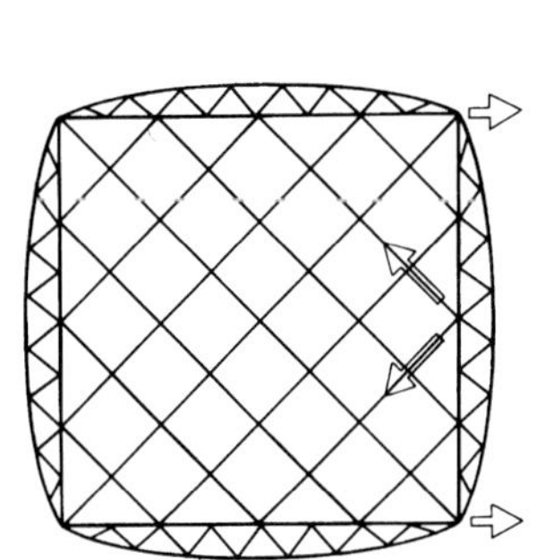

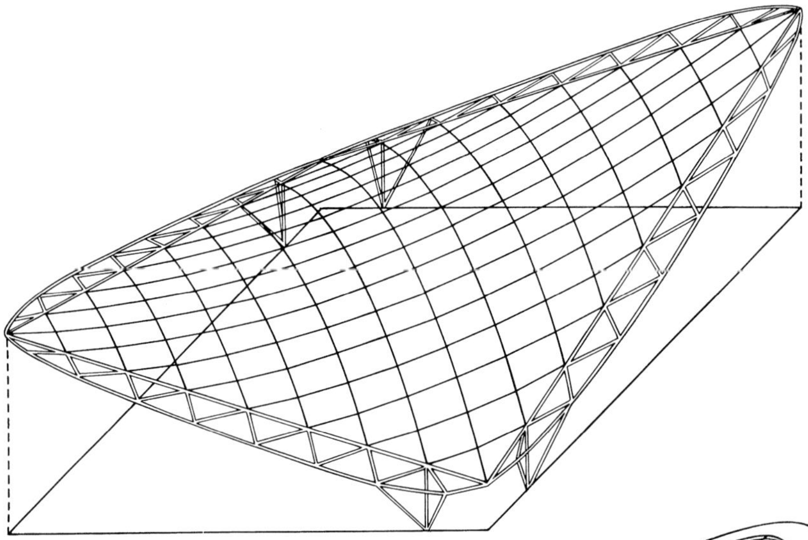

지지점 상부에 경사 모서리 트러스
sloped edge trusses on supports

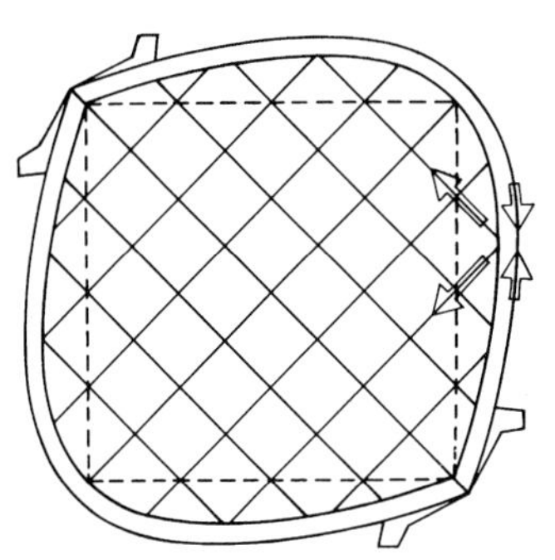

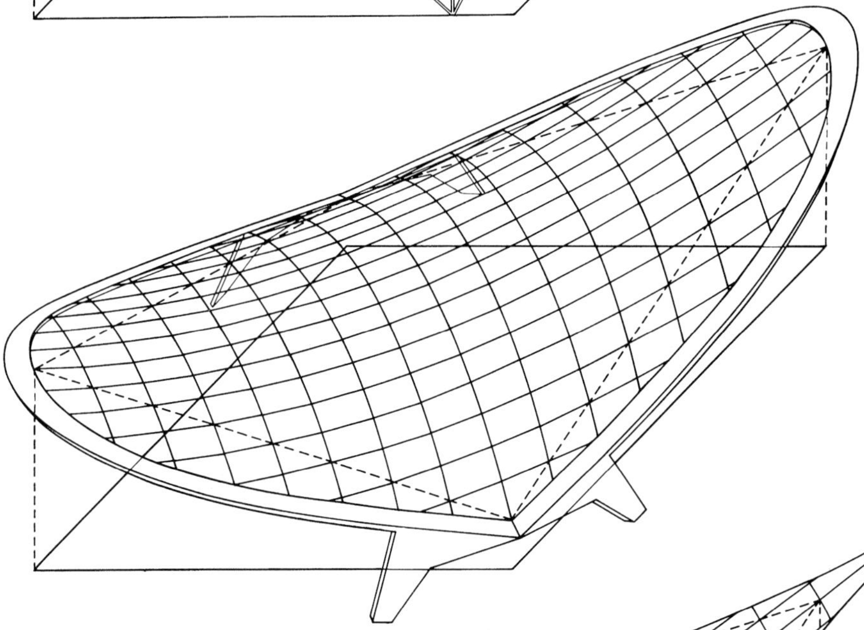

프레임 지지점 상부에 경사 아치
sloped arches on frame supports

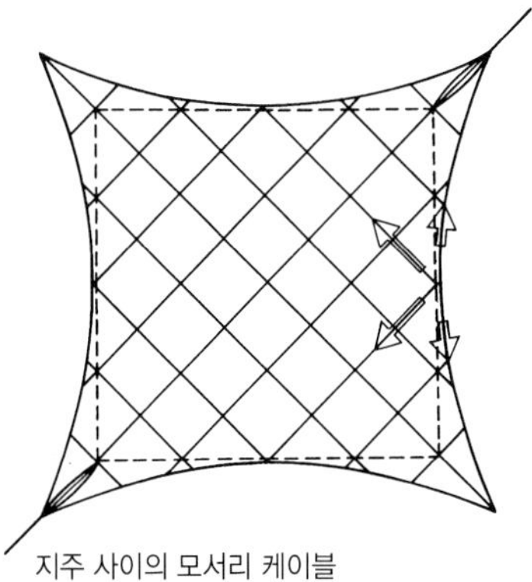

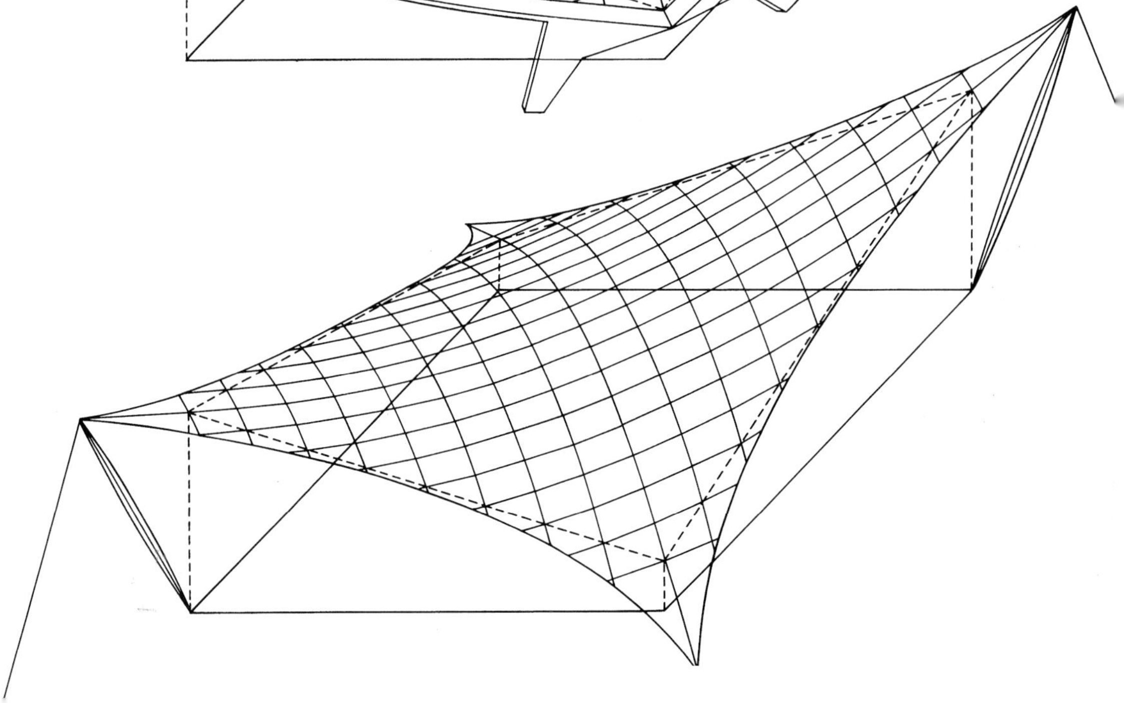

지주 사이의 모서리 케이블
edge cables between pylons

사전응력이 가해진 시스템의 횡단 안정화

prestressed systems with transverse stabilization

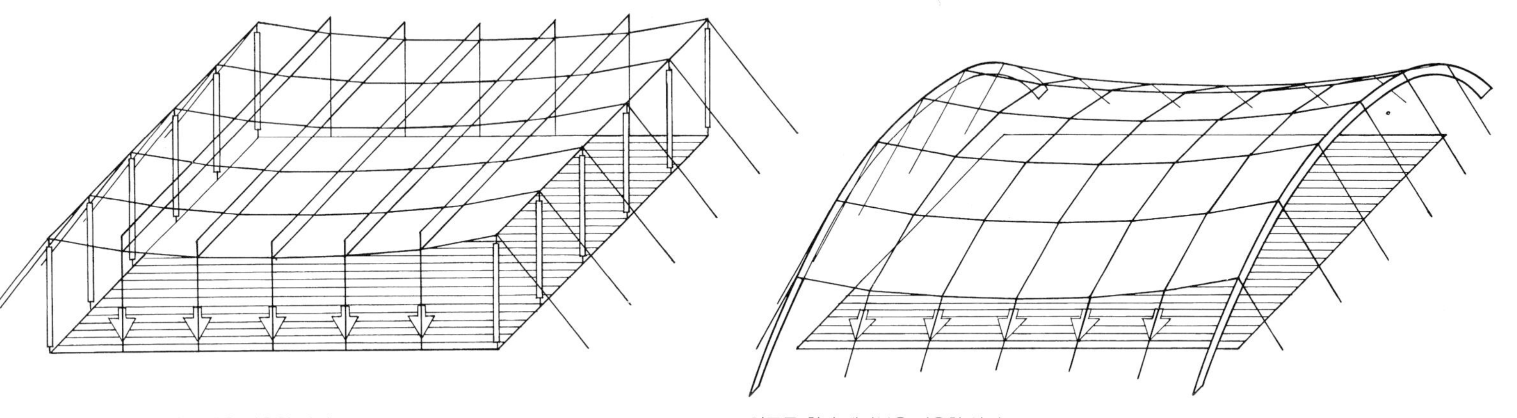

지반에 앵커된 횡단 빔을 이용한 안정
stabilization through transverse beams tied to ground

역곡률 횡단 케이블을 이용한 안정
stabilization through transverse cables with opposite curvature

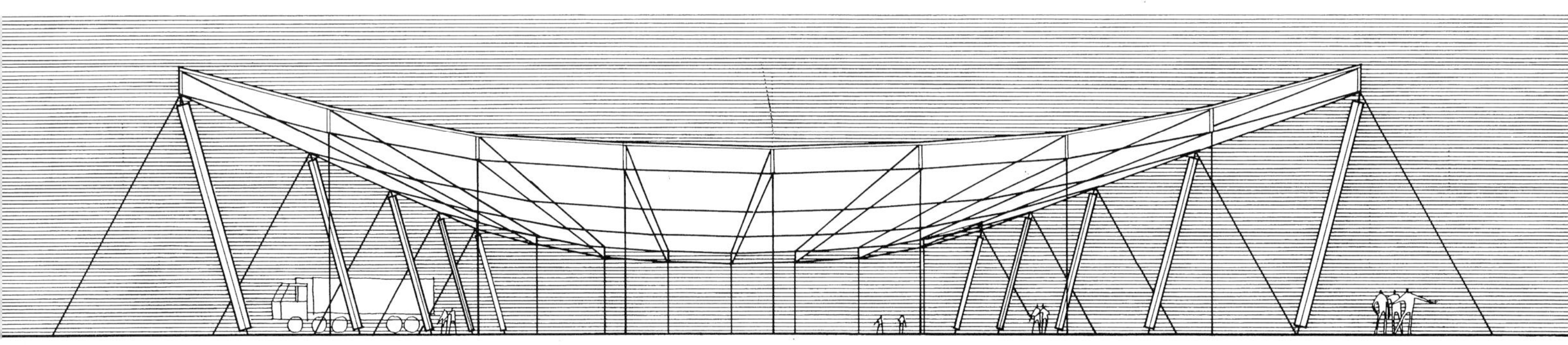

횡단 안정 빔을 이용한 시스템
system with transverse stabilization beams

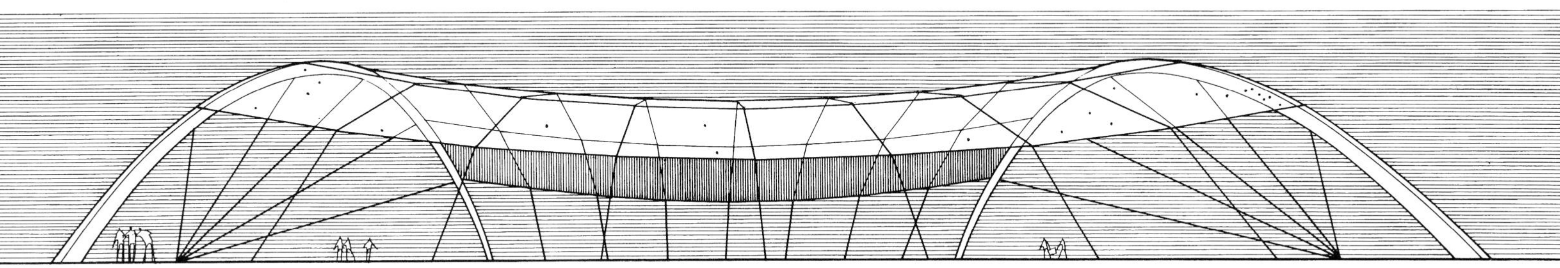

횡단 안정 케이블을 이용한 시스템
system with transverse stabilization cables

역곡률 케이블 네트를 이용한 아치 시스템

arch systems for cable nets with opposite curvatures

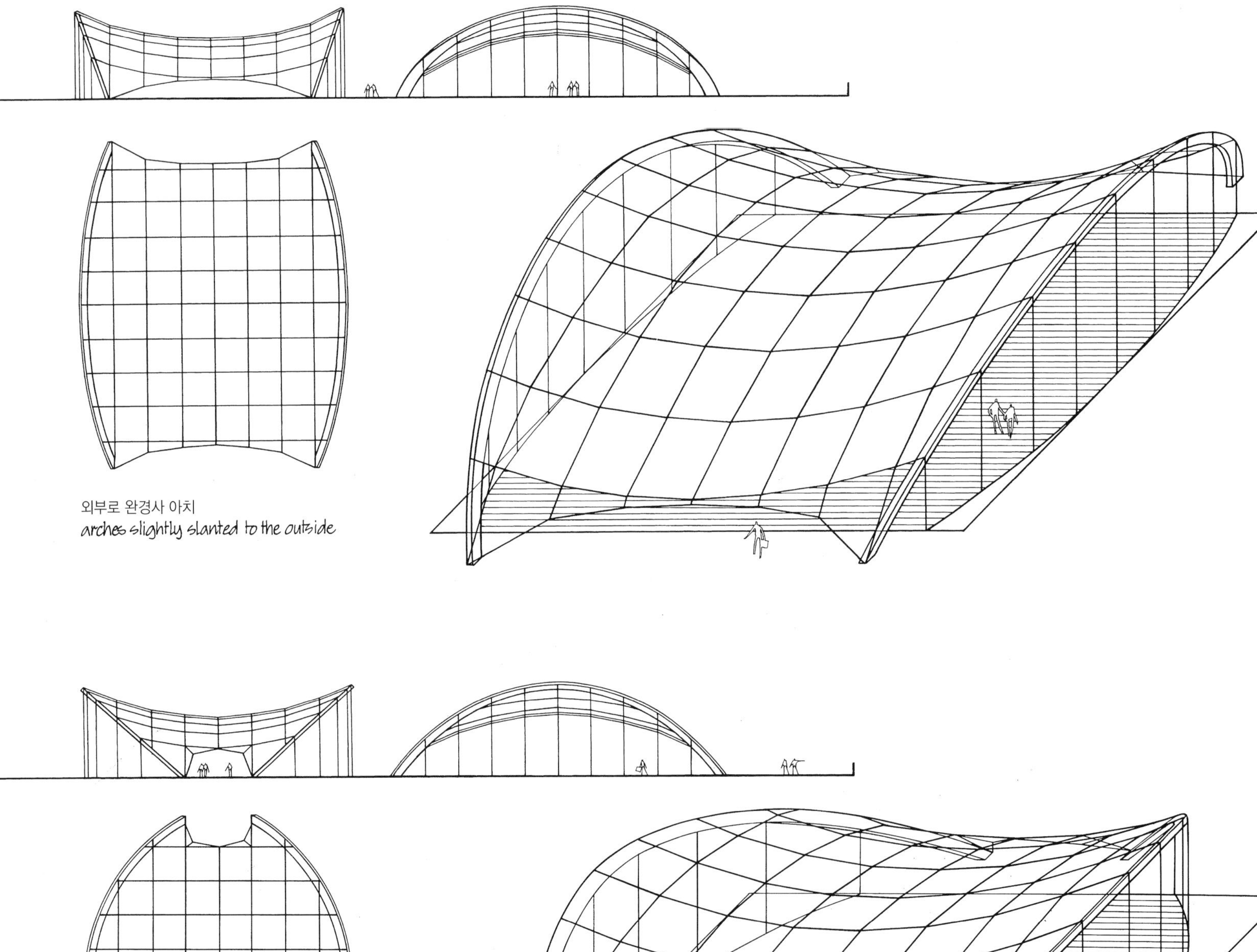

외부로 완경사 아치
arches slightly slanted to the outside

내부로 당겨진 아치의 지지점
base points of arches pulled inwardly

역곡률 케이블 네트를 위한 아치 시스템
아치에서 링 구조로의 전환

arch systems for cable nets with opposite curvature
transition from arch to base ring

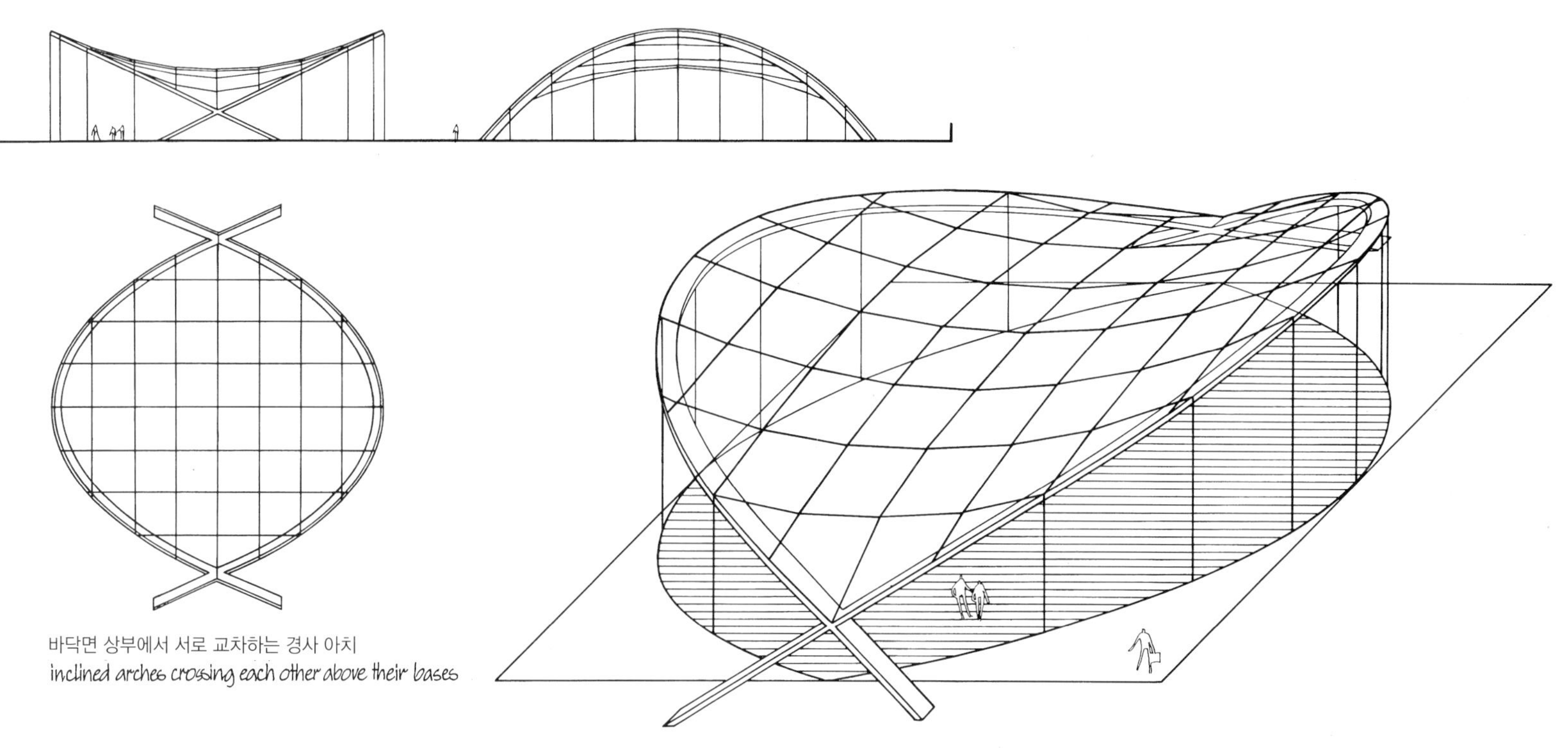

바닥면 상부에서 서로 교차하는 경사 아치
inclined arches crossing each other above their bases

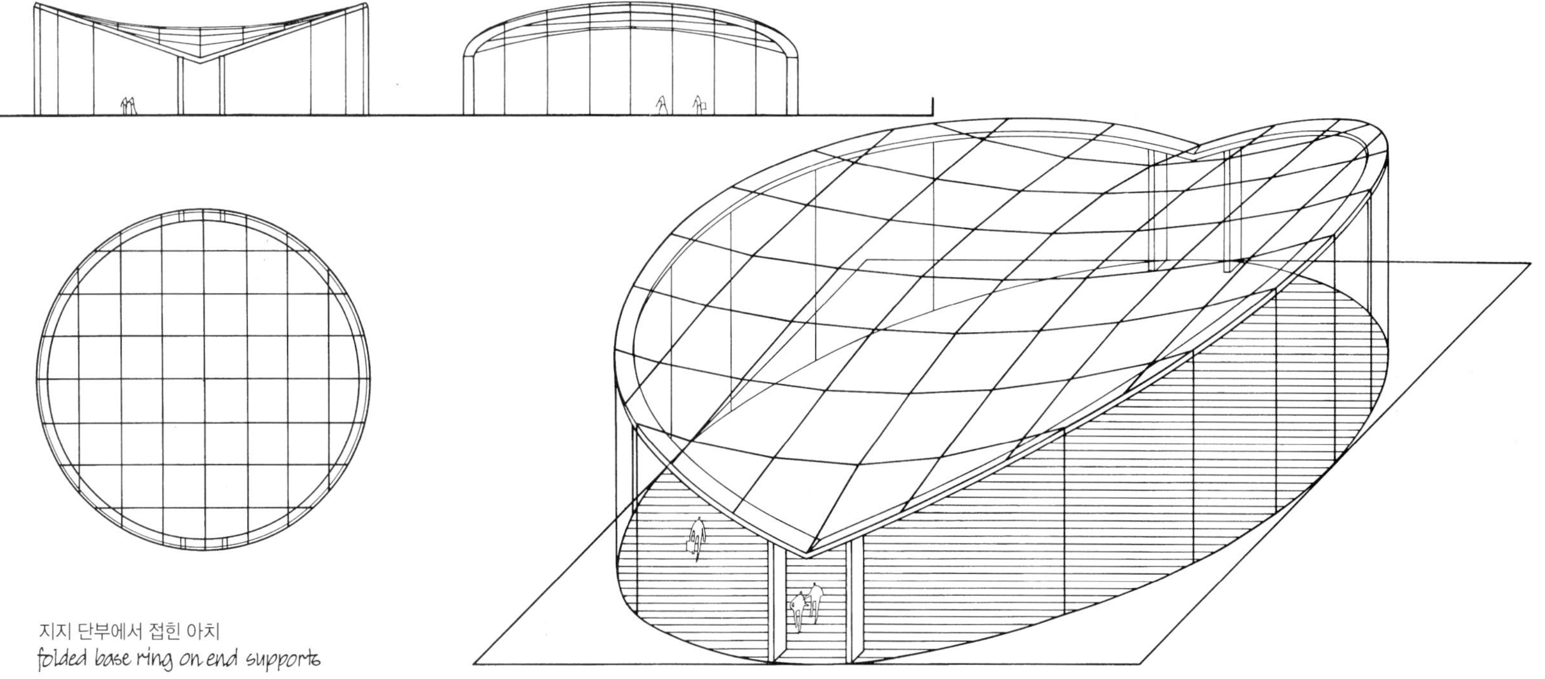

지지 단부에서 접힌 아치
folded base ring on end supports

직선 가장자리로 된 역곡률 케이블 네트의 조합 / combination of reversely curved cable nets with straight edges

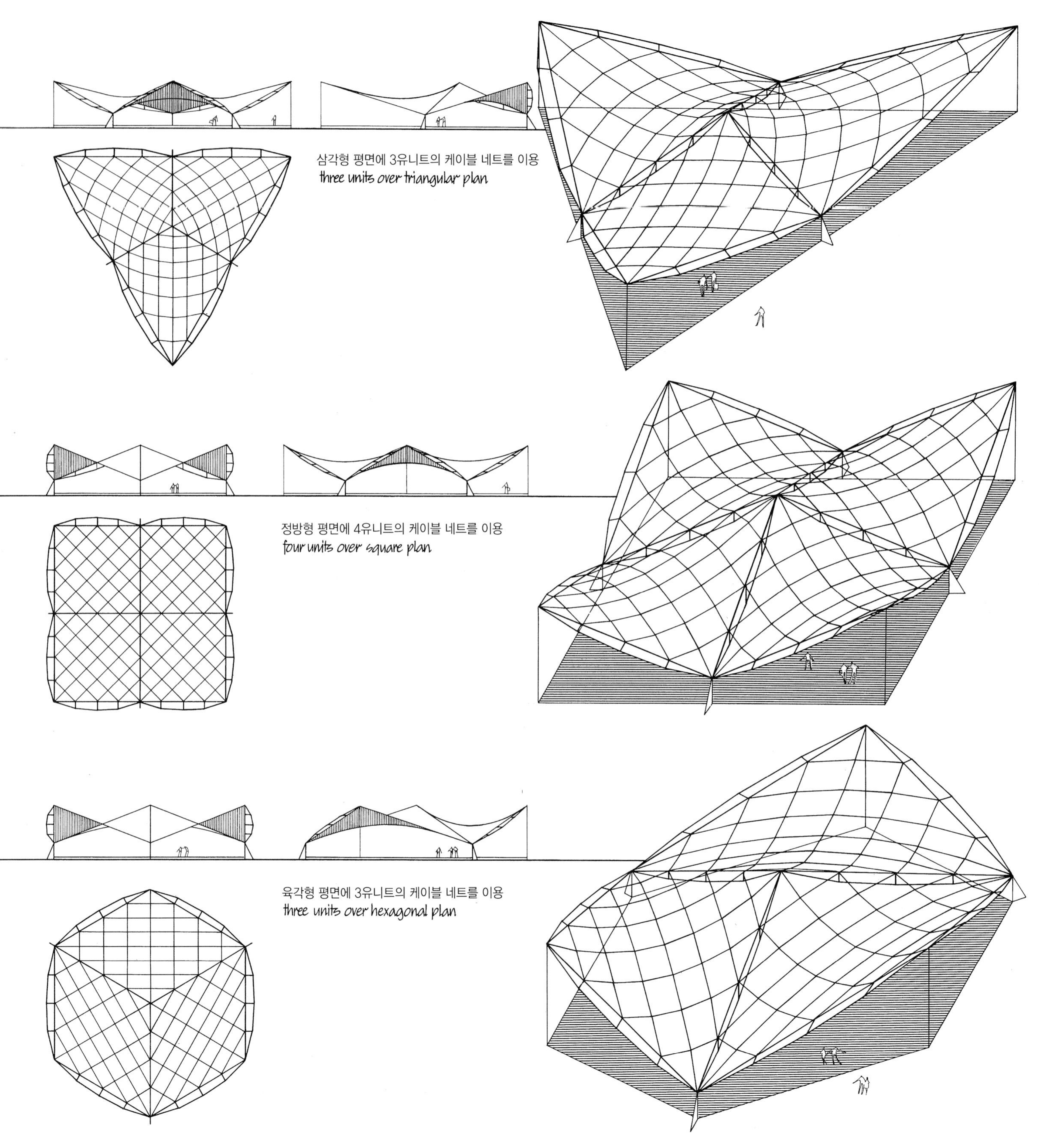

경계 아치로 된 역곡률 케이블 네트의 조합 / combination of reversely curved cable nets with boundary arches

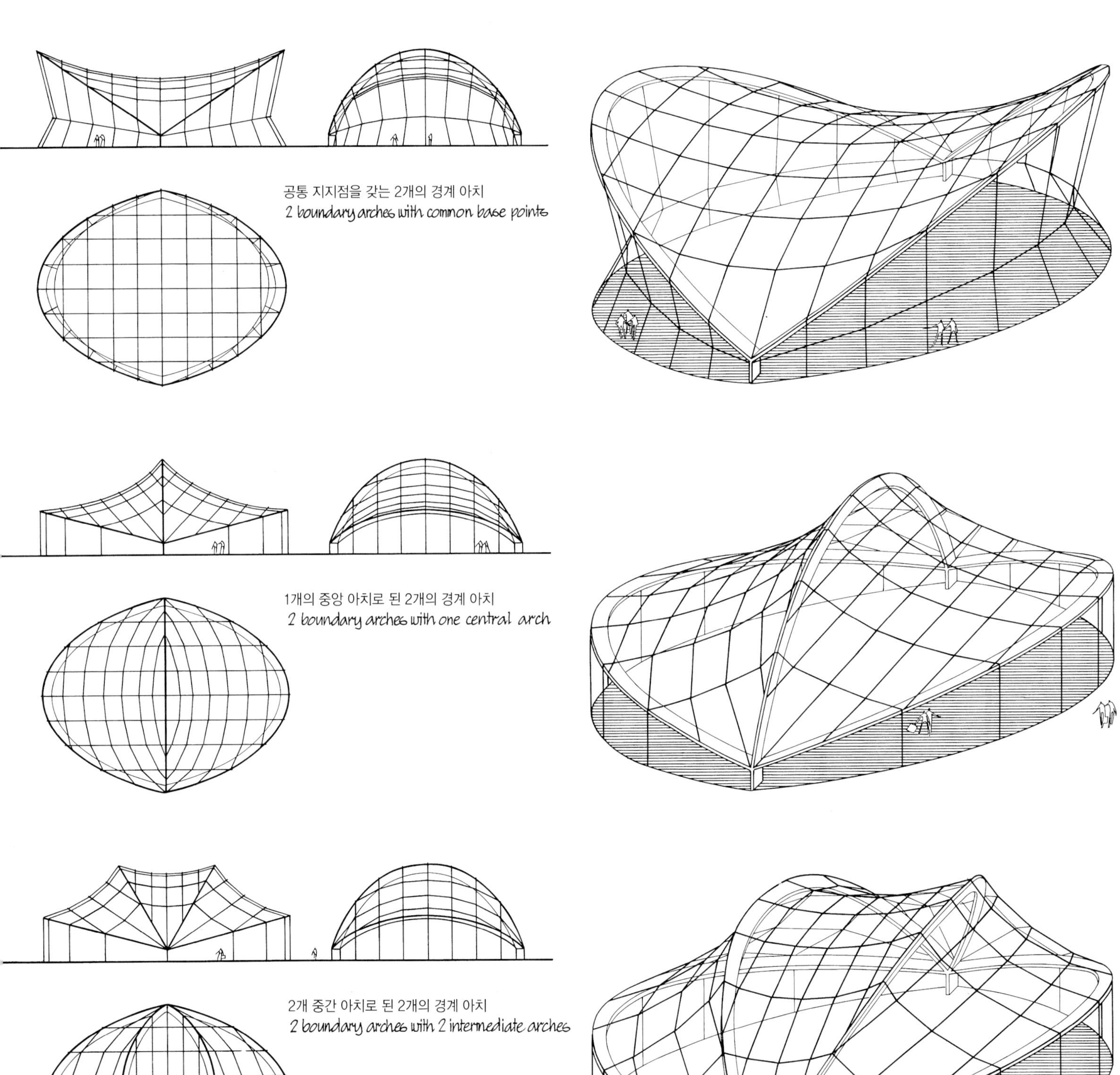

압축재를 이용한 외부지지 텐트 시스템

tent systems with exterior support through compression members

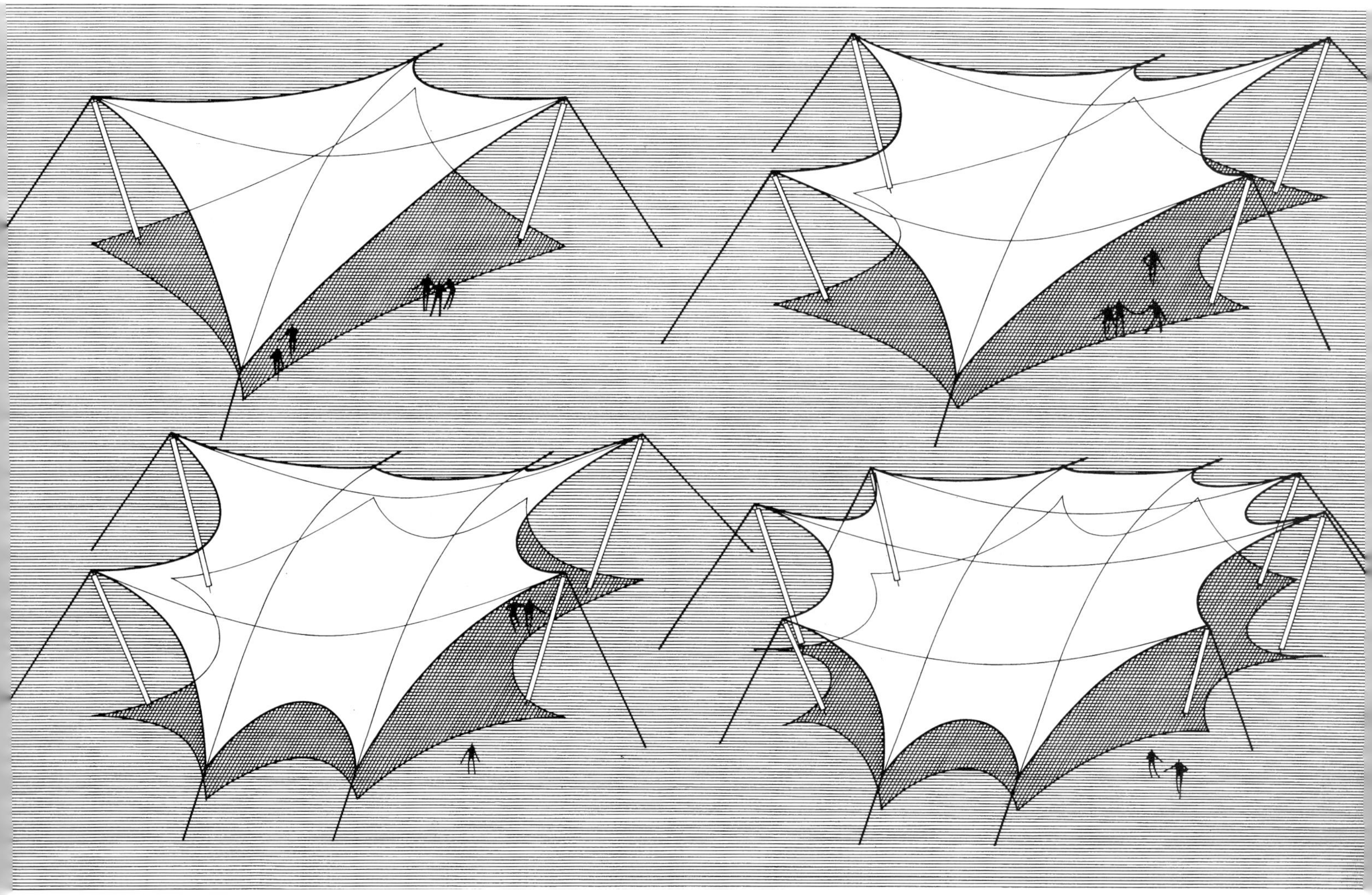

단순 안장면 시스템

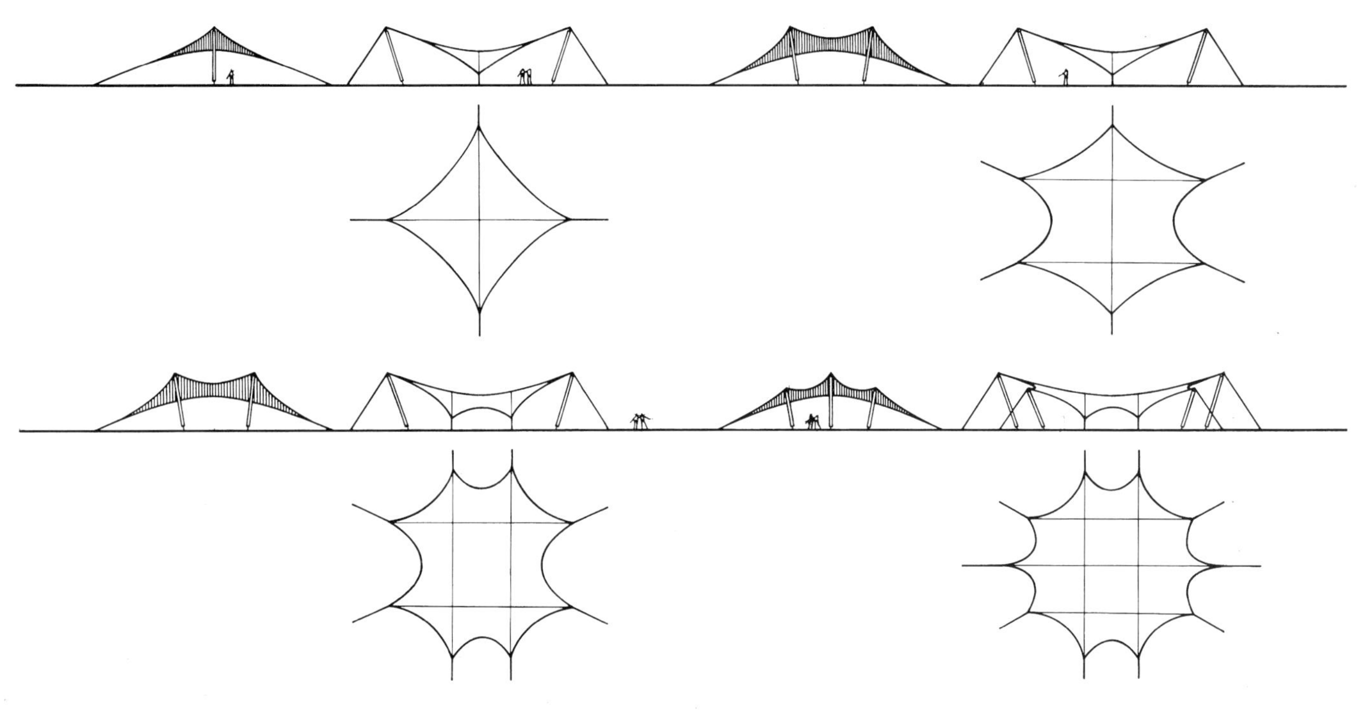

지지점과 앵커 지점이 교차하는 텐트 시스템

웨이브 면 시스템

tent systems with supports and anchor points alternating

systems with undulating surfaces

고정점의 평행배열 시스템

system with parallel arrangement of fixed points

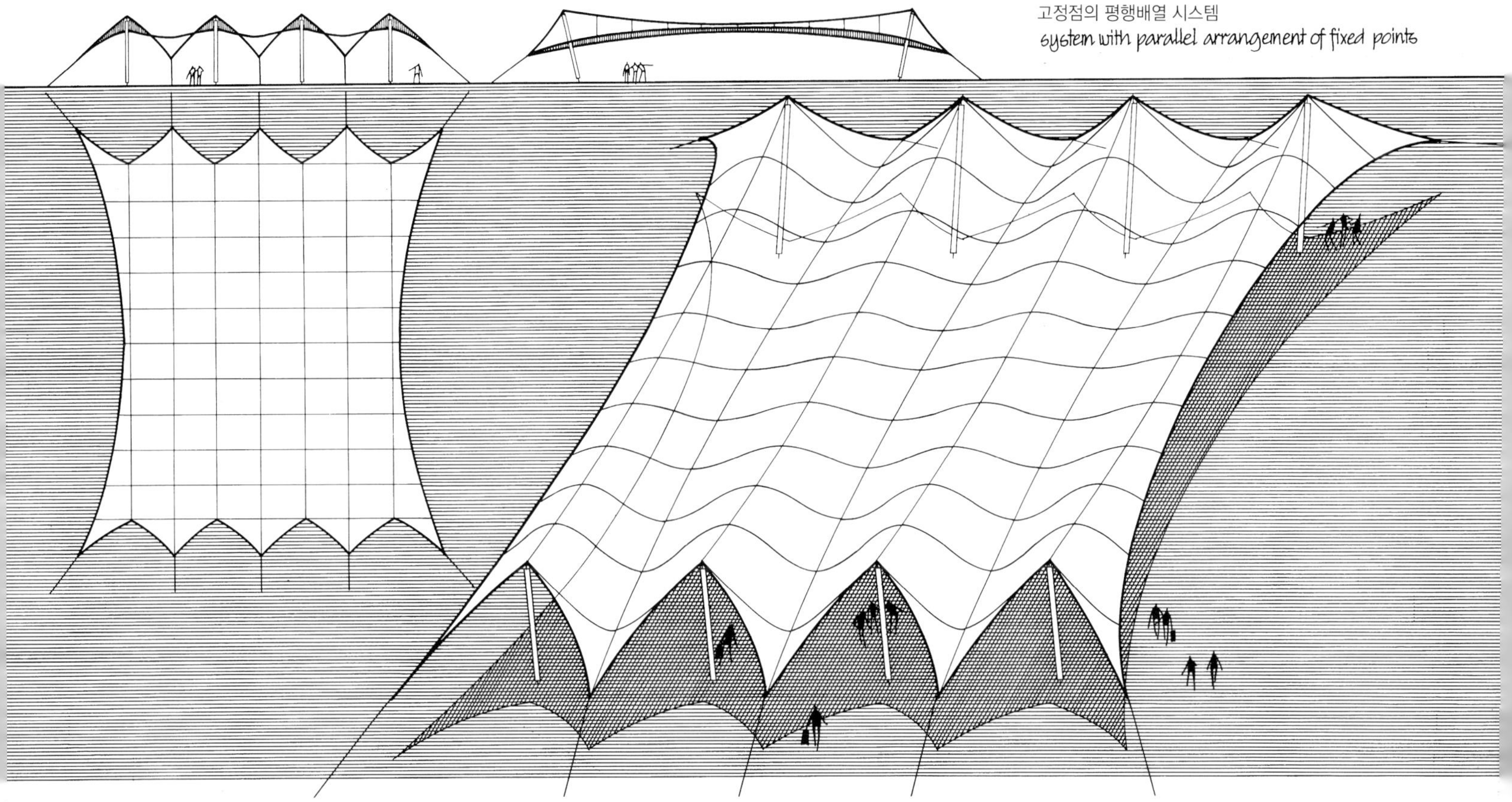

고정점의 방사배열 시스템

system with radial arrangement of fixed points

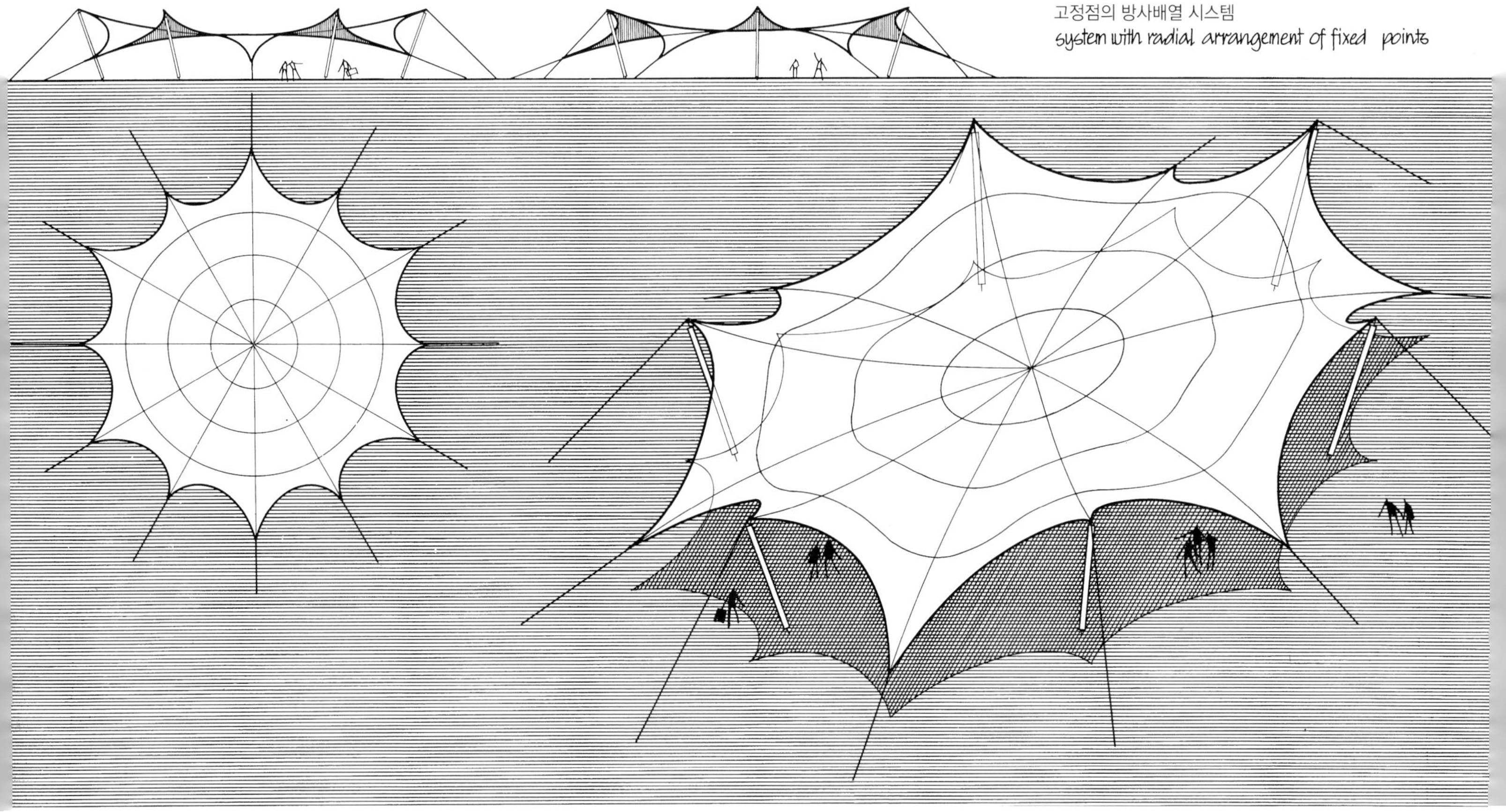

내부 압축지지대를 이용한 텐트 시스템

헌치된 시스템

tent systems with interior support through compression members

systems with hunched surfaces

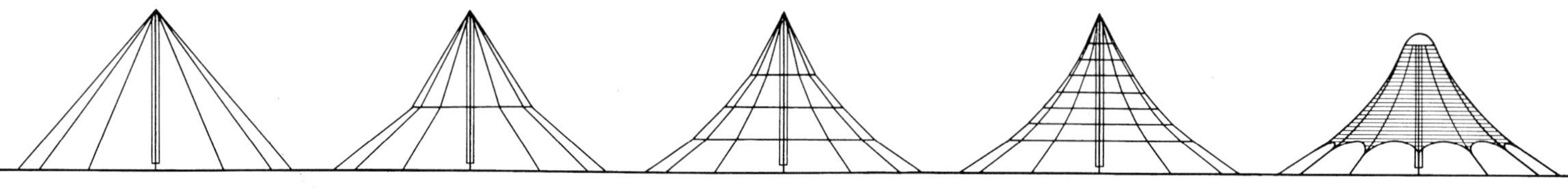

원추형 케이블 네트로부터 헌치된 면을 유도하는 과정

수평 링 케이블로 원추형은 내부로 당김으로서 비대칭 하중에 대한 저항력을 얻는다. 원형과 경선 케이블을 밀집시킴으로써 텐트 막면과 같이 된다. 상부 고점에서 힘이 집중되기 때문에 면을 확대하기 위하여 평평하게 하여야 한다. 형태는 헌치된 면을 갖게된다.

derivation of hunched surface from cone-shaped cable net

through indentation with horizontal ring cables resistance against asymmetrical loads is increased. condensation of circular and meridional cables leads to the tent membrane. because of concentration of forces in the high point the top must be flattened for enlargement of surface. the form becomes hunched

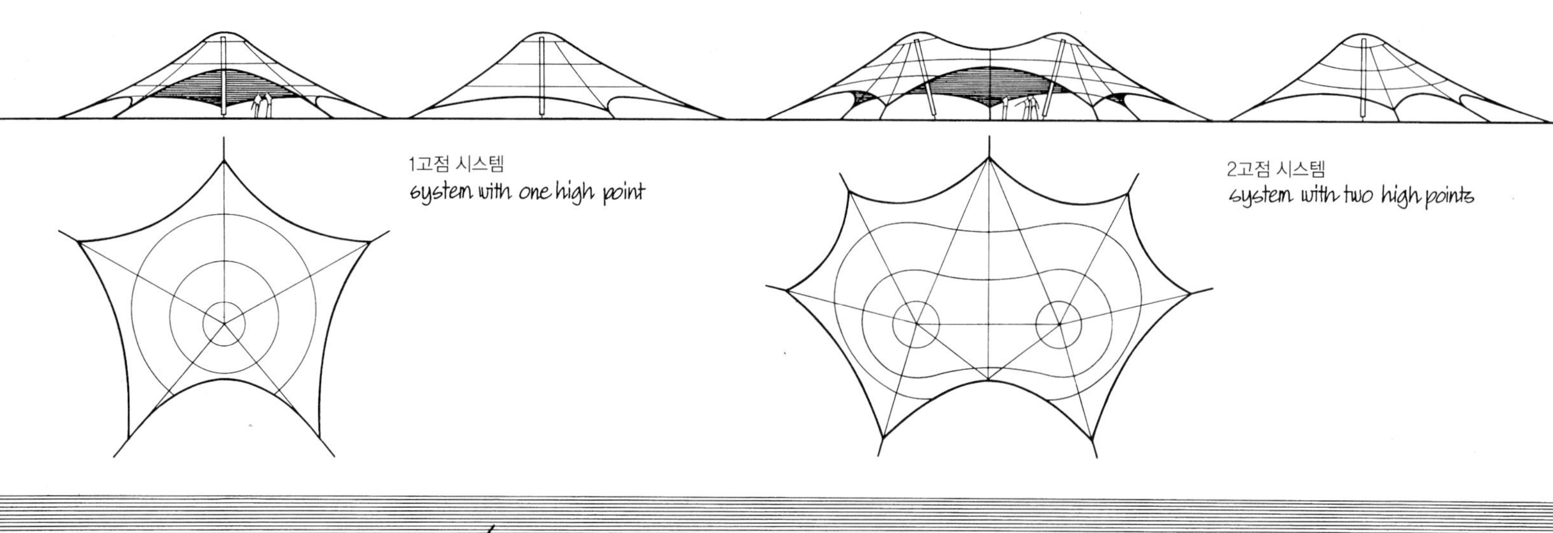

1고점 시스템
system with one high point

2고점 시스템
system with two high points

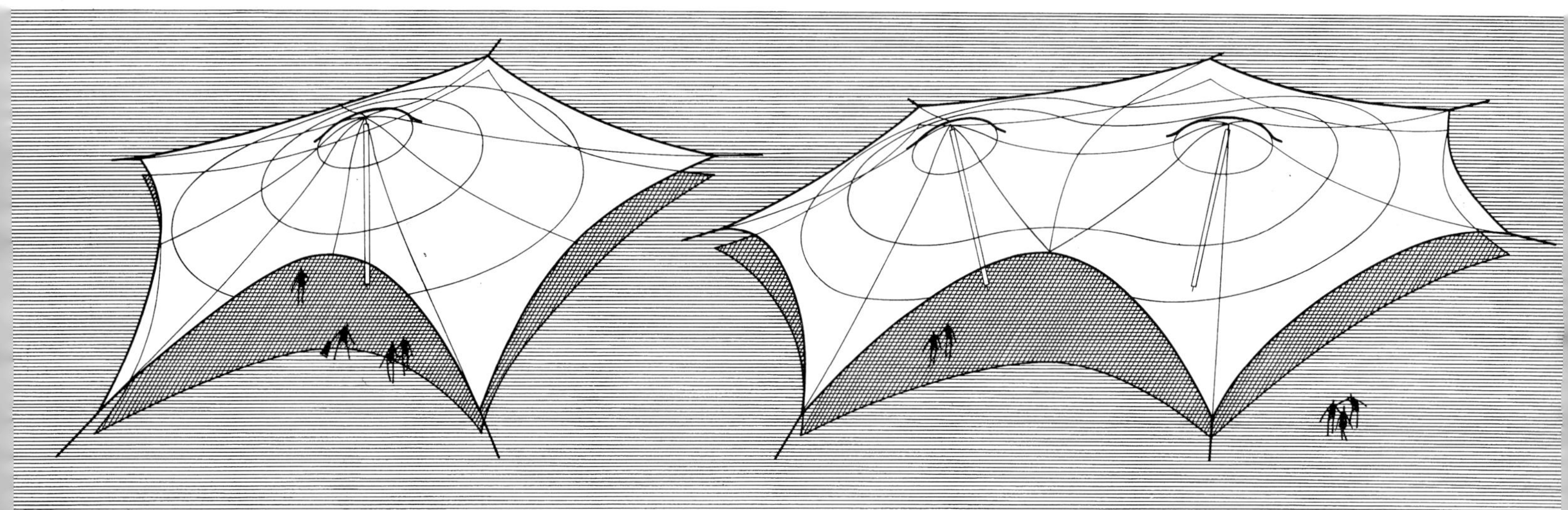

내부 압축지지대를 이용한 텐트 시스템

tent systems with interior support through compression members

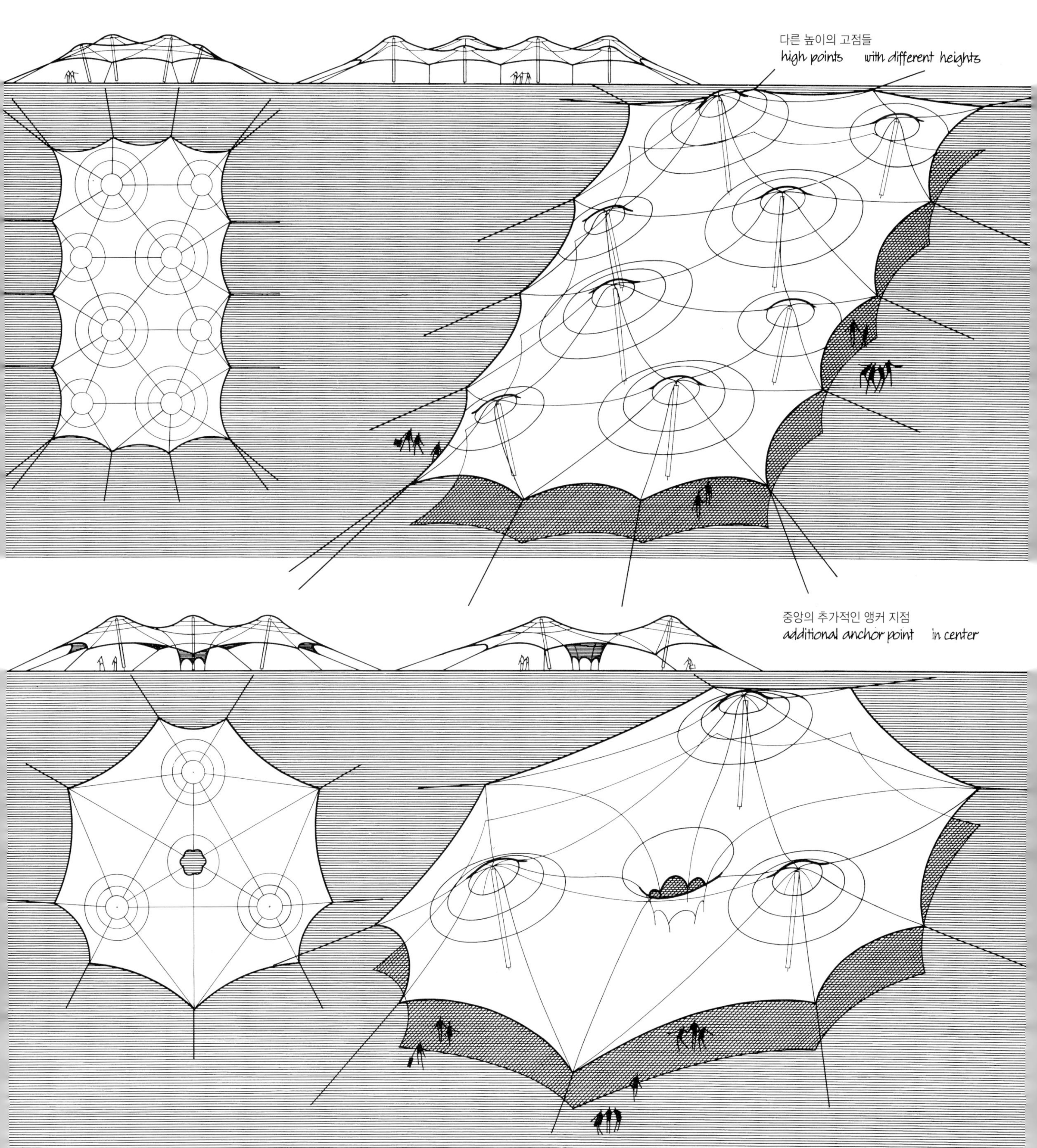

고점을 위해 내부 아치를 이용한 텐트 시스템

tent systems with interior arch for high point construction

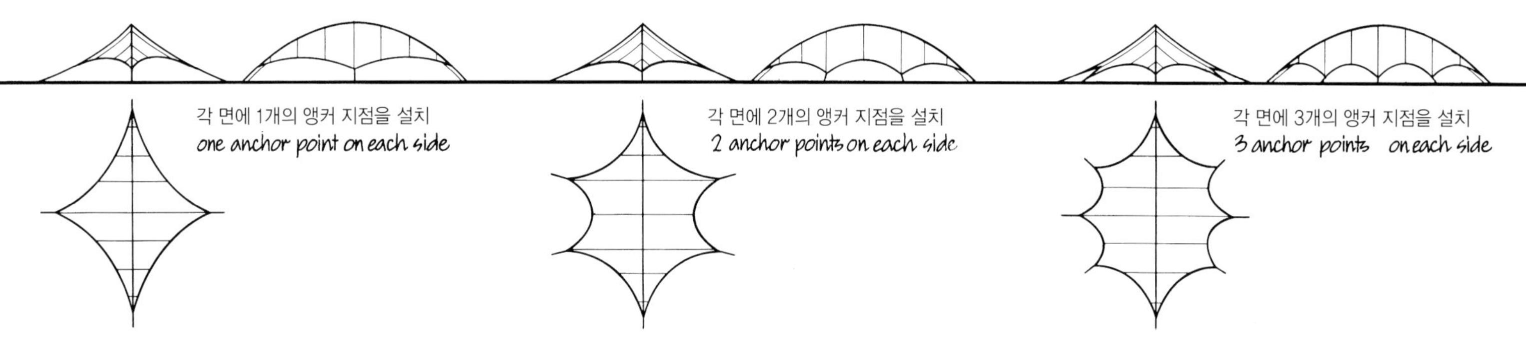

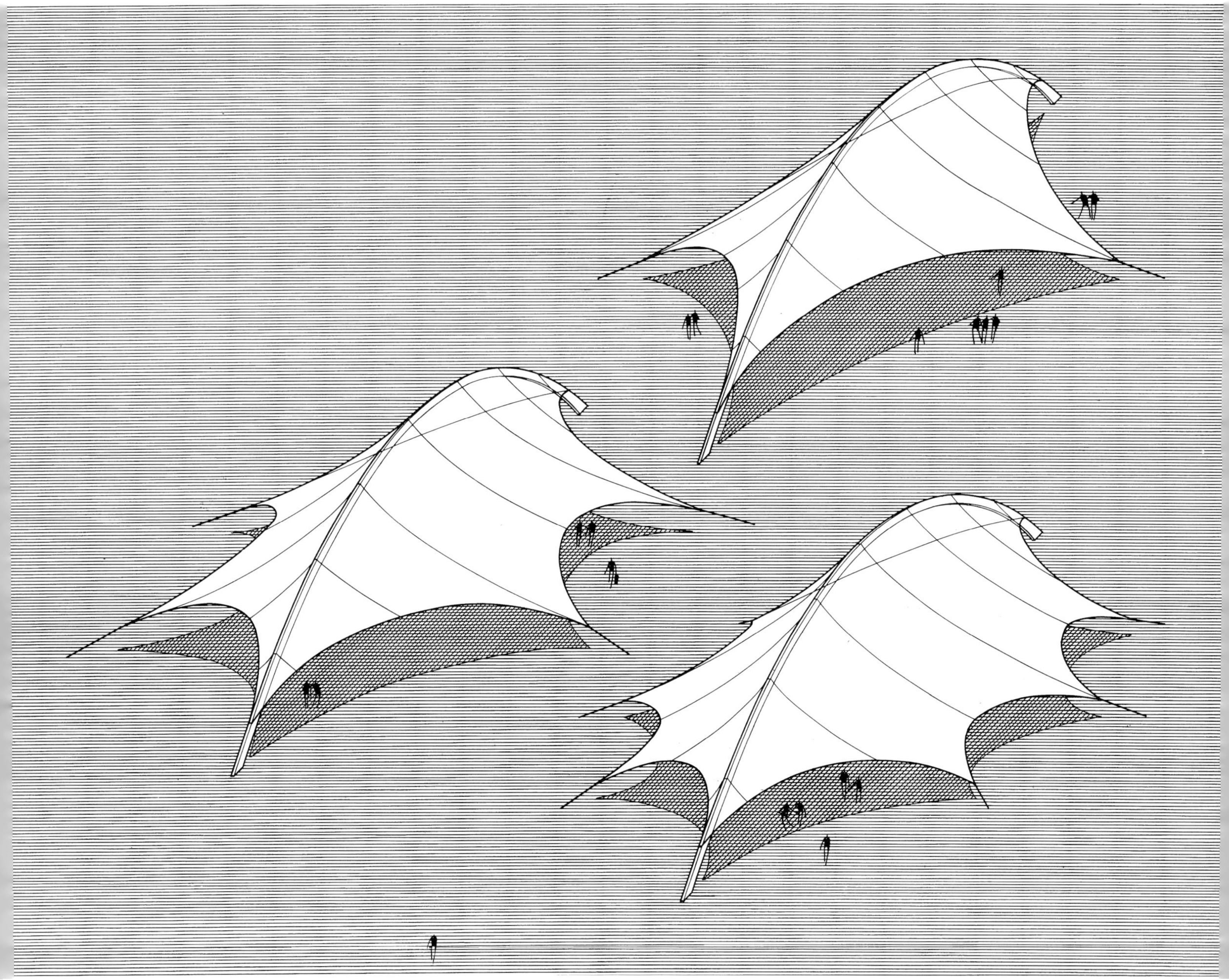

고점을 위해 2개 중앙 아치를 이용한 텐트 시스템 / tent systems with two central arches for high point construction

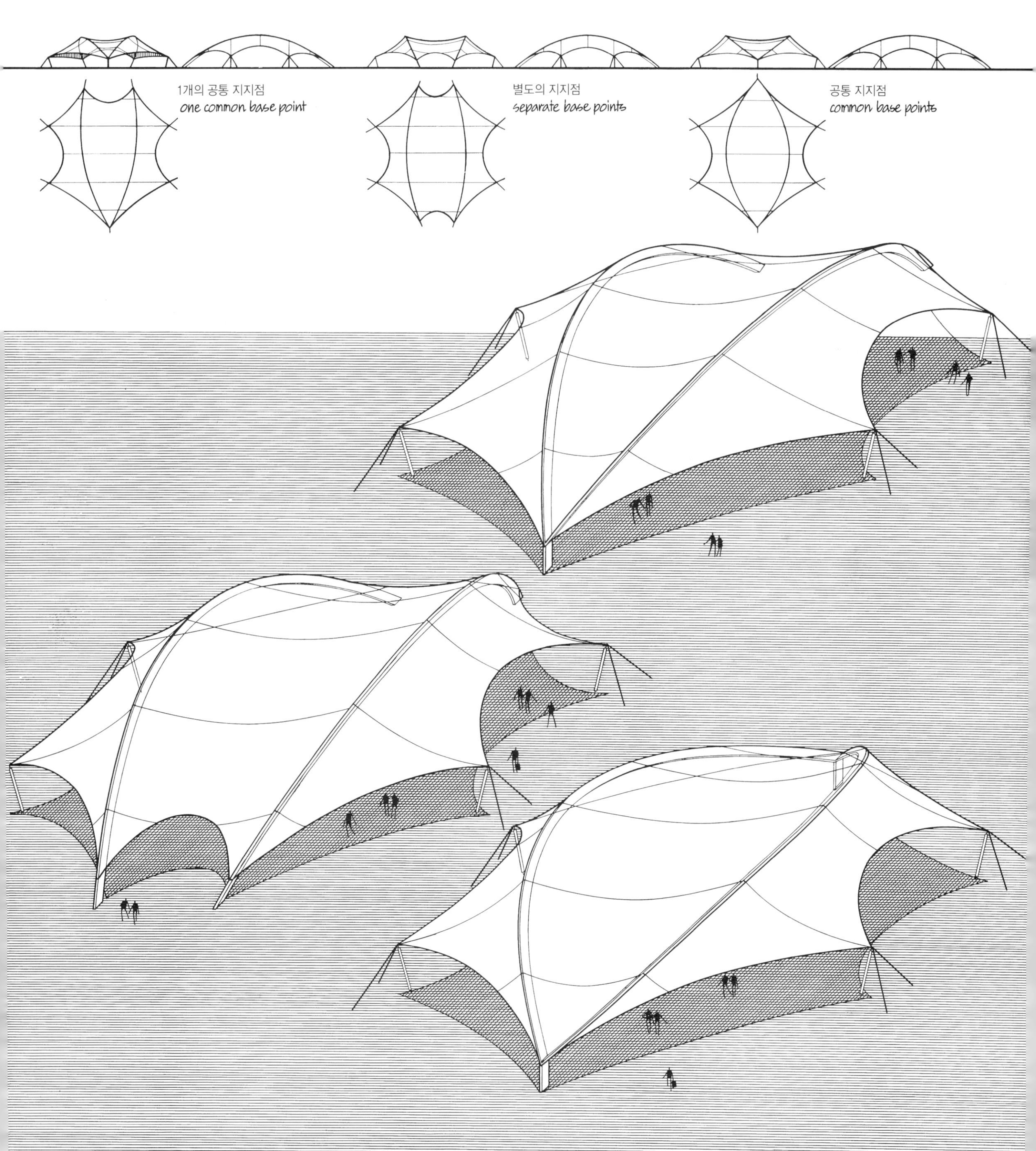

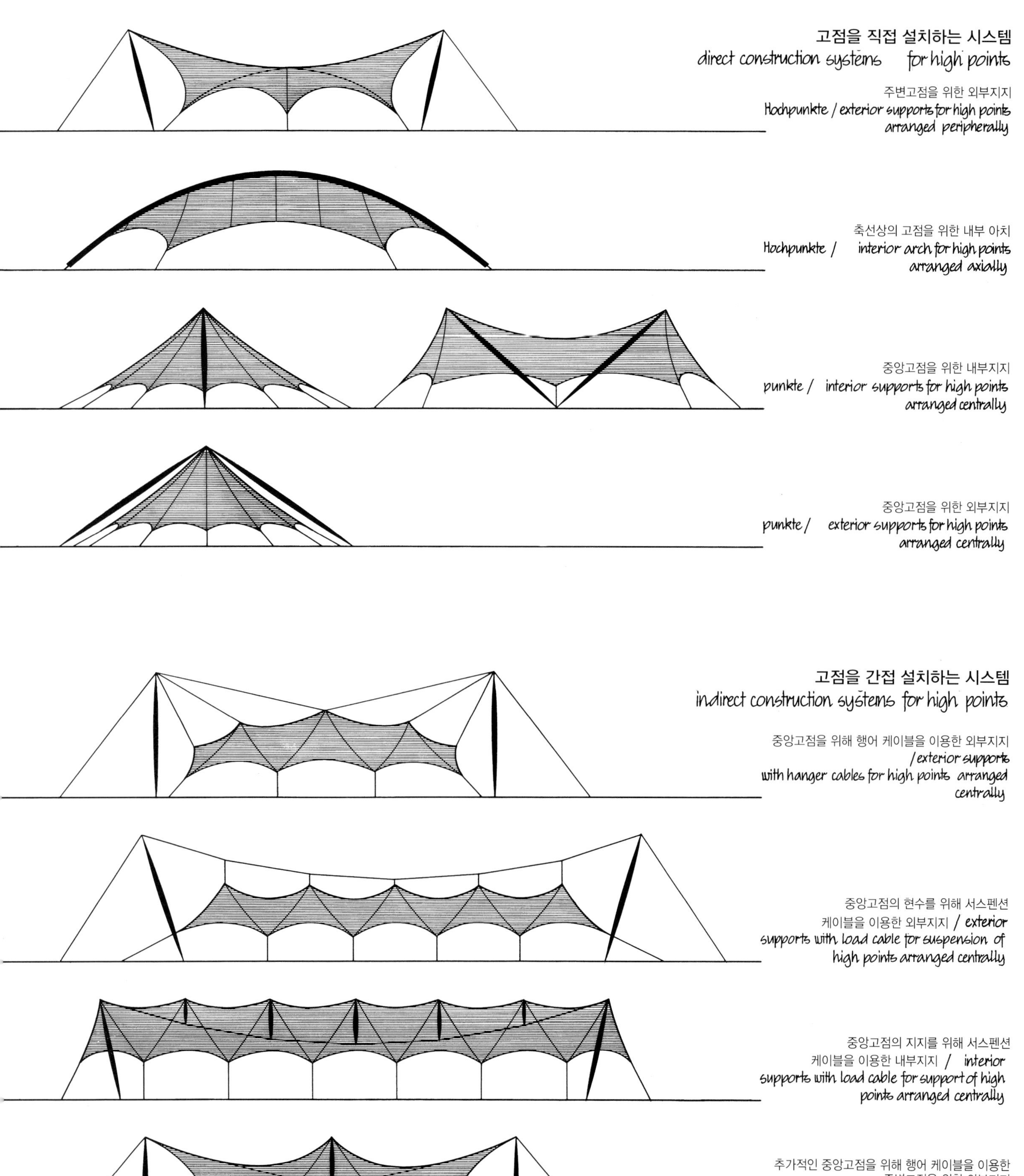
고점을 직접 설치하는 시스템
direct construction systems for high points
주변고점을 위한 외부지지
Hochpunkte / exterior supports for high points arranged peripherally
축선상의 고점을 위한 내부 아치
Hochpunkte / interior arch for high points arranged axially
중앙고점을 위한 내부지지
punkte / interior supports for high points arranged centrally
중앙고점을 위한 외부지지
punkte / exterior supports for high points arranged centrally
고점을 간접 설치하는 시스템
indirect construction systems for high points
중앙고점을 위해 행어 케이블을 이용한 외부지지
/ exterior supports with hanger cables for high points arranged centrally
중앙고점의 현수를 위해 서스펜션 케이블을 이용한 외부지지 / exterior supports with load cable for suspension of high points arranged centrally
중앙고점의 지지를 위해 서스펜션 케이블을 이용한 내부지지 / interior supports with load cable for support of high points arranged centrally
추가적인 중앙고점을 위해 행어 케이블을 이용한 주변고점을 위한 외부지지
ordneten Hochpunkt / exterior supports for peripheral high points with hanger cable for additional high point arranged centrally

텐트 시스템을 위한 고점 구조
High point structures for tent systems

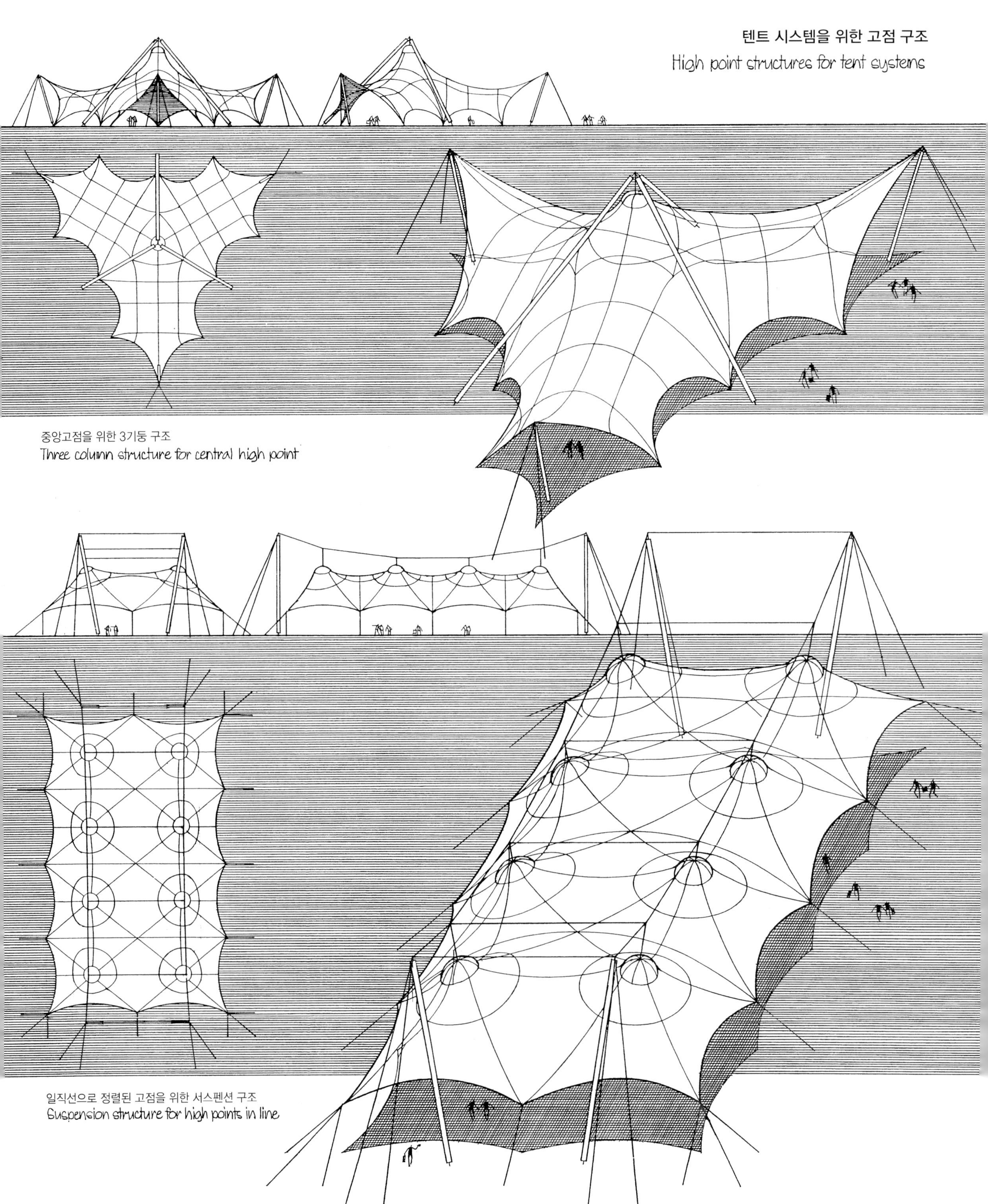

중앙고점을 위한 3기둥 구조
Three column structure for central high point

일직선으로 정렬된 고점을 위한 서스펜션 구조
Suspension structure for high points in line

텐트 시스템을 위한 고점구조

High point structures for tent systems

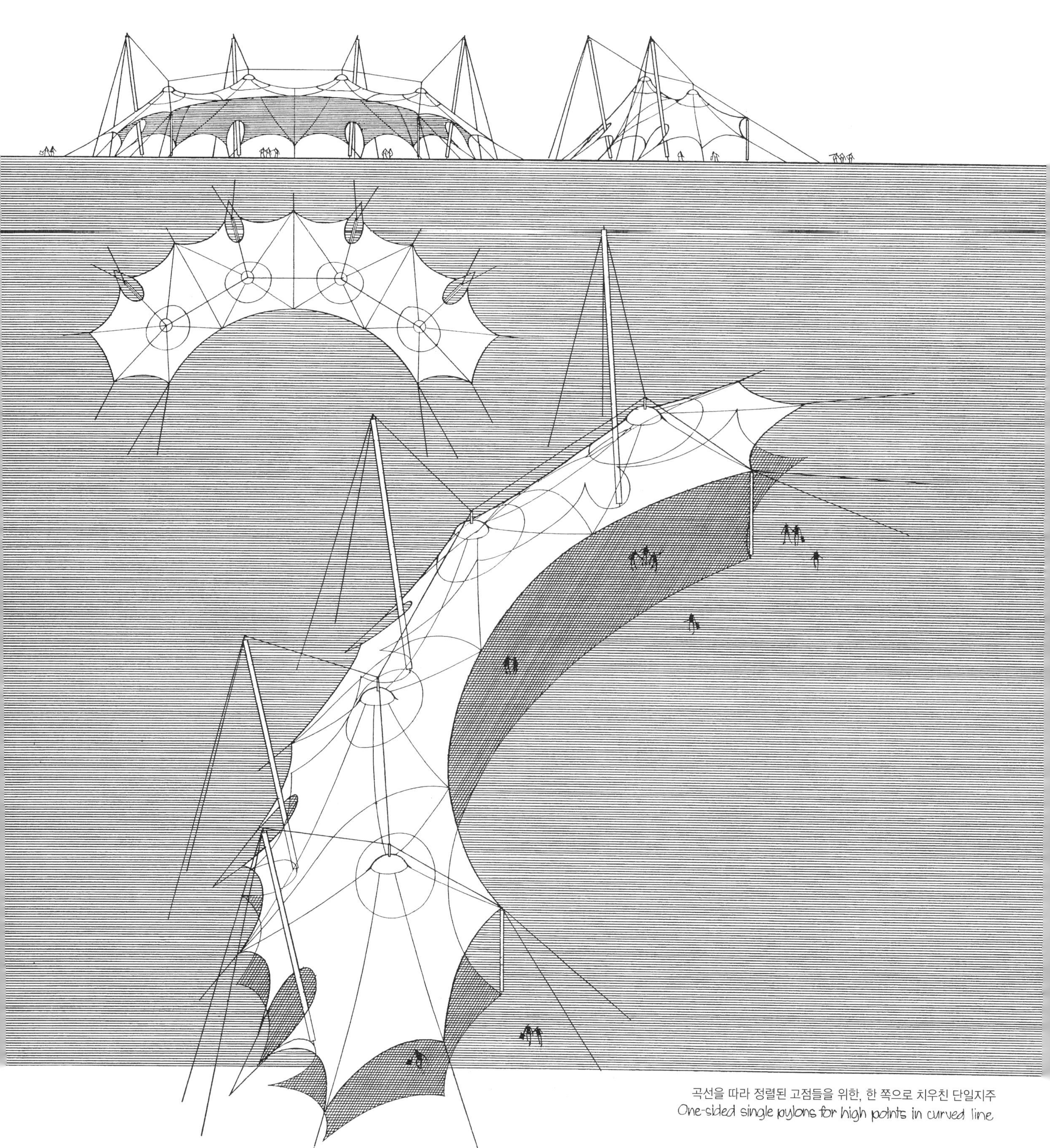

곡선을 따라 정렬된 고점들을 위한, 한 쪽으로 치우친 단일지주
One-sided single pylons for high points in curved line

직선형태의 건축물 지붕을 위한 텐트 시스템
언더텐션을 이용한 고점구조

Tent systems for spanning rectilinear solid substructures
Cable supported high-point constructions

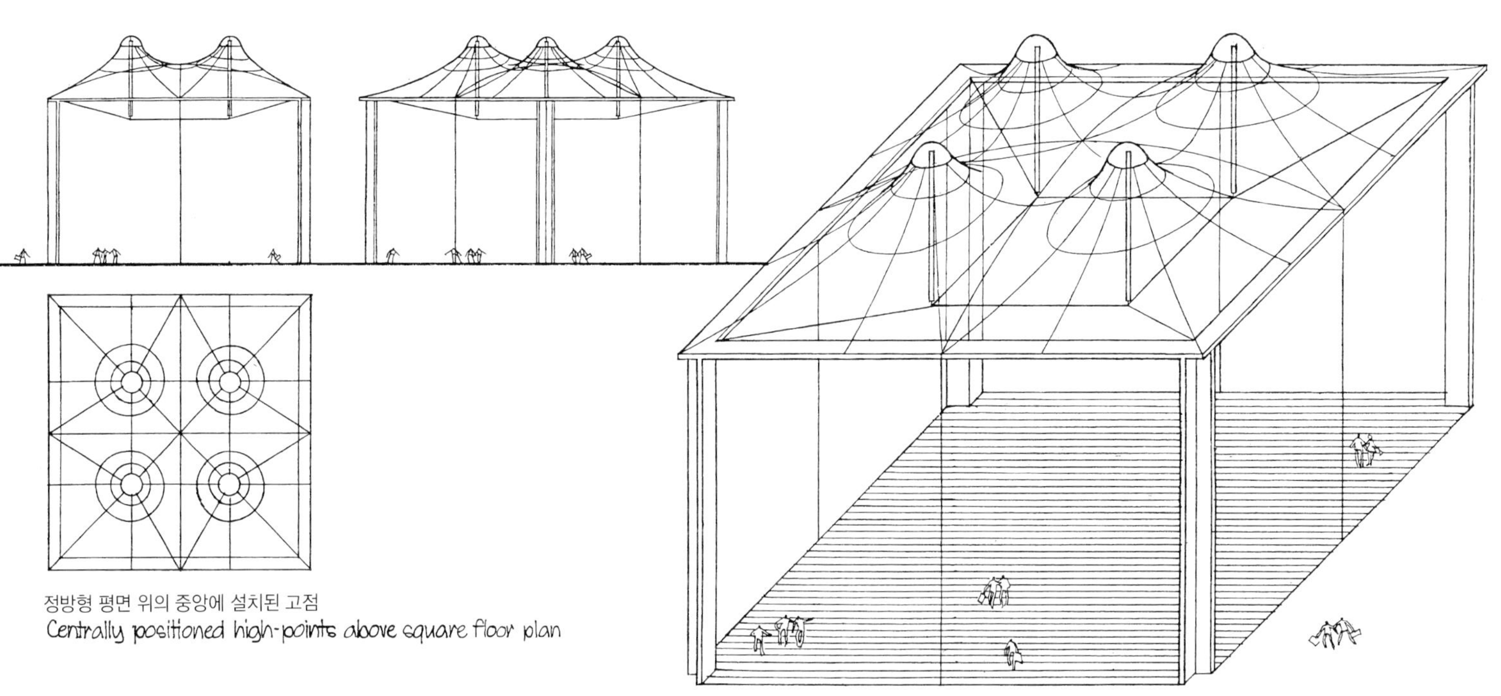

정방형 평면 위의 중앙에 설치된 고점
Centrally positioned high-points above square floor plan

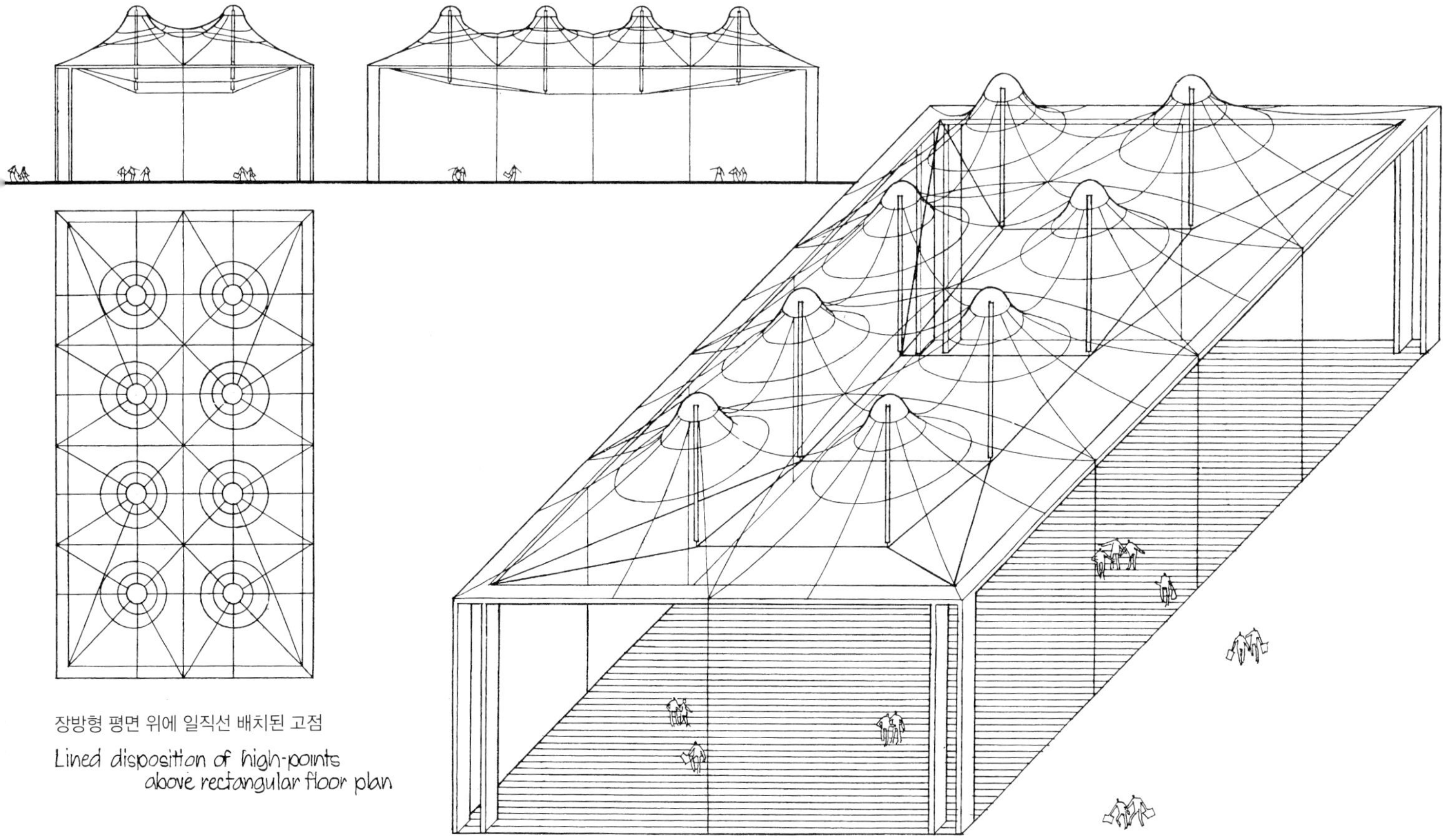

장방형 평면 위에 일직선 배치된 고점
Lined disposition of high-points above rectangular floor plan

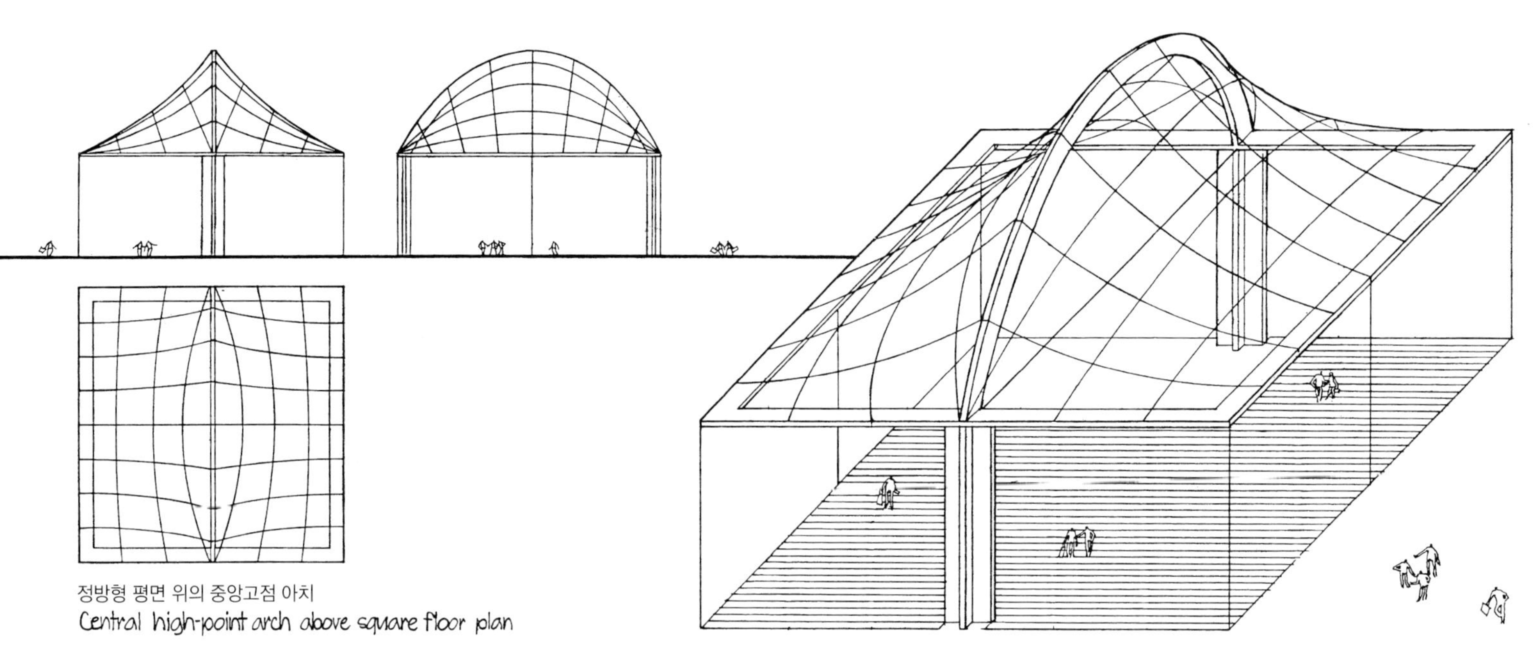

정방형 평면 위의 중앙고점 아치
Central high-point arch above square floor plan

직선 형태의 건축물 지붕을 위한 텐트 시스템
고점 설치를 위한 내부 아치

Tent systems for spanning rectilinear solid substructures
Interior arches as high-point constructions

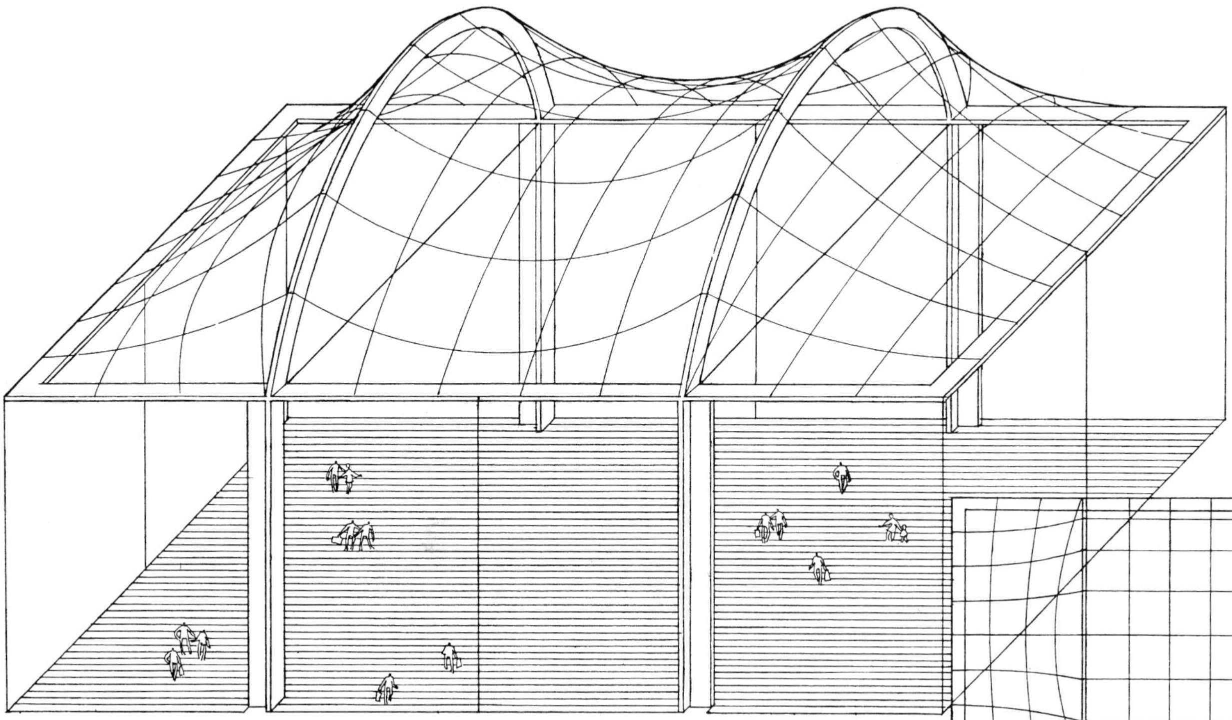

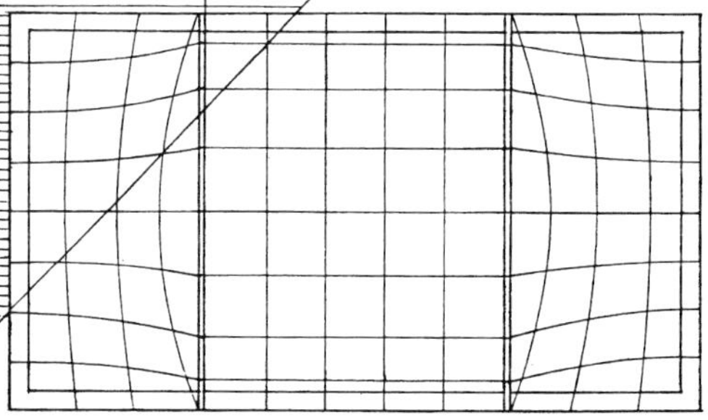

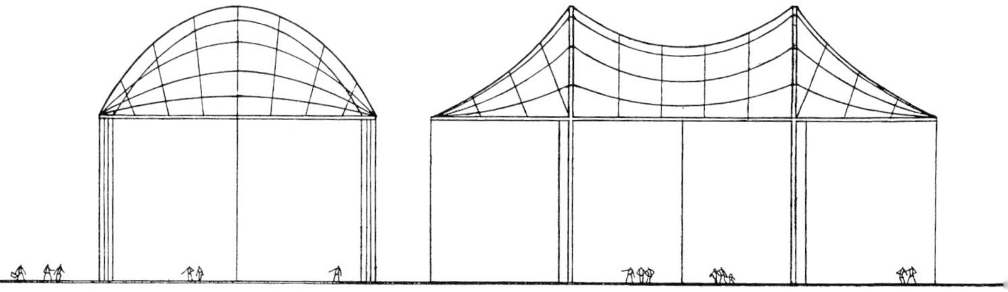

장방형 평면 위에 평행고점 아치
Parallel high-point arches above rectangular floor plan

하중지지 매개체로서의 공기

공기지지 개체

Air as load bearing medium

Air supported objects

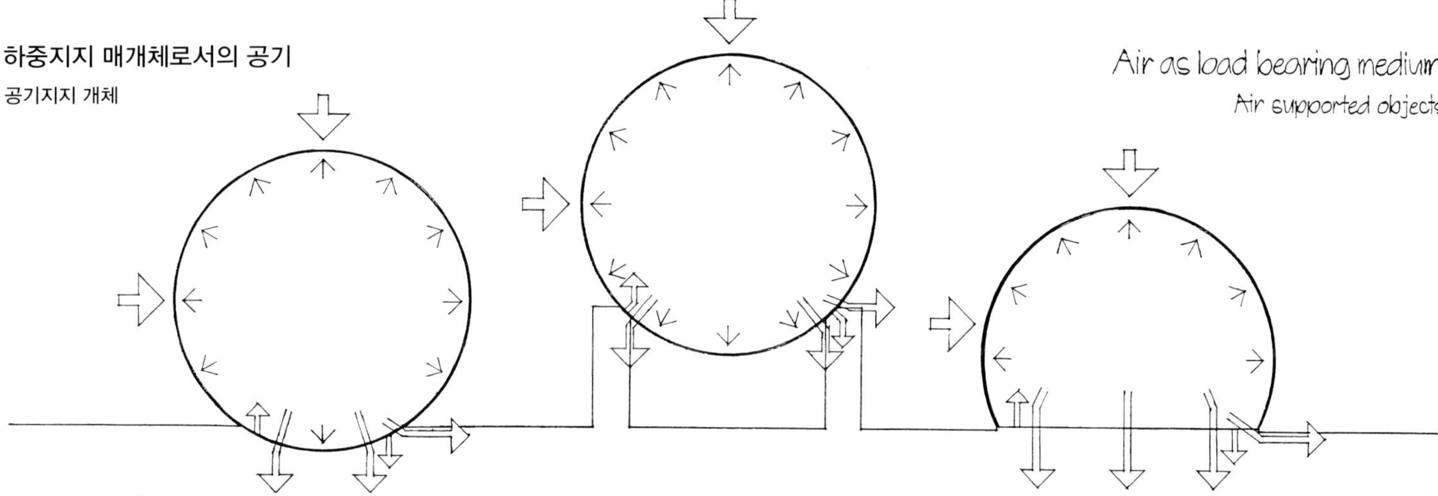

장력-저항, 유연한 외피(=막)에 갇혀 있고 주변 공기에 비해 압력이 높은(=과도히 압박한) 공기는 마치 균등하고 탄력적인 물체처럼 거동한다. 이로써 공기를 통해 외력을 수용, 전달 및 전출할 수 있다: 공기압 구조

공기가 물체처럼 작용하는 역학적 성질은 세 가지 조건이 필요하다:

1. 공기를 감싸는 막재는 장력을 저항해야 하며 공기가 통해서는 안된다.
2. 실내 공기압의 안정화는 영구적이어야 하며, 외부기압은 막재에 작용하는 모든 내부로의 힘보다 커야 한다.
3. 외형이 변하면 (면적이 일정한 경우) 부피의 감소로 이어져야 한다.

요약: 공기의 구조적 역학은 외력을 저항하는 공기압 구조의 저항력에 달려 있다 = 형태저항 시스템

AIR VOLUME locked into a tension-resistant, flexible envelope (= membrane) and pressurized versus the surrounding air (= overpressure) behaves like a homogeneous, resilient SOLID. As such, air volume can receive, transfer and discharge external forces: PNEUMATIC STRUCTURES

This mechanical quality of air acting like a solid rests upon 3 conditions:

1. The enclosing fabric must be tension-resistant and impermeable to air
2. The stabilizing indoor air pressure must be permanent and always be higher than all the forces acting upon the membrane from without
3. Each deflection of the envelope shape (with size of area unchanged) must lead to a definite reduction of the volume enclosed

Summarized: The structural mechanics of air rest upon the resistance of the pneumatic form against external forces = FORM-ACTIVE SYSTEMS

막구조의 기본 형태

Basic shape of membrane

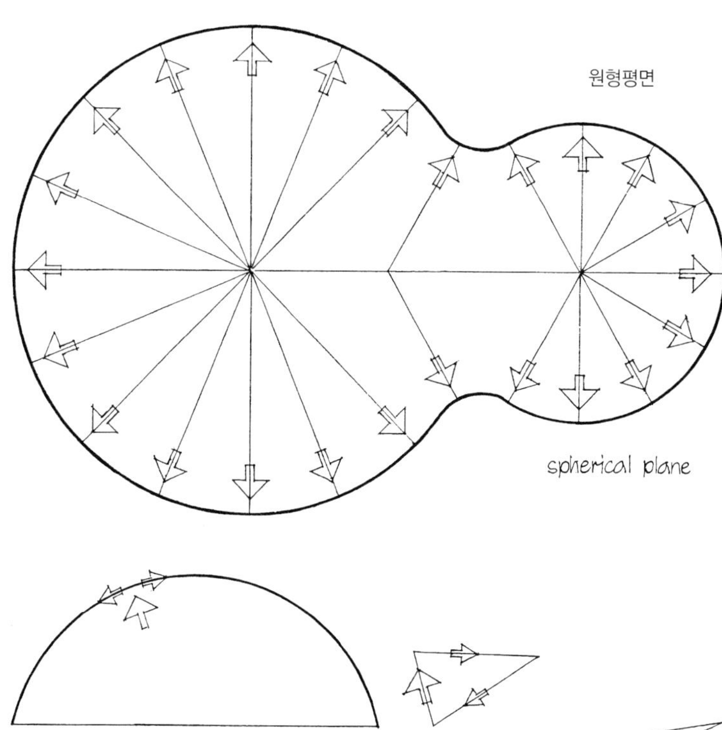

특정 볼륨의 공기를 고정시키고 압력을 가할 경우, 그 힘은 볼륨 내에 일정하게 작용한다. 막을 따라 원심적으로 작용하며, 이는 즉 압력 균등화의 방향으로 작용한다는 것을 의미한다.
이러한 힘의 분포로부터 나오는 막재형태는 공기압 구조 패턴의 기본 기하학이다: 구형표면은 공간 볼륨을 최소한의 표면적으로 감싸준다. 이러한 이유로 형태는 외형을 구성하며, 비대칭 지점이 발생할 때마다 볼륨을 최대한 줄어들 것인데, 이는 다시 말해 모양의 비틀어짐을 저항하는 힘이 최적화되었다는 것을 의미한다.

The forces of an air volume, being locked in and pressurized, are equal throughout the volume. They act centrifugally in the direction of the enclosing membrane, i.e. in direction of possible pressure equalization

The membrane form resulting from this constellation of forces is the basic geometry of pneumatic structure patterns: SPHERICAL SURFACES

The spherical surface encloses space volume with a minimum of surface. As such it constitutes an envelope configuration, the volume of which at each deflection will be diminished maximum, i.e. will resist deflection optimum

Under indoor overpressure the homogeneous, uniform sphere membrane develops equal tensile stresses at each point.

구형면의 곡률이 증가(=반경이 감소)하며 내부 공기압력이 일정하면, 막응력이 감소한다. 막재가 내부압력을 수용하는 능력은 이에 따라 증가한다. 그러므로, 외피모양의 변형에 대한 저항능력은 증가할 것이다.

With increasing curvature of the spherical plane (= decreasing radius) and with indoor air over-pressure remaining constant, the membrane stresses will decrease. The capacity of the membrane to receive indoor compressive forces will increase. Therefore, also the resistance capacity against the deflection of the envelope geometry will increase

공기압 구조의 메카니즘 : 막재용기와의 비교

공기지지 구조 시스템

pneumatic structure mechanism: comparison with membrane container

air-supported structure systems

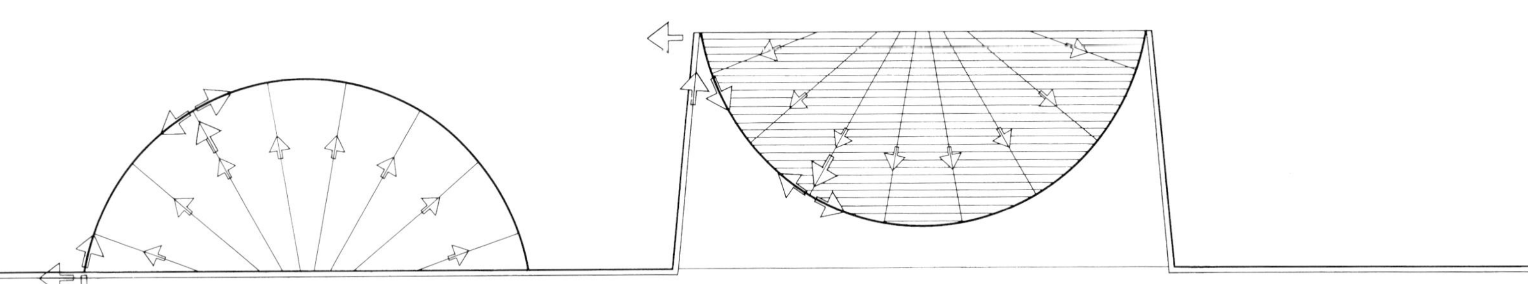

내압을 증가함으로써 공간 막재의 사하중의 균형을 이룰 뿐만 아니라 막재에 응력을 가하여 비대칭적 하중에 의해 비틀어지는 것을 방지할 수 있다. 그러므로 막재를 이용한 힘의 전환은 원심력 합성운동만을 포함하며, 이는 내용물의 압력에 대해서만 노출된 막재용기의 작용과도 같다(액체, 낟알 모양의 물체).

through increasing the inside air pressure not only the dead weight of the space envelop is balanced, but the membrane is stressed to a point where it cannot be indented by asymmetrical loading. redirection of forces by the membrane therefore involves only centrifugal resultants, similar to the action of a membrane container that is exposed only to the pressure of its content (liquids, granular solids)

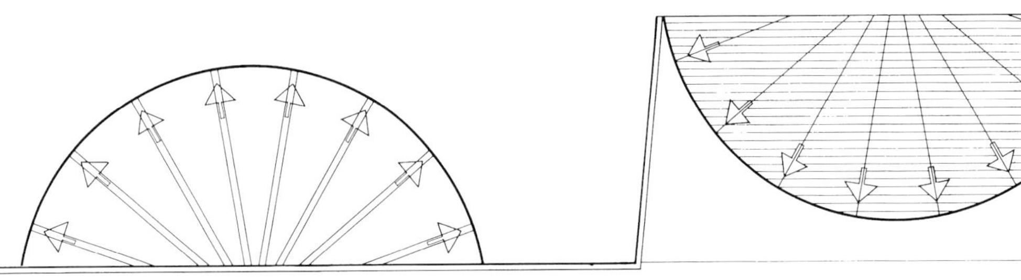

내압은 막재의 모든 지점에 대한 연속적이고 유연한 지지기능을 수행한다. 마찬가지로, 막재용기의 형태는 내용물의 원심력에 의해 안정화된다. 공기압 지지의 장점은 공간의 자유로운 이용에 방해되지 않는다는 점이다.

the inside pressure functions like a continuous flexible support of the membrane at any point. similarly, the form of a membrane container is stabilized by the centrifugal pressure of its content. the advantage of the pneumatic support is that it does not encumber the free use of space.

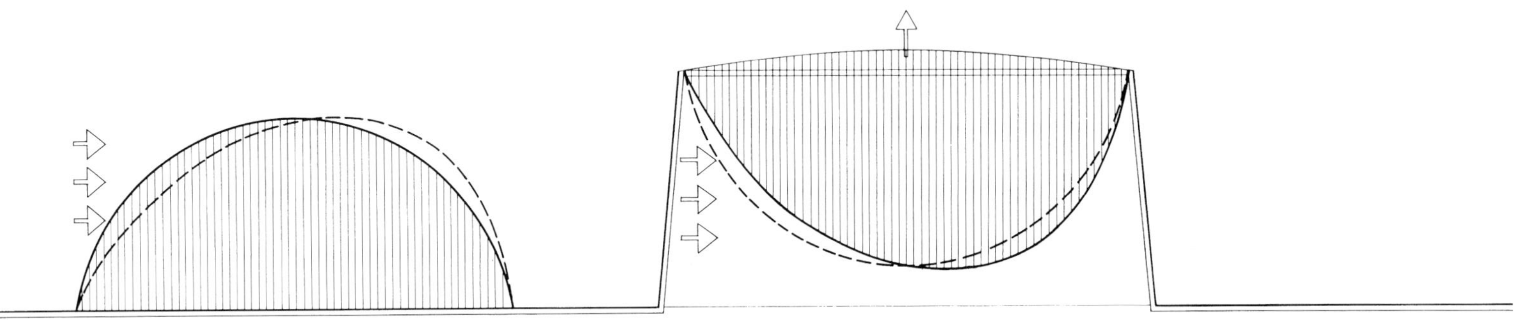

변형에 대한 저항은 기밀공간과 막재의 인장강도에 의해 제공된다. 구조형태는 볼륨이 감소하거나 표면적이 증가하는 경우에만 변형되며, 이는 내용물이 개방된 쪽(위)로 빠져나갈 수 있으며 변형을 일으키는 매달려 있는 막재용기와 반대되는 작용이다.

resistance against deflection is provided by the air-tight enclosure and the tensile strength of the membrane. the structure form can deflect only at a loss of volume or at an increase of surface, contrary to the hung membrane container in which the content can evade to the open (upper) side and thus allows deflection

변형에 대한 공기압 형태의 역학

Mechanics of pneumatic figures against deformations

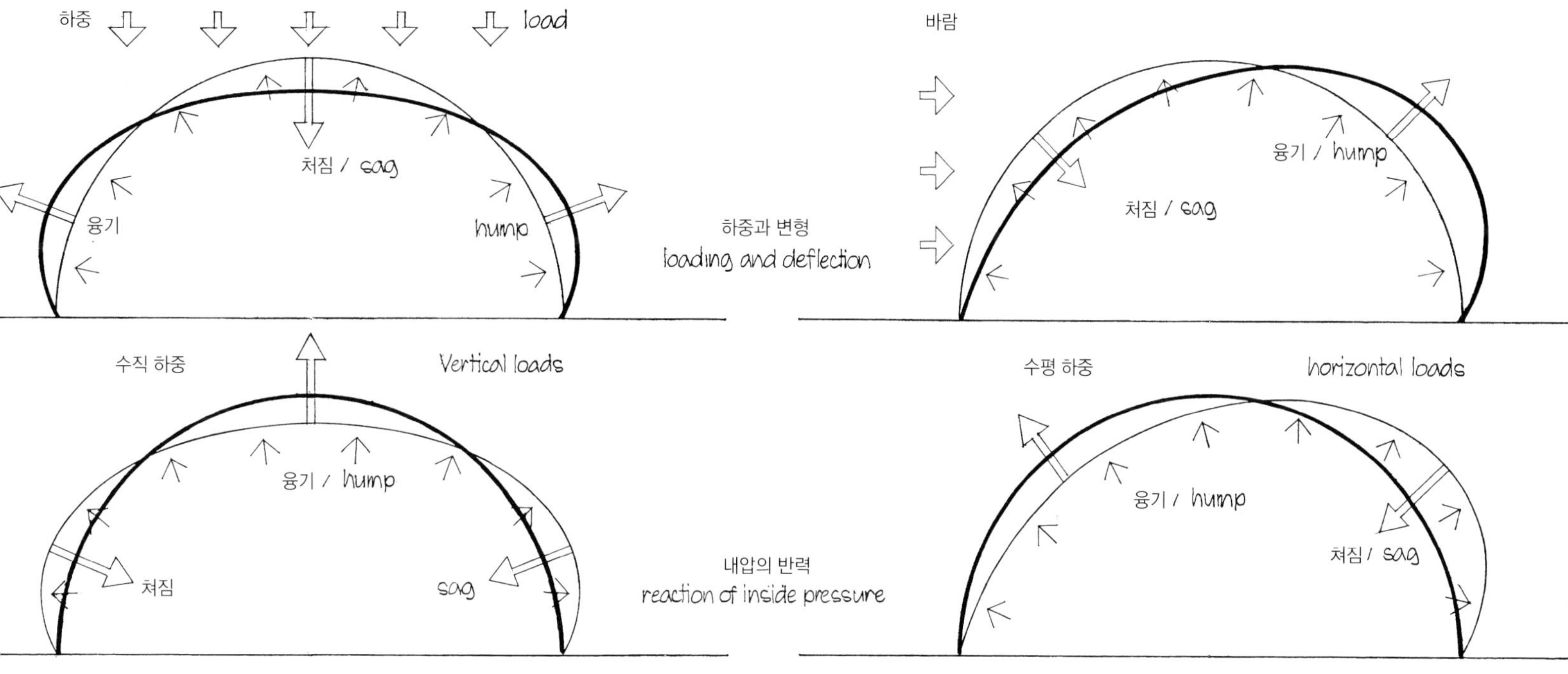

변형에 대한 두 가지 저항의 메카니즘

1. 외피에 작용하는 내압에 대한 반작용 효과:
   감소하는 곡률에서 증가 효과 = 외피 융기
   증가하는 곡률에서 감소 효과 = 외피 처짐
2. 막면의 팽창 이후 막응력의 전반적인 증가는 볼륨 이동에 의해 일어나며, 결과적으로 원래의 공기압 형태를 회복하기 위하여 힘의 이동이 일어난다.

Two mechanisms of resistance against deformation

1. Counter-acting effect of compressive indoor forces upon envelope:
   Increasing effect with receding curvature = arching of envelope
   Decreasing effect with progressing curvature = flattening of envelope
2. Overall increase of membrane stresses after extension of the membrane surface due to volume displacement, and consequently, mobilization of forces for regaining the original pneumatic shape

압축된 공기 볼륨과 외피 막재의 상호작용

Coaction of pressurized air volume and envelope membrane

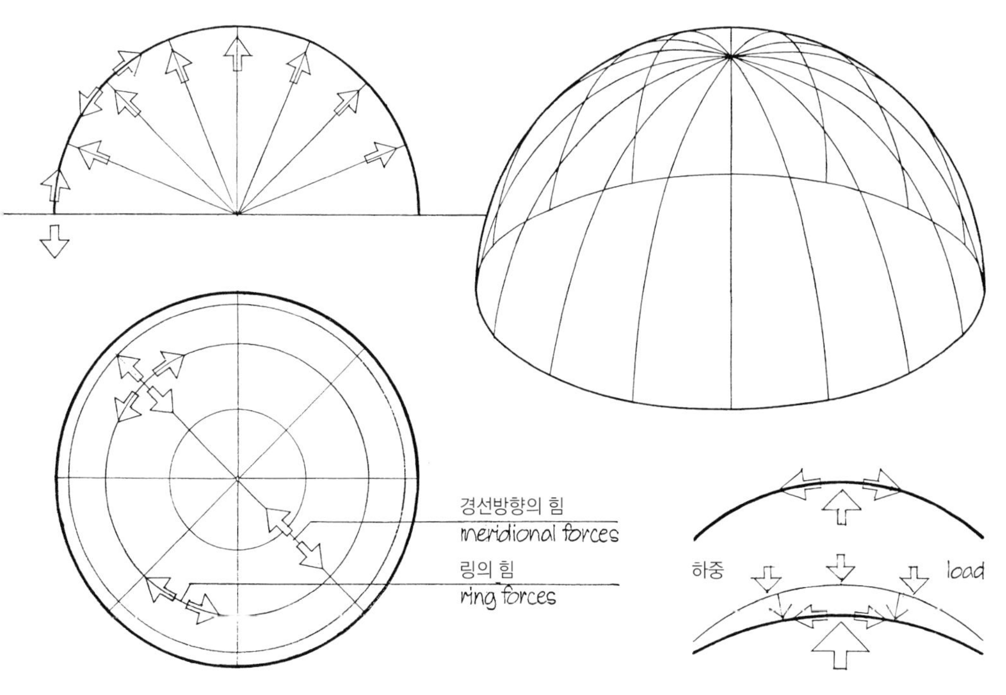

막재(사하중)는 내 · 외부의 공기력 차이에 의해 전달되며 안정화된다:
– 공기지지 구조 시스템 –
추가적 하중이 작용함에 따라 우선 외피에 작용하고 밀폐된 공기가 감소하고 이동한다. 이에 따라 외부로 작용하는 기압차는 증가하는 반면에 외피의 모양(곡률)이 변한다.
두 작용 모두 변형에 대한 저항을 보강한다.
즉, 두 작용은 변형에 대한 저항을 증대시킨다.
즉 진행된 변형으로 인하여 힘을 평형상태를 유지하기 위하여 이동한다.

The membrane envelope (dead weight) is carried and stabilized by the air pressure differential between inside and outside:
– AIR SUPPORTED STRUCTURE SYSTEMS –
Under the onset of additional loading, at first the envelope gives way and causes the locked-in air volume to become diminished and displaced. Thereby the pressure differential directed to the outside increases, while the shape (curvature) of the envelope is changing its figure
Both actions intensify the resistance against deformations. That is to say: Only through the deflection in process are forces being mobilized that will attain the state of equilibrium

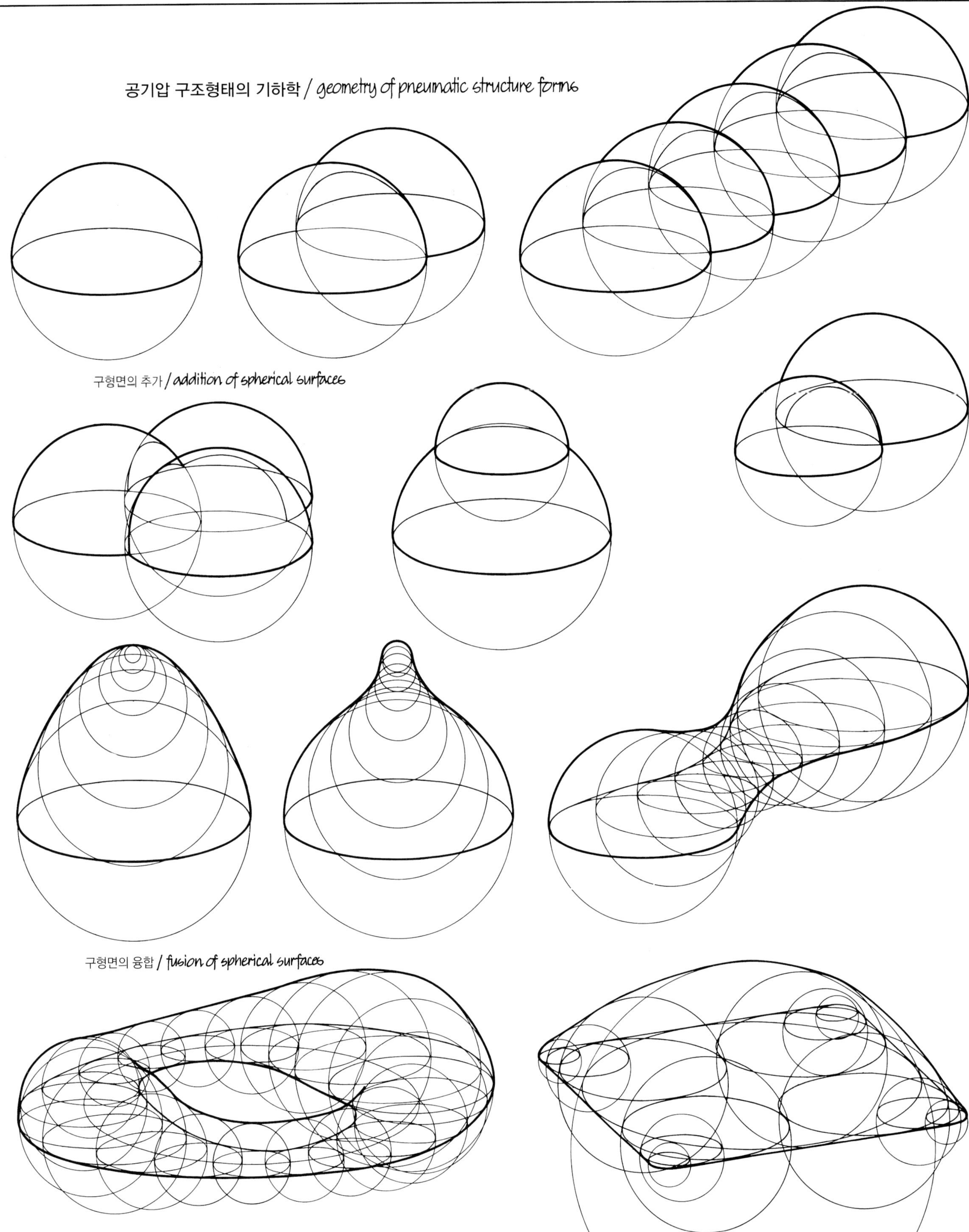

모든 공기압 구조의 기본적인 형태는 구형면이며, 등분포 내압상태에서 막응력은 모든 점에서 동일하다. 구형면을 추가하거나 융합함으로써 다른 구조형태를 만들 수 있다.

basic shape for all pneumatic structure forms is the sphere for which under uniform inside pressure the membrane stresses are equal at any point. other structure forms can be developed by addition or fusion of spherical surfaces

공기압 구조형태의 원형

Prototypical shapes of pneumatic structure systems

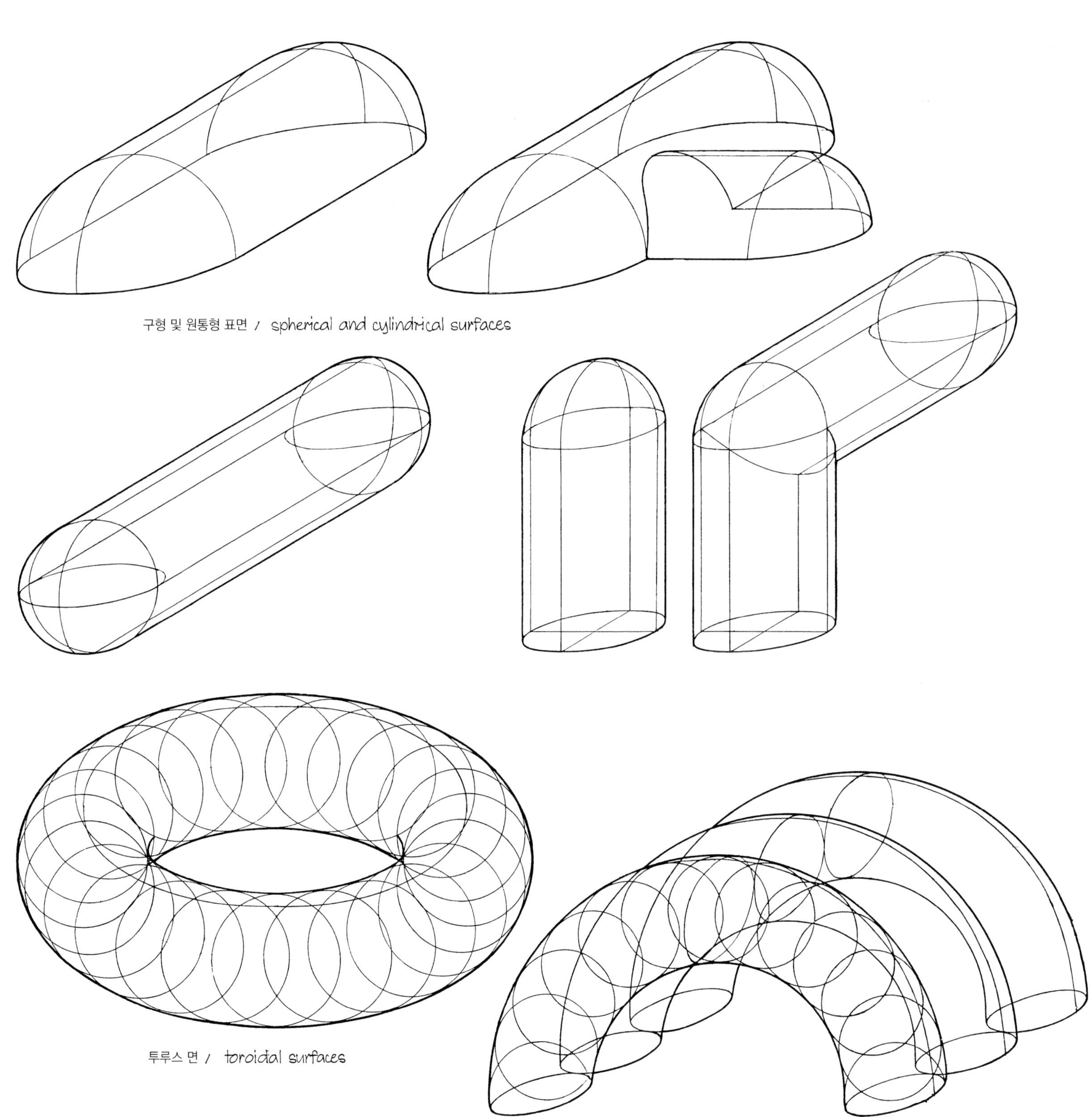

구형 및 원통형 표면 / spherical and cylindrical surfaces

투루스 면 / toroidal surfaces

구형면과 이를 추가 또는 융합한 형태들은 생산과 설계구성에서 단점을 보이므로(역학적 효율성의 개선을 위한 것이 아닌) 단순화를 목적으로 공기압 구조의 표준형태로서 실린더면 뿐만 아니라 토루스 면과 구형면의 조합이 선호된다.

Since the spherical surface and its addition or fusion evidence drawbacks concerning production and plan configuration, for reasons of simplification (although not of improvement of mechanical efficiency) preferably the combinations of spherical with cylindrical surfaces as well as toroidal surfaces are applied as standard forms of pneumatic structures.

공기압 구조의 기본 시스템

정압(+) 시스템

Basic systems of pneumatic structures

Overpressure systems

1

1. 공기지지 홀 / 내압 시스템

밀폐된 볼륨에서 공기압은 공간 외피를 지지하며 이에 작용하는 힘들에 대하여 안정화시킨다. 압축된 볼륨은 공간으로써 사용되기도 한다. 막재장력은 경계에 직접 전달된다.

Air supported hall / pressurized indoor systems

The pressurized air in the locked-in volume supports the space envelope and stabilizes it against acting forces. The pressurized volume is the use space as well. The membrane forces are directly discharged at the boundaries.

2

2. 에어 쿠션 / 이중막 시스템

쿠션 내의 공기압은 지지막재를 안정화하는 역할만 하며, 위쪽의 막과 함께 지붕구조를 형성한다. 막의 가장자리의 힘을 수용하기 위해서는 인장구조물이 필요하다.

Air cushion / double membrane systems

The pressurized air within the cushion serves only to stabilizing the bearing membrane and, together with the upper membrane, forms a roof structure. The forces at the membrane edges require for reception a restraining construction.

3

3. 에어 튜브 / 선형 외피 시스템(고압 시스템)

압력이 가해진 공기는 튜브의 모양을 안정화하며 공간을 구성하기 위한 다양한 구조체를 위하여 선형 구조요소를 형성한다. 막재장력은 공기지지 홀처럼 가장자리로 직접 전달된다.

Air tube / linear envelope systems (high pressure systems)

The pressurized air stabilizes the tube shape and thus forms linear structure members for diverse frameworks of spanning spaces. The membrane forces will be discharged directly at the edges much like the air supported halls.

예외 : 부압(−) 시스템

정압(+)의 역학적 원리로부터 부압(−)에 기반한 시스템을 유도하고 이를 별도의 공기압 구조로서 취급하는 경우는 아직 없다.
그 이유는, 이 시스템이 공기가 개체를 형성할 잠재력이 없으며 추가적인 지지나 골조공사를 쓸 데 없이 힘 들여 만들어야 하기 때문이다.
부압(−) 시스템은 별도의 구조가 아니라 하중지지(현수) 막을 위한 안정화 메카니즘이다.

Exception: Under-pressure systems

Deriving from the mechanical principle of positive air pressure also systems based on negative pressure and ranking them as a separate type of pneumatic structures is unfounded. For, the air's POTENTIAL OF MAKING UP SOLIDS cannot be activated and has to be replaced by additional, mostly laborious, supporting or framing constructions.

Negative pressure systems are not a separate type of structures but DEVICES FOR STABILIZATION of load bearing (suspended) membranes.

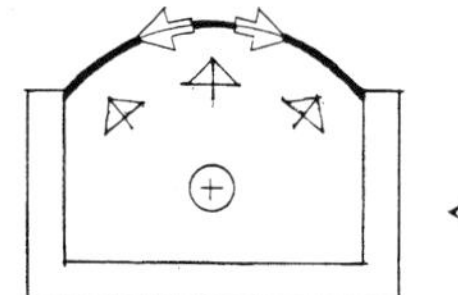
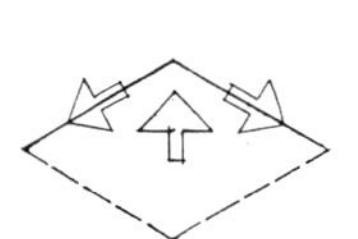
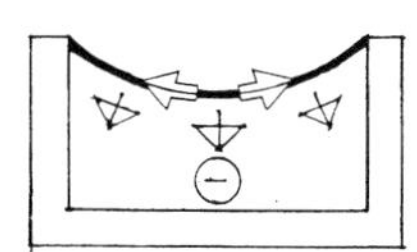
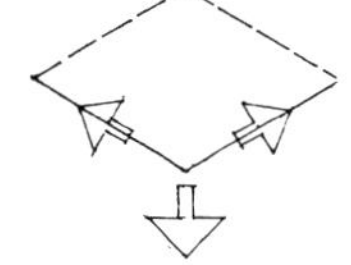
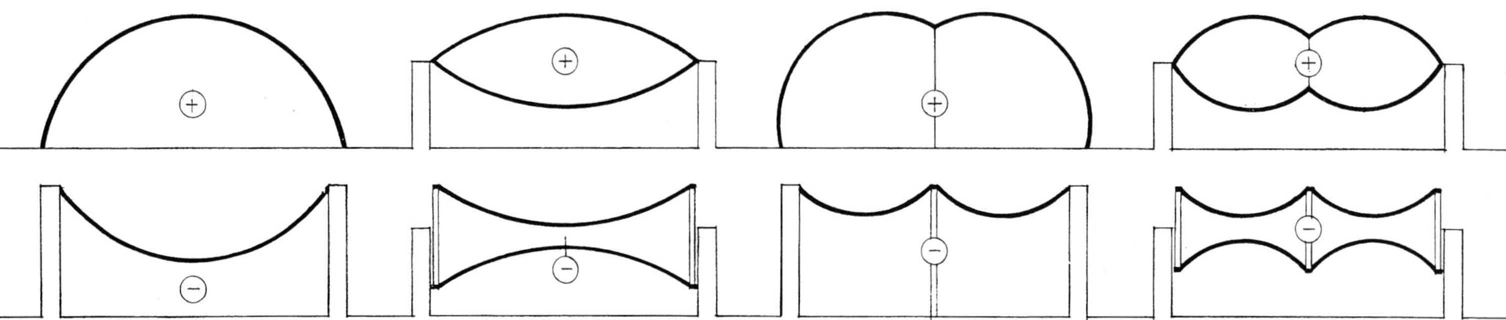

구조비교: 정압과 부압 시스템

Structure comparison: positive-pressure and negative pressure systems

케이블을 통해 주요하중을 전달하는 공기지지 홀(내압) 시스템

Air-supported (indoor) systems with major load transfer through cables

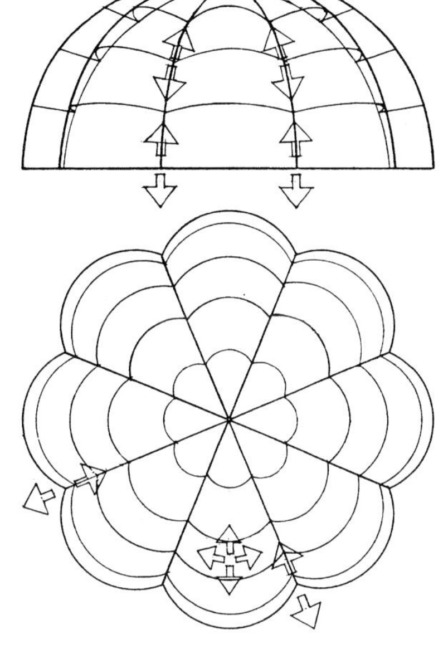

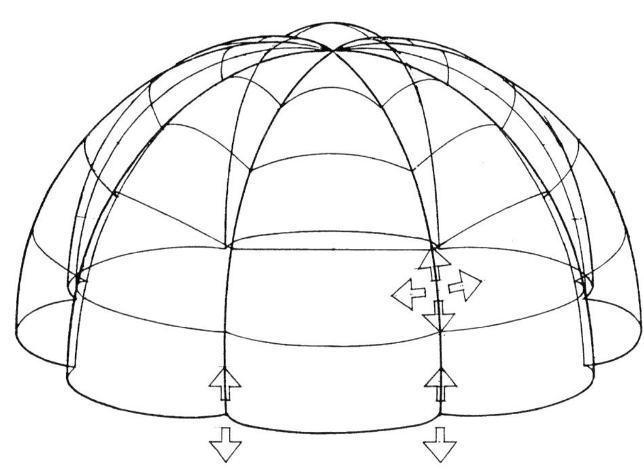

단일 케이블 선을 사용하고 큰 곡률의 막재로 분절단위를 형성함으로써 구형외피의 형태안정화를 더욱 효과적으로 도모할 수 있다. 이 방법을 통해 공기지지 홀의 공간을 최대한 넓힐 수 있다.

The form stabilization of the sphere envelope will be markedly improved by introducing single cable strings and furnishing the segmental units with membranes of increased curvature. By this method, air-supported halls of largest spans can be made feasible.

단일 케이블을 이용하며 구형면을 보다 작은 곡률반경을 갖는 구역으로 나눌 수 있으며, 표면응력을 감소시킬 수 있다. 케이블은 주요 힘들을 전달하는 반면에 막재는 중간의 부속 구조물로서 작용한다.

by means of spanning single cables the spherical surface can be divided into sections with smaller radius of curvature and therefore smaller membrane stresses. the cables transfer the major forces while the membrane functions as intermediate secondary structure

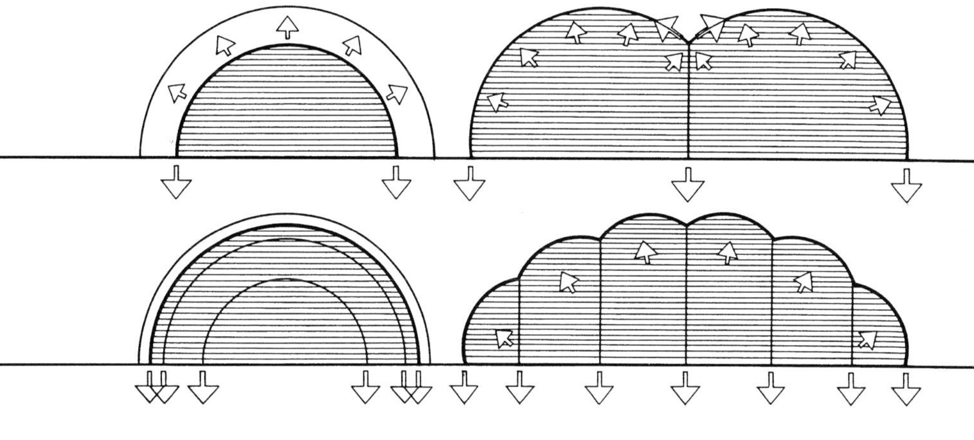

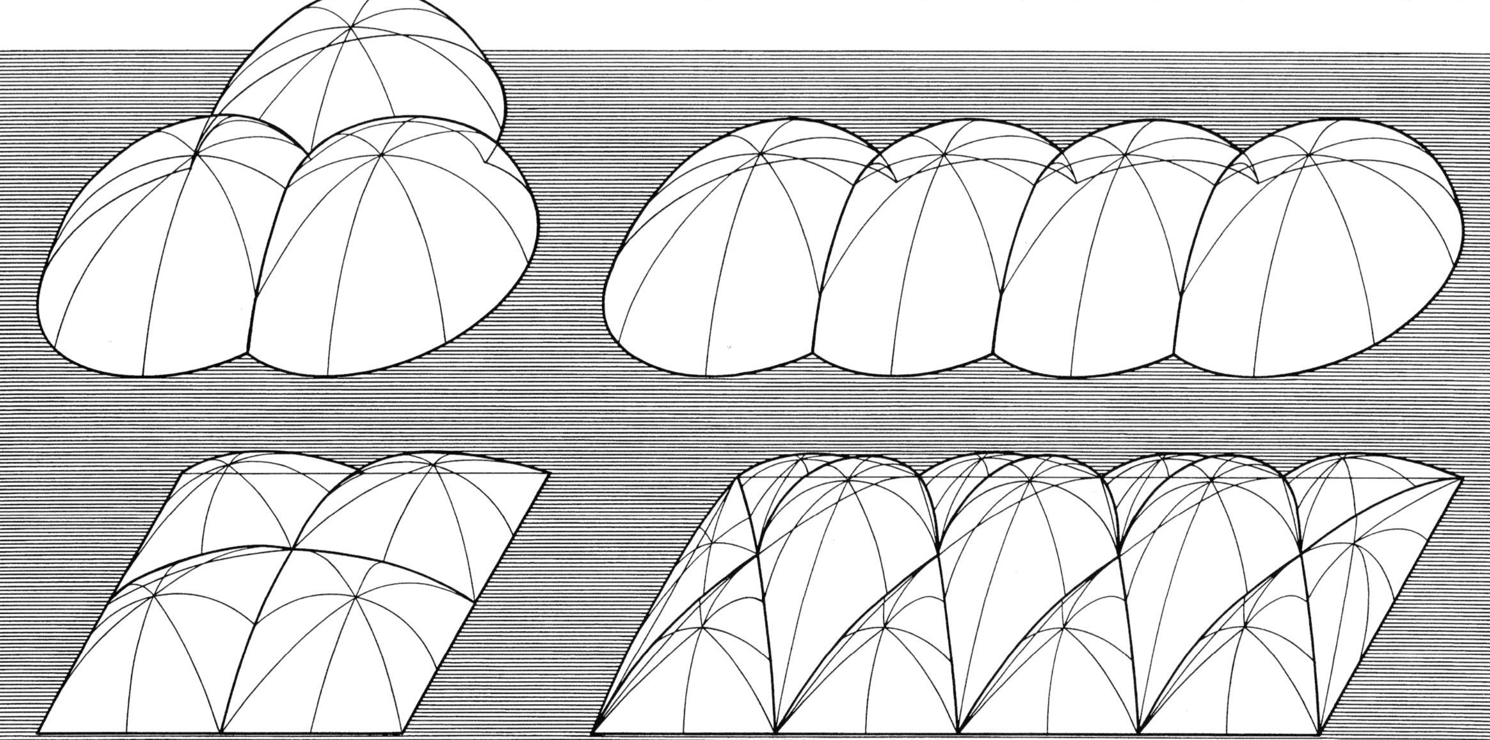

내부 앵커 저점으로 된 내압 시스템 / inside pressure systems with interior anchor points

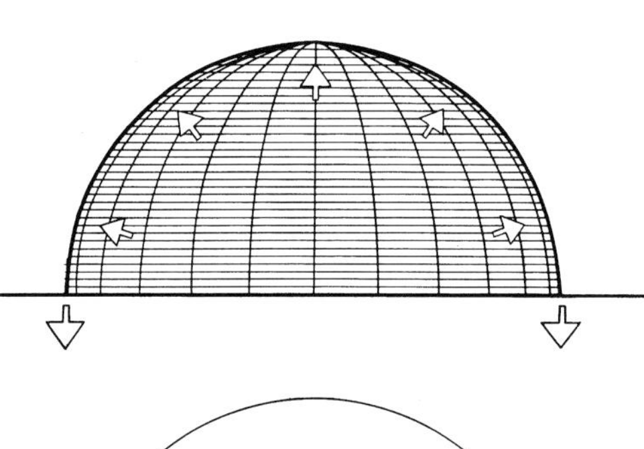

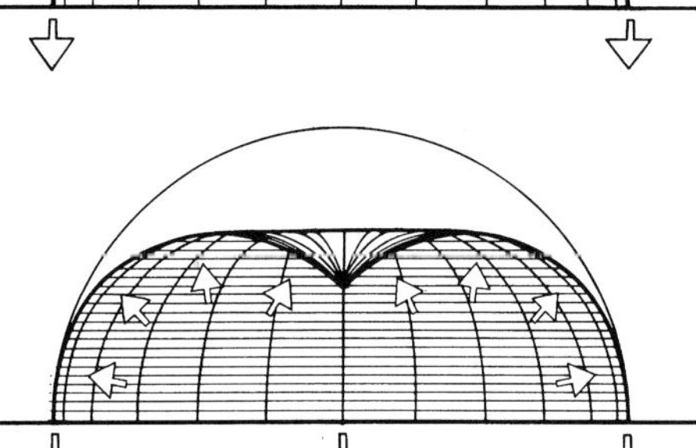

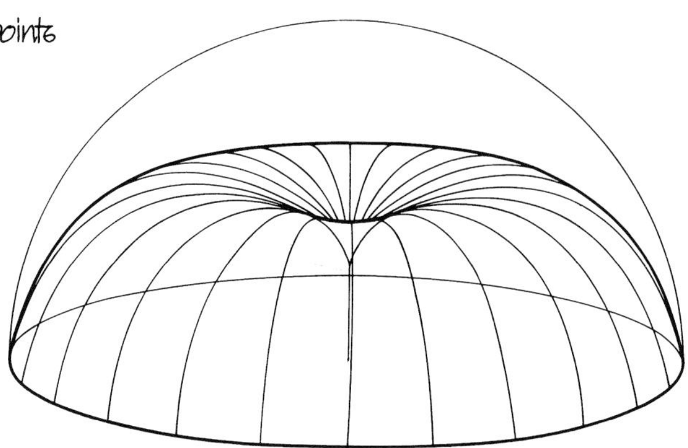

막재를 가장자리에 따라, 그리고 중앙부분을 고정시킴으로서 곡률반경과 막재응력을 감소시킬 수 있다. 이러한 방법으로 구조물의 높이를 높일 필요 없이 넓은 공간을 덮고 싸주는 것이 가능하다.

through fastening the membrane not only along the edge but also in the central portion, the radius of curvature and thus also the membrane stresses are reduced. in this way the covering and enclosement of wide spaces is possible without increasing construction height

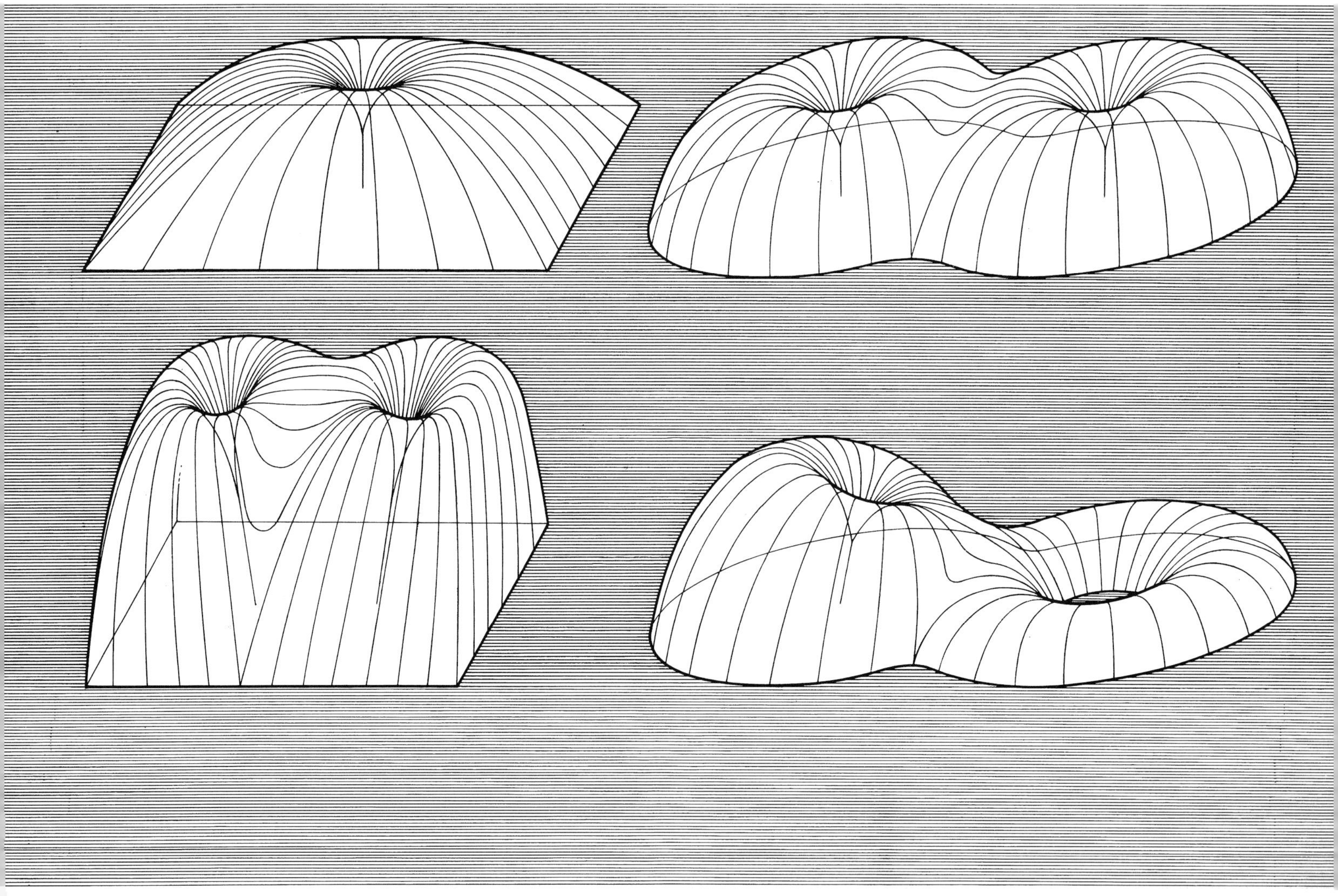

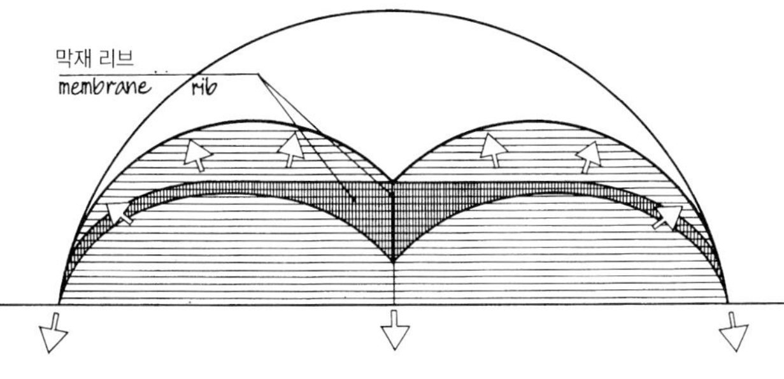

막재 리브를 따라 주요 하중전달이 이루어지는 공기내압 시스템

pneumatic inside pressure systems with major load transfer through membrane ribs

단일 케이블뿐만 아니라 수직막재(막재 리브)을 사용하고 이를 지면에 고정함으로써 구형면을 더 작은 곡률 반경의 구획들로 나눌 수 있으며 막재응력을 줄일 수 있다. 이렇게 함으로써 직선 지붕의 벨리를 형성하고 넓은 바닥면적을 덮을 수 있다.

not only by single cables but also by using vertical membranes (membrane ribs) and fastening them to the ground. the spherical surface can be subdivided into smaller sections with smaller radius of curvature and therefore smaller membrane stresses. since it is possible by this way to form straight roof valleys, wide floor areas can be spanned

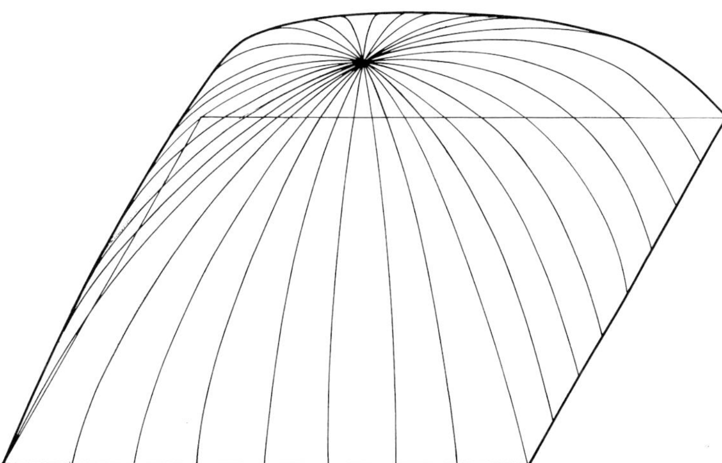

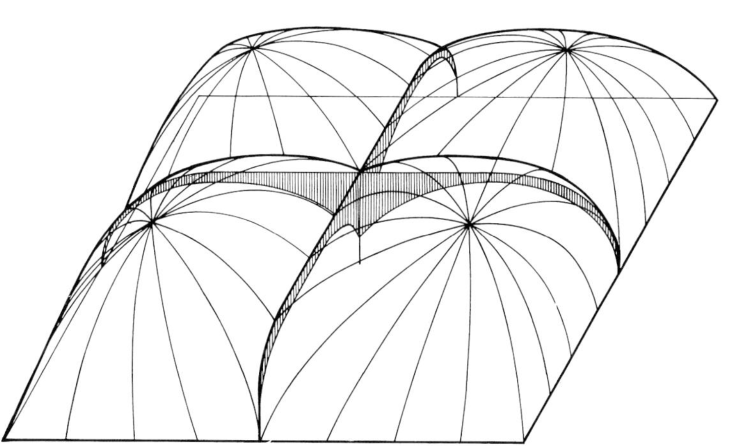

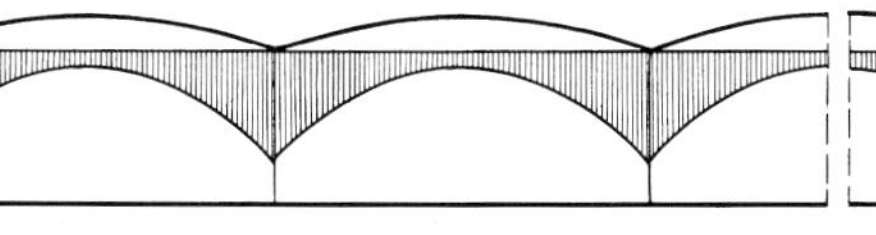

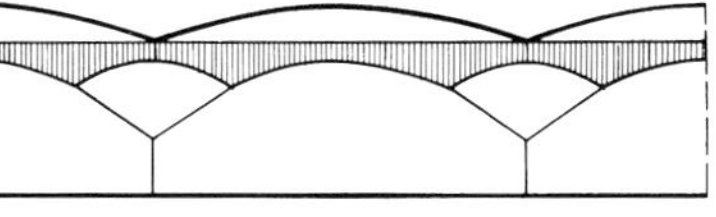

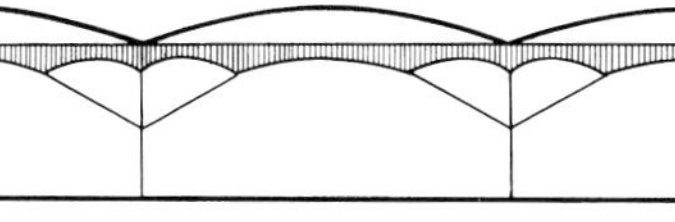

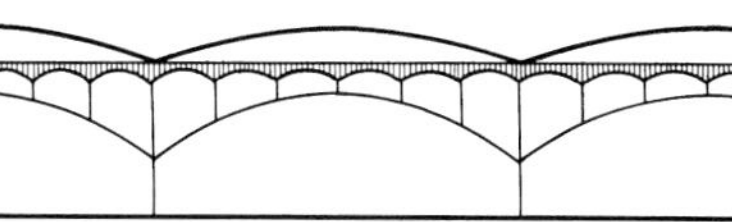

막재 리브의 설계 / design of membrane ribs

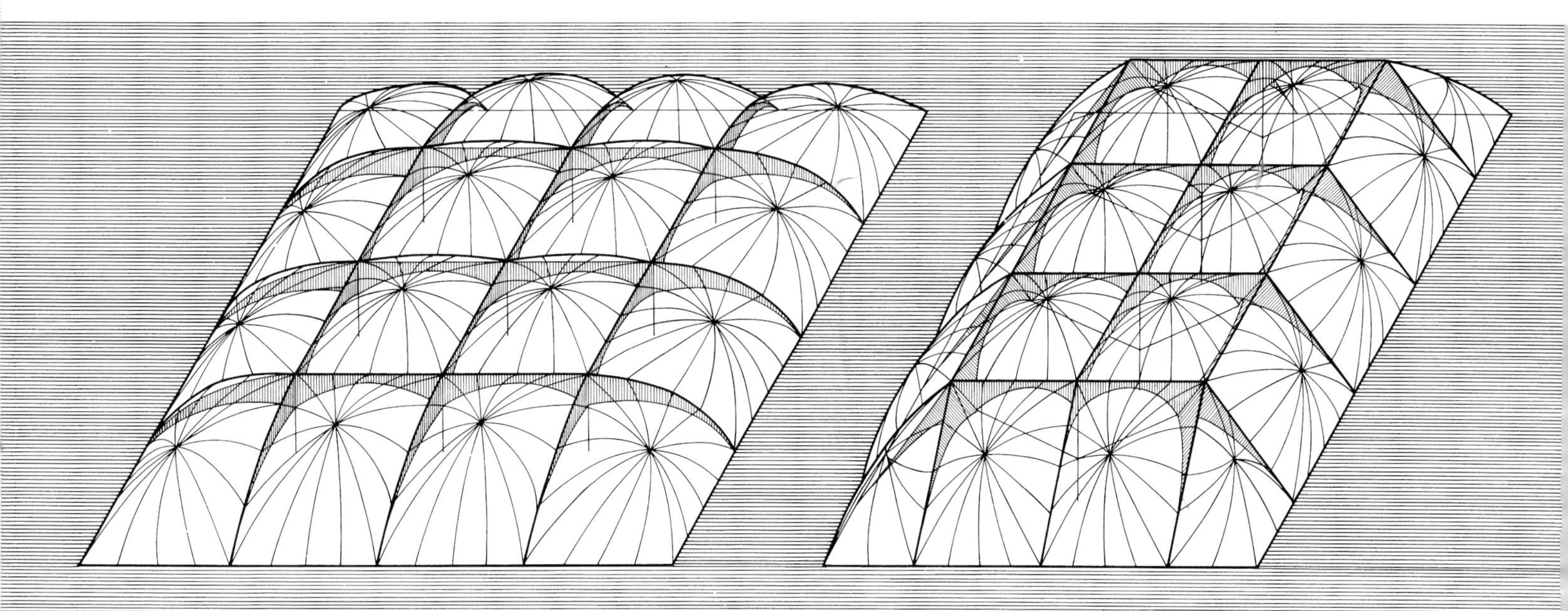

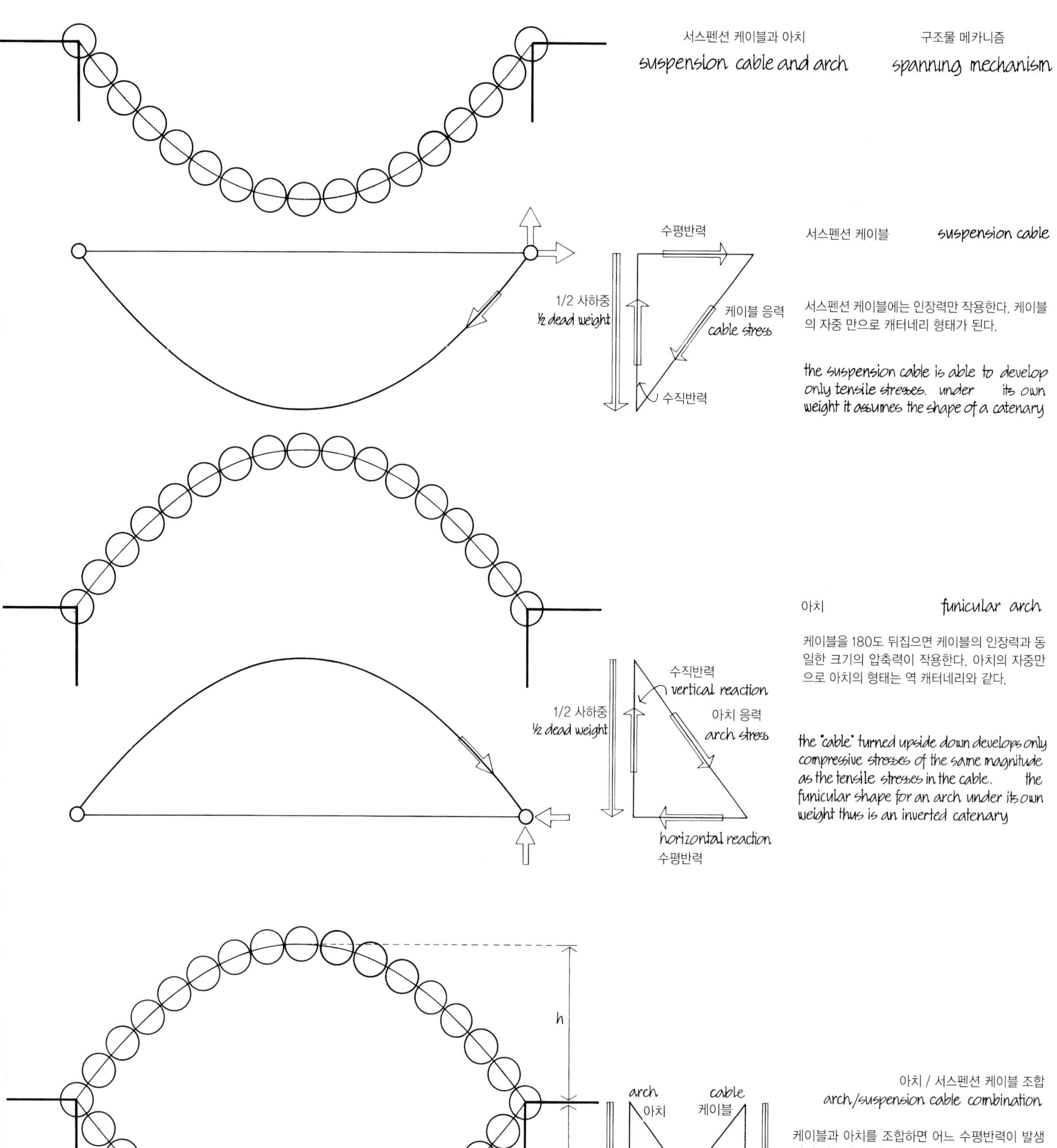

서스펜션 케이블과 아치 — suspension cable and arch

구조물 메카니즘 — spanning mechanism

서스펜션 케이블 — suspension cable

서스펜션 케이블에는 인장력만 작용한다. 케이블의 자중 만으로 캐터네리 형태가 된다.

the suspension cable is able to develop only tensile stresses. under its own weight it assumes the shape of a catenary

아치 — funicular arch

케이블을 180도 뒤집으면 케이블의 인장력과 동일한 크기의 압축력이 작용한다. 아치의 자중만으로 아치의 형태는 역 캐터네리와 같다.

the "cable" turned upside down develops only compressive stresses of the same magnitude as the tensile stresses in the cable. the funicular shape for an arch under its own weight thus is an inverted catenary

아치 / 서스펜션 케이블 조합 — arch/suspension cable combination

케이블과 아치를 조합하면 어느 수평반력이 발생하지 않는데, 수평분력이 반대로 작용하기 때문에 각각 상쇄된다.

the combination of suspension cable and arch will not produce any horizontal reaction since the horizontal components of both have opposite direction and nullify each other

아치의 지렛대 메카니즘 lever mechanism of funicular arch

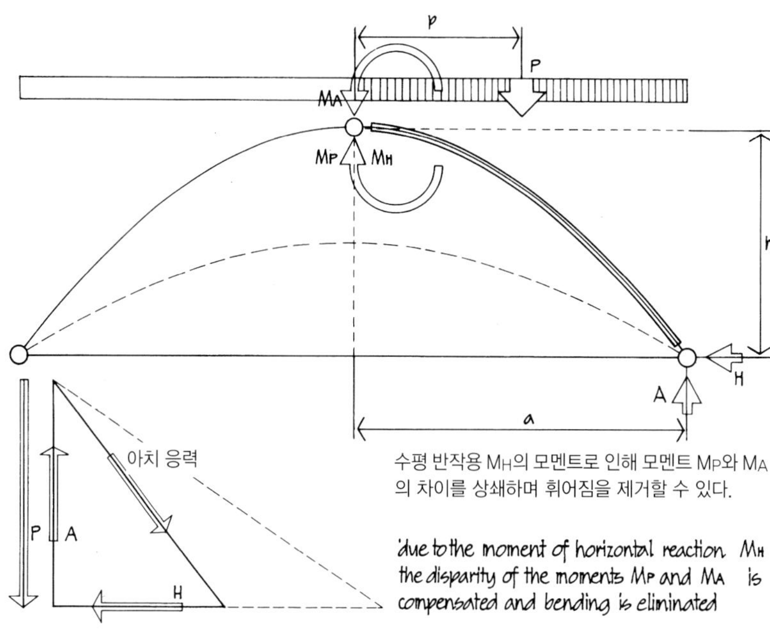

수평 반작용 M_H의 모멘트로 인해 모멘트 M_P와 M_A의 차이를 상쇄하며 휘어짐을 제거할 수 있다.

due to the moment of horizontal reaction M_H the disparity of the moments M_P and M_A is compensated and bending is eliminated

수평추력 저항방법별로 분류한 아치 시스템
arch systems characterized by method of horizontal thrust resistance

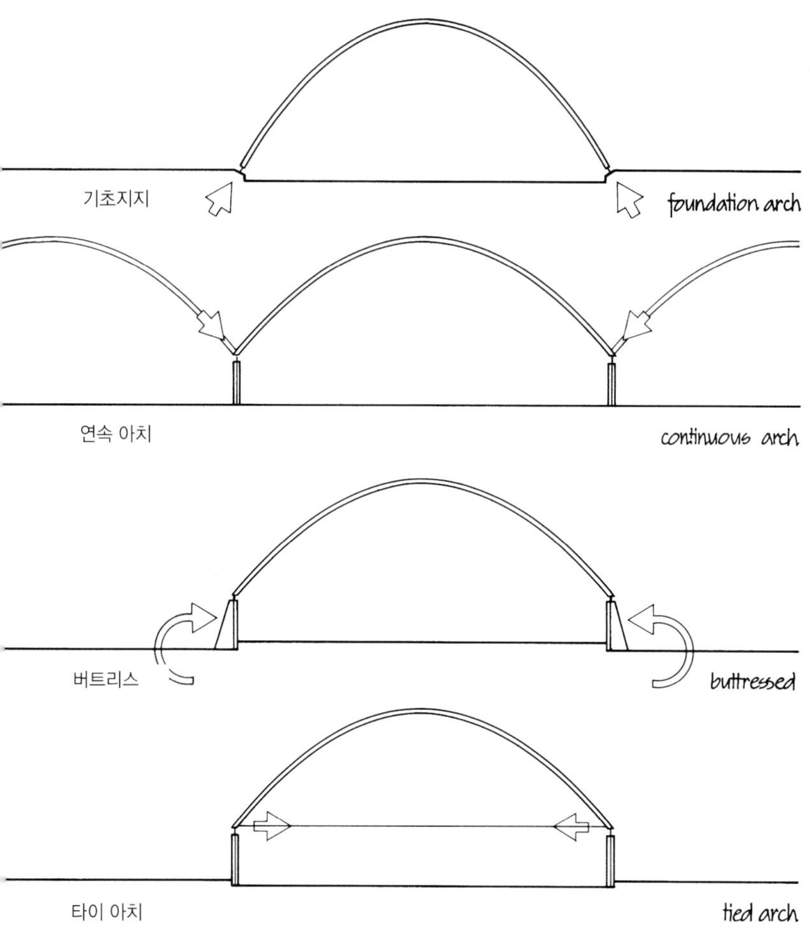

기하학적 형태 geometrical forms
하중상태에 따라 좌우됨

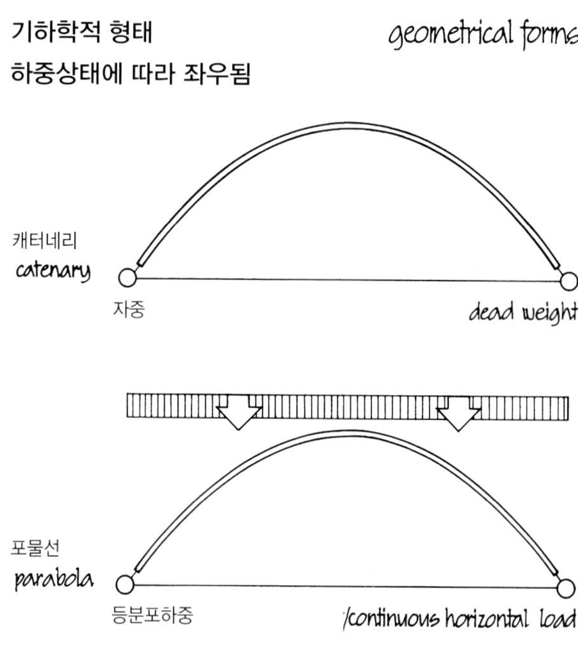

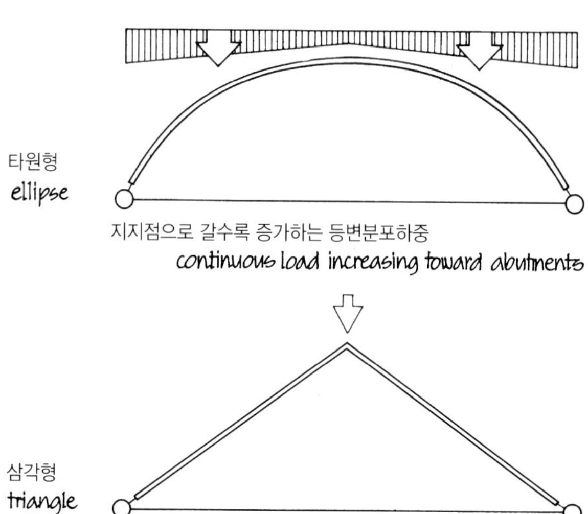

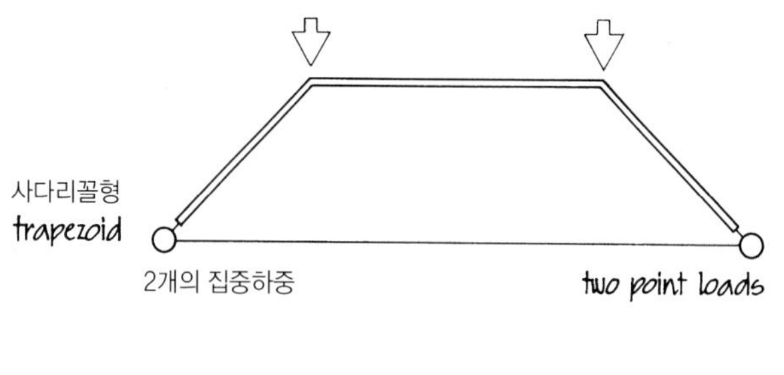

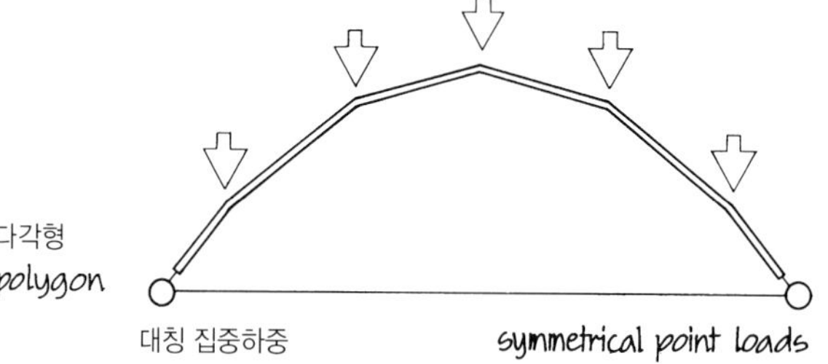

지지력 응력에 대한 아치 높이의 영향

influence of arch rise on hinge stresses

아치의 추력은 높이와 반비례한다. 추력을 줄이기 위해서 가능한 아치를 높혀야 한다.

the thrust of an arch is inversely proportional to its rise. for reduction of thrust the arch rise should be as high as possible

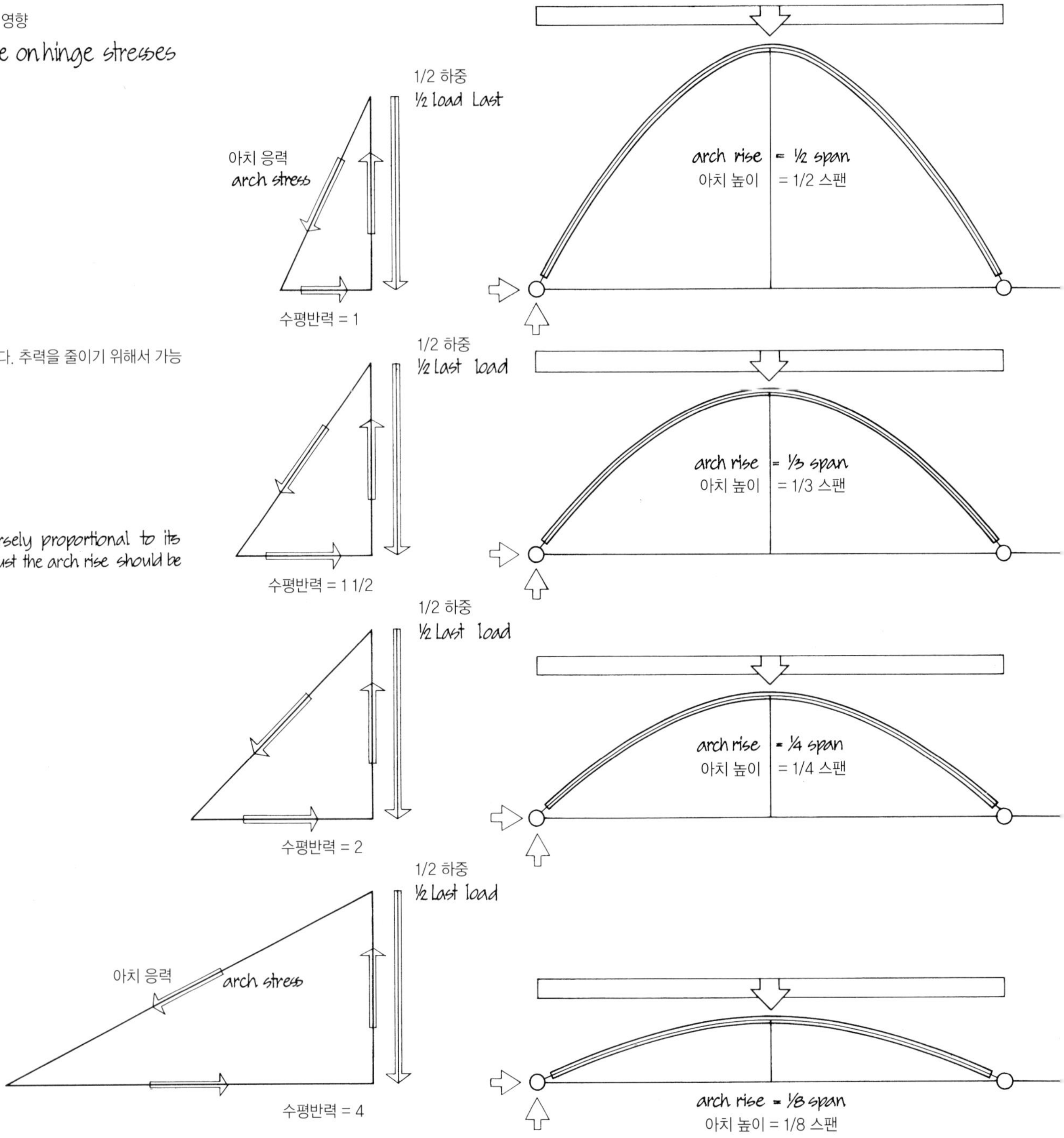

1/2 하중
½ load Last
아치 응력
arch stress
arch rise = ½ span
아치 높이 = 1/2 스팬
수평반력 = 1
1/2 하중
½ Last load
arch rise = ⅓ span
아치 높이 = 1/3 스팬
수평반력 = 1 1/2
1/2 하중
½ Last load
arch rise = ¼ span
아치 높이 = 1/4 스팬
수평반력 = 2
1/2 하중
½ Last load
아치 응력
arch stress
수평반력 = 4
arch rise = ⅛ span
아치 높이 = 1/8 스팬

빔과 아치 메카니즘의 비교

comparison between beam mechanism and arch mechanism

빔 메카니즘
beam mechanism
거리
lever arms
저항 모멘트
resisting moment

아치 메카니즘
arch mechanism
저항 모멘트
resisting moment

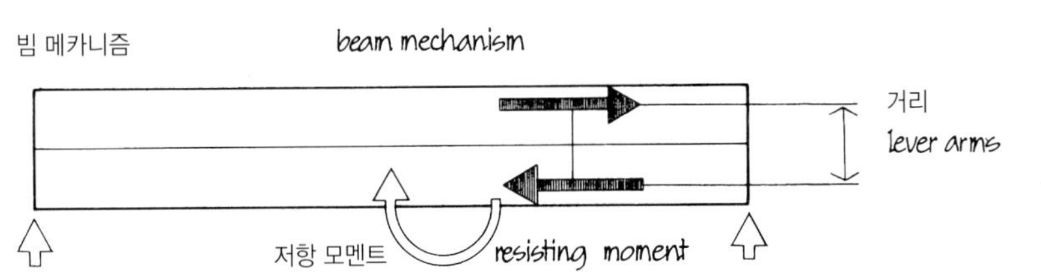

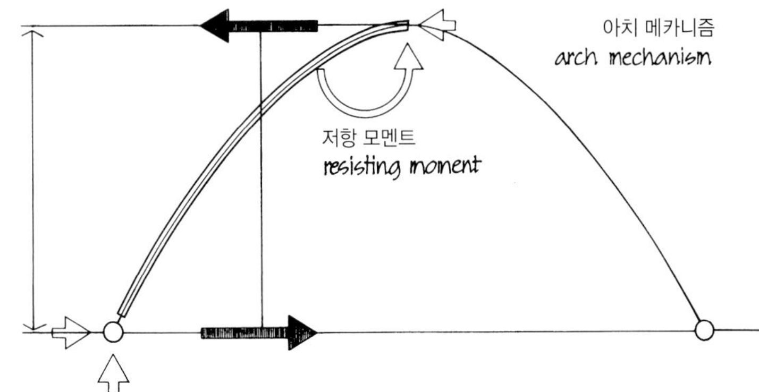

서스펜션 케이블과 아치의 관계

relationship between suspension cable and funicular arch

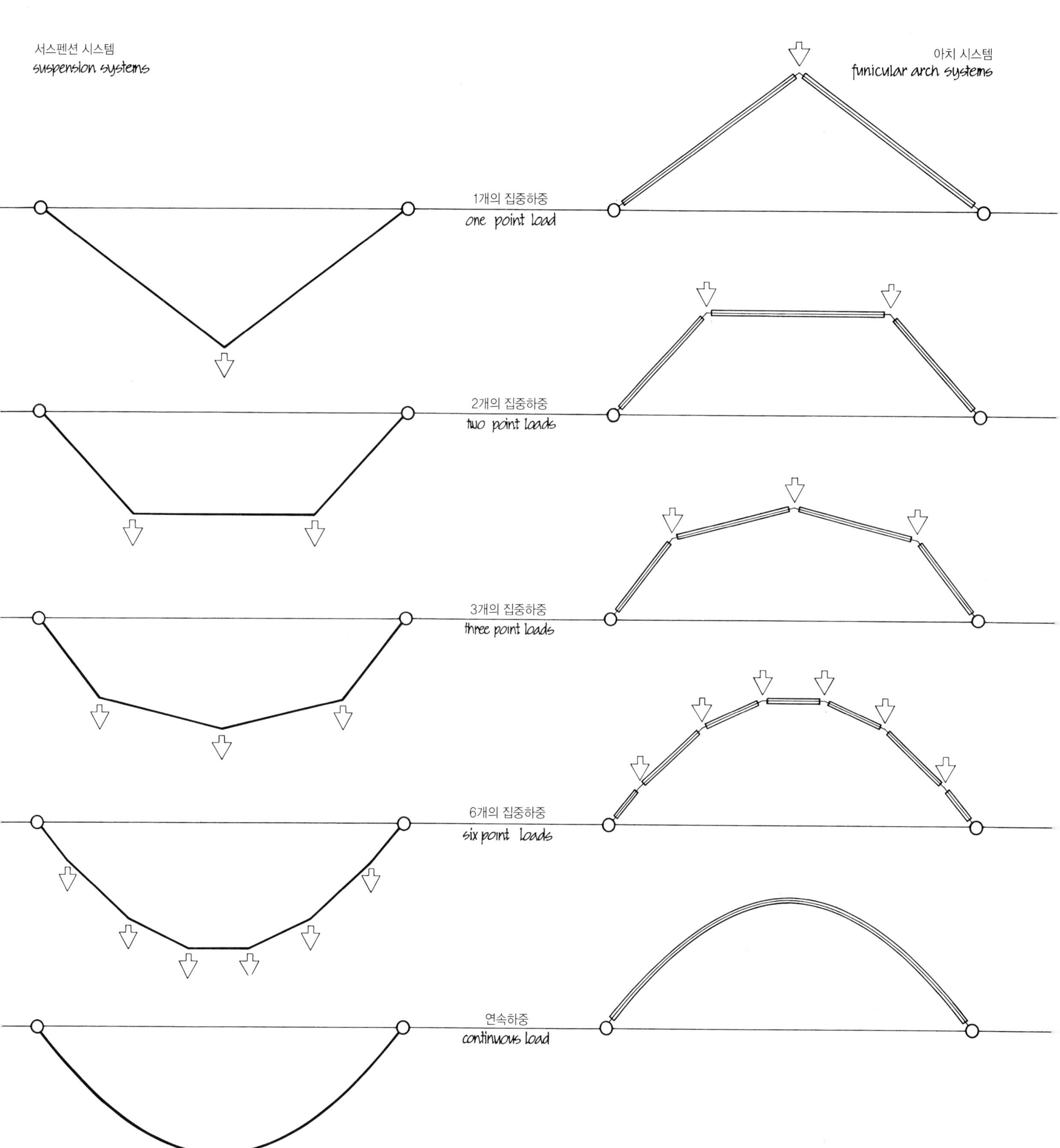

아치 중앙선의 편심에 의한 휨

bending due to deviation of center line from funicular curve

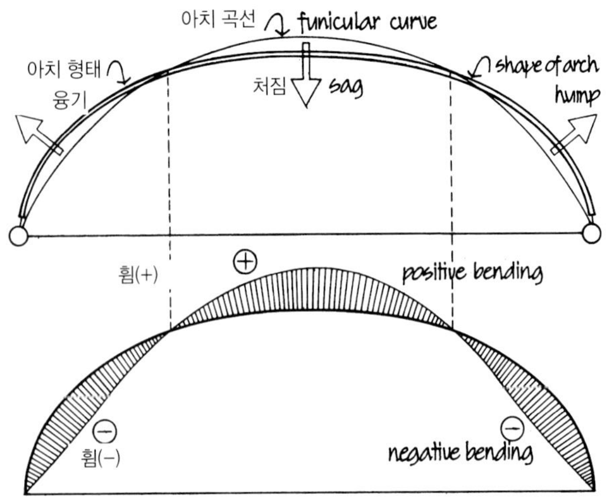

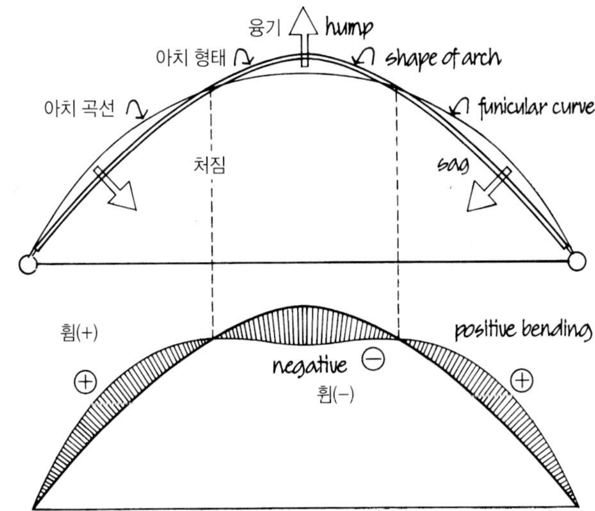

아치 중앙선이 합력곡선으로부터 조금이라도 벗어나면 아치가 처짐 또는 융기가 발생하며 휨 현상이 일어난다.
any deviation of the arch center line from the funicular compression line will cause either hump or sag of the arch resulting in bending

추가적인 수직 또는 수평하중에 의한 휨

bending due to additional vertical or horizontal loading

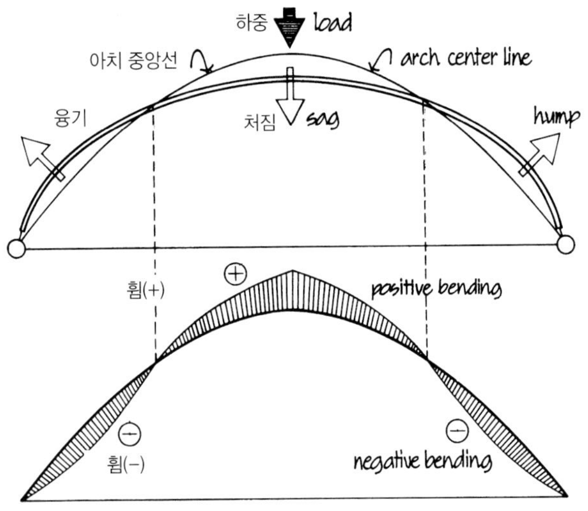

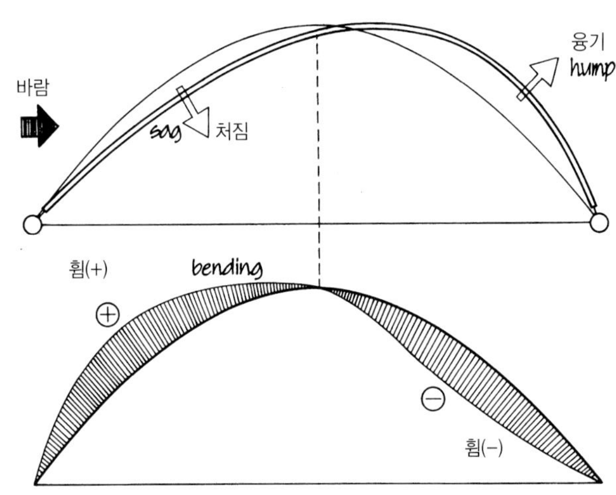

추가적인 하중은 아치의 변형을 초래하며, 아치 곡선으로부터 벗어나게 되어 휨 현상을 초래함
any additional load will cause deflection of the arch and hence deviation from the funicular line of compression resulting in bending

온도변화

thermal changes

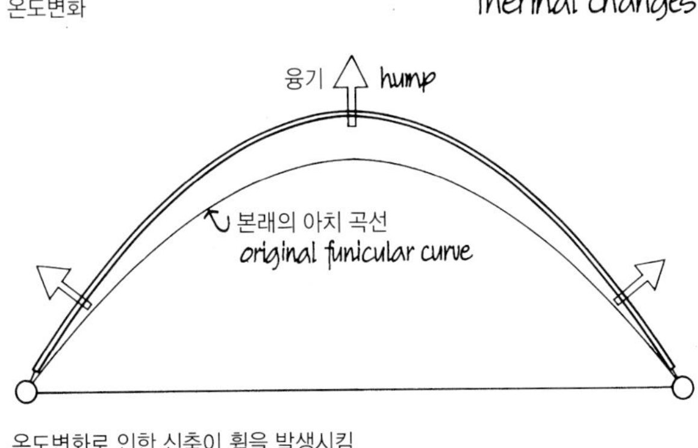

온도변화로 인한 신축이 휨을 발생시킴
extension (contraction) due to thermal changes introduces bending

기초침하

foundation settings

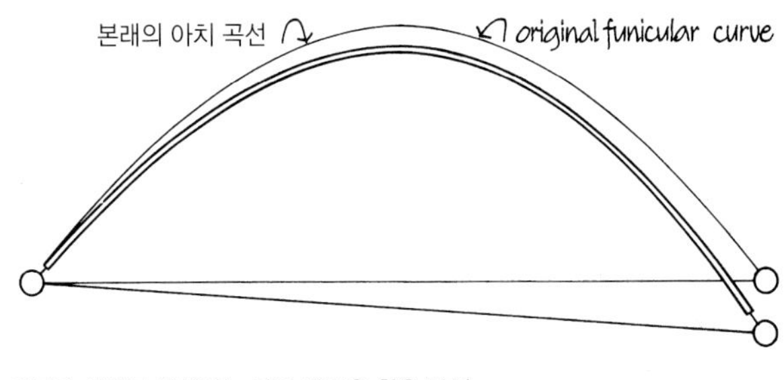

비균등 침하로 발생하는 다른 하중은 휨을 발생
different loading caused by unequal setting produces bending

2힌지 아치와 3힌지 아치의 비교

comparison between two-hinged arch and three-hinged arch

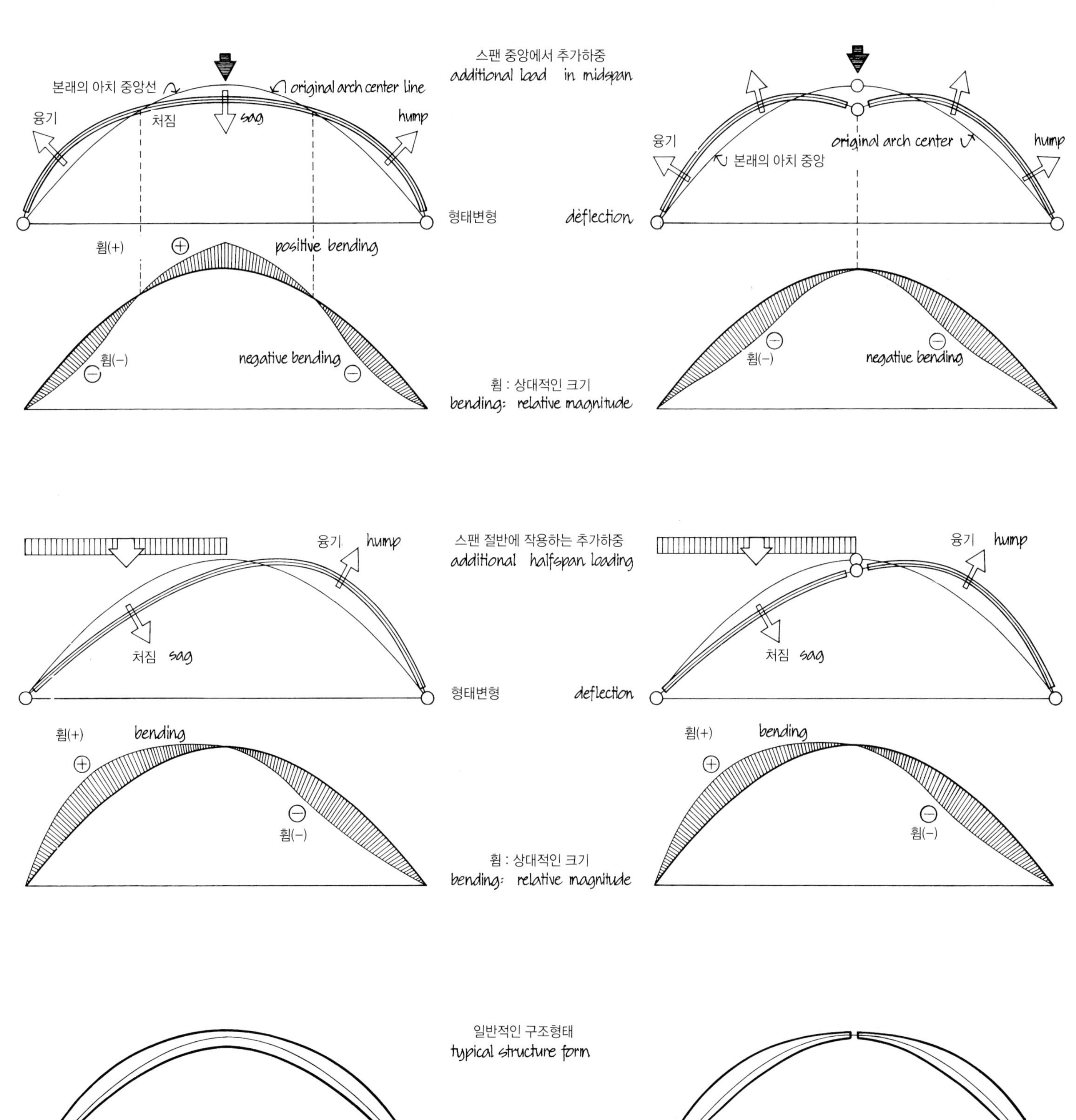

일반적인 구조형태
typical structure form

2 힌지 아치로 된 장스팬 구조 시스템

longspan structure systems with two-hinged arches

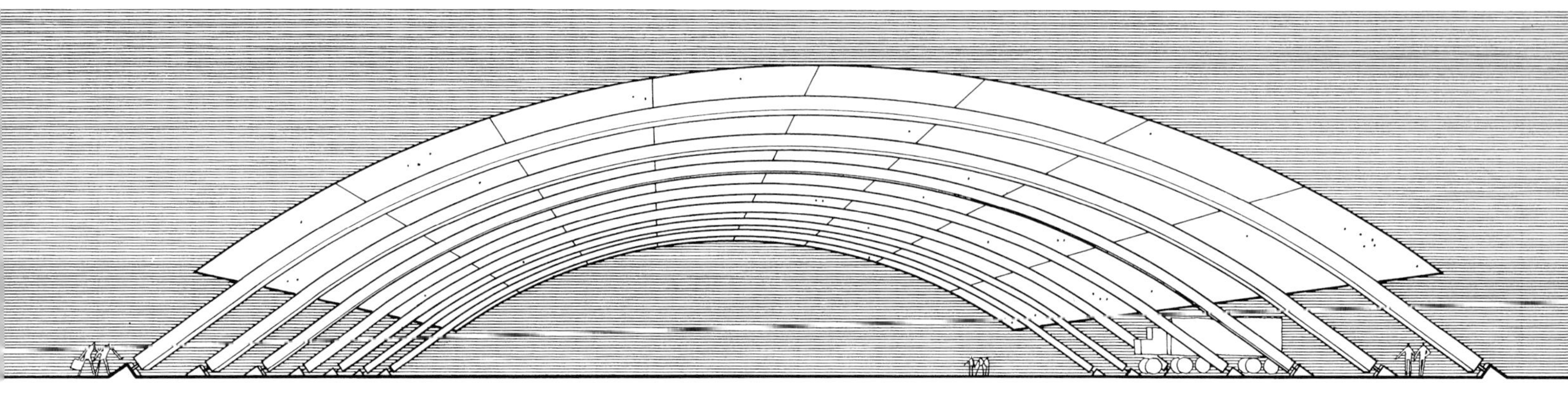

곡선 지붕구조의 기초지지 아치
foundation arches with curved roof structure on top

아치 곡선 : 캐터네리
funicular curve : catenary

아치 높이 = 1/5 스팬
arch rise = 1/5 span

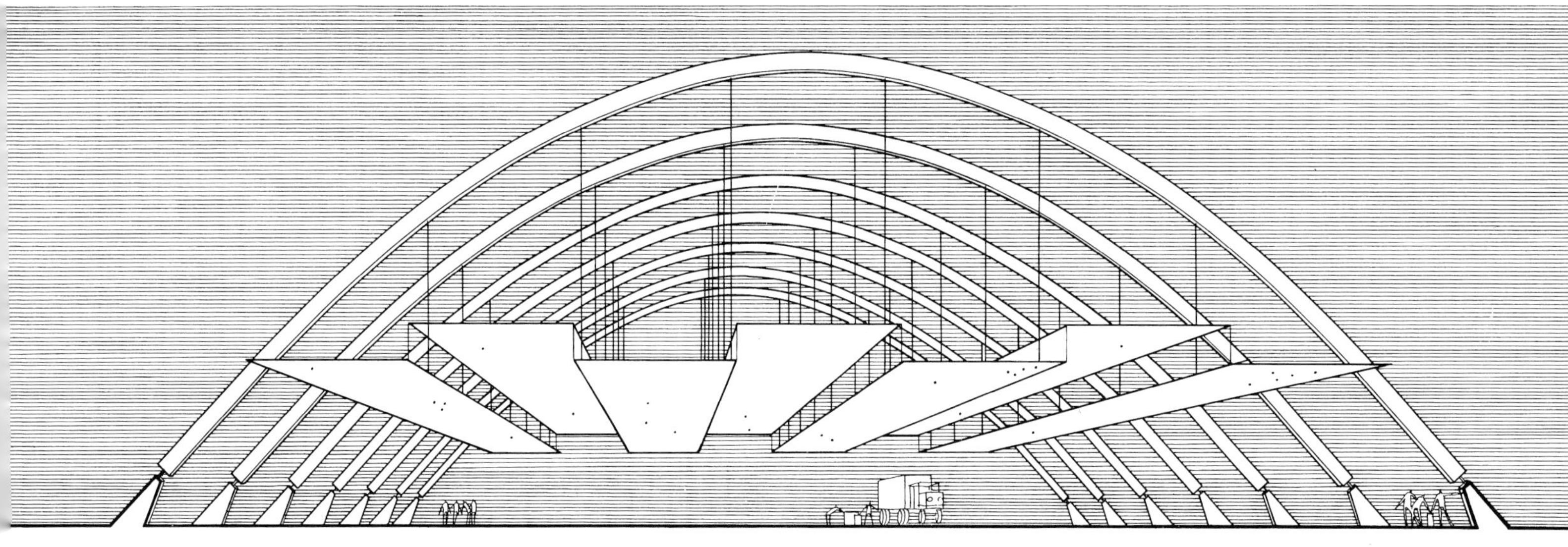

수평 현수지붕구조의 버트리스 지지 아치
buttressed arches with suspended horizontal roof structure

아치 곡선: 포물선형 다각형
funicular curve : parabolic polygon

아치 높이 = 1/3 스팬
arch rise = 1/3 span

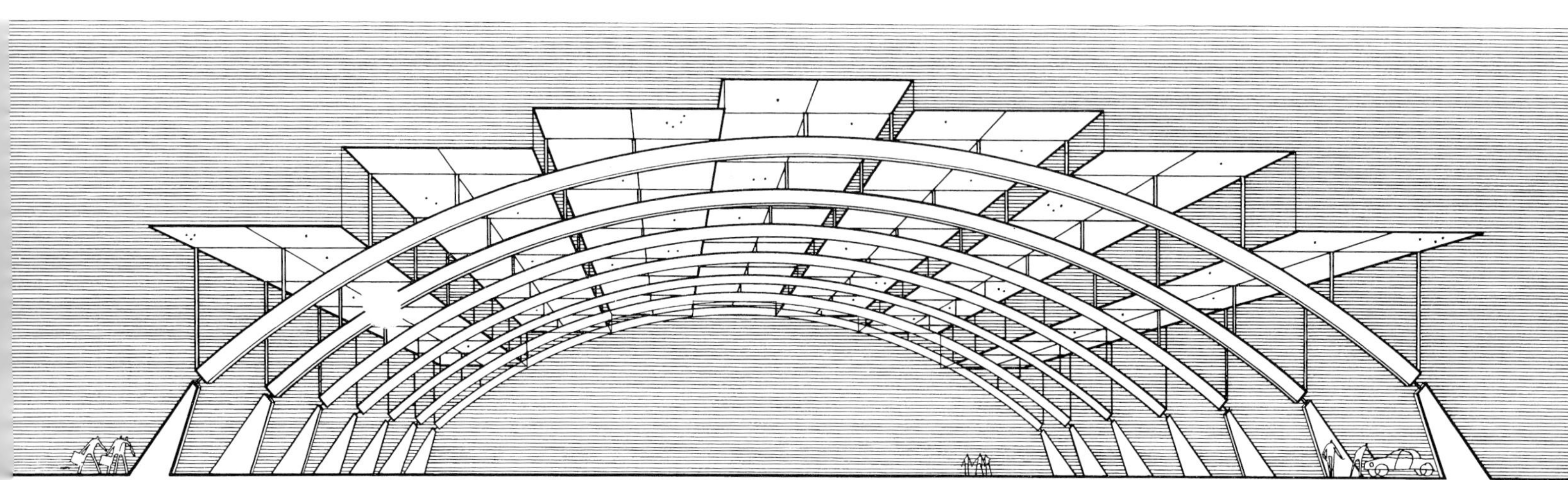

수평 지붕구조로 지지하는 버트리스 지지 아치
buttressed arches supporting horizontal roof structure atop

아치 곡선: 포물선형 다각형
funicular curve : parabolic polygon

아치 높이 = 1/5 스팬
arch rise = 1/5 span

3힌지 아치로 된 장스팬 구조 시스템

longspan structure systems with three-hinged arches

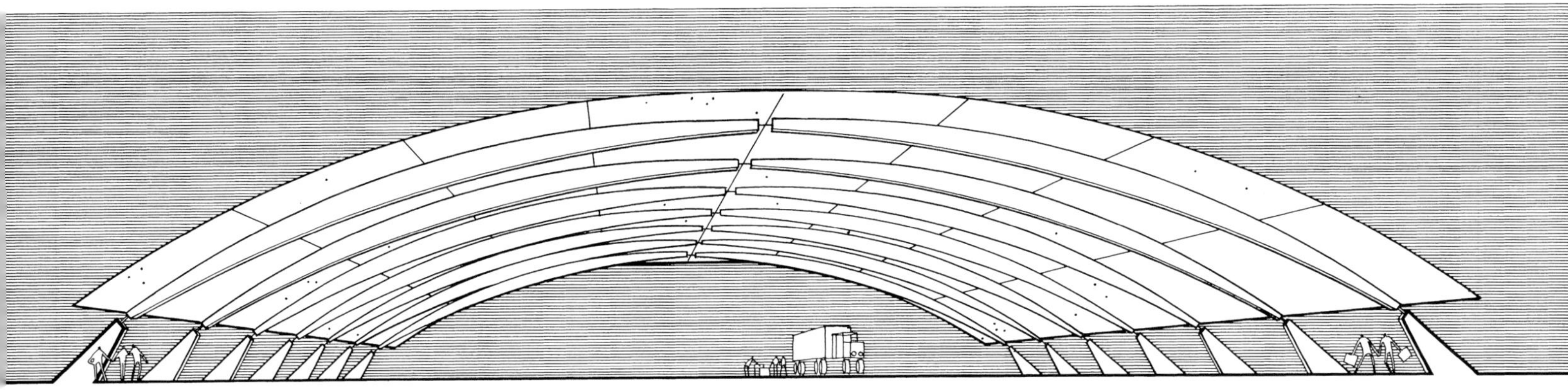

곡선 지붕구조의 버트리스 지지 아치
buttressed arches with curved roof structure atop

아치 곡선: 캐터너리
funicular curve : catenary

아치 높이 = 1/7 스팬
arch rise = 1/7 span

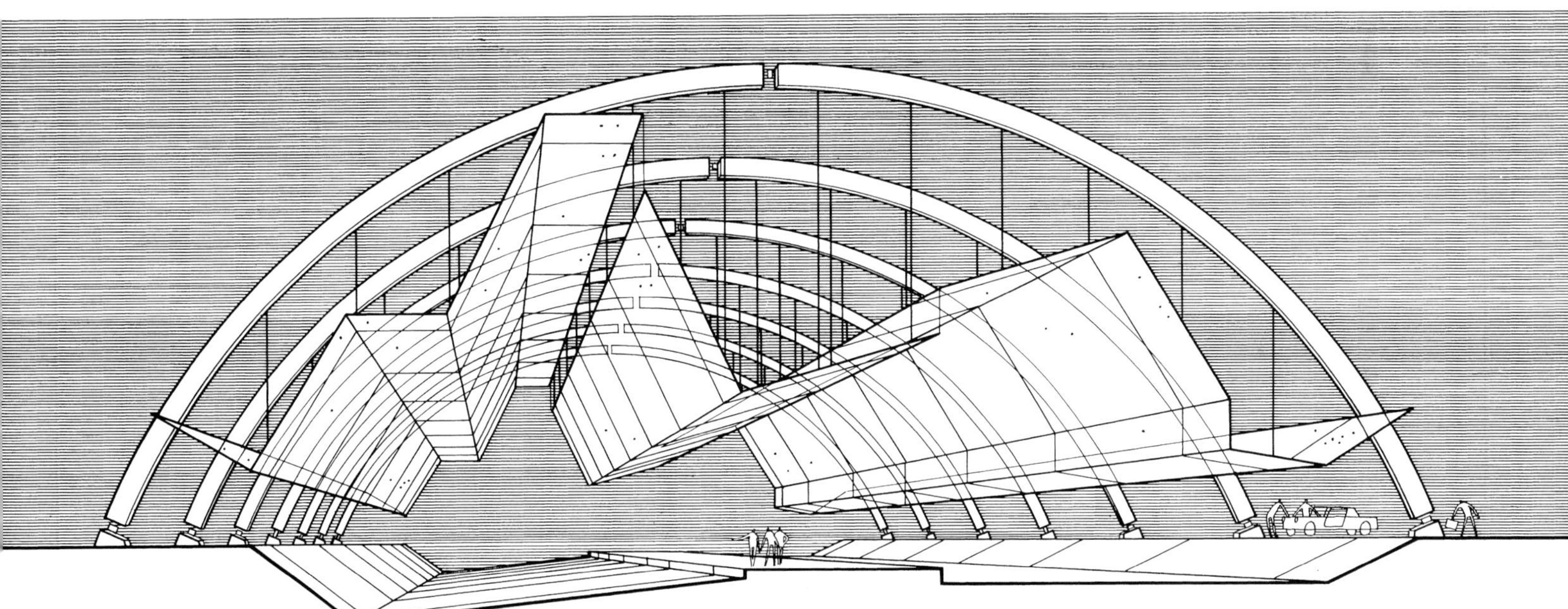

현수된 자유형태 지붕구조의 기초지지 아치
segmental foundation arches with suspended free-form roof structure

아치 곡선: 불규칙형 다각형
funicular curve : irregular polygon

아치 높이 = 1/3 스팬
arch rise = 1/3 span

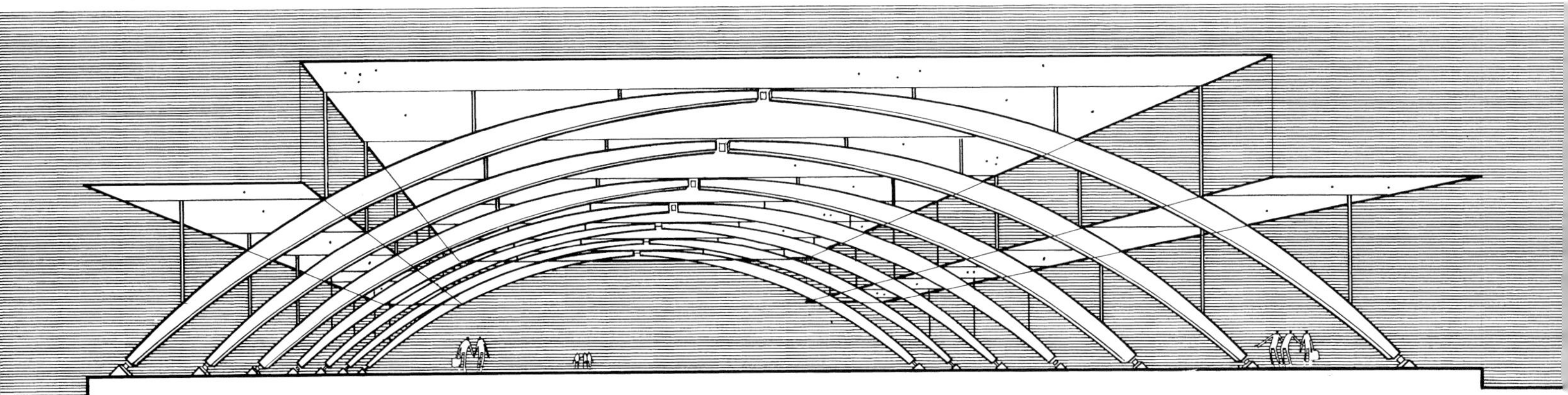

수평 지붕구조의 기초지지 아치
foundation arches supporting horizontal roof structure atop

아치 곡선: 포물선 형태의 다각형
funicular curve : parabolic polygon

아치 높이 = 1/5 스팬
arch rise = 1/5 span

3차원 추력 격자 시스템의 기본원리
역 서스펜션 시스템으로서의 지지 메카니즘과 구조형태

Basics of the 3-dimensional thrust lattice systems
Bearing mechanism and structure form as inverted suspension system

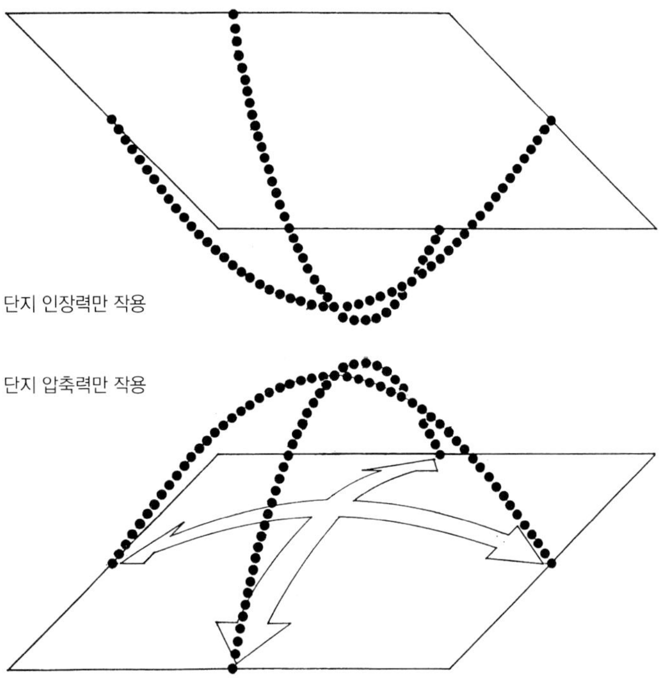

2축에서 2개의 아치선(또는 서스펜션 케이블) 교차를 통한 3차원 하중전달과 공간구성

3- dimensional load transfer and space spanning through crossing two funicular arches (alternately suspension cables) in two axes

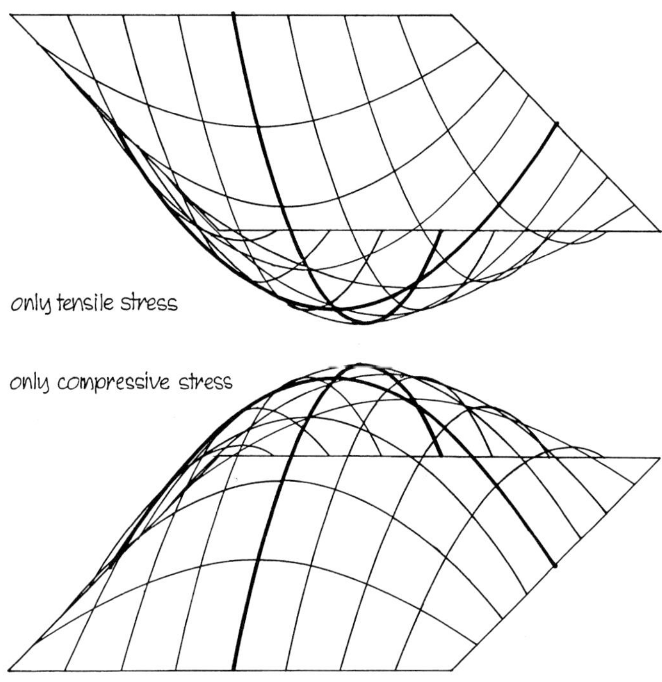

아치 (또는 서스펜션) 선의 평행배열과 교차를 통한 사각형 메쉬 패턴

Formation of a quadrangular mesh pattern through parallel juxtaposition and interpenetration of arch (alternately suspension) lines

서스펜션 네트와 추력 격자의 지지점에서의 힘
Forces at supports of suspension net and thrust lattice

사하중 상태에서 최적 아치 형태는 아치선(추력선) 형태를 띤다. 아치선은 현수선을 뒤집은 모양이다.
추력 격자의 지지대에 작용하는 힘은 서스펜션 네트에 작용하는 힘과 같으며, 아치의 힘과 수평추력은 아치의 높이에 반비례한다.

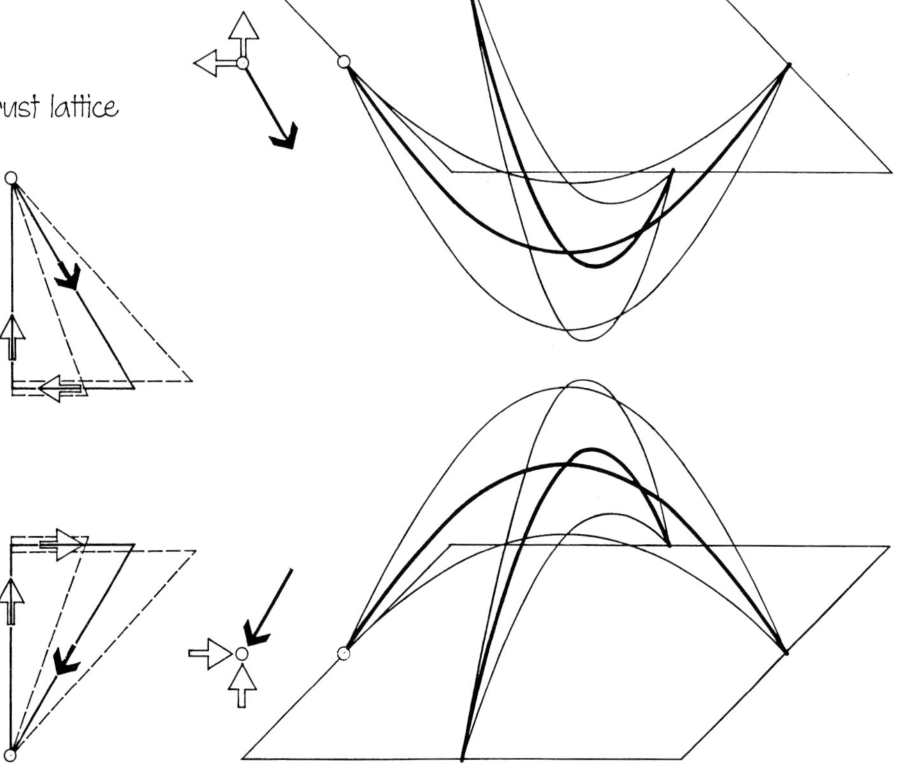

The optimum arch form under dead load is the funicular line (thrust line). The funicular arch is the inverted catenary
The forces acting upon the supports of the thrust lattice match with the like forces in the suspension net, i.e., the arch force and the horizontal thrust are inversely proportional to the arch rise

보올트 추력 격자의 휨응력 / Bending stressing in the vaulted thrust lattice

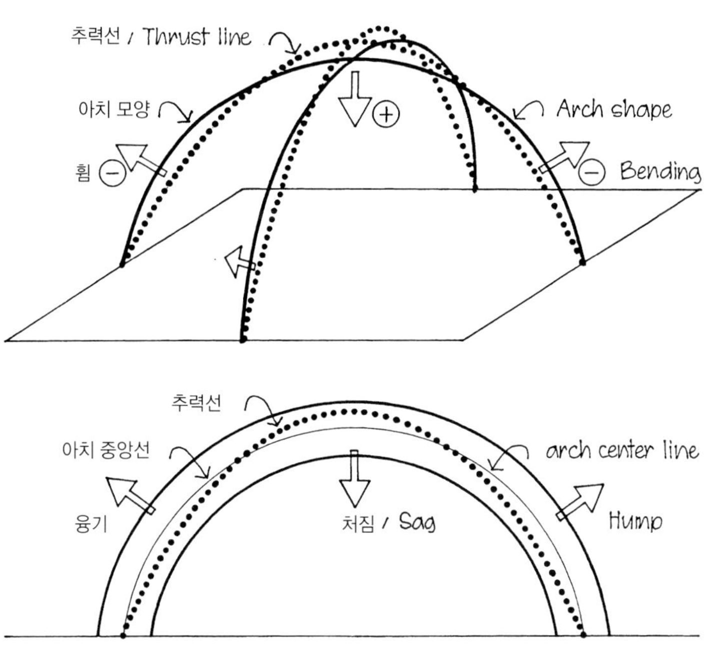

추력선으로부터 아치 중앙선이 벗어나면 축선상 일반응력이, 그리고 아치 단면에 휨 응력이 발생한다.

Deviation of the arch center line from the funicular thrust line produces forces normal to the axis and thus bending stresses in the arch section

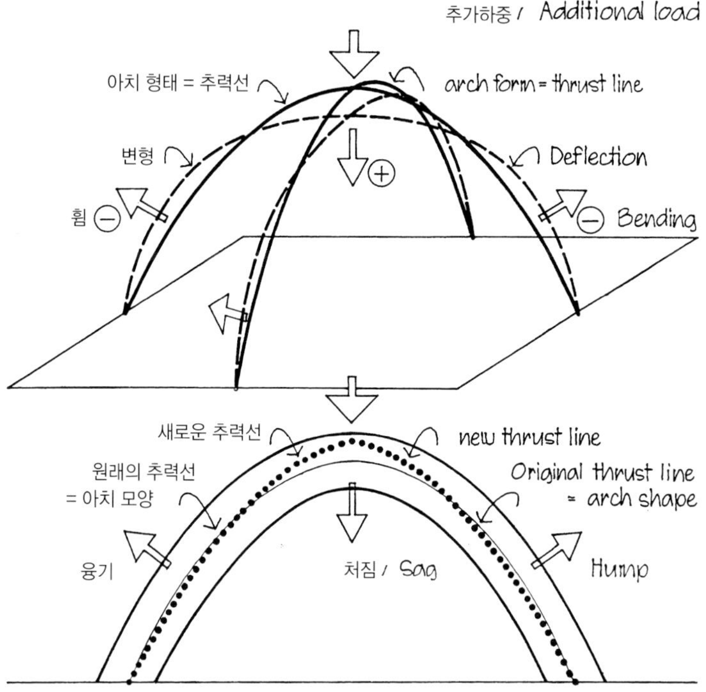

추가하중 상태에서 아치 형태는 새로운 하중조건과 더 이상 일치하지 않는다. 아치에 휨이 발생한다.

Under additional loading the funicular arch form no longer matches with the new load condition resulting in bending of the arch section

추가하중 상태에서 추력 격자의 저항 메카니즘 / Resistance mechanics of thrust lattice under additional loading

집중하중 상태에서 평행시스템과 격자 시스템의 차이

Difference between parallel system and lattice system under point loading

평행 시스템

additional loading
추가하중

휨 Bending

평행 시스템

그리드 시스템

additional loading
추가하중

상호교차와 강접으로 인해 하중이 가해지지 않은 아치도 변형 저항 메카니즘에 포함된다.

Due to crosswise interpenetration and rigid connection, also the arches without loading are drawn into the resistance mechanics against deformations

추가하중 상태에서 추력 격자의 전체 시스템의 저항

Resistance of total system in the thrust lattice under additional loading

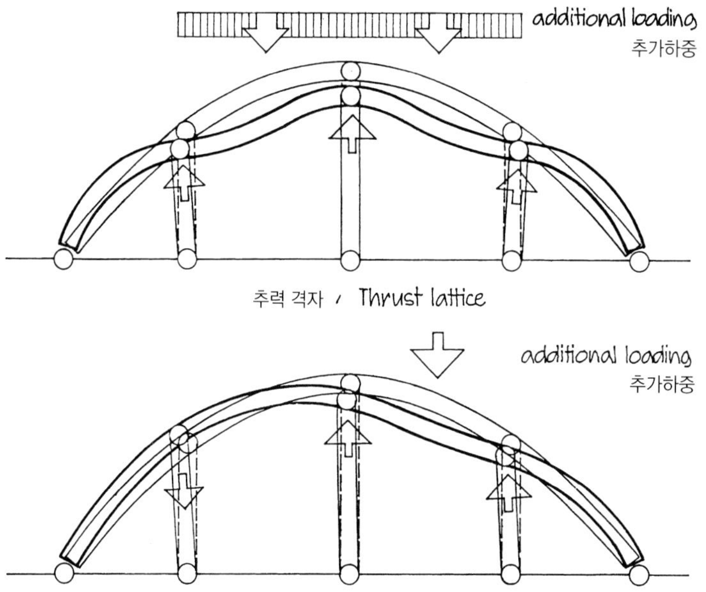

아치 축의 휨, 아치 단면의 비틀림, 교차각(그물각)의 비틀림으로 인해 저항 메카니즘이 생긴다.

The resistance mechanics results from : Bending of arch axis, torsion of arch cross section, wrenching of intersection angles (mesh angles)

서스펜션면과 추력면의 형태변형

Form developments of suspension surfaces and thrust surfaces

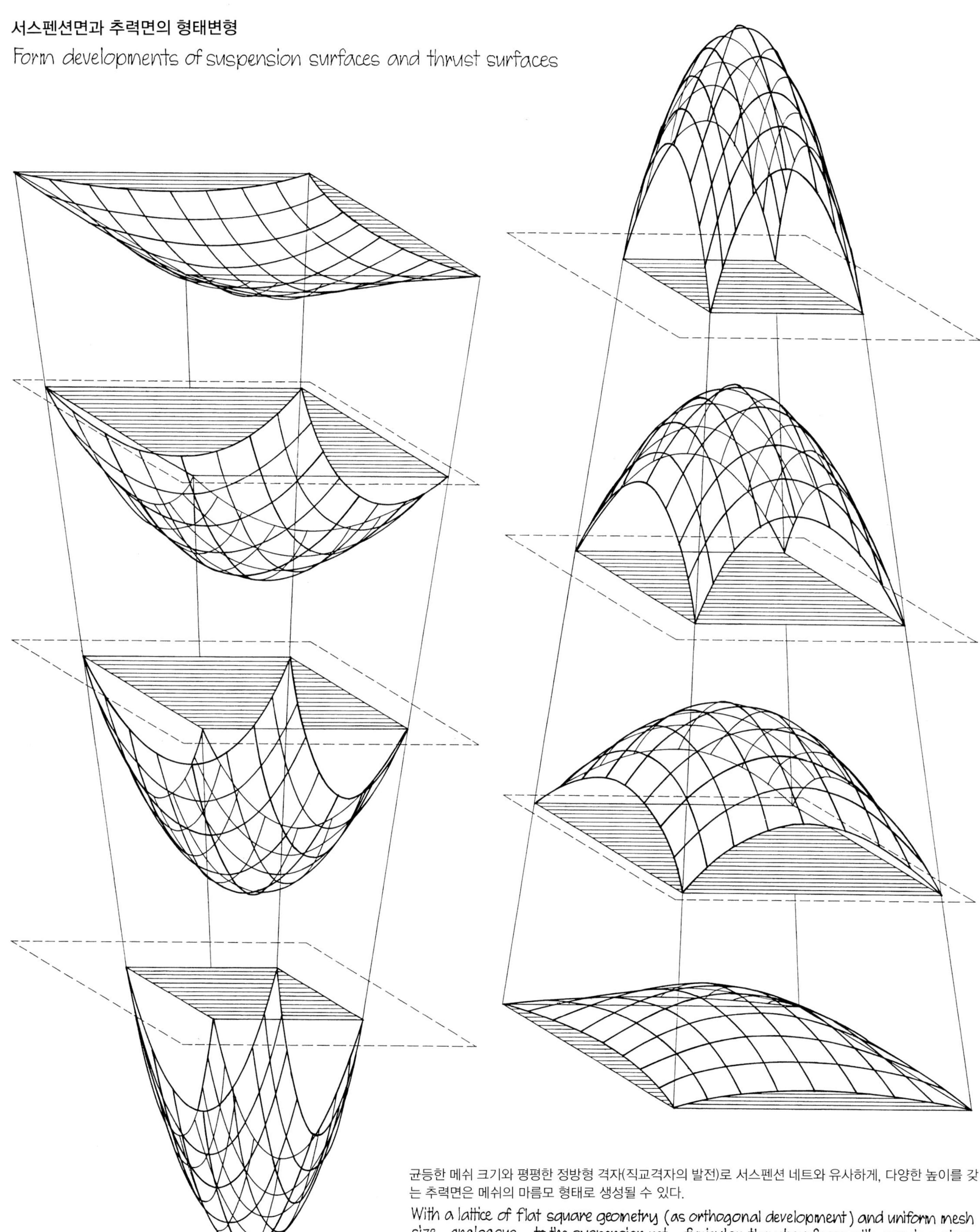

균등한 메쉬 크기와 평평한 정방형 격자(직교격자의 발전)로 서스펜션 네트와 유사하게, 다양한 높이를 갖는 추력면은 메쉬의 마름모 형태로 생성될 수 있다.

With a lattice of flat square geometry (as orthogonal development) and uniform mesh size, analogous to the suspension net, funicular thrust surfaces with varying rises can be generated by modifying the rhomb shape of the mesh

추력 격자 : 정의 및 특징

Funicular thrust lattice: Definition and characteristics

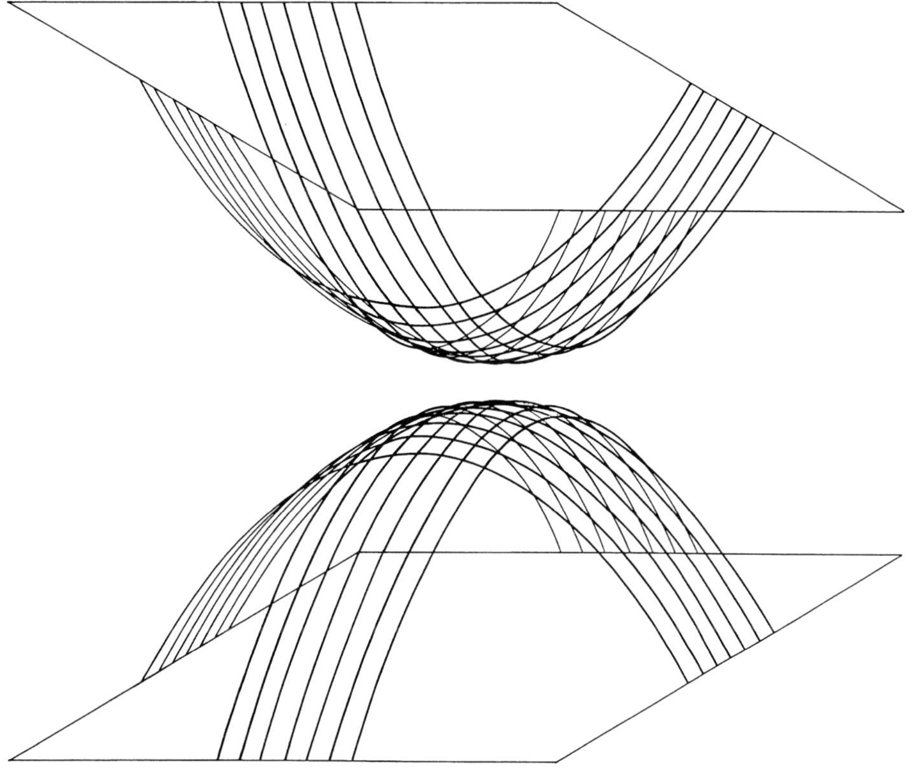

정의 /  Definition

추력 격자는 연속선재로 된 이중곡면 메쉬 구조로, 하중은 추력 메카니즘을 통해 2차원적으로 전달된다.

The funicular thrust lattice is a doubly curved planar mesh structure with continuous lineal members, in which the loads are transmitted into two dimensions through thrust mechanics

특징 / Characteristics

두 다발의 아치

구조 시스템은 상호교차하는 아치 두 다발로 만들어진다. 독립적 아치처럼, 선재들은 2차 하중에 대한 휨 저항을 갖고 있어야 한다.

균일한 메쉬 크기

아치선이 상호교차할 때 그물의 면 길이가 전부 동일해야 한다 (=매듭 간격이 아치선에 걸쳐 전부 동일함).

고정된, 다양한 메쉬 각도

전체 구조모양은 아치의 곡률 뿐만 아니라 개별적으로 메쉬 각도가 형성된다. 그러므로, 구조의 형태를 유지하기 위해서는 반드시 메쉬 각도를 고정해야 한다.

역 서스펜션 모양

추력 격자의 최적 모양은 균일한 메쉬의 역 서스펜션 시스템으로 발전시킬 수 있다.

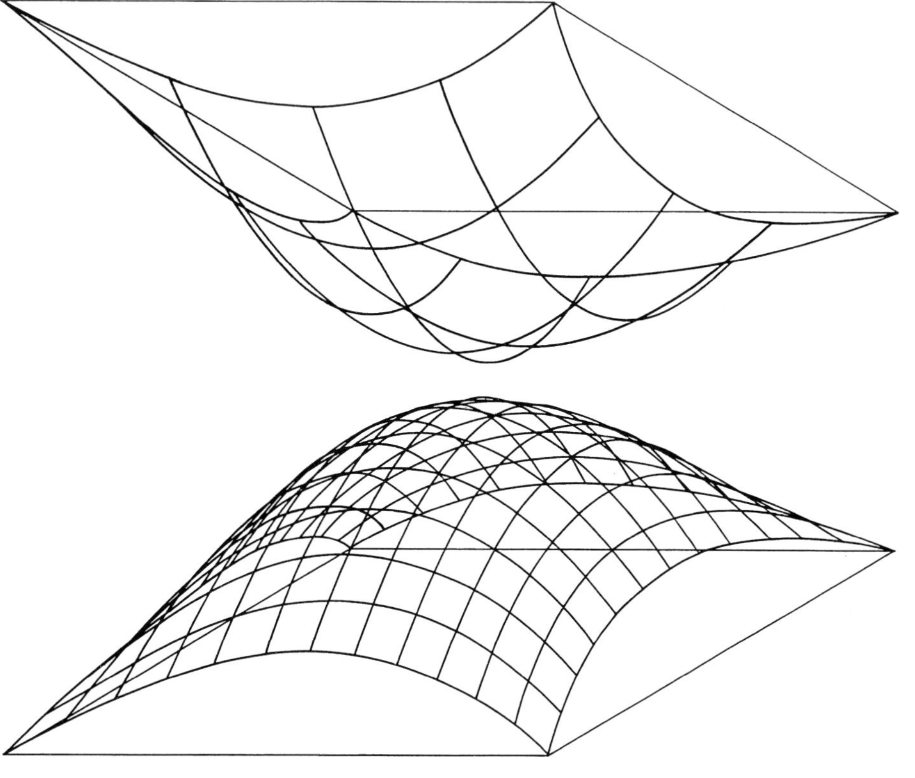

Characteristics

Two sheaves of funicular arches

The structure system is formed by two sheaves of funicular arch lines interpenetrating each other. The lineal members, as with the independant funicular arch, must be bending-resistant against secondary loads

Equal mesh size

The interpenetration of arch lines must be in such a way that meshes with equal side length (= equal knot distances in all arch lines) will result

Differing mesh angles, fixed

The overall shape of the structure is determined not only by the arch curvatures, but also by the individual mesh angles. Thus, for maintaining the structure form, the fixing of mesh angles is prerequisite

Inverted suspension shape

The optinum shape for the thrust lattice can be developed empirically by inverting the analogous suspension system with uniform meshes

균일 메쉬 격자의 기하학

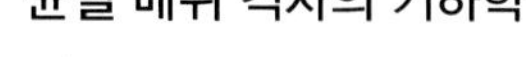

Geometry of the lattice with uniform meshes

등변 격자그물은 보올트 격자 기하학의 기본요소이다.(이론적으로) 유연한 매듭은 모든 형태의 격자표면을 가능하게 한다.

The equilateral lattice mesh is the basic element of the vaulted lattice geometry. The (theoretically) flexible knots allow for lattice surfaces of any shape

그물 각도를 통한 형태 변경 / Form manipulation through mesh angle

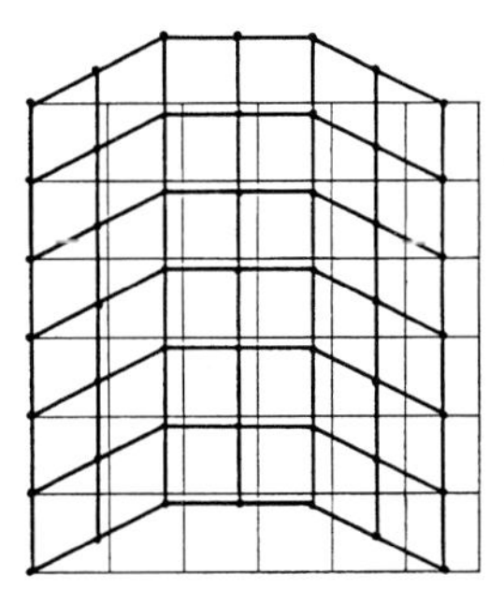

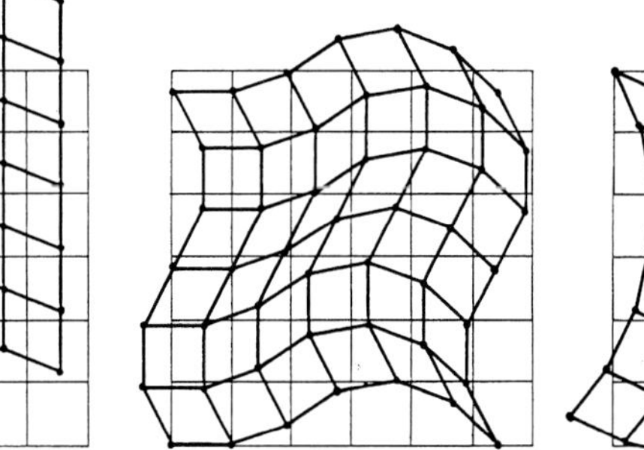

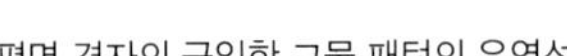

평면 격자의 균일한 그물 패턴의 유연성

Flexibility of the uniform mesh pattern in the plane lattice

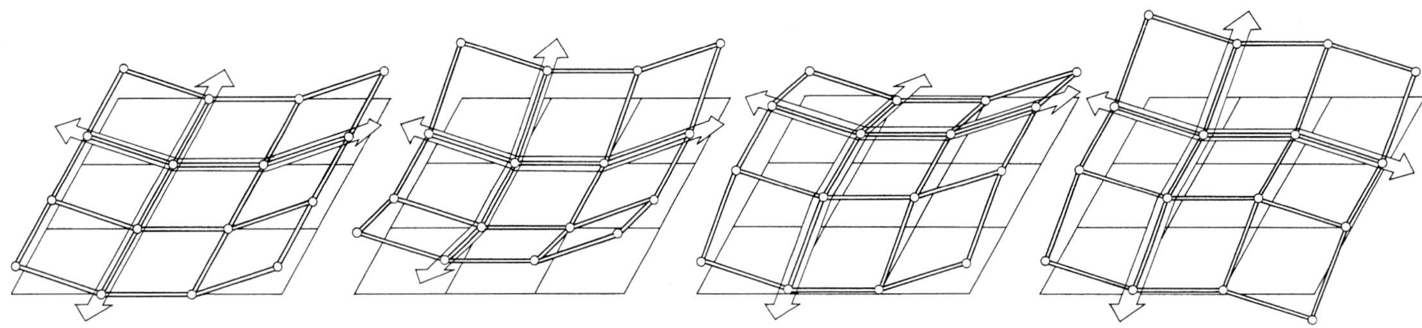

균일한 그물 격자의 공간적인 유연성

3-dimensional flexibility of the uniform mesh lattice

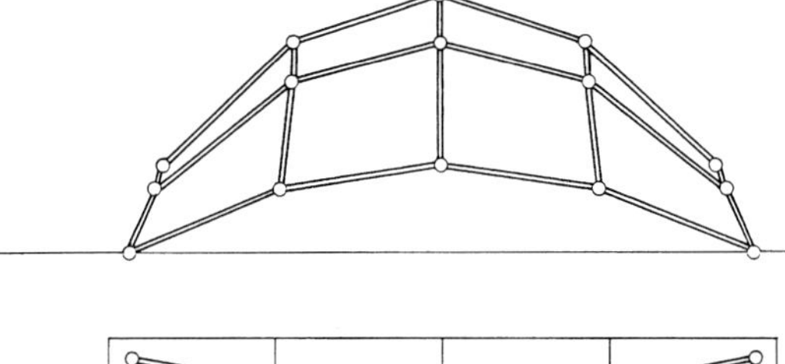

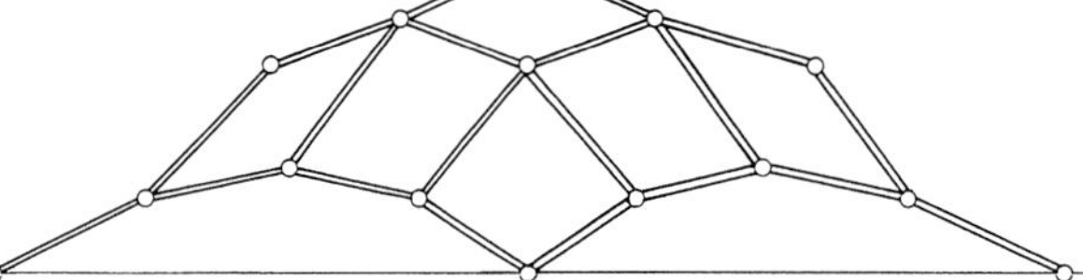

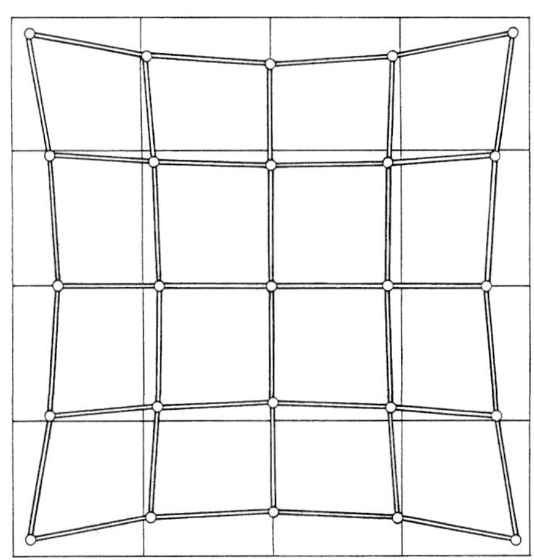

정방형 추력 격자의 메쉬 매듭의 이동

Dislocation of the mesh knots in the square thrust lattice

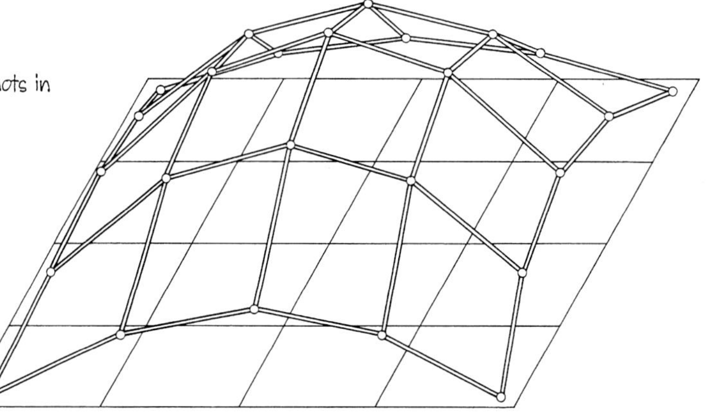

추력 격자에서 경계아치의 이중곡률 = 서스펜션 네트로부터 유도

Double curving of boundary arch in thrust lattice: Derivation from suspension net

두 개의 상반된, 단일 서스펜션 가장자리 케이블이 하중 케이블과 맞물리면, 케이블 힘이 작용하는 방향을 따른다.
하중이 걸렸을 때 각도가 감소함에 따라 하중 케이블 평면에 곡률이 생긴다.
마찬가지로, 단부에 현수된 가장자리 케이블은 하중 케이블의 투영면에서 휘어진다.

Two opposite, singly suspended edge cables, when interlocked with load cables, will follow the direction of acting cable forces

According to the decreasing angle of load onset a curving in the plane of load cables will develop

Analogously, an end-suspended edge cable will also be curved in projection of load cables

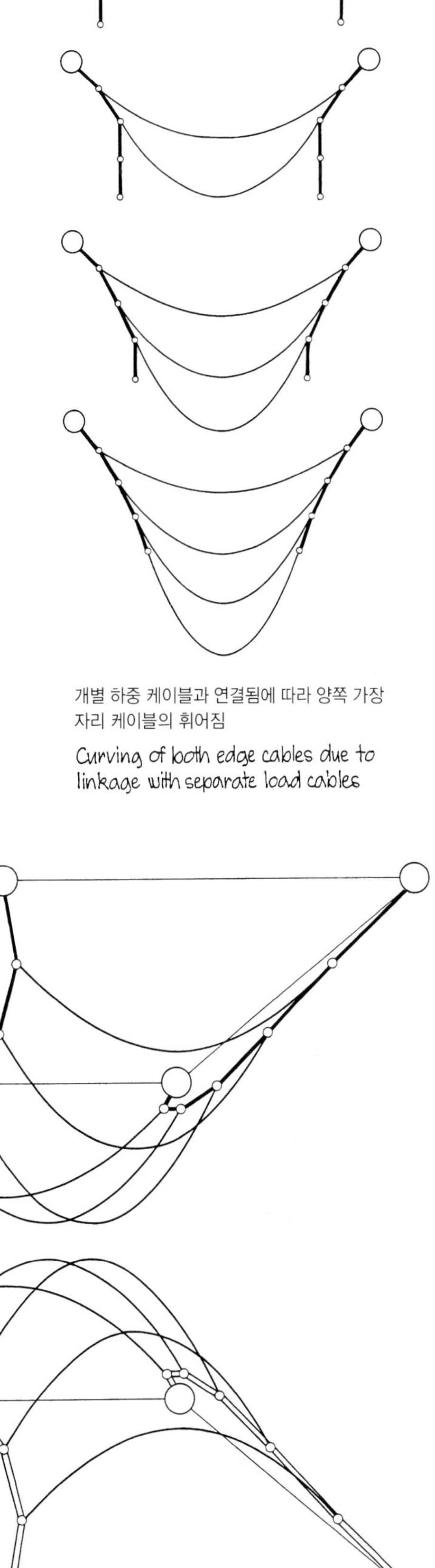

개별 하중 케이블과 연결됨에 따라 양쪽 가장자리 케이블의 휘어짐

Curving of both edge cables due to linkage with separate load cables

서스펜션 네트에서 가장자리 케이블의 형태를 결정하는 원리는 역으로 추력 격자에서 경계 아치의 설계와 동일하다.

The principles conditioning the form of the edge cable in the hanging net, inversely, govern the design of the boundary arch in the thrust lattice

변하는 하중 전달에서 추력면의 기하학

Geometry of thrust surface with altered load transfer

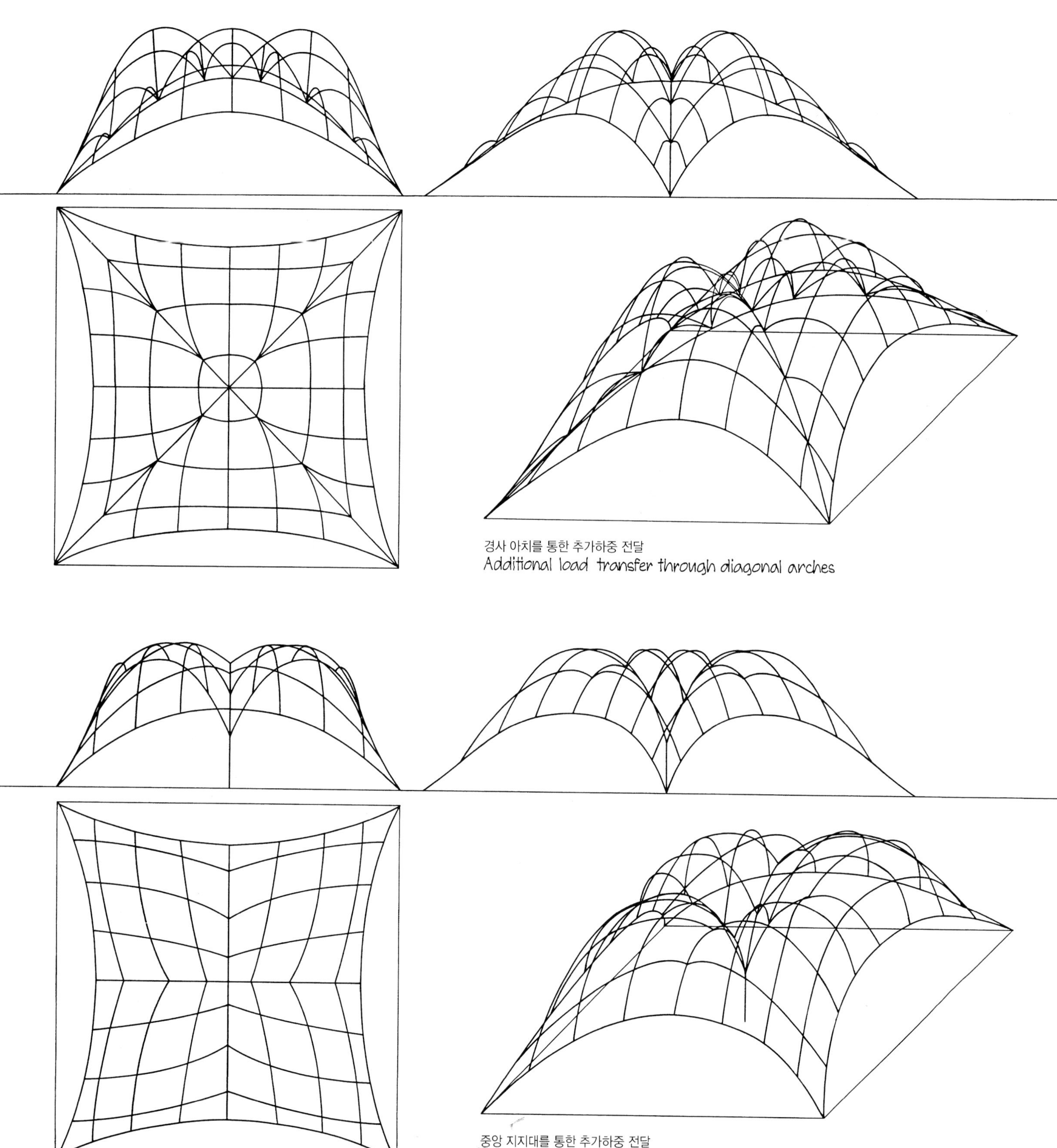

경사 아치를 통한 추가하중 전달
Additional load transfer through diagonal arches

중앙 지지대를 통한 추가하중 전달
Additional load transfer through center support

면 결속으로 나뉜 절단 가장자리의
폐쇄된 추력 격자 시스템

Thrust lattice systems with level-cut edge definition
articulated through surface indentation

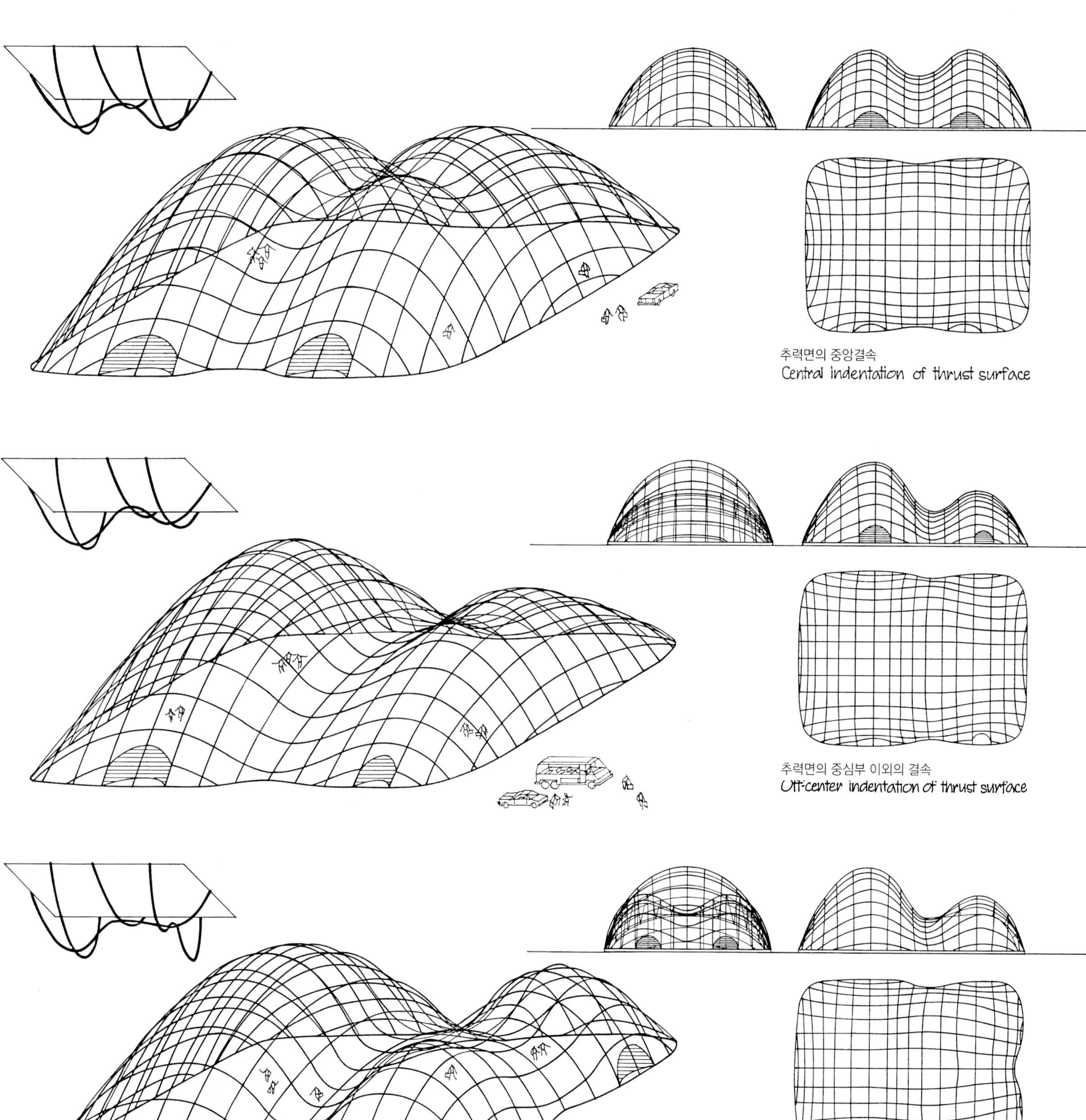

추력면의 중앙결속
Central indentation of thrust surface

추력면의 중심부 이외의 결속
Off-center indentation of thrust surface

추력면의 T-형 결속
T-shaped indentation of thrust surface

가장자리 폐쇄와 분할로서 메쉬 아치로 된 추력 격자 시스템

Thrust lattice systems with mesh arch as edge definition and as lattice subdivision

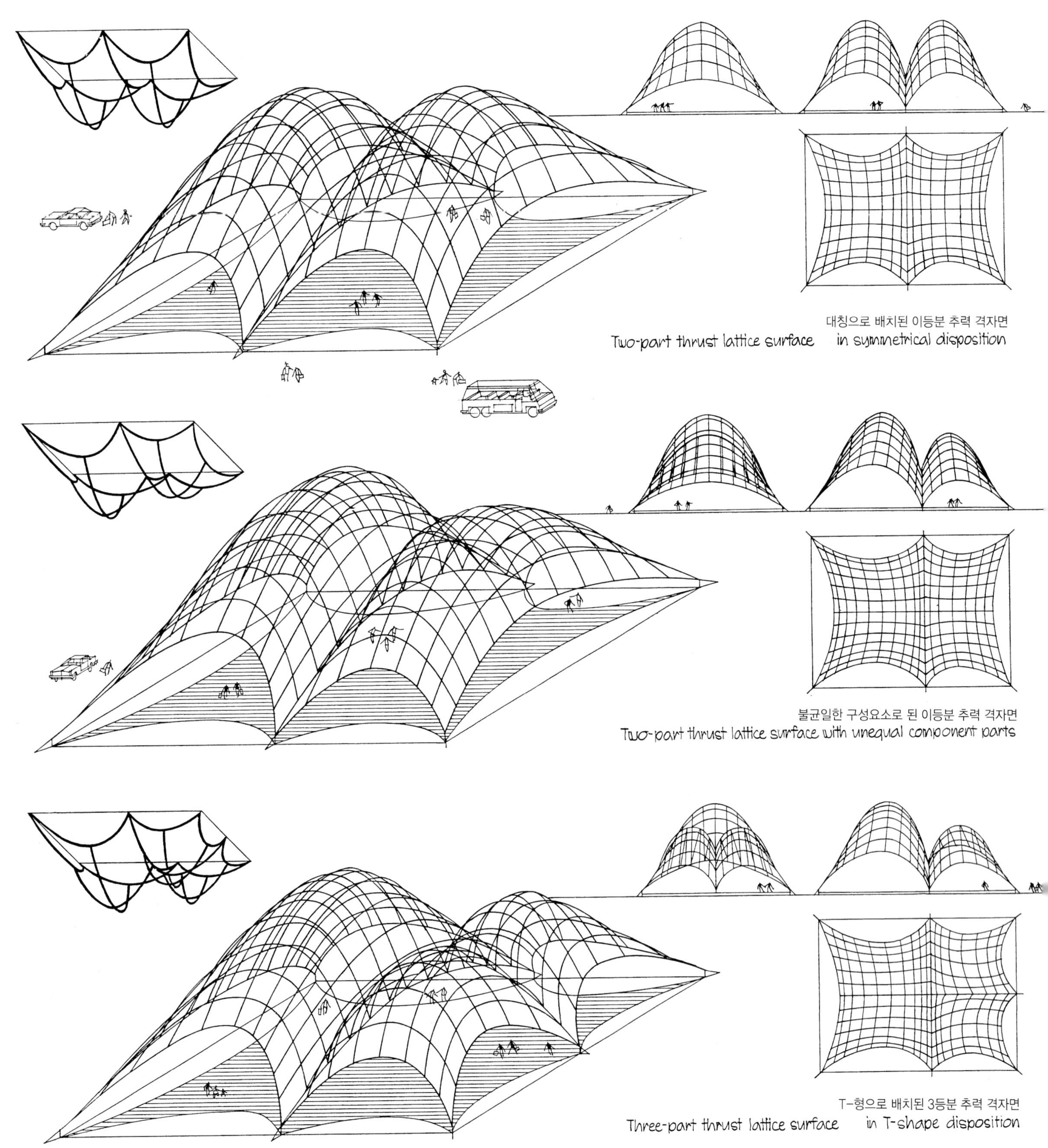

대칭으로 배치된 이등분 추력 격자면
Two-part thrust lattice surface in symmetrical disposition

불균일한 구성요소로 된 이등분 추력 격자면
Two-part thrust lattice surface with unequal component parts

T-형으로 배치된 3등분 추력 격자면
Three-part thrust lattice surface in T-shape disposition

자유형태의 평면도 설계를 위한 추력 격자

Thrust lattice for free-form design of floor plan

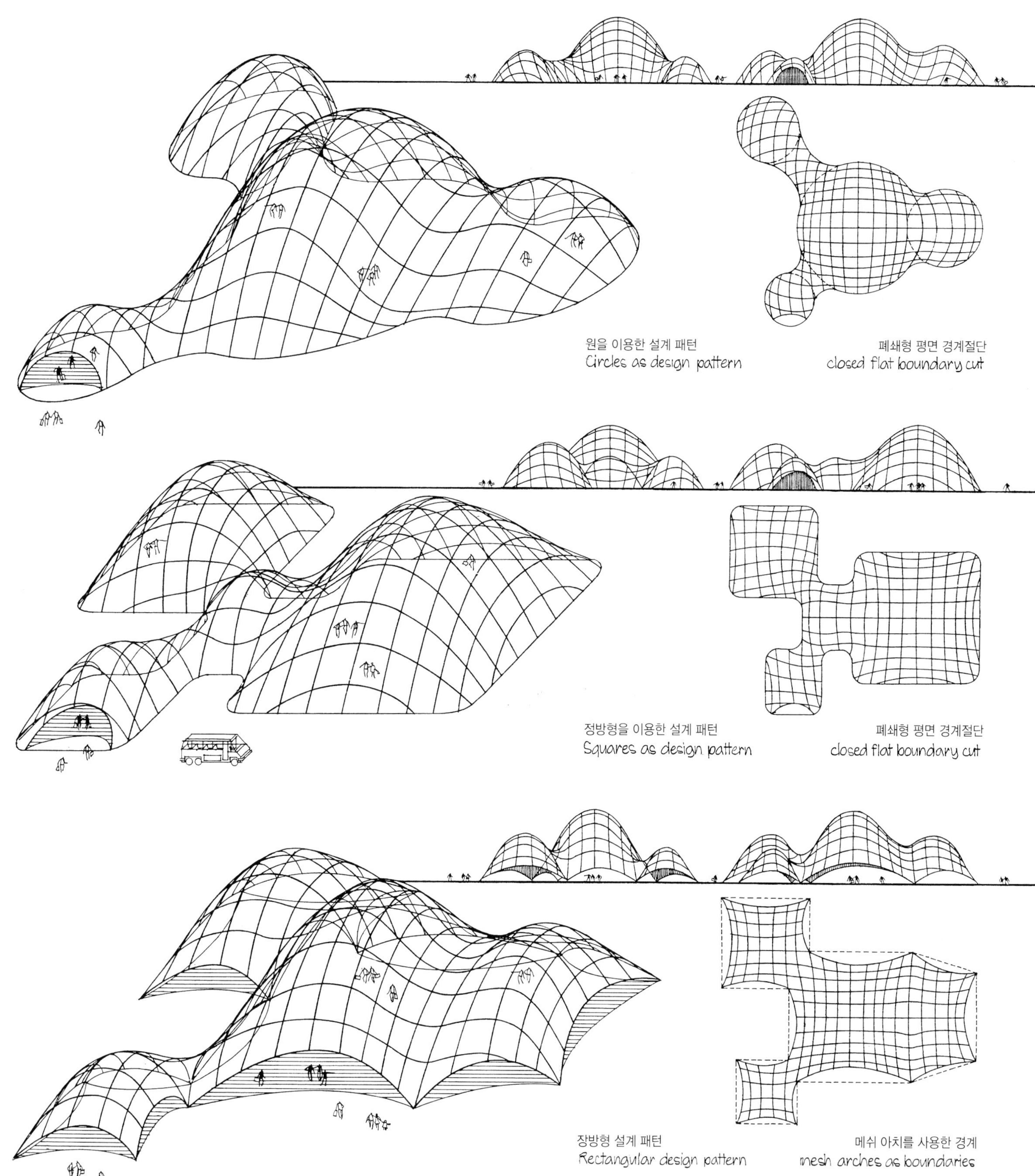

원을 이용한 설계 패턴
Circles as design pattern

폐쇄형 평면 경계절단
closed flat boundary cut

정방형을 이용한 설계 패턴
Squares as design pattern

폐쇄형 평면 경계절단
closed flat boundary cut

장방형 설계 패턴
Rectangular design pattern

메쉬 아치를 사용한 경계
mesh arches as boundaries

웹 부재들의 응력에 대한 건축물 높이의 영향

influence of construction height on stresses in web members

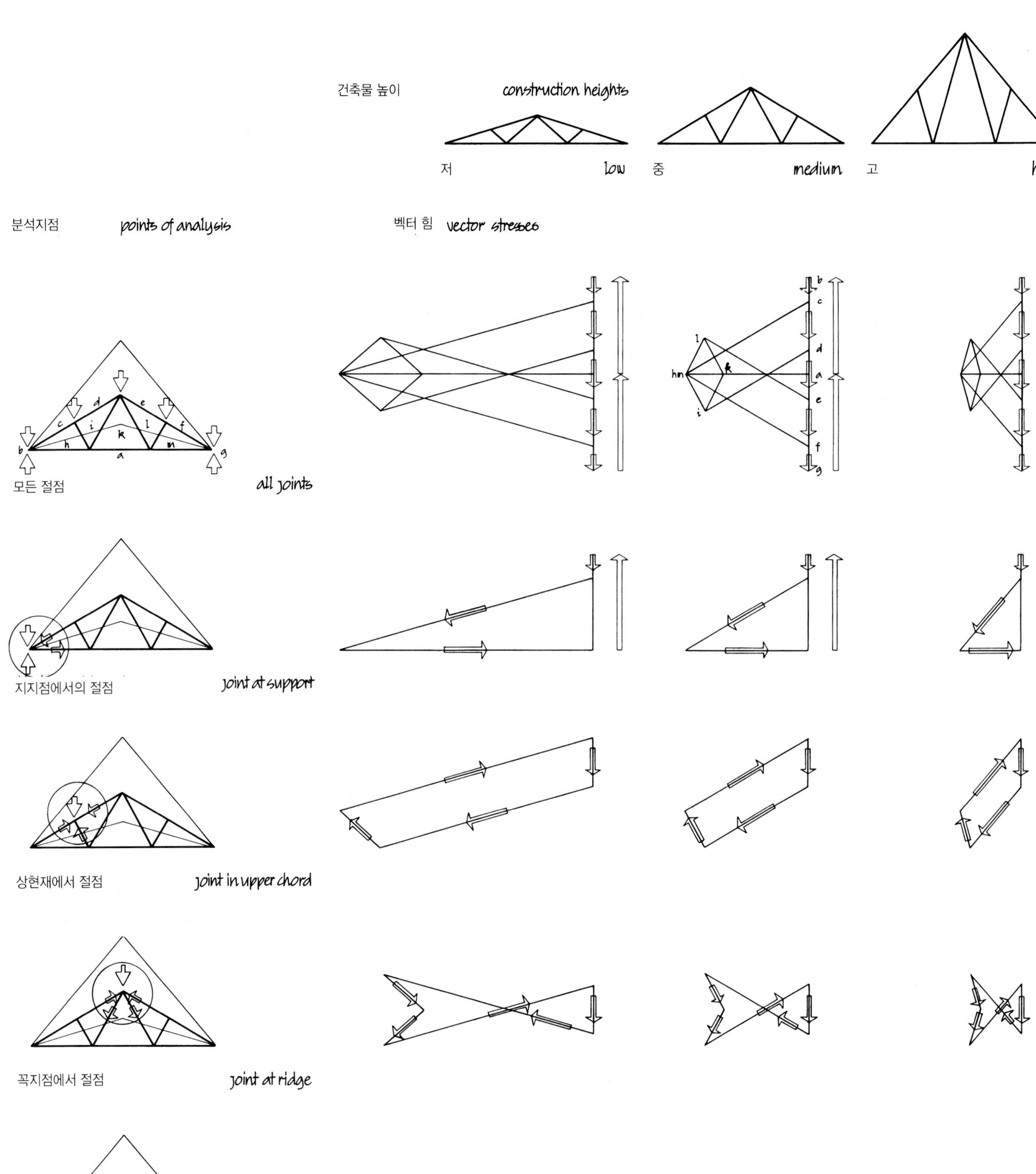

응력분배에 대한 패널 분할의 영향
influence of panel division on stress distribution

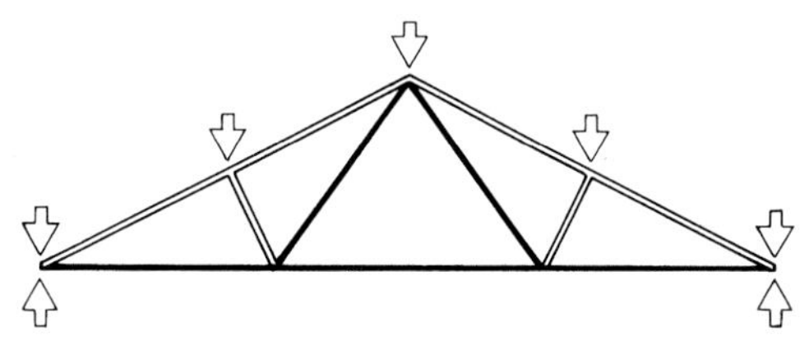

4 패널 설계
design with 4 panels

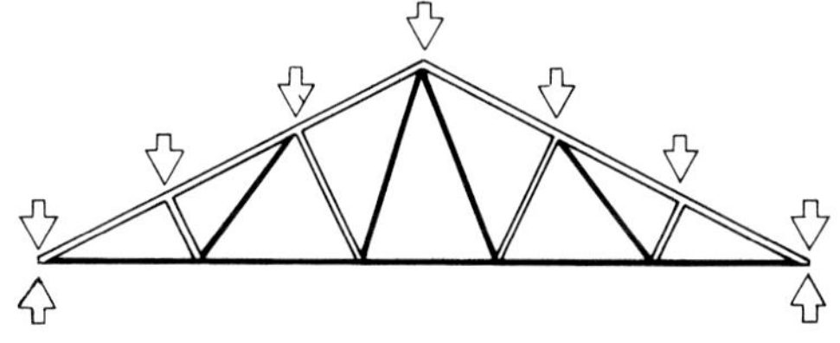

6 패널 설계
design with 6 panels

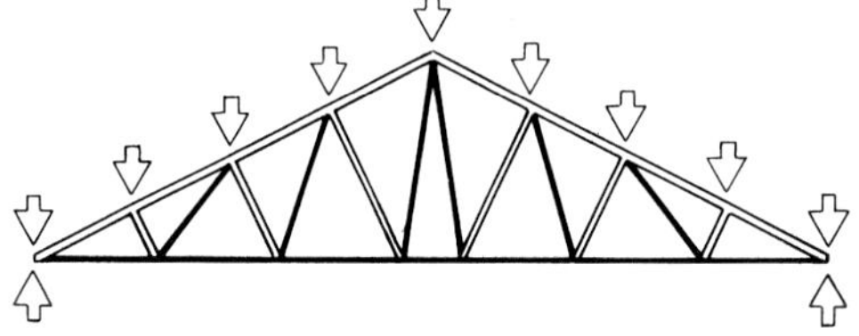

8 패널 설계
design with 8 panels

부재응력 크기의 비교
comparative stress magnitudes of members

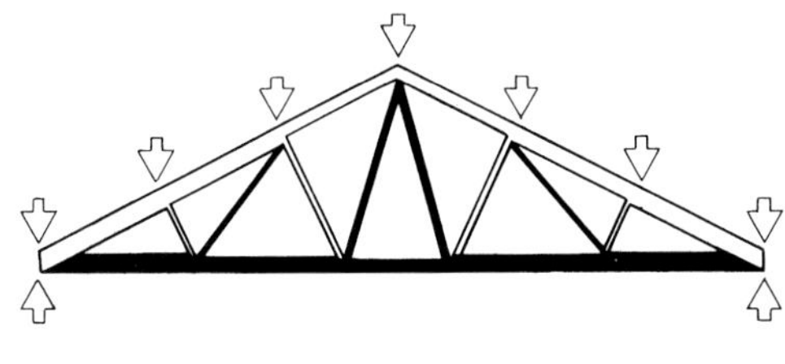

벨기에식 트러스
Belgian truss

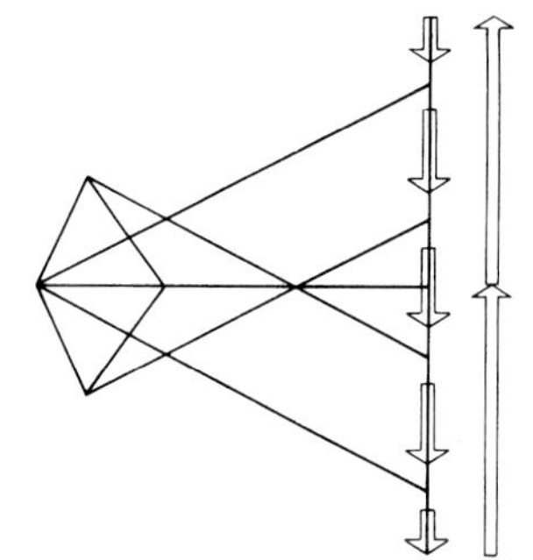

4패널 *4 panels*

불리한 좌굴길이를 갖고 상현재에 주응력(압축력)이 작용

main stressing (compression) in upper chord members with critical buckling lengths

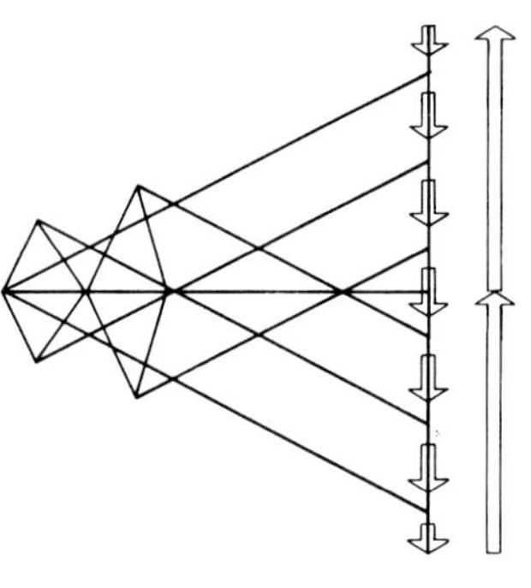

6패널 *6 panels*

상현재의 좌굴길이가 상당히 감소, 경사재의 응력이 감소

considerable reduction of buckling length in the upper chord. definite decrease of stresses in diagonal members

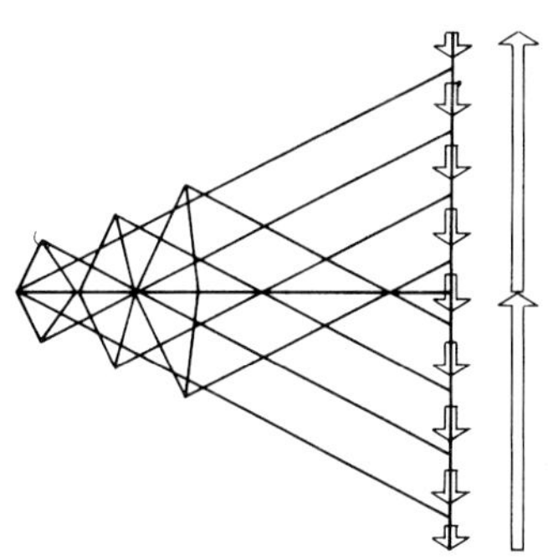

8패널 *8 panels*

상현재 좌굴길이가 미비한 감소, 경사재에 응력 감소가 적음

minor reduction of buckling length of upper chord members. no sizeable decrease of stresses in diagonal members

절점에서 응력분배에 대한 웹부재 설계의 영향
influence of web design on stress distribution at joints

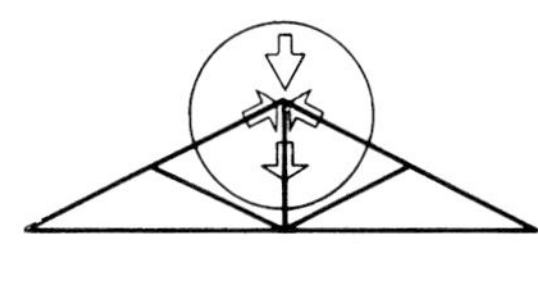

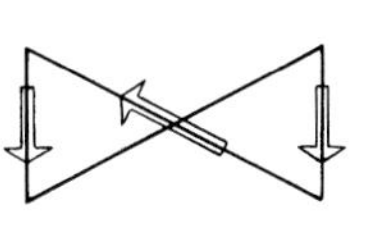

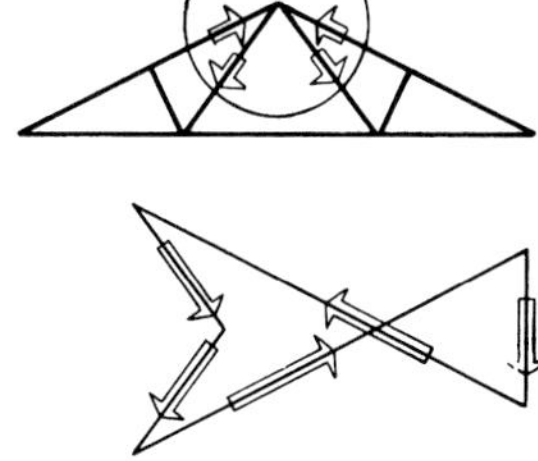

추가적인 웹 부재에도 불구하고 상부절점에서의 응력은 웹 부재들의 비효율적인 각도로 인해 증가할 것이다.

inspite of an additional web member the stresses at the ridge joint will increase because of the less effective angle of web members

트러스의 등분포하중
uniform loading of truss

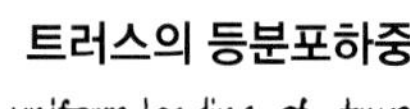

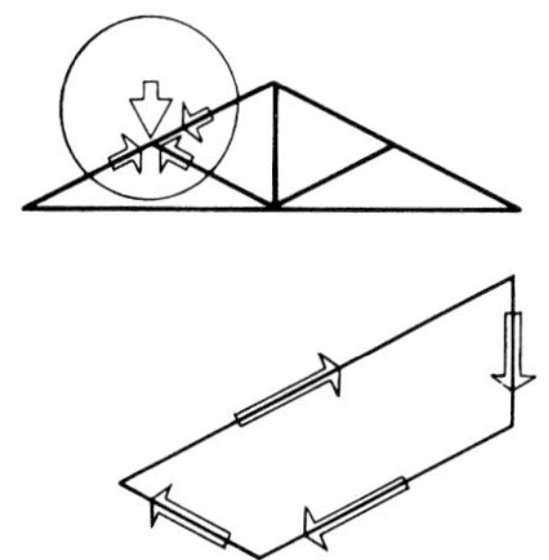

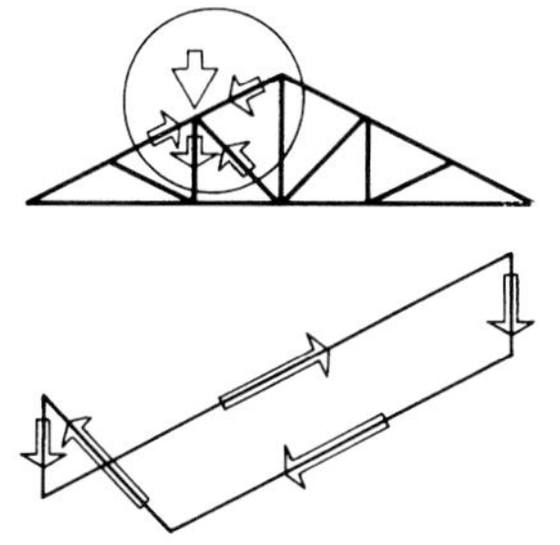

패널의 증가에도 불구하고 웹 부재들이 서로 다른 각도를 이루기 때문에 절점에서 부재에 걸리는 응력은 줄어들지 않을 것이다.

inspite of increase of panels the stresses in the members at the joint will hardly decrease because of the different angle of web members

상 · 하현재와 웹 부재에서 응력분배에 대한 트러스 형태의 영향

Influence of truss profile upon stress distribution in the chords and web members

현수선과 마찬가지로, 아치선은 균일한 구조재료내에서 지지점에 가해지는 압력의 자연적인 (중력에 의해 결정된) 경로를 나타낸다. 트러스의 윤곽과 비교하면 트러스 내의 응력 분배에 관하여 몇 가지 결론을 내릴 수 있다.
구조재가 아치선으로부터 멀어질수록 힘의 방향전환 능력과 경제성이 감소한다는 것이 일반적인 원리이다.

Analogously to the catenary, the funicular thrust line delineates the natural (i.e. determined by gravity) path of compressive forces to the supports within homogeneous structural fabric. From comparing it with the truss profile conclusions can be drawn regarding the stress distribution within the truss
The general rule is: The farther the distance of structural fabric from the funicular line, the lower the efficiency of force redirection and the economy

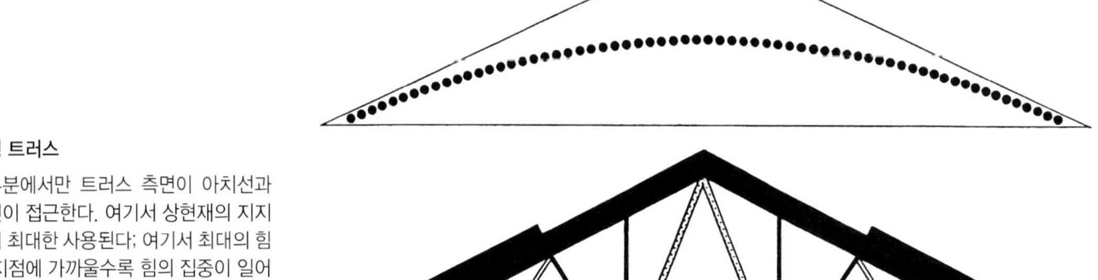

삼각형 트러스

지지부분에서만 트러스 측면이 아치선과 추력선이 접근한다. 여기서 상현재의 지지능력이 최대한 사용된다; 여기서 최대의 힘은 지지점에 가까울수록 힘의 집중이 일어날 것이다.

Double pitched truss

Only toward the supports, the truss profile approaches the funicular thrust line. Here, the capacity of the chords is fully utilized; here, maximum forces will develop:
Critical concentration of forces toward the supports

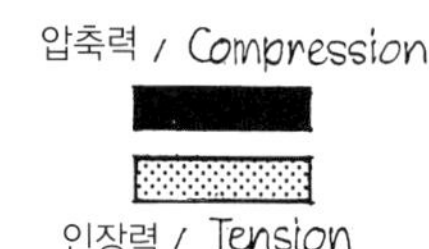

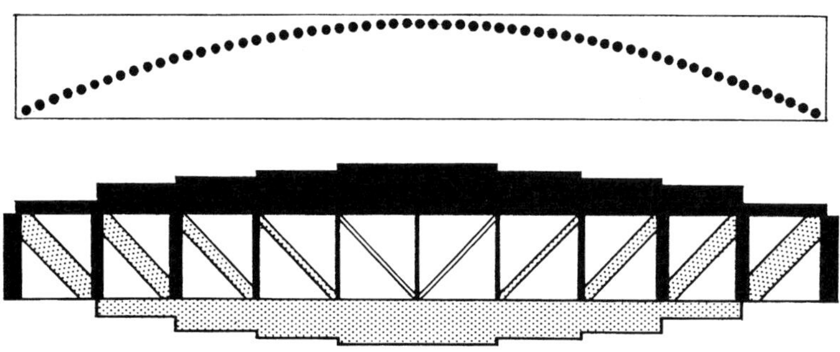

평행 트러스

트러스의 형태는 중심부에서만 아치선과 근접한다. 여기서 상하현재의 지지능력이 최대한 사용된다; 여기 최대의 힘은 스팬 중간에서 집중이 일어날 것이다.

Parallel-chord truss

Only toward midspan, the truss profile corresponds with the funicular thrust line. Here, the capacity of the chords is fully utilized; here, maximum forces will develop:
Critical concentration of forces in midspan section

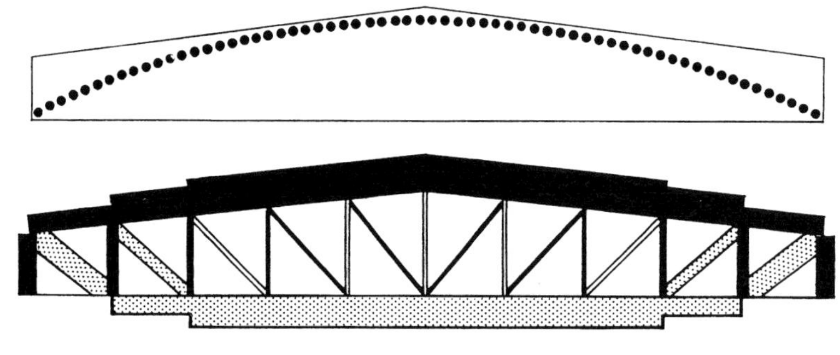

사다리형 트러스

트러스의 형태는 아치선과 유사해진다. 상현재는 중앙 부위를 따라 응력을 받는 부분이 더 길어진다; 힘은 골고루 분배되며, 중앙부위에 집결된 힘이 골고루 퍼진다.

Trapezoid-chord truss

The truss profile largely conforms with the funicular line. The chords are stressed in midspan over a much longer distance; forces are more evenly distributed:
Balanced distribution of forces culminating in midspan section

단순 2차원 트러스의 기본형태 변형
구조형태에 대한 지지조건의 영향

derivation of basic forms for simple two-dimensional trusses
influence of support conditions on structure form

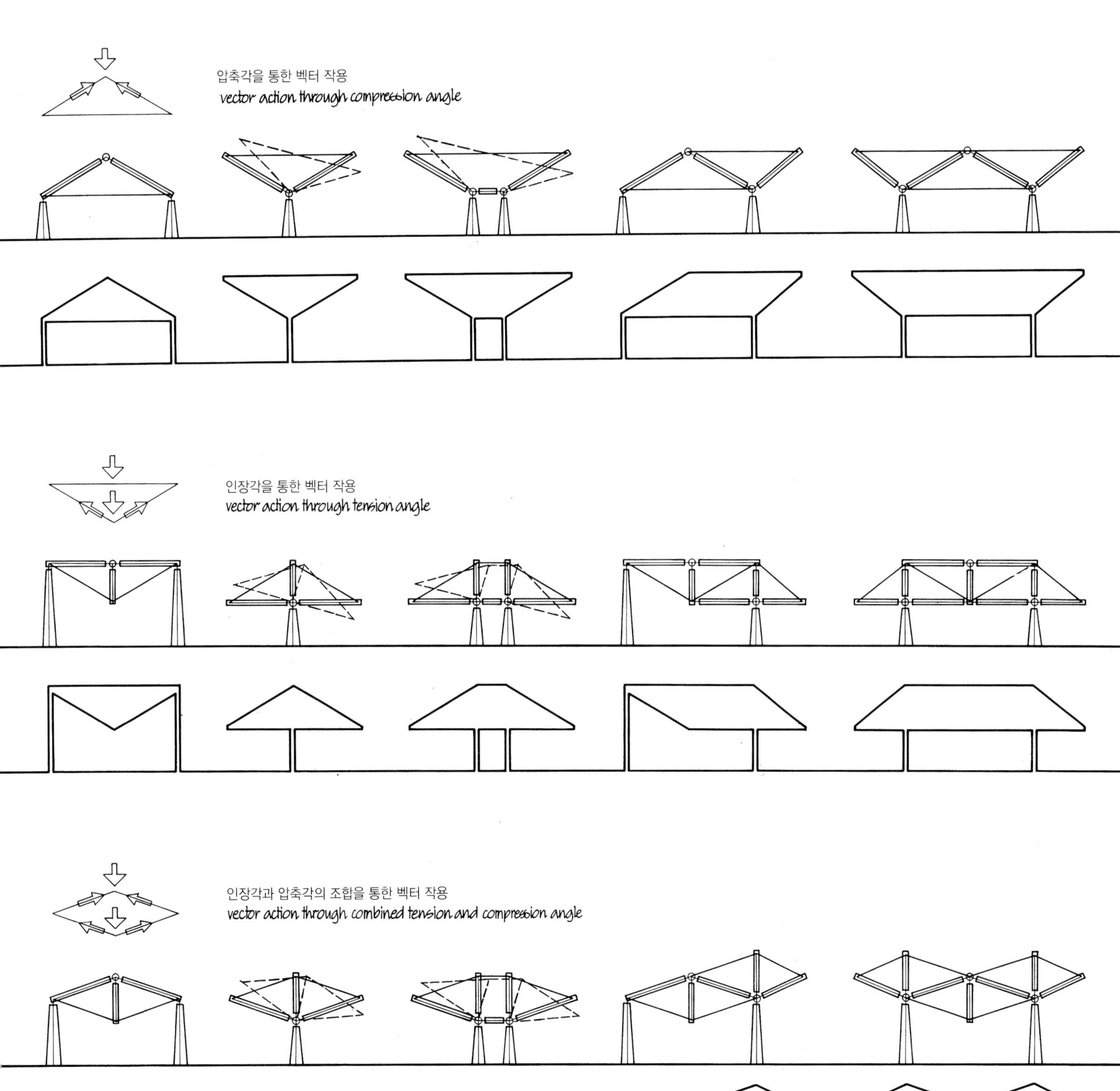

연속 트러스에서 지붕면의 변형을 통한 설계 가능성
design possibilities through differentiation of roof planes in continuous trusses

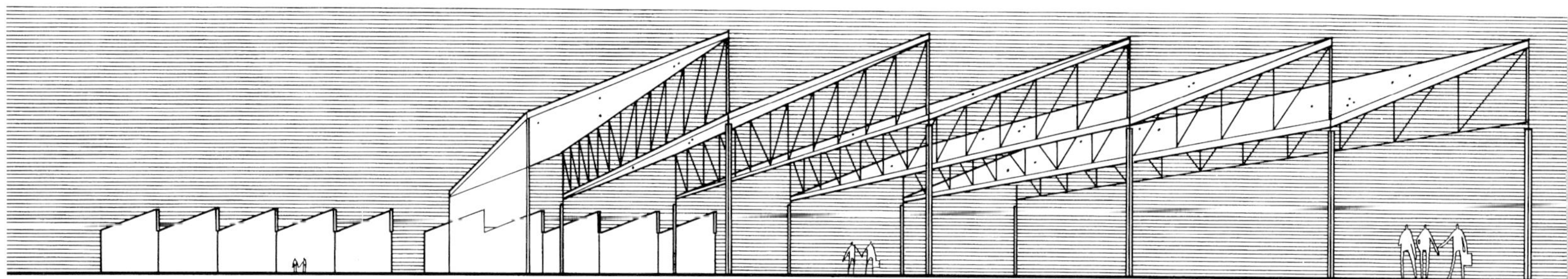

양단 지지된 경사 지붕면 — inclined roof planes with both ends supported

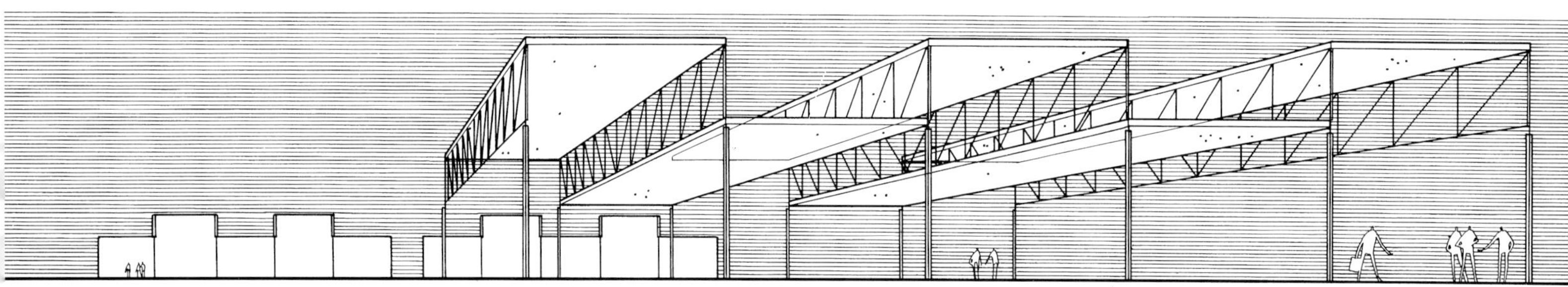

양단 지지된 교차식 수평 지붕 — alternating horizontal roof planes with both ends supported

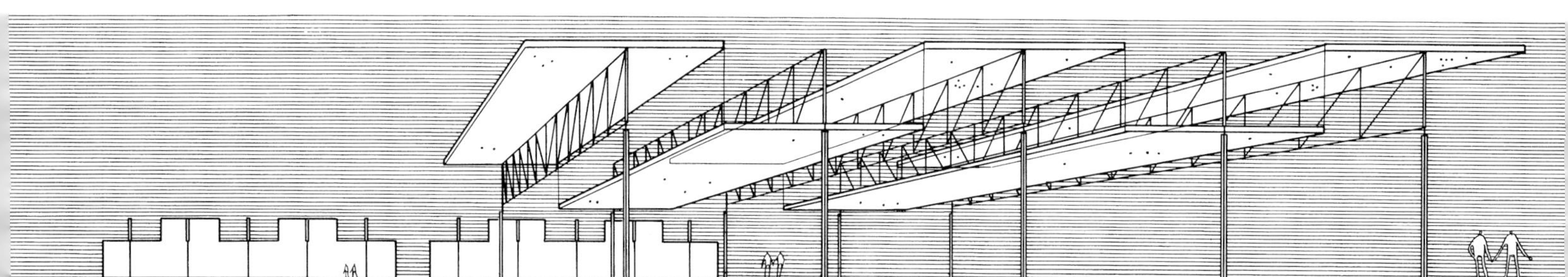

중앙에 지지된 교차식 수평 지붕면 — alternating horizontal roof planes centrally supported

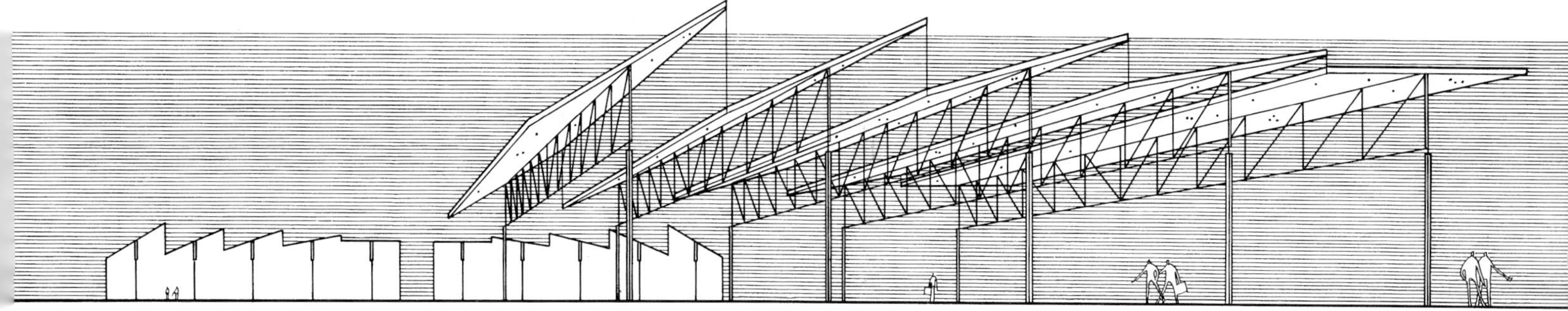

중앙에 지지된 다양한 경사 지붕면 — roof planes with differing inclination centrally supported

장 · 단스팬 트러스의 조합

composition of long-span and short-span trusses

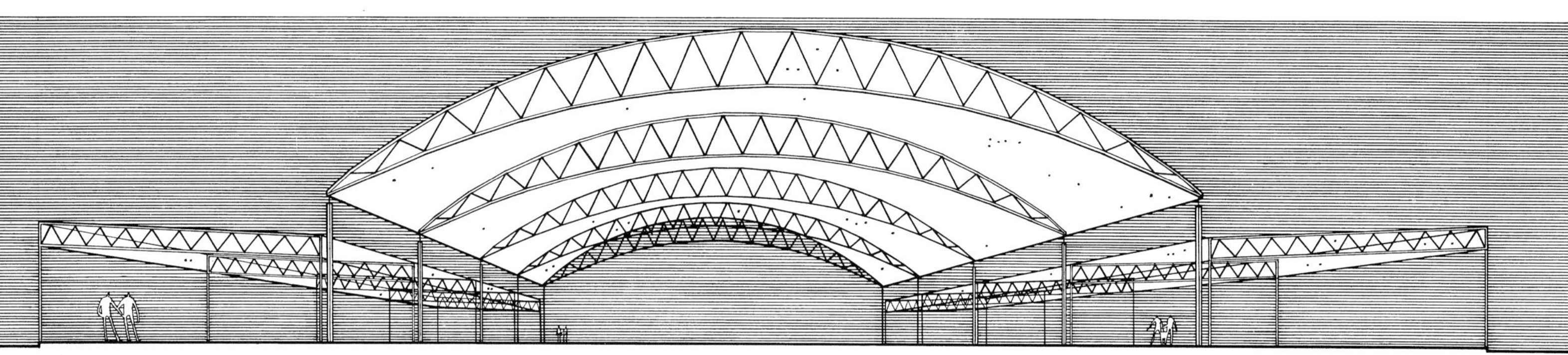

장스팬 트러스를 중앙에 둔 대칭구성

symmetrical composition with long-spann truss in center

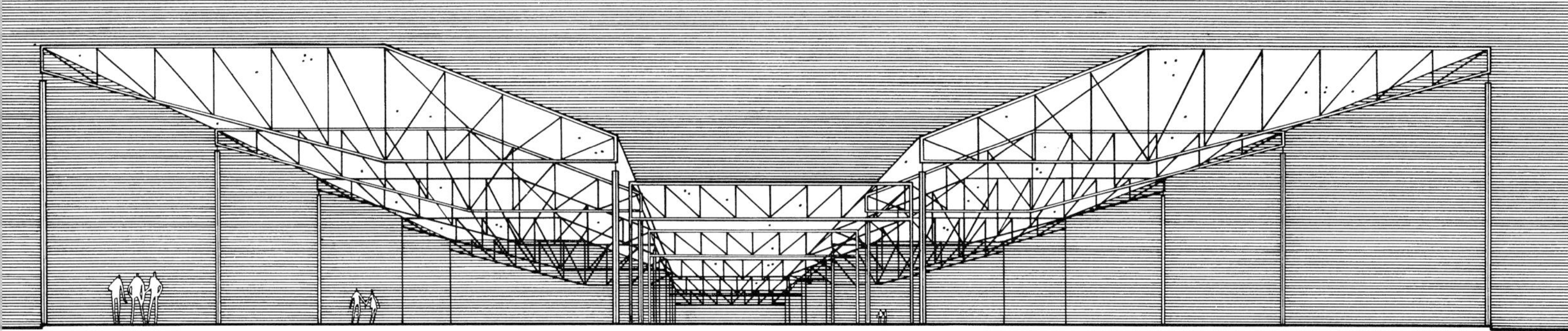

장스팬 트러스를 측면에 둔 대칭구성

symmetrical composition with long-span trusses at the sides

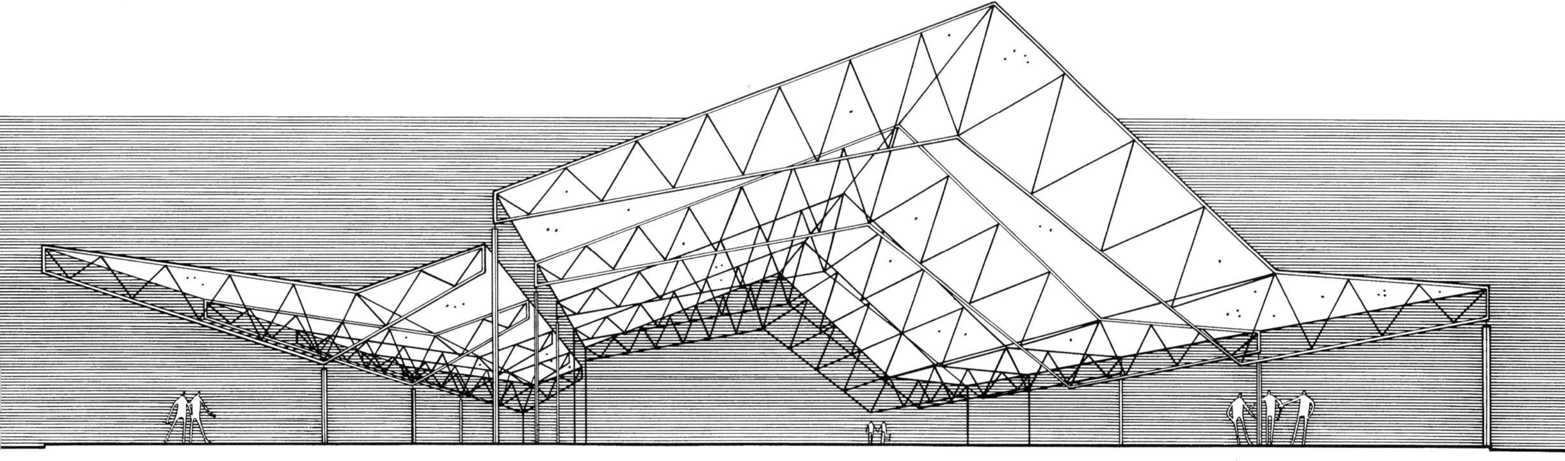

장 · 단스팬 트러스의 비대칭구성

asymmetrical composition of long-span and short-span trusses

다양한 지지조건의 장스팬 트러스

longspan trusses with different support conditions

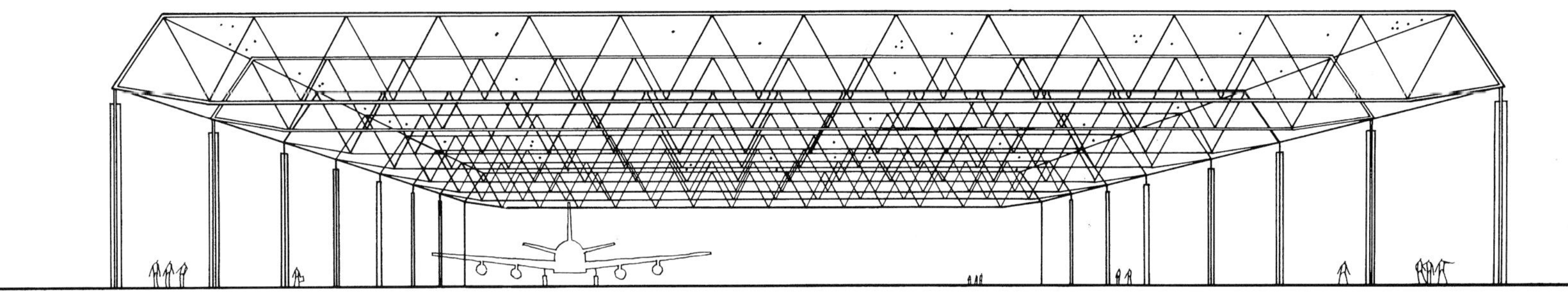

양단 지지된 트러스: 장스팬 구조물

trusses supported at both ends: free-span structure

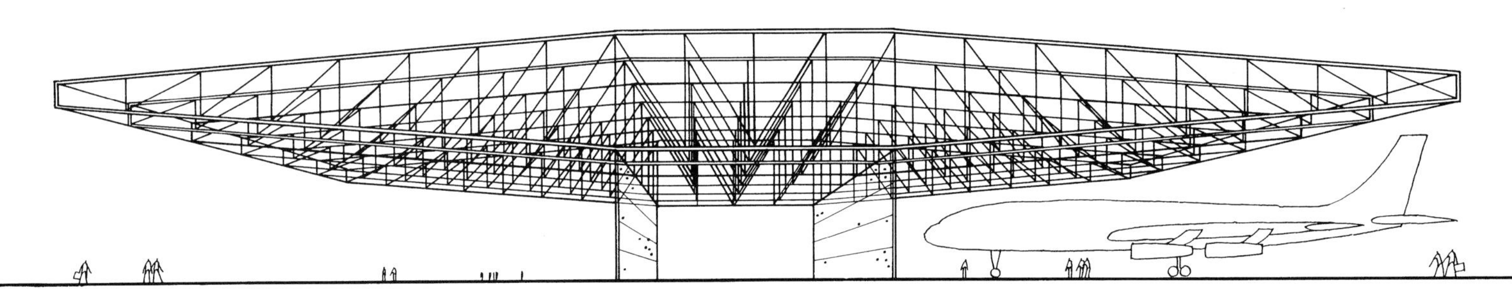

중앙에서 이중으로 지지된 트러스: 캔틸레버식 구조물

trusses doubly supported in center: cantilevered structure

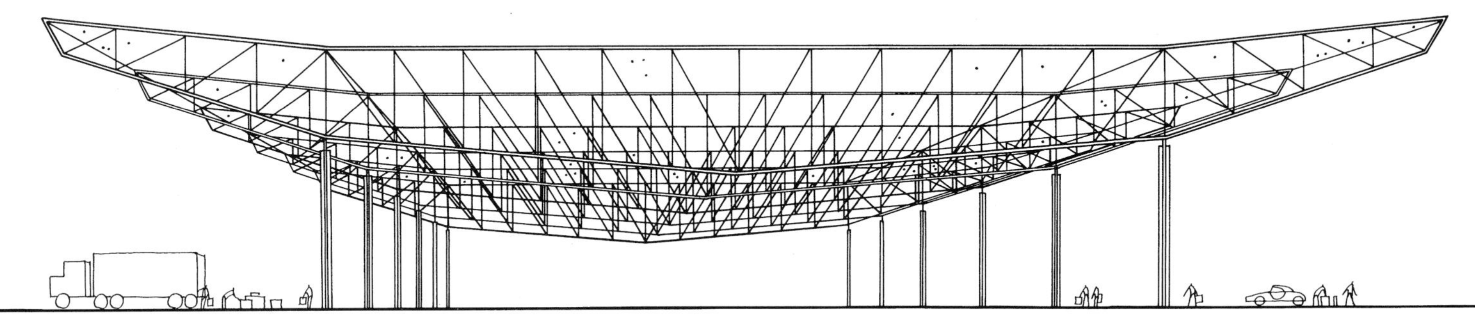

양단이 캔틸레버로 된 트러스: 캔틸레버식 장스팬 구조물

trusses with cantilevered ends: cantilevered free-span structure

다른 구조 시스템을 위한 트러스 메카니즘의 적용

application of truss mechanism for other structure systems

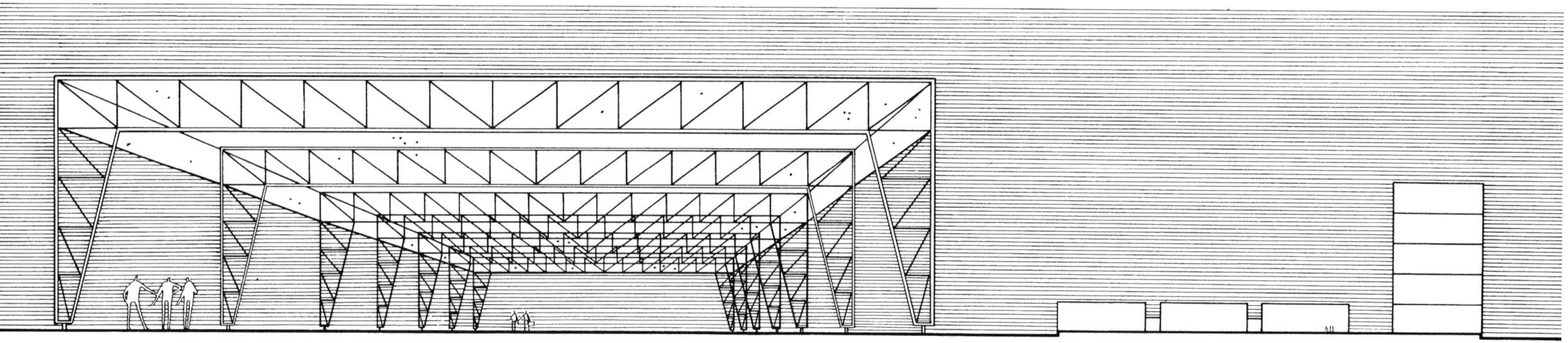

2힌지로 된 트러스 프레임

trussed two-hinged frame

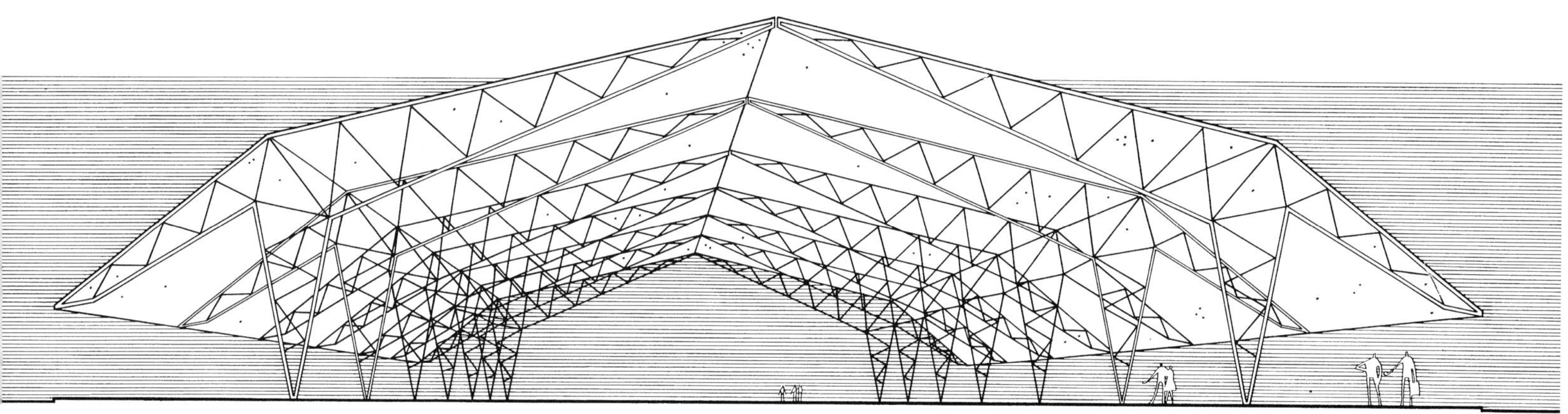

캔틸레버와 3힌지로 된 트러스 프레임

trussed three-hinged frame with cantilevers

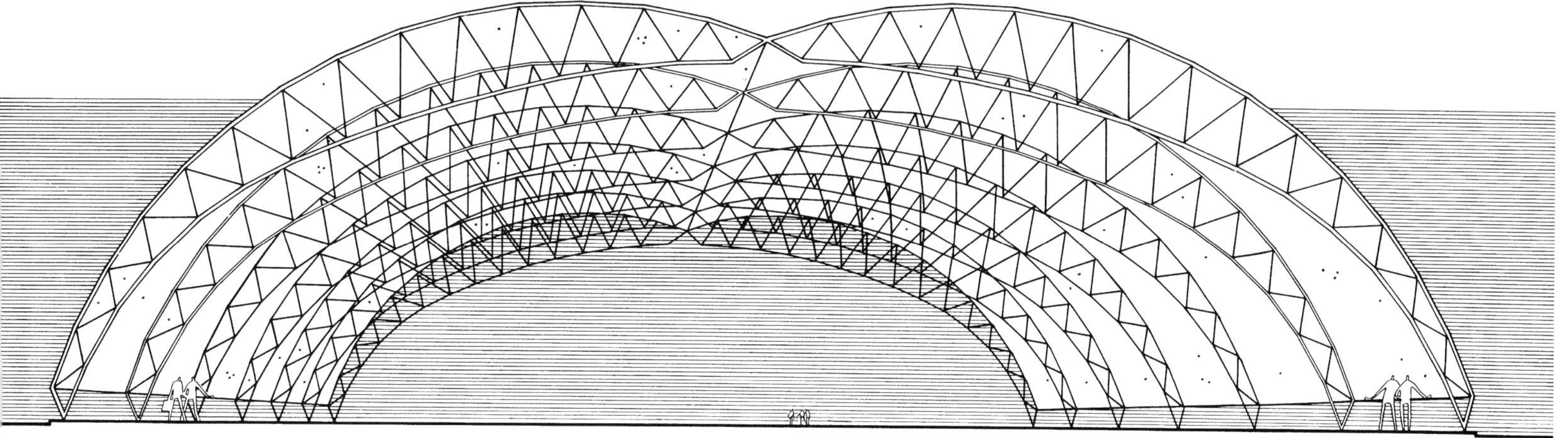

3힌지 아치로 된 트러스 프레임

trussed three-hinged arch

접면 또는 곡면 트러스 시스템을 형성하기 위한 평면 트러스의 조합

combination of flat trusses to form truss systems for folded or curved planes

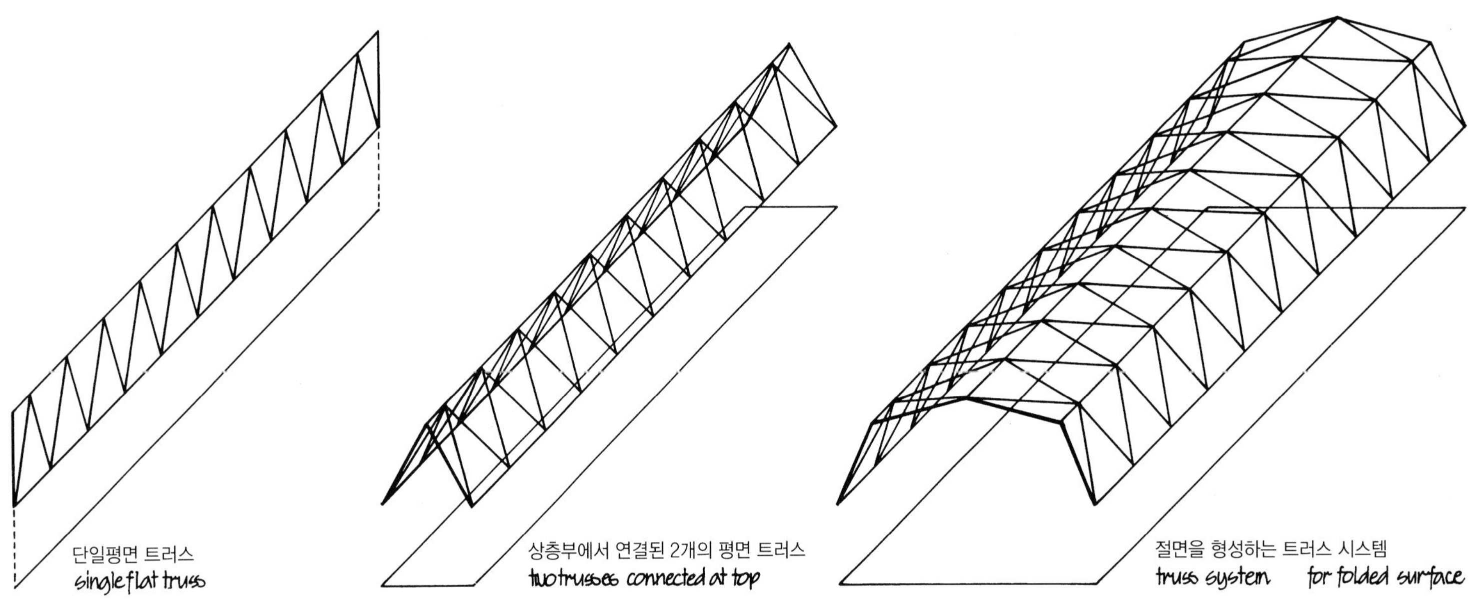

단일평면 트러스
single flat truss

상층부에서 연결된 2개의 평면 트러스
two trusses connected at top

절면을 형성하는 트러스 시스템
truss system for folded surface

다면적인 공간 트러스의 삼중지지 작용

threefold bearing action of the prismatic space truss

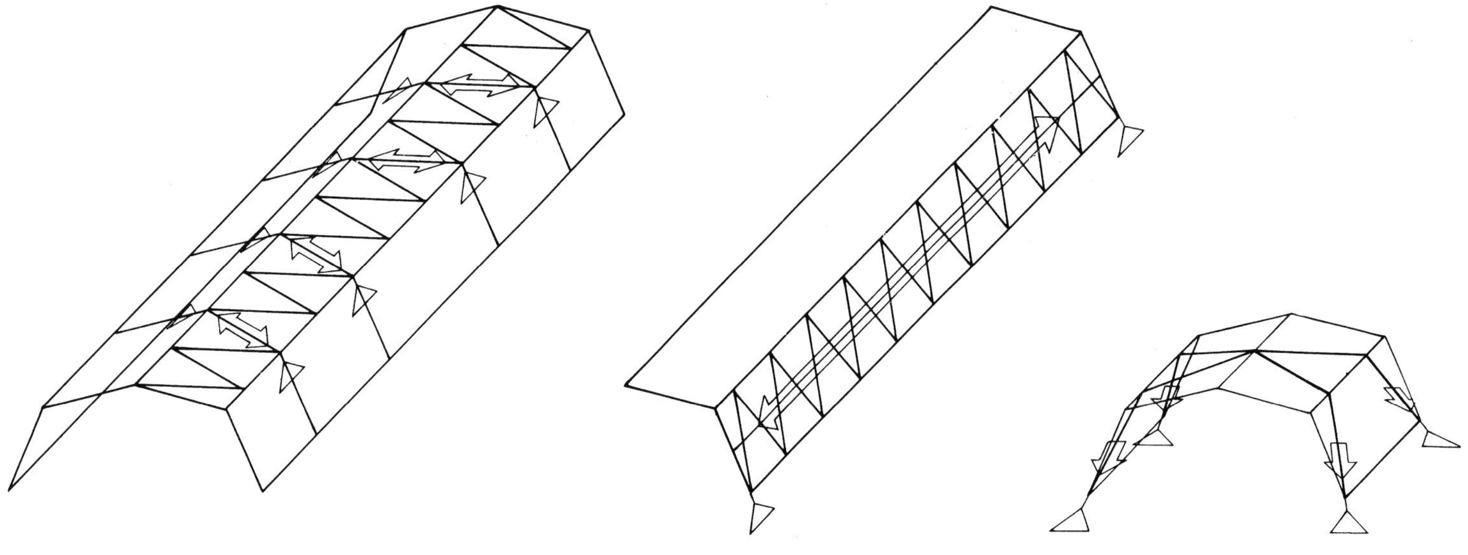

분리된 빔으로서 상하 현재간의 가로지지 작용
transverse bearing action between chords as separate beams

분리된 트러스로 세로지지 작용
longitudinal bearing action as separate trusses

경사 아치로 가로지지 작용
transverse bearing action as diagonal arches

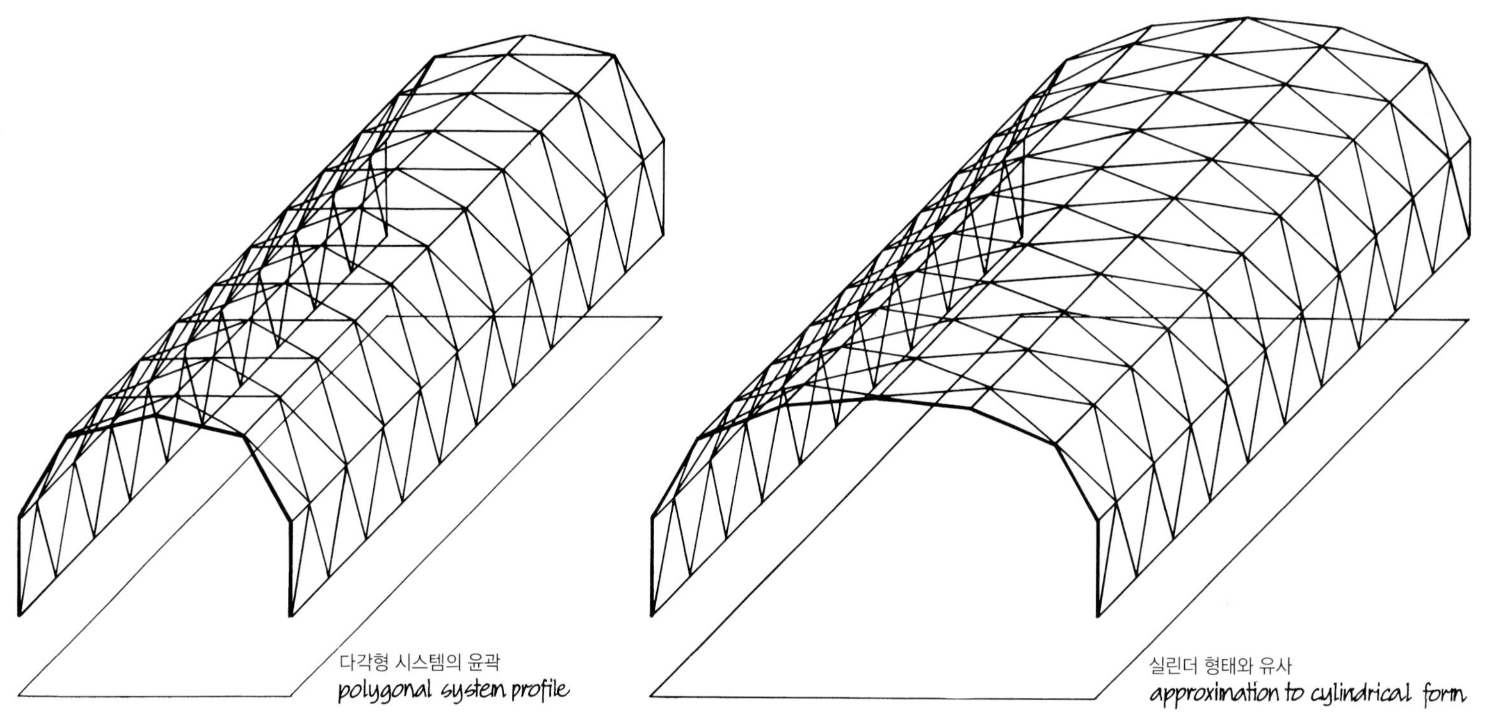

가로 측면도의 임계 변형

critical deformation of transverse profile

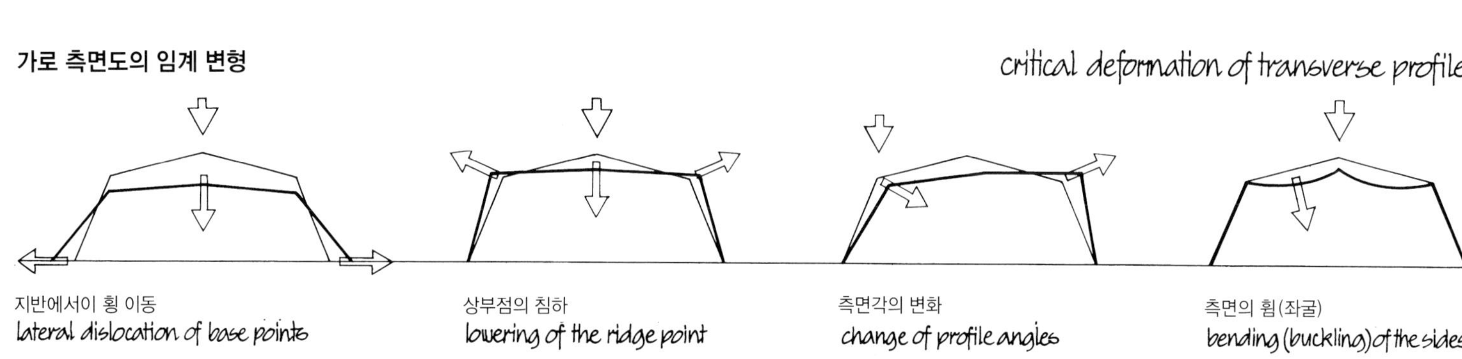

횡적으로 보강된 일반적인 트러스

typical forms of trussed transverse stiffeners

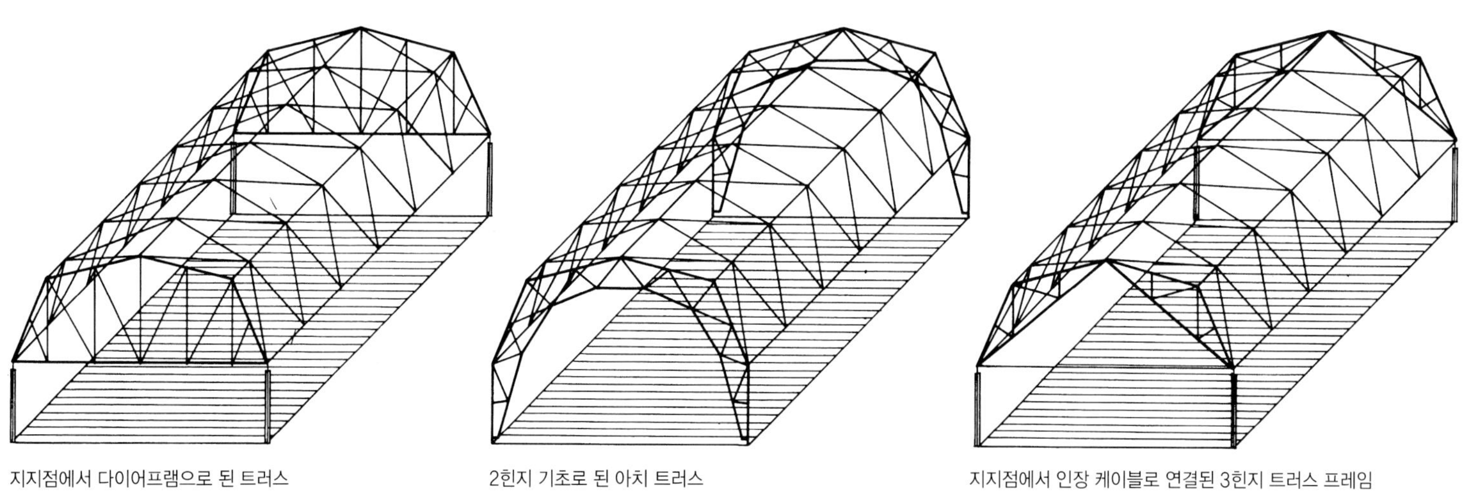

단곡면을 위한 트러스 시스템

truss systems for singly curved planes

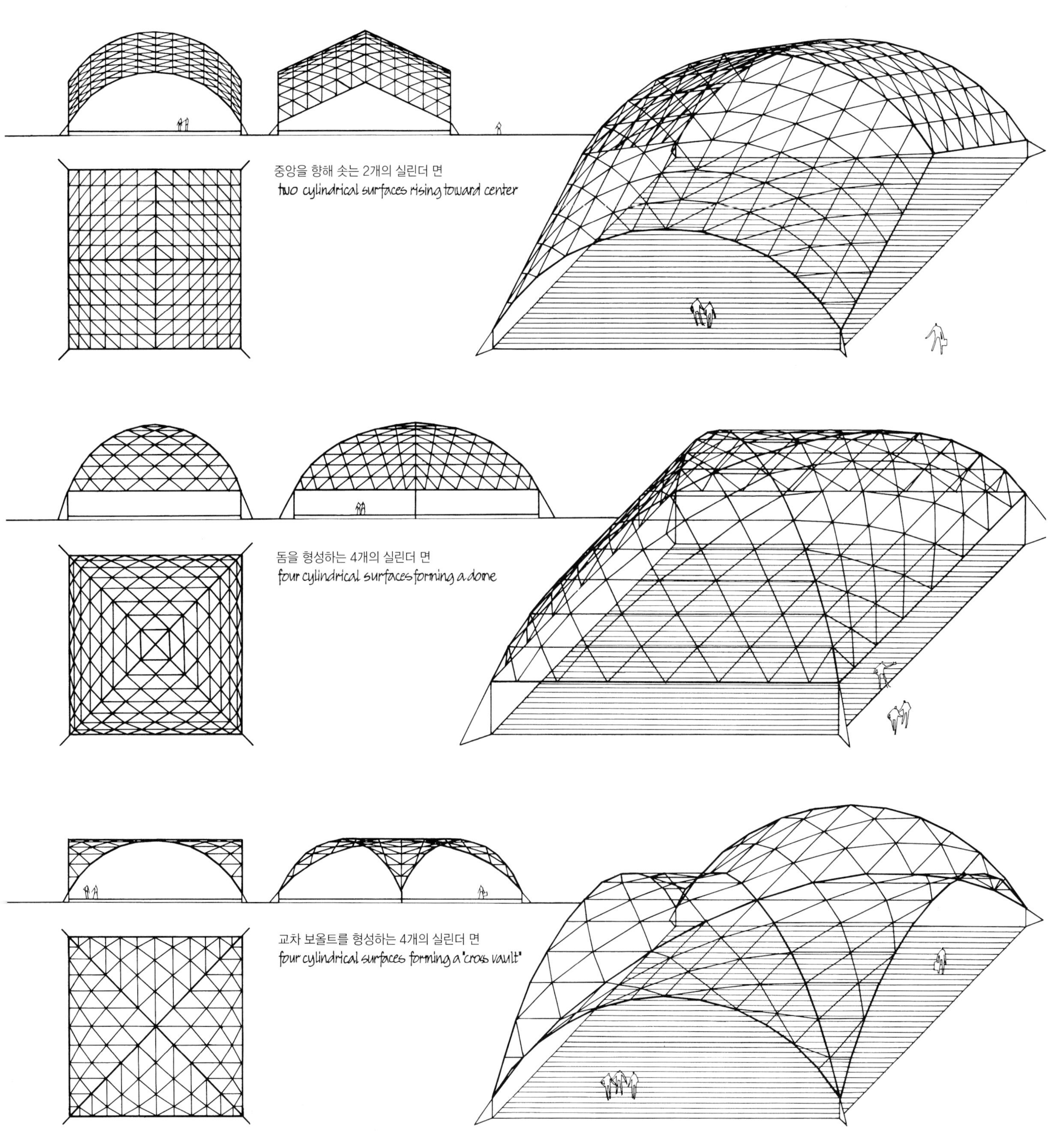

이중곡면을 위한 트러스 시스템

truss systems for doubly curved planes

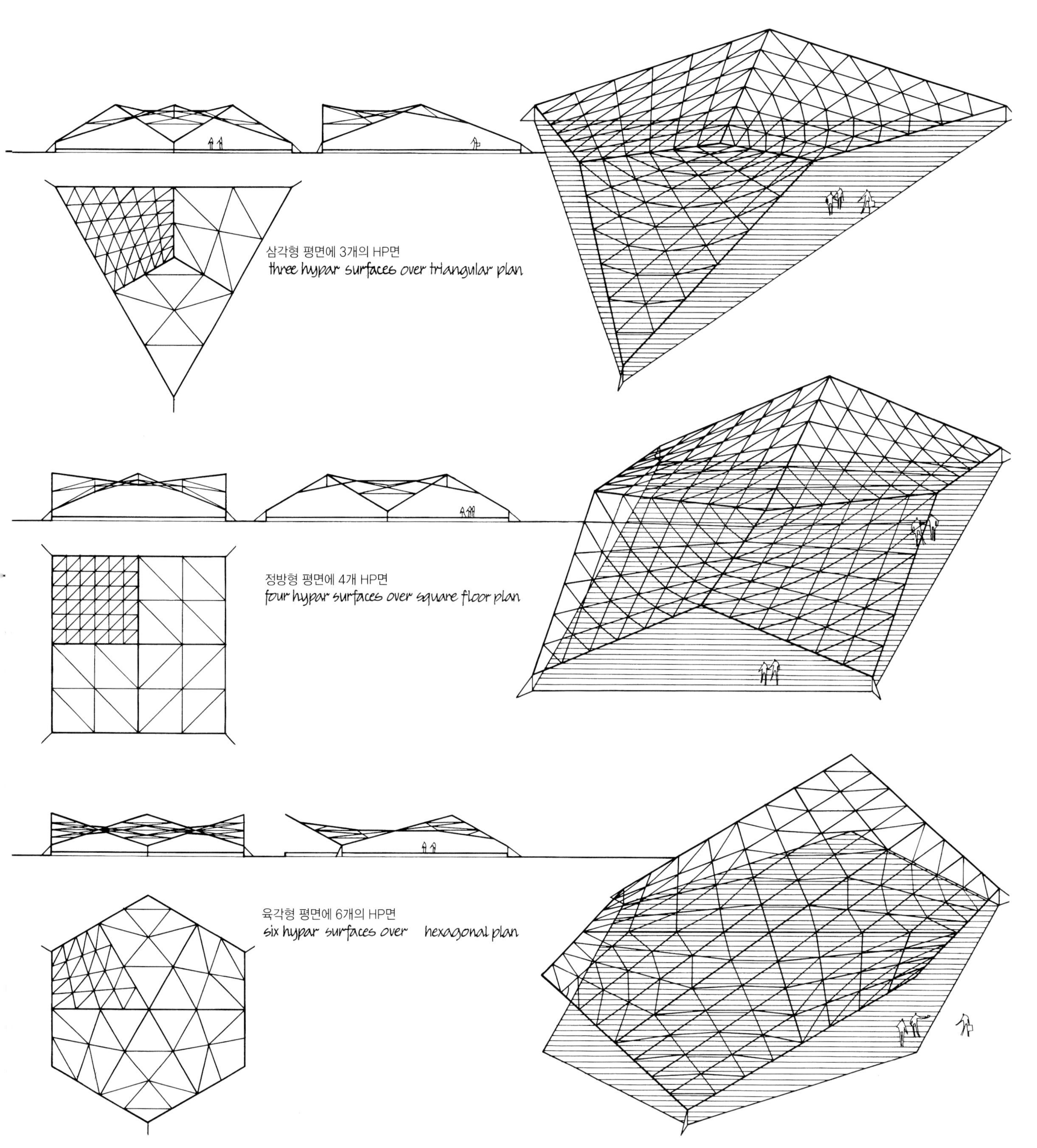
삼각형 평면에 3개의 HP면
three hypar surfaces over triangular plan

정방형 평면에 4개 HP면
four hypar surfaces over square floor plan

육각형 평면에 6개의 HP면
six hypar surfaces over hexagonal plan

육각형 피라미드로 구성된 평면 공간 트러스 시스템

Flat space truss system based upon hexagonal pyramid

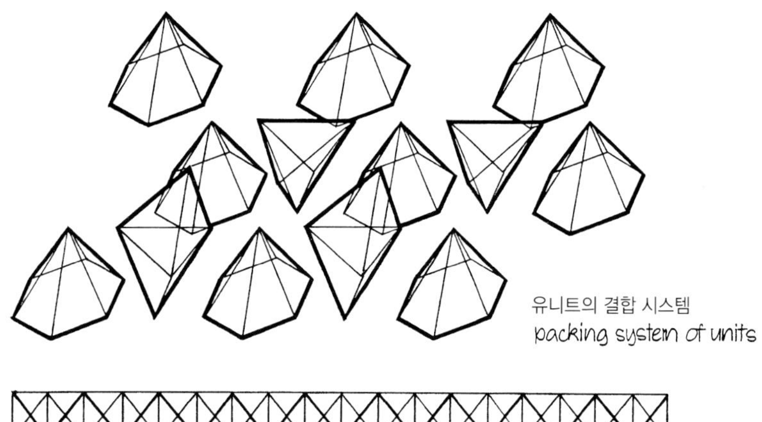

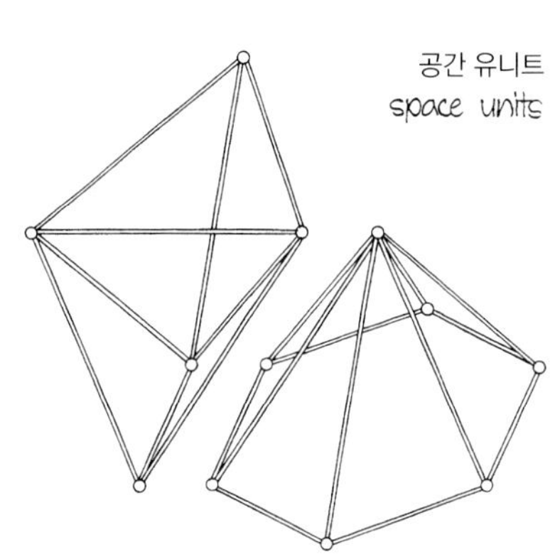

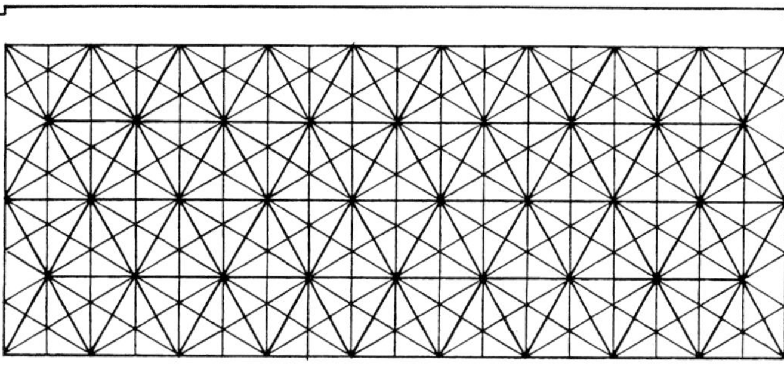

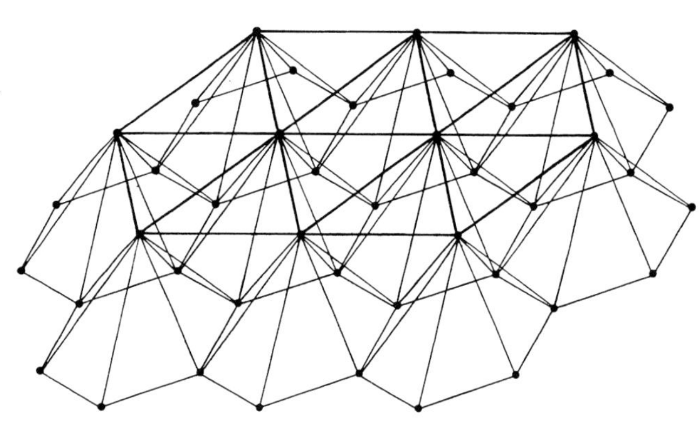

다양한 좌표의 2개 정방형 격자로 구성된 평면 공간 트러스

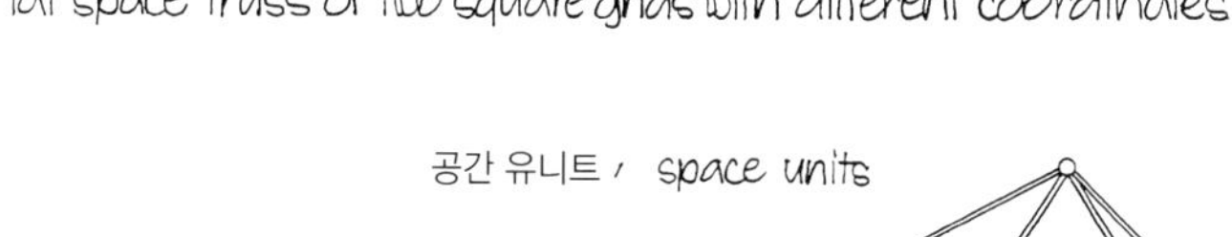

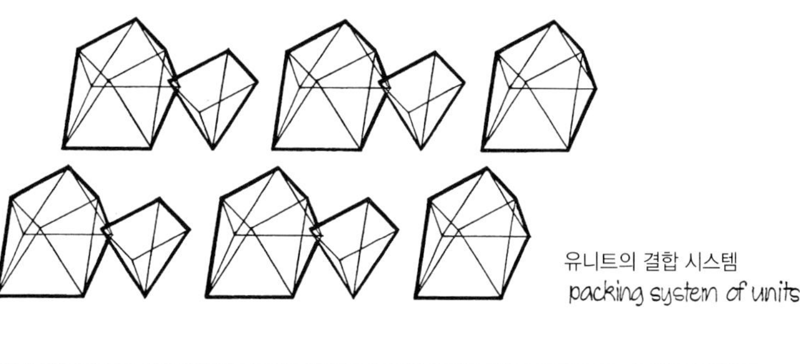

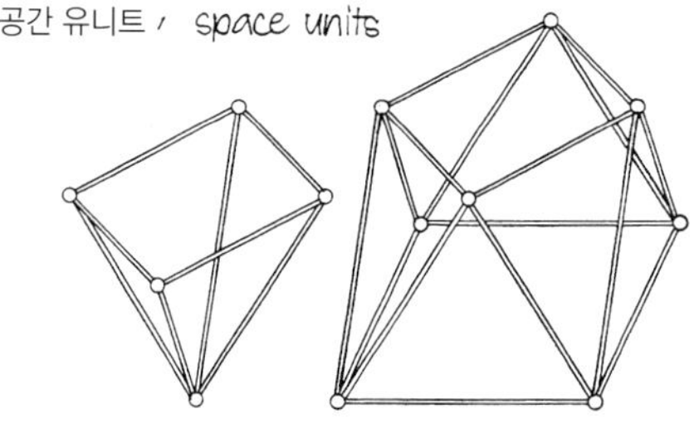

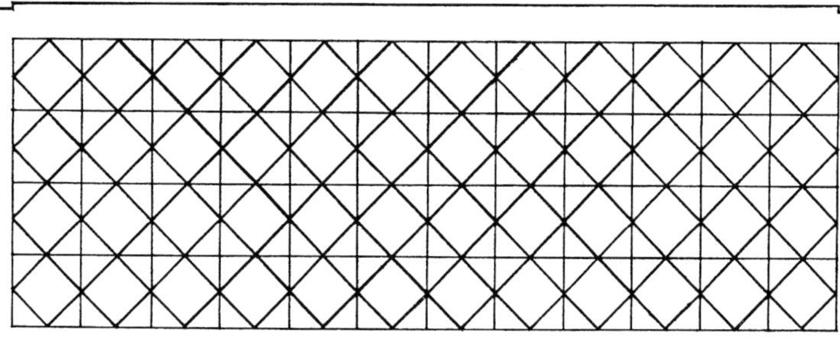

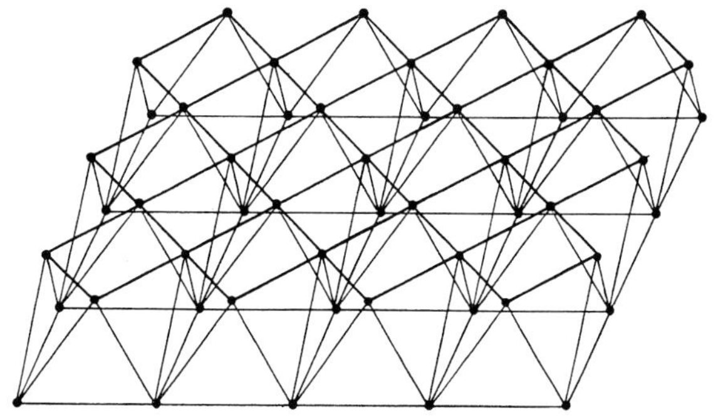

역 육각형 피라미드로 구성된 평면 공간 트러스

Flat space truss with upside-down hexagonal pyramid

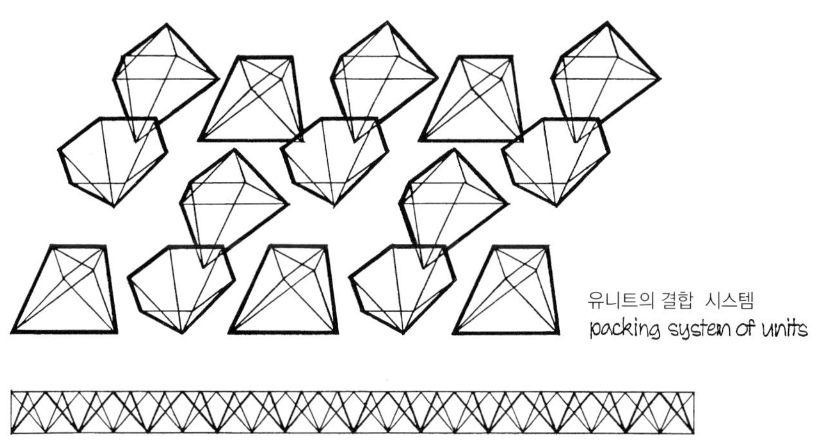

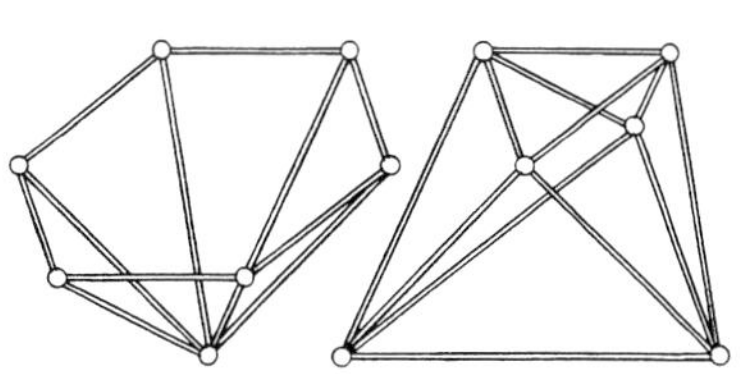

공간 유니트 / space units

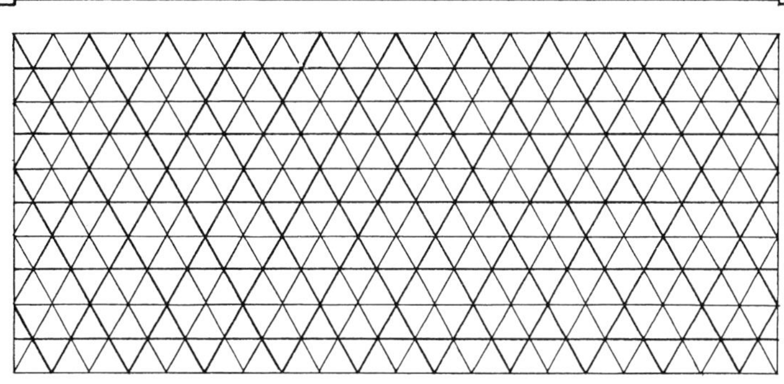

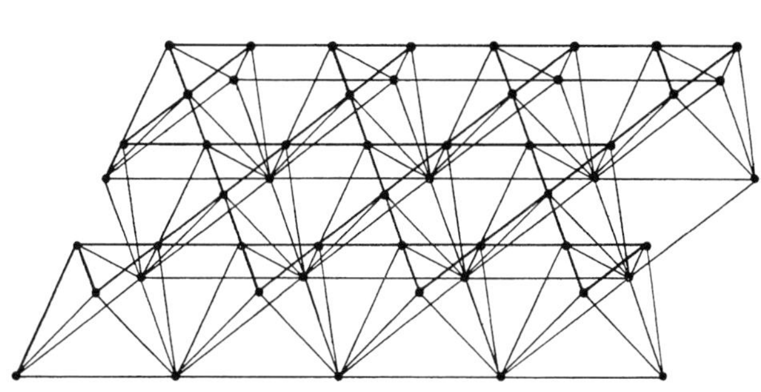

서로 다른 두 개의 육각형 격자로 구성된 평면 공간 트러스

Flat space truss with two different hexagonal grids

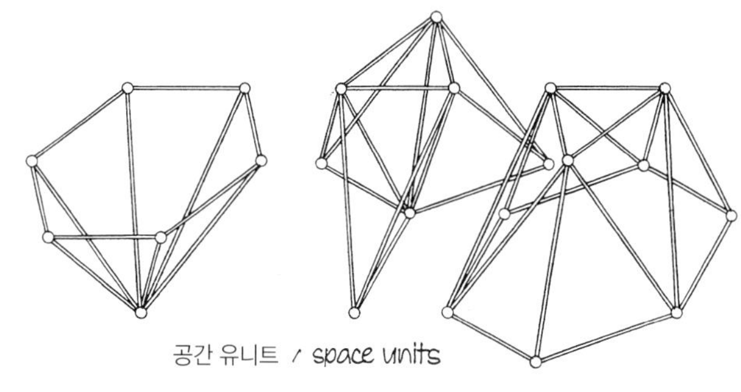

유니트의 결합 시스템
packing system of units

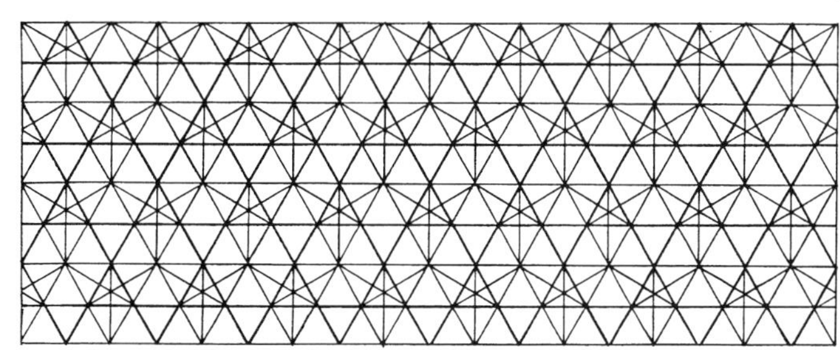

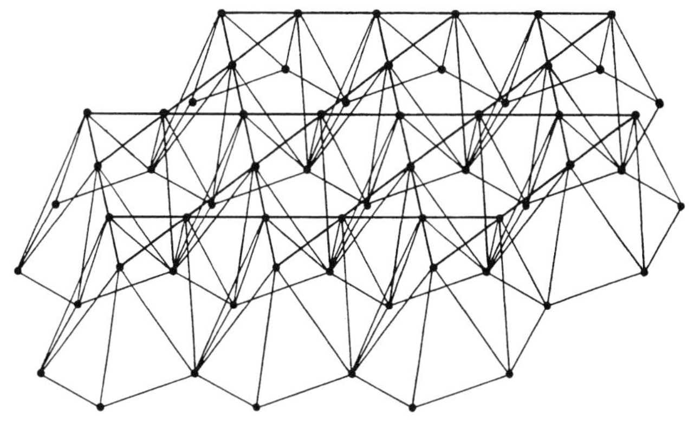

두 개의 상응되는 삼각형 격자로 구성된 평면 공간 트러스

Flat space truss with two counter-running triangular grids

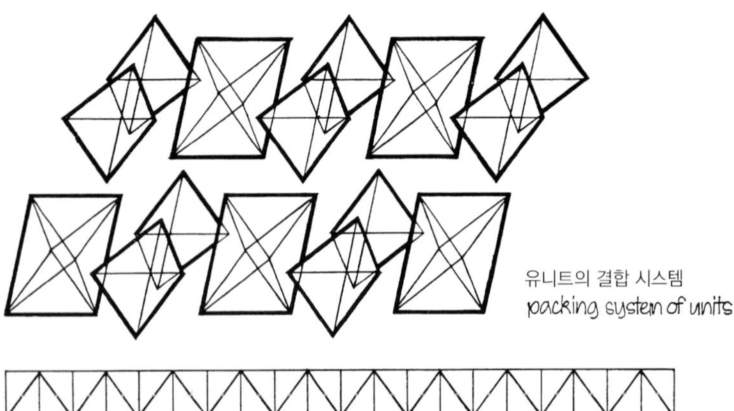

유니트의 결합 시스템
packing system of units

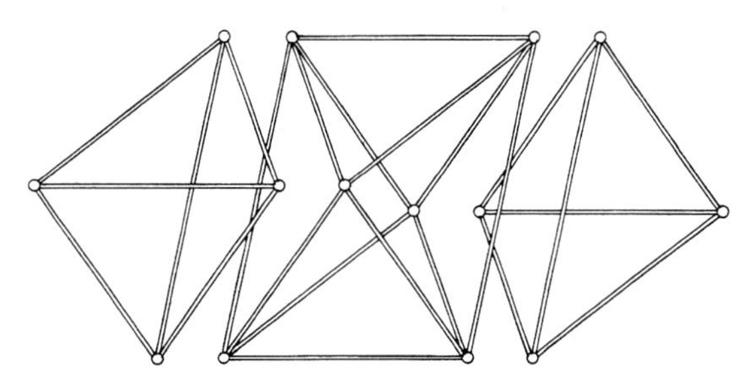

공간 유니트 / space units

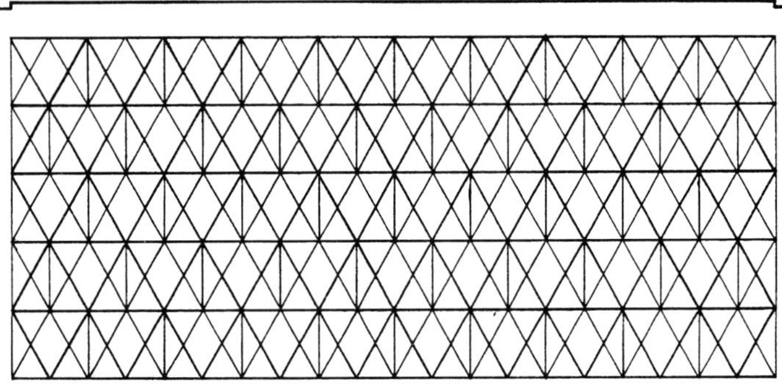

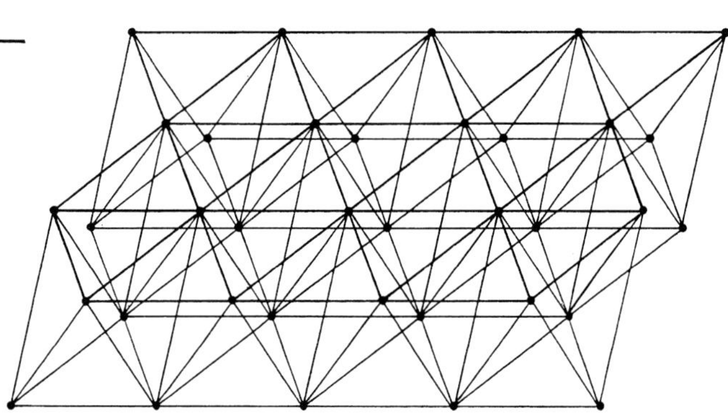

육각 및 삼각형 격자로 이뤄진 평면 공간 트러스

Flat space truss with each hexagonal and triangular grids

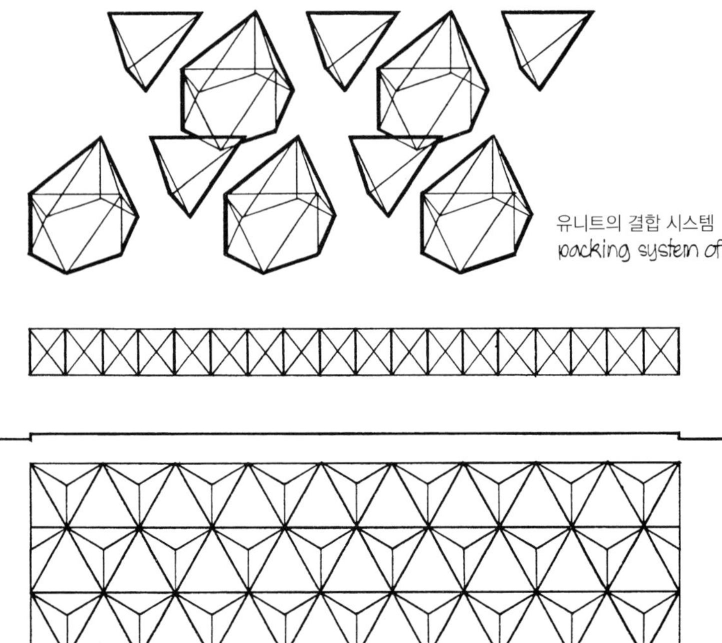

유니트의 결합 시스템
packing system of units

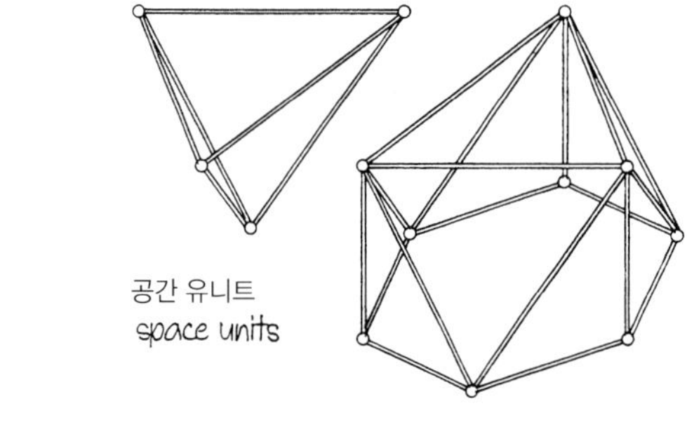

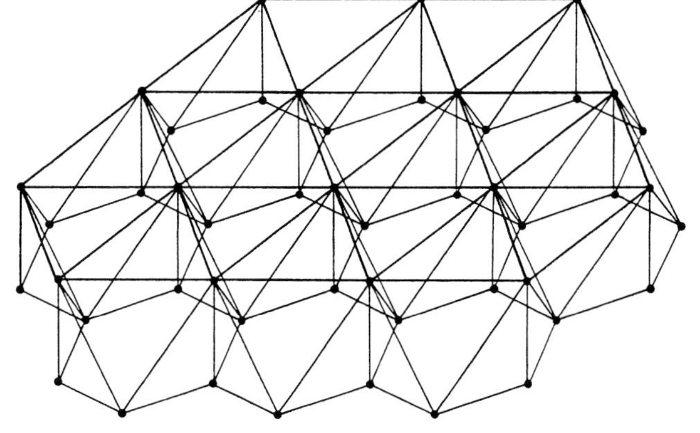

장스팬 지붕을 위한 평면 복층 공간 트러스 시스템

Flat two-layered space truss systems for wide-span roof enclosures

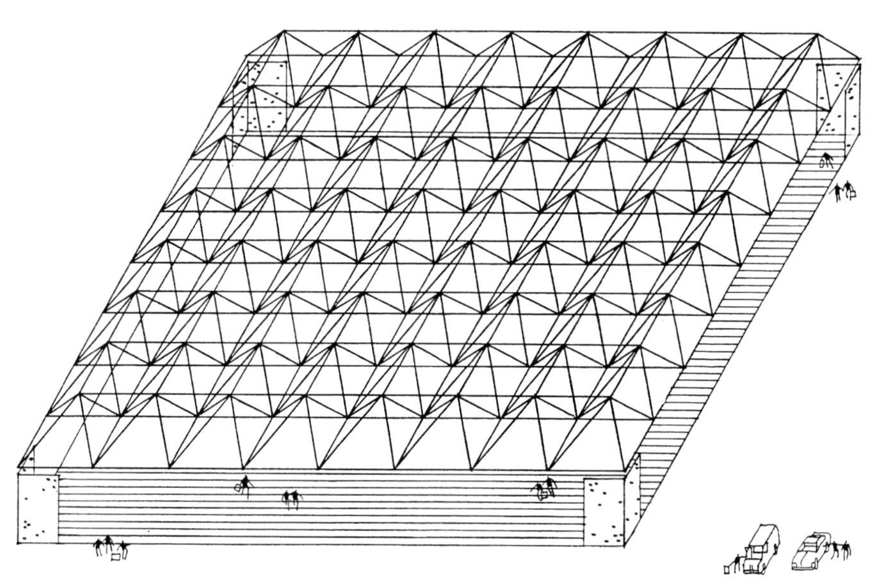

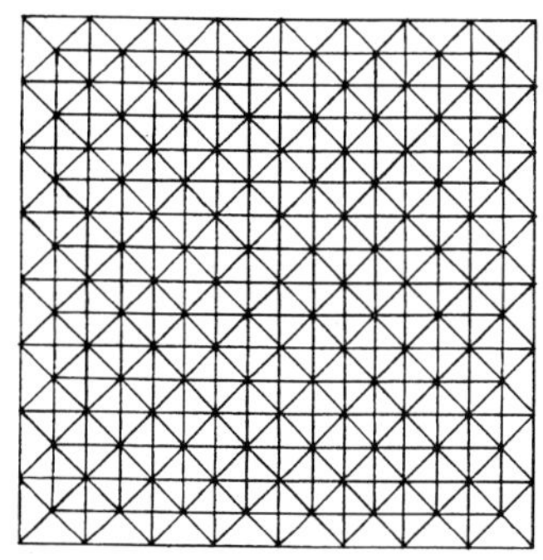

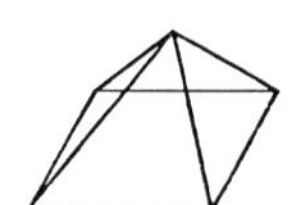

시스템 원리: 정방형 격자 위의 1/2 팔각형
System principle: semi-octahedron upon square grid

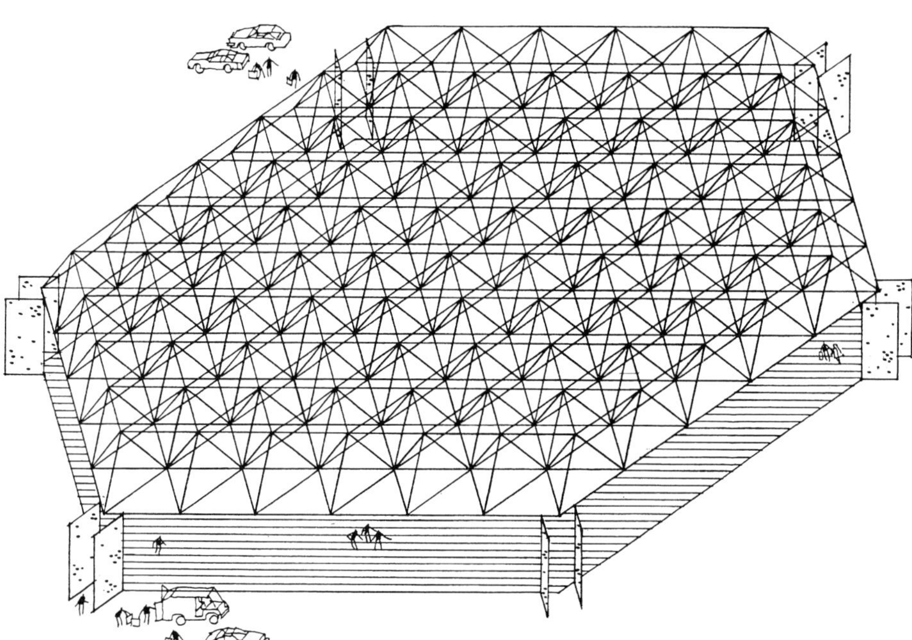

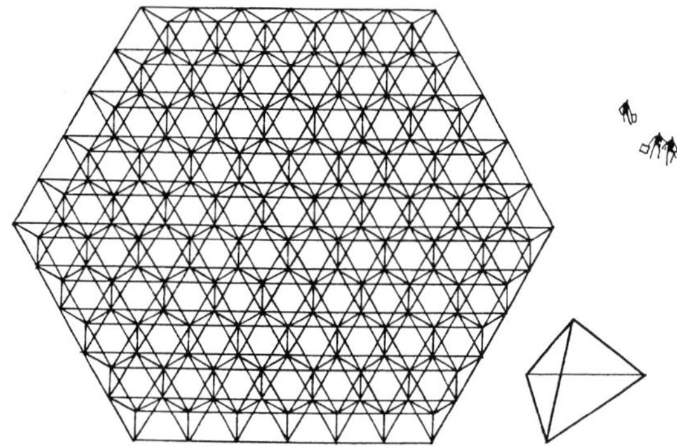

시스템 원리: 삼각형 격자 위의 사면체
System principle: tetrahedron upon triangular grid

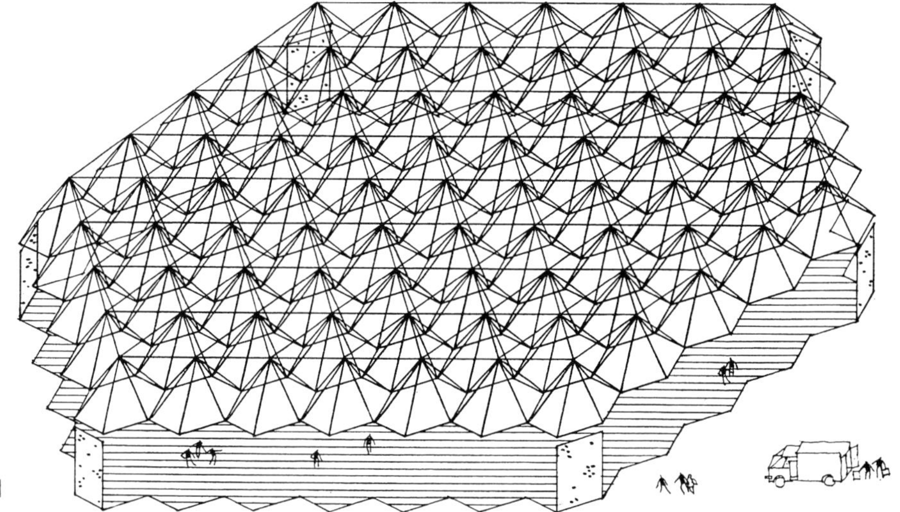

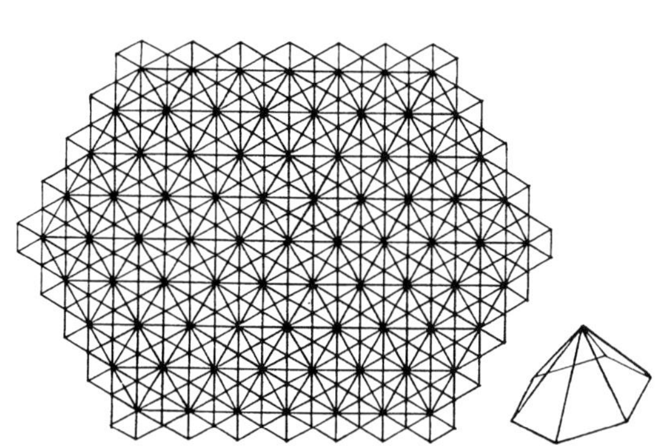

시스템 원리: 허니컴 격자 위의 육각형 피라미드
System principle: hexagonal pyramid upon honeycomb grid

적용: 구조 시스템 – 재료 – 스팬

Applications: structure system – material – span

구조 시스템 / Structure system	주요재료	Primary material	스팬(m) / Spans in meters: min	typical from	typical to	max
빔 구조 3.1 BEAM structures	목재	wood		4	8	12
	금속(철)	metal (steel)	5	7	20	25
	철근콘크리트	reinf. concrete		4	10	15
	집성목	glued wood	7	10	30	35
	금속(철)	metal (steel)	5	8	25	30
	프리 스트레스 콘크리트	stressed concr.	7	10	25	30
	목재	wood		4	8	12
	금속(철)	metal (steel)	5	7	20	25
	철근콘크리트	reinf. concrete		4	8	12
프레임 구조 3.2 FRAME structures	집성목	glued wood	10	15	40	50
	금속(철)	metal (steel)	10	15	60	80
	철근콘크리트	reinf. concrete	7	10	25	30
	집성목	glued wood	10	15	45	55
	금속(철)	metal (steel)	10	15	65	85
	철근콘크리트	reinf. concrete	8	10	28	35
	집성목	glued wood	15	20	50	60
	금속(철)	metal (steel)	15	20	70	90
	철근콘크리트	reinf. concrete	10	15	30	40
빔 그리드 구조 3.3 BEAM GRID structures	집성목	glued wood	10	12	25	30
	금속(철)	metal (steel)	10	12	25	30
	철근콘크리트	reinf. concrete	5	8	18	20
	집성목	glued wood	10	15	30	35
	금속(철)	metal (steel)	10	15	30	35
	철근콘크리트	reinf. concrete	5	8	20	25
	집성목	glued wood	8	10	20	25
	철근콘크리트	reinf. concrete	5	8	15	18
슬래브 구조 3.4 SLAB structures	접착 (합판)	wood (planks)		0	5	6
	철근콘크리트	reinf. concrete		0	6	8
	철근콘크리트	reinf. concrete	5	7	15	20
	철근콘크리트	reinf. concrete	3	4	9	12

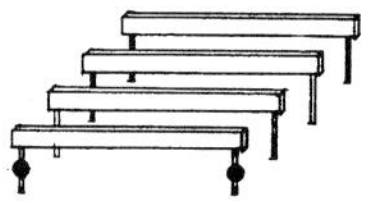

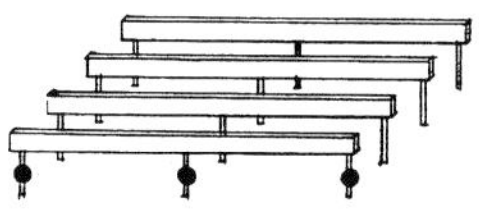

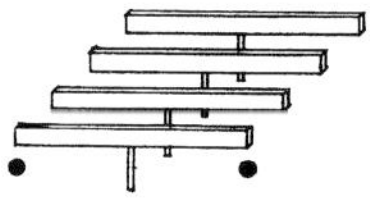

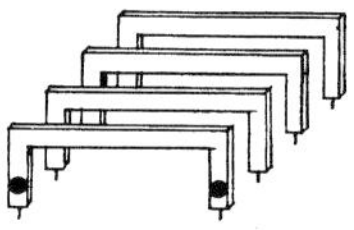

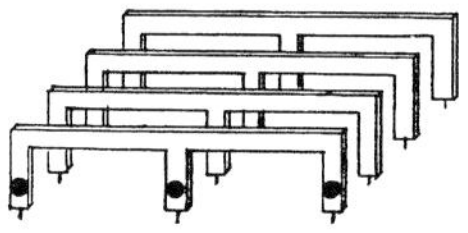

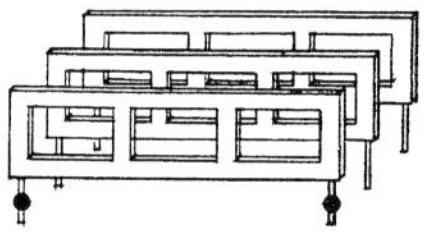

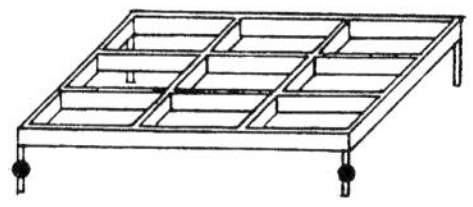

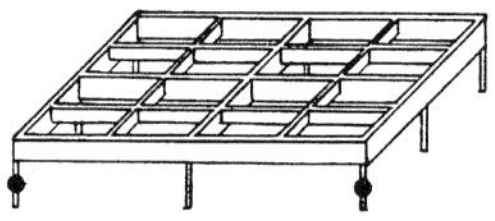

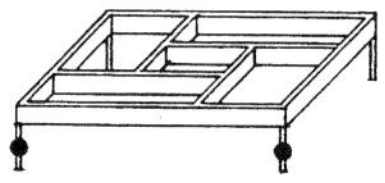

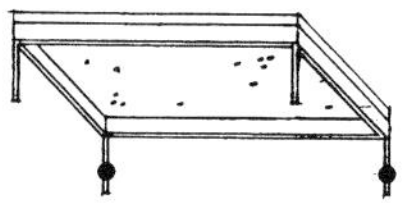

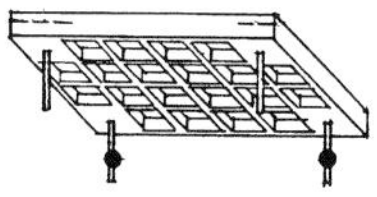

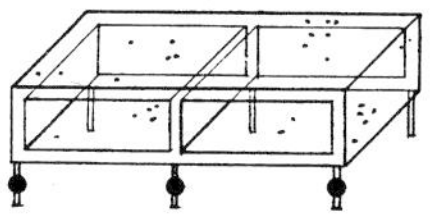

각 구조 유형별로 구성요소마다 특정 응력조건이 내재되어 있다. 이는 구조설계 시 기본구조체제와 공간을 펼치는 정도에 따라 구조를 합리적을 선택할 수 있게 해준다. 이것으로부터 구조설계를 위해 구조재료의 스팬 속성에서 합리적인 선택을 제공한다.

To each structure type a specific stress condition of its members is inherent. This essential trait submits the design of structures to rational affiliations in the choice of primary structural fabric and in the attribution of span capacity

단면저항 구조 시스템의 정의

definition of section-active structure systems

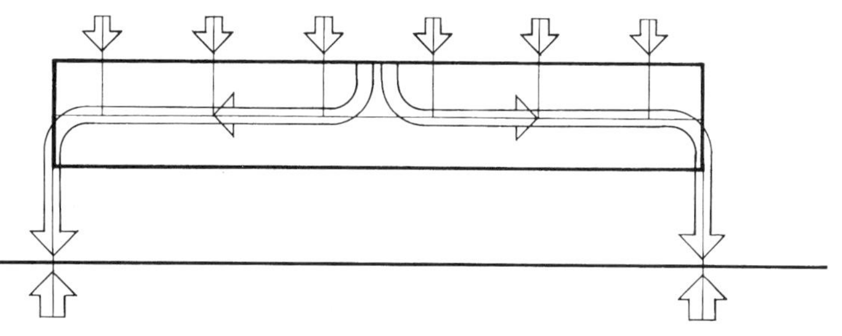

힘의 방향전환 시스템

system of redirecting forces

외력은 단면 구성을 통해 방향 전환된다(단면력).
external forces are redirected through sectional fabric (section forces)

휨 메카니즘과 휨 저항

mechanism of bending and bending resistance

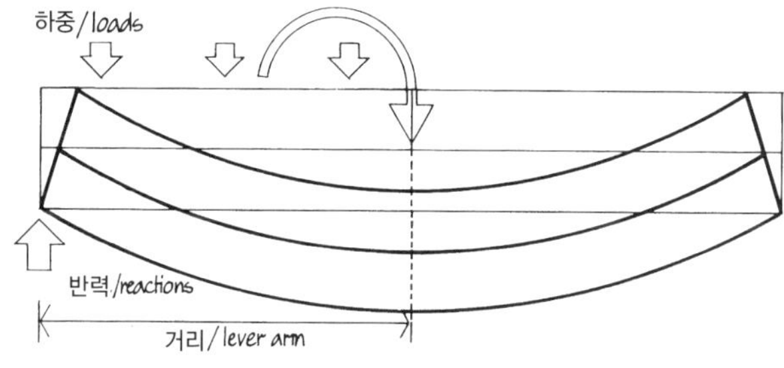

외부 회전 모멘트(휨) external rotational moment (bending)

외력의 합(하중과 반력)은 재축을 휘게하는 단부(지지점)의 회전을 일어나게 한다(휨).

the sum of external forces (loads and reactions) generates a rotation of the free ends (points of support) that causes the longitudinal axis to curve: bending

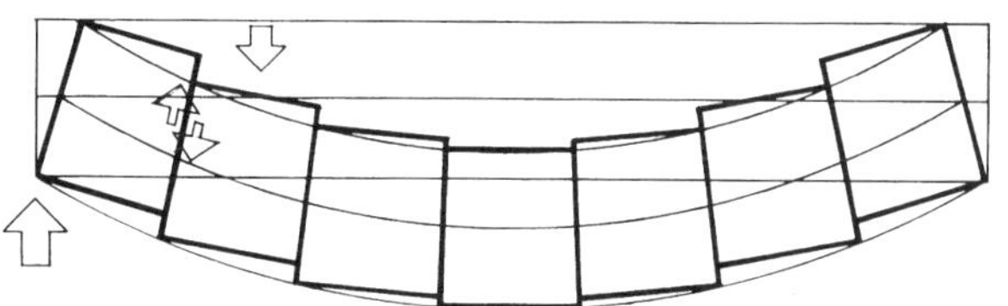

수직전단력 vertical shear

하중과 반력의 방향이 한 곳에서 만나지 않기 때문에 외력이 가해지면 수직단면이 미끄러지며 수직전단력을 발생시킨다.

since the directions of load and reaction do not meet, the external forces make vertical fibres tend to slip and introduce vertical shear

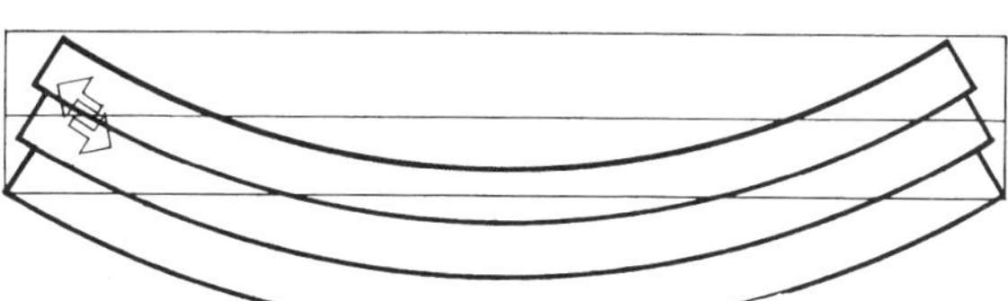

수평전단력 horizontal shear

상부에서 압축력, 하부에서 인장력을 일으킨다. 수평단면들이 미끄러지며 수평전단력을 발생시킨다.

bending deflection causes contraction of the upper layers and expansion of the lower layers. horizontal fibres tend to slip introducing horizontal shear

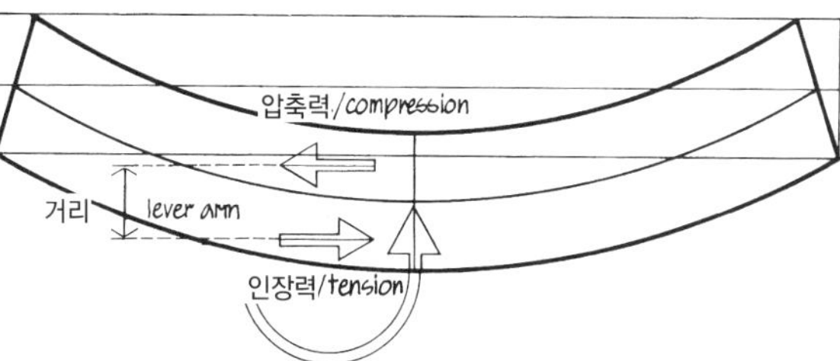

내부 회전 모멘트(반력) internal rotational moment (reaction)

휨으로 인해 인장력과 압축력이 전단력을 통해 횡단면에 작용한다. 이들은 내부 회전 모멘트를 발생시킨다.

Due to bending deflection tensile and compressive stresses are generated in the cross section by means of shear. they produce an internal rotation moment

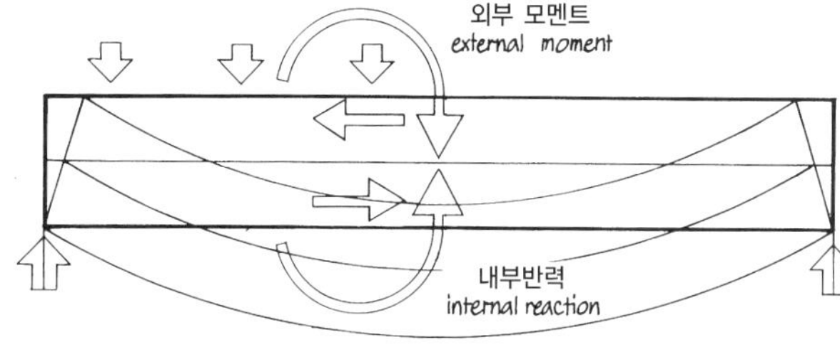

휨 및 휨 저항 bending and bending resistance

외력의 회전 모멘트는 휨 변형을 발생시키며, 이 휘어짐은 내부의 반작용 모멘트가 외부 모멘트를 상쇄시킬 수 있을 때까지만 증가한다.

rotation moment of external forces produces bending deflection until a point is reached where the internal reactive moment has grown big enough to compensate the external moment

휨에서 전단력, 인장력과 압축력의 관계

relationship between shear, tension and compression in bending

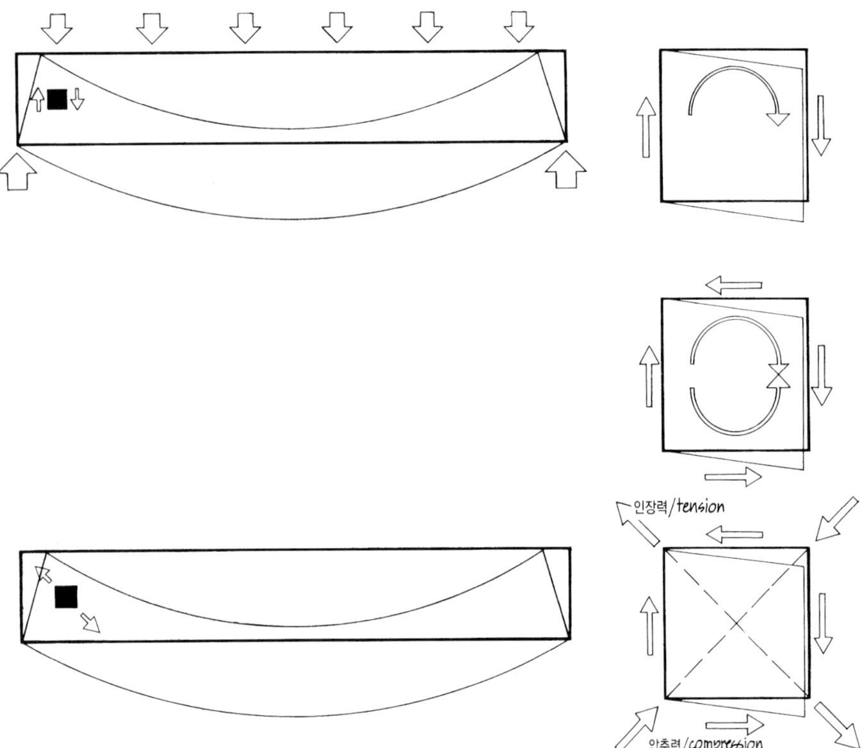

외력으로 인해 수직전단응력은 빔 단면(직사각형)을 회전시키고 휨 변형을 일으킨다.

due to external forces vertical shear stresses are generated which tend to rotate the elements (rectangle) of a beam and cause bending deflection

휨으로 인해 수평전단응력은 반대 방향으로 단면(직사각형)을 회전시키고 휨에 대한 평형이 된다.

due to bending deflection horizontal shear stresses are generated which tend to rotate the elements (rectangle) in reverse direction and establish equilibrium in rotation

수직과 수평전단응력은 단면이 마름모로 변하도록 인장응력과 압축응력을 결합한다. 이 형태변형은 재료강도에 의해 저항을 받는다.

vertical and horizontal shear stresses combine for both tensile and compressive stresses that give the elements a rhombic shape. this deformation is resisted by the material strength

주 응력선 = 등압(Isostatics)

lines of principal directions of stress = isostatics

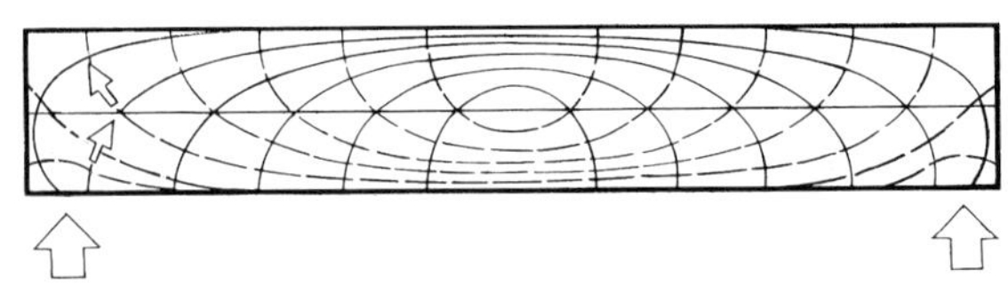

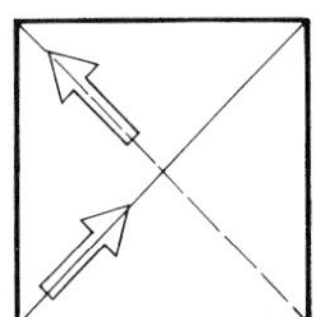

빔에서 응력선은 항상 직각으로 교차하는 2개의 응력방향을 표시한다: 압축력의 방향은 아치 모양으로 인장력의 방향은 현수모양을 띈다

stress pattern in beam indicates two sets of stress directions that always intersect at right angles: compressive stress directions assume arch shape, tensile stress directions assume catenary shape

장방형 단면의 빔에 대한 응력분포

stress distribution in beam with rectangular section

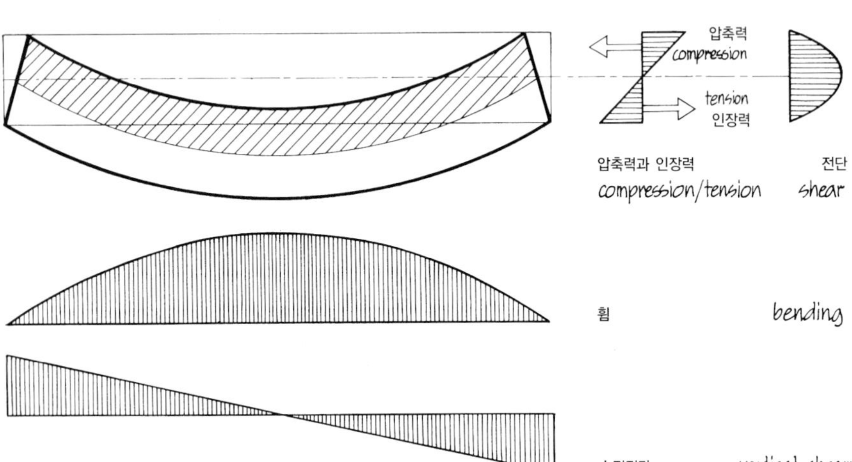

빔 단면의 응력분포
stress distribution across beam section

등분포하중을 받는 휨 응력은 빔 길이에 걸쳐 포물선 모양으로 분배된다. 최대응력은 중앙에서 일어난다.

bending stresses for continuous load are parabolically distributed over length of beam, max stresses occurring in midspan

수직전단응력은 지지점에서 최대가 되고, 중앙으로 갈수록 감소한다. 중앙에서는 0이다.

vertical shear stresses are max over supports and decrease toward center. they are zero in midspan

솔리드 웹 빔의 단면설계

Section design of solid web beams

단면저항 구조 시스템의 역학은 단면력의 이동에 달려 있다. 다시 말해, 이 시스템들의 구조적 기능은 단면 내의 활동에서 비롯된다는 뜻이다. 결국 이런 종류의 구조를 설계하는 데에 있어서 가장 우선적으로 고려해야 할 부분은, 다른 구조계열과는 달리, 특정재료에 맞춰 빔의 단면을 설계하는 것이다.

The mechanics of section-active structure systems rests upon mobilization of section forces. This will say that the structural function of these systems is performed by actions within the cross section. Consequently, the design of the beam CROSS SECTION, in compliance with the specific material, is – unlike as with other structure families – a primary concern in developing structures

목재 / Wood

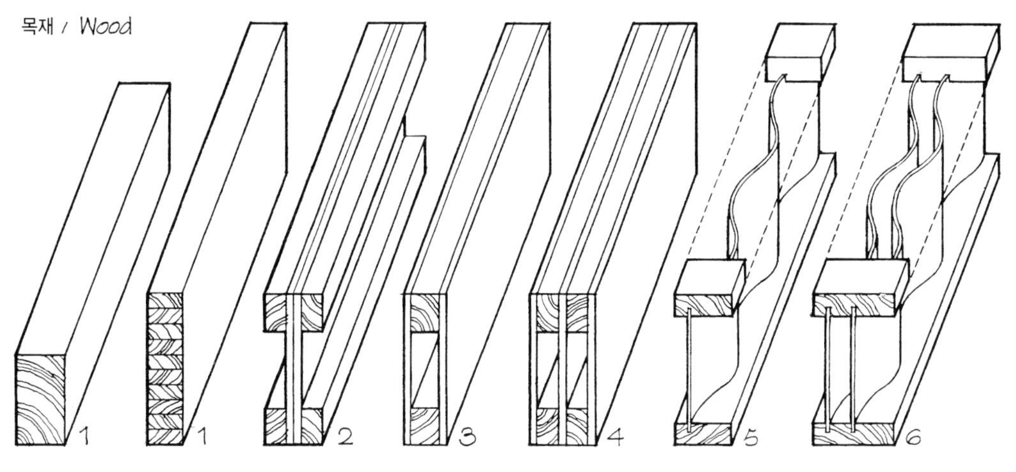

1 장방형 빔
2 I-형 빔
3 박스 빔
4 이중 박스형 빔
5 웨이브 웹 빔
6 이중 웨이브 웹 빔

1 Rectangular beam
2 I-beam
3 Box beam
4 Double-box beam
5 Corrugated web beam
6 Corrug. two-web beam

철 / Steel

1 2 3 4 5 6 7

1 I-형 빔
2 C-형 빔
3 H-형 빔
4 박스 빔
5 강각관 빔
6 타공 웹 빔
7 허니컴 웹 빔

1 I beam
2 Channel (profile) beam
3 Wide flange b., H beam
4 Box beam
5 Hollow section beam
6 Perforated web beam
7 Honeycomb web beam

철근콘크리트 / Reinforced concrete

1 2 3 4 5 6

1 장방형 빔
2 사다리형 빔
3 상부 플랜지 빔
4 I-형 빔
5 T-형 빔
6 이중 T-형 빔

1 Rectangular beam
2 Trapezoid beam
3 Top-beaded beam
4 I beam
5 T beam
6 Double-T beam

단 하나의 구조재료의 성질에 의해 형태가 결정되는 표준적인 빔 단면들 이외에, 구조적 장점들을 조합함으로써 새롭고 효율적인 단면들, 즉 합성 빔을 개발할 수 있을 것이다.

In addition to the standard forms of beam sections, largely being determined by the properties of but one structural material, the combination of materials, through the utilization of their respective structural merits, will lead to novel, especially efficient cross sections: COMPOSITE BEAMS

5개 스팬에 걸친 연속 빔의 휨 메카니즘

bending mechanism in continuous beam over 5 spans

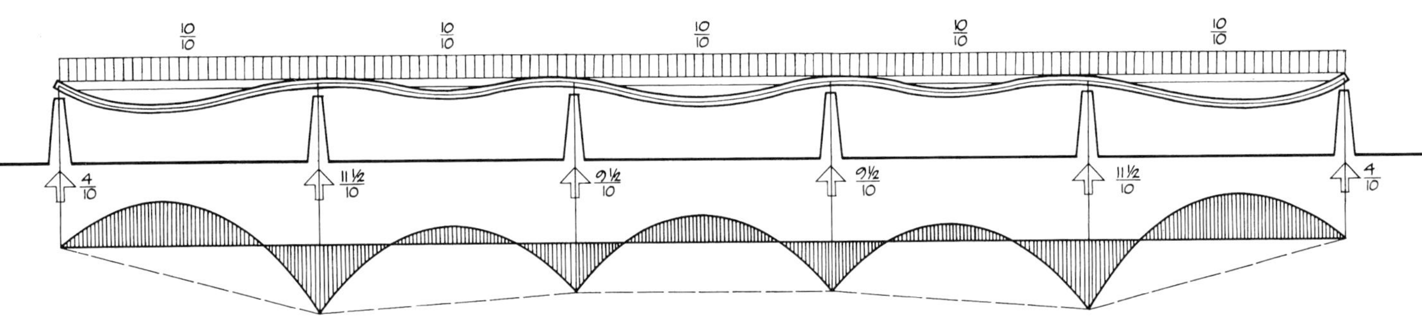

연속 등분포하중에서 휨의 크기

최대 휨은 외부 지지 위의 회전에 제약을 받지 않는 가장자리 스팬에서 발생한다. 가장자리 스팬에 인접한 스팬에서 최소 휨이 일어난다.

magnitude of bending under continuous load

max bending occurs in end span where rotation over exterior support is not restrained. min bending occurs in spans next to end spans

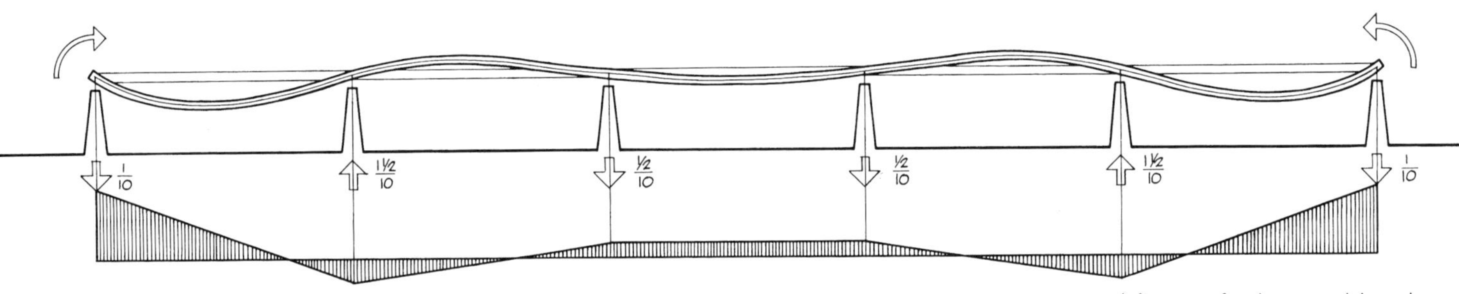

가장자리 스팬에서 주 모멘트의 영향

가장자리 지지대에서의 모멘트 제어가 부족하여, 추가적 회전 모멘트가 있을 때와 마찬가지로 다른 스팬들에 대해 동일한 영향을 준다.

influence of major moment in end span

lack of restraining moment over end supports influences the deflections of the other spans in the same way as does an additional rotation moment

연속 빔에서 휨의 균등한 분배의 가능성

possibilities of equal distribution of bending in continuous beam

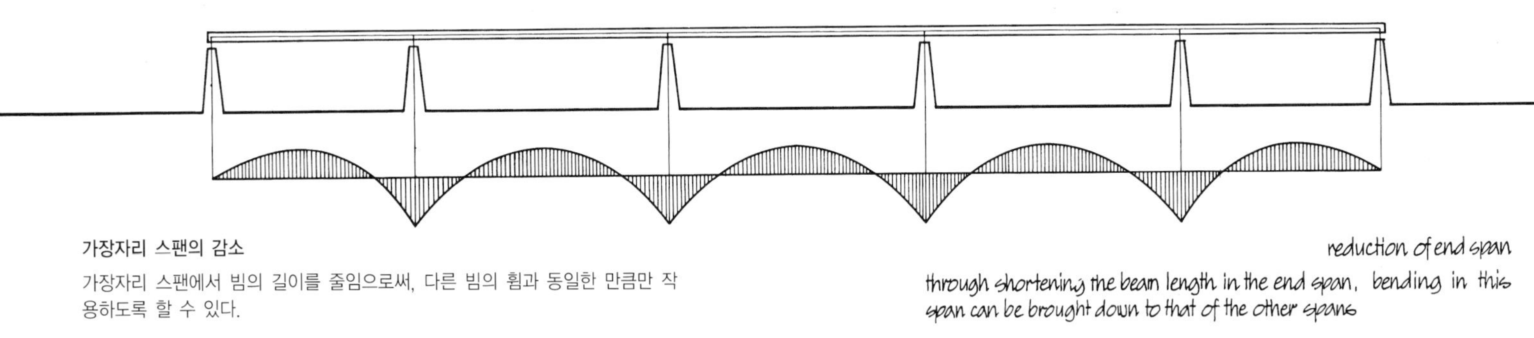

가장자리 스팬의 감소

가장자리 스팬에서 빔의 길이를 줄임으로써, 다른 빔의 휨과 동일한 만큼만 작용하도록 할 수 있다.

reduction of end span

through shortening the beam length in the end span, bending in this span can be brought down to that of the other spans

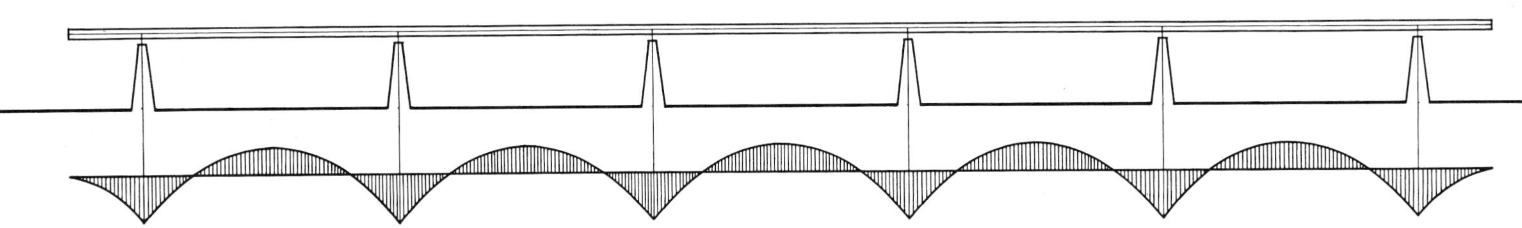

가장자리의 캔틸레버

캔틸레버의 역회전으로 인해 가장자리 스팬에서 휨, 다른 빔에서의 휨과 동일한 만큼만 작용하도록 할 수 있다.

cantilevers at the ends

due to the reverse rotation of the cantilevers, bending in the end span can be brought down to that of the other spans

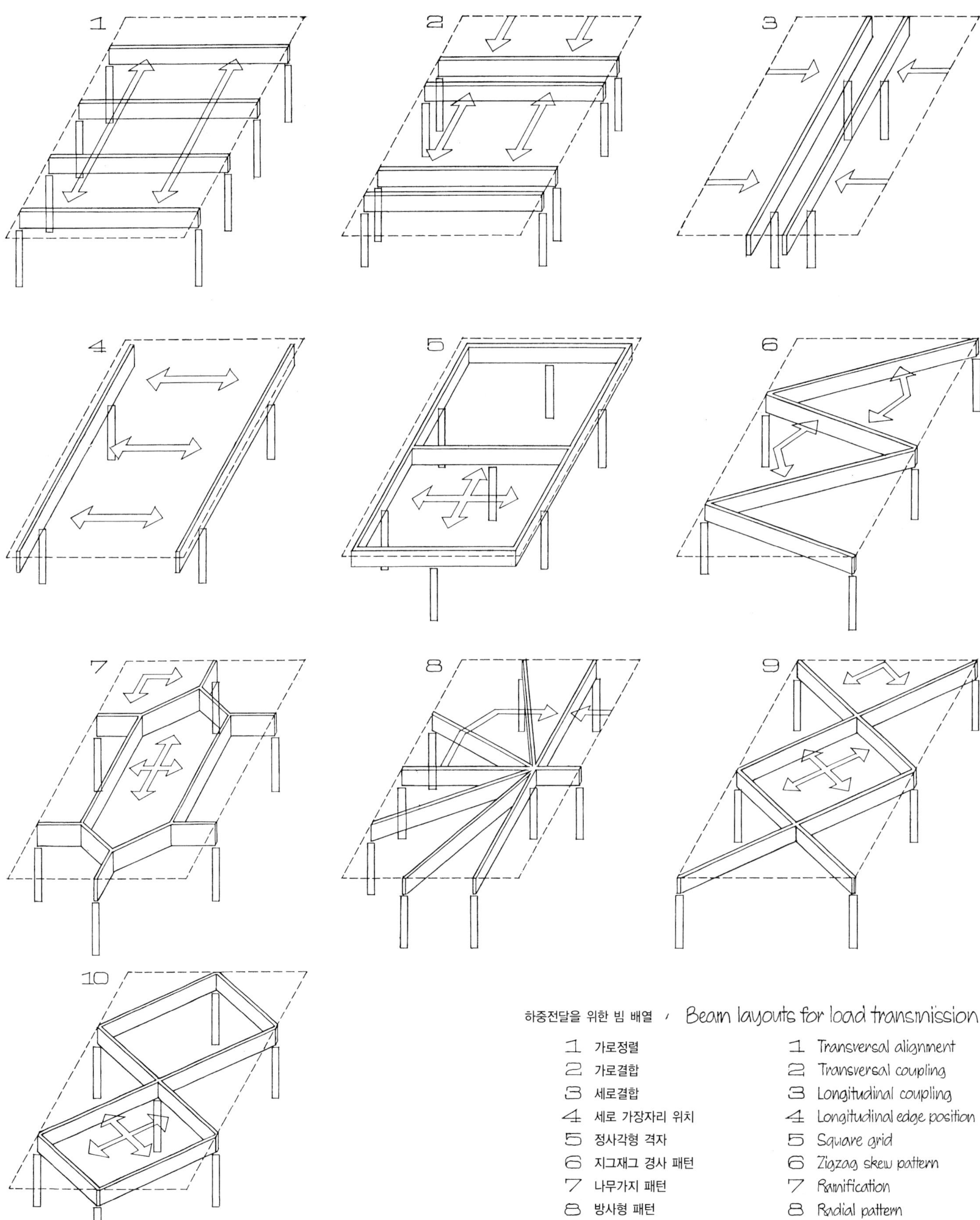

하중전달을 위한 빔 배열 / Beam layouts for load transmission

1	가로정렬	1	Transversal alignment
2	가로결합	2	Transversal coupling
3	세로결합	3	Longitudinal coupling
4	세로 가장자리 위치	4	Longitudinal edge position
5	정사각형 격자	5	Square grid
6	지그재그 경사 패턴	6	Zigzag skew pattern
7	나무가지 패턴	7	Ramification
8	방사형 패턴	8	Radial pattern
9	경사교차	9	Diagonal crossing
10	경사격자	10	Diagonal grid

스팬이 5개 이상인 경우를 위한 구조 시스템 및 설계 가능성

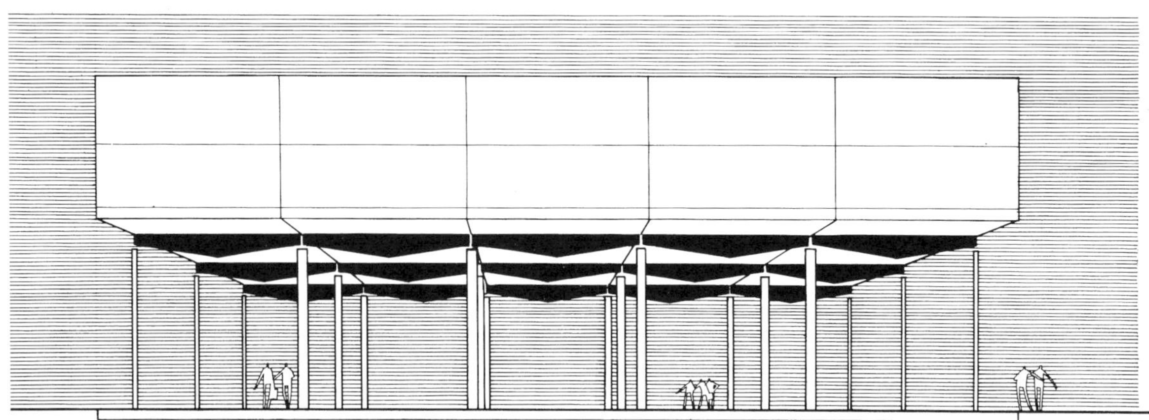

각 스팬에 대한 불연속 빔 :
각 스팬마다 균등한 응력분배

discontinuous beam one for each span:
stress distribution equal for each span

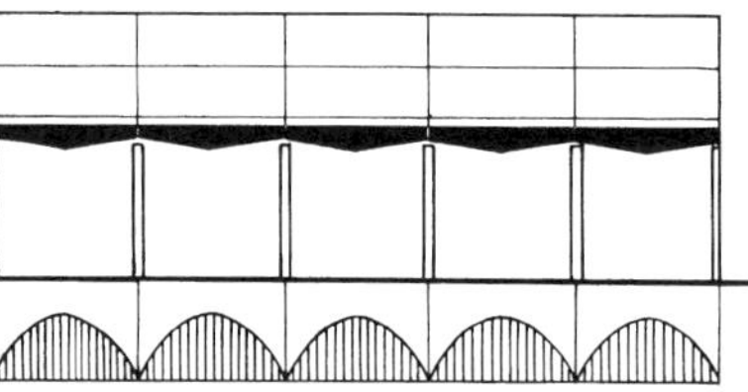

중심 부위로 갈수록 구조물 높이의 선형 증가

linear increase of construction height toward midspan

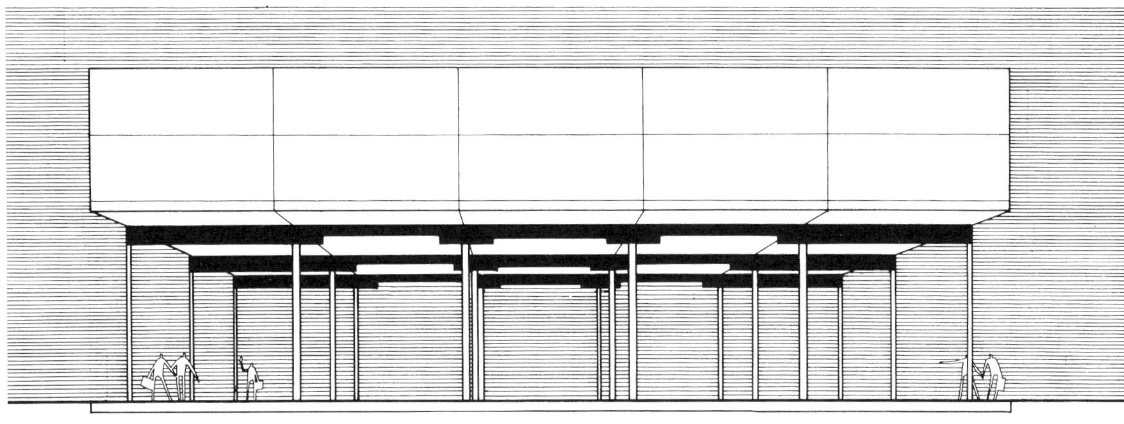

5개의 동일한 스팬에 걸친 연속 빔 :
각 스팬마다 다른 응력분포

continuous beam over five equal spans:
stress distribution different for each span

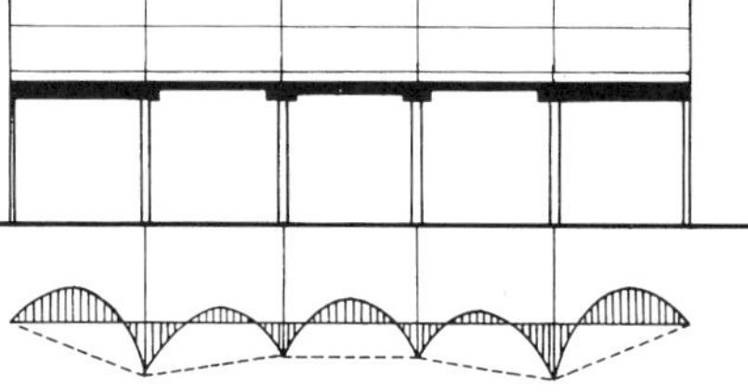

구조물 높이의 계단 형태로 조절

steplike adjustment of construction height

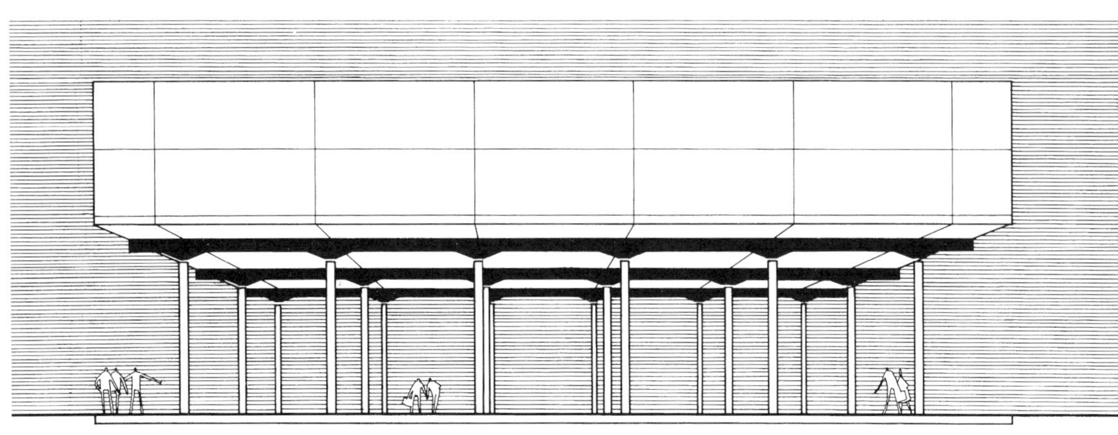

가장자리에 캔틸레버를 설치한 연속 빔 :
각 스팬마다 균등한 응력분포

continuous beam with cantilevered ends:
stress distribution equal for each span

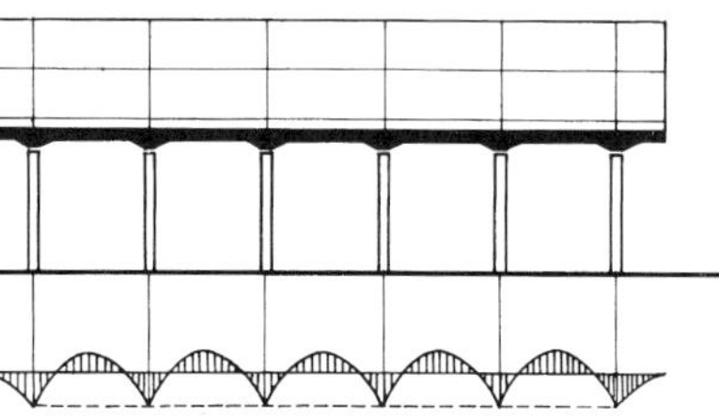

지지점에서 구조물 높이의 증가

increase of construction height over supports

structure systems and design possibilities for beam over five spans

가장자리 스팬을 줄인 연속 빔:
각 스팬마다 최대응력이 균등하게 분배

continuous beam with reduction of end spans:
max stresses for all spans evenly distributed

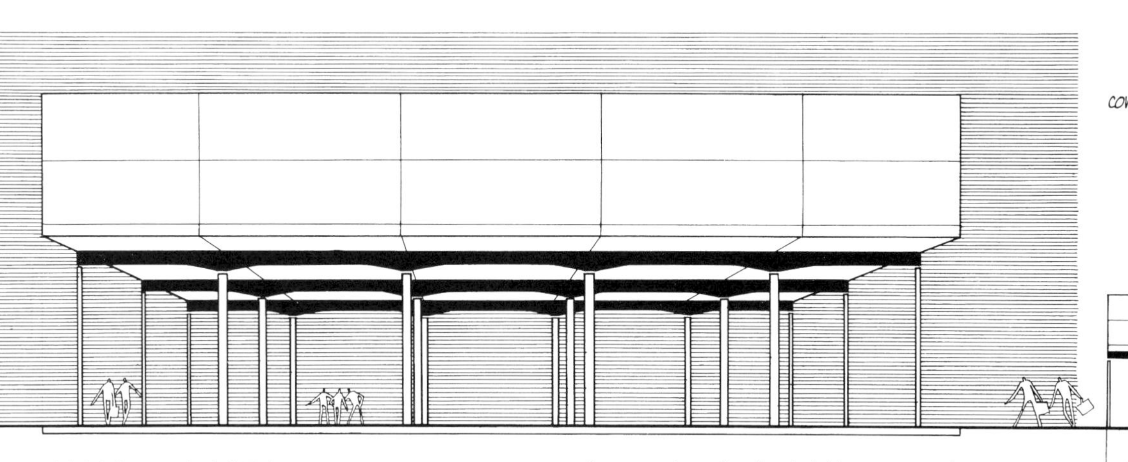

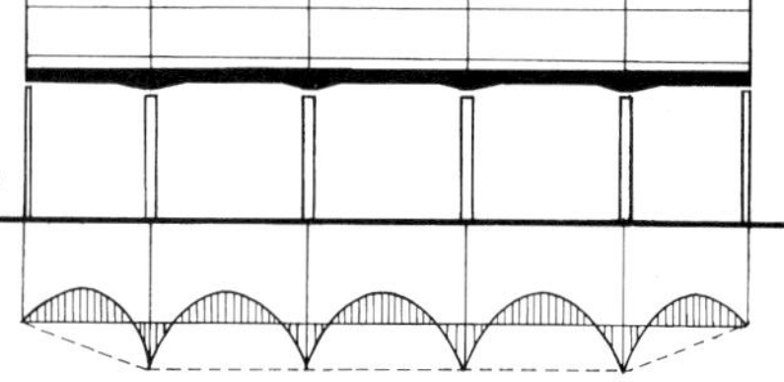

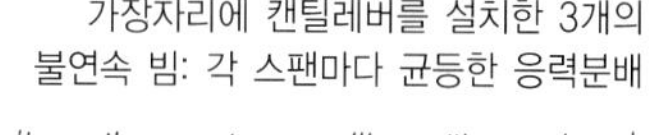

지지점에서 구조물 높이의 증가

increase of construction height over supports

가장자리에 캔틸레버를 설치한 3개의
불연속 빔: 각 스팬마다 균등한 응력분배

three discontinuous beams with cantilevered ends:
stress distribution equal for each span

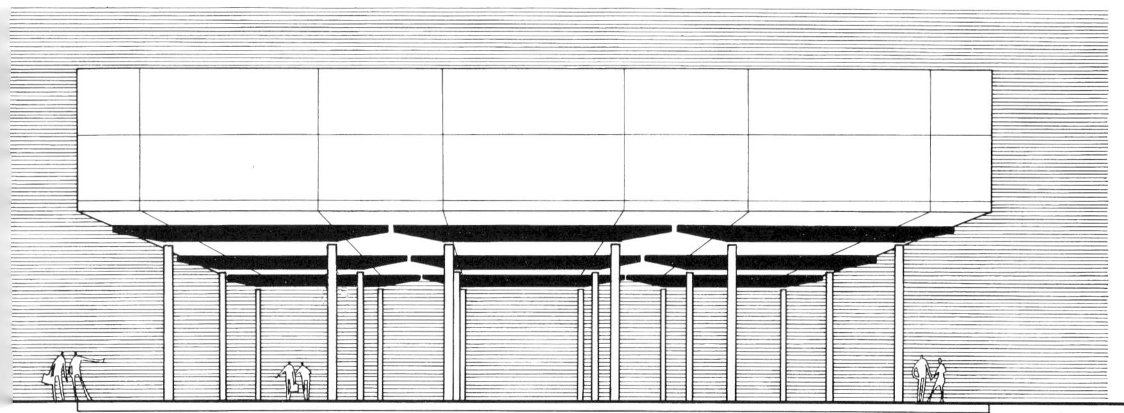

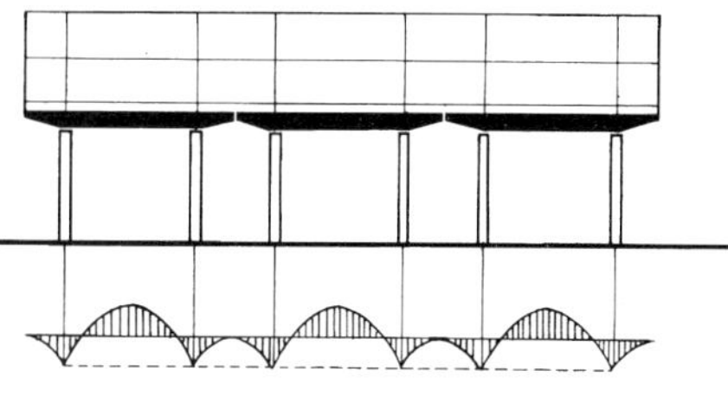

가장자리로 갈수록 구조물 높이의 감소

reduction of construction height toward the ends

캔틸레버 빔의 관계와 프레임 메카니즘

mechanism of frame and its relationship to the beam with cantilevers

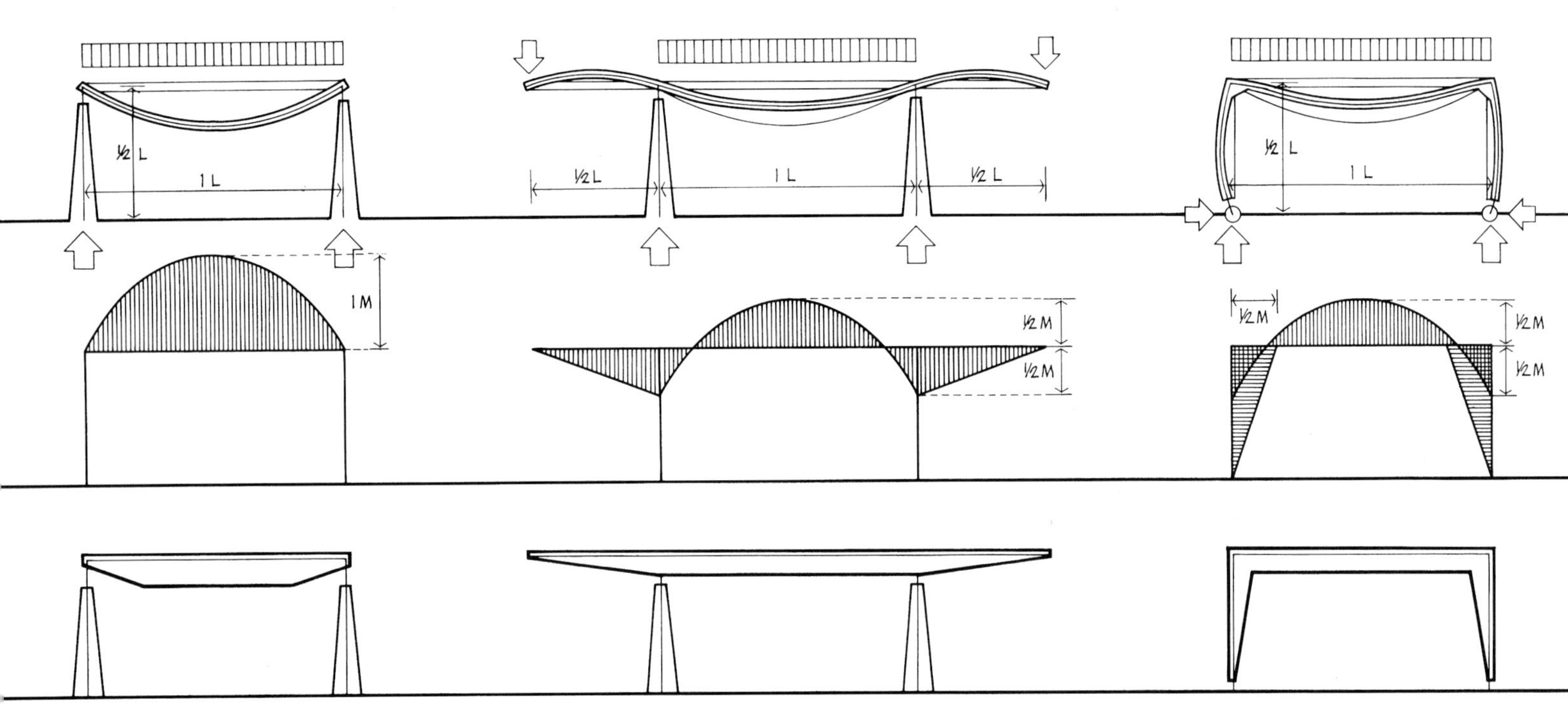

프레임 지지점에서 수평반력은 프레임 모서리의 회전을 저지하며, 캔틸레버식 빔의 가장자리에 작용하는 집중하중과 마찬가지로 프레임 빔의 처짐을 감소해 준다.

the horizontal reactions at the bases of the frame obstruct rotation of the frame corners and reduce deflection of the frame beam in the same way as do the point loads at the ends of a beam with cantilevers

응력분배와 구조형태에서 프레임 강성의 영향
2힌지 프레임과 3힌지 프레임 간의 관계

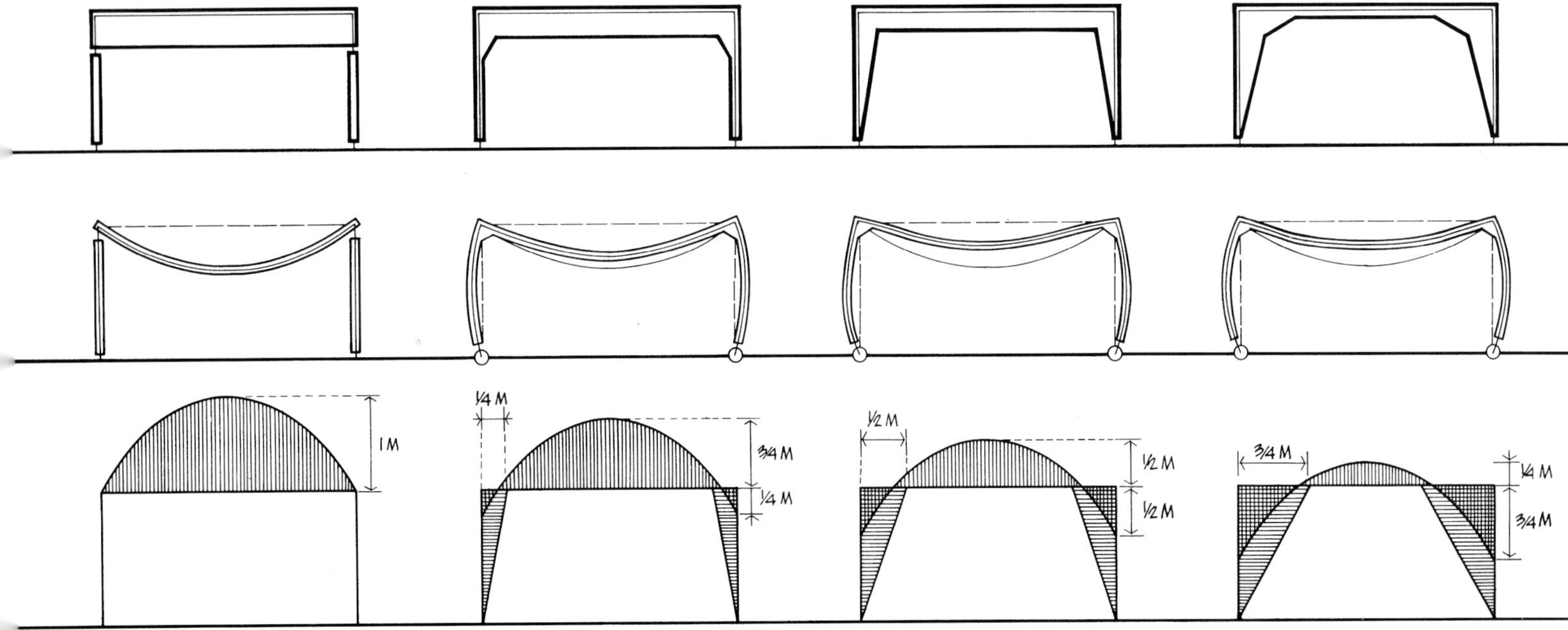

횡력 저항 메카니즘

mechanism of resisting lateral forces

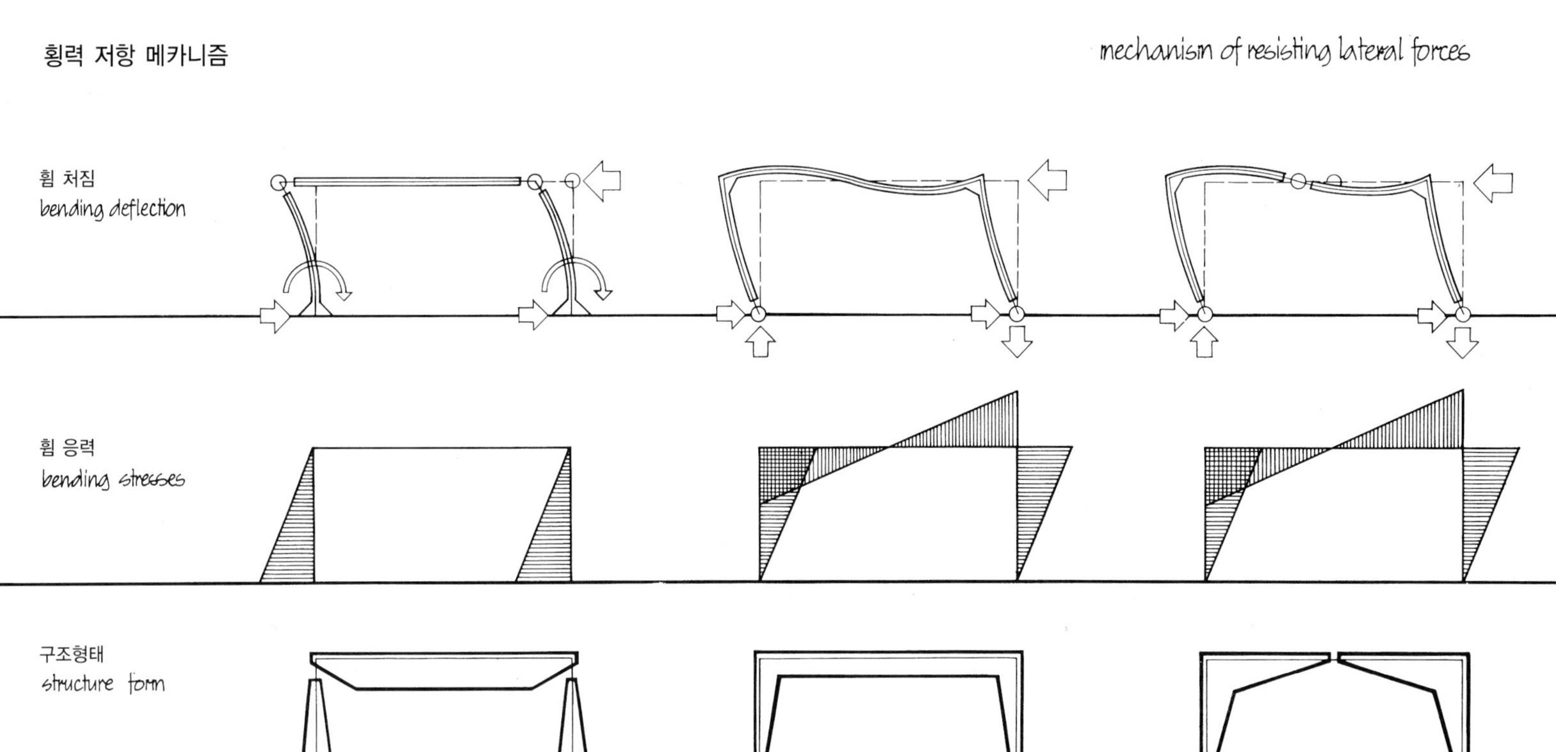

회전 모멘트를 수용하기 위해 지지대를 추가적으로 강성을 주어야 하는 단순 빔과는 달리, 강접 프레임은 자체적인 수직 휨 반작용을 통해 역회전을 발생시킨다.

contrary to the simple beam that needs additional stiffening of supports for receiving the rotation moment, in the rigid frame by its own deflection vertical reactions are generated that produce a reverse rotation

influence of frame stiffness on stress distribution and structure form

relationship between beam, two-hinged frame and three-hinged frame

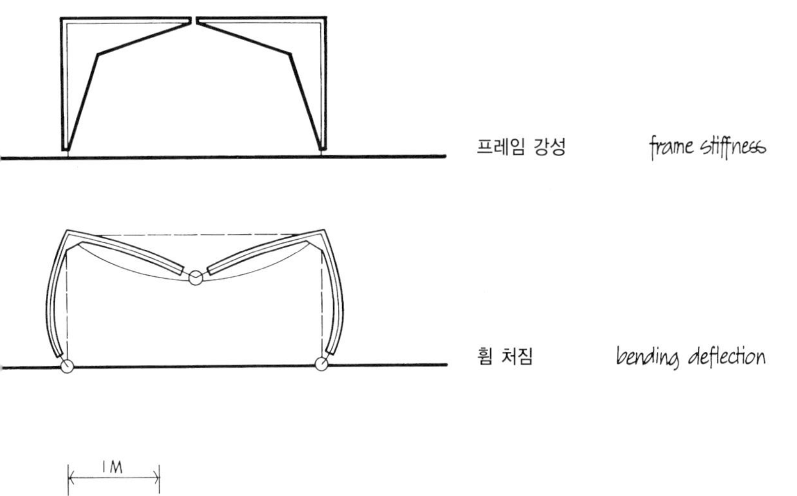

프레임 모서리의 연속성으로 인하여, 기둥강성에 따라 빔의 처짐을 다양하게 감소시킬 수 있다. 이는 처짐의 정도를 제어할 수 있다는 것, 나아가 구조적 형태를 제어할 수 있다는 것을 의미한다.

due to continuity over the frame corners, deflection of the beam can be reduced differently according to the degree of column stiffness. this results in control over degree of deflection and hence over structure form

힌지 프레임으로 구성된 수평과 수직구조 시스템

horizontal and vertical structure systems composed of hinged frames

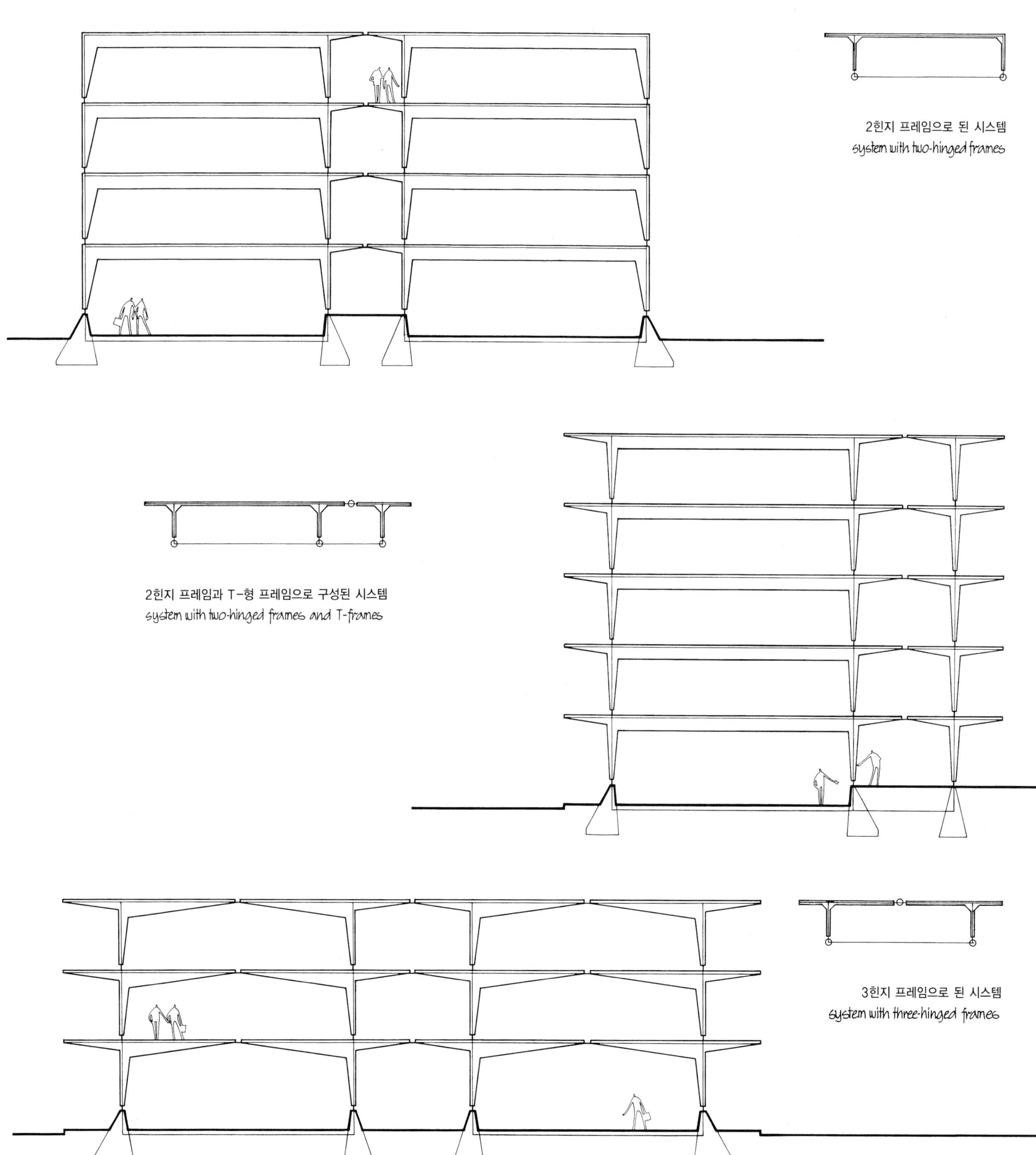

2힌지 프레임으로 된 시스템
system with two-hinged frames

2힌지 프레임과 T-형 프레임으로 구성된 시스템
system with two-hinged frames and T-frames

3힌지 프레임으로 된 시스템
system with three-hinged frames

2힌지 프레임의 이중형태와 반대 형태의 메카니즘

mechanism of the reverse and doubled form of two-hinged frame

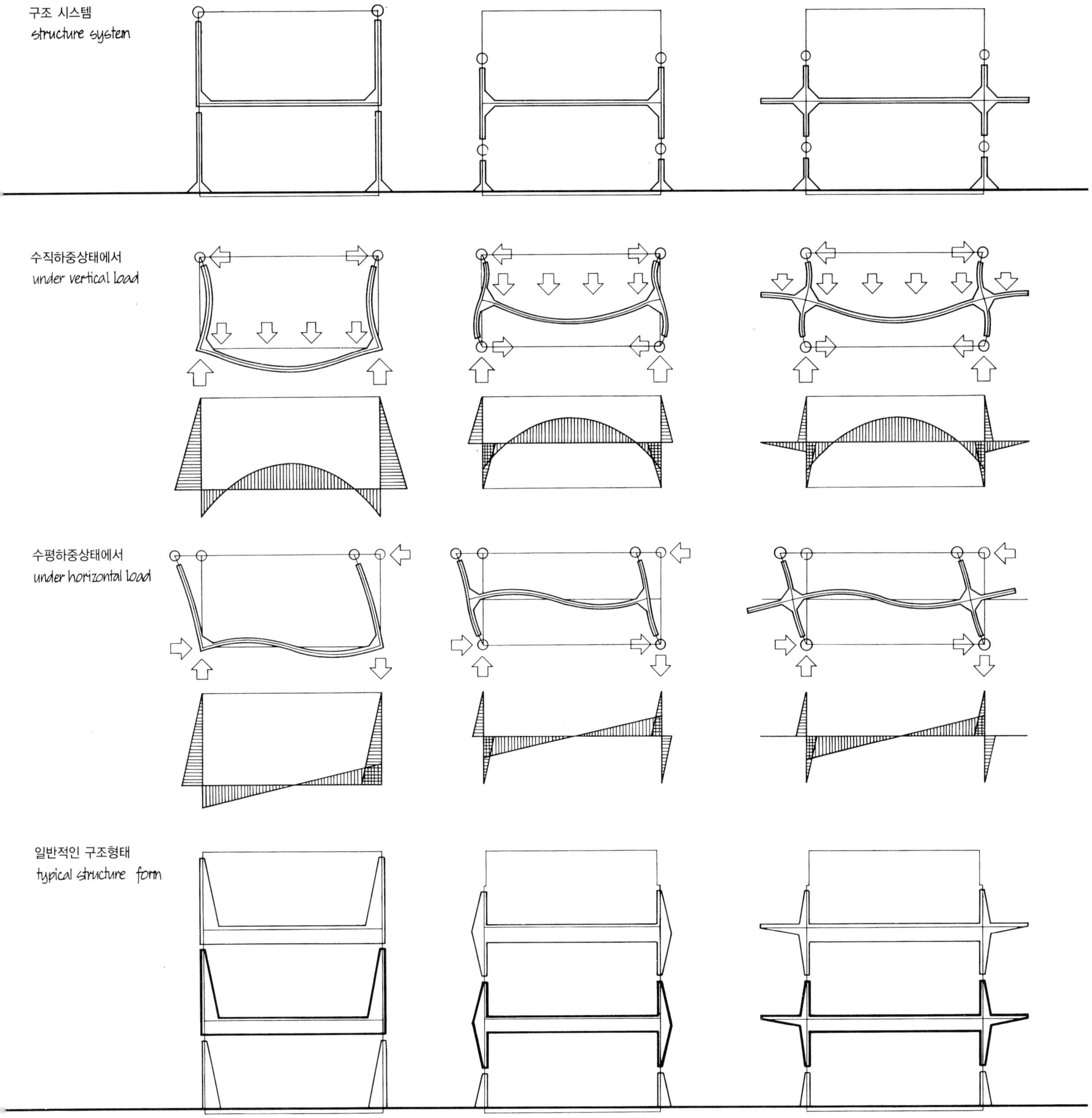

구조 시스템
structure system

수직하중상태에서
under vertical load

수평하중상태에서
under horizontal load

일반적인 구조형태
typical structure form

2힌지 프레임의 일반적인 지지 메카니즘은 프레임을 뒤집거나 추가적인 기둥을 겹침에 따라 효율성이 변하지 않는다.

the typical bearing mechanism of the two-hinged frame will function with undiminished efficiency also after reversal of the frame or after doubling up additional columns

3힌지 프레임의 이중 형태와 반대 형태의 메카니즘

mechanism of the reverse and doubled form of three-hinged frame

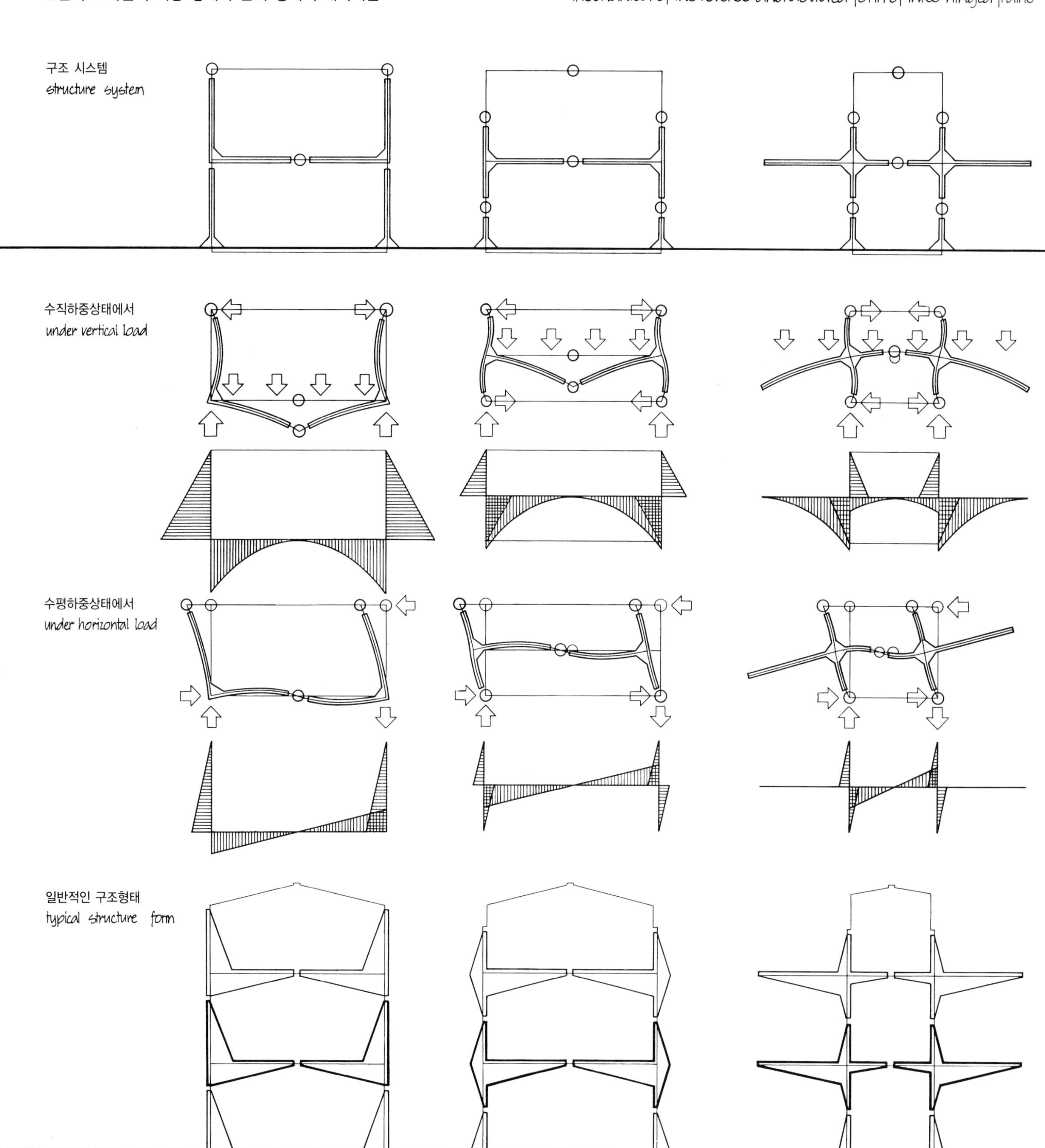

3힌지 프레임의 일반적인 지지 메카니즘은 프레임을 뒤집거나 추가적인 기둥을 겹침에 따라 효율성이 변하지 않는다.

the typical bearing mechanism of the three-hinged frame will function with undiminished efficiency also after reversal of frame or doubling up additional columns

이중으로 세워진 기둥 프레임으로 된 수직구조 시스템

vertical structure systems composed of frames with doubled-up columns

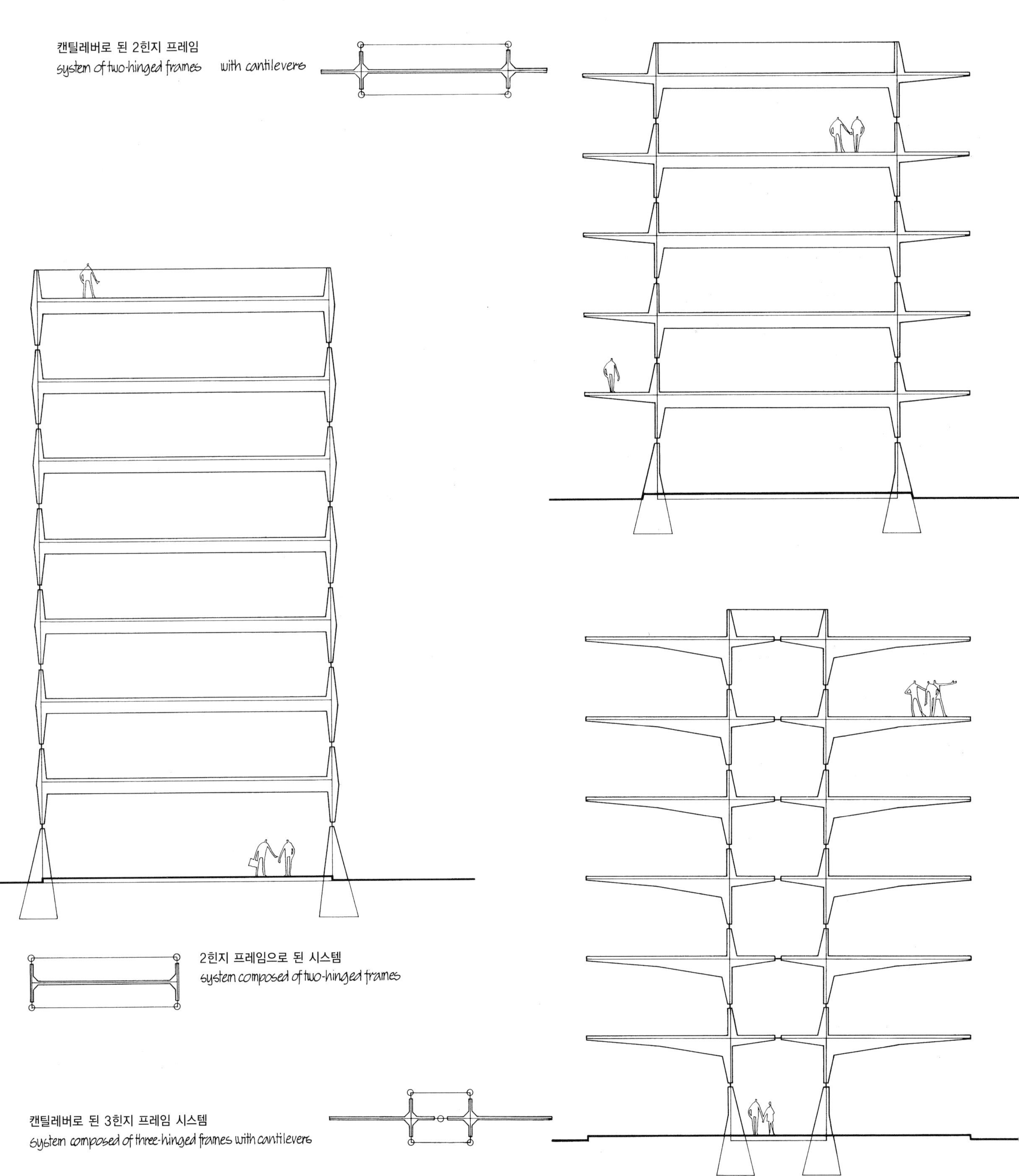

캔틸레버로 된 2힌지 프레임
system of two-hinged frames with cantilevers

2힌지 프레임으로 된 시스템
system composed of two-hinged frames

캔틸레버로 된 3힌지 프레임 시스템
system composed of three-hinged frames with cantilevers

이중기둥의 힌지 프레임으로 된 구조 시스템

structure systems composed of hinged frames with doubled-up columns

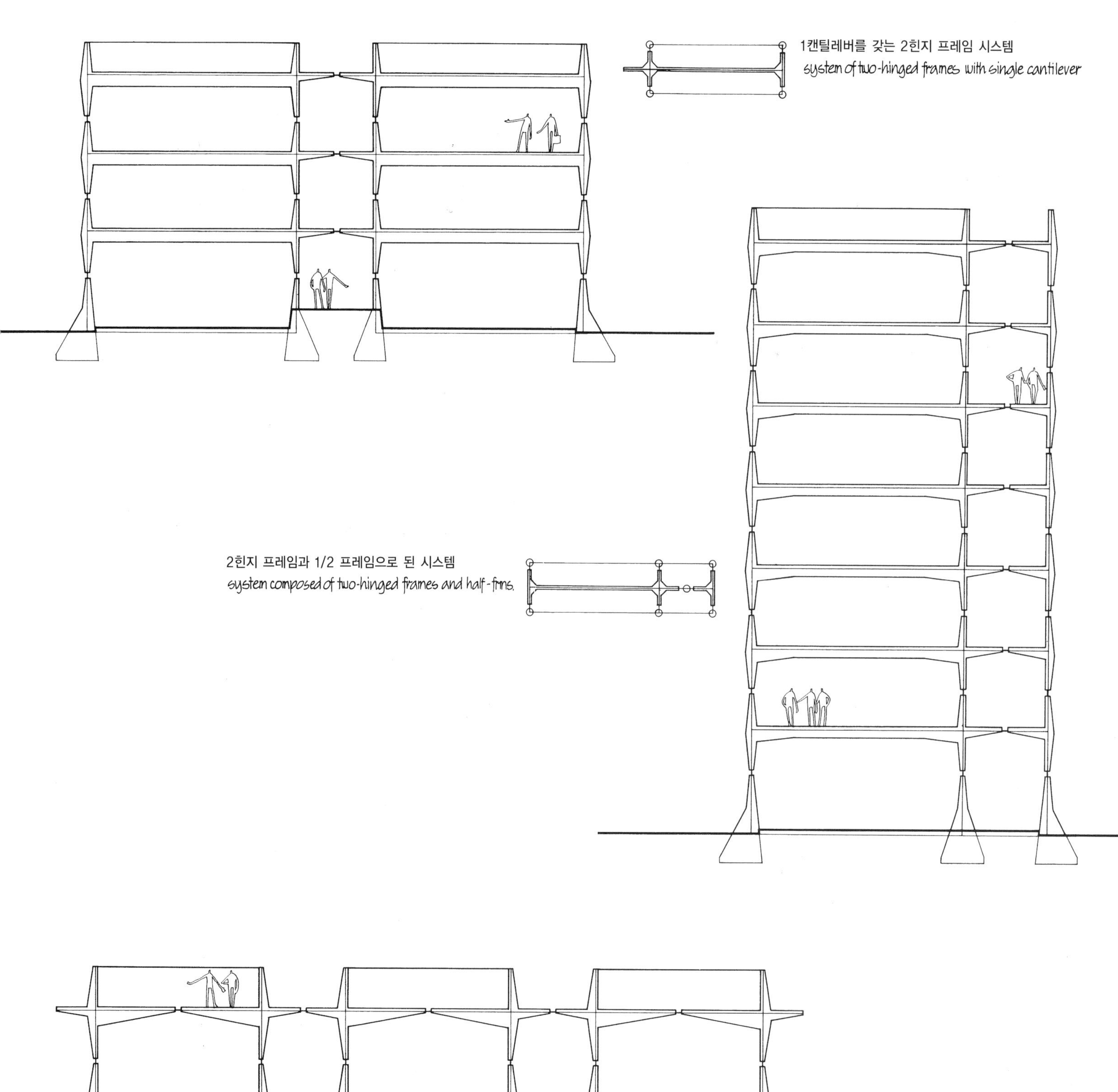

1캔틸레버를 갖는 2힌지 프레임 시스템
system of two-hinged frames with single cantilever

2힌지 프레임과 1/2 프레임으로 된 시스템
system composed of two-hinged frames and half-frms.

캔틸레버를 갖는 3힌지 프레임 시스템
system of three-hinged frames with cantilevers

힌지 프레임 시스템의 설계 가능성

design possibilities with hinged frame systems

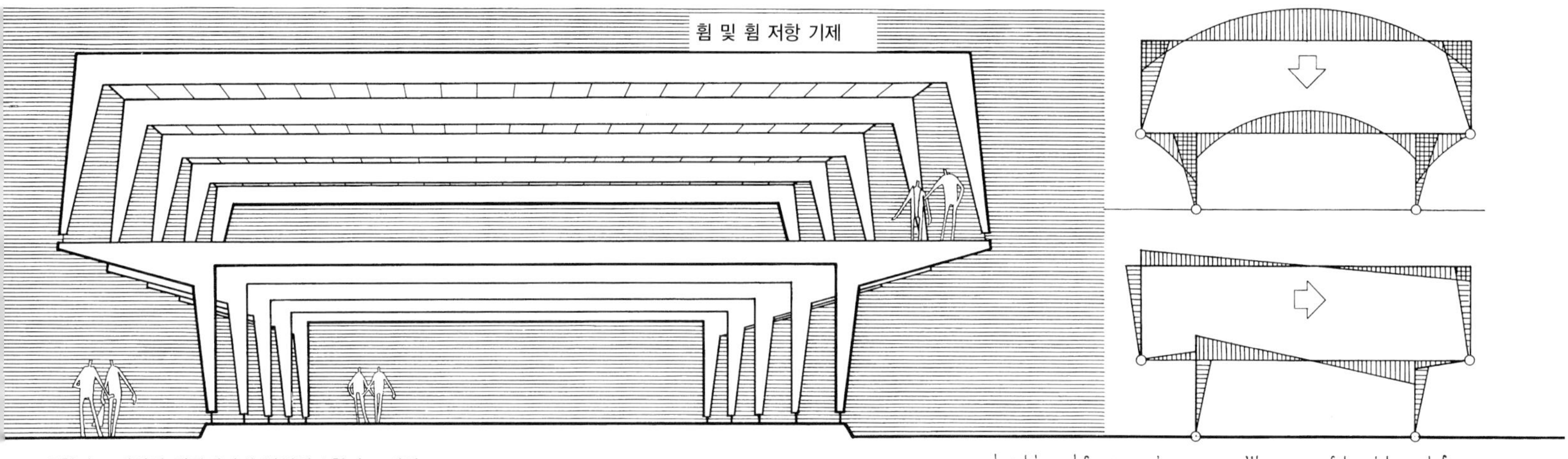

2힌지 프레임의 캔틸레버에 얹혀진 2힌지 프레임

two-hinged frame set upon cantilevers of two-hinged frame

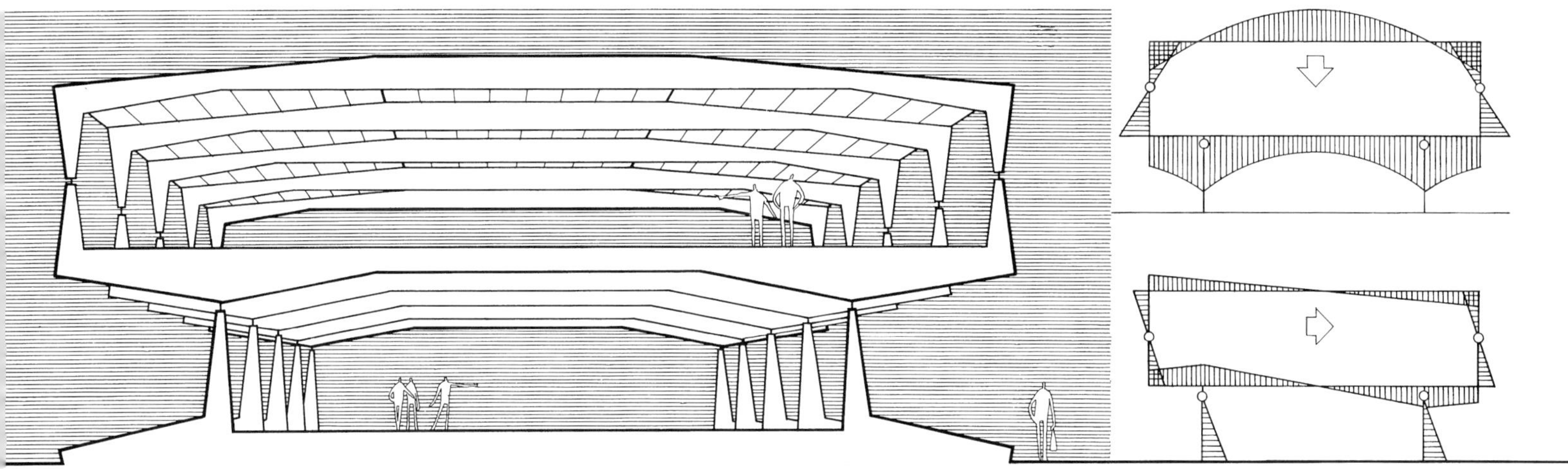

지지대로 얹혀진 역 힌지 프레임 위에 2힌지 프레임

two-hinged frame set upon reverse two-hinged frame upon supports

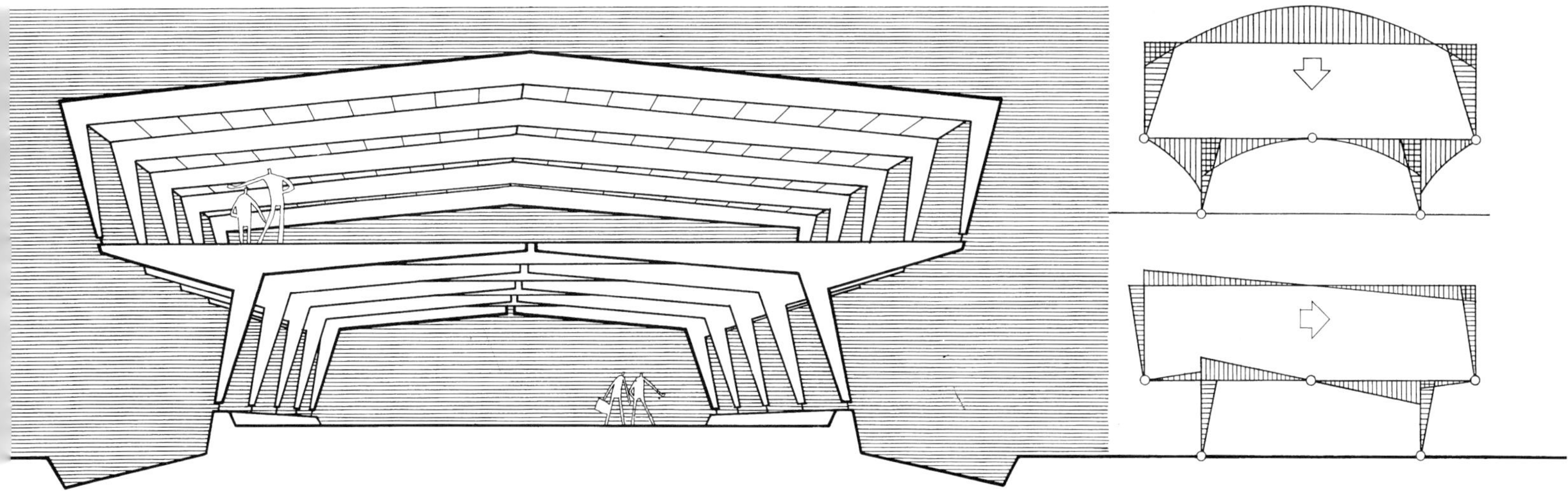

3힌지 프레임의 캔틸레버에 얹혀진 2힌지 프레임

two-hinged frame set upon cantilevers of three-hinged frame.

전체 프레임과 다중 패널 프레임의 메카니즘

mechanism of complete frame and multi-panel frame

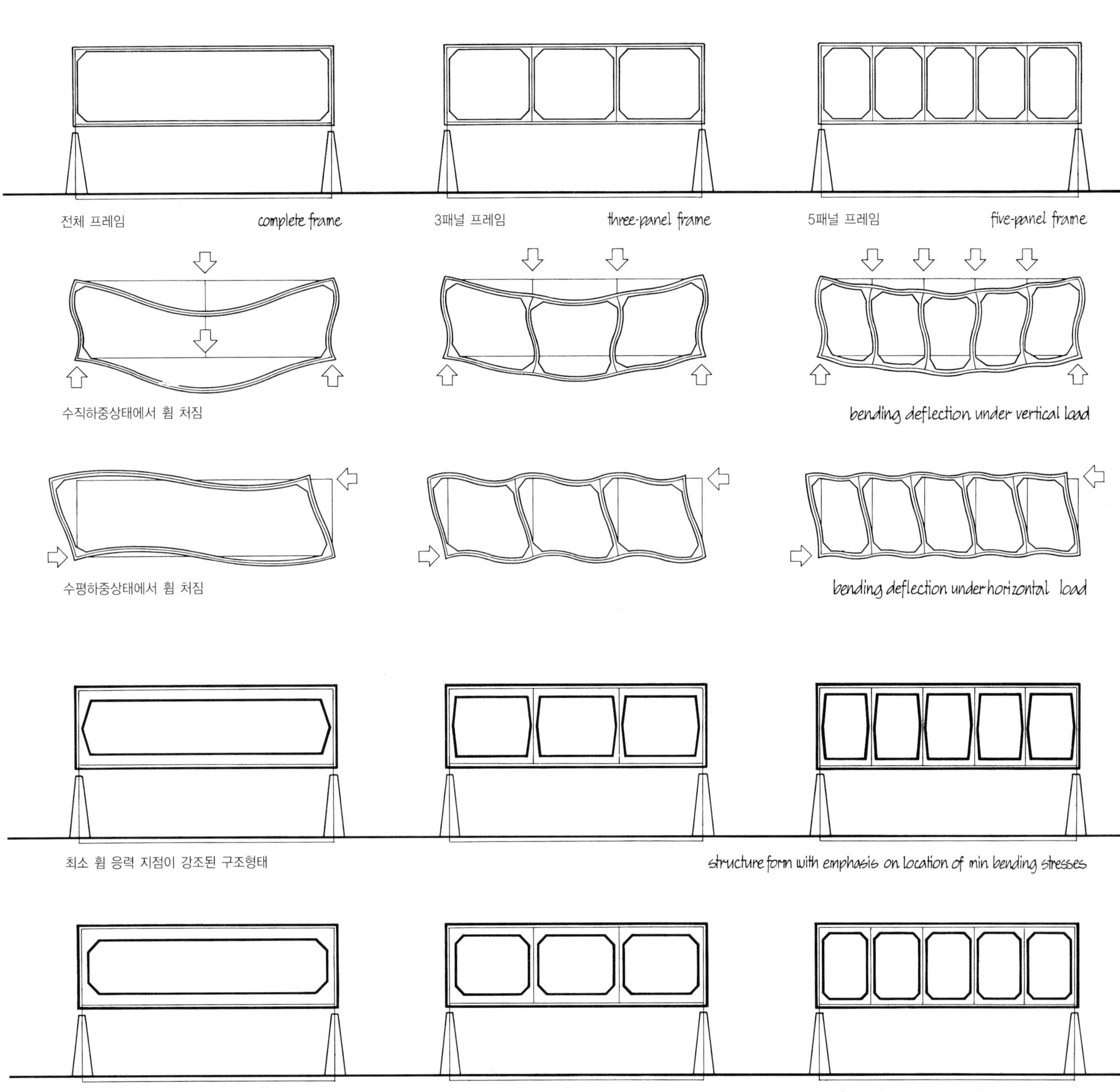

빔의 휨 처짐으로 인해 기둥의 가장자리 위쪽은 아래쪽과 반대방향으로 회전한다. 따라서 회전은 기둥에 의해 저항하고 처짐은 방해된다. 기둥의 갯수가 증가하면 효율성도 증가할 것이다.

due to bending deflection of beams, the ends of columns will be rotated, the upper end in opposite direction from the lower end. thus rotation will be resisted by the column and deflection is obstructed. efficiency will increase with number of columns (panels)

패널 설계와 다중 패널 프레임의 관계 / relationship between panel design and mechanism of multi-panel frame

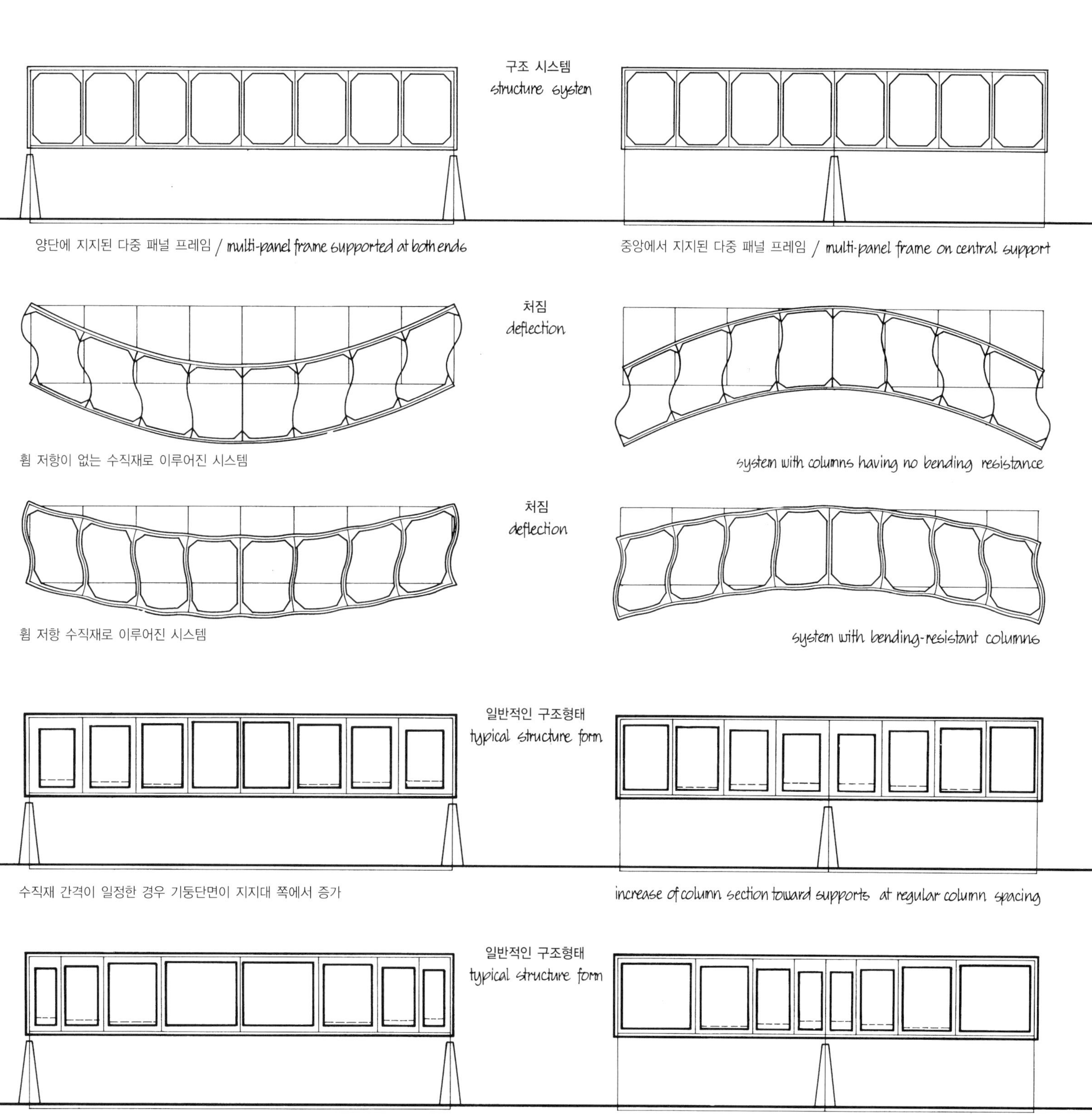

빔의 전단력 분배에 따라 수직재는 매우 다양한 휨을 받는다. 이러한 차이는 지지대 쪽에서 패널 간격을 줄이거나 수직재 단면을 넓힘으로 다룰 수 있다.

according to shear distribution in a beam the columns are subjected to very different degrees of bending. this difference can be integrated by reduction of panel width toward supports or by increase of column section

다중 패널 프레임으로 구성된 다층구조 시스템

multi-story structure systems composed of multi-panel frames

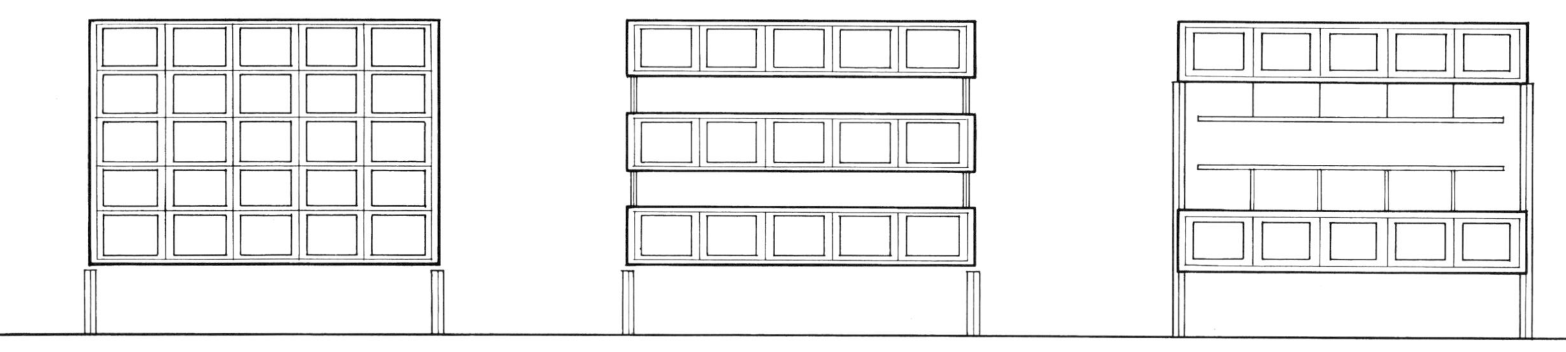

전 층에 걸친 다층구조
multi-story structure through all floors

두 층을 지지하는 단층구조
single-story structure supporting two floors

세 층을 지지하는 단층구조
single-story structure supporting three floors

전 층에 걸친 연속 다중 패널 프레임
multi-panel frame continuous through all floors

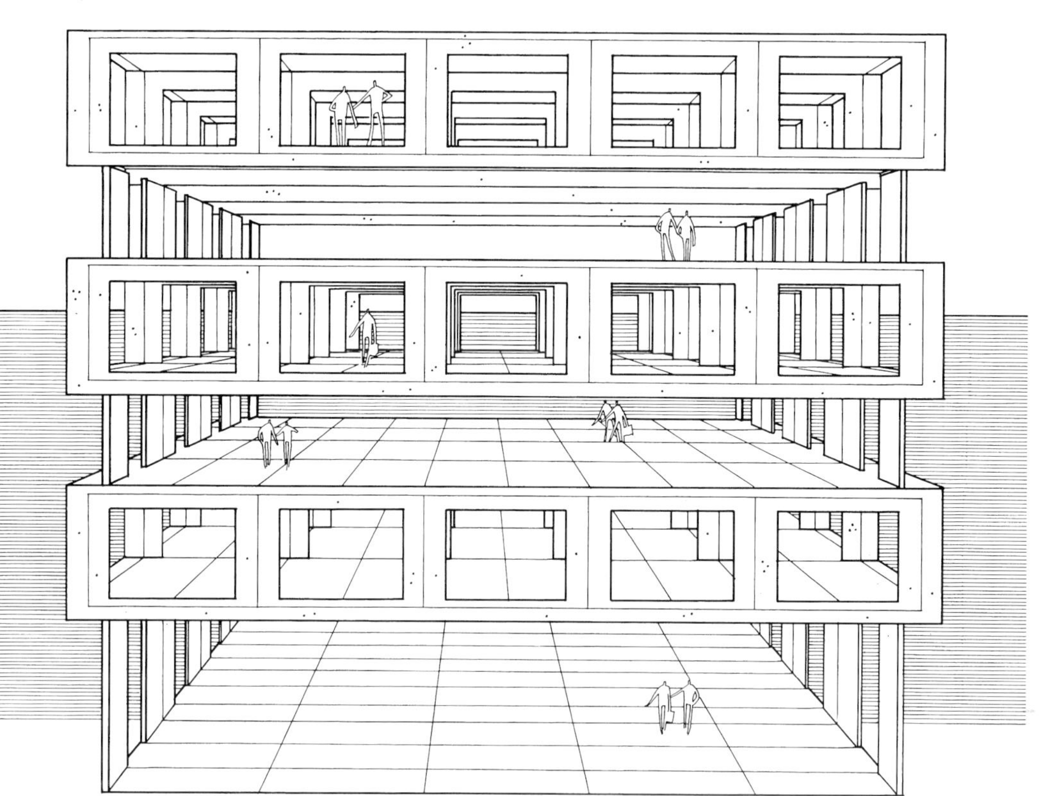
각 2개층을 위한 지지대로서 단층 다중 패널 프레임
single-story multi-panel frame as support for each two floors

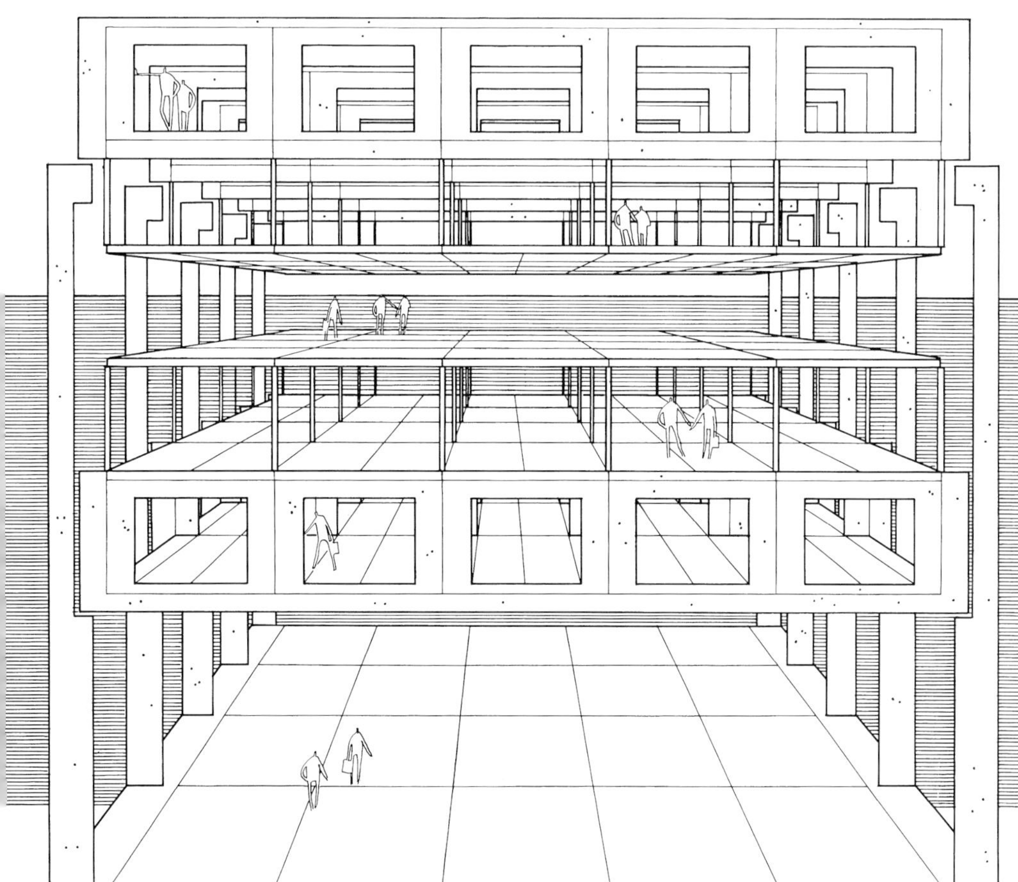
각 3개층을 위한 지지대로서 단층 다중 패널 프레임
single-story multi-panel frame as support for each three floors

단순 평행 빔과 빔 그리드
2방향 하중분산

relationship between simple parallel beam and beam grid
biaxial load dispersal

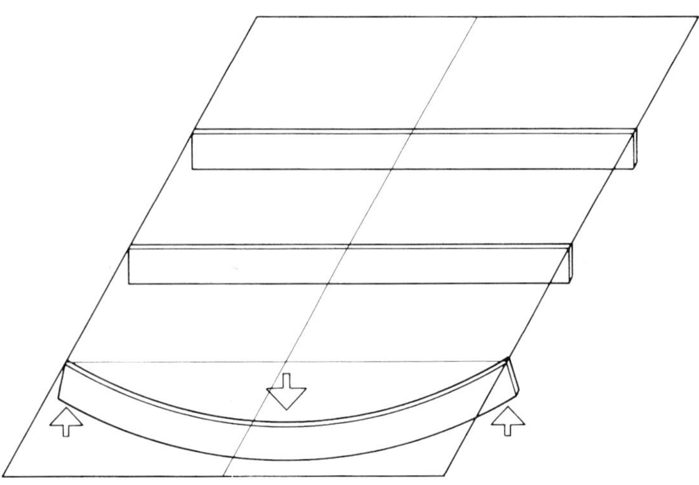

평행 빔 시스템에서는 하중을 받는 빔만 휘어질 것이다. 다른 평행 빔들은 단일하중에 대해서 저항 메카니즘을 발휘하지 않는다.

in the parallel beam system only the one beam under load will be deflected. the other parallel beams do not participate in the resistance mechanism against single load.

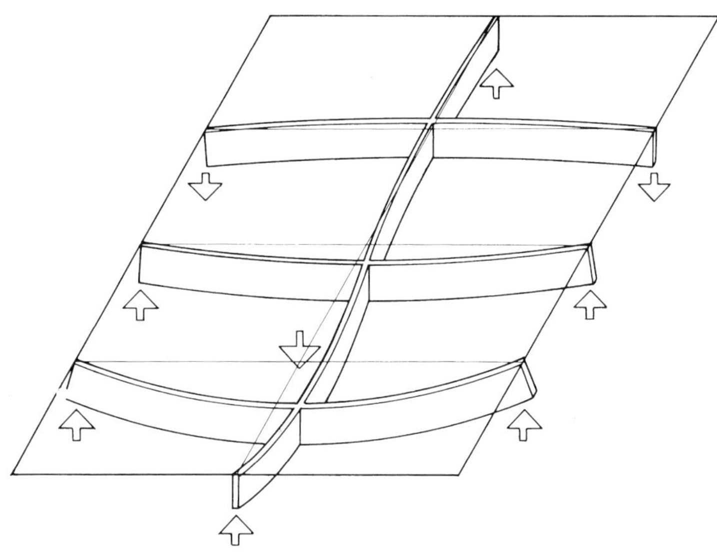

횡단 빔을 평행보 사이에 직교하도록 삽입함으로써 하중의 일부를 다른 빔들에 간접적으로 부과한다. 이에 시스템 전체가 단일하중에 대하여 저항 메카니즘들을 발휘한다.

through insertion of a transverse beam at right angles to the parallel beams one part of the load is transmitted to the beams not directly loaded. thus the entire system is participating in the resistance mechanism against single load

2축 하중분산의 크기에 대한 장단변비의 영향
influence of side proportions upon magnitude of biaxial load dispersal

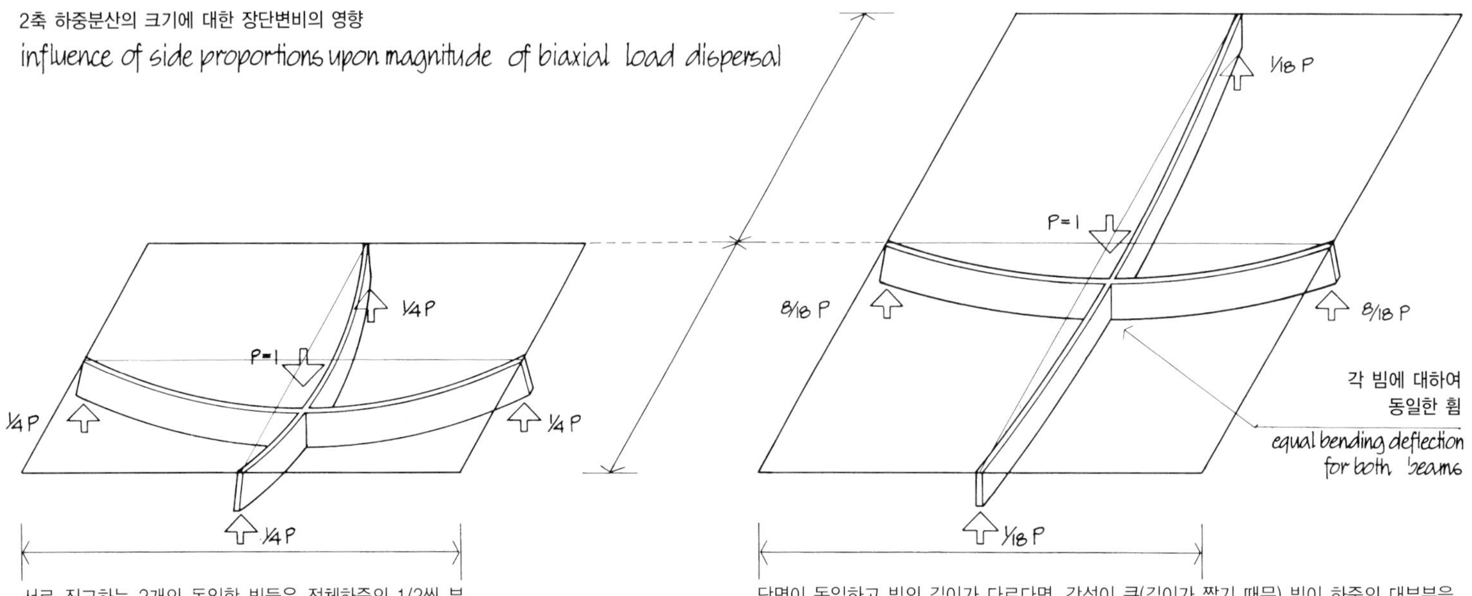

서로 직교하는 2개의 동일한 빔들은 전체하중의 1/2씩 부담한다. 이에 따라 각 지지점 반력을 총 하중의 1/4이다.

two identical beams at right angles to each other receive each one half of the total load. consequently each support reaction equals 1/4 of the total load

단면이 동일하고 빔의 길이가 다르다면, 강성이 큰(길이가 짧기 때문) 빔이 하중의 대부분을 부담한다. 만일 길이의 비율이 1:2라면, 빔의 강성의 비율은 1:8이다. 이에 따라 짧은 빔이 하중의 8/9를 부담한다.

if beams of same section have different length, the stiffer (because shorter) beam takes most of the load. if the ratio of the sides is 1:2, the stiffness of beams will have a ratio of 1:8. hence the shorter beam receives 8/9 of the total load.

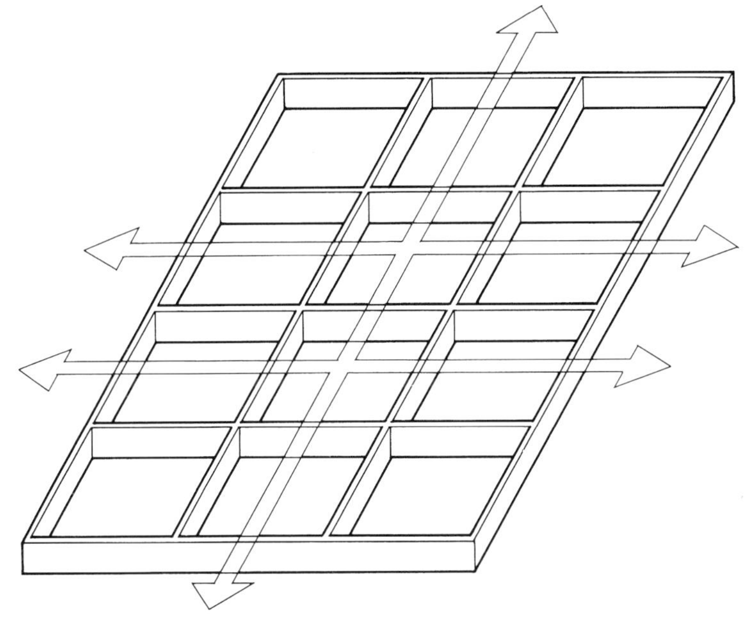

강접된 빔 그리드의 2축 하중분산

biaxial load dispersal of beam grid with rigid connections

빔의 강성이 동일하다면, 하중은 두 축을 따라 휨 메카니즘에 의해 분산된다. 집중하중의 경우, 상호교차로 인해 하중을 직접 받지 않는 빔들도 휘어진다. 이에 따라 휨 저항이 증가한다.

provided that both sets of beams have approximately equal stiffness, load is dispersed by bending mechanism in two axes. in the case of a point load condition, due to mutual interpenetration also the beams not directly under load deflect. consequently bending resistance is increased.

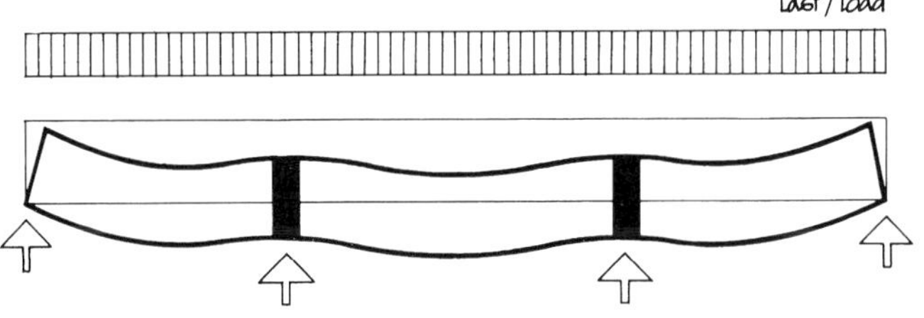

유연한 지지대 위의 연속빔으로서 부재의 거동

behaviour of component as continuous beam on flexible supports

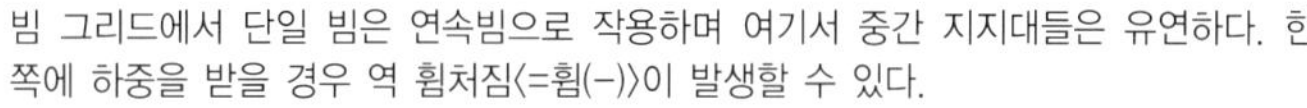

빔 그리드에서 단일 빔은 연속빔으로 작용하며 여기서 중간 지지대들은 유연하다. 한쪽에 하중을 받을 경우 역 휨처짐(=휨(-))이 발생할 수 있다.

the single beam in the beam grid acts as a continuous beam. of which the intermediate supports are flexible under one-sided loading a reversal of bending deflection (= negative bending) can occur.

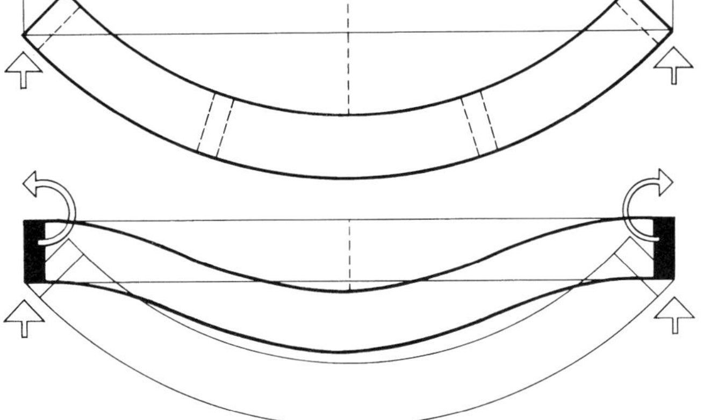

뒤틀림 방지를 통한 추가적인 지지작용

additional bearing action through resistance against twisting

강성이 큰 단면으로 인해 횡단 빔의 가장자리의 휨 회전에 의해 가장자리 빔이 뒤틀린다. 가장자리 빔의 뒤틀림 저항은 단부를 고정한 경우와 동일한 효과를 발생한다. 교차하는 빔의 휘어짐을 줄여준다.

due to rigid intersections the edge beam is twisted by bending rotation of the ends of the transverse beam. resistance against twisting by the edge beam has effect of a fixed-end situation. it reduces bending of cross beam

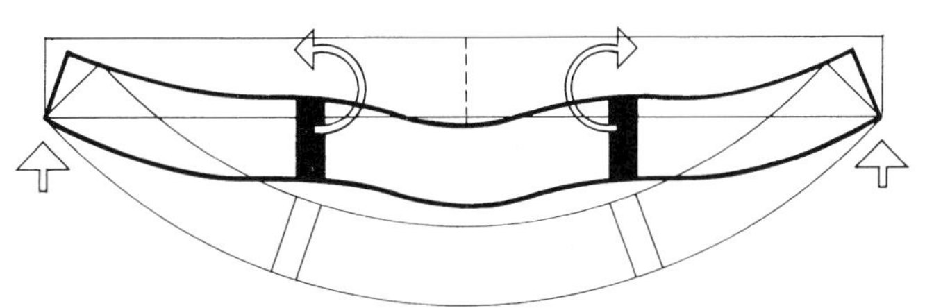

하나의 빔 단면의 휨 처짐은 강성이 큰 단면으로 인해 교차하는 빔의 단면을 뒤틀린다. 이를 통해 휨 처짐 현상에 대하여 추가적인 저항 메카니즘이 활성화 된다.

due to rigid intersections the bending deflection of one beam section causes the twisting of the beam section running crosswise. through this another resistance mechanism against bending deflection is activated

측면길이가 다른 평면을 위한 빔 그리드

beam grids for floor plans with unequal sides

정방형 그리드 / *square grid*

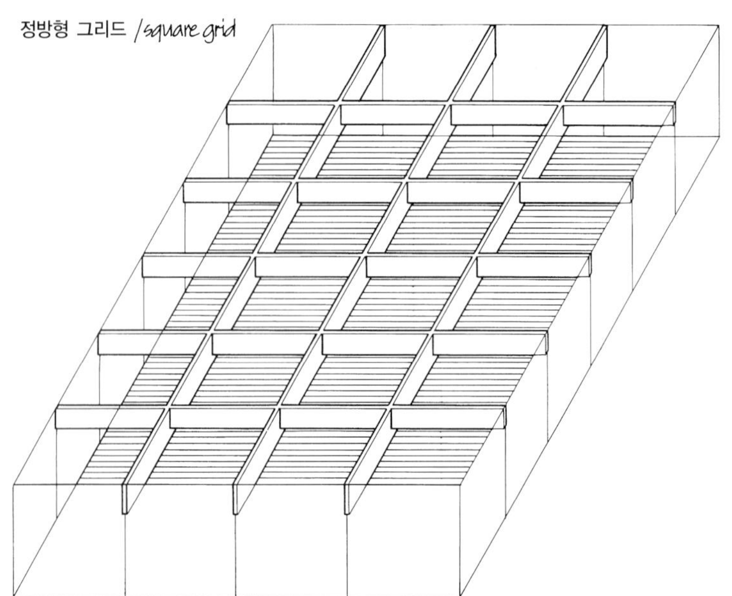

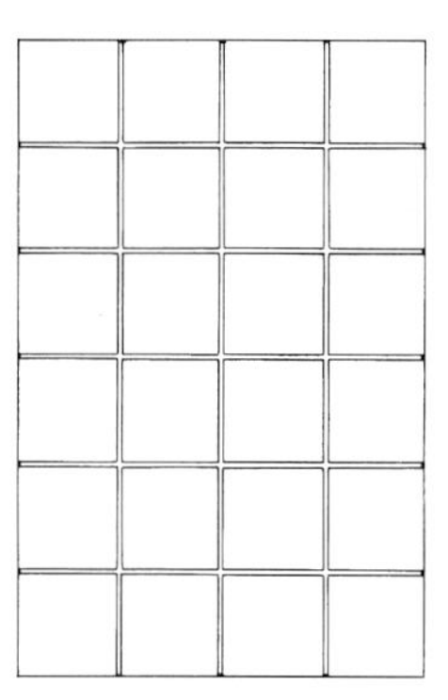

정방형(장방형) 그리드
square (rectangular) grid

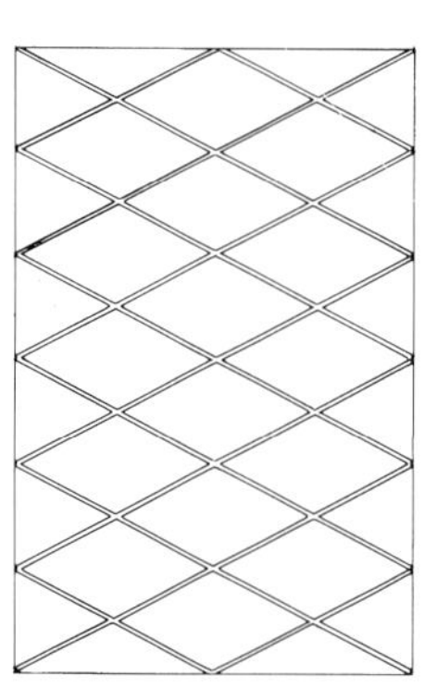

경사 그리드(대각선 그리드)
skew grid (diagrid)

한 쪽이 다른 쪽보다 확연히 긴 장방형 평면도의 경우, 세로 빔들은 강성의 저하로 인해 효율성이 감소된다. 두 축을 따라 동일하게 하중을 분산하기 위해 긴 빔을 적절하게 강성을 크게 하여야 하며 예를 들어 부지의 가로세로 비율이 1:2라면 긴 빔은 8배 더 강성이 커야 한다.

in rectangular floor plans of which one side is markedly longer than the other the longitudinal beams due to diminished stiffness show loss of efficiency. in order to allow equal load dispersal in two axes, the long beams must be stiffened accordingly, i.e. if plan has ratio of 1:2, long beams must be eight times stiffer

경사 격자 / *skew grid*

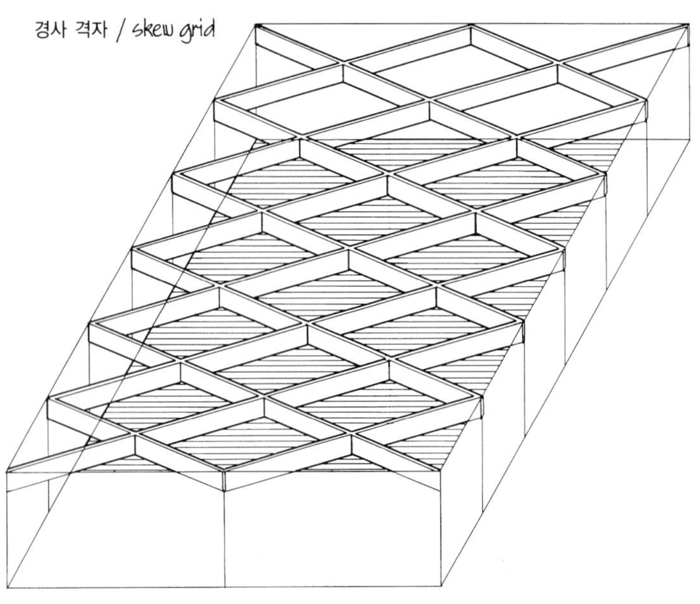

평면도가 장방형인 경우 서로 다른 빔 길이의 단점을 비스듬한 그리드를 통해 만회할 수 있다. 가장자리의 짧은 빔 길이 덕분에 단부가 고정된 경우와 동일하게 추가적인 강성을 획득할 수 있다.

the skew grid avoids the disadvantage of unequal beam lengths in oblong floor plans. moreover because of shorter beam spans at the corners additional stiffness is achieved much like in a fixed end condition

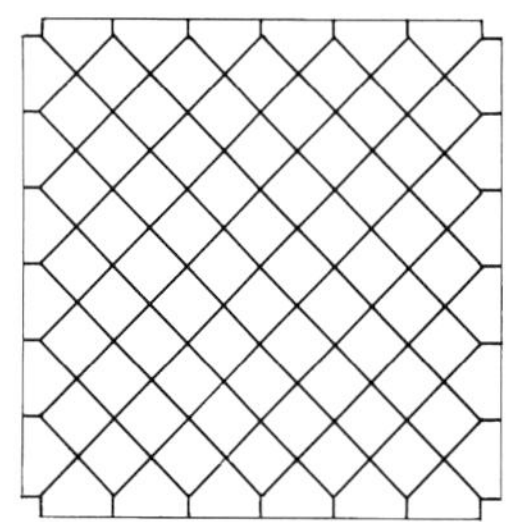

대각선 정방형 그리드 / *diagonal square grid*

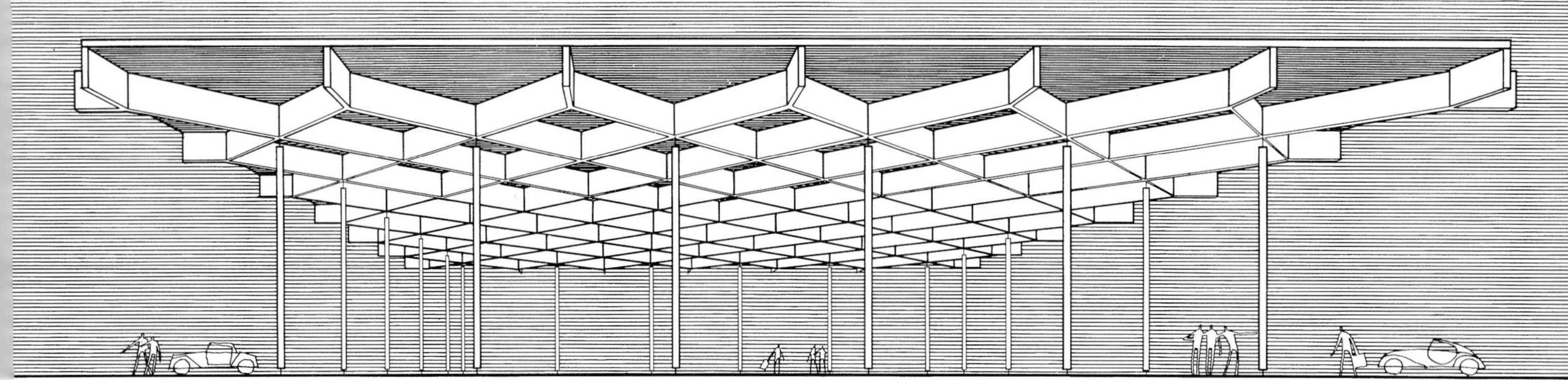

빔 그리드 설계의 주요 사항

평면도 구성과 지지대의 배열에 대한 근본적인 원칙 이외에 빔 그리드의 설계는 형태에 대하여 다음과 같이 세 가지 사항에 대해 결정해야 한다:

1. 빔 패턴의 기하학
2. 횡단 공간구성과 그리드의 관계
3. 빔 그리드 구조의 일관성(접합)

위 사항들에 따라 빔 그리드를 분류하고 정의한다.

Constituent concerns in the design of beam grids

Aside from the fundamental commitment to the configuration of floor plan and to the disposition of supports the design of beam grids is concerned with three form decisions:

1 Geometry of beam pattern
2 Grid relationship to lateral space enclosure
3 Consistency of beam grid structure

Accordingly beam grids will be classified and identified

1 빔 그리드의 표준 기하학 / Standard geometries of beam grids

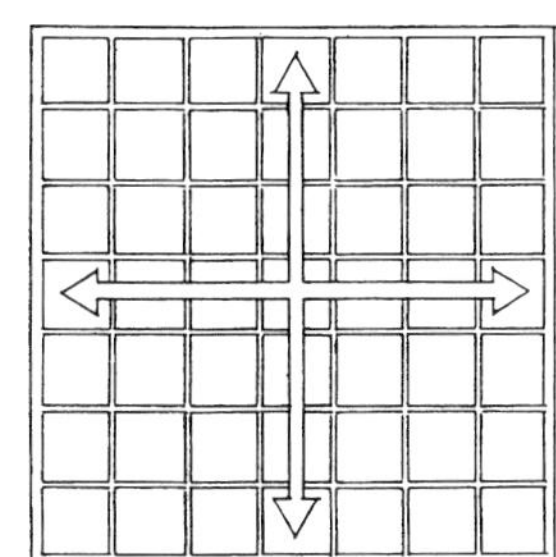

직교 빔 그리드
- 2축 하중전달
- 네 측면에 지지되는 정방향 또는 정방형에 가까운 평면

Orthogonal beam grid
- bi-axial load transfer
- sqare or near-square floor plan with lines of support on all four sides

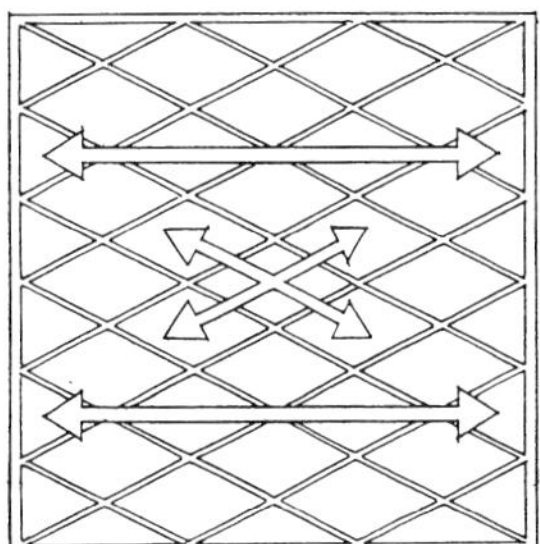

경사 빔 그리드
- 1축 하중전달
- 반대 측면에 지지되는 장방형 평면

Skewed beam grid
- one-dimensional load transfer
- oblong rectangular floor plan with lines of support on the two opposite sides

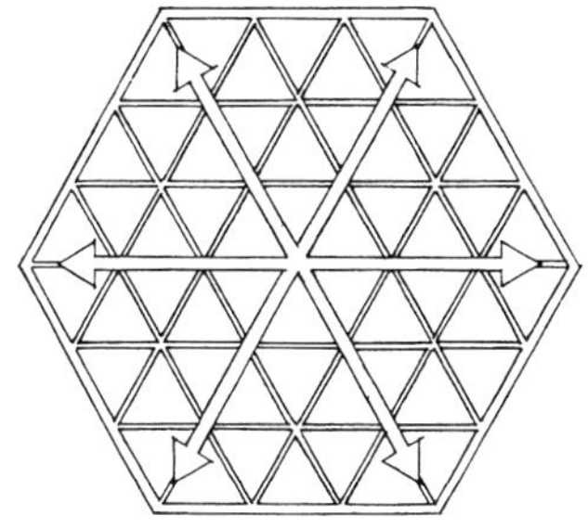

삼각형 빔 그리드
- 3축 하중전달
- 모든 측면에 지지되는, 대체로 중앙집중적인 평면

Triangular beam grid
- tri-axial load transfer
- generally concentric floor plan with lines of support on all peripheral sides

2 횡단 공간구성과 그리드와의 관계 / Grid relationship to the lateral space enclosures

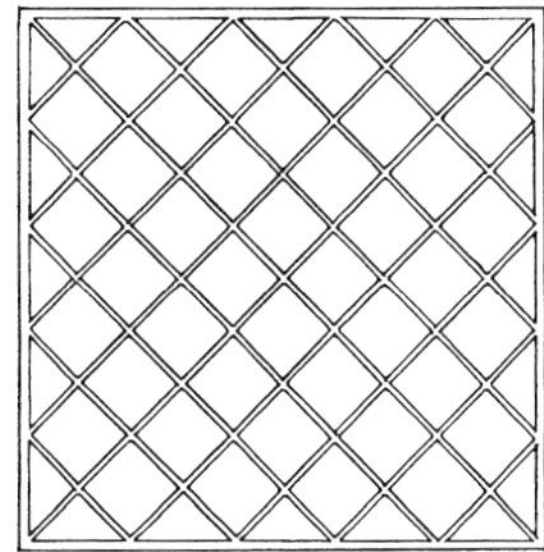

대각선 빔 그리드 / Diagonal beam grid

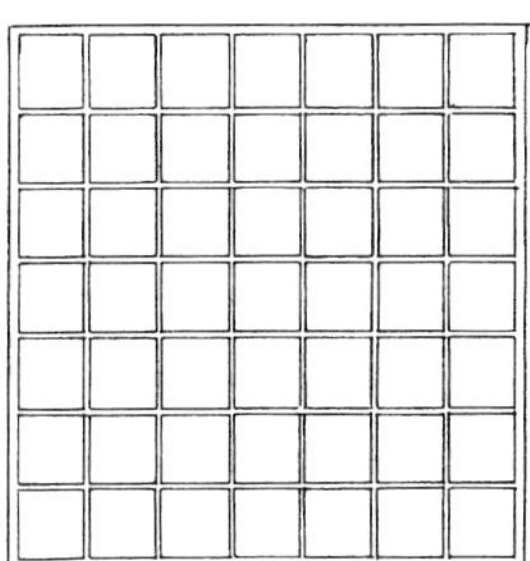

합동 빔 그리드 / Congruent beam grid

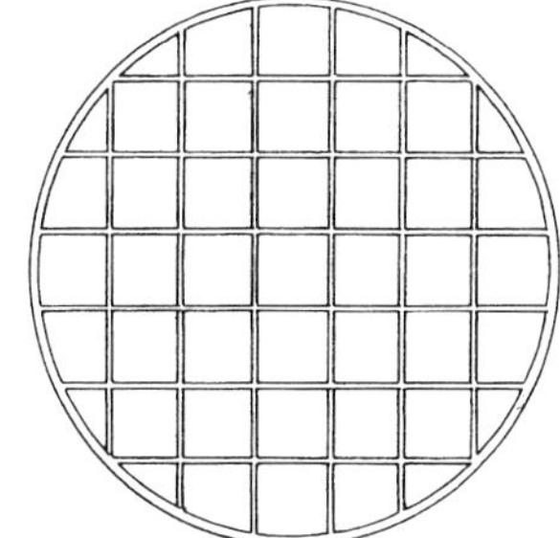

단면 빔 그리드 / Sectional beam grid

3 빔 그리드 구조의 일관성(접합) / Consistency of beam grid structure

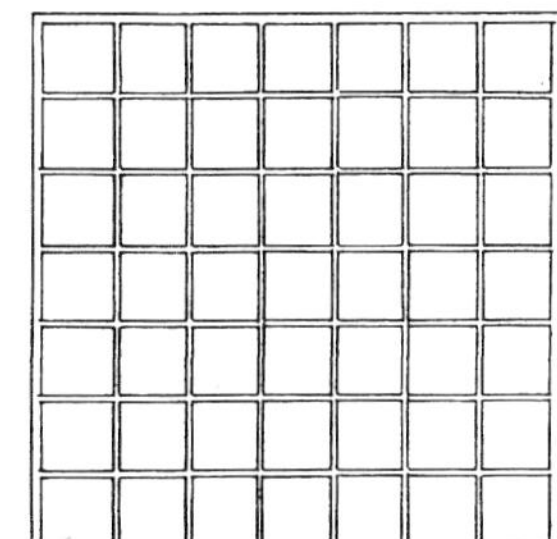

동일한 그리드: 연속적인 접합
Homogeneous grid: undifferentiated structure

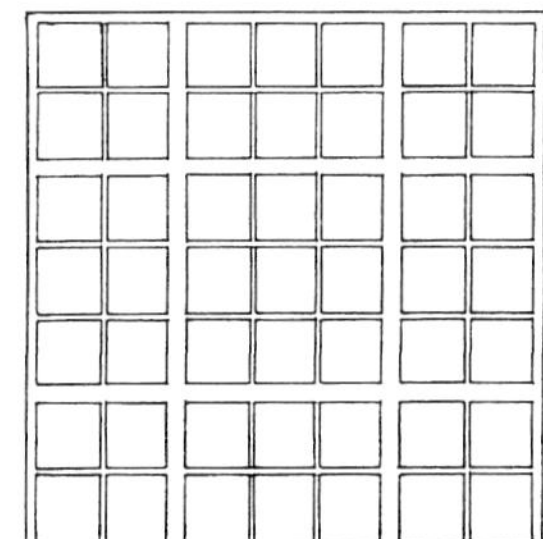

단계적 그리드: 1차 및 2차 구조
Gradated grid: primary and secondary structure

중앙집중 그리드: 구조의 중앙집중적 정렬
Concentric grid: centralized order of structure

4.1 판구조 / Plate structures

단일 베이 판
One-bay plates

연속 판
Continuous plates

캔틸레버 판
Cantilever plates

교차식 판
Intersecting plates

4.2 절판구조 / Folded plate systems

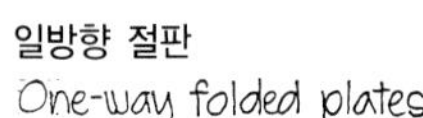

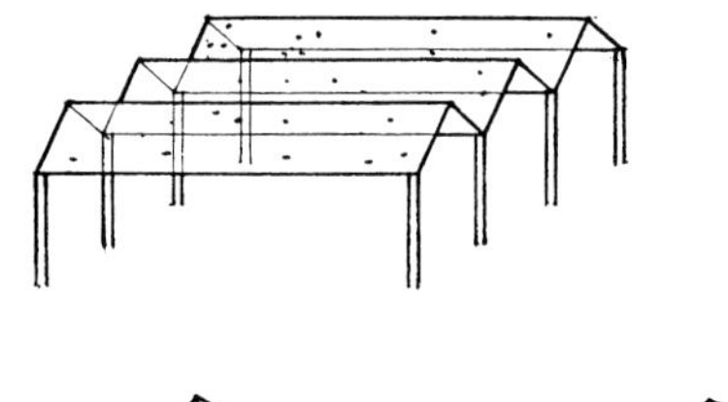

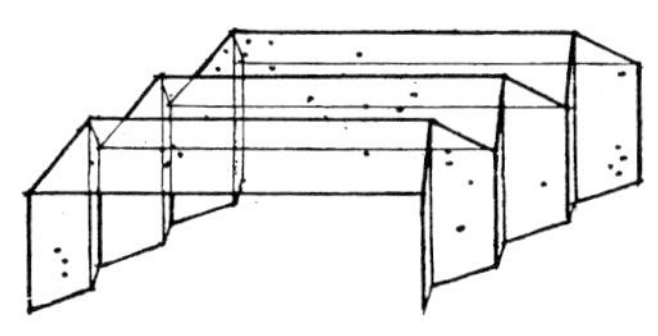

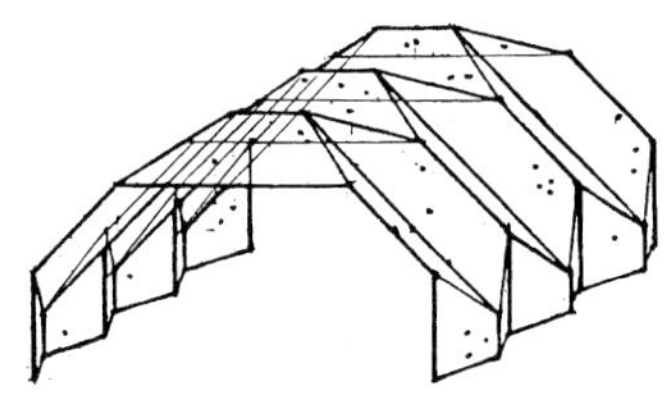

다각형 절판
Polyhedral folded plates

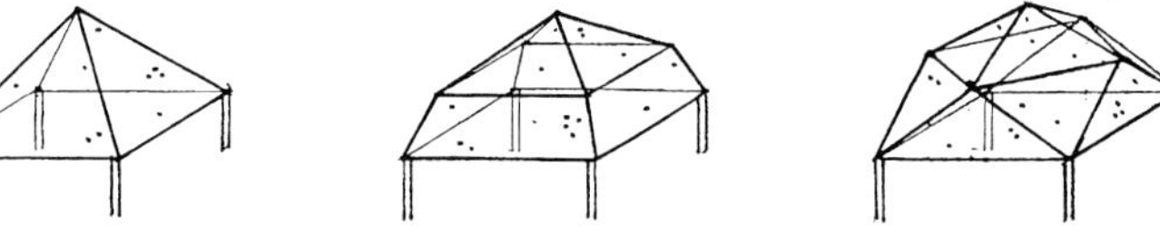

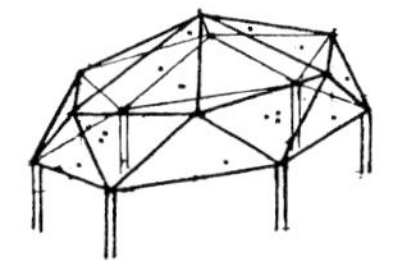

교차 절판
Intersecting folded plates

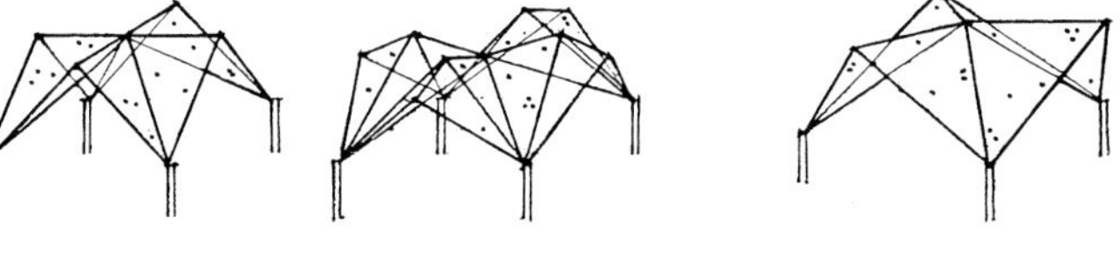

선형 절판
Linear folded plates

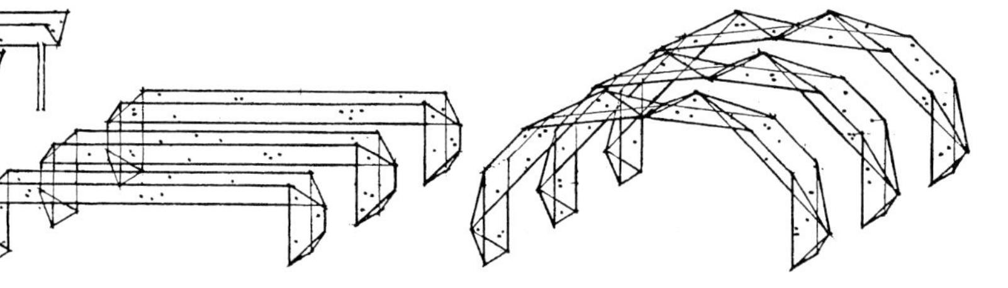

4.3 쉘 구조 / Shell structures

단곡면 쉘
Singly curved shells

돔형 쉘
Dome shells

안장형 쉘
Saddle shells

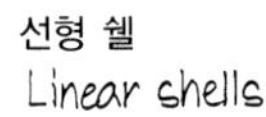

선형 쉘
Linear shells

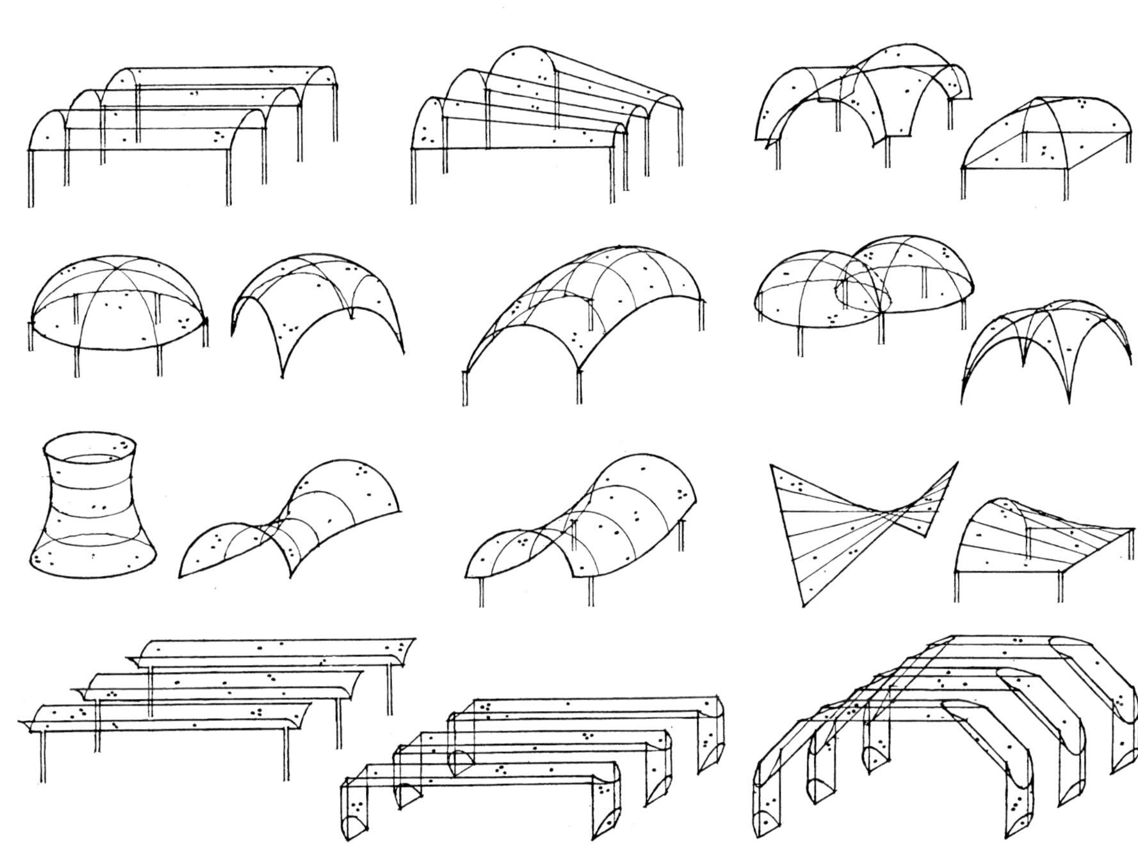

전단벽 안정화를 지닌 월 거더 시스템
Wall girder systems with shear wall stabilization

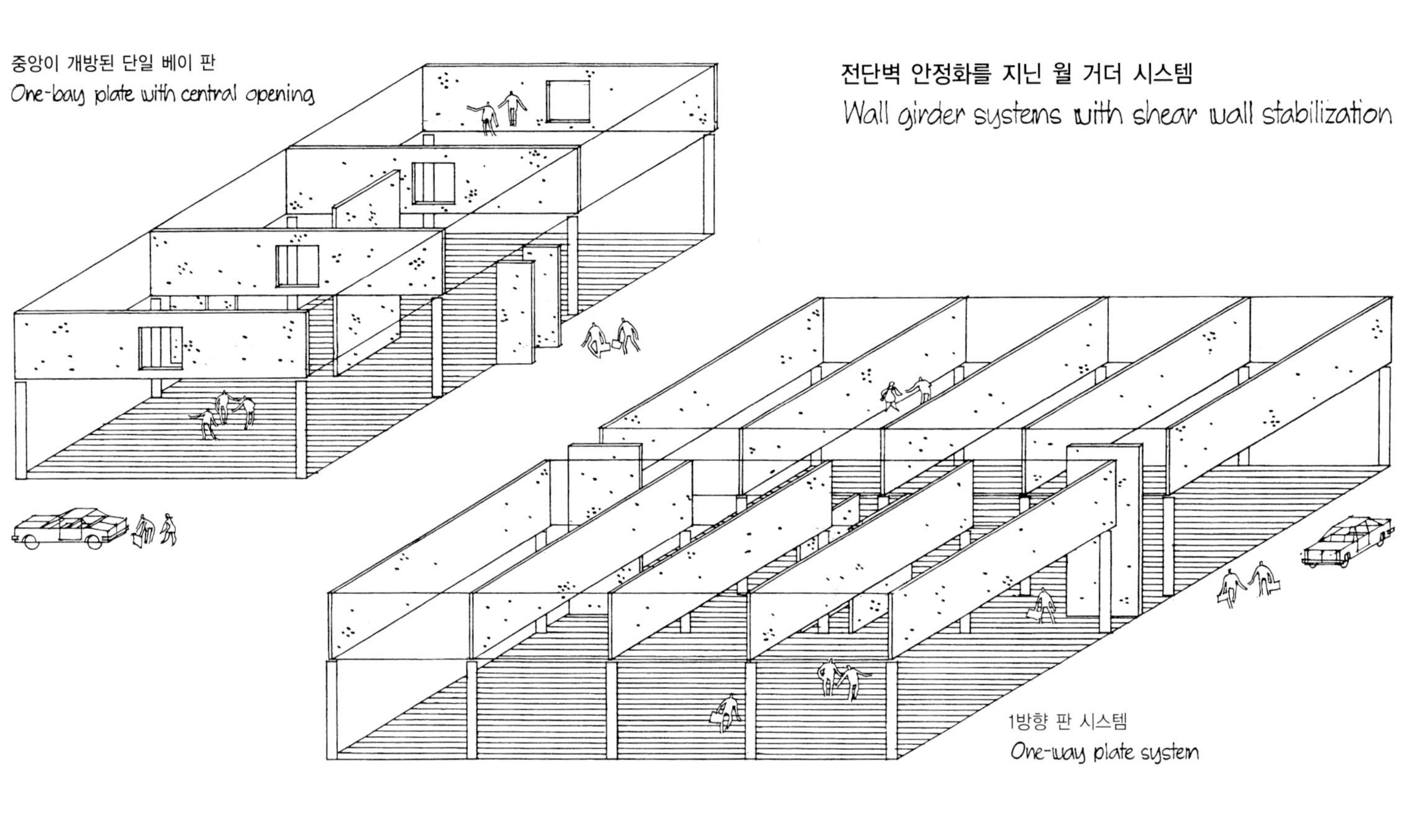

중앙이 개방된 단일 베이 판
One-bay plate with central opening

1방향 판 시스템
One-way plate system

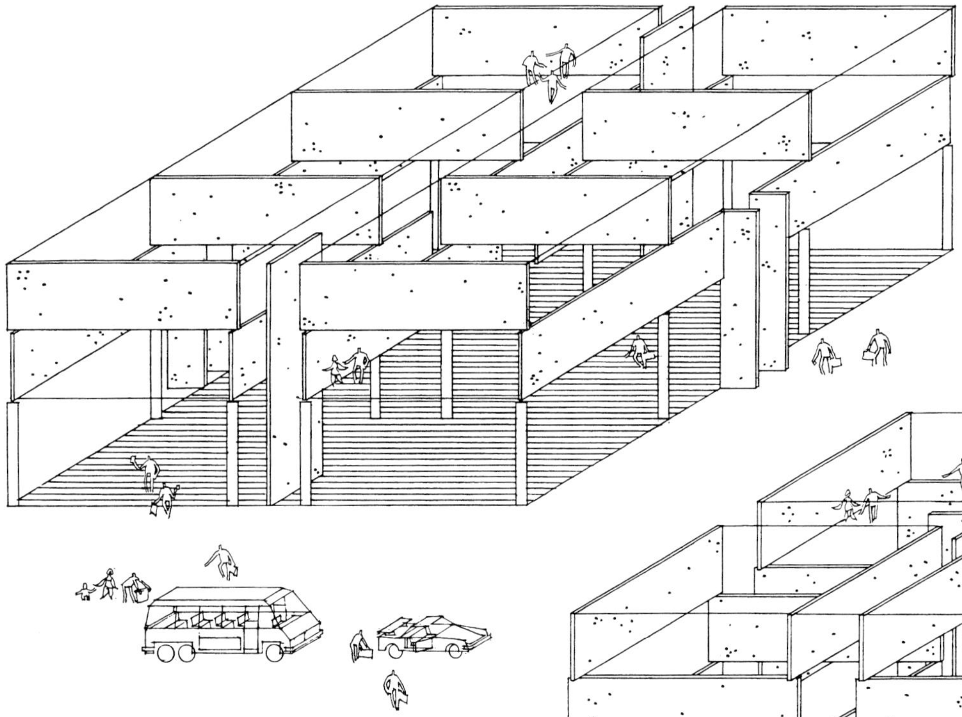

2방향 판 시스템
Biaxial plate system

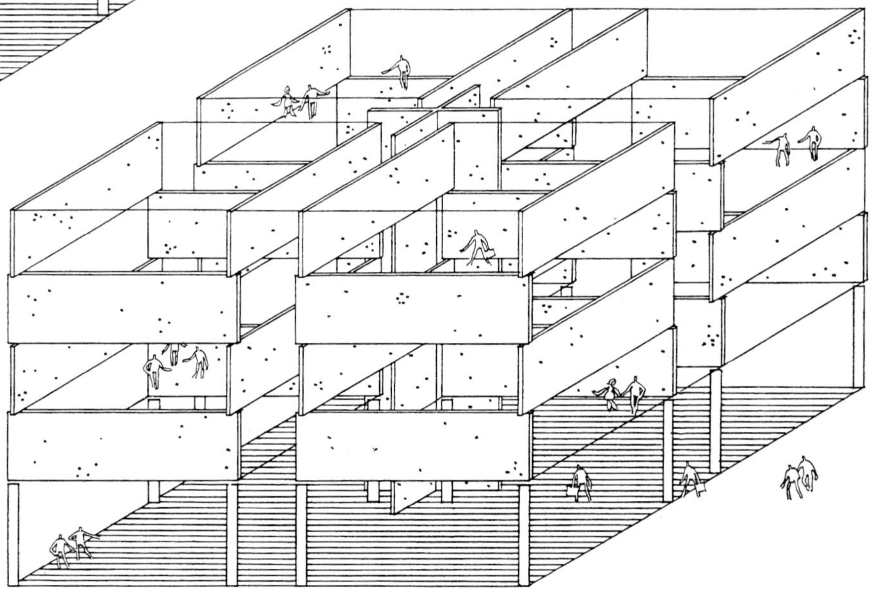

스팬 방향이 교차하는 다층 판 시스템
Multi-storey plate system with alternating span directions

단일 절판의 3지지 작용

threefold bearing action of singly folded plate

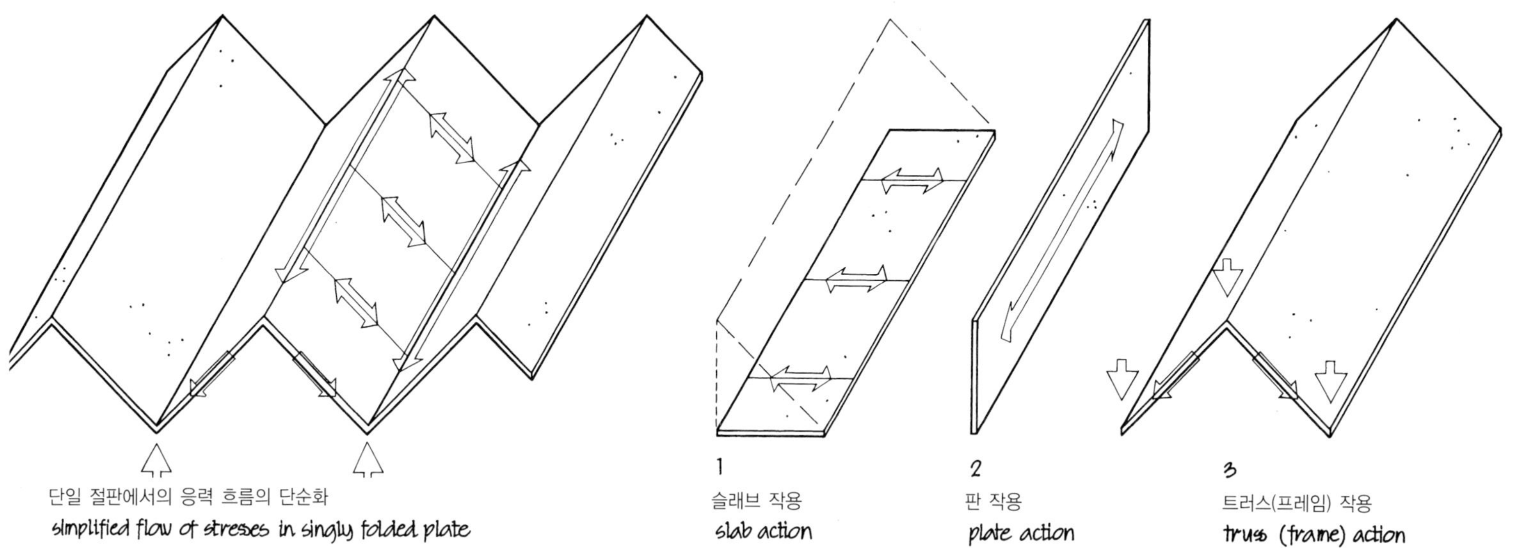

단일 절판에서의 응력 흐름의 단순화
simplified flow of stresses in singly folded plate

리브 슬래브 구조에 비해 절판구조의 장점

advantages of single fold structure over rib-slab structure

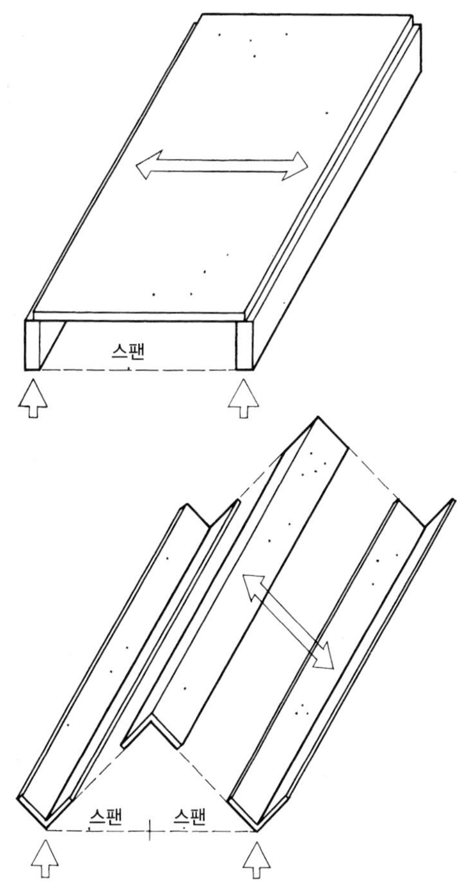

각 접힌 부분들이 견고한 지지대로서 작용하기 때문에 슬래브의 스팬이 반으로 줄어듦
reduction of slab span to about half because each fold acts as rigid support

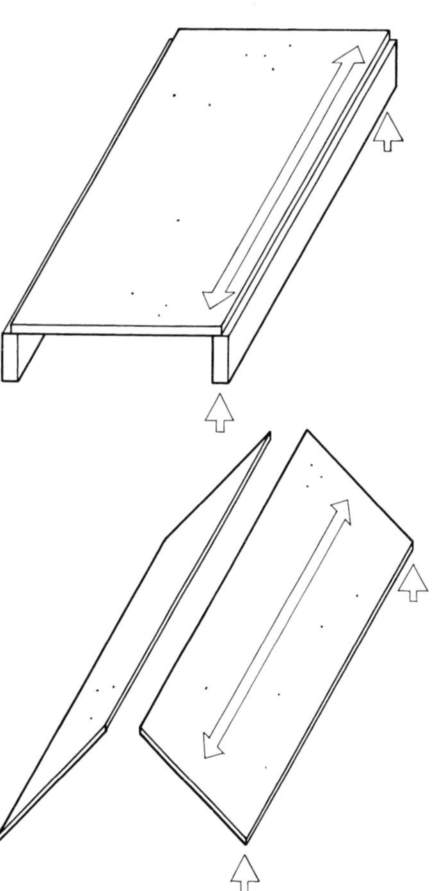

판이 세로로 빔으로서 작용하기 때문에 리브를 제거할 수 있음
elimination of ribs because each plane acts also as beam in longitudinal direction

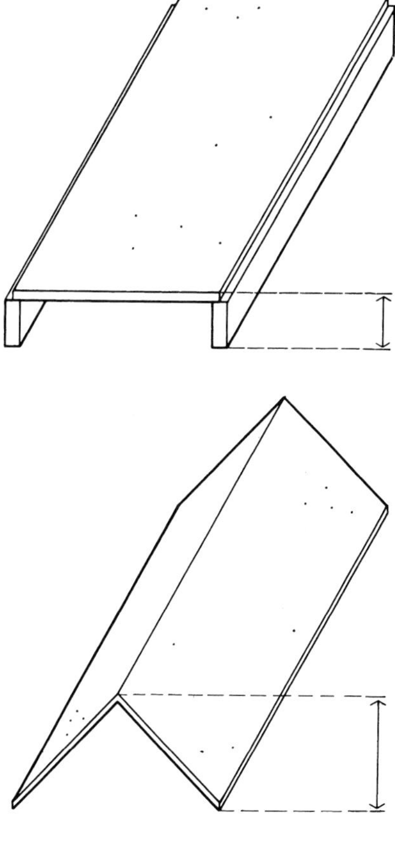

구조물 높이의 증가로 인한 스팬 능력의 증가
increase of spanning capacity through increase of construction height

접는 작용이 응력 분포와 스팬에 끼치는 영향

influence of folding on stress distribution and span capacity

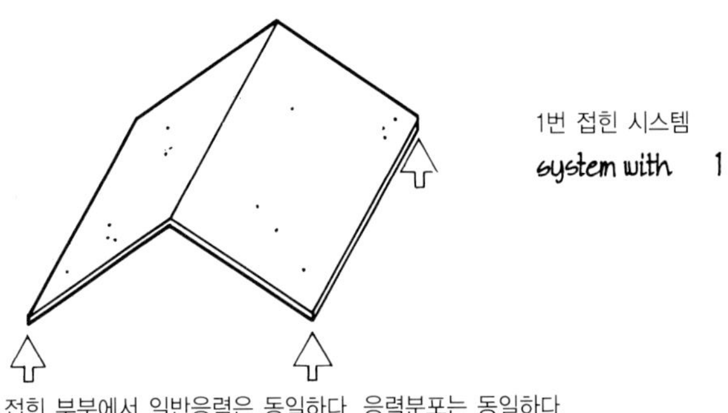

1번 접힌 시스템

system with 1 fold

접힌 부분에서 일반응력은 동일하다. 응력분포는 동일하다.

edge stresses at fold have same tendency. stress distribution thus remains unchanged

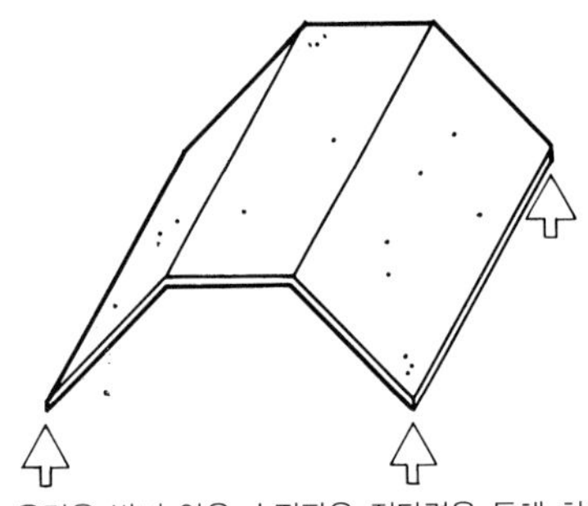

2번 접힌 시스템

system with 2 folds

응력을 받지 않은 수평판은 전단력을 통해 하중을 받는다. 이에 테두리 응력이 줄어든다.

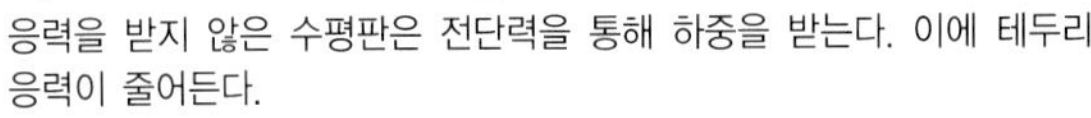

unstressed horizontal plate will be loaded by means of shear. edge stresses therefore will be reduced

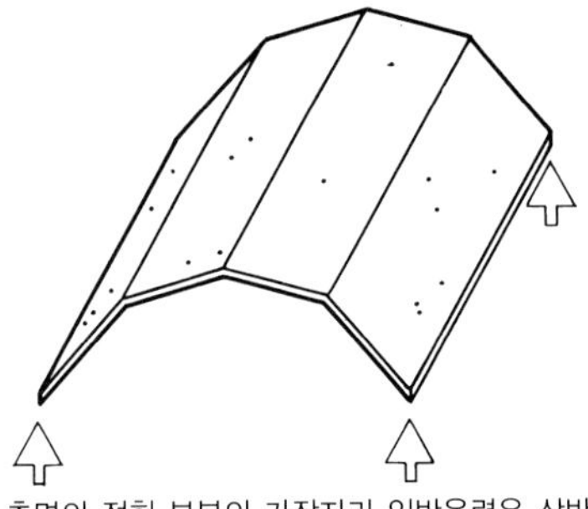

3번 접힌 시스템

system with 3 folds

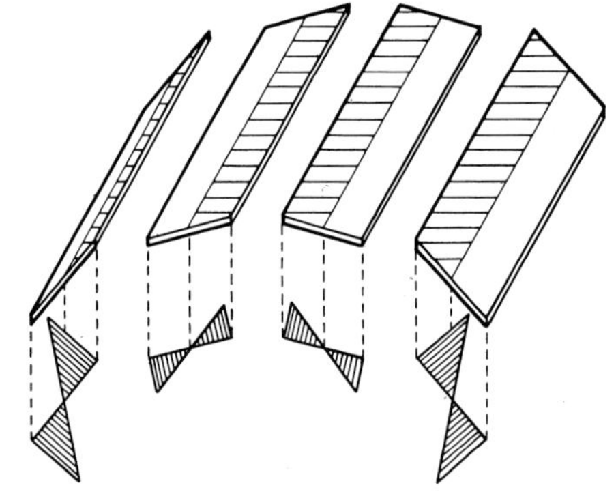

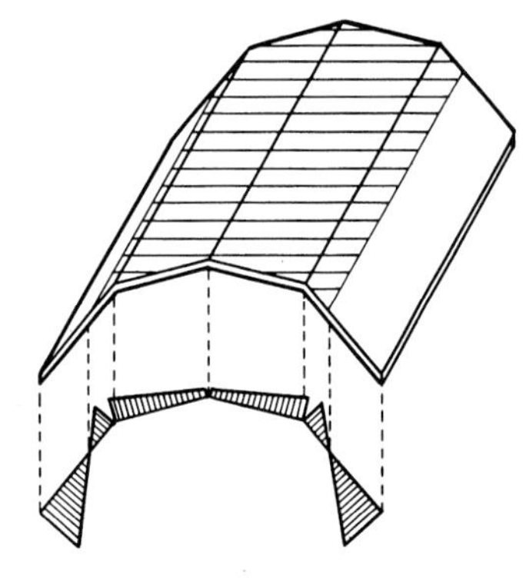

측면의 접힌 부분의 가장자리 일반응력은 상반된 성향을 보인다. 전단력을 통해 상당 부분 서로 상쇄된다.

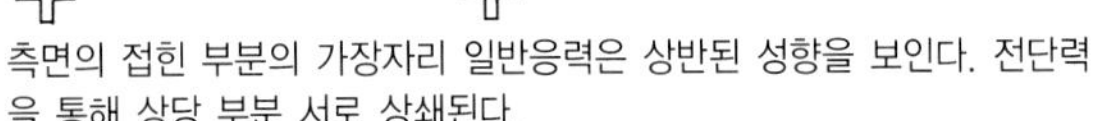

edge stresses at side fold have opposite tendency. through shear they largely compensate each other

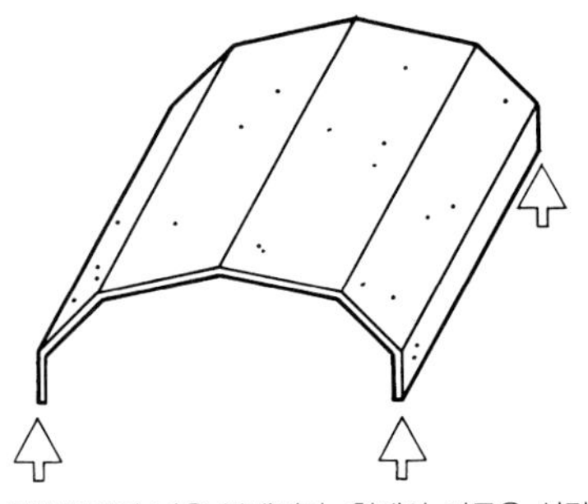

여러 번 접힌 시스템

system with many folds

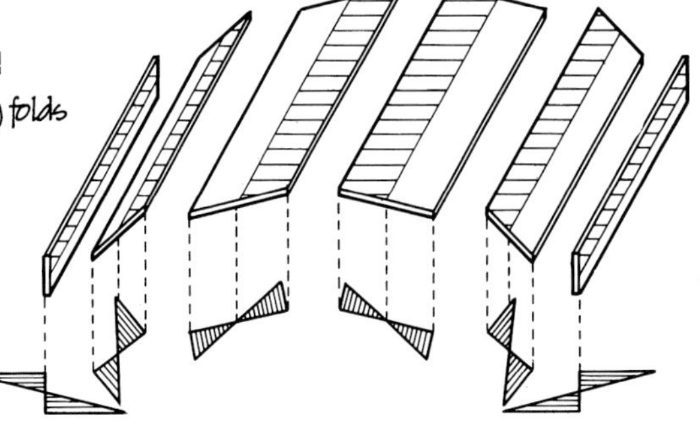

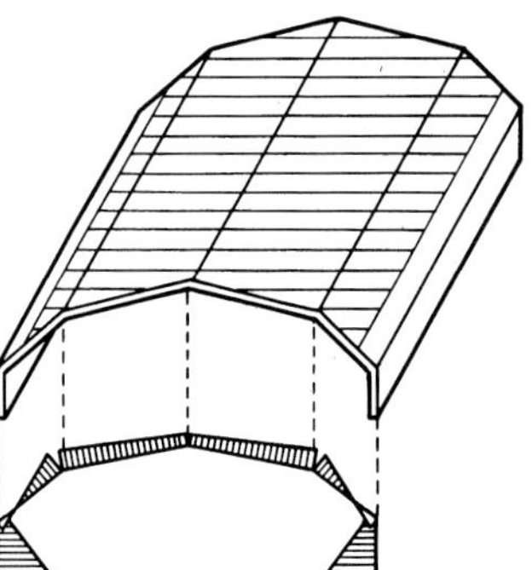

일반응력이 더욱 분배된다. 형태와 거동은 실린더 쉘에 접근한다.

stresses are further distributed. form and behaviour approach those of a cylindrical shell

접힌 측면의 임계변형에 대한 보강
보강재의 일반적인 형태

stiffening against critical deformations of fold profile
typical forms of stiffeners

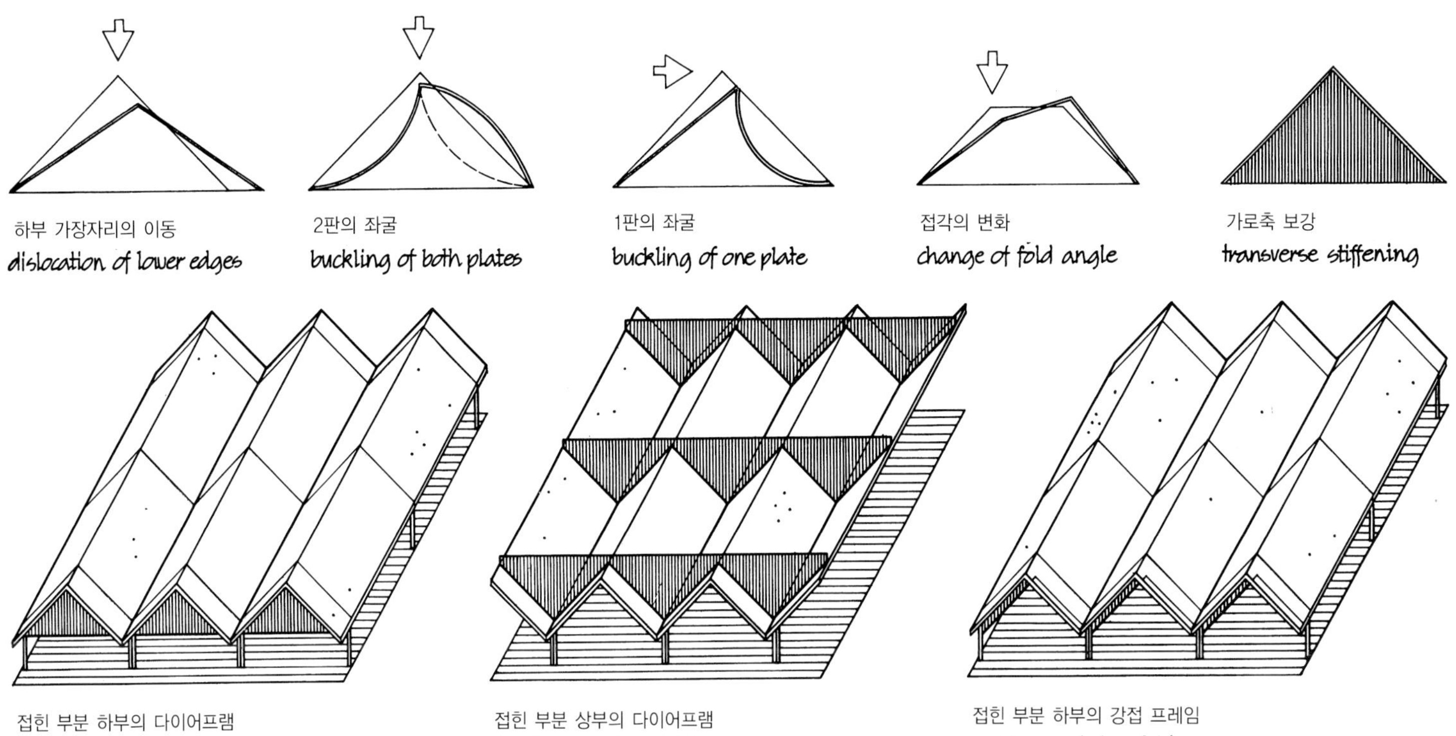

하부 가장자리의 이동
dislocation of lower edges

2판의 좌굴
buckling of both plates

1판의 좌굴
buckling of one plate

접각의 변화
change of fold angle

가로축 보강
transverse stiffening

접힌 부분 하부의 다이어프램
diaphragm below folds

접힌 부분 상부의 다이어프램
diaphragm above folds

접힌 부분 하부의 강접 프레임
rigid frame below folds

자유로운 가장자리 지지의 임계 변형에 대한 보강
가장자리 빔의 일반적인 형태

stiffening against critical deformations of free edge
typical forms of edge beam

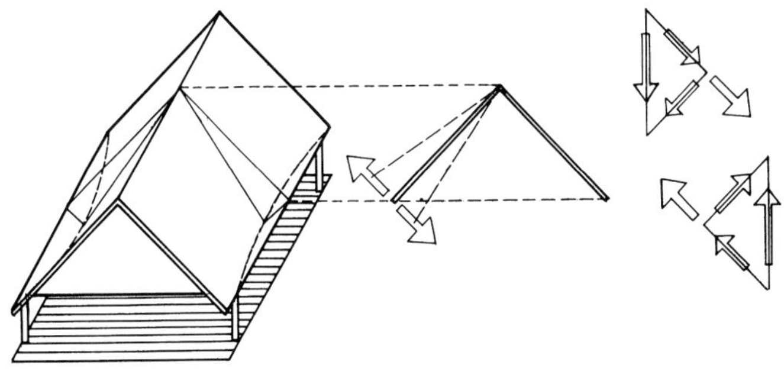

판과 수직인 분력으로 인한 병형
deformation due to component stresses normal to plane

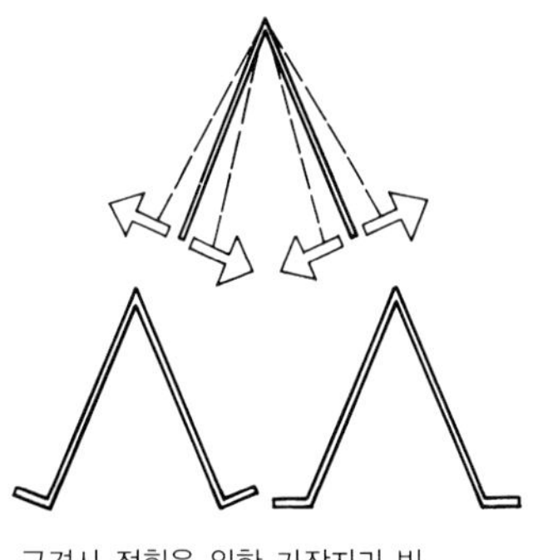

급경사 접힘을 위한 가장자리 빔
edge beam for steep folding

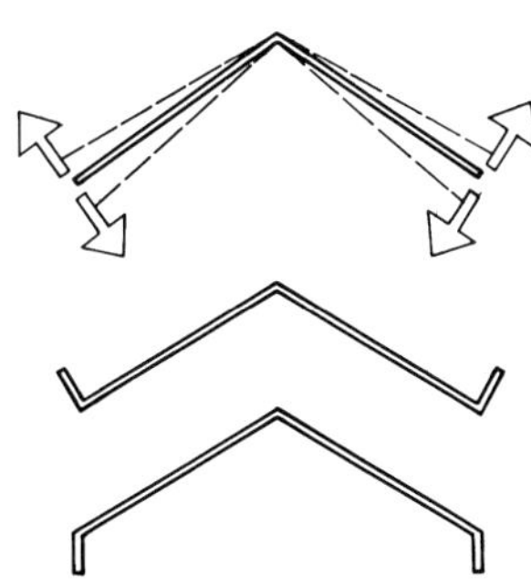

완경사 접힘을 위한 가장자리 빔
for shallow folding

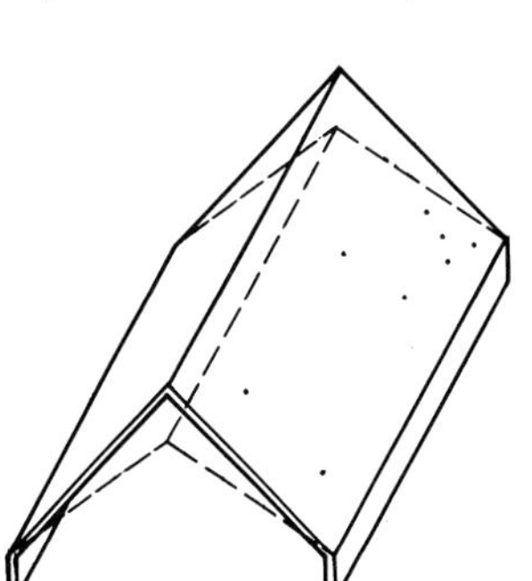

수직 빔: 완경사 접힘
vertical beam: for shallow folding

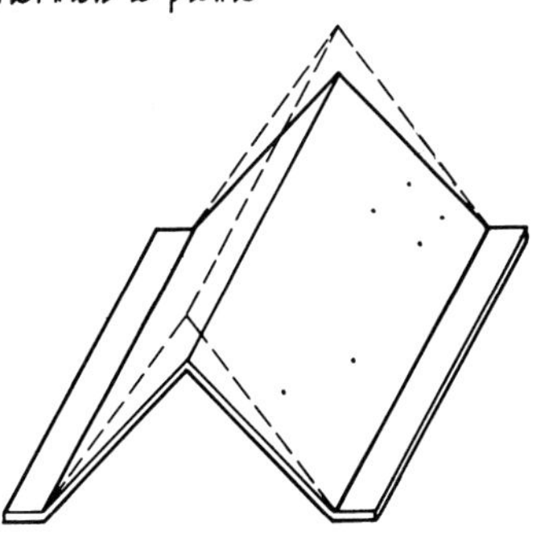

수평 빔: 급경사 접힘
horizontal beam: for steep folding

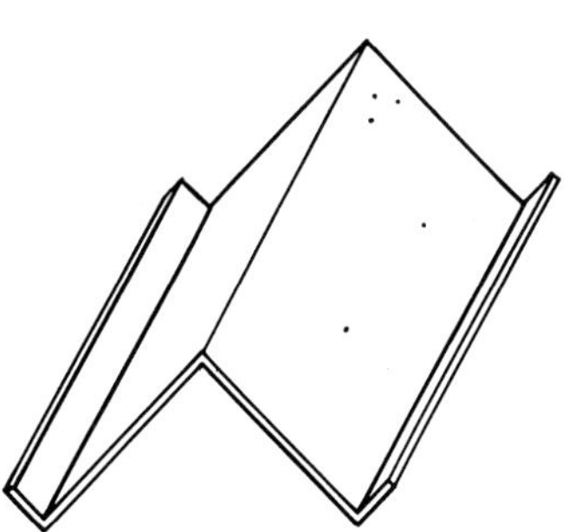

평면과 수직 빔: 가장 효과적임
beam normal to plane: most efficient

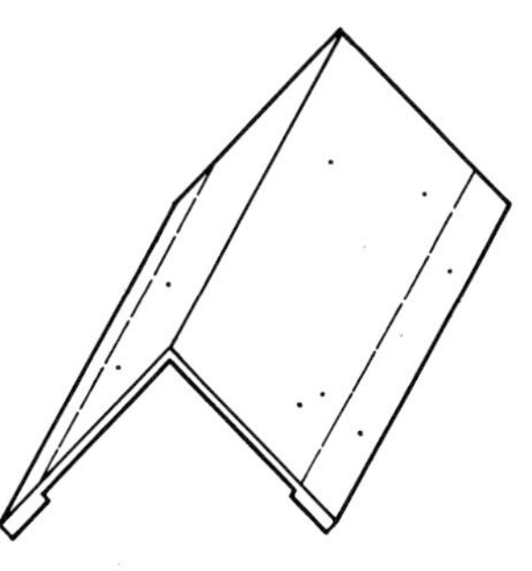

판에 통합된 가장자리 빔
edge beam integrated in plate

역접면

지표면 위에서 측면의 깊이와 입면 높이와 동일

surfaces with counter-running folding

same depth of fold profiles and same elevation above ground

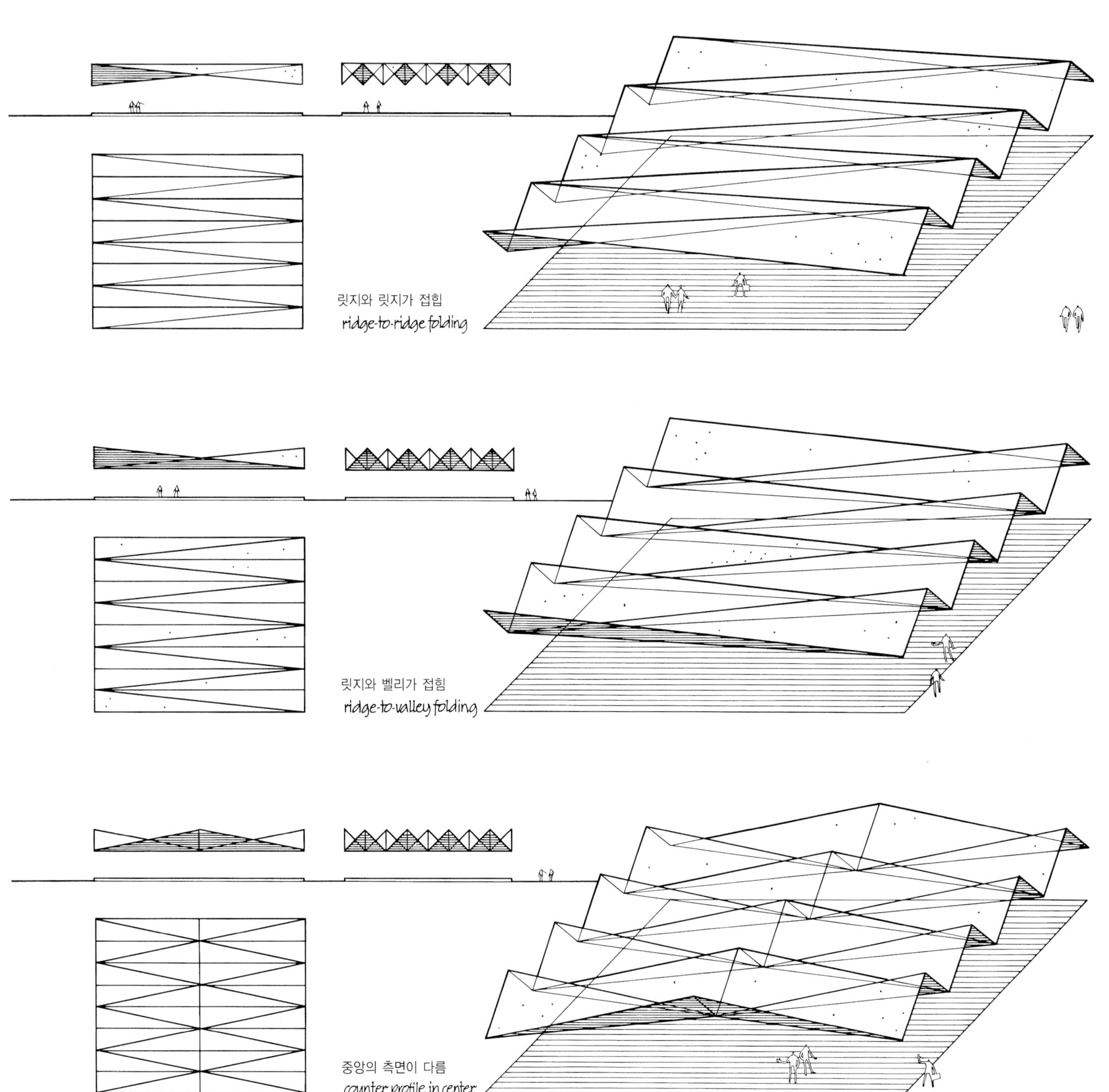

역접면

중앙에 접힌 부분들이 가장자리의 접힌 부분보다 높음. 측면깊이는 서로 동일함

surfaces with counter-running folding

center fold elevated over edge fold. identical depth of profiles

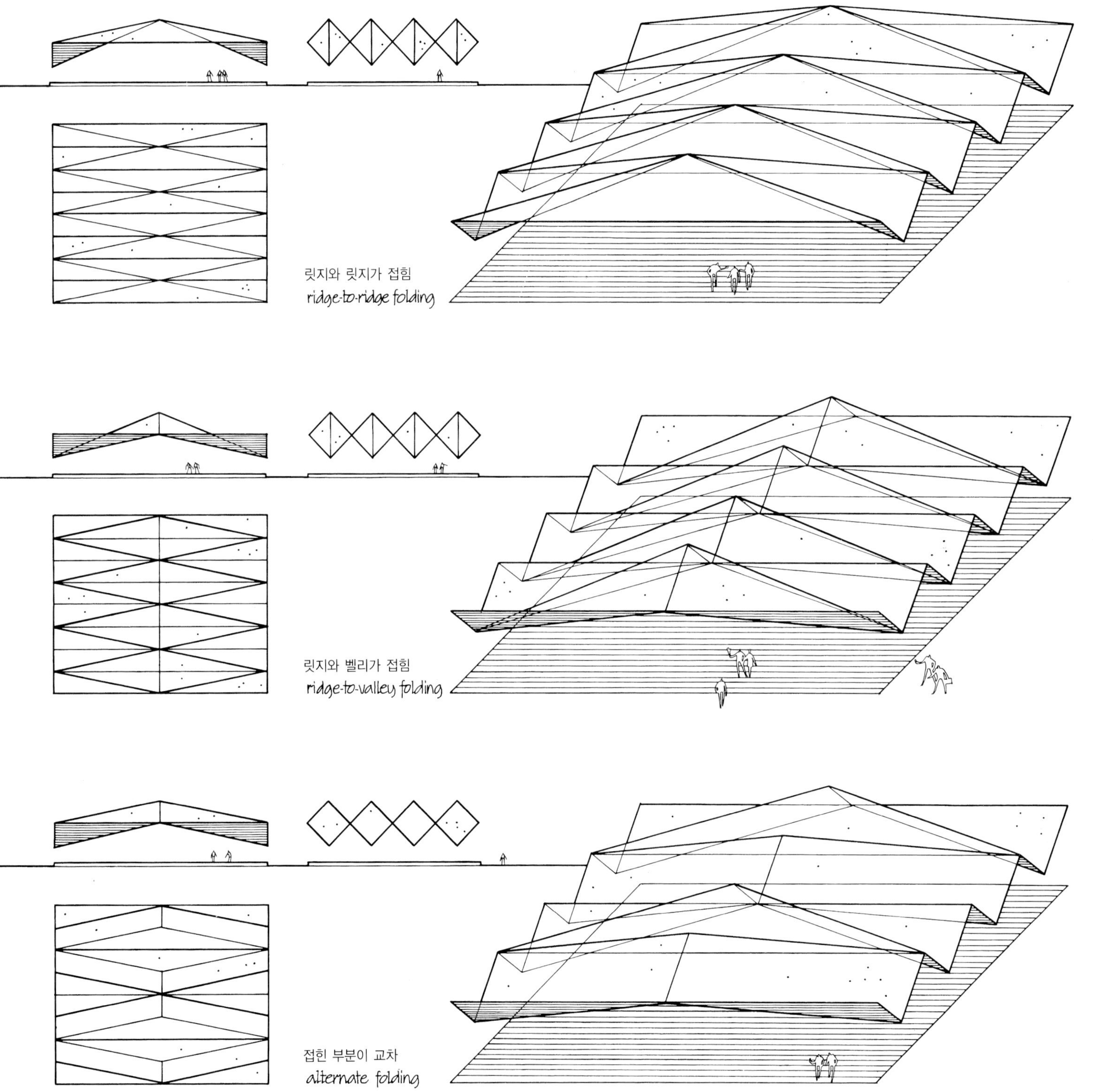

원뿔형 접면

경사면에 의해 절단된 상부 가장자리를 지닌 연속 절판측면

surfaces with conical folding

ntinuous fold profile with upper edge cut by sloping plane

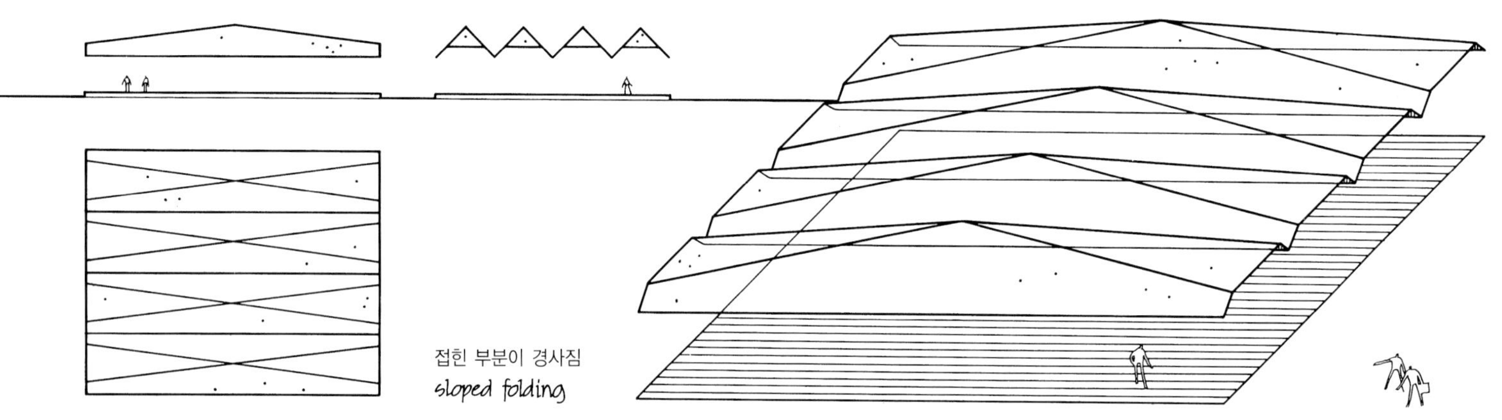

접힌 부분이 경사짐

sloped folding

역접면

측면깊이가 가장자리의 측면보다 큰 중앙측면

surfaces with counter-running folding

elevated center profile with profile depth larger than that of edge profile

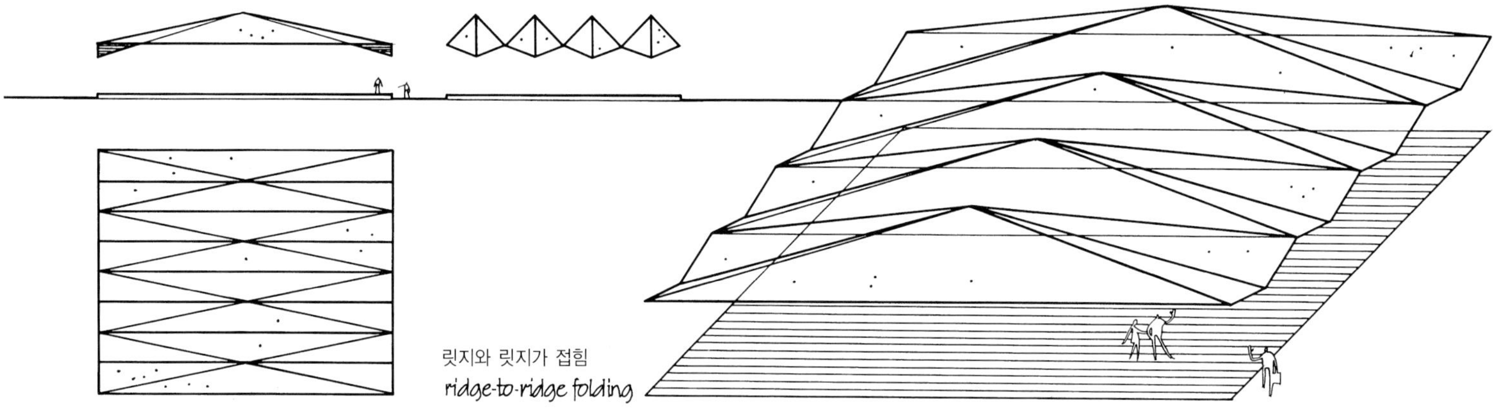

릿지와 릿지가 접힘

ridge-to-ridge folding

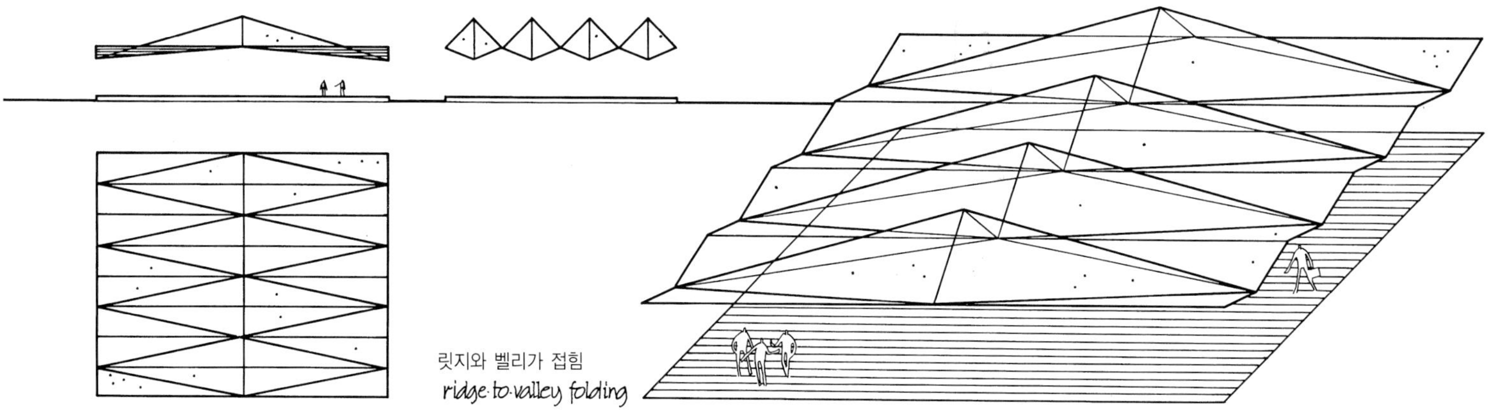

릿지와 벨리가 접힘

ridge-to-valley folding

접면으로 구성된 선형구조 시스템

linear structure systems composed of folded surfaces

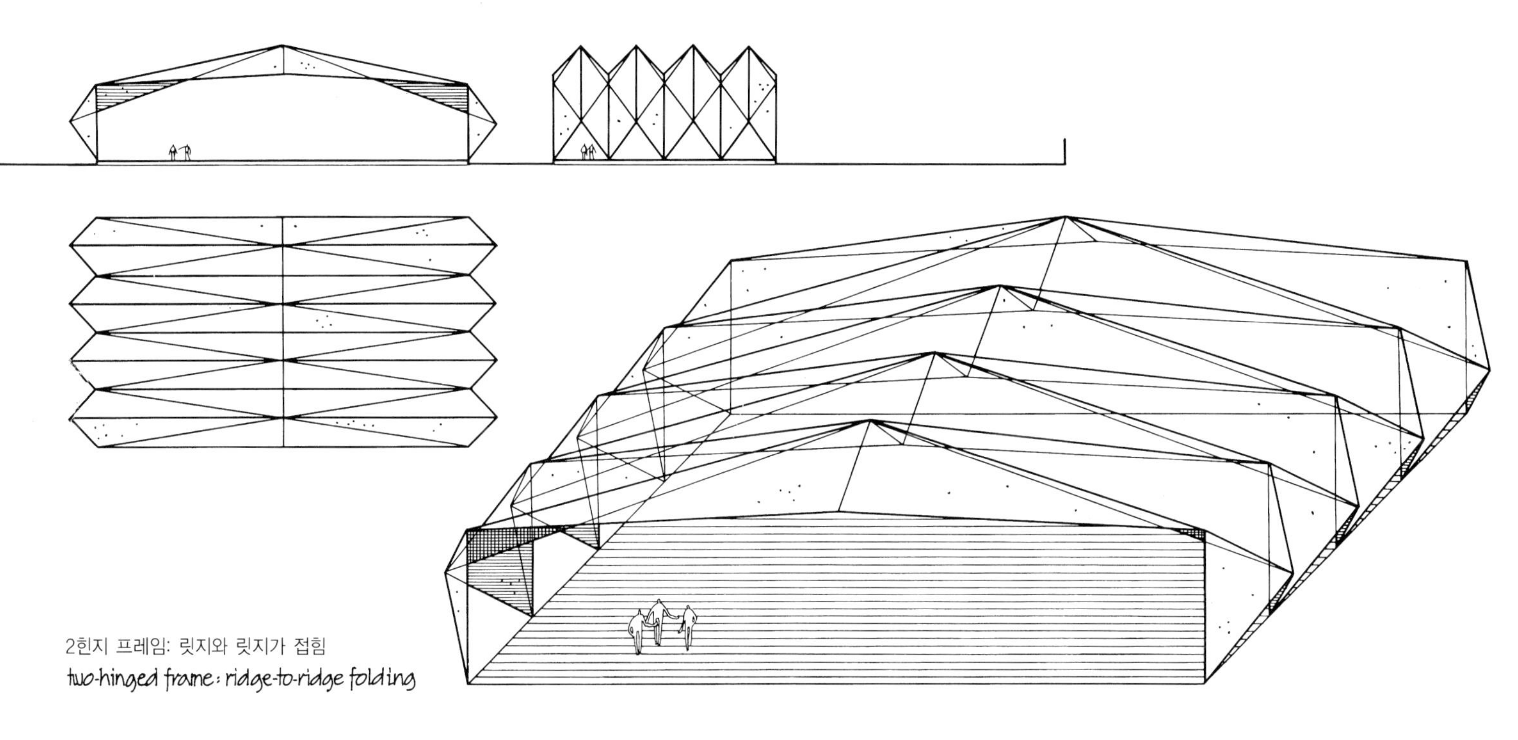

2힌지 프레임: 릿지와 릿지가 접힘
two-hinged frame: ridge-to-ridge folding

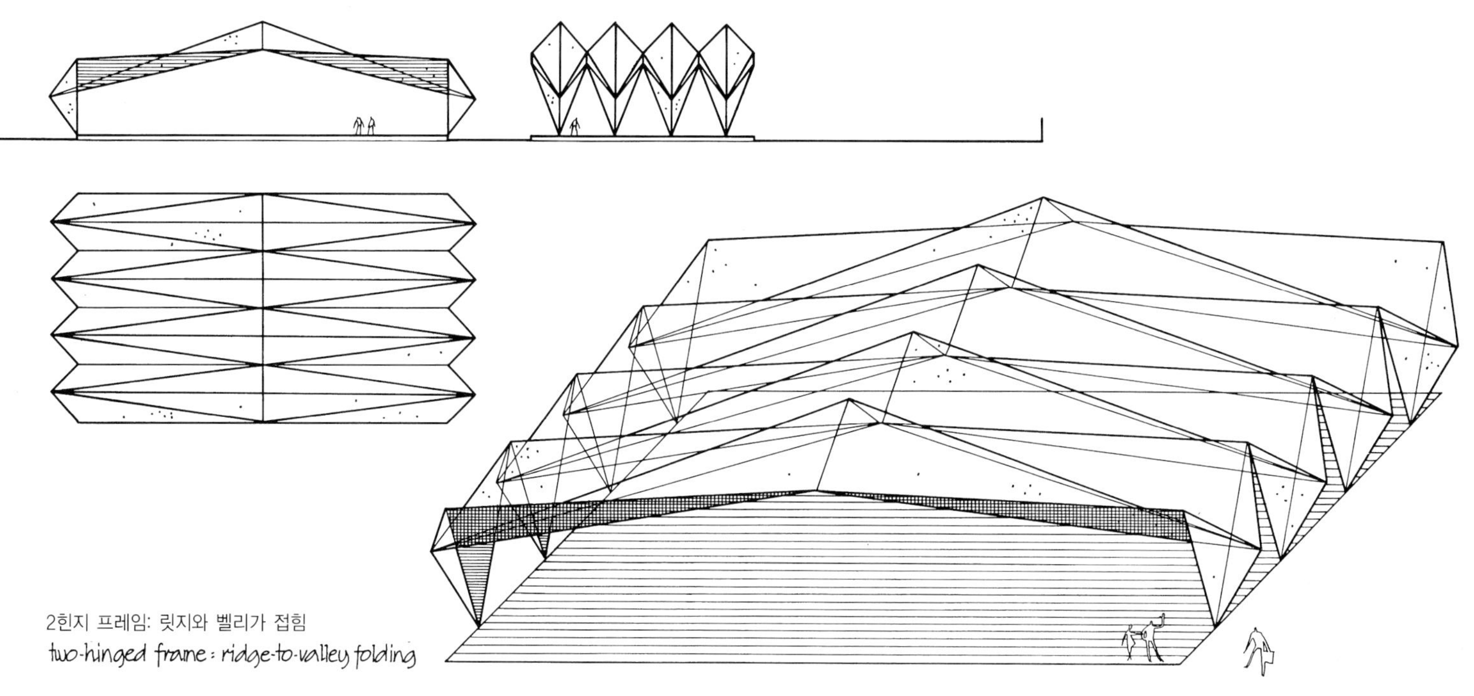

2힌지 프레임: 릿지와 벨리가 접힘
two-hinged frame: ridge-to-valley folding

접면으로 구성된 선형구조 시스템

linear structure systems composed of folded surfaces

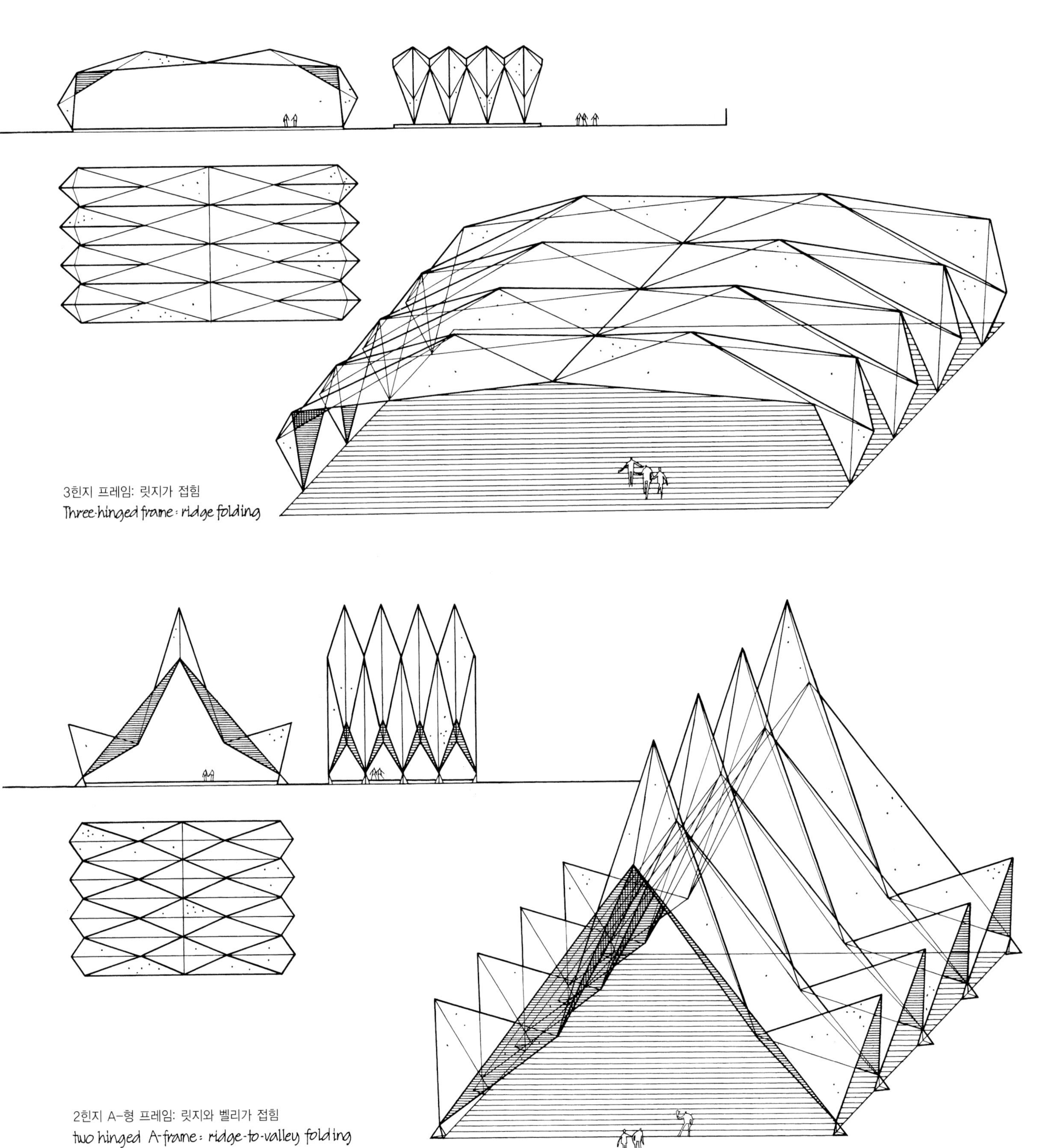

3힌지 프레임: 릿지가 접힘
Three-hinged frame: ridge folding

2힌지 A-형 프레임: 릿지와 벨리가 접힘
two hinged A-frame: ridge-to-valley folding

접면으로 구성된 선형구조 시스템
linear structure systems composed of folded surfaces

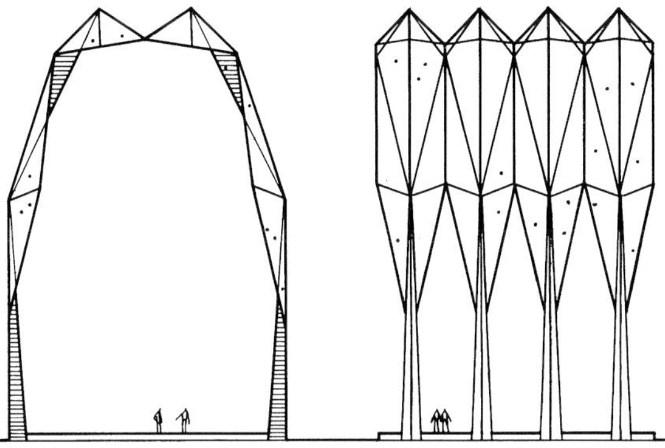

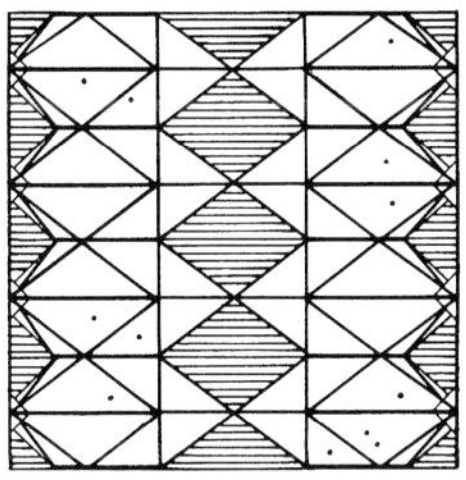

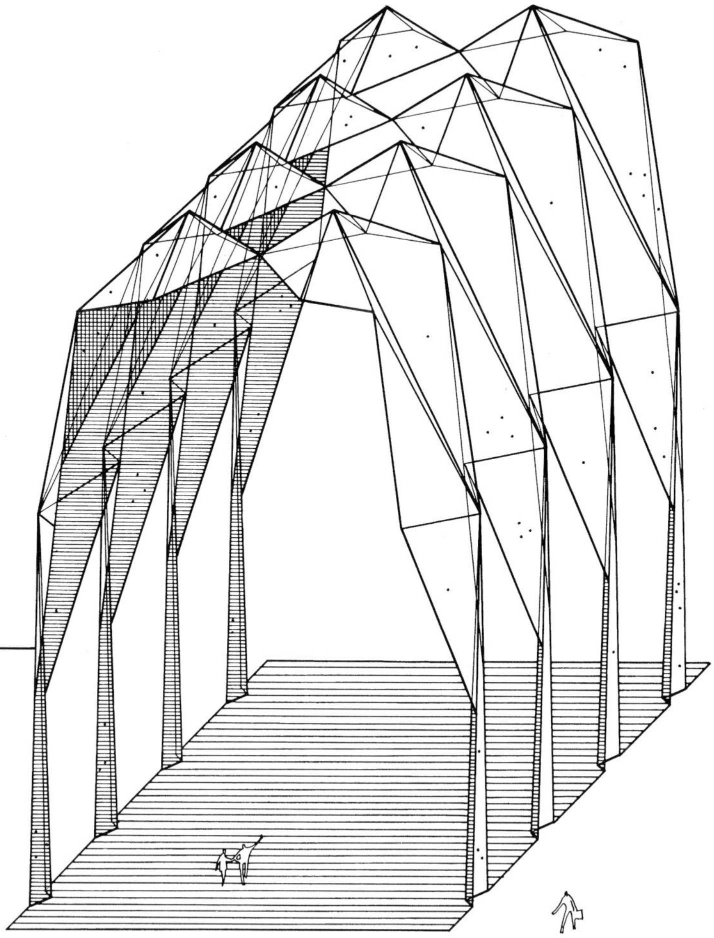

상부 힌지 아치
arch with top hinge

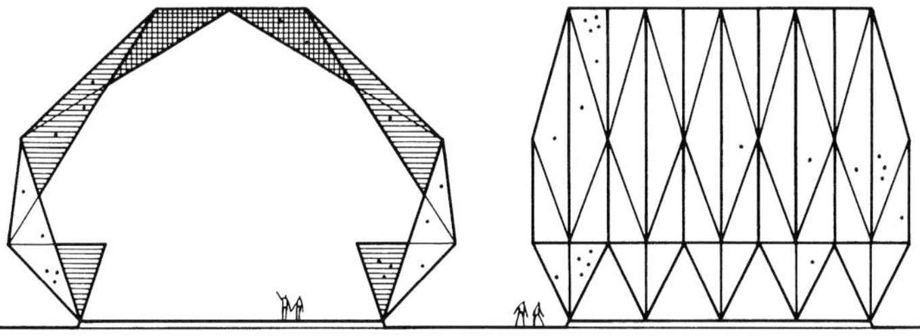

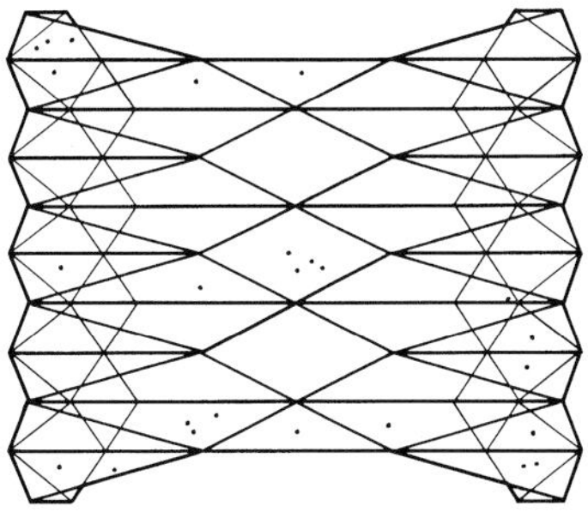

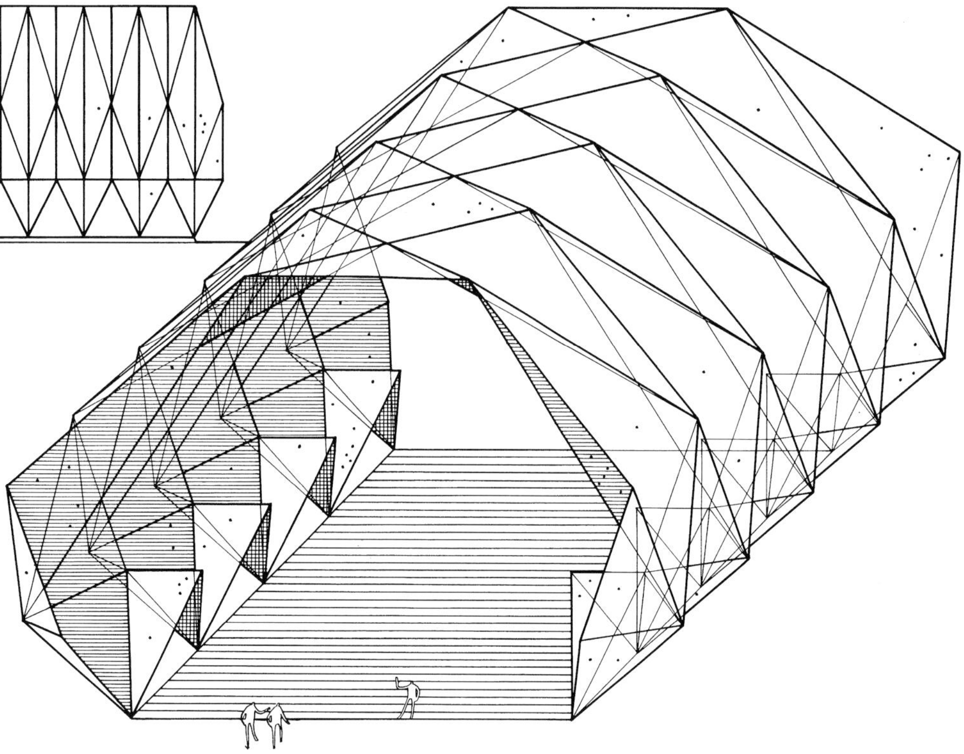

3힌지 아치
three-hinged arch

접면들이 교차한 구조 시스템

특별한 모양의 평면 위의 단일절판

structure systems through interpenetration of folded surfaces

singly folded surfaces over special plan geometry

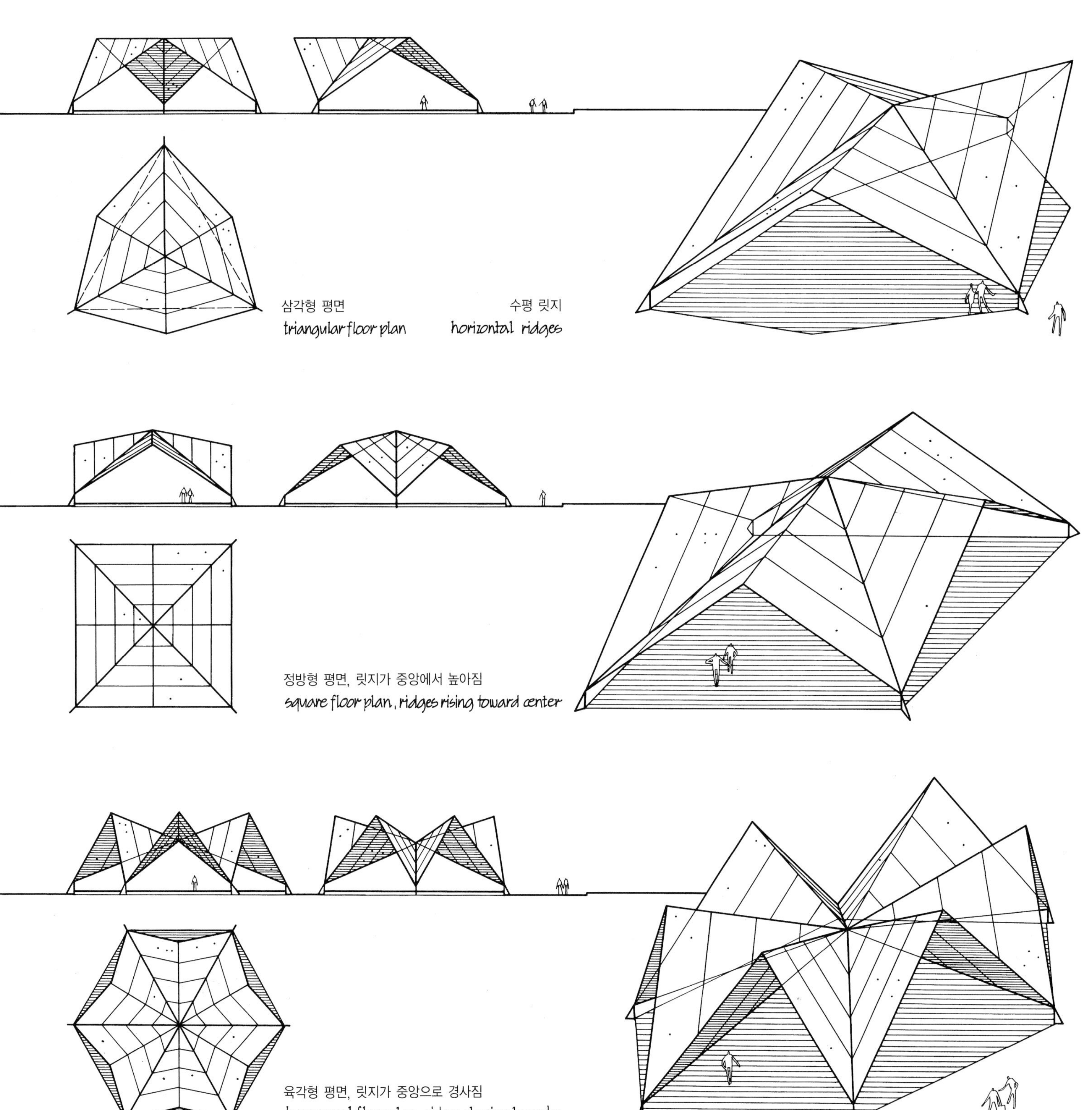

접면들이 교차한 구조 시스템
정방형 평면에 경사지게 펼쳐진 교차접면

structure systems through interpenetration of folded surfaces
cross-folded surfaces spanned diagonally over square plan

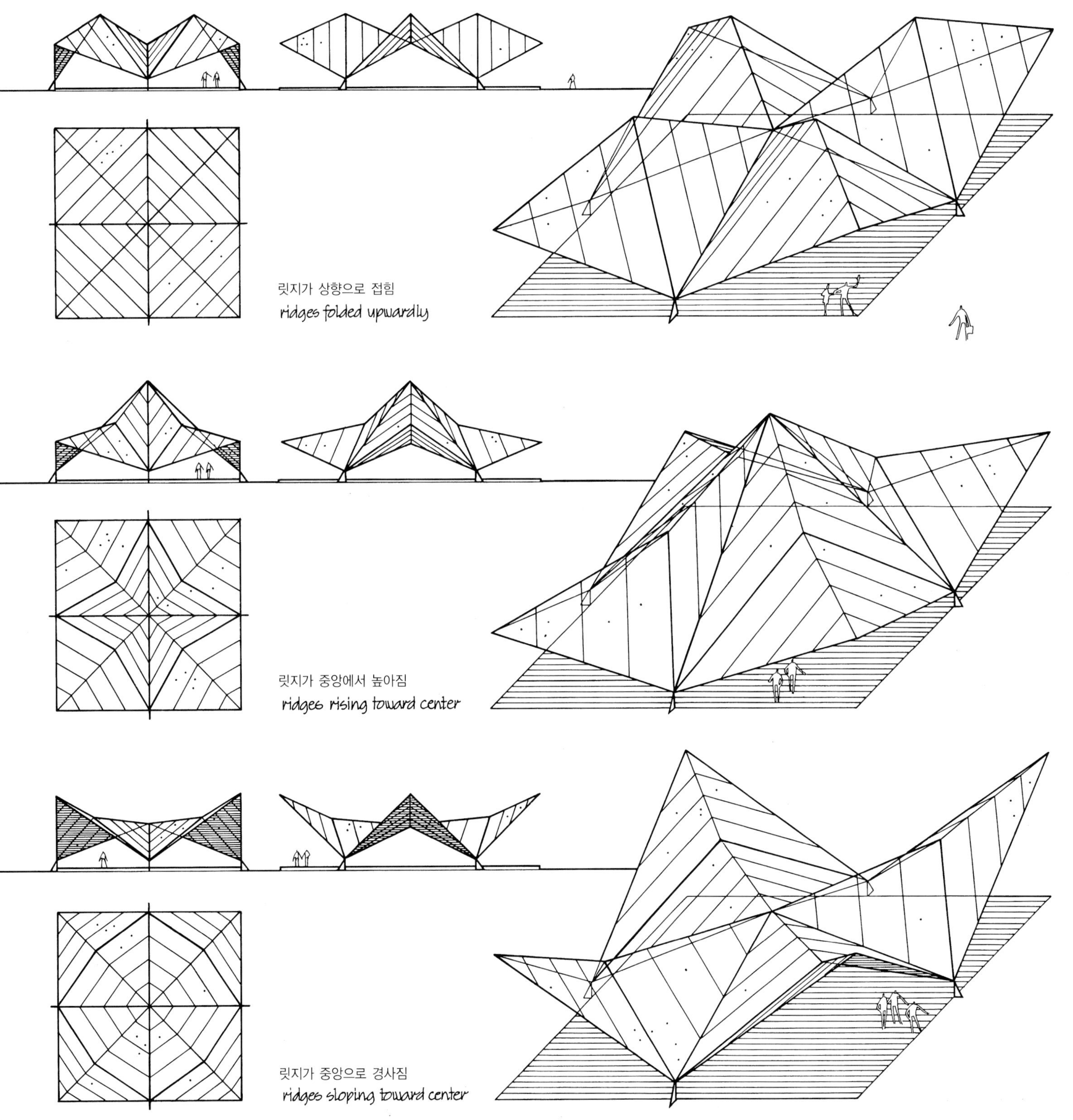

릿지가 상향으로 접힘
ridges folded upwardly

릿지가 중앙에서 높아짐
ridges rising toward center

릿지가 중앙으로 경사짐
ridges sloping toward center

접면들이 교차한 구조 시스템
정방형 평면 위에 교차형태의 접면조합

structure systems through interpenetration of folded surfaces
composition of surfaces folded crosswise over square plan

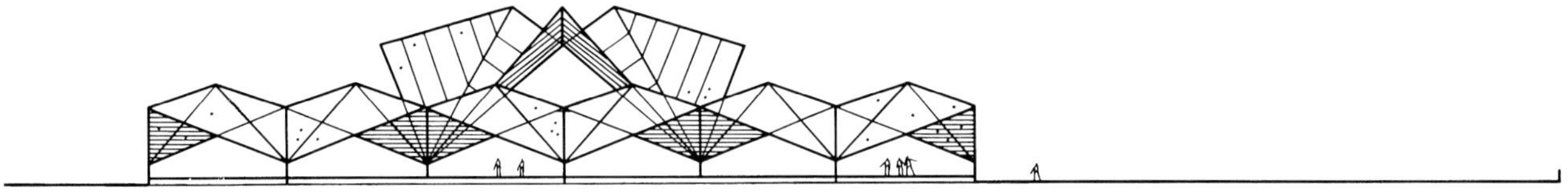

정면도
front elevation

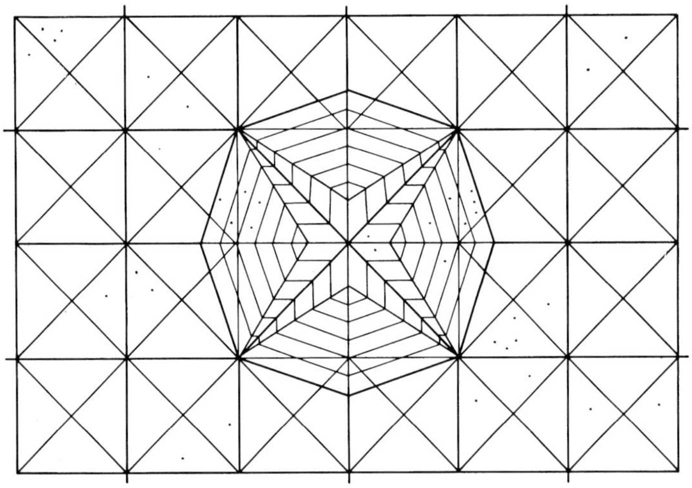

45도 방향의 입면도
elevation from 45° angle

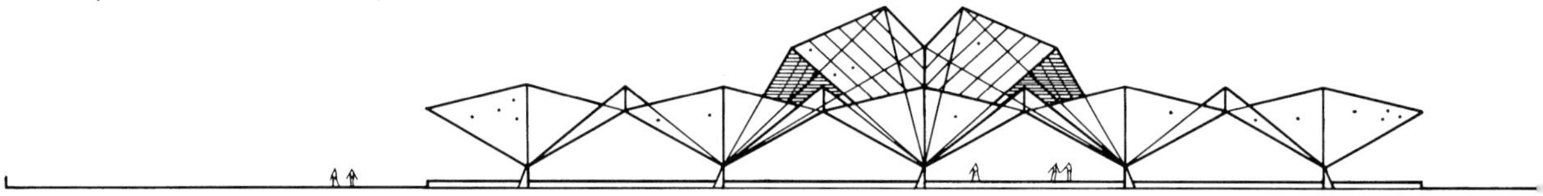

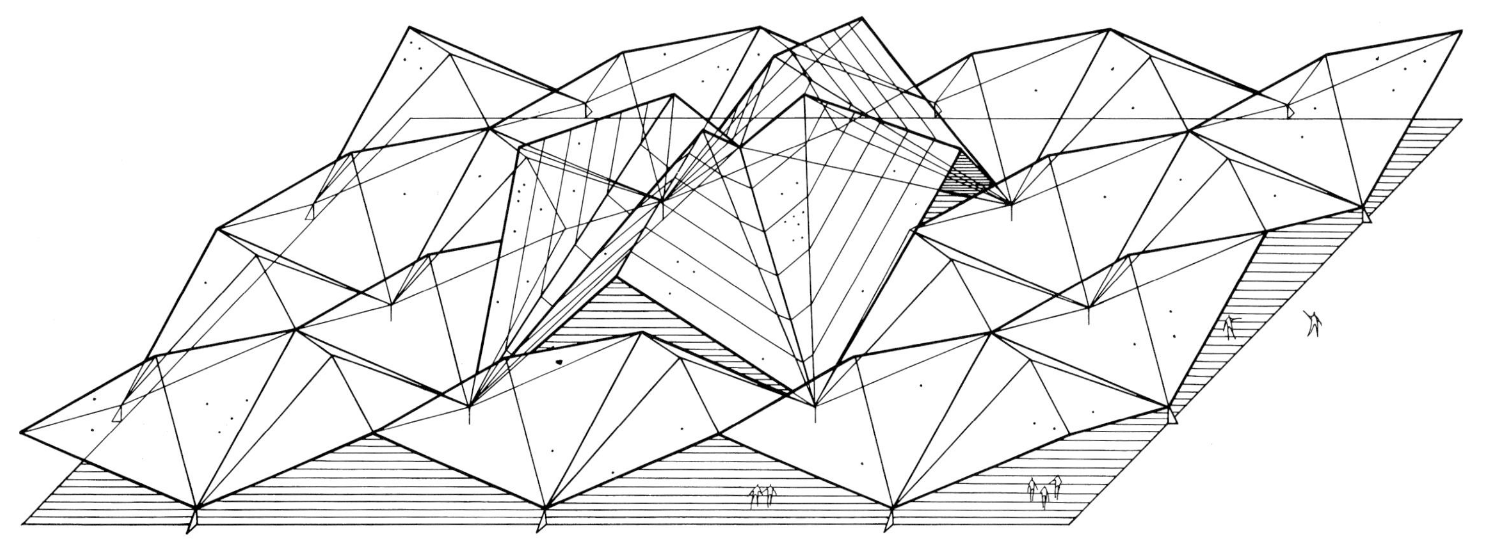

피라미드형 절판의 3가지 작용

threefold action of pyramidal folded plate

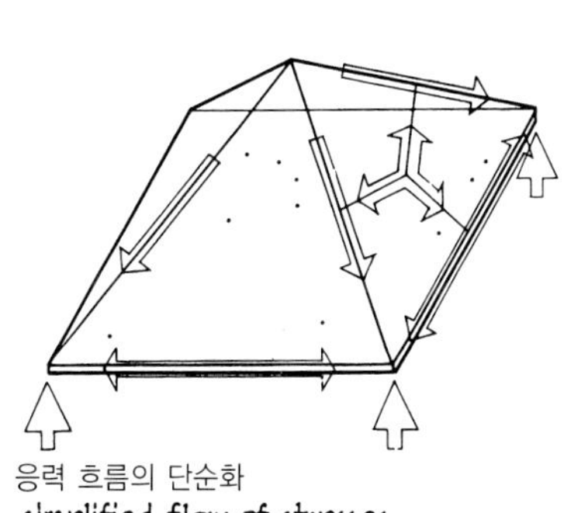

응력 흐름의 단순화
simplified flow of stresses

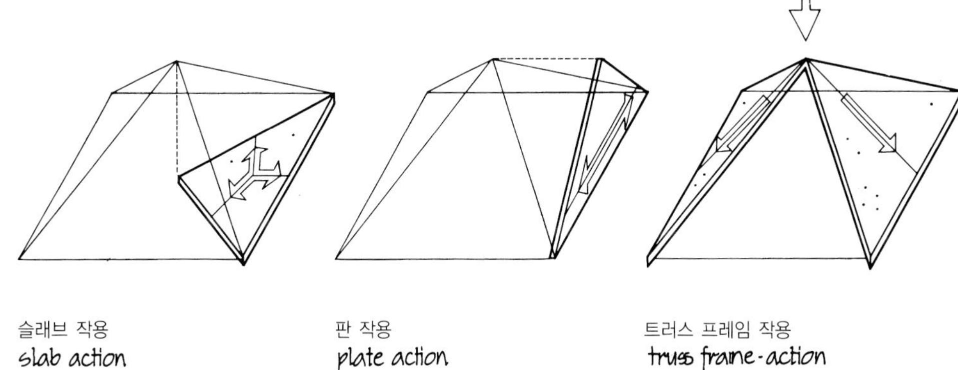

슬래브 작용
slab action

판 작용
plate action

트러스 프레임 작용
truss frame-action

접힌 부분의 측면 변형에 대한 완전한 보강

integral stiffening against deformations of fold profile

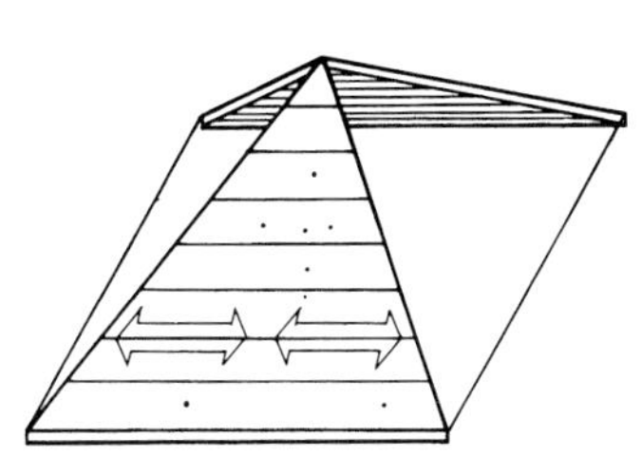

맞댄 면은 다른 맞댄 면의 보강재로 작용

each pair of opposite surfaces functions as stiffener for the other pair of surfaces

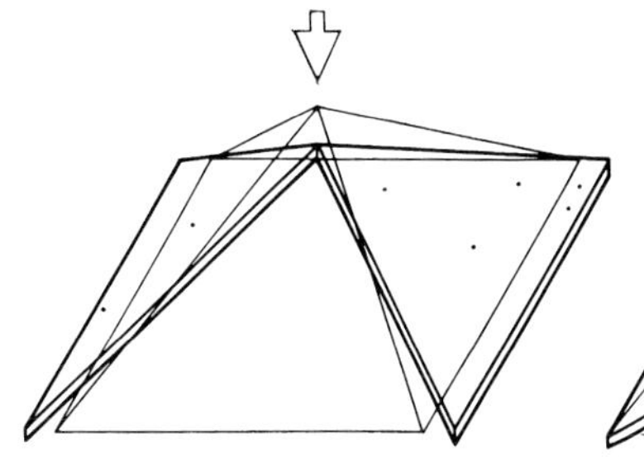

하부 가장자리 이동
dislocation of lower edges

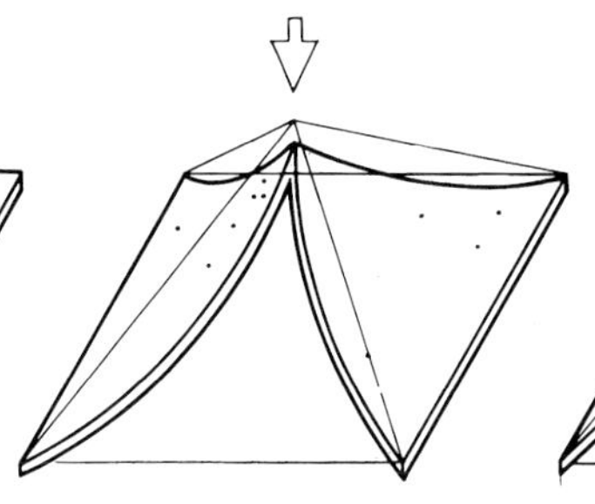

판 좌굴
buckling of plates

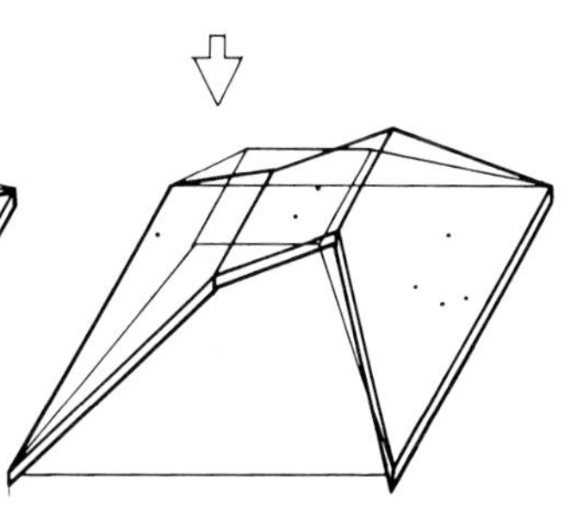

접각의 변화
change of fold angle

자유지지 가장자리의 임계변형에 대한 보강

stiffening against critical deformation of free edge

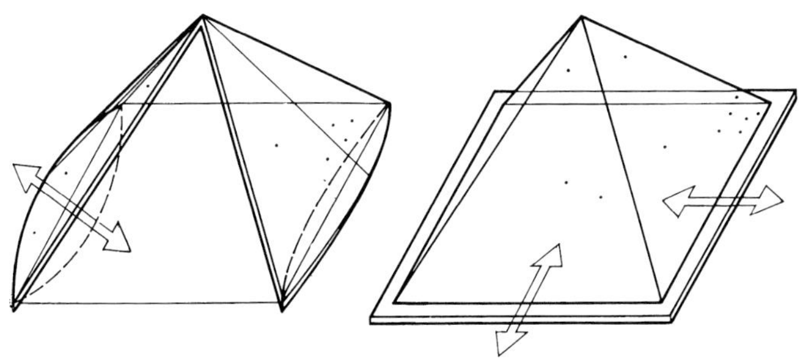

급경사 판들의 경우 좌굴방향의 주요분력은 수평적이다.
수평보강 horizontal stiffener

in planes with steep pitches major component of direction of buckling is horizontal
horizontal stiffener

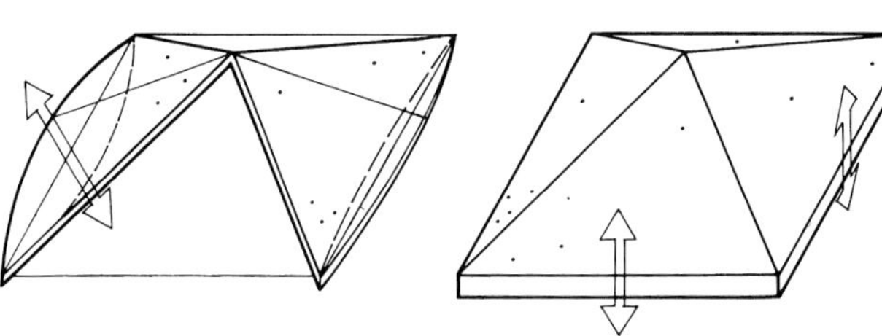

완경사 판들의 경우 좌굴방향의 주요분력은 수직적이다.
수직보강 vertical stiffener

in planes with shallow pitch major component of direction of buckling is vertical
vertical stiffener

단곡률 쉘의 3지지 작용

threefold bearing action of singly curved shell

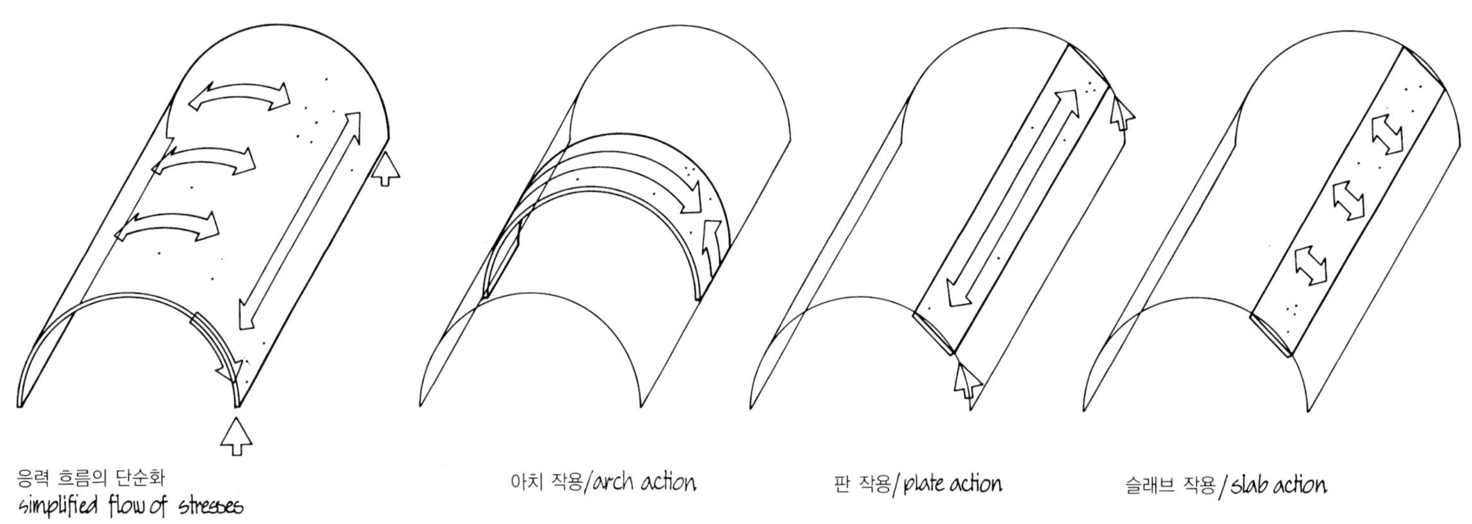

응력 흐름의 단순화
simplified flow of stresses

아치 작용/arch action

판 작용/plate action

슬래브 작용/slab action

단곡률 쉘의 지지 메카니즘: 막응력

bearing mechanism of singly curved shell membrane stresses

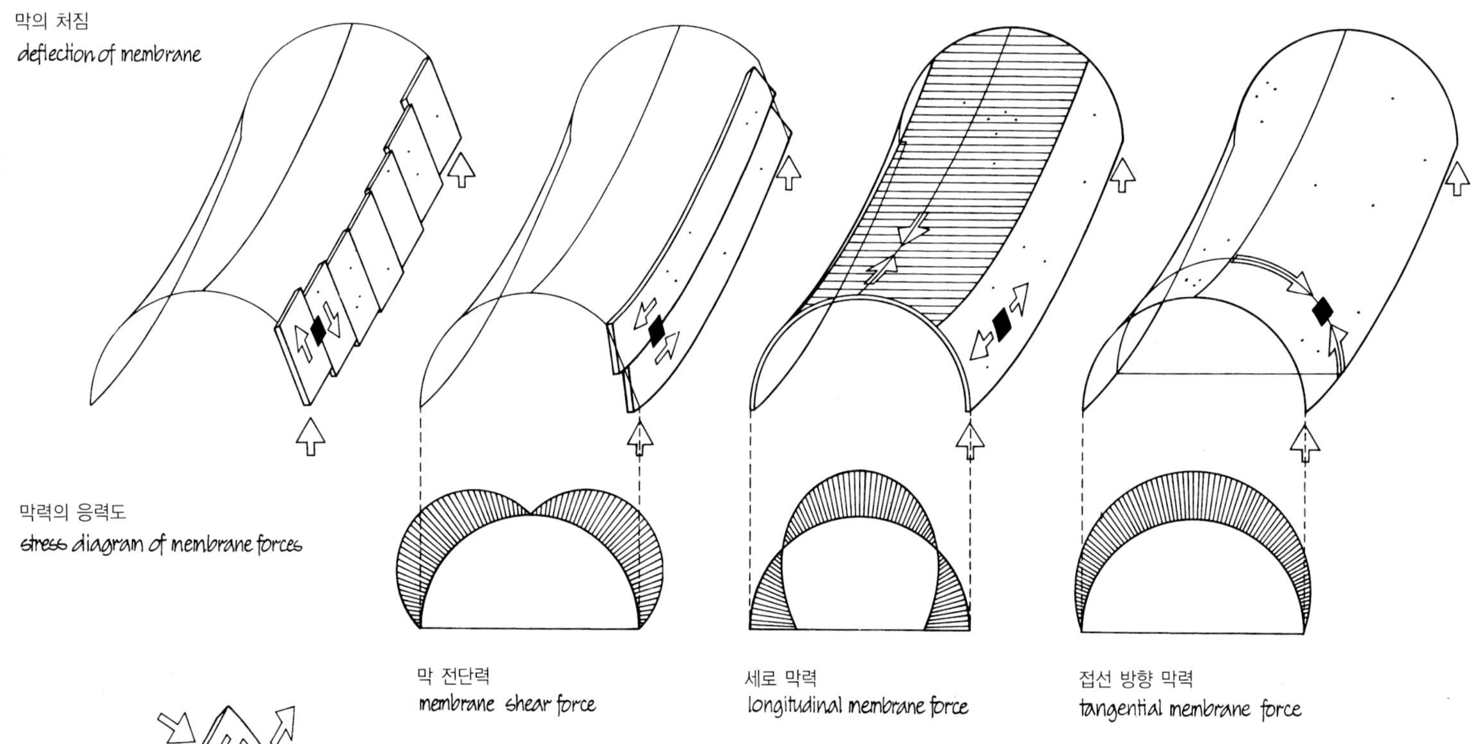

막의 처짐
deflection of membrane

막력의 응력도
stress diagram of membrane forces

막 전단력
membrane shear force

세로 막력
longitudinal membrane force

접선 방향 막력
tangential membrane force

막 요소

두 개의 강접 아치 사이를 덮는 캔버스와 같이 면요소들은 전단응력과 일반응력이 최종 아치로 하중전달될 수 있을 때까지는 하중을 전달한다.

like in a canvas spanned between two rigid arches, the elements of the surface give way to the load, until sufficient shear and normal stresses have been generated to transmit the load to the final arches

횡단면 막작용에 대한 가로곡률의 영향

influence of transverse curvature upon longitudinal membrane action

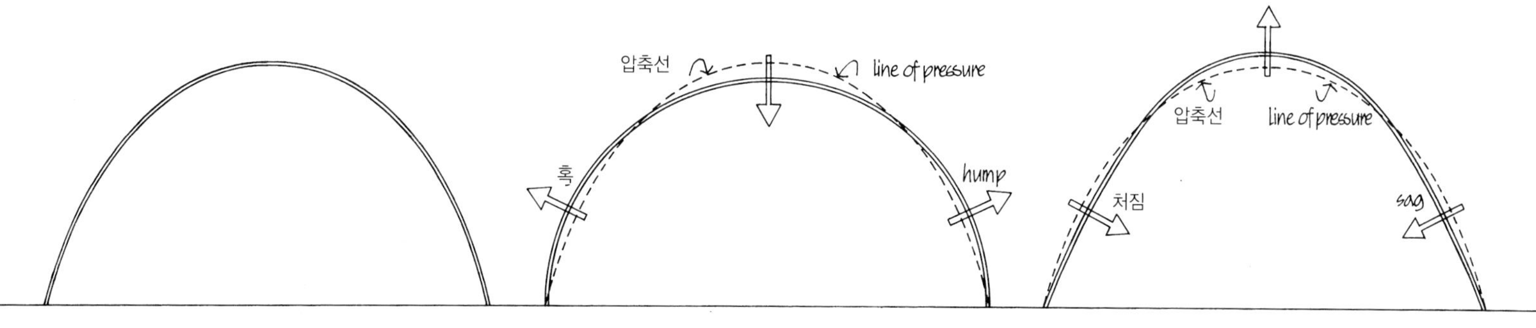

압축선
line of pressure
혹
hump
압축선
line of pressure
처짐
sag
압축선 / line of pressure
반원 / half circle
자유 이탈 / free deviation

가로곡률이 압축선과 일치한다면, 모든 자중은 쉘 가장자리를 따라 전달되고, 막의 지지력은 작용하지 않는다(전단력과 횡력은 0이다). 오직 압축선으로부터 파생되는 곡률을 선택함으로서 막은 횡적으로 응력을 받고, 크기는 이탈 정도에 좌우된다.

if transverse curvature follows line of pressure, all the dead weight is chanelled to the shell edge and longitudinal bearing capacity of the membrane is not put into action (shear and longitudinal forces = 0). only through choice of curvature deviating from line of pressure, will the membrane be stressed longitudinally, magnitude will depend on degree of deviation

측면의 임계변형에 대한 보강
보강재의 일반적인 형태

stiffening against critical deflection of transverse profile
typical forms of stiffeners

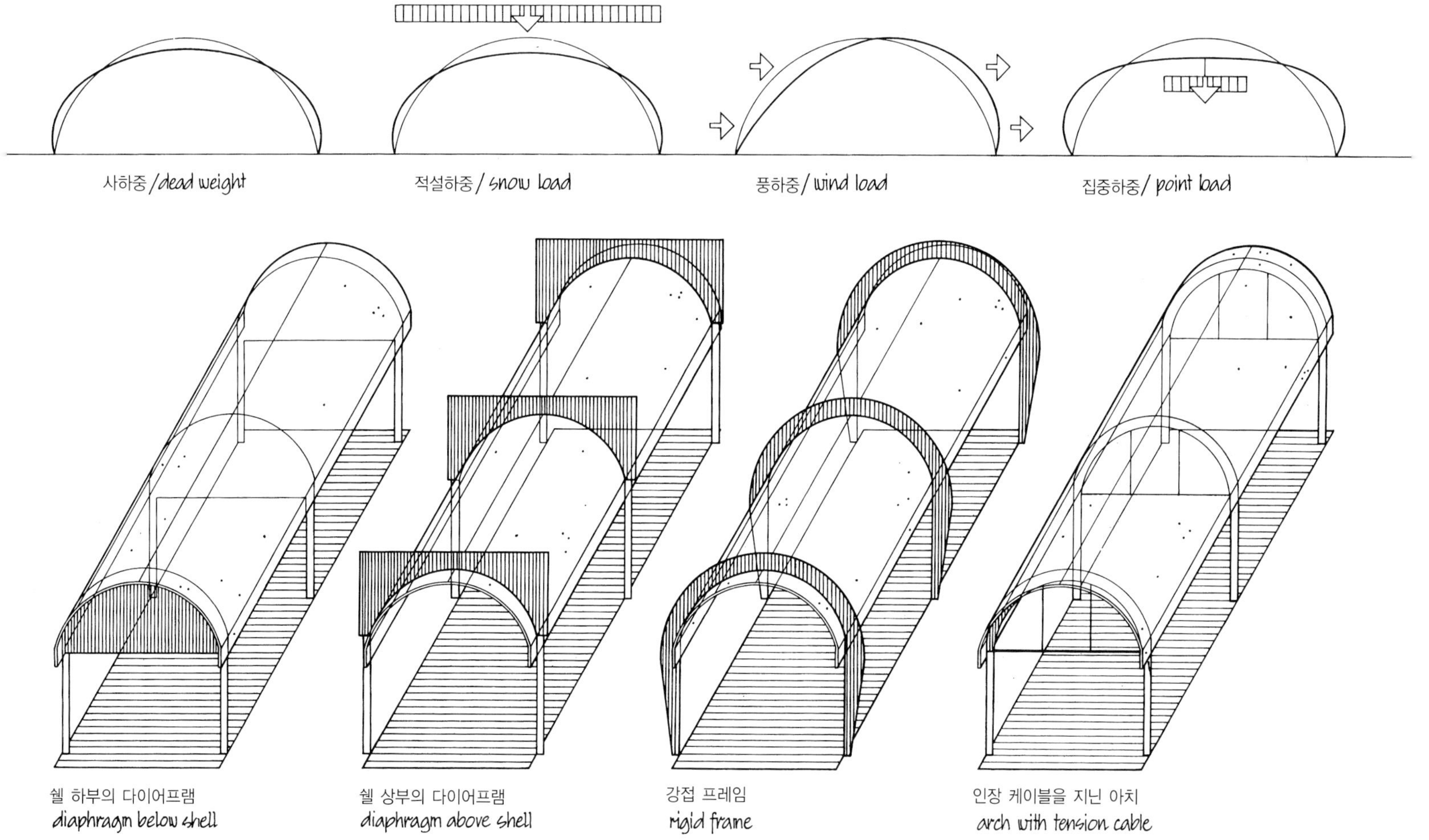

사하중 / dead weight
적설하중 / snow load
풍하중 / wind load
집중하중 / point load
쉘 하부의 다이어프램
diaphragm below shell
쉘 상부의 다이어프램
diaphragm above shell
강접 프레임
rigid frame
인장 케이블을 지닌 아치
arch with tension cable

가장자리 빔의 표준형태 Standardformen für Randversteifer

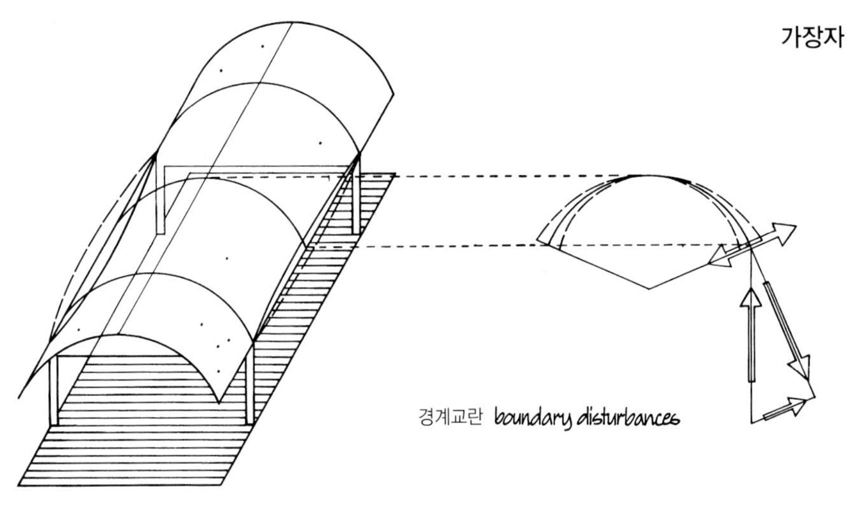

만일 최종 접선이 수직이 아니면, 판에 수직으로 작용하는 분력반력이 가장자리를 휘게 만들 것이다.
비록 가장자리의 횡보강으로 분력을 저항하겠지만, 곡면판과 가장자리 빔의 강성의 차이로 인해 휨 교란이 생길 것이다.

if final tangent is not vertical, the component reaction normal to the plane will introduce bending of edge. through longitudinal stiffening of edge the component force will be resisted, but due to difference in stiffness between shell and edge beam bending disturbances will be introduced

가장자리 빔
edge beams

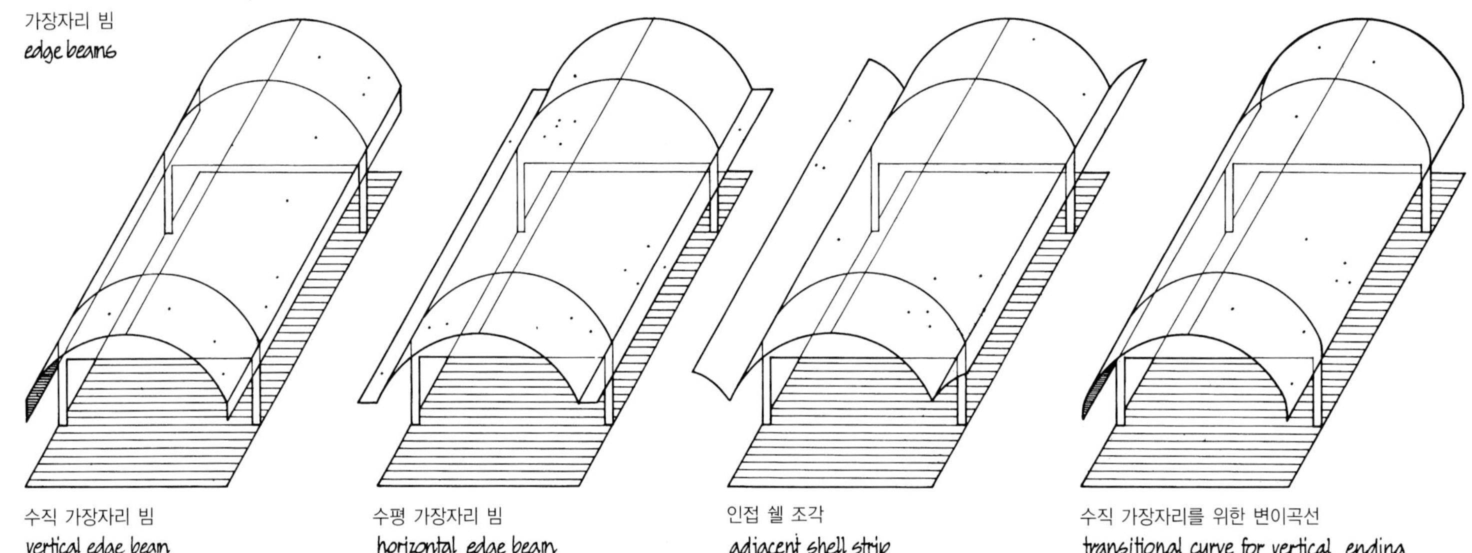

수직 가장자리 빔
vertical edge beam

수평 가장자리 빔
horizontal edge beam

인접 쉘 조각
adjacent shell strip

수직 가장자리를 위한 변이곡선
transitional curve for vertical ending

롱 실린더와 쇼트 실린더 쉘의 횡보강재에서 휨 교란 bending disturbance at transverse stiffener in long and short barrel shells

아치 힘(압축력)은 횡단선을 짧게 하며 아치의 꼭대기가 쳐지게 만든다. 보강된 주변에는 시스템이 이동할 수 없기 때문에 휘어지기 시작한다. 롱 실린더 쉘에서는 휨이 전체길이의 일부분에 대해서만 일어난다. 쇼트 실린더 쉘에서는 반지름이 크고 보강재의 간격이 좁기 때문에 휨 교란이 표면상에 더 넓게 분포된다.

arch forces (compression) produce shortening of transverse fibres and hence sag of the arch crown. in the neighbourhood of stiffeners displacement cannot take place and bending is introduced. in the long barrel shell bending is limited to the small fraction of its total length. in the short barrel shell because of the larger radius and the narrow spacing of stiffeners the bending disturbance extends over a larger portion of the surface

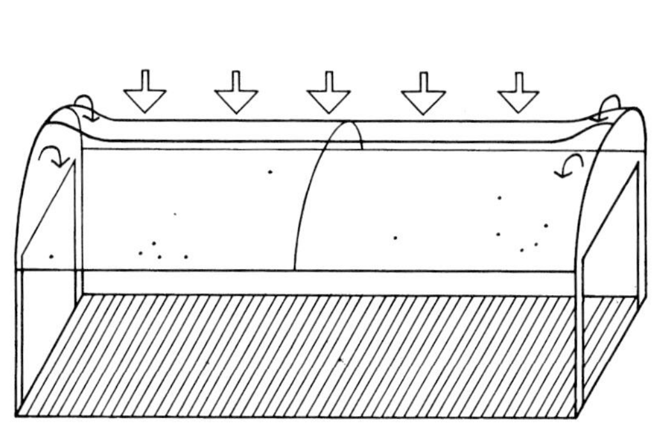

롱 원통형 실린더 쉘 / long barrel shell

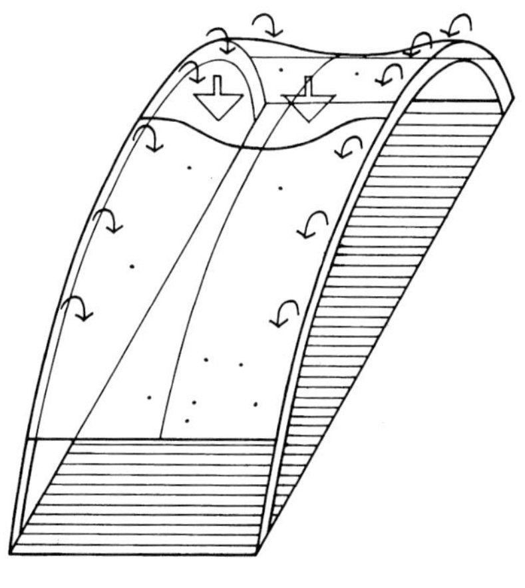

쇼트 실린더 쉘 / short barrel shell

롱 실린더 쉘과 쇼트 실린더 쉘의 차이

difference between long barrel shell and short barrel shell

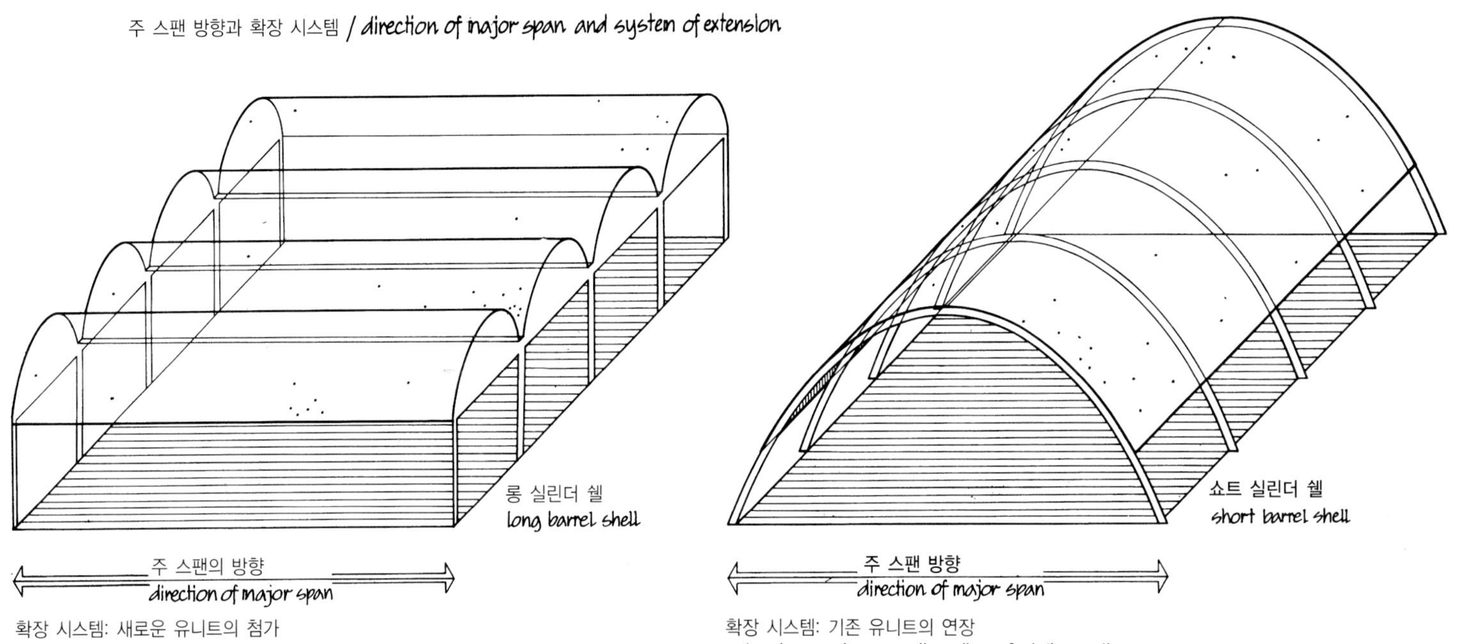

확장 시스템: 새로운 유니트의 첨가
extension system: multiplication of new units

확장 시스템: 기존 유니트의 연장
extension system: continuation of existing unit

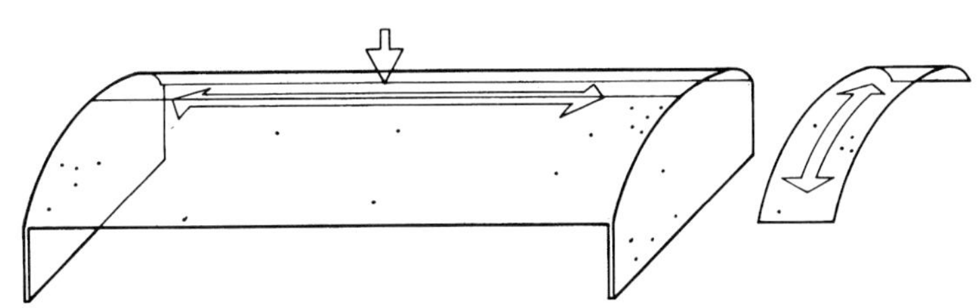

지지 메카니즘은 주로 판작용에 의해 발생함. 아치 작용(또는 서스펜션 작용)은 미미하며 비대칭하중을 수용하기 위해 작용한다.

bearing mechanism rests mainly upon plate action. arch action (or suspension action) is minor and serves to receive asymmetrical loads

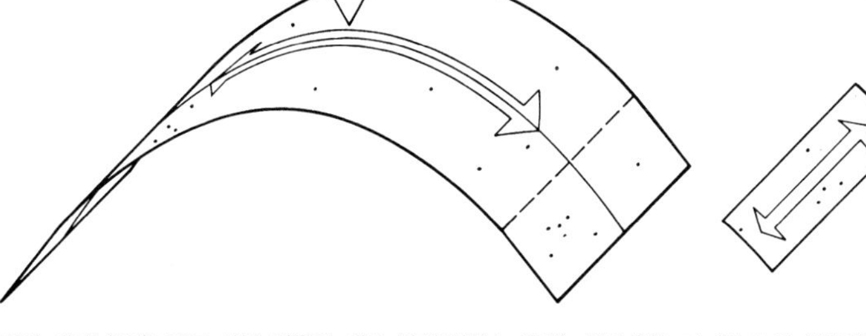

지지 메카니즘은 주로 아치 작용에 의해 발생함(현수 형태). 판작용은 미미하며 비대칭적하중을 수용하기 위해 작용한다.

bearing mechanism rests mainly upon arch action (therefore catenary form). plate action is minor and serves to receive asymmetrical loads

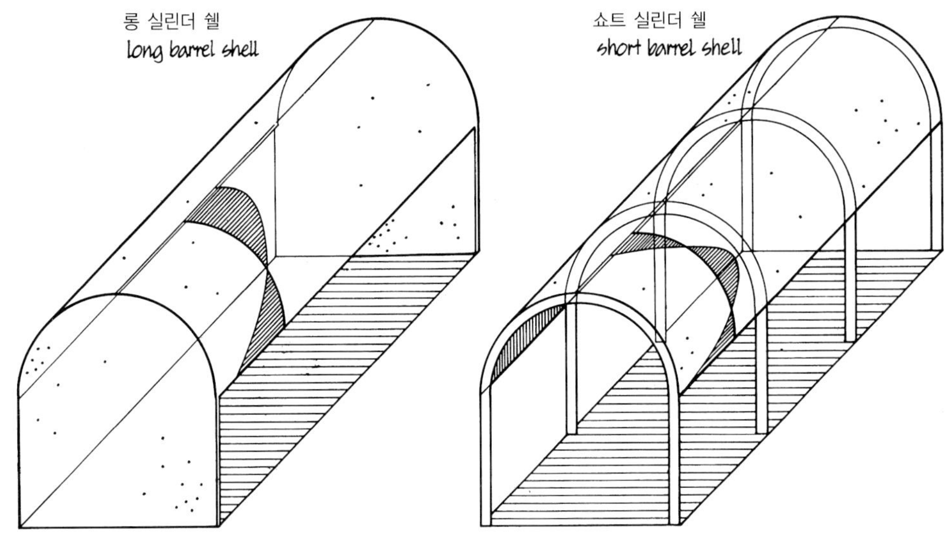

실린더가 짧아질수록 횡단 측면변형은 영향력이 증가하며, 세로응력의 수직투영이(빔처럼) 더 이상 직선이 아니라 곡선형태로 전환되며, 심지어 쉘의 상부에서 인장력이 작용할 수도 있다.

as the barrel becomes shorter, the deformability of the transverse profile becomes more influential and the vertical projection of the longitudinal stresses is no longer straight-line (as in a beam) but curved and may even become tensile in the upper portion of the shell

실린더 면이 상호 관통된 구조 시스템 *structure systems through interpenetration of cylindrical surfaces*

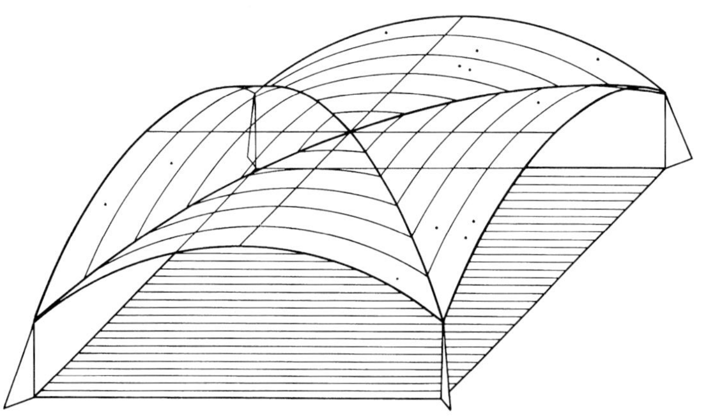

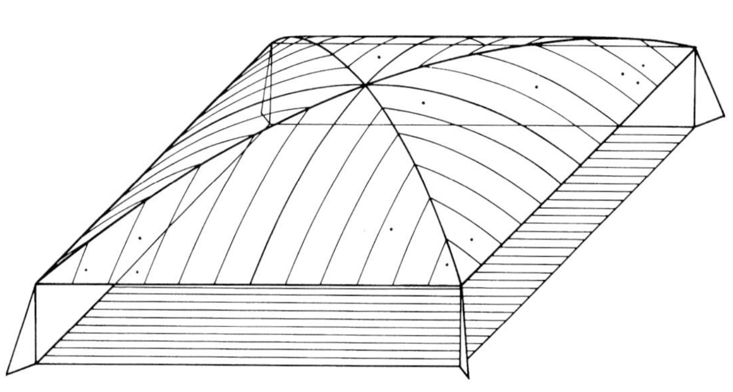

모면(母面)이 한 면에 있음 / *generatrices in one plane*

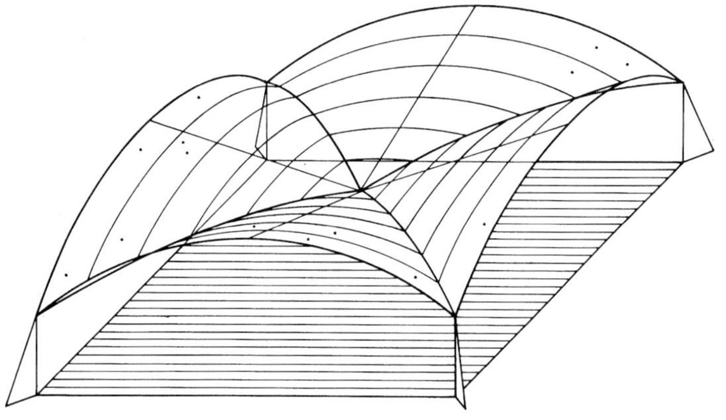

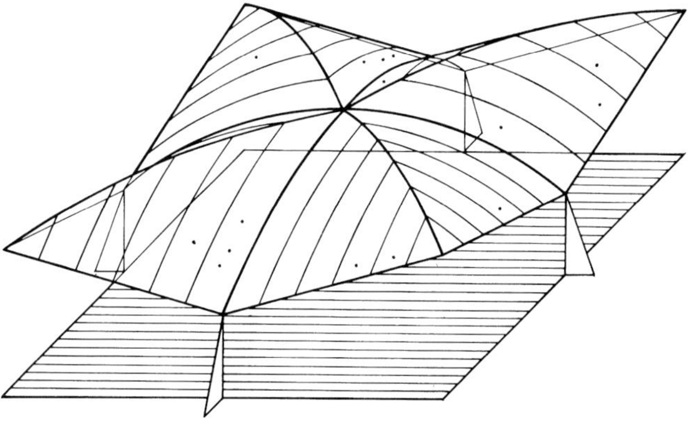

모면(母面)이 중앙으로 기울어짐 / *generatrices sloping toward center*

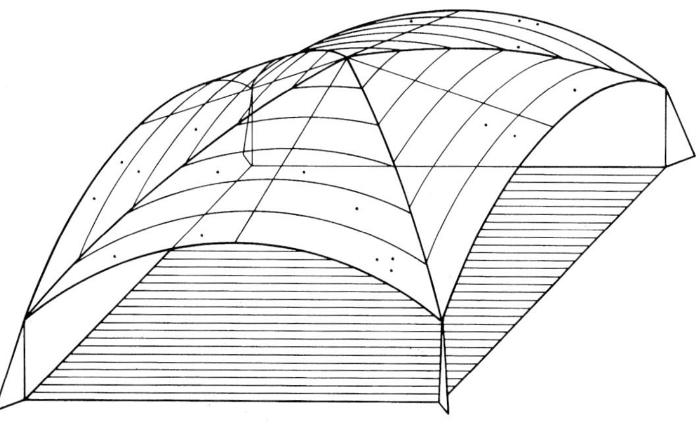

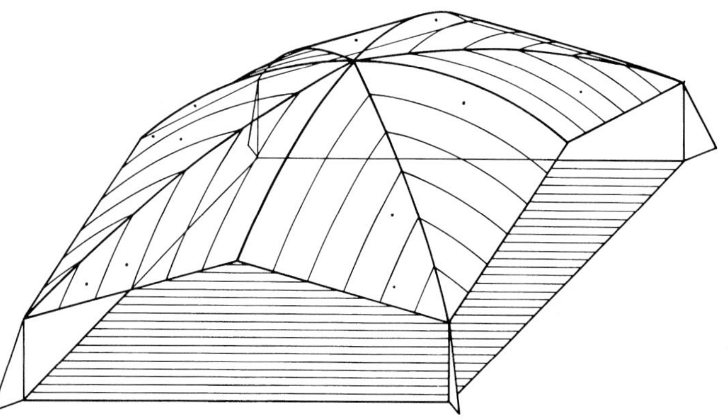

모면(母面)이 중앙을 향해 솟음 / *generatrices rising toward center*

실린더 면이 상호 관통된 구조 시스템

structure systems through interpenetration of cylindrical surfaces

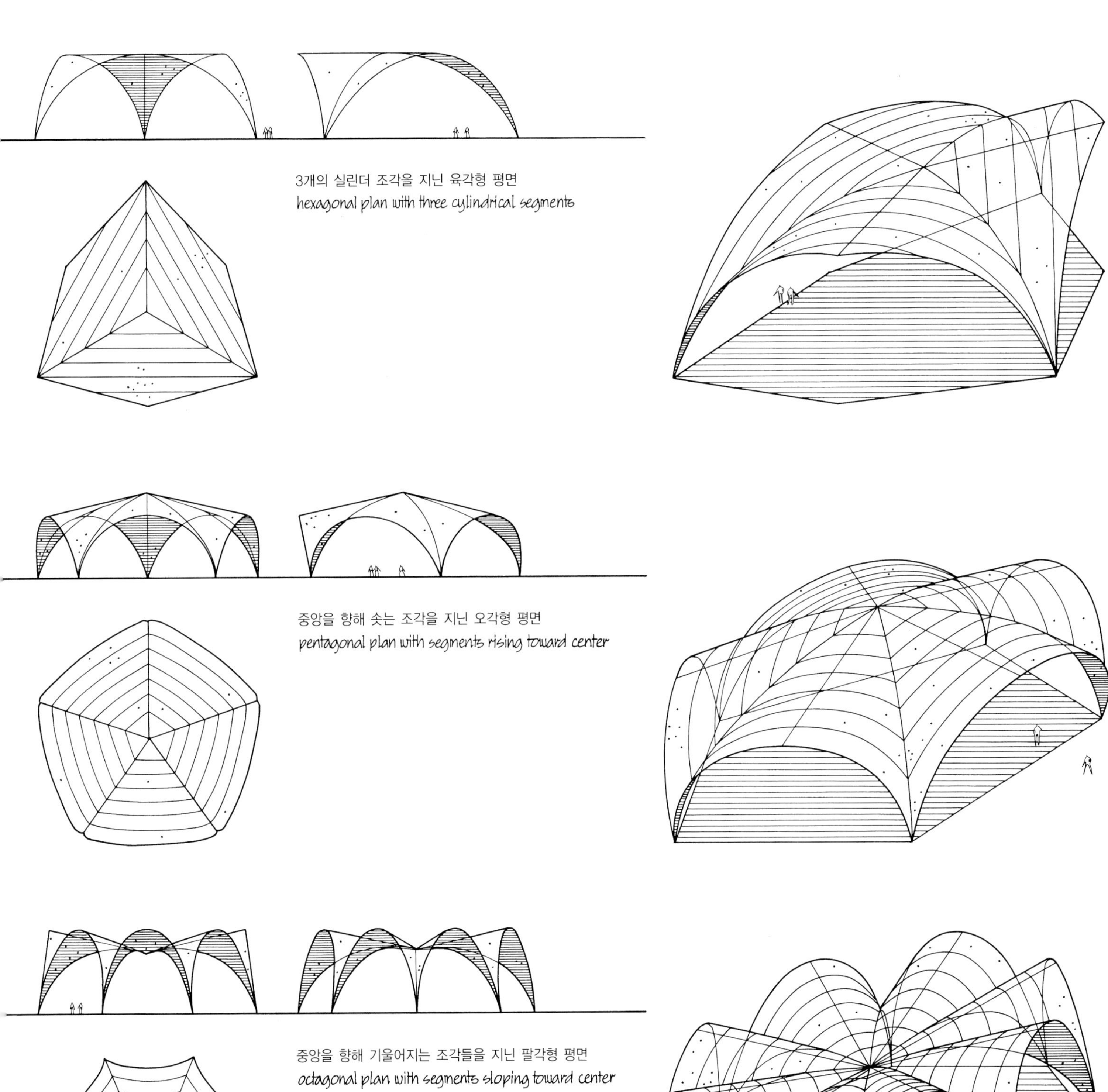

3개의 실린더 조각을 지닌 육각형 평면
hexagonal plan with three cylindrical segments

중앙을 향해 솟는 조각을 지닌 오각형 평면
pentagonal plan with segments rising toward center

중앙을 향해 기울어지는 조각들을 지닌 팔각형 평면
octagonal plan with segments sloping toward center

접힌 실린더 면이 상호 관통된 구조 시스템

structure systems through interpenetration of folded cylindrical surfaces

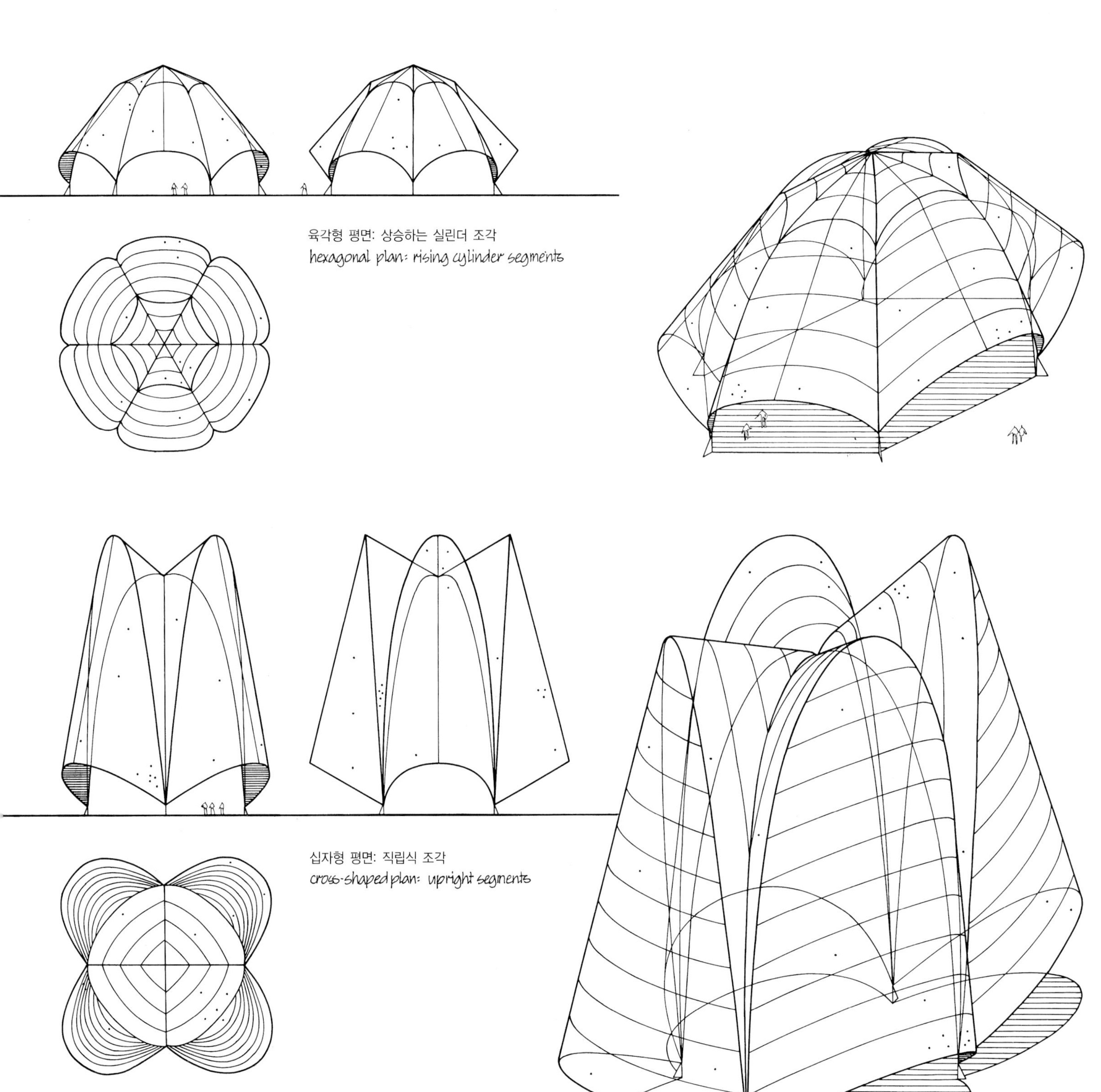

접힌 실린더 면이 상호관통된 구조 시스템

정방형 그리드 평면 위에 서로 사선으로 관통하는 실린더 면들의 조합

structure systems through interpenetration of folded cylindrical surfaces

composition of cylindrical surfaces crossing diagonally over square grid plan

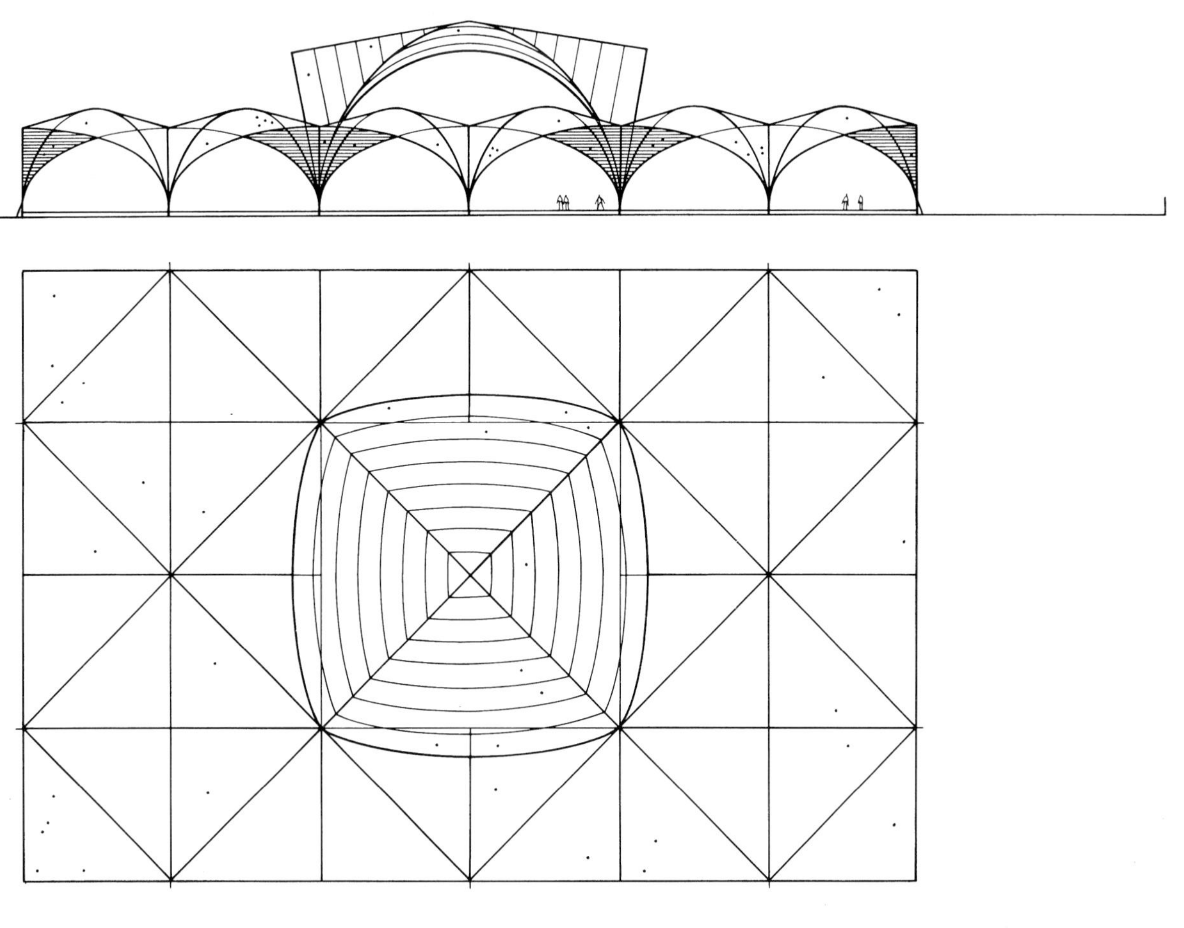

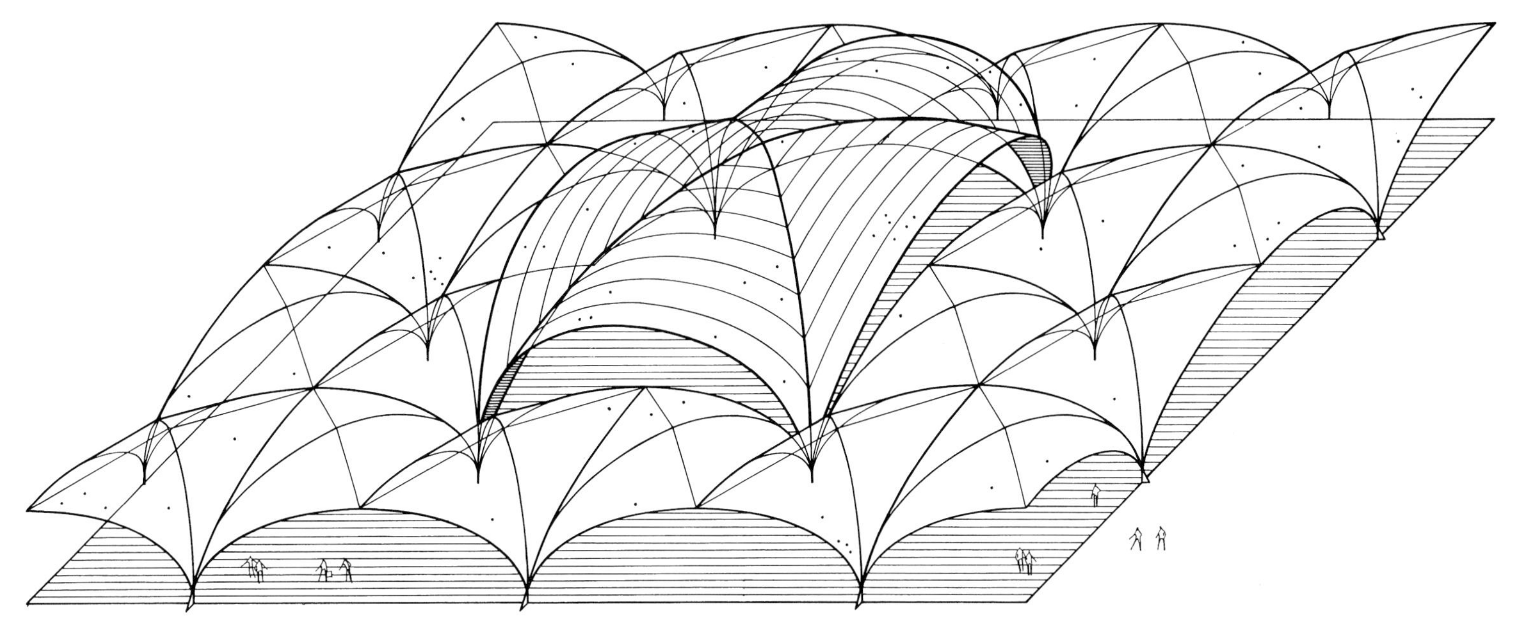

접힌 실린더 면으로 구성된 선형구조 시스템

linear structure systems composed of folded cylindrical surfaces

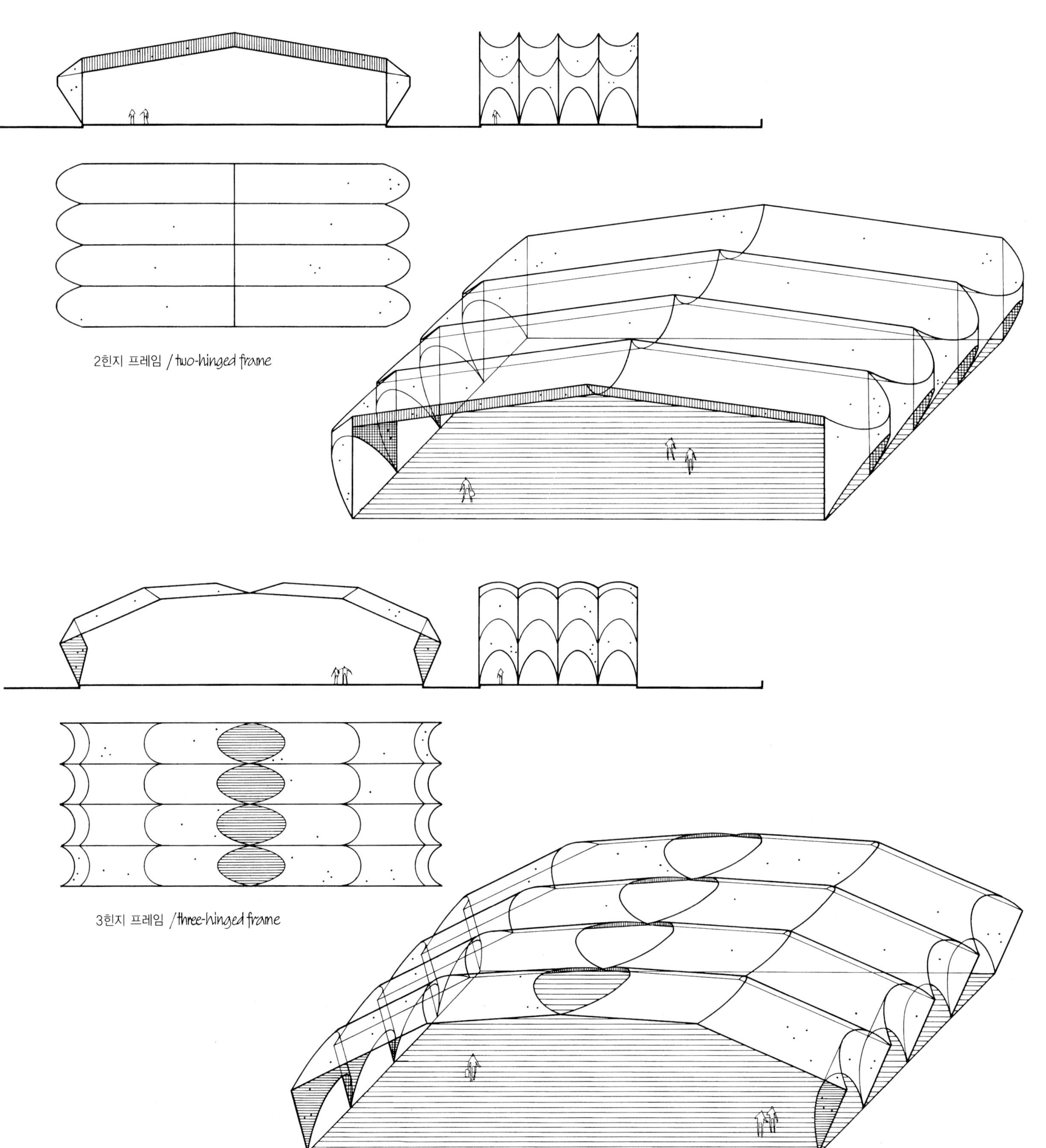

접힌 실린더 면으로 구성된 선형구조 시스템

linear structure systems composed of folded cylindrical surfaces

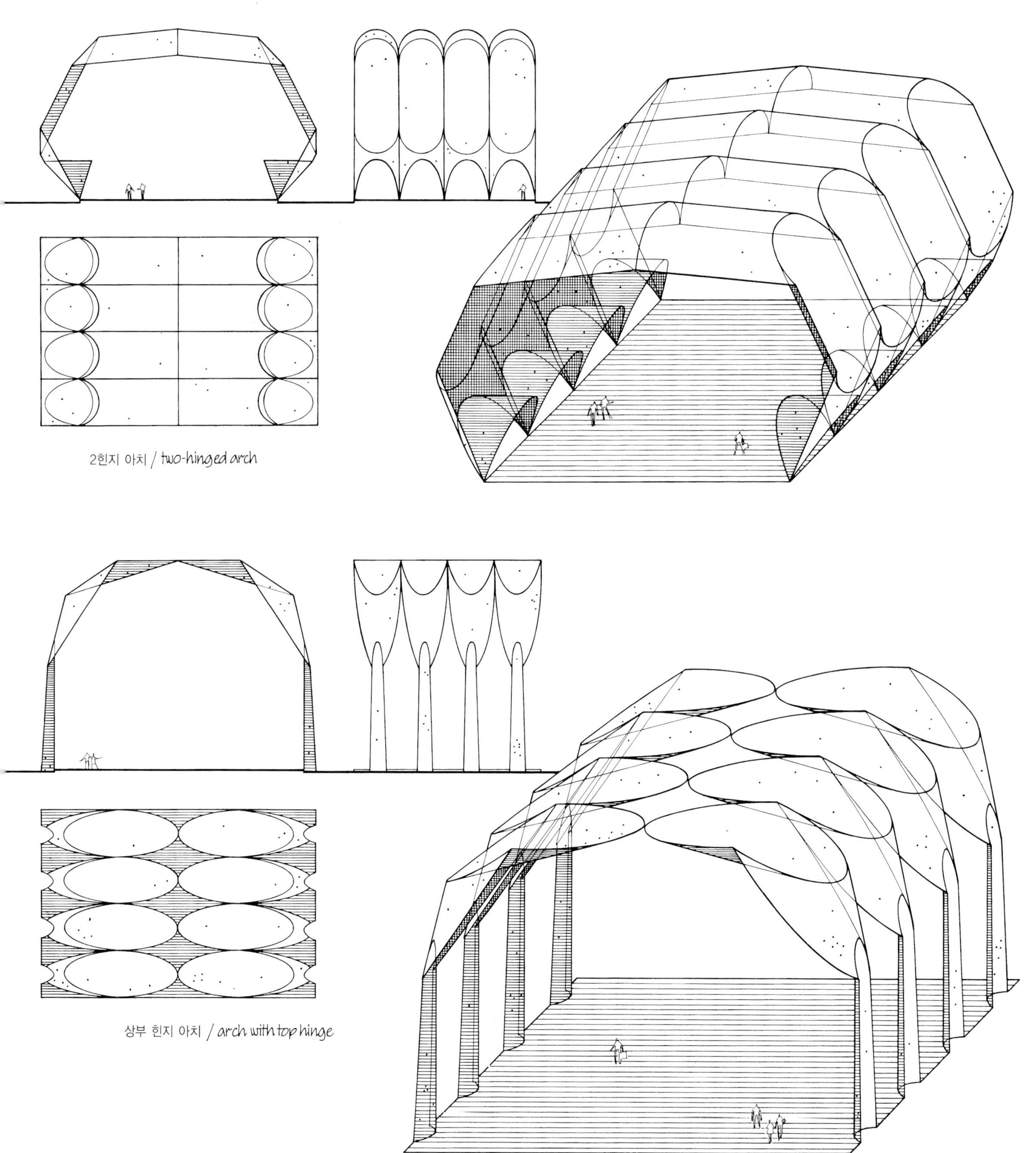

2힌지 아치 / *two-hinged arch*

상부 힌지 아치 / *arch with top hinge*

대칭하중상태에서 회전 쉘의 막력

membrane forces in rotational shells under symmetrical loading

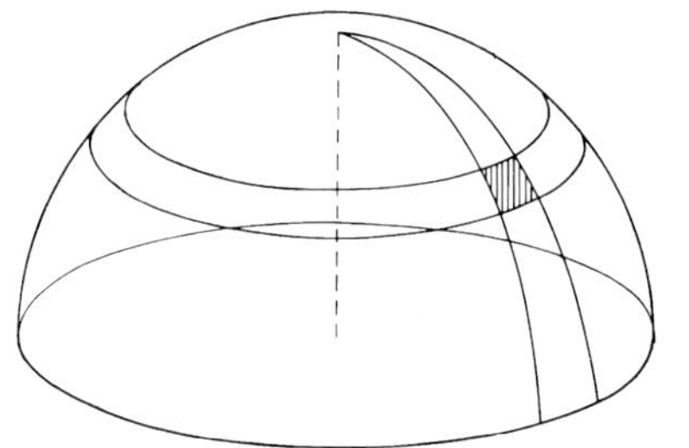

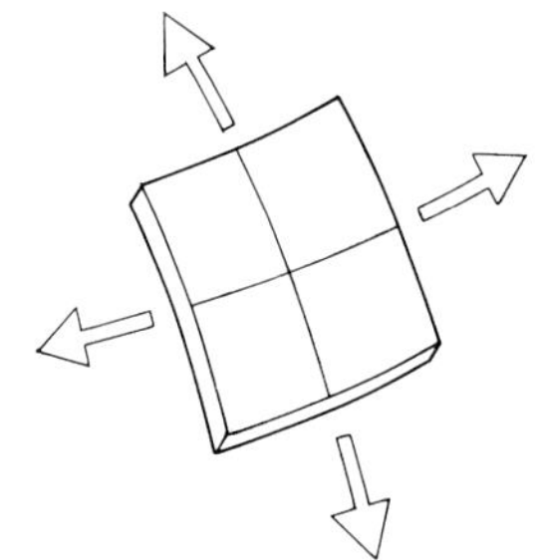

쉘 요소는 경선 힘과 테두리 힘만으로도 평형상태를 유지할 것이다. 하중이 대칭적이기 때문에 외피의 어떤 구간에서도 전단이 발생하지 않을 것이다.

the shell element will be kept in equilibrium solely by the meridional force and by the hoop force. because of symmetrical loading no shear will be developed in any section of shell

대칭하중상태에서 돔형 쉘의 주응력선

principal stress lines in spherical shells under symmetrical loading

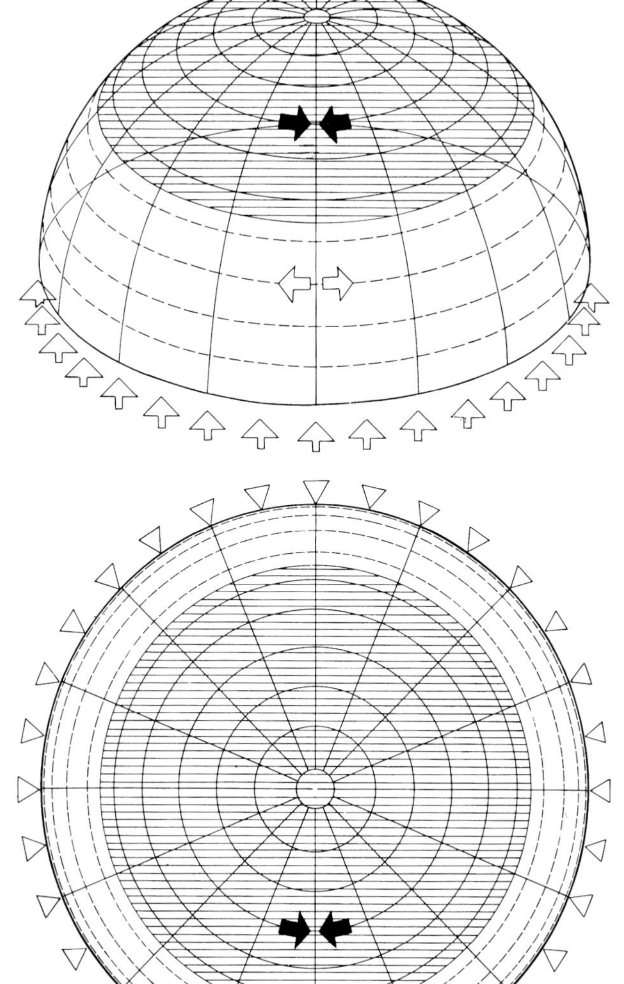

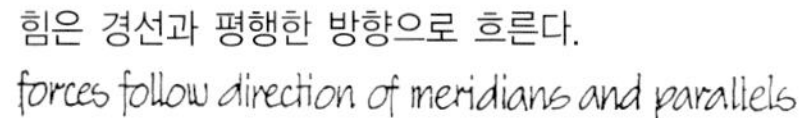

힘은 경선과 평행한 방향으로 흐른다.
forces follow direction of meridians and parallels

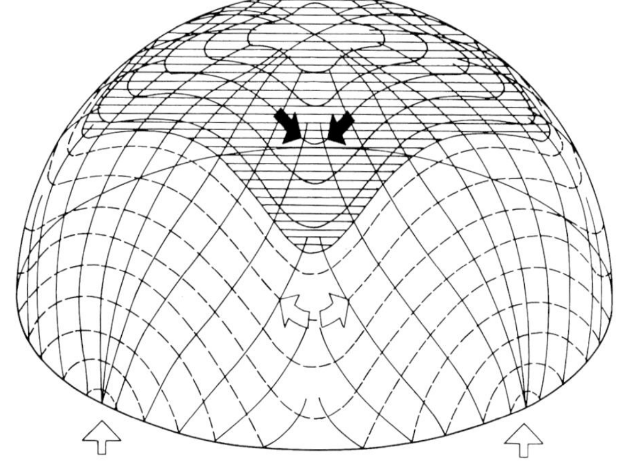

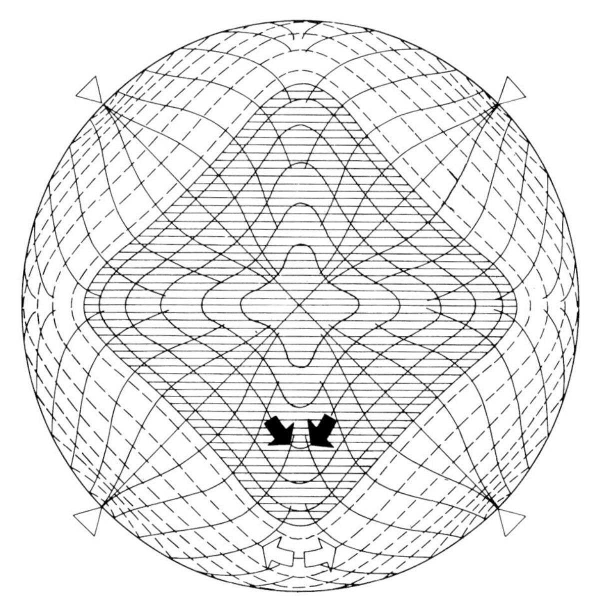

경선과 링의 힘의 방향은 마치 자기장처럼 휘어진다.
directions of meridional and ring forces are deflected like in a magnetic field

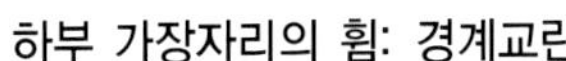

하부 가장자리의 휨: 경계교란

bending of lower edge: boundary disturbances

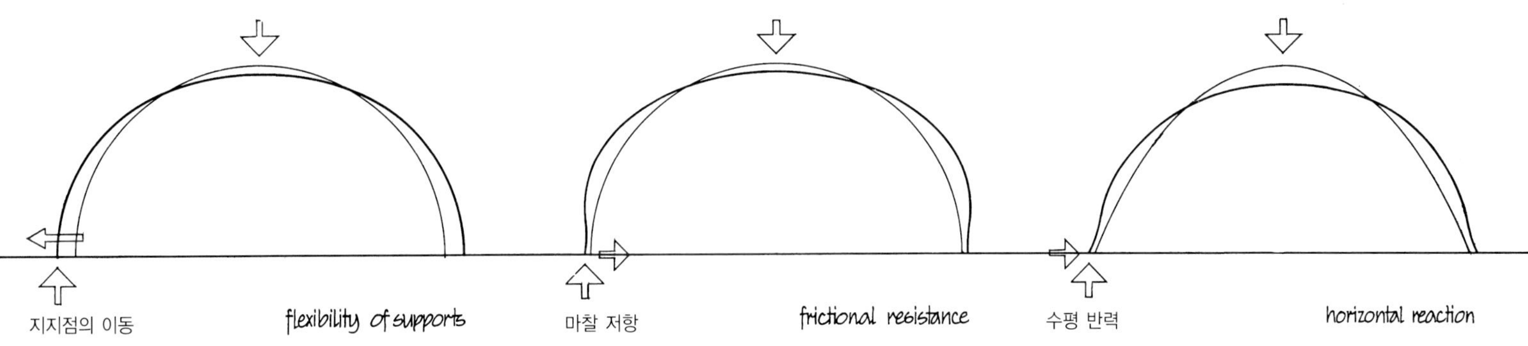

지지점의 이동으로 쉘 하부 가장자리가 자유롭게 넓어진다: 막응력만 작용하는 것이다. 그러나 이 작용이 지지의 마찰력에 의해 제약되면 휨 교란이 발생한다. 가장자리의 마지막 기울기가 수직이 아닌 링 빔의 경우, 확장이 쉘의 하부 가장자리와 다르기 때문에 동일한 현상이 발생할 수 있다.

with flexible supports lower edge of shell can expand freely: only membrane stresses. however, if this motion is obstructed by friction of the supports bending disturbance is introduced. the same will be the case when, for non-vertical final tangent of edge a ring beam is built in which the expansion differs from that of the lower edge of the shell

링 빔의 프리스트레싱으로 가장자리 교란의 감소

reduction of edge disturbances through prestressing of ring beam

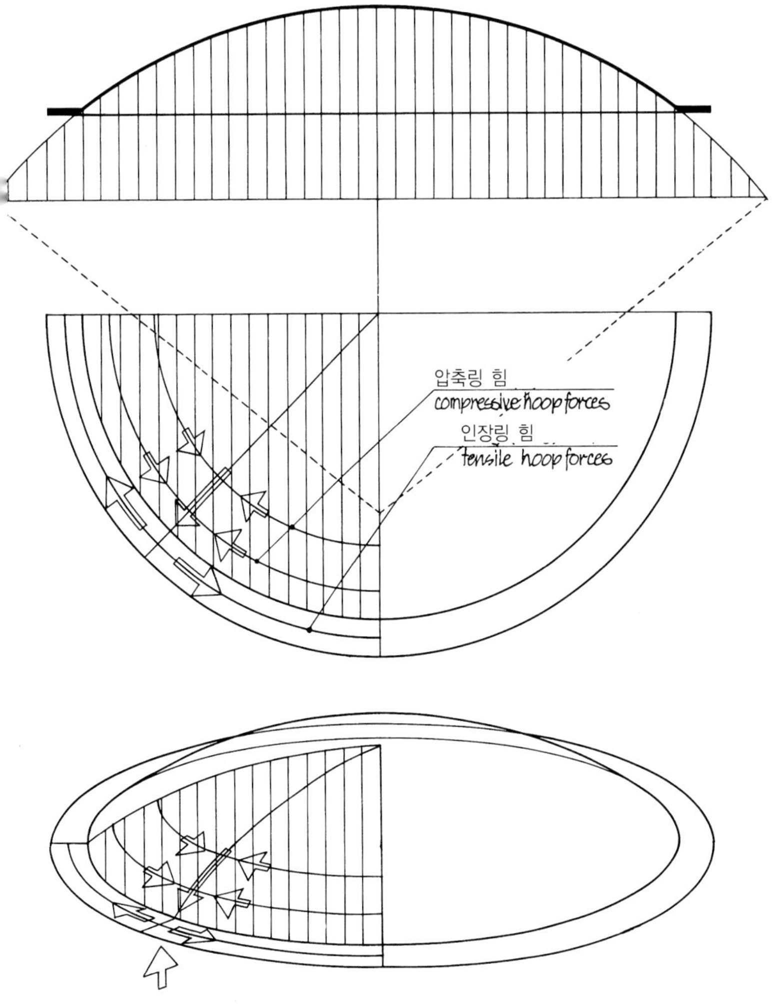

압축링 힘
compressive hoop forces
인장링 힘
tensile hoop forces

쉘 하부에 인장링이 있는 저층고 구형쉘에서 링에 걸리는 힘
hoop forces in low-rise spherical shell

낮은 구형 쉘 가장자리에 인장링
with tension ring at lower edge of shell

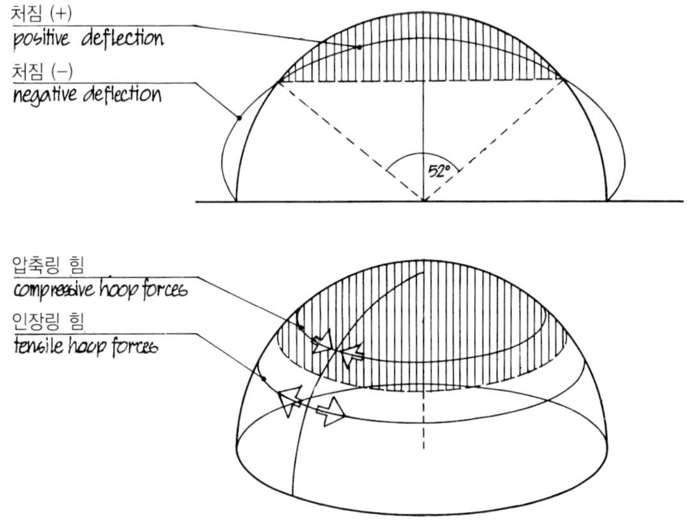

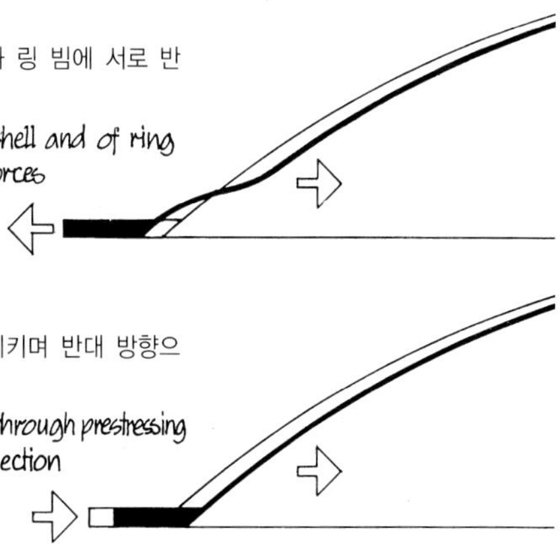

처짐 (+)
positive deflection
처짐 (−)
negative deflection
52°

압축링 힘
compressive hoop forces
인장링 힘
tensile hoop forces

링 힘의 반대 방향에 의해 쉘 하부 가장자리와 링 빔에 서로 반대되는 링 힘이 발생함
opposite hoop deflection of lower edge of shell and of ring beam caused by opposite direction of ring forces

링 빔의 프리스트레싱으로 휘는 방향을 역전시키며 반대 방향으로 테두리가 휘는 것을 방지
reversal of deflective direction in ring beam through prestressing and hence elimination of opposite hoop deflection

쉘 하부 가장자리의 휨 교란을 감소
reduction of bending disturbance in lower edge of shell

낮은 구형 쉘 하부 가장자리 설계

design of lower edge in low-rise spherical shell

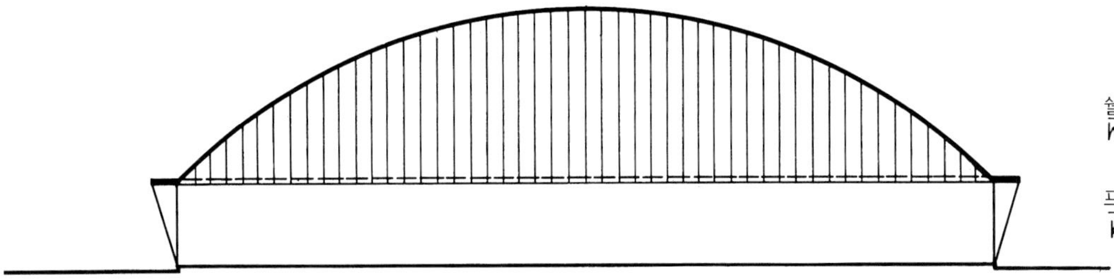

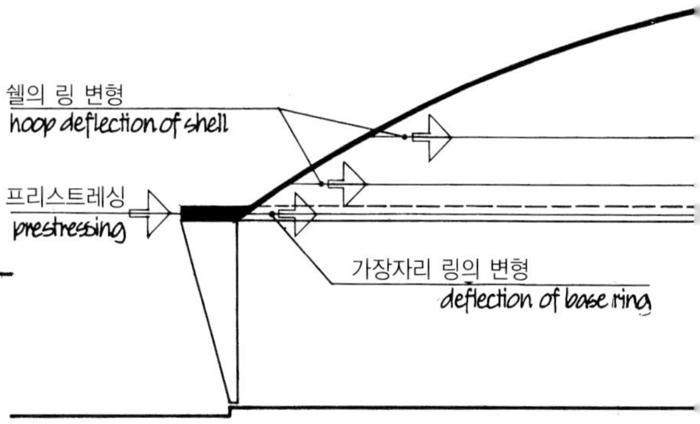

쉘의 링 변형
hoop deflection of shell
프리스트레싱
prestressing
가장자리 링의 변형
deflection of base ring

쉘 하부 지반링의 프리스트레싱 — prestressing of base ring outside of shell

인장 휨의 원심으로 작용하는 변형은 쉘 하부 가장자리의 구심으로 작용하는 변형의 역이 될 것이다.

centrifugal deflection of tension ring will be reversed to follow centripetal hoop deflection of lower edge of shell

쉘의 링 변형
hoop deflection of shell
프리스트레싱
prestressing
가장자리 링의 변형
deflection of base ring

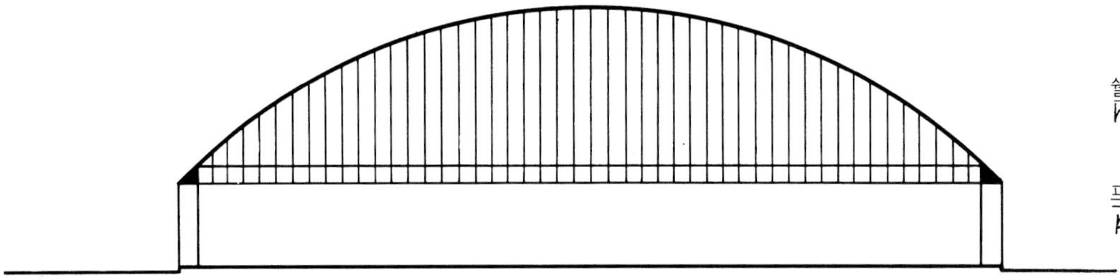

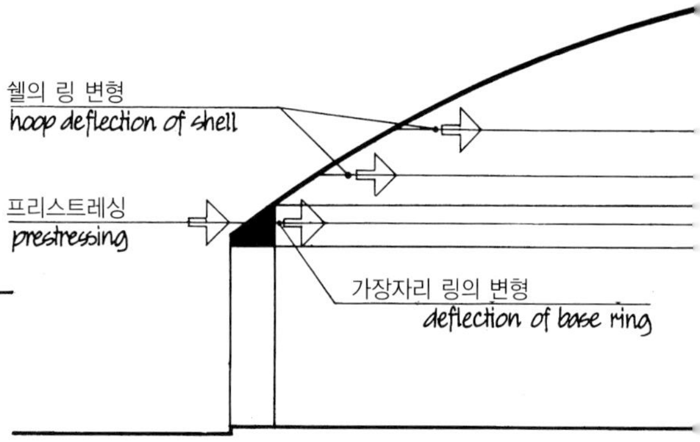

쉘 외부 지반링의 프리스트레싱 — prestressing of base ring inside of shell

가장자리 교란의 제어 메카니즘의 위와 같으며, 변형은 반대임

mechanism for elimination of edge disturbances is based as above upon reversing the tendency of deflection

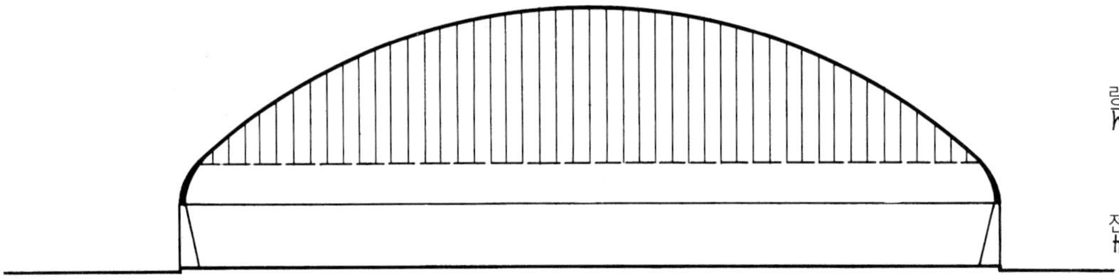

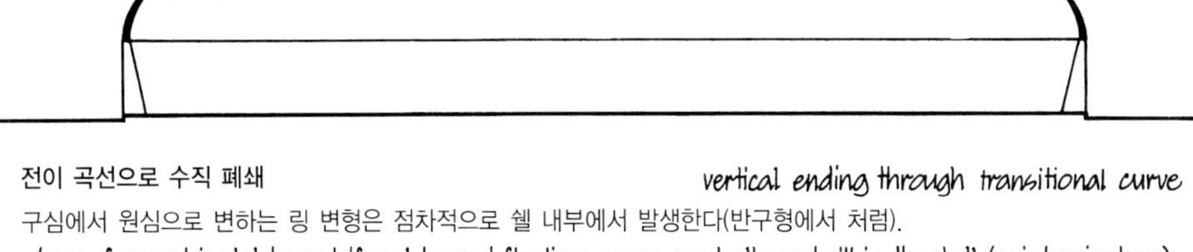

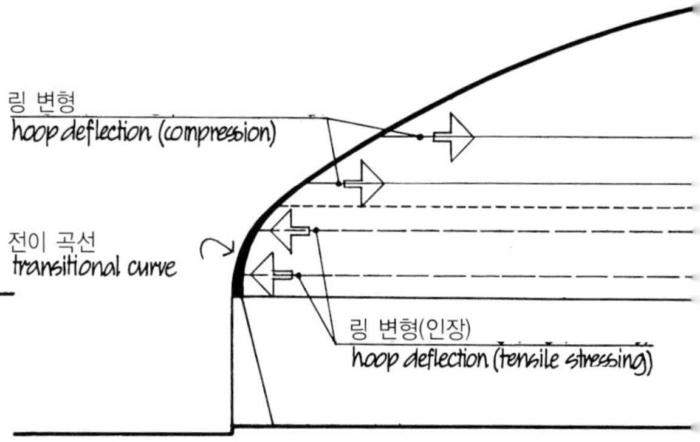

링 변형
hoop deflection (compression)
전이 곡선
transitional curve
링 변형(인장)
hoop deflection (tensile stressing)

전이 곡선으로 수직 폐쇄 — vertical ending through transitional curve

구심에서 원심으로 변하는 링 변형은 점차적으로 쉘 내부에서 발생한다(반구형에서 처럼).

change from centripetal to centrifugal hoop deflection occurs gradually and within the shell (as in hemisphere)

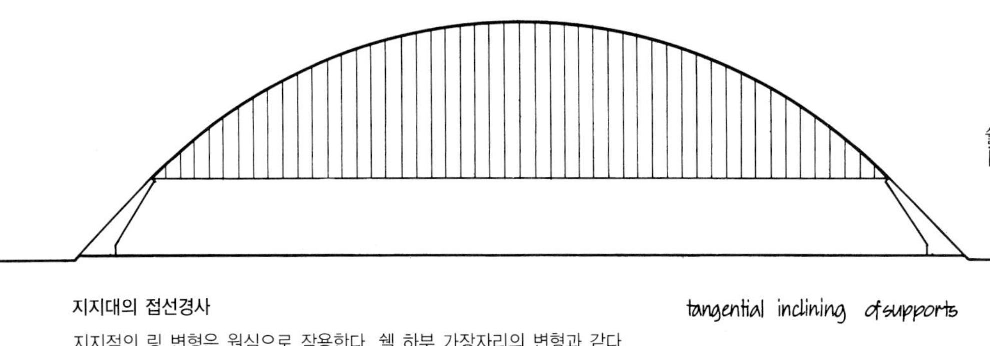

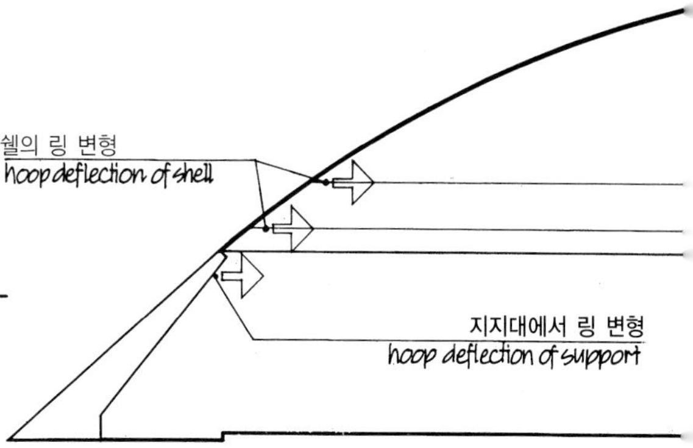

쉘의 링 변형
hoop deflection of shell
지지대에서 링 변형
hoop deflection of support

지지대의 접선경사 — tangential inclining of supports

지지점의 링 변형은 원심으로 작용한다. 쉘 하부 가장자리의 변형과 같다.

hoop deflection of supports have centripetal tendency just like the hoop deflection of lower edge of shell

한 구형면으로 된 공간구성 시스템

systems of defining space with one spherical surface

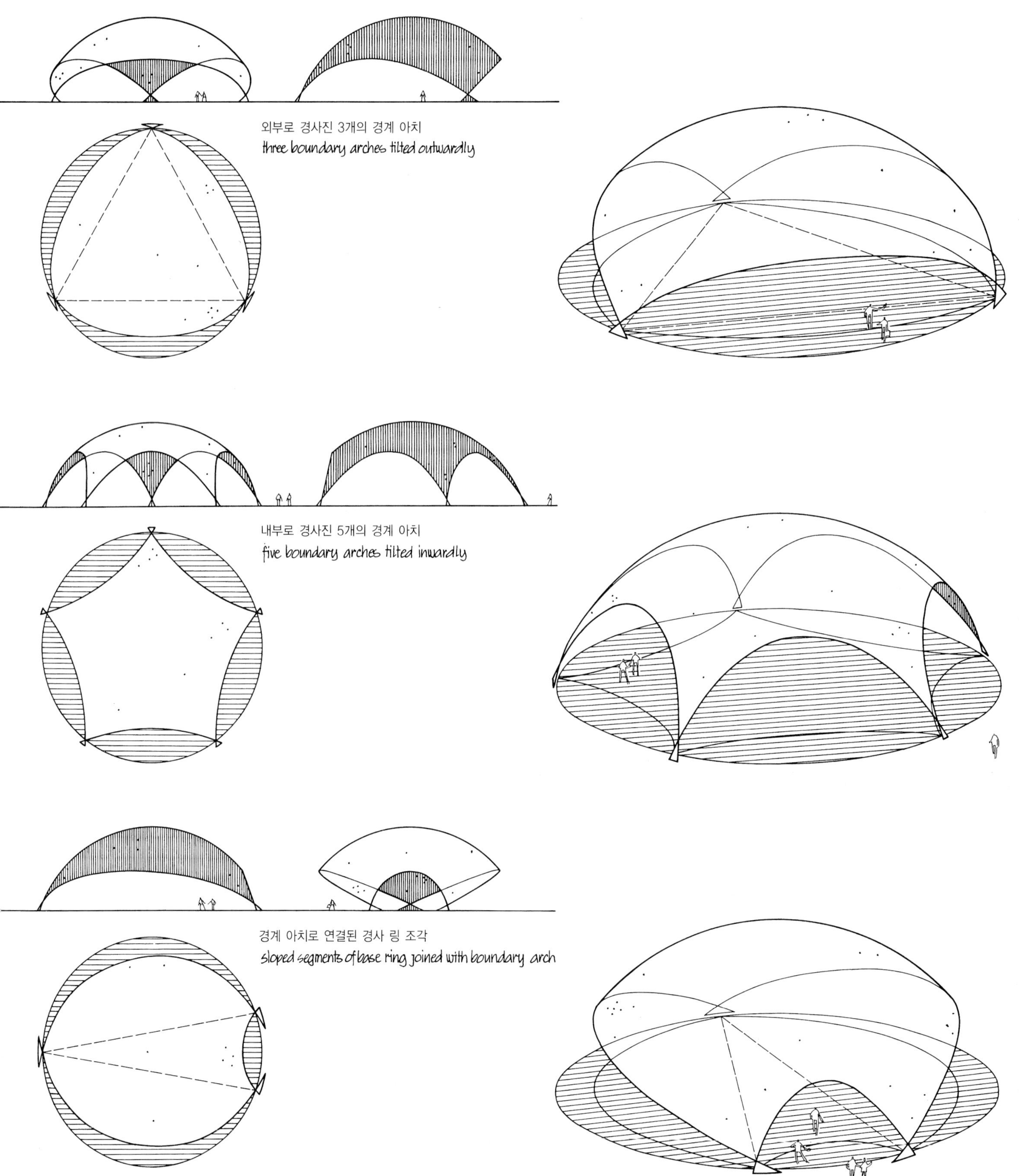

릿지를 접은 2개의 구형면으로 된 공간구성 시스템

systems of defining space with two spherical surfaces in ridge folding

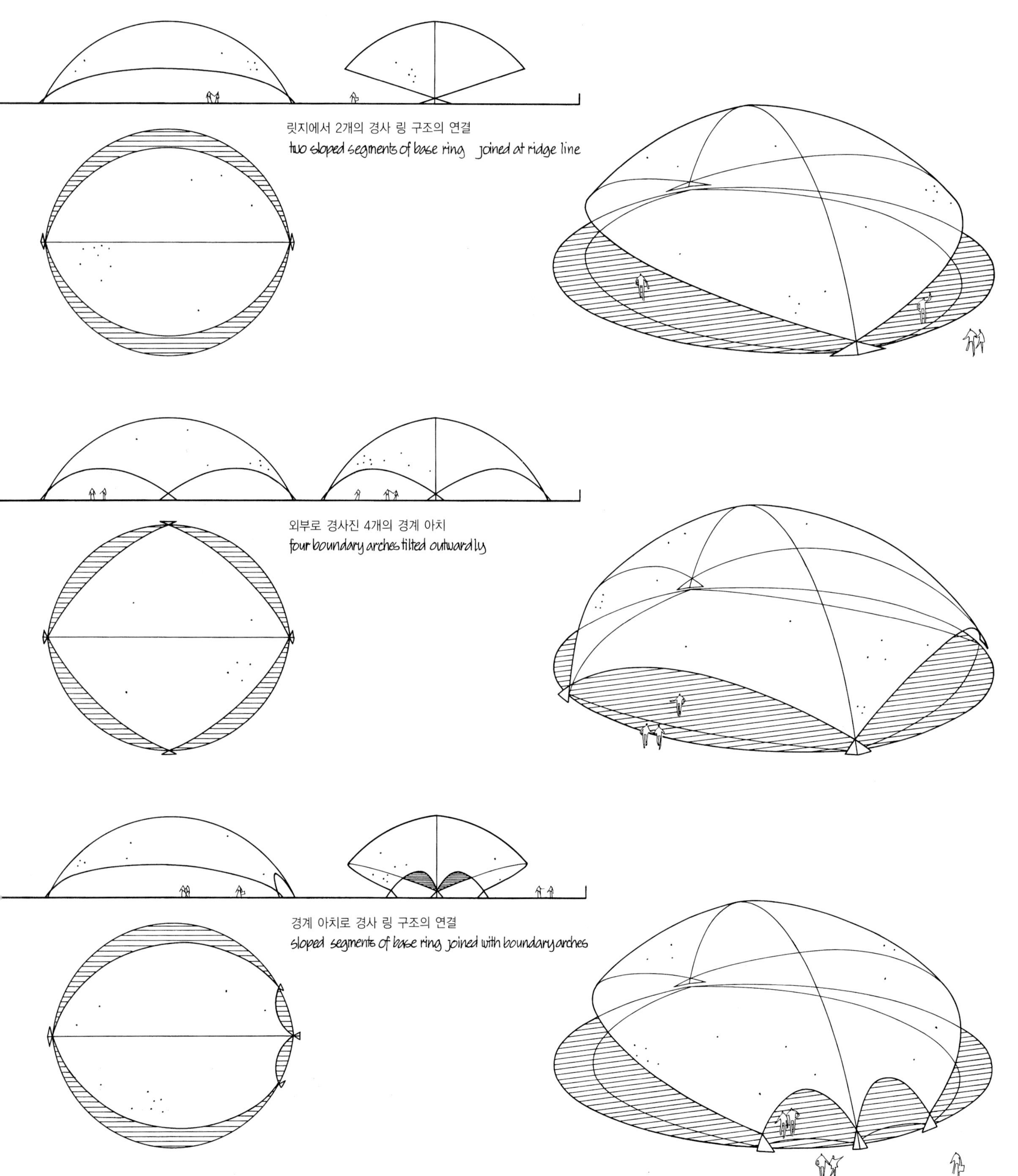

벨리에서 연결된 2개의 구형면으로 된 공간구성 시스템

systems of defining space with two spherical surfaces joined in valley

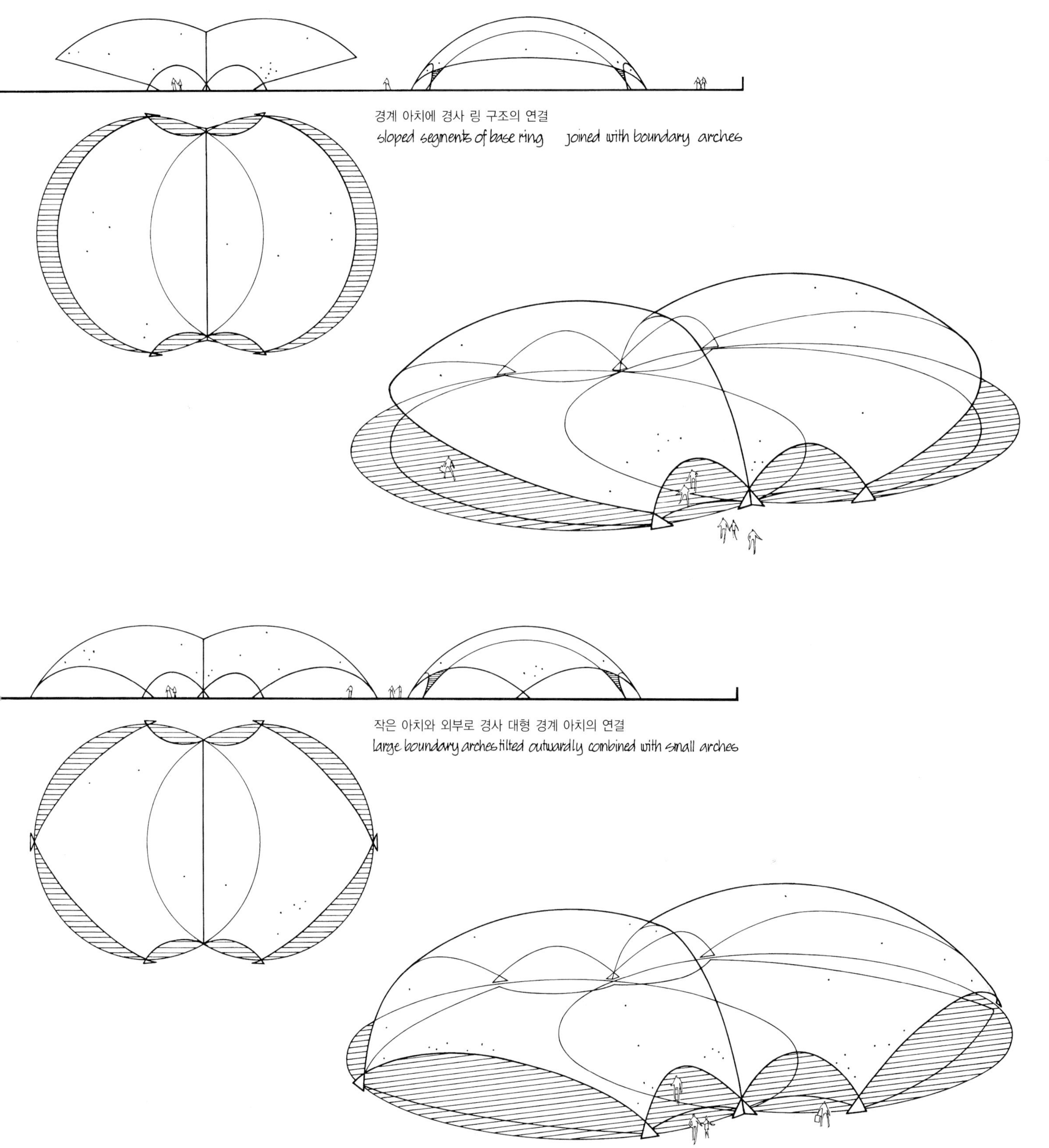
경계 아치에 경사 링 구조의 연결

sloped segments of base ring joined with boundary arches

작은 아치와 외부로 경사 대형 경계 아치의 연결

large boundary arches tilted outwardly combined with small arches

벨리에서 2개의 구형면으로 연결된 공간구성 시스템

systems of defining space with two spherical surfaces joined in valley

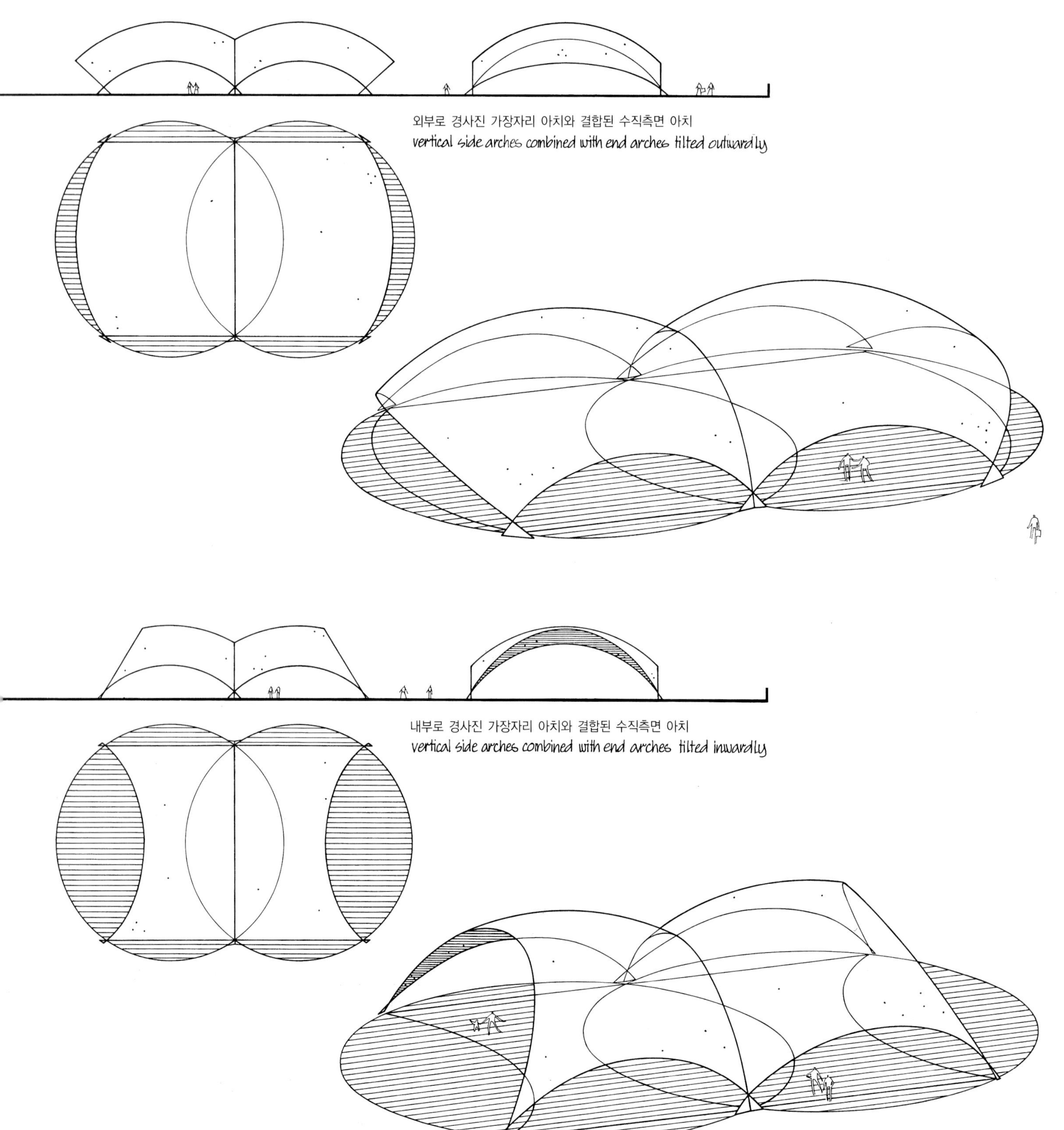

곡률이 다른 구형표면으로 공간을 정의하는 시스템

systems of defining space with spherical surfaces of different curvature

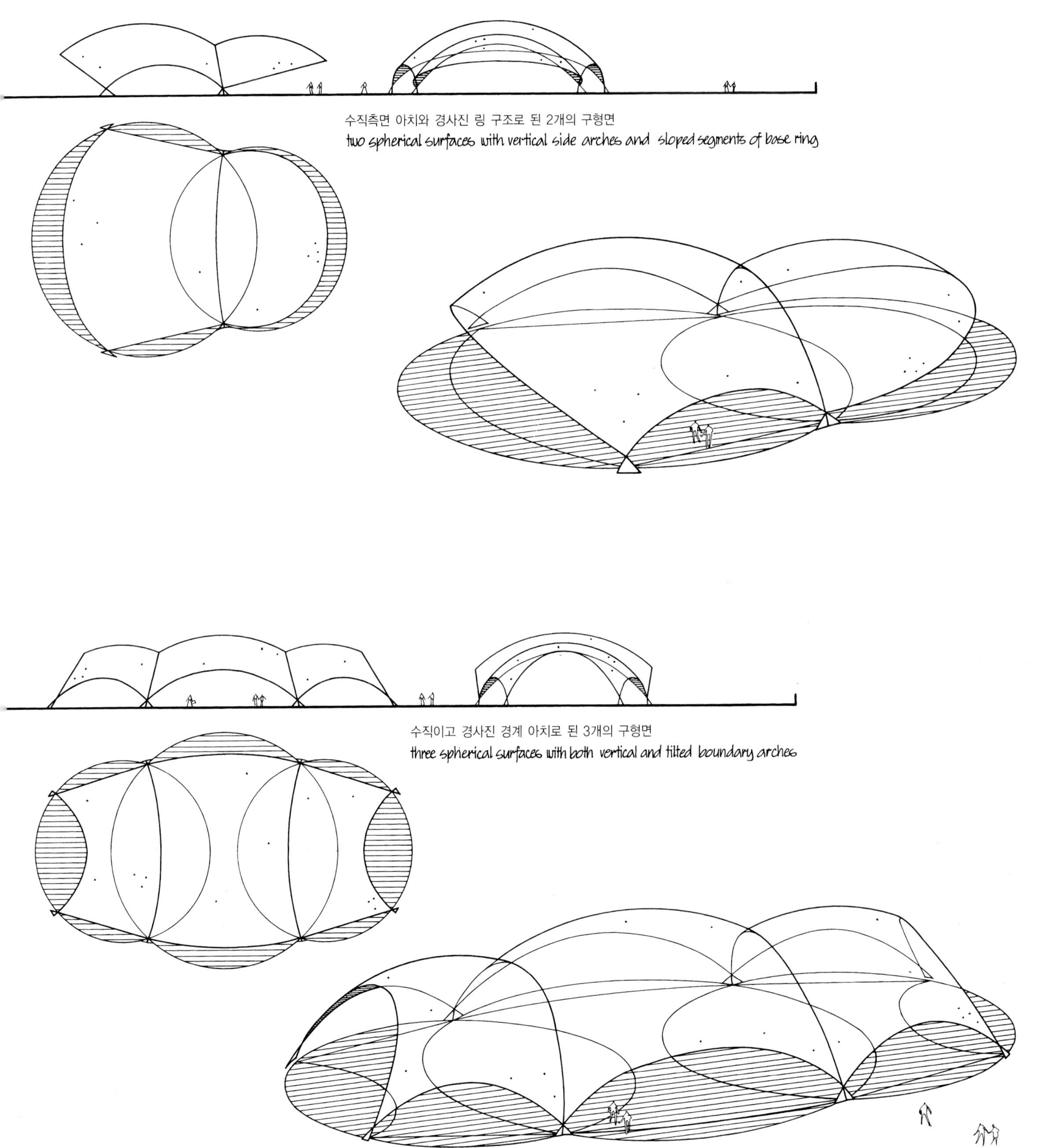

수직측면 아치와 경사진 링 구조로 된 2개의 구형면

two spherical surfaces with vertical side arches and sloped segments of base ring

수직이고 경사진 경계 아치로 된 3개의 구형면

three spherical surfaces with both vertical and tilted boundary arches

벨리에서 3개의 구형면으로 된 공간구성 시스템

systems of defining space with three spherical surfaces joined at valley

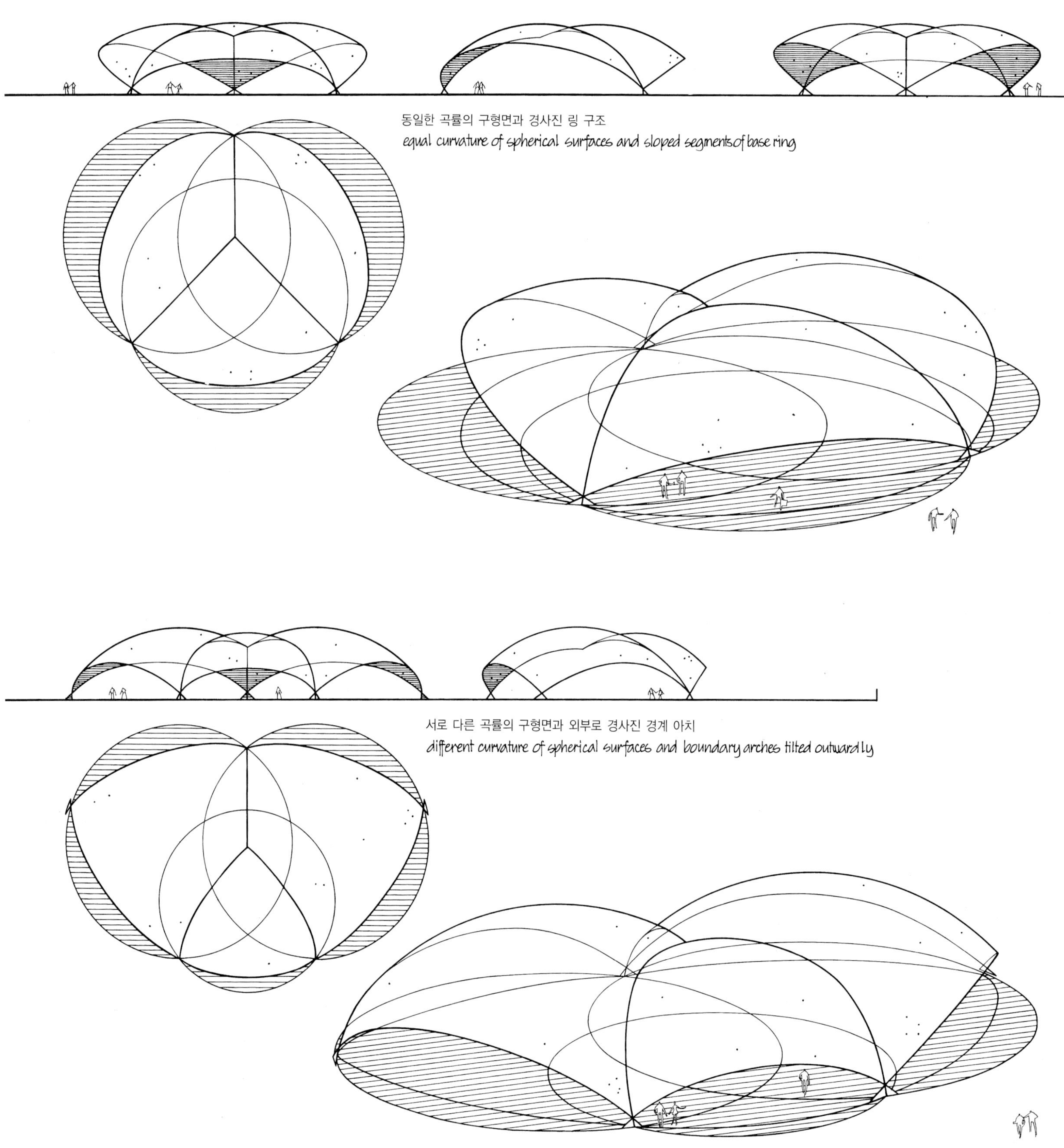

동일한 곡률의 구형면과 경사진 링 구조
equal curvature of spherical surfaces and sloped segments of base ring

서로 다른 곡률의 구형면과 외부로 경사진 경계 아치
different curvature of spherical surfaces and boundary arches tilted outwardly

특수 평면을 위한 토루스 단면

torus sections for special plan geometry

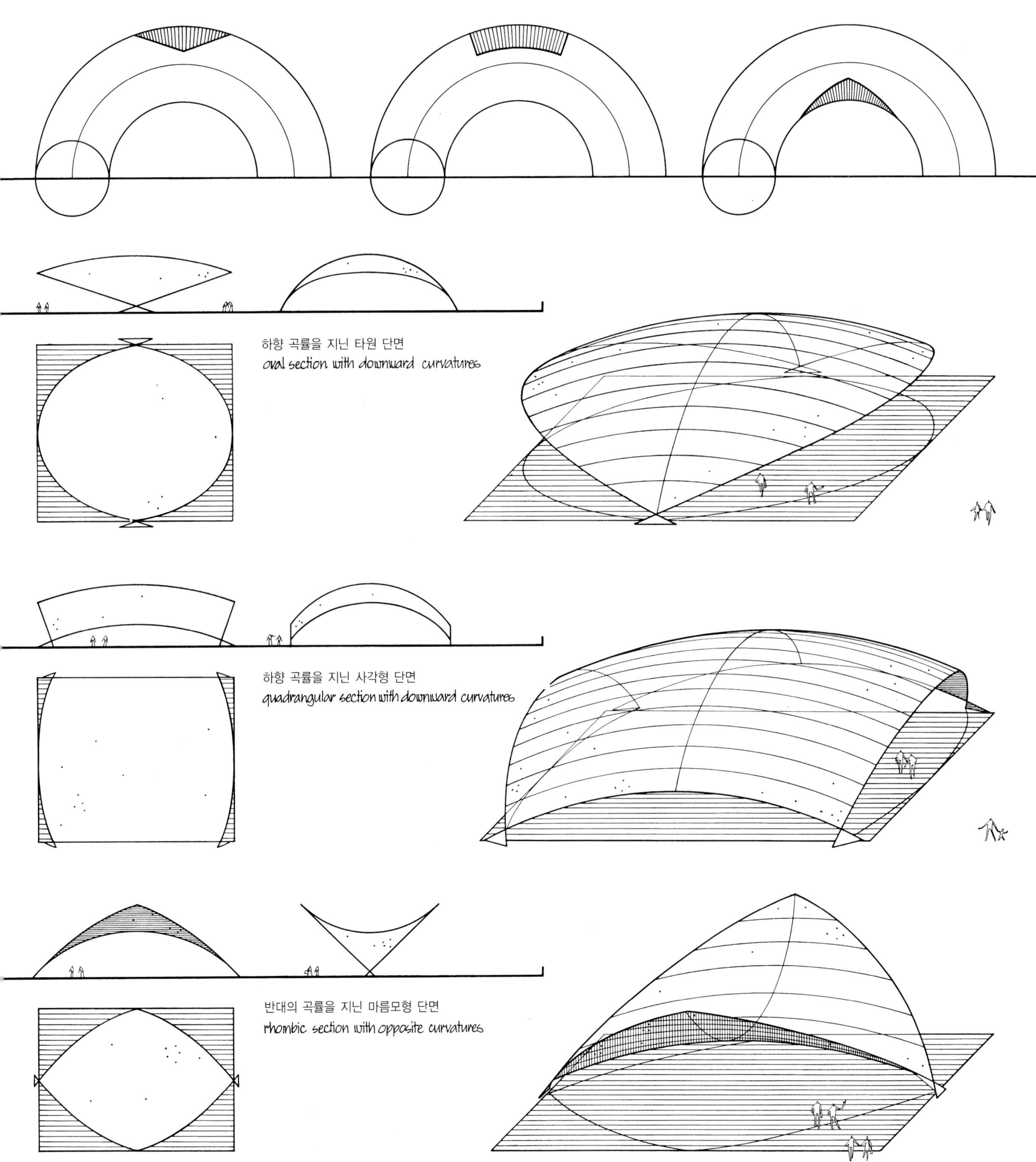

병진형 쉘의 기하학과 지지 메카니즘

geometry and bearing mechanism of translational shells

면 생성 : 병진형 표면은 평면 곡선〈모선(母線)〉을 또 다른 평면 곡선〈준선(準線)〉까지 평행하게 이동시킴으로써 만든다. 이는 대개 모선의 평면과 직각을 이루는 평면상에 존재한다.

surface generation: a translational surface is generated by moving a plane curve (generatrix) parallel to itself along another plane curve (directrix) that usually is in a plane at right angles to the plane of the generatrix

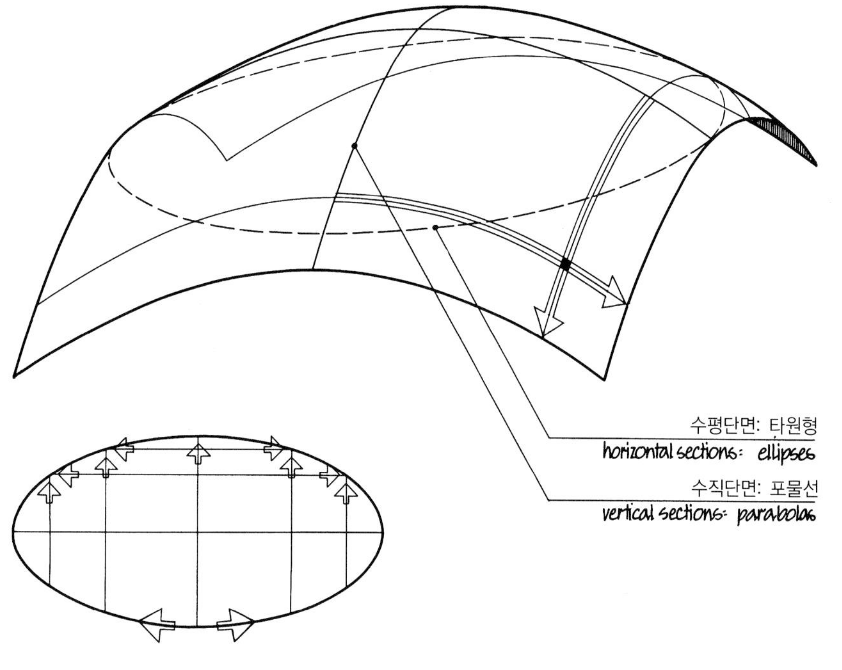

타원형 포물면 — *elliptical paraboloid*

정곡률 면(=동일한 방향의 곡률)

synclastic surface (= curvatures in same direction)

따라서 경계는 아치 추력을 받아야 하며 적절하게 보강시켜야 한다. 하부 가장자리의 수평끝의 경우, 가장자리는 두 축의 아치에서 생성되는 합력을 받아야 한다. 이 시스템은 그 형태(타원)를 지니기 때문에, 사하중으로 인해 수평분력들이 인장곡선에 접근하며, 가장자리 빔은 대개 휨에 대해 자유롭다.

loads are transmitted to boundary arches through arch mechanism in two axes. boundaries therefore must receive arch thrust and must be stiffened accordingly. in case of horizontal termination of lower edge the edge must receive the resultants from the arch forces of both axes. because its form (ellipse) approximates the funicular tension curve for horizontal components resulting from dead weight, the edge beam remains largely free of bending

수평단면: 쌍곡선
horizontal sections: hyperbolas
수직단면: 포물선
vertical sections: parabolas

쌍곡선형 포물면: 'HP' — *hyperbolic paraboloid- 'hypar'*

부곡률(안장) 면 (= 반대 방향의 곡률)

anticlastic (saddle) surface (curvatures in opposite directions)

한 축의 아치 메카니즘과 다른 축의 서스펜션 메카니즘을 통해 하중은 경계아치로 전이된다. 따라서 경계는 한 축에서는 아치 추력을, 다른 축에서는 서스펜션 인장력을 받아야 한다. 아래쪽 가장자리의 수평끝의 경우, 가장자리는 추력과 인장력의 합력을 받아야 한다. 아치 모양으로 인해 가장자리 빔은 수평 력을 크게 휘지 않으면서 가장자리로 전달할 수 있다.

loads are transmitted to boundary arches through arch mechanism in the one axis and suspension mechanism in the other. boundaries therefore must receive arch thrust in the one axis and suspension pull in the other. in case of horizontal termination of lower edge, the edge must receive the resultants of both thrust and pull. because of its arch shape the edge beam can transmit these horizontal forces to the corners without major bending

직선 테두리로 된 HP면의 지지 메카니즘

bearing mechanism of straight edged 'hypar' surface

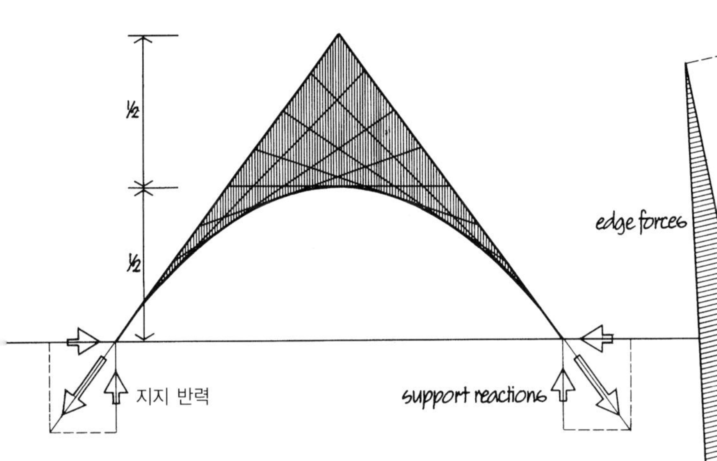

합력의 경사 때문이 지지는 수평 추력도 받아야 한다.

because of the inclination of the final resultant the supports must also receive horizontal thrust

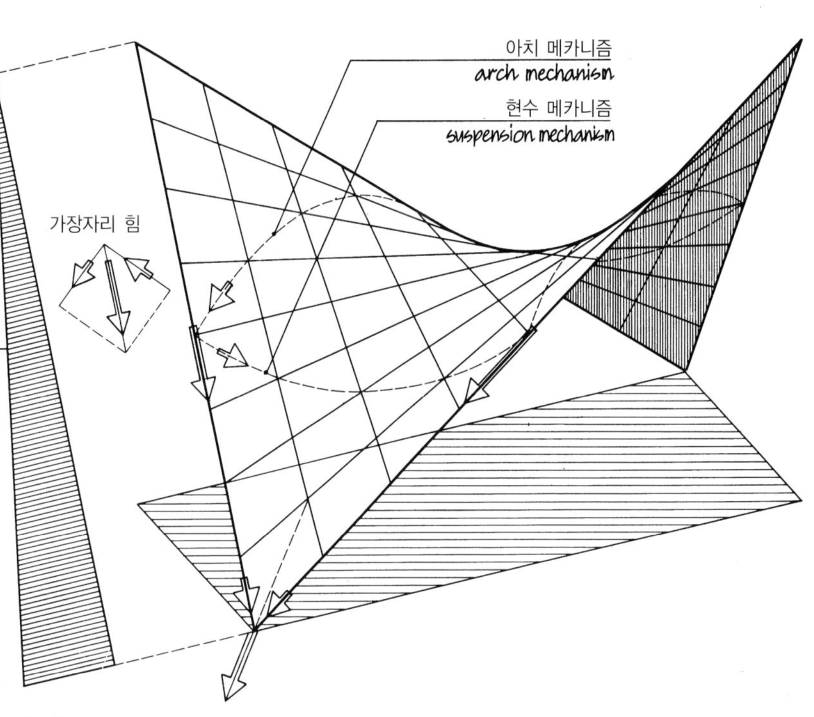

'HP' 쉘의 한 축은 아치 메카니즘으로, 다른 한 쪽 축은 서스펜션 메카니즘으로 작용한다. 그렇기 때문에 한 축에서는 압축응력에 따라 형태가 변형하는 반면, 다른 축의 인장응력에 의해 이것이 저지된다. 면 응력의 합력은 가장자리 방향으로 작용한다. 그 결과 가장자리는 휨으로부터 자유롭다.

the 'hypar' shell functions in one axis as arch mechanism, in the other axis as suspension mechanism. thus while in one axis the shell deflects under compressive stresses and tends to give way, it is prevented from doing so by tensile stresses in the other axis. the resultant of the surface stresses acts in direction of the edge. consequently the edge remains free of bending.

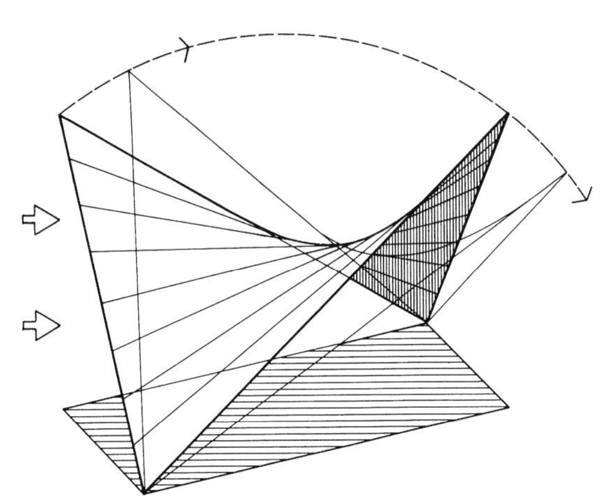

쉘 경사에 대한 안정화 / stabilization against tilting of shell

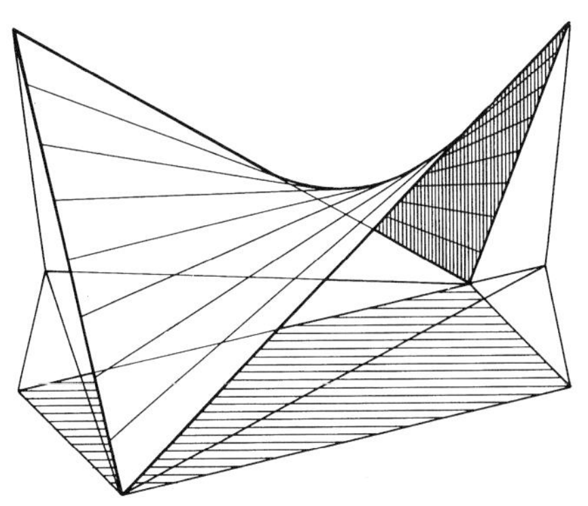

케이블로 고정 앵커
anchoring of high points with cables

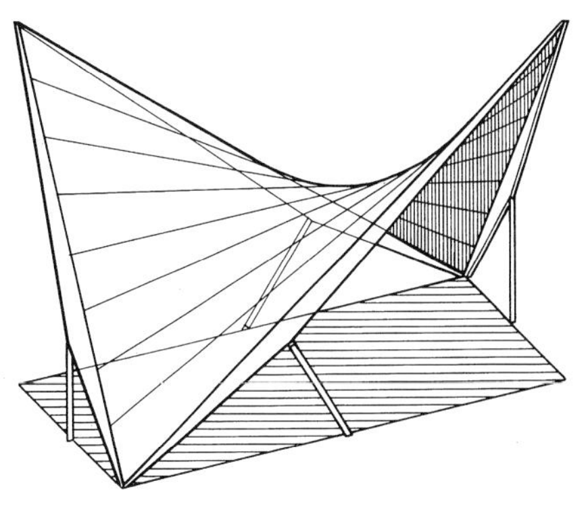

받침대를 통한 가장자리 빔의 지지
buttressing of edge beams with struts

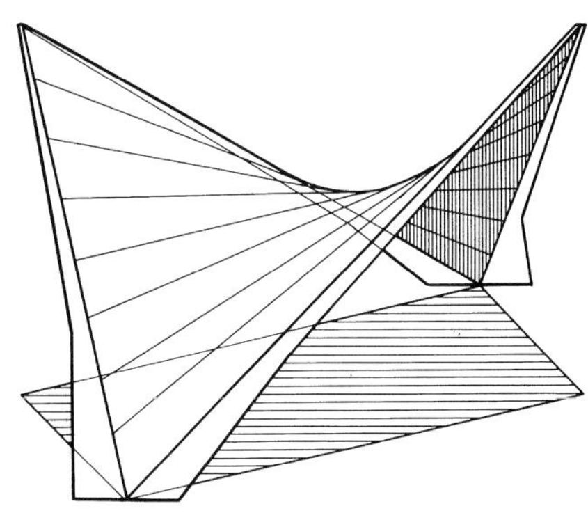

기초와 지지점의 강접
rigid connection of base points with foundation

곡면 가장자리의 교차 HP면으로 구성된 구조 시스템

structure systems composed of interpenetrating 'hypar' surfaces with curved edges

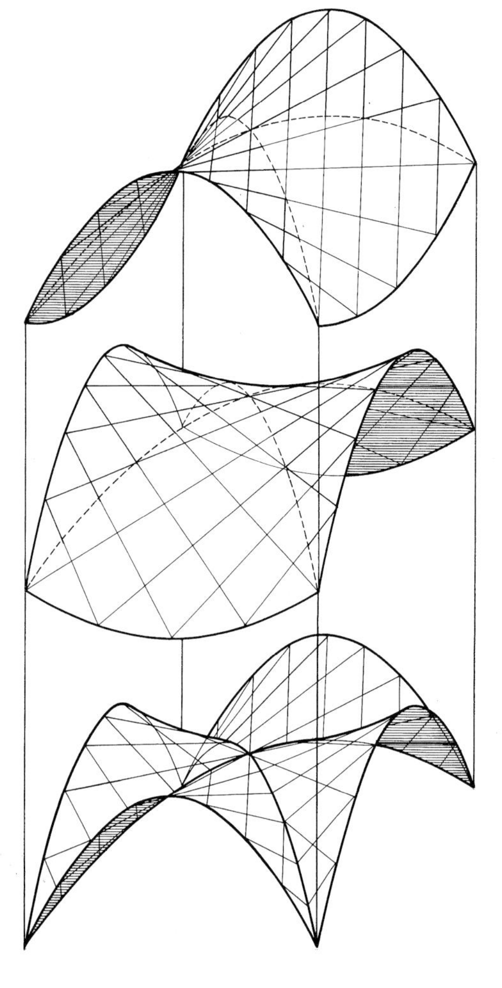

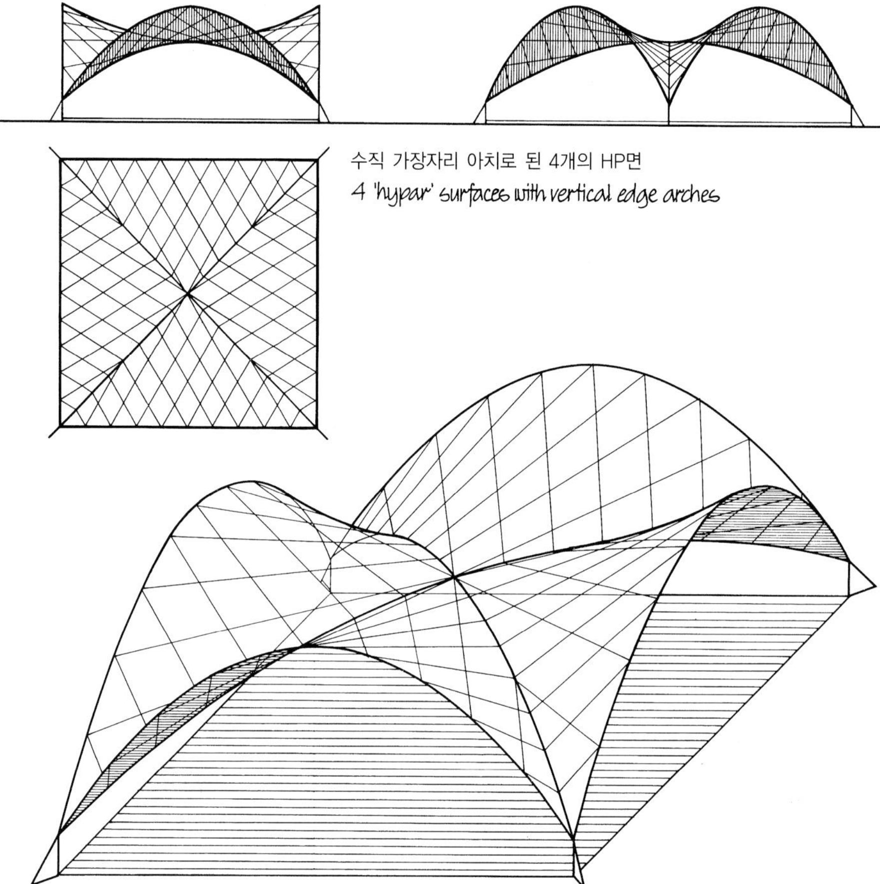

수직 가장자리 아치로 된 4개의 HP면

4 'hypar' surfaces with vertical edge arches

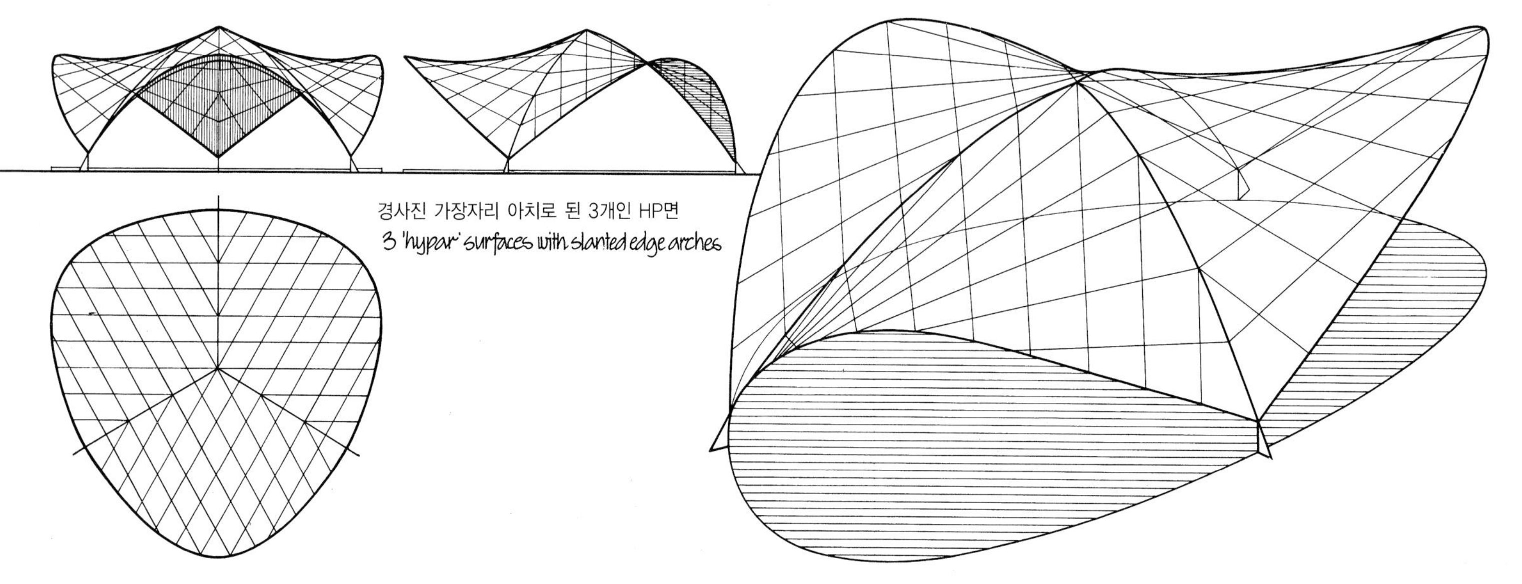

경사진 가장자리 아치로 된 3개인 HP면

3 'hypar' surfaces with slanted edge arches

4개의 HP면으로 구성된 시스템의 지지 메카니즘

/ bearing mechanism of systems composed of 4 'hypar' surfaces

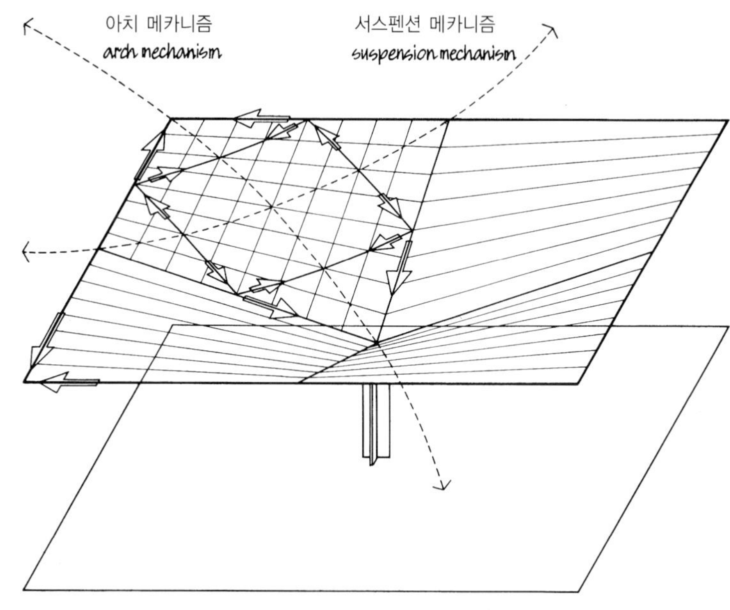

아치 메카니즘과 서스펜션 메카니즘의 합력은 가장자리에 인장력을 가하며 벨리의 접힌 부위에는 압축력을 가한다. 지지대에서는 최종 합력의 수평분력들이 상쇄된다.

the resultants of arch mechanism and suspension mechanism stress the edges with tension and the valley folds with compression. at the supports the horizontal components of the final resultants compensate each other

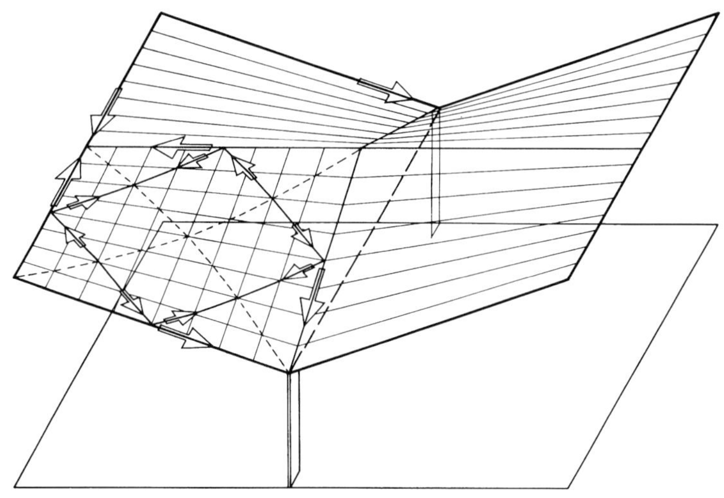

아치 메카니즘과 서스펜션 메카니즘의 합력은 가장자리와 벨리에 인장력을 가하며 릿지에 압축력을 가한다. 지지대에서는 타이 부재가 합력의 수평분력을 받는다.

the resultants of arch mechanism and suspension mechanism stress the edges and the valley folds with compression and the ridge fold with tension. at the supports a tie member receives the horizontal component of the resultant

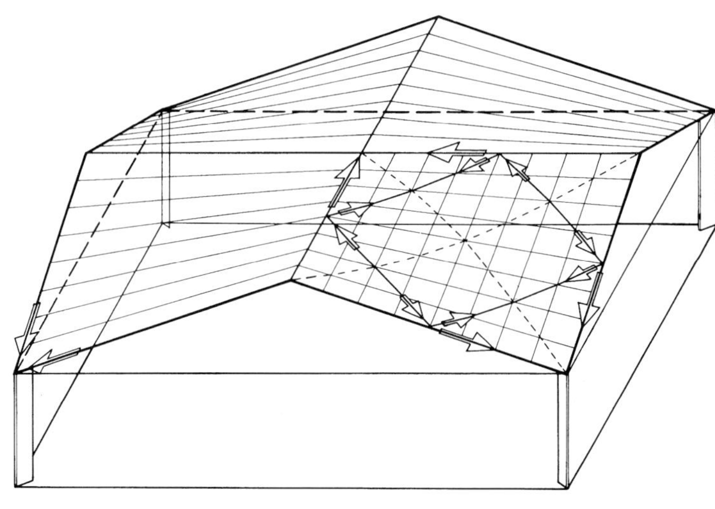

아치 메카니즘과 서스펜션 메카니즘의 합력이 가장자리와 릿지에 인장력을 가한다. 지지대에서는 타이 부재가 합력의 수평분력을 받는다.

the resultants of arch mechanism and suspension mechanism stress both the edges and ridge folds with compression. at the supports tie members receive the horizontal component of the final resultant.

직선 가장자리의 HP면으로 구성된 구조 시스템 / structure systems composed of single straight-edged 'hypar' surfaces

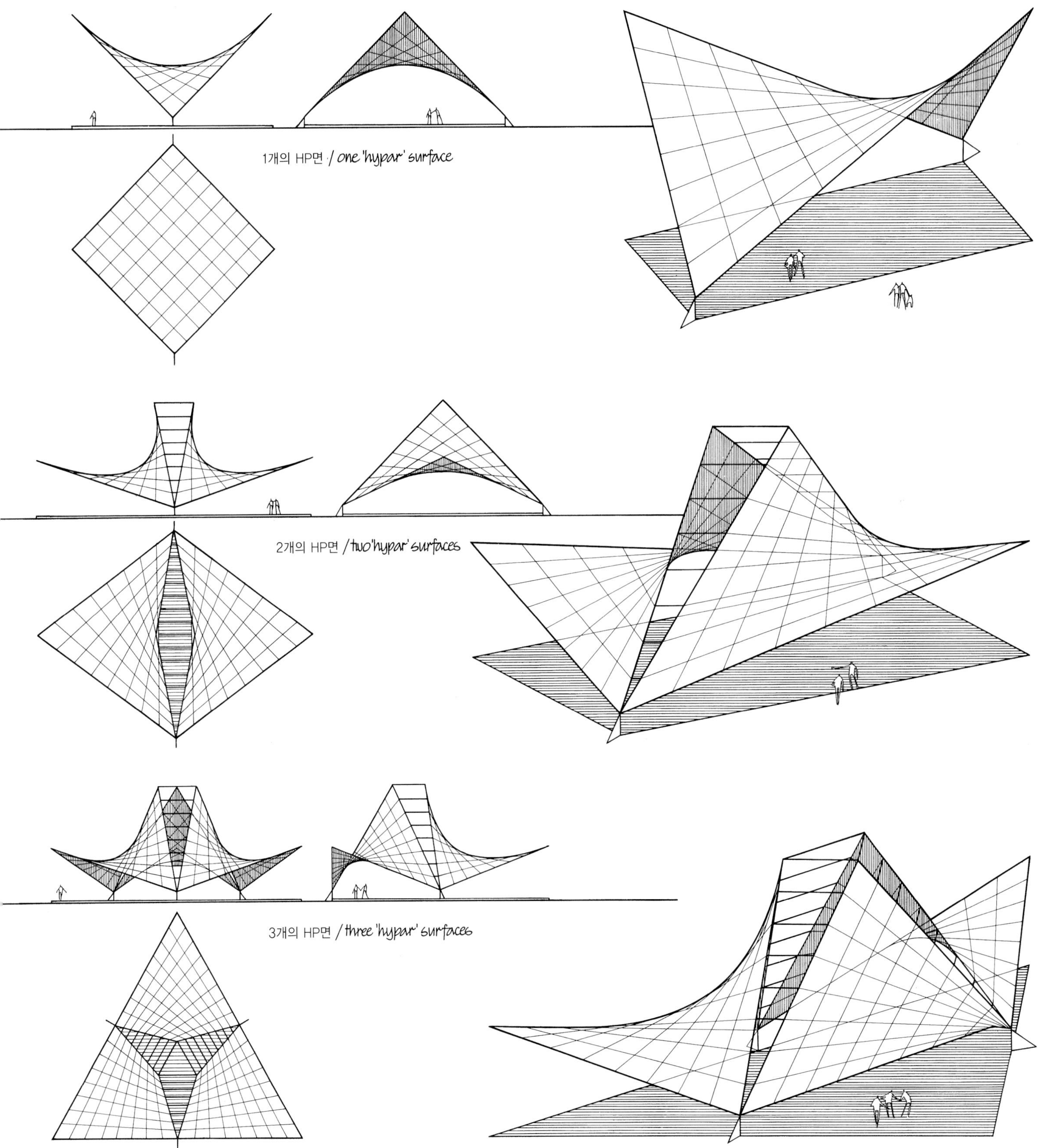

직선 가장자리의 HP면으로 구성된 구조 시스템 / structure systems through composition of straight-edged 'hypar' surfaces

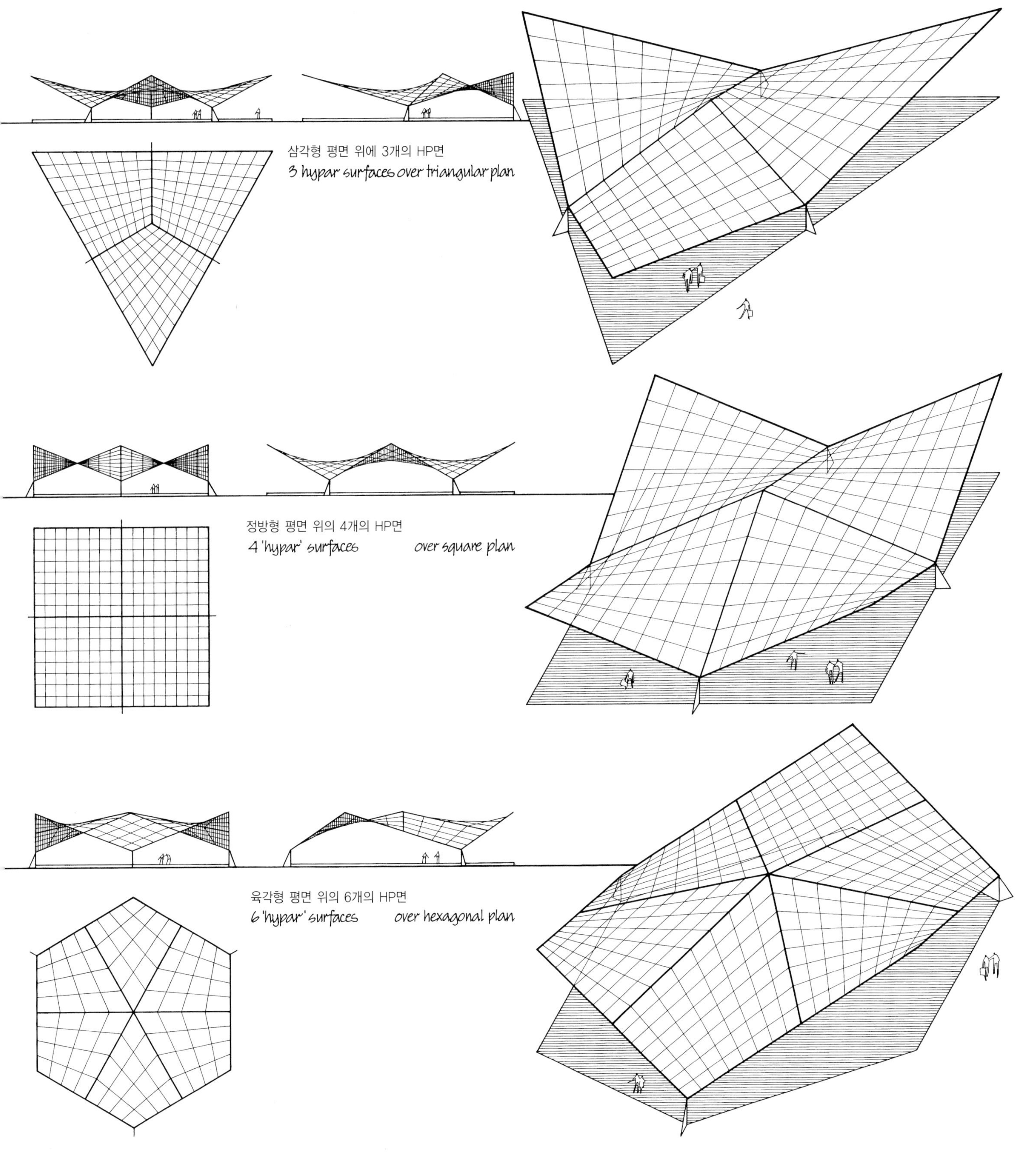

직선 가장자리의 HP면으로 된 공간구성 시스템

systems of defining space with straight edged 'hypar' surfaces

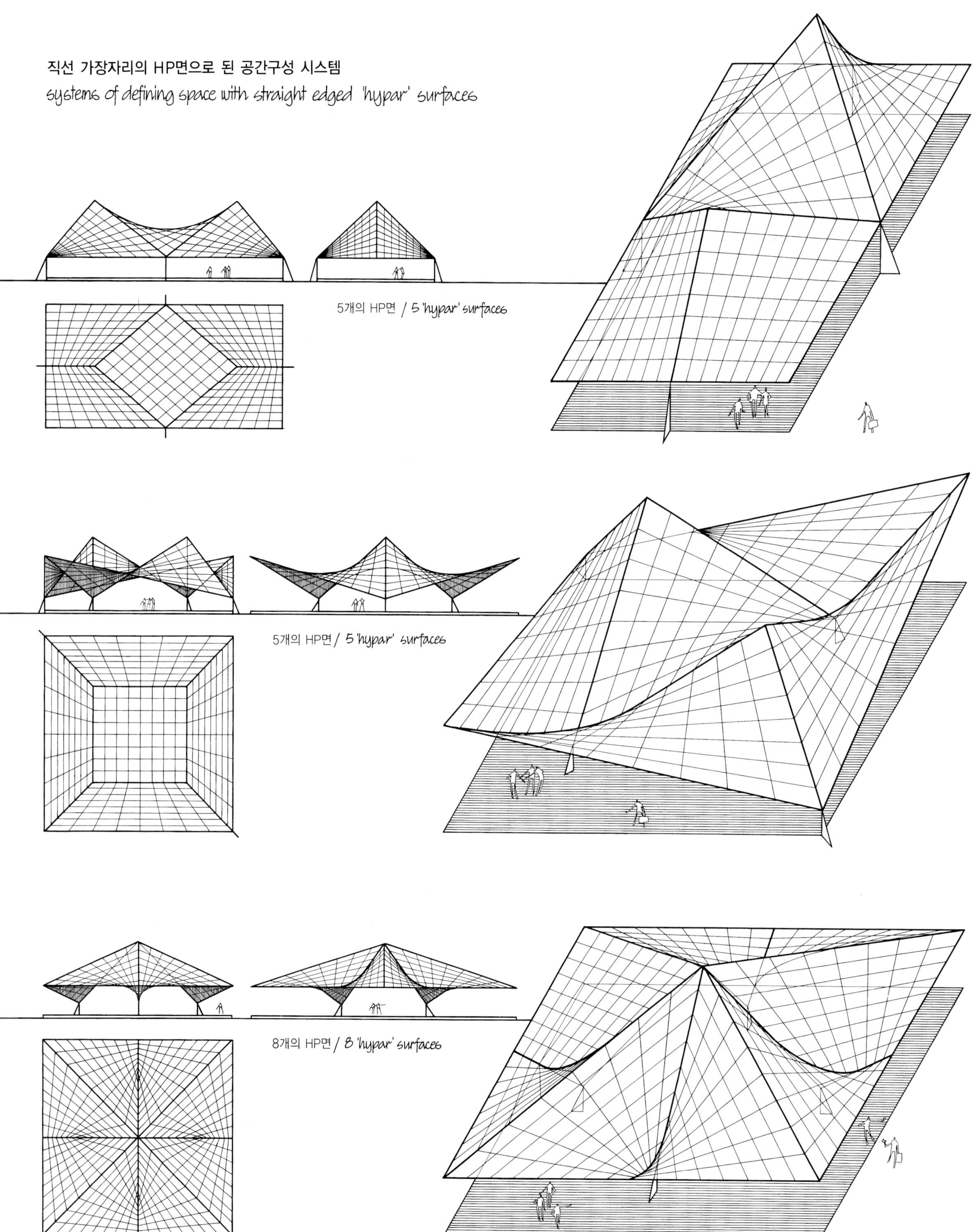

직선 가장자리의 HP면으로 된 공간구성 시스템
systems of defining space with straight edged 'hypar' surfaces

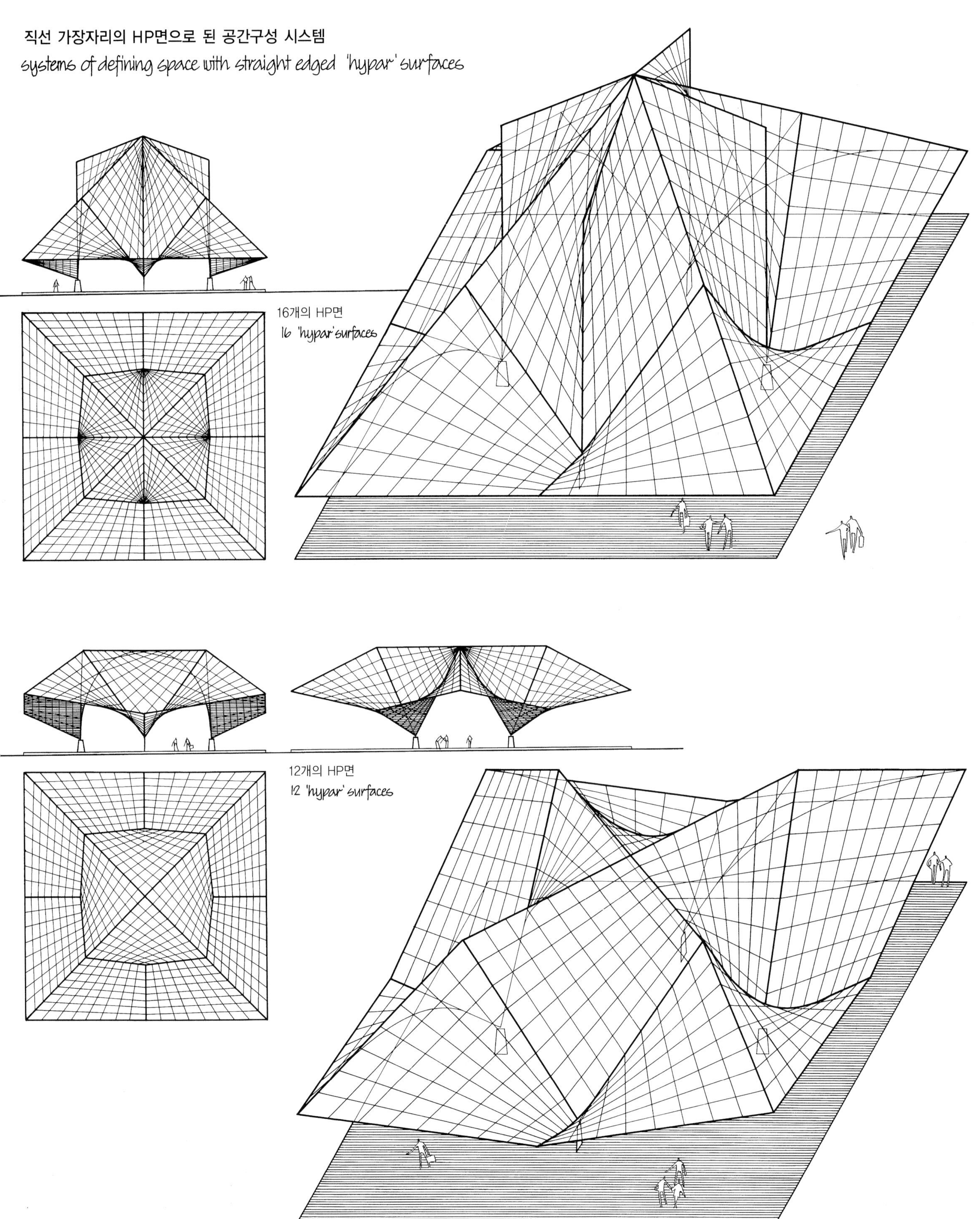

대공간 지붕을 위한 HP 구조 시스템

'hypar' structure systems for coverage of large scale spaces

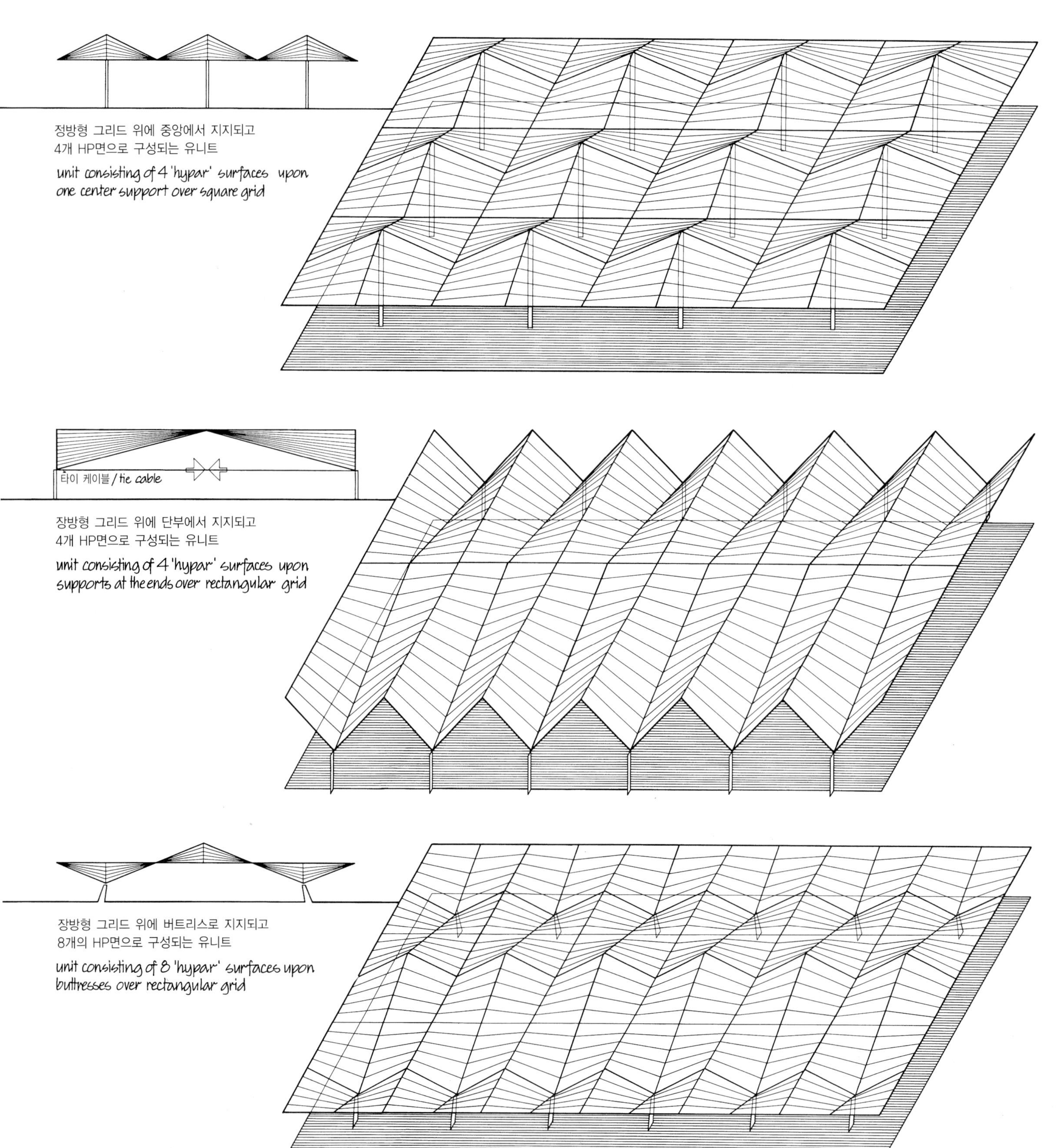

연속으로 계획된 대형 지붕을 위한 구조 시스템

structure systems for large scale roofs with window strips

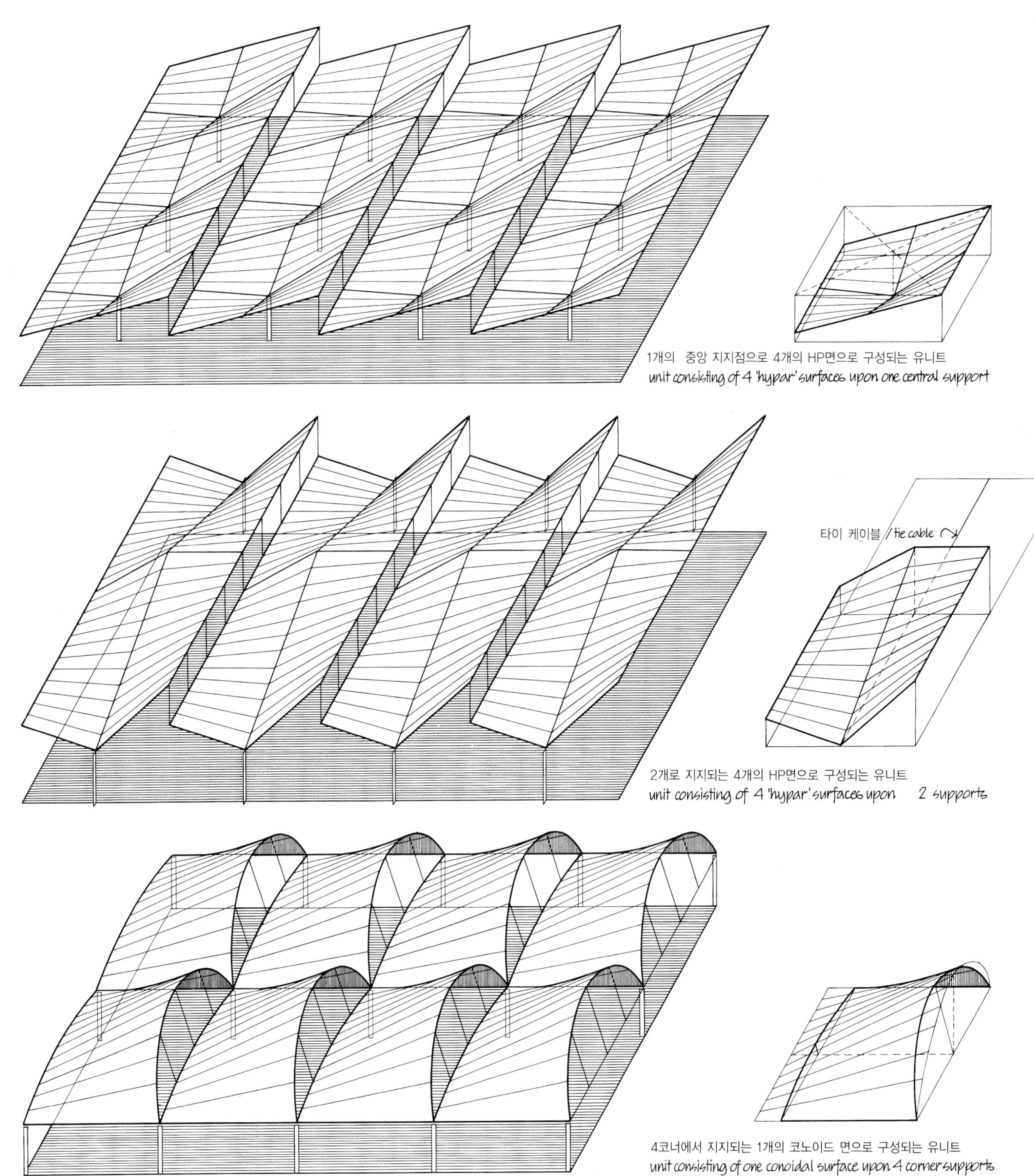

1개의 중앙 지지점으로 4개의 HP면으로 구성되는 유니트
unit consisting of 4 'hypar' surfaces upon one central support

2개로 지지되는 4개의 HP면으로 구성되는 유니트
unit consisting of 4 'hypar' surfaces upon 2 supports

4코너에서 지지되는 1개의 코노이드 면으로 구성되는 유니트
unit consisting of one conoidal surface upon 4 corner supports

높이저항 구조 시스템
Hejght-active Structure Systems

5

단단하고 고정되며, 주로 수직적으로 확장하고, 수평응력에 대해 안정화하였으며, 지면에 단단히 고정시킨 요소들은 지면 위에 높게 솟은 높이에서 받은 하중을 기초로 전달한다: 이들을 높이저항 구조 시스템 또는 이들의 실체화인 고층건물이라 한다.

서로 중첩된 수평적 평면의 하중을 집결하여 이를 기초로 전달하는 것이 주요 기능인 구조 시스템들은 상황에 따라 높이저항 구조 시스템 또는 고층건물이라고 불린다.

고층건물들은 그들만의 하중결집, 하중전달 그리고 측면 보강으로 구성된 시스템을 가진다.

고층건물들은 형태저항, 벡터저항, 단면저항 또는 면저항 메카니즘을 통해 힘의 방향전환과 전달을 담당하는 시스템들을 사용한다. 이들은 이들만의 고유의 작용 메카니즘이 없다.

고층건물들은 1층짜리 시스템들을 위로 쌓아 올린 것도 아니며, 구조거동의 측면에서는 위를 향해 뒤집은 캔틸레버도 아니다. 이들은 고유의 문제와 해법을 지닌 균질적인 시스템이다.

이들의 높이의 확장과 수평하중에 대한 가중된 민감함 때문에, 수평 안정화는 수직구조 시스템의 설계에 있어서 필수적인 요소이다. 지면 위로 일정 높이 올라가면 수평력의 방향전환이 설계의 형태를 결정하는 요소가 될 수 있다.

높이저항 구조 시스템들은 고층건물의 건설을 위한 도구이자 질서이다. 이런 측면에서 이들은 현대의 건물과 도시를 형성하는 공통분모이다.

고층건물들은 도시계획에 있어서 높이라는 3차원을 사용하기 위한 조건이자 수단이다. 그러므로 미래에는 고층건물 구조 시스템의 사용은 하나의 건물뿐만 아니라 도시공간의 측면까지도 확장될 것이다.

고층건물 시스템들은 하중을 지면으로 전달하며 각 층마다의 하중집결점 간의 조화를 가져다 줄 수 있도록 요소들 간의 연속성이 필요하다. 결집지점들의 분포는 그러므로 구조적 효율성에 대한 고민뿐만 아니라 층을 이용함으로써도 결정되어야 한다.

고층건물들의 특징은 다양한 층별 하중결집 시스템들이다. 베이형(Bay-Type) 시스템에서는 하중수집 지점들이 전체 평면도를 따라 골고루 분포해 있으며, 외피형(Casing) 시스템에서는 주변을 따라 분포해 있고, 코어형(Core) 시스템에서는 하중결집 지역이 중앙에 집중되어 있으며, 교량형(Bridge) 시스템에서는 결집지점들이 별도의 중첩된 구조를 형성한다.

고층건물에서는 하중결집이 평면도의 구성 및 조직과 밀접한 관계를 맺는다. 이 상호 종속성은 하중집결 그 자체가 고층건물의 평면도 체계를 형성할 정도이다.

유연한 평면도와 각 층별로 방들을 적절히 재구성할 수 있는 여지를 남겨두기 위해서는 높이저항 구조 시스템의 설계에서는 수직요소의 하중전달을 최대한 줄이는 것을 목표로 한다.

수직하중전달에 필요한 연속성 때문에, 고층건물 구조들은 연속적인 수직적 요소들이라는 특징을 보이며, 이 구조들의 높이 확장과는 별도의 파사드를 형성한다. 높이 분절은 수직구조 시스템의 해결하지 못한 설계 문제이다.

높이저항 구조 시스템은 그들의 하중전달 부위들의 논리적 수직성에도 불구하고, 수직적이지 않은 요소들을 사용해서도 경제적으로 설계할 수 있다. 이 말은 즉 직선의 수직 입면도 곡선은 높이저항 구조 시스템의 특징이 아니라는 것이다.

고층건물 구조의 높이의 기하학을 위한 차별화와 분절화의 가능성에 대한 연구는 현재 시급한 과제이다. 고층건물의 설계에 있어서 다양하지만 사용되지 않은 잠재력들이 여전히 실체를 드러낼 필요가 있다.

고층건물의 수직 하중전달를 위해서는 단면을 상당히 요구하는데, 이는 사용 가능한 바닥 면적을 침해한다. 각 층들을 지지하는 대신 매닮으로써 하중전달요소들의 단면적을 획기적으로 줄일 수 있다. 그러나, 이러한 간접적 하중전달은 하중을 최종적으로 지면까지 전달하는 데에 있어서 중첩된 구조 시스템을 필요로 한다.

고층건물 구조들 중 하중전달요소들의 단면 부피를 감소하기 위해 수평적 평면들을 특정 상위구조 위에 쌓아 올리거나 매달은 형태는, 최종 하중결집과 하중전달이 기둥에 의해 수행되는 교량구조물과 매우 유사하다: 이런 것들을 교량형 고층건물이라 한다.

바닥공간을 최적으로 사용하기 위해 하중전달 요소들의 단면을 줄였기 때문에, 고층건물의 모든 공간 정의 요소들은 구조적 단면으로 작용한다: 계단통, 엘리베이터 축, 배수관, 외피 등이 이에 해당한다.

높이저항 구조 시스템의 최적설계는 고층건물의 기본요소인 수직적 순환외피들의 모든 재료단면들을 통합한다. 그러므로 높이저항 구조 시스템들은 고층건물의 기술적, 역동적인 삶의 혈관과 밀접한 관계를 가진다.

따라서, 높이저항 구조 시스템의 설계는 모든 구조 시스템의 메카니즘에 대한 지식뿐만 아니라, 평면도 구성과의 상호종속성과 기술적 건물 설비와의 통합으로 인해 건물을 결정하는 모든 요소들과의 내적 연간관계에 대한 지식도 알아야 한다.

정의

높이저항 구조 시스템들은 주로 수직적으로 확장된 견고한 요소들로 이뤄진 구조 시스템으로, 힘의 방향 전환– 즉 높이 하중의 결집과 접지(= 층하중과 바람하중)이 일반적인 "높이저항" 요소의 구성으로 실현된다.

HEIGHT-ACTIVE STRUCTURE SYSTEMS are structure systems of rigid solid elements in predominantly vertical extension, in which the redirection of forces – i.e. the collection and grounding of HEIGHT LOADS (= storey loads and wind loads) – is effected through typical 'height-resistant' composition of elements, HIGHRISES

힘

하중전달과 안정과 같은 시스템 요소들은 일반적으로 복잡하고 다양하며 가변적인 힘들의 영향을 받는다: 복합적 응력조건 상태에서의 시스템

The system members, i.e. the load transmitters and the stabilisators, as a rule are subjected to a complex of diverse and changing forces:
SYSTEMS IN COMPLEX STRESS CONDITION

특징

일반적인 구조적 특징들은 다음과 같다: 하중결집 / 하중접지 / 안정화

The typical structure distinctions are:
LOAD COLLECTION / LOAD GROUNDING / STABILIZATION

구성요소 및 명칭 / Components and denominations

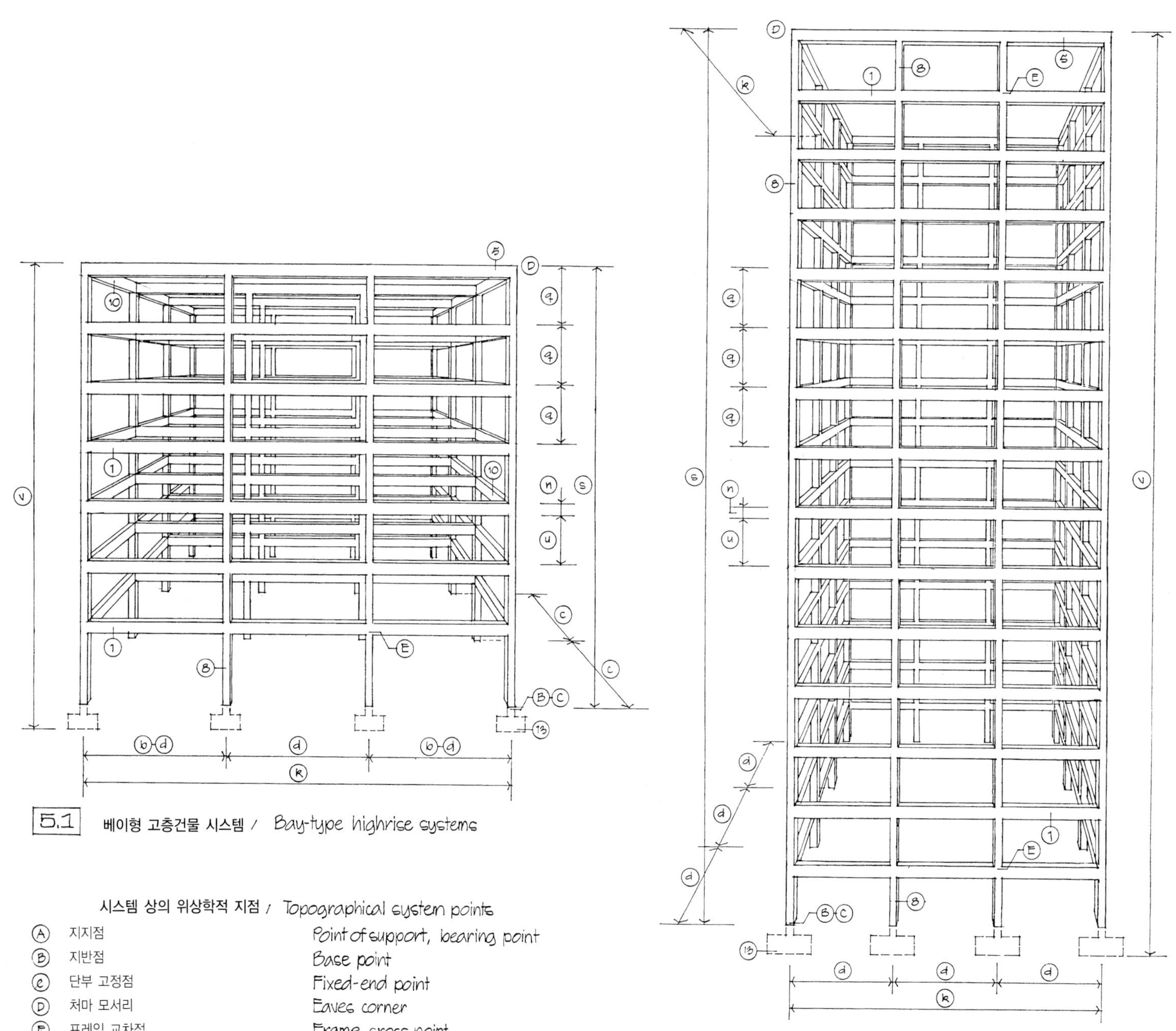

5.1 베이형 고층건물 시스템 / Bay-type highrise systems

5.2 외피형 고층건물 시스템 / Casing highrise systems

시스템 상의 위상학적 지점 / Topographical system points

Ⓐ	지지점	Point of support, bearing point
Ⓑ	지반점	Base point
Ⓒ	단부 고정점	Fixed-end point
Ⓓ	처마 모서리	Eaves corner
Ⓔ	프레임 교차점	Frame cross point
Ⓕ		
Ⓖ		

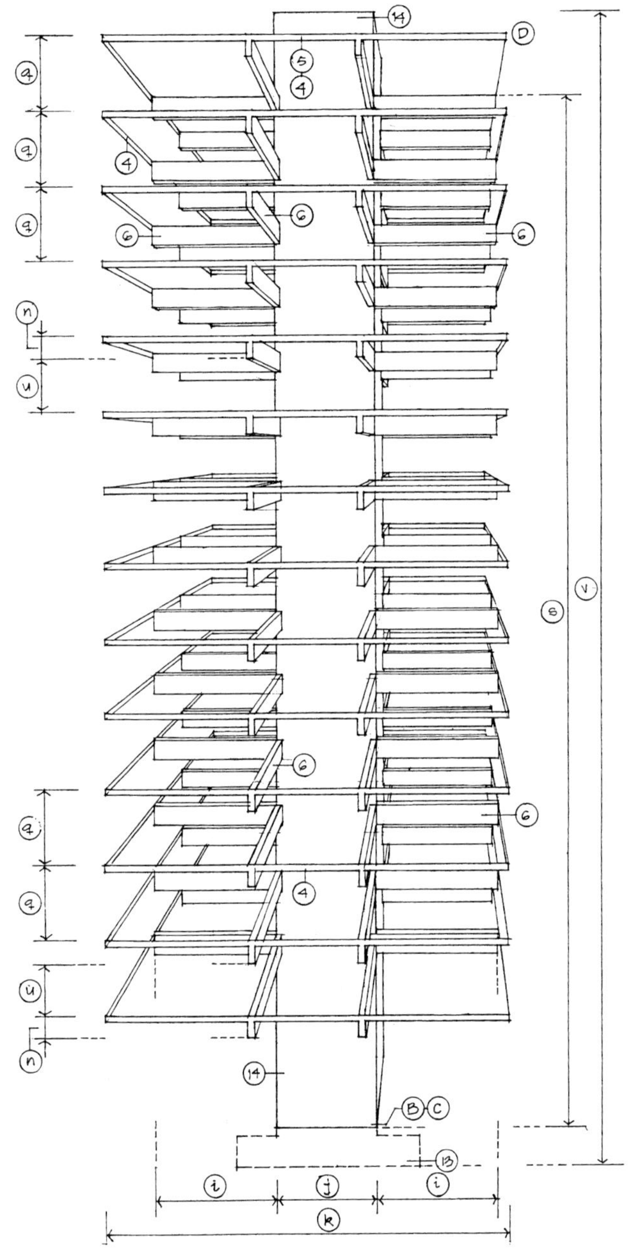

5.3 코어형 고층건물 시스템 / Core highrise systems

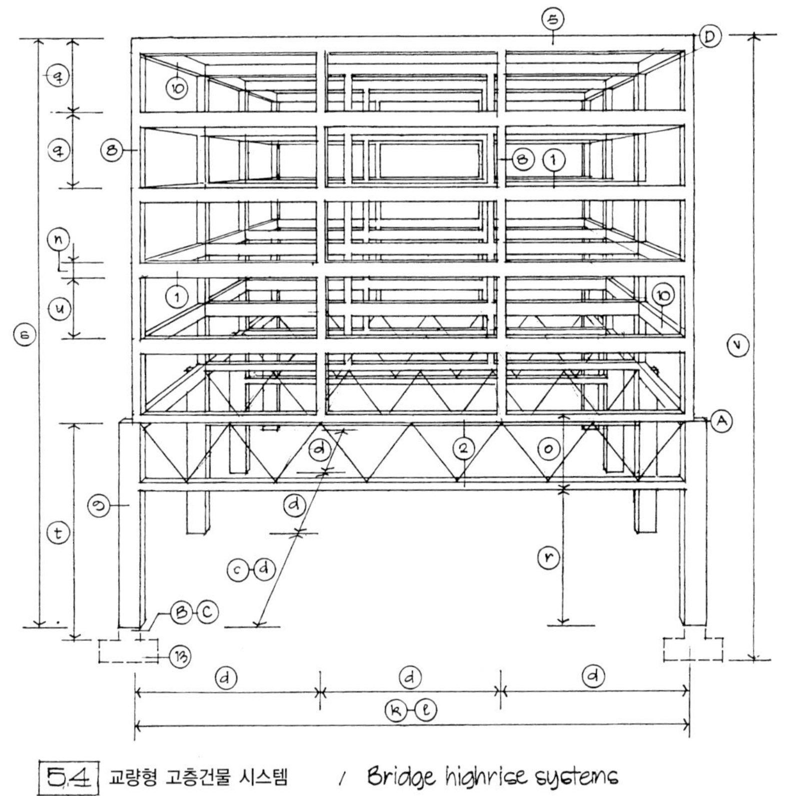

5.4 교량형 고층건물 시스템 / Bridge highrise systems

시스템 구성요소 / System members

①	빔/ 거더	Beam / girder
②	교량 거더	Bridge girder
③	층 거더	Storey girder
④	난간 빔	Spandrel beam, parapet beam
⑤	처마 빔	Eaves beam
⑥	캔틸레버 빔	Cantilever, cantilever girder
⑦	타이 빔	Tie beam
⑧	기둥	Column, support
⑨	지주	Pylon
⑩	안정화 프레임	Stabilization frame
⑪	안정화 트러스	Stabilization trussing
⑫	지지	Bearing, support
⑬	기초	Foundation, footing
⑭	코어	Core, shaft

시스템 치수 / System dimensions

ⓐ	빔 간격	Beam (joist) spacing
ⓑ	빔 스팬	Beam span, bay dimension
ⓒ	프레임 간격	Framing distance
ⓓ	기둥간격	Column distance
ⓔ	베이 크기(제곱)	Bay measurement (square)
ⓕ	베이 너비/ 베이 길이	Bay width / bay length
ⓖ	외피직경/ 외피 경간	Casing diameter, casing span
ⓗ	외피/ 너비/ 외피 깊이	Casing width / casing depth
ⓘ	캔틸레버 길이	Cantilever length
ⓙ	코어 너비/ 코어 깊이	Core width / core depth
ⓚ	시스템 너비/ 시스템 깊이	System width / system depth
ⓛ	교량 스팬	Bridge span
ⓜ	교량간격	Bridge spacing
ⓝ	빔 깊이	Beam depth
ⓞ	교량깊이	Bridge depth
ⓟ	건축물의 총깊이	Total depth of construction
ⓠ	층고	Storey height
ⓡ	교량높이	Bridge height
ⓢ	처마높이	Eaves height
ⓣ	탑 높이, 탑 길이	Pylon height, pylon length
ⓤ	순층고	Clear height, clearance
ⓥ	시스템 높이	System height
ⓦ		
ⓧ		

5.1 베이형 고층건물 / Bay-type highrises

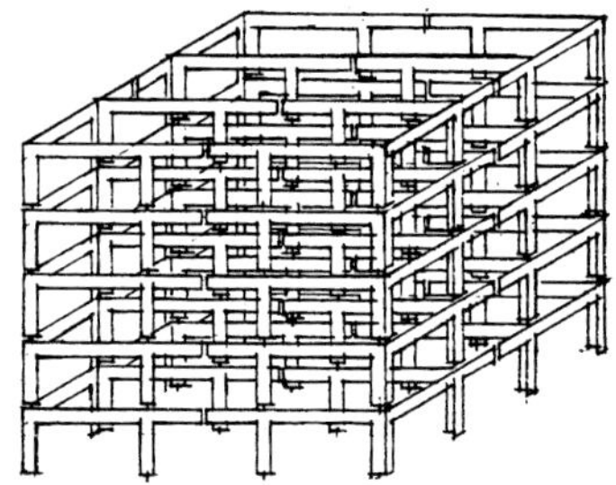
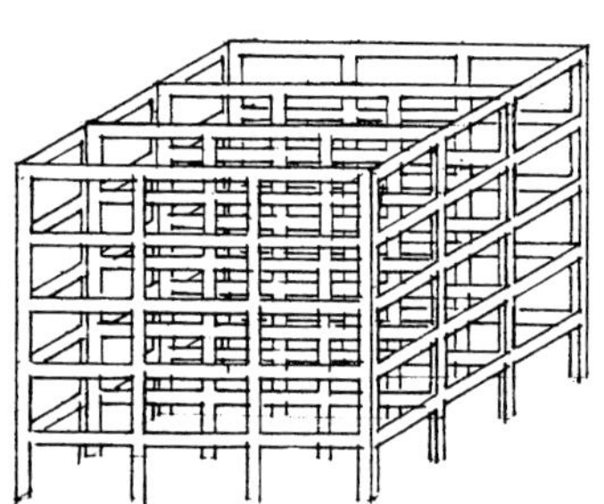

프레임식 베이 시스템
Framed bays systems

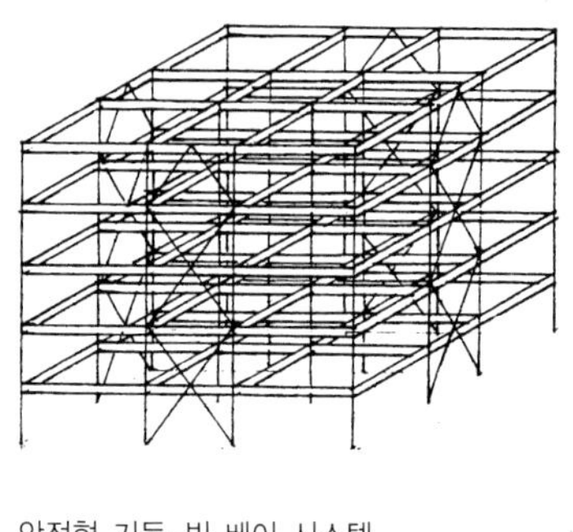
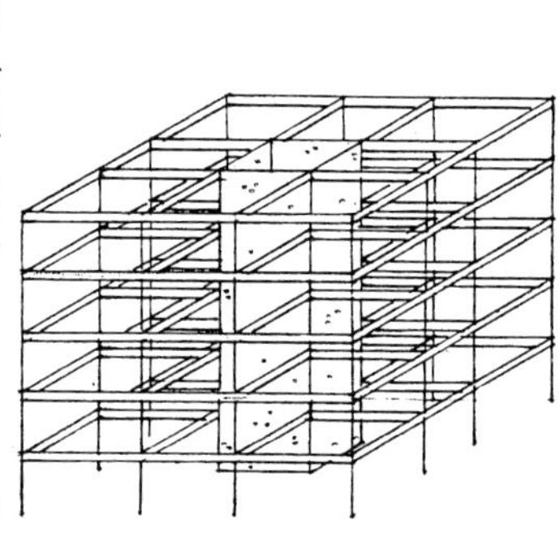

안정형 기둥–빔 베이 시스템
Stabilized post-beam bays systems

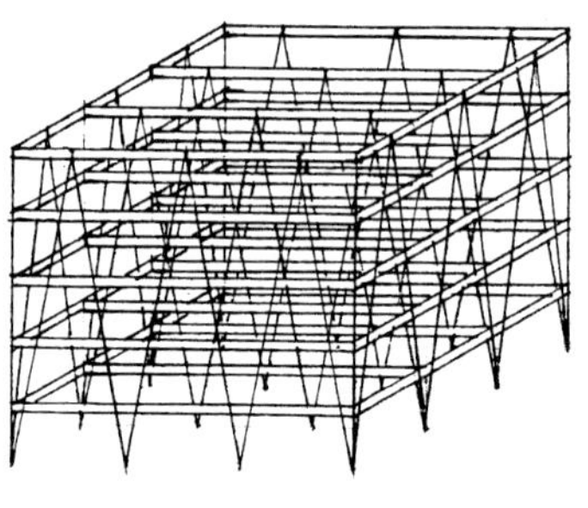
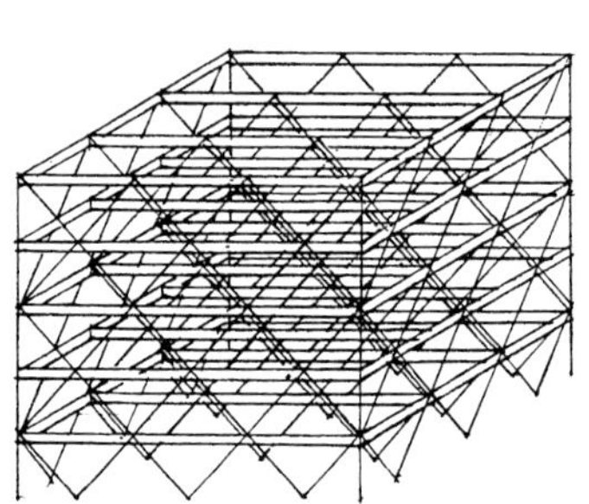

트러스식 베이 시스템
Trussed bays systems

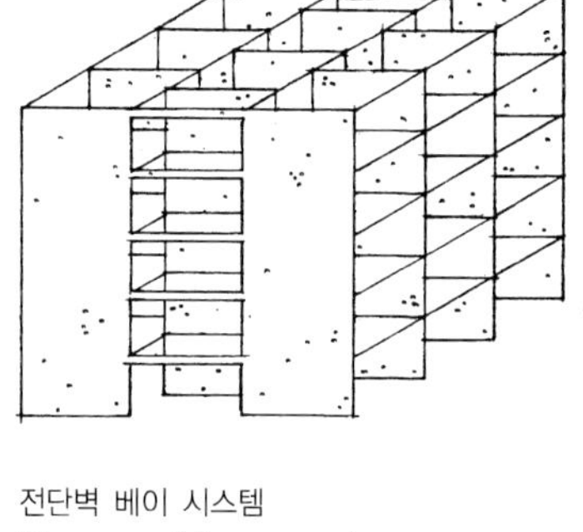
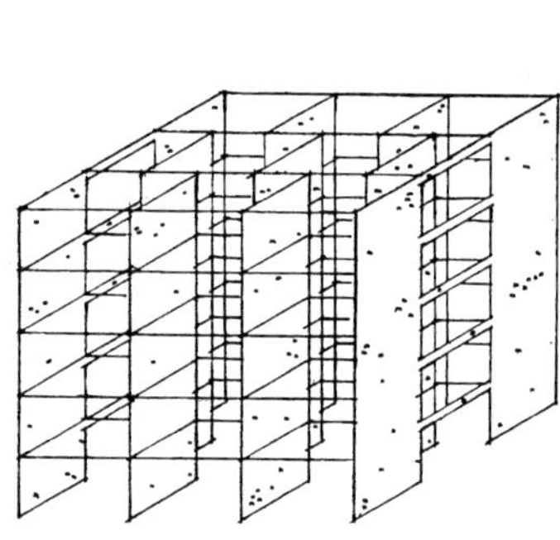

전단벽 베이 시스템
Shear wall bays systems

5.2 외피형 고층건물 / Casing highrises

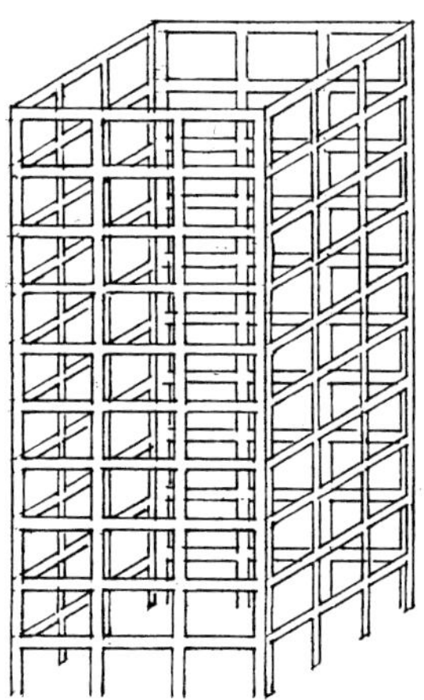

프레임식 외피 시스템
Framed casing systems

트러스식 외피 시스템
Trussed casing systems

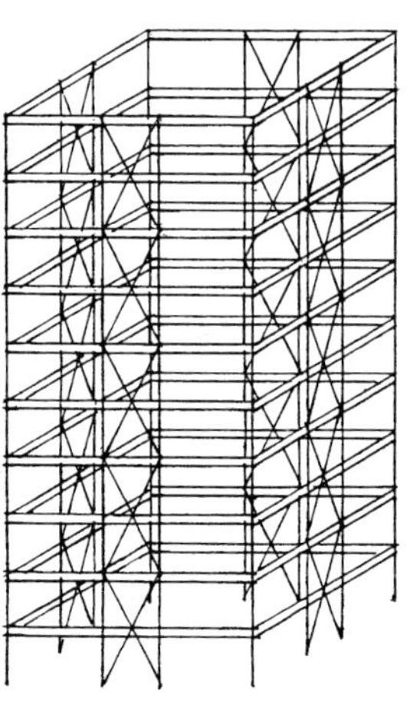

안정형 기둥–빔 외피 시스템
Stabilized post-beam casing systems

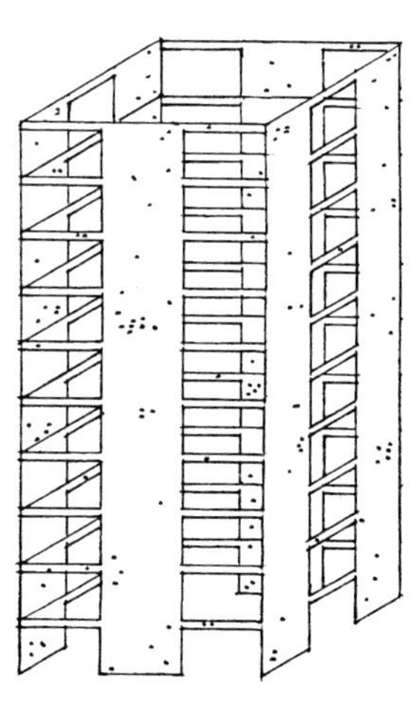

전단벽 외피 시스템
Shear wall casing systems

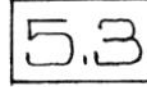

코어형 고층건물 / Core highrises

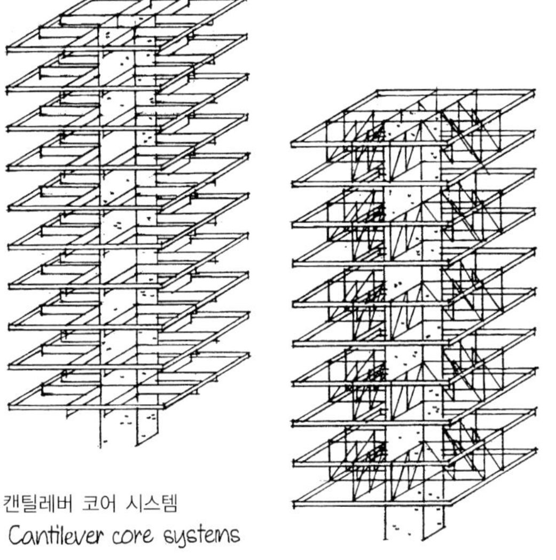

캔틸레버 코어 시스템
Cantilever core systems

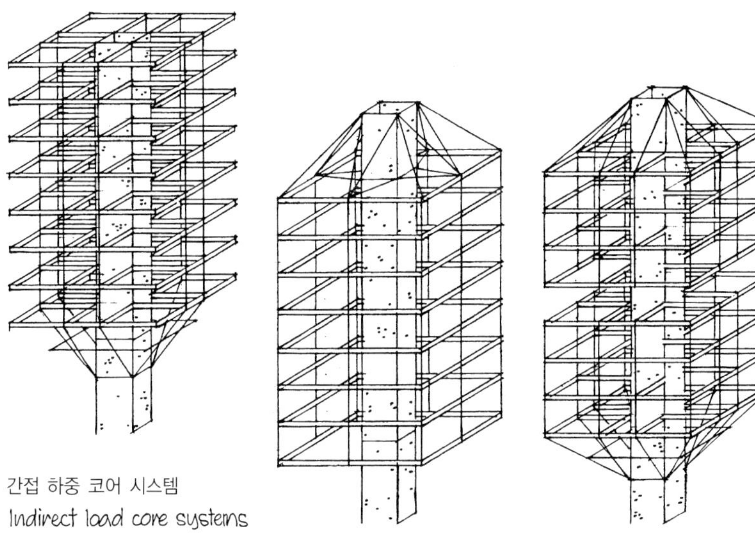

간접 하중 코어 시스템
Indirect load core systems

교량형 고층건물 / Bridge highrises

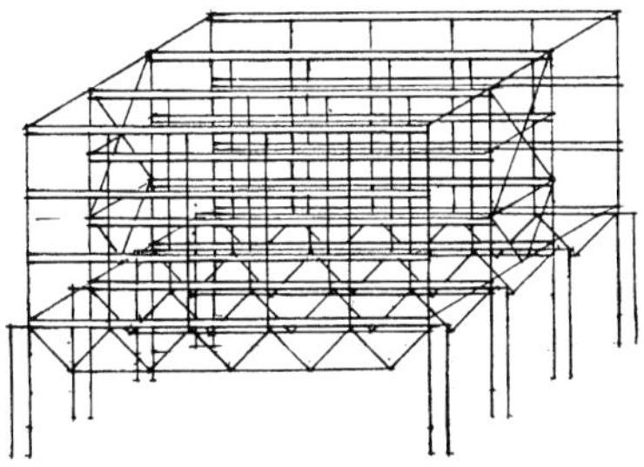

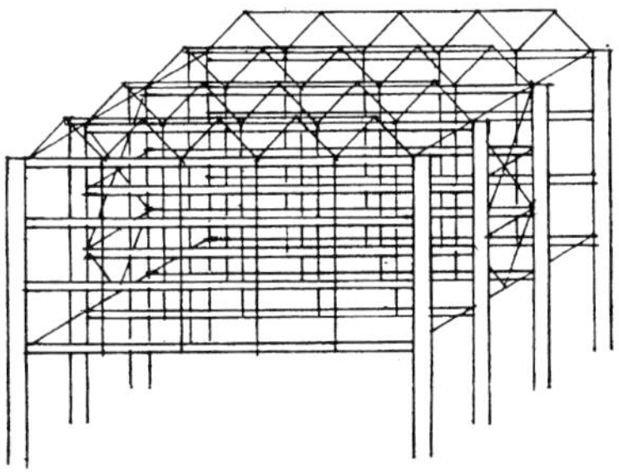

거더 교량 시스템
Girder bridge systems

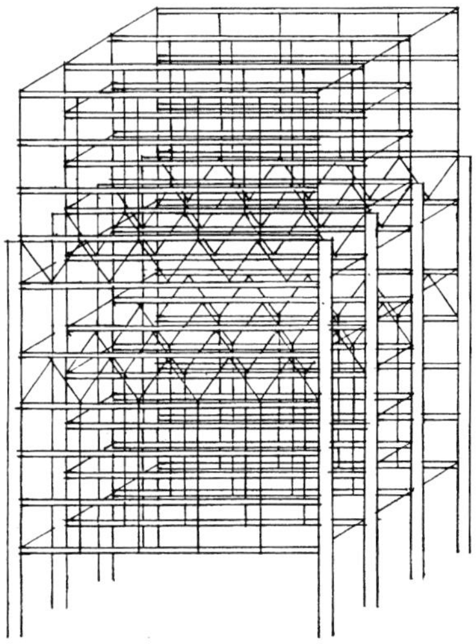

층별 교량 시스템
Storey bridge systems

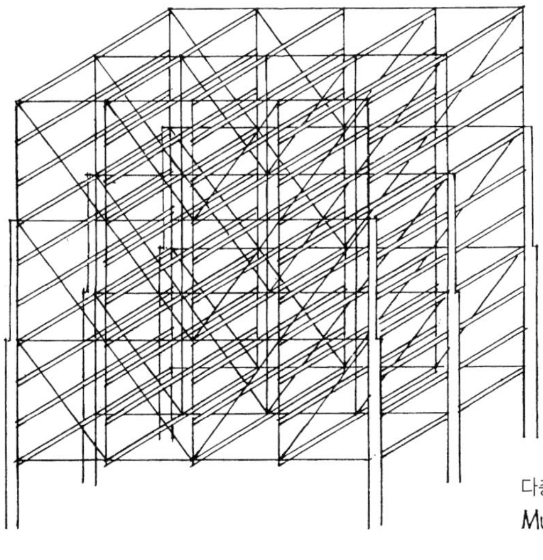

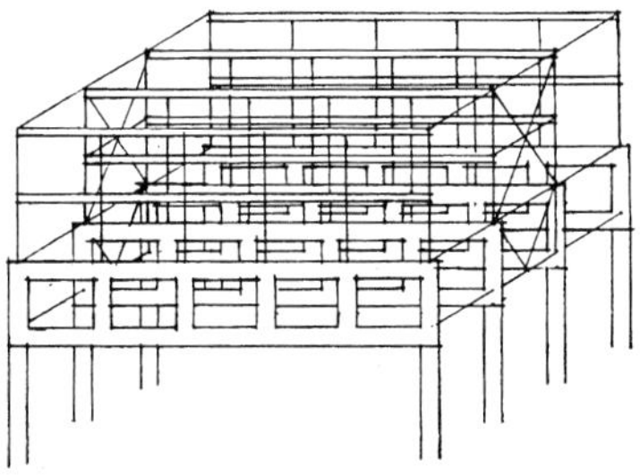

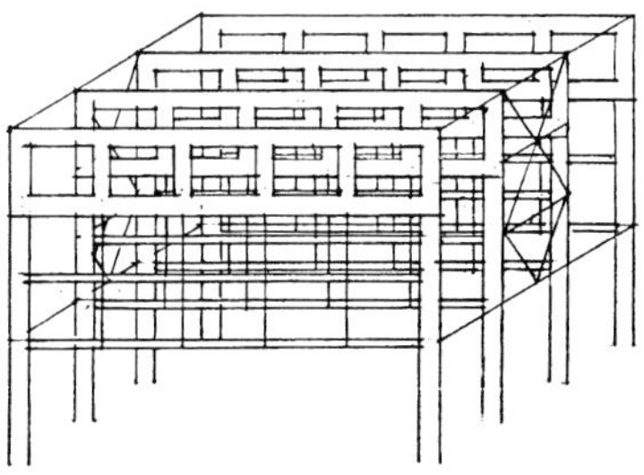

다층 교량 시스템
Multistorey bridge systems

3가지 작용을 하는 시스템으로서의 높이저항 구조물 설계

Design of height-active structures as systems development of 3 operations

1 층마다 수평하중을 모으는 시스템: 하중결집
1. 하중분포의 층별 분할
2. 하중의 수평적 흐름
3. 하중결집을 위한 기하학적 지점
4. (부속) 구조

System of horizontal load collection in the floors: LOAD PACKING
1 floor subdivision of load distribution
2 horizontal flow of loads
3 geometry of points for load collection
4 (secondary) structure

2 바닥 플랫폼으로부터 수직하중을 전달하는 시스템: 하중접지
1. 하중전달 지점의 지형
2. 바닥하중의 수직적 흐름
3. (주요) 구조
4. 기초를 통한 하중전출

System of vertical load transfer from the floor platforms: LOAD GROUNDING
1 topography of points of load transfer
2 vertical flow of floor loads
3 (primary) structure
4 load discharge through foundations

3 수평에 대해 횡으로 보강하는 시스템: 안정화
1. 구조체 자체의 안정화: 추가 / 통합 / 결합
2. 하중 방향전환의 메카니즘
3. 수평하중의 수직적 흐름
4. 기초를 통한 하중 제거

System of lateral bracing against horizontal loads: STABILIZATION
1 stabilization of structure body per se: additive / integrated / combined
2 mechanics of load redirection
3 vertical flow of horizontal loads
4 load discharge through foundations

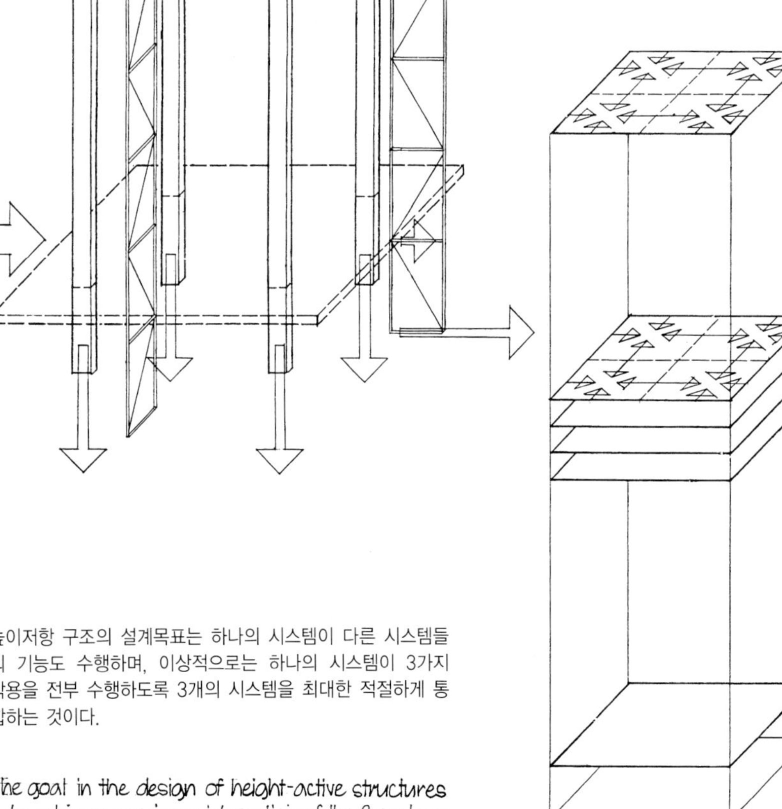

높이저항 구조의 설계목표는 하나의 시스템이 다른 시스템들의 기능도 수행하며, 이상적으로는 하나의 시스템이 3가지 작용을 전부 수행하도록 3개의 시스템을 최대한 적절하게 통합하는 것이다.

The goal in the design of height-active structures is to achieve a maximum integration of the 3 systems in the sense that one system just as well carries out functions of one or both of the other systems or that, ideally, one system performs all 3 operations

1
하중 결집
Load collection

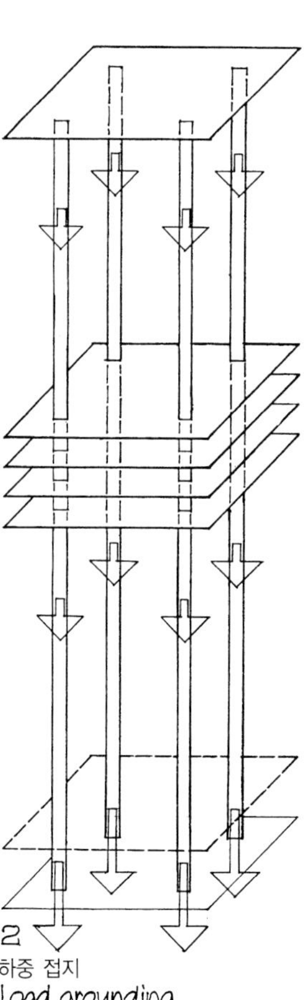

2
하중 접지
Load grounding

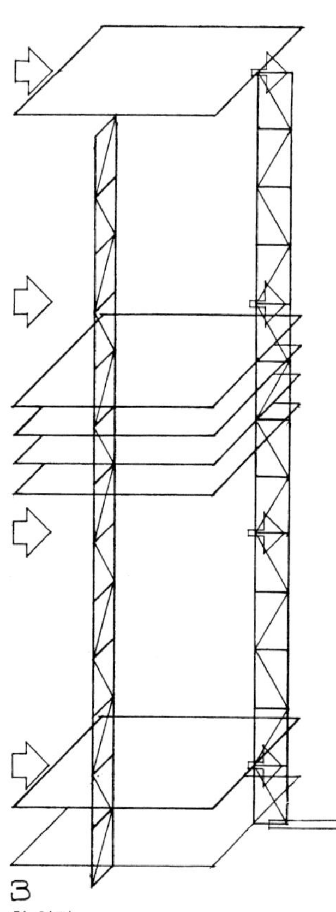

3
횡 안정
Lateral stabilization

임계하중과 변형 critical loads and deflections

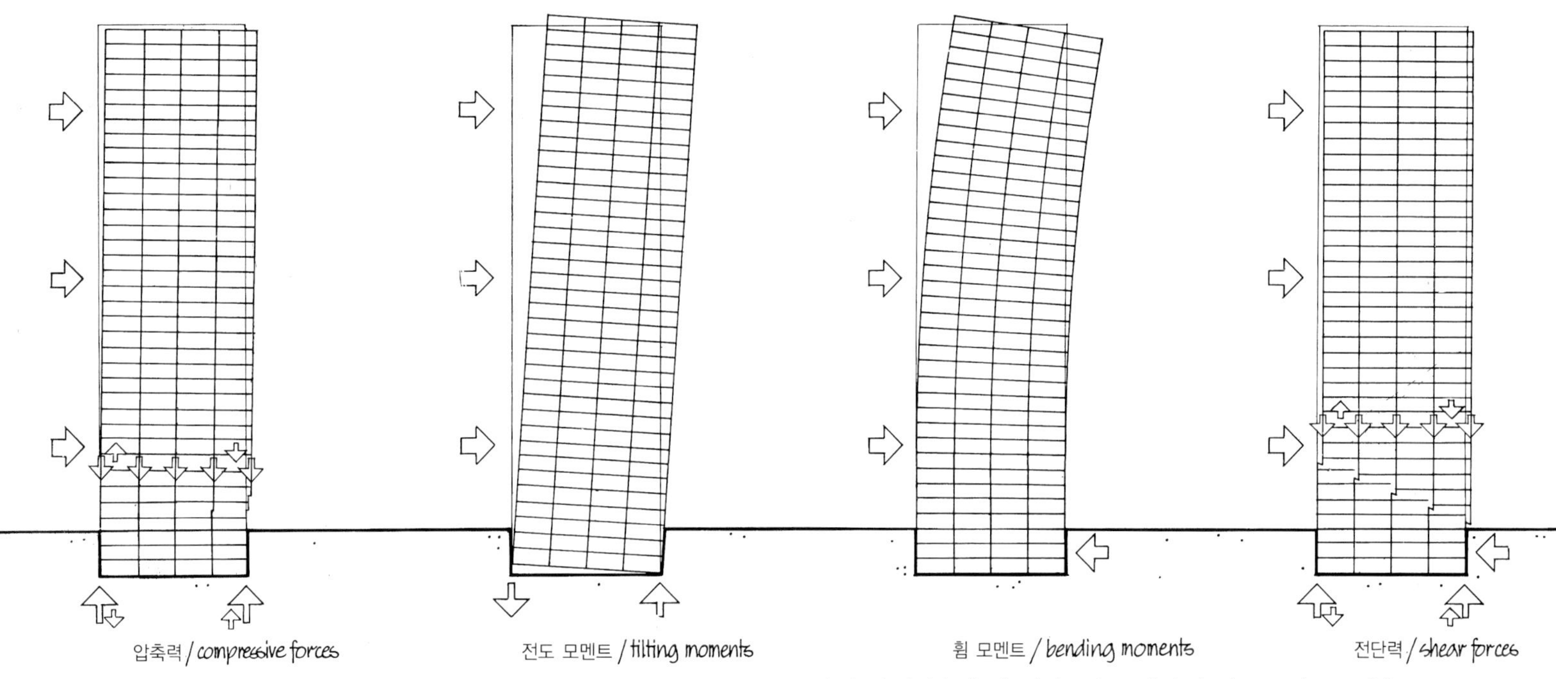

수직구조 시스템의 설계를 결정하는 하중은 사하중, 활하중 그리고 바람을 합친 힘이다. 이들의 결과는 경사방향으로 작용하는 힘이다. 이 힘의 각도가 작을수록 힘을 지반으로 전달하는 것이 어렵다.

the loads decisive for the design of a vertical structure system result from superimposing dead weight, live load and wind. they combine for a slant force. the less the angle of this force is, the greater is the difficulty of transmitting it to the ground

수평하중 지지 메카니즘 / bearing mechanism for lateral loads

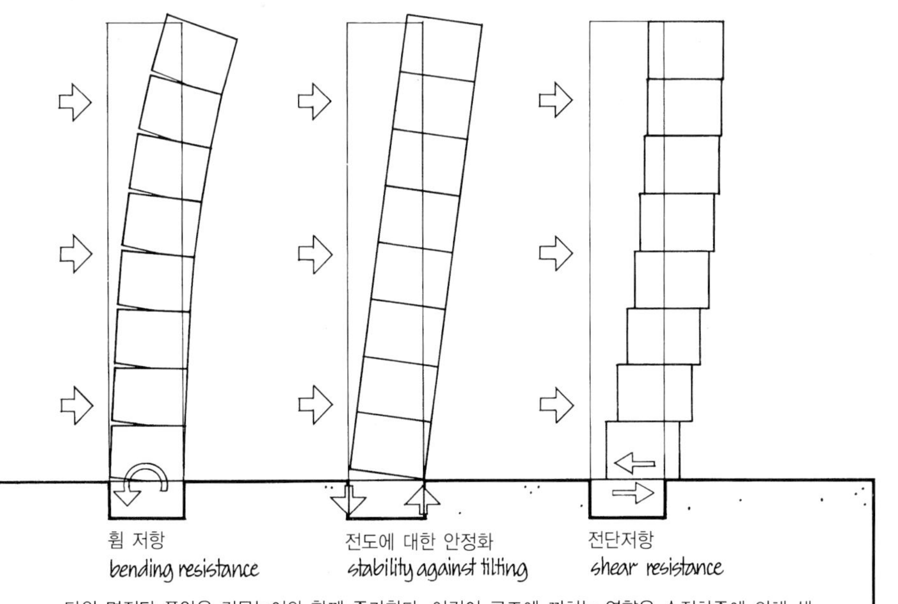

단위 면적당 풍압은 건물높이와 함께 증가한다. 이것이 구조에 끼치는 영향은 수직하중에 의해 생기는 영향과 비교하면 확연히 드러난다. 바람에 의해 수직적 구조에 가해지는 응력은 연속적 수직하중에 의해 캔틸레버에 가해지는 응력과 같다.

wind compression per area unit increases with building height. its impact upon the structure becomes predominant in relation to that caused by vertical loads. the vertical structure is stressed by wind like a cantilevered beam is stressed by continuous vertical load

캔틸레버 빔의 메카니즘 비교
comparison with mechanism of a cantilevered beam

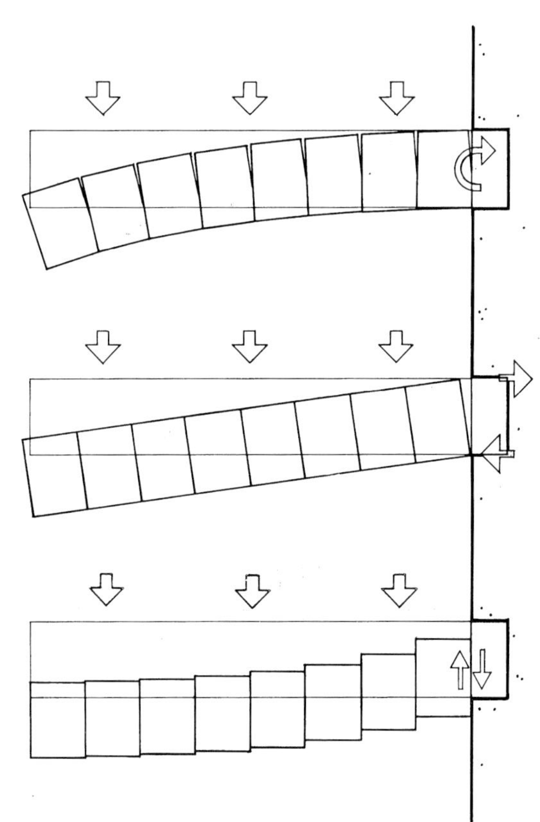

수평하중상태에서의 동질적인 고층건물의 변형

바람이나 지진에 의해 생긴 수평력은 다양하고 복잡한 움직임을 초래하며, 보다 높은 건물들을 휘게 한다.
이러한 형태변형에 대하여 건물구조를 안정화하는 것은 높이 저항 시스템의 설계에 있어서 가장 중요한 과제 중 하나며, 이를 통해 건물형태 그 자체를 유도해내기도 한다.

Deflections of homogeneous highrises under horizontal loads

Horizontal forces, caused by wind or earthquake, produce diverse, complex movements and deflections of buildings with dominant height extension

Stabilization of the building structure against these deformations is one of the major tasks in the design of height-active structures, that may even induce the building shape itself

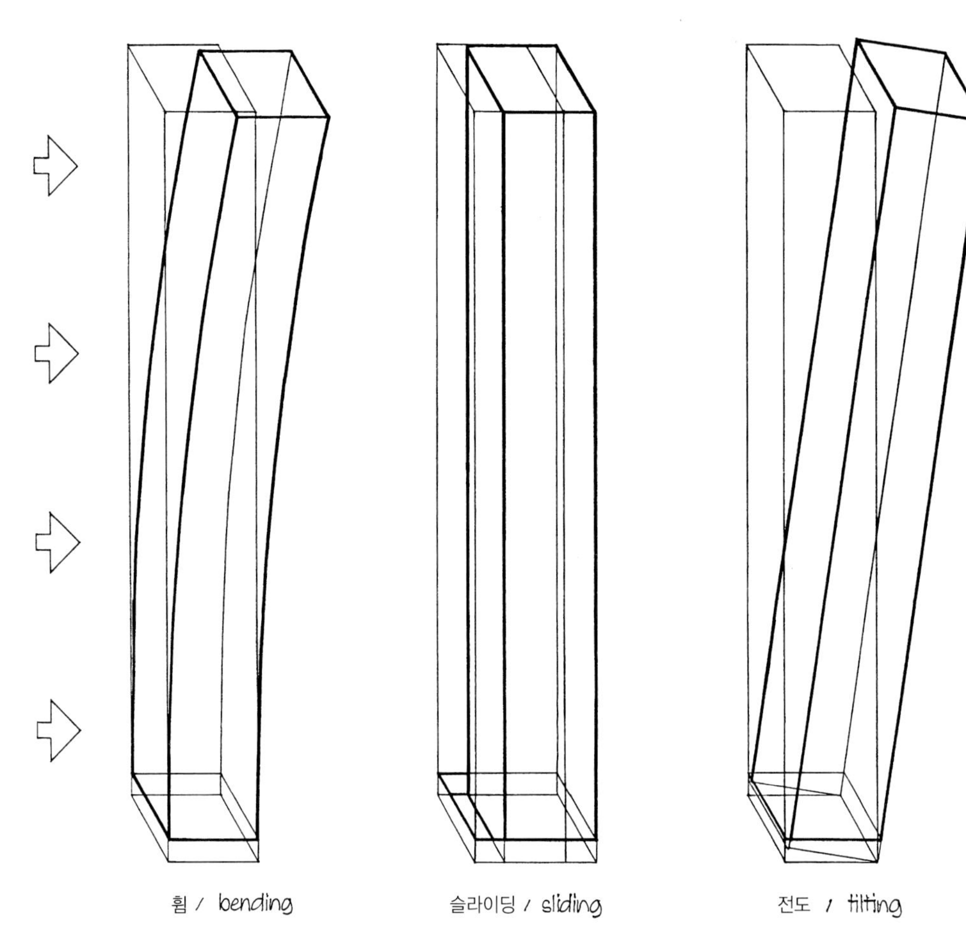

휨 / bending　　슬라이딩 / sliding　　전도 / tilting

수평하중상태에서 장방형 형태의 격자 고층건물에서 변형과 보강

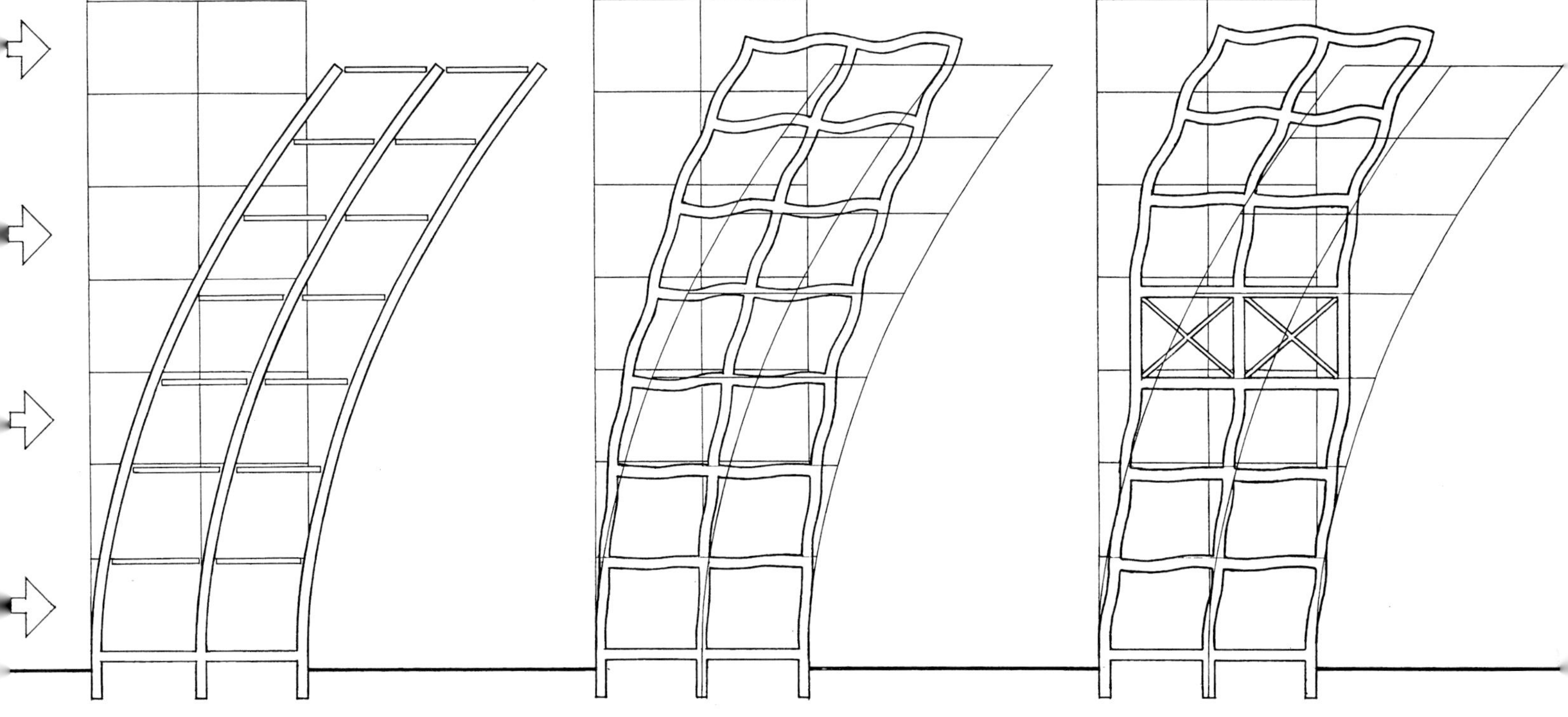

핀 접합 빔으로 단부 고정지지
Fixed-end supports with pin-jointed beams

연속 강접 프레임 그리드
Continuous rigid-frame lattice

중간 층이 보강된 강접 프레임 그리드
Rigid-frame lattice with mid-height story bracing

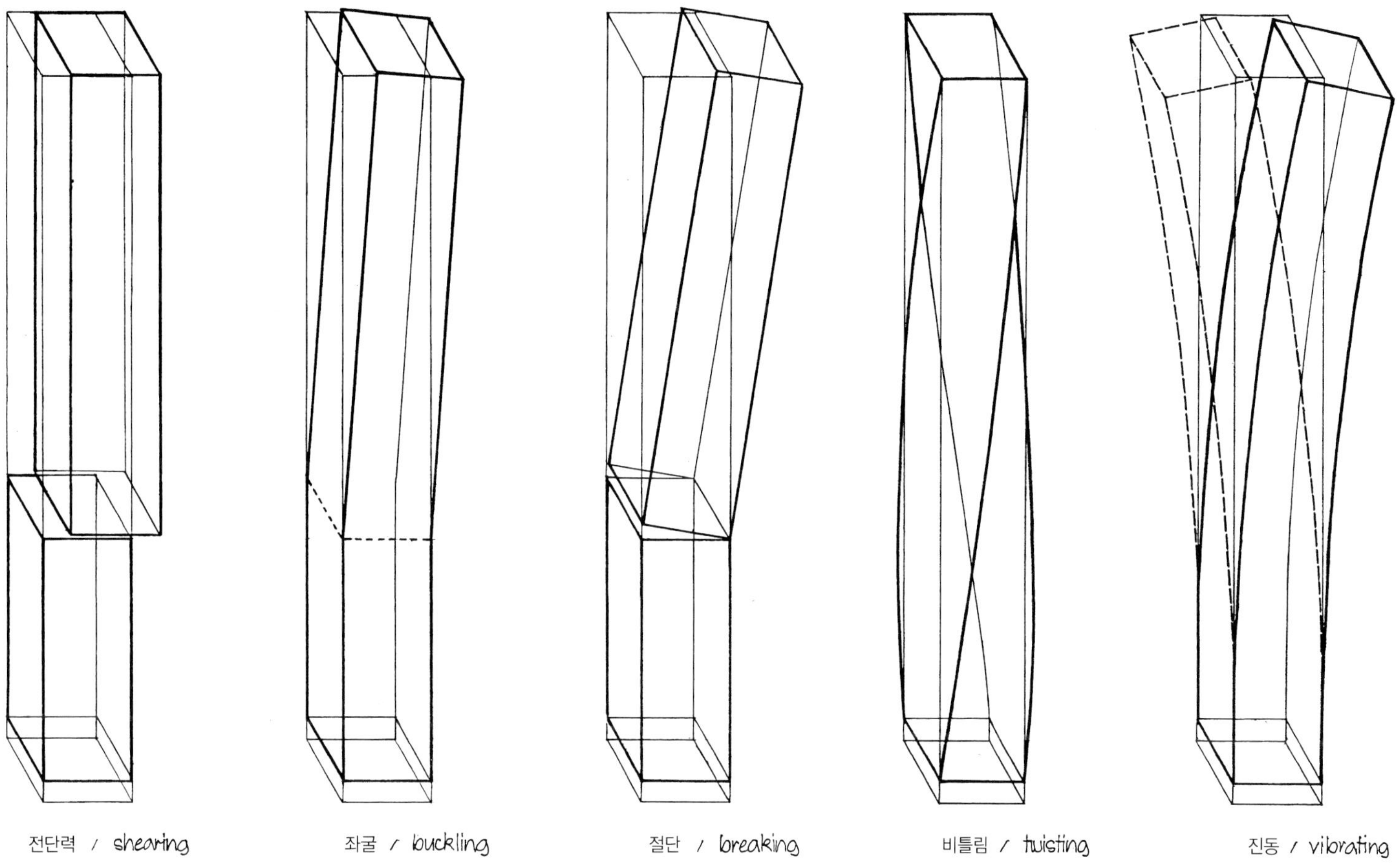

전단력 / shearing

좌굴 / buckling

절단 / breaking

비틀림 / twisting

진동 / vibrating

Deflection and bracing in rectangular lattice highrises under horizontal loads

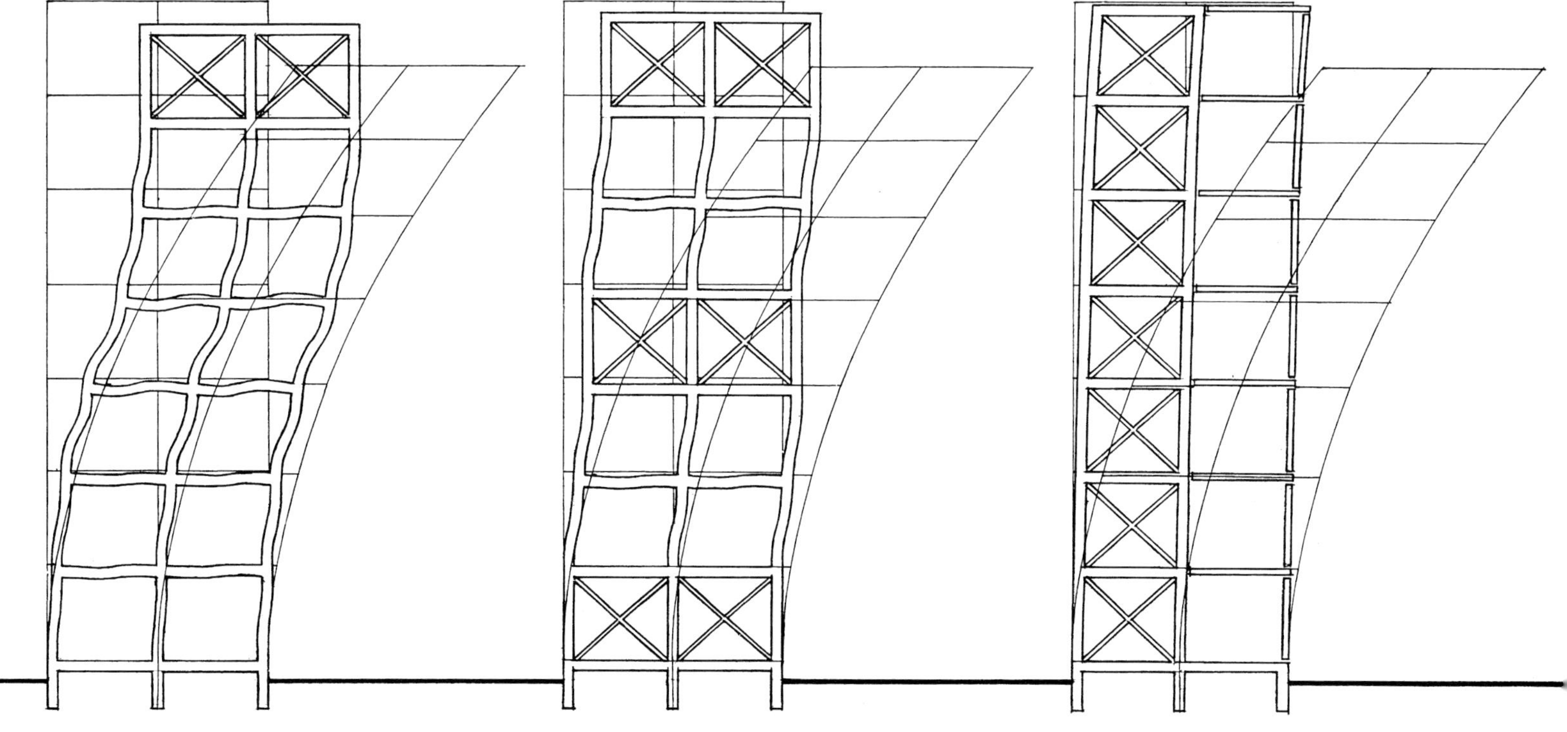

상부층이 보강된 강접 프레임 그리드
Rigid-frame lattice with top-storey bracing

중간에서 보강된 강접 프레임 그리드
Rigid-frame lattice with intermittent storey bracing

수직으로 다층이 보강된 강접 그리드
Upright multistorey rigid-frame with bracings

고층건물의 상대강성에서 다양한 높이에 있는 보강층이 끼치는 영향

예: 단일 베이 트러스식으로 보강된 50층짜리 고층건물
(Buttner / Hampe: 'Bauwerk Tragwerk Tragstruktur' 참고)

Influence of stiffener storeys in varying elevations upon the relative rigidity of highrises

Example: 50-storeys highrise with single-bay truss-bracing
(according to Büttner / Hampe: 'Bauwerk Tragwerk Tragstruktur')

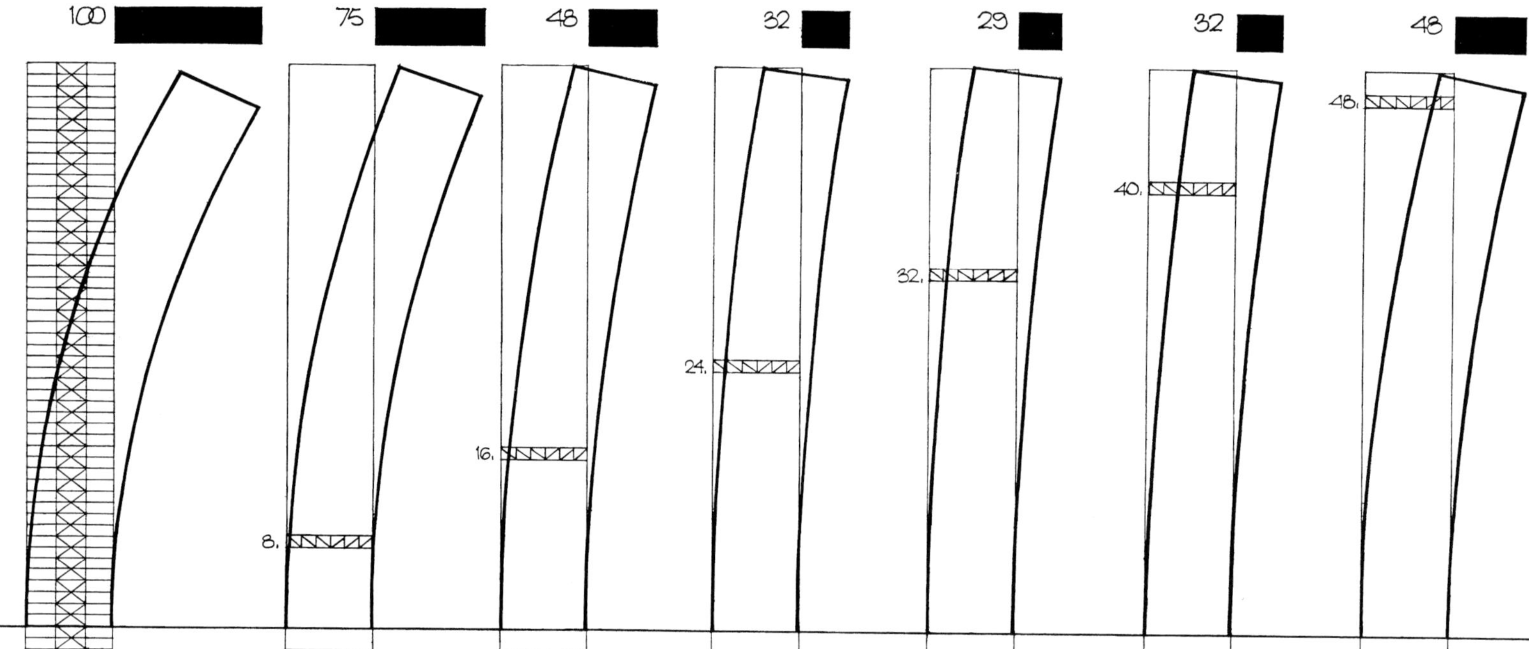

50층짜리 고층건물에서 보강층이 최대한 효율적인 곳(=꼭대기 층이 최소한으로 이동하는 곳)은 보강층이 30층 근처에 있을 때, 즉 전체높이의 3/5 지점에 있을 때이다.

In a 50-storeys highrise the maximum efficiency of the stiffener storey (= minimum drift of the uppermost storey) is mobilized at an elevation near the 30th floor, i.e. at about 3/5 height of the total vertical extension

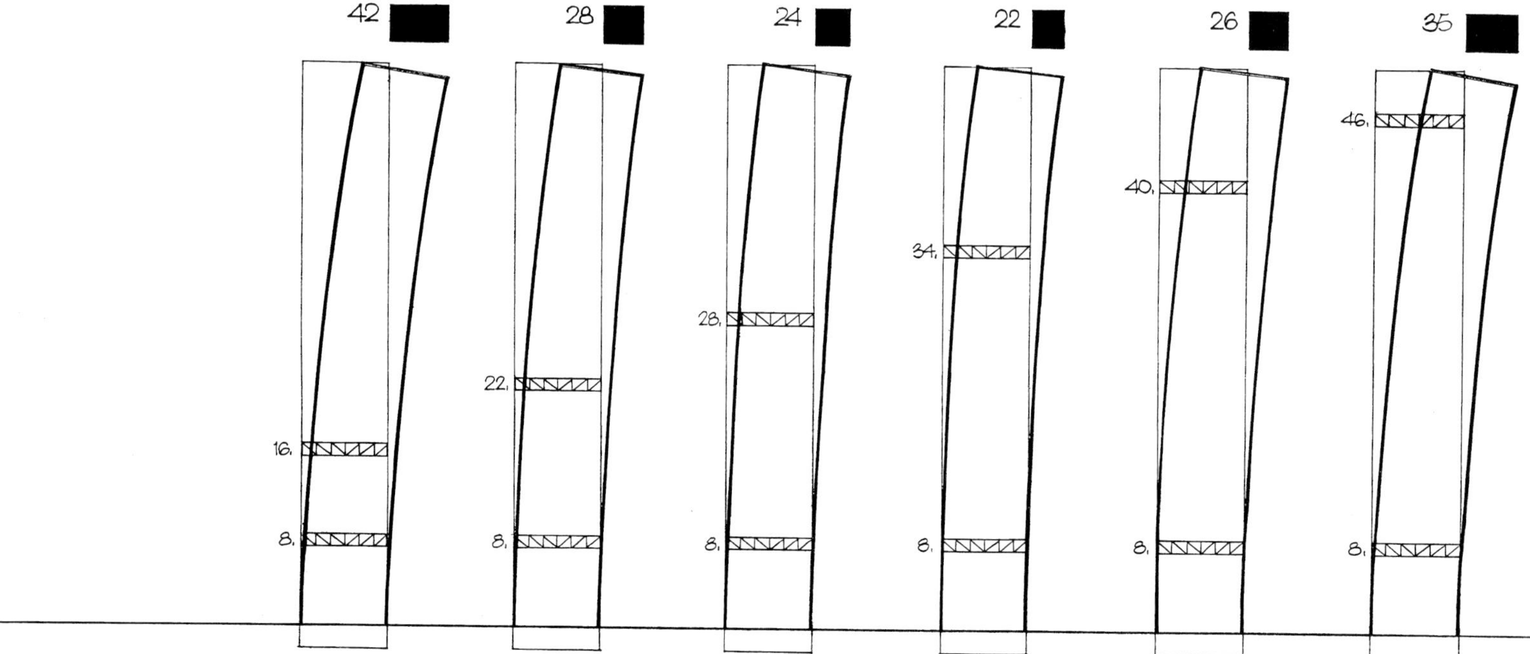

두 번째 보강층을(8층에) 도입함으로써 구조강성을 확실히 증가시킬 수 있다(=꼭대기 층의 이동의 감소). 여기서도 최대효율이 30층 근처에서 발휘된다.

With introduction of a second stiffener storey (8th floor) the structural rigidity will be incresed markedly (= reduction of drift of the uppermost storey. Again the maximum efficiency is mobilized at an elevation near the 30 th floor

일반적인 수직보강 시스템의 메카니즘

Mechanics of typical vertical stiffener systems

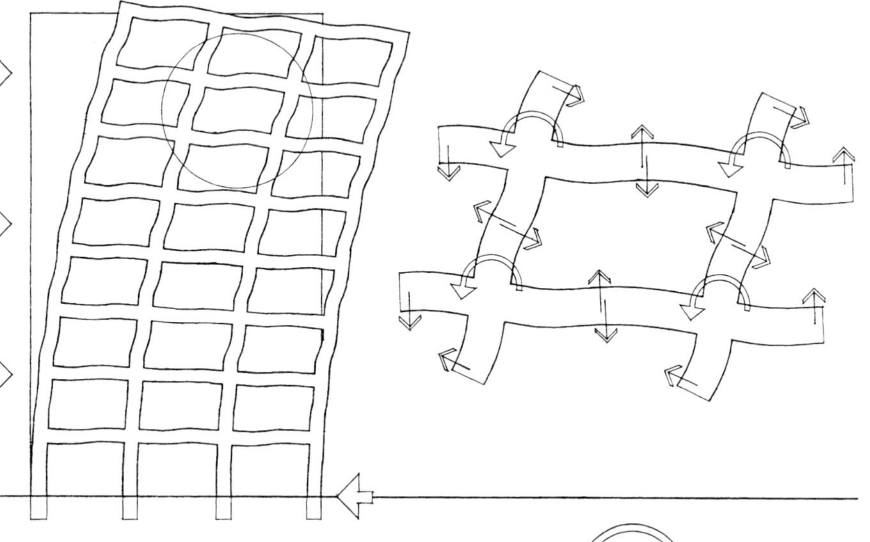

프레임 시스템

(바람과 지진에 대한) 수평보강을 위한 고정-프레임 시스템은 프레임 부재들(빔과 기둥)의 휨 저항과 이들의 강접에 달려 있다.
수평하중으로 인한 휨은 프레임의 빔과 기둥에 전단력으로 발생시킨다. 강접 때문에 이러한 힘은 절점에서 처짐이 상응하는 회전 모멘트가 생긴다.

Rigid-frame system

The rigid-frame system for lateral stiffening (against wind and earthquake) rests upon the bending resistance of the frame parts (beams and columns) and upon their rigid connection
Deflection due to lateral loading will generate transverse shear forces in the beams and columns of the frame. Because of the rigidness of connection these forces will produce rotational moments in the joints that counteract the deflection

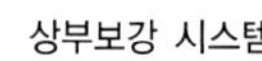

상부보강 시스템

상부층을 보강하고 이를 전단벽과 고정함으로써 보강 메카니즘은 확실히 증가된다.
상부보강을 통해 전단벽의 휨은(수평하중으로 인해) 외부 지지대에 응력을 가할 것이다. 발생하는 압축력과 인장력은 -직접적인 저항 이외에- 이동과 휨 응력을 줄여주는 상응 모멘트가 생긴다.

Head stiffener system

By stiffening the uppermost storey and fastening it with the shear wall, the stiffening mechanics will be increased markedly
Via the head stiffener each deflection of the shear wall (due to lateral loading) simultaneously will stress the exterior supports. The resulting compressive and tensile forces develop - besides their direct resistance - a counter moment that considerably will reduce the drift and the bending stresses

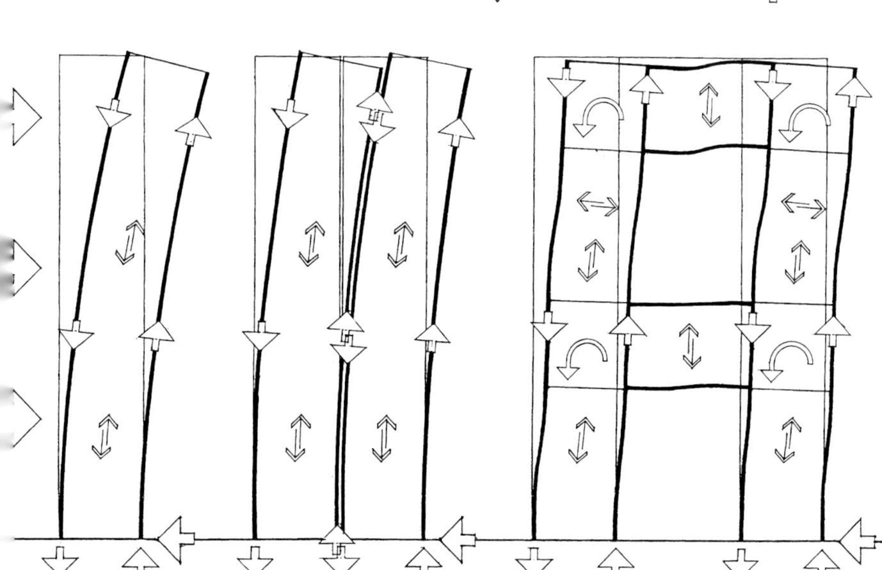

튜브 시스템

외벽과 이들의 강접을 통한 전단저항 건축물은 단부-고정 튜브의 기본적 원리를 구성한다. 이 구조 시스템은 다음과 같은 이유로 수평하중에 대해 특별한 효과를 보인다:

1. 횡저항 메카니즘에 지지대, 가새, 난간 등 외벽의 모든 요소들을 포함시킴
2. 저항의 작용평면의 최적분배

Tube system

Shear resistant construction of the exterior walls and their rigid interconnection constitute the fundamental principles of the fixed-end tube. Toward lateral loading this structure system is particularly effective due to:

1. Inclusion of all supports, joineries, spandrel units etc. of the exterior walls into the lateral resistance mechanism
2. Optimum spreading of the operative planes of resistance

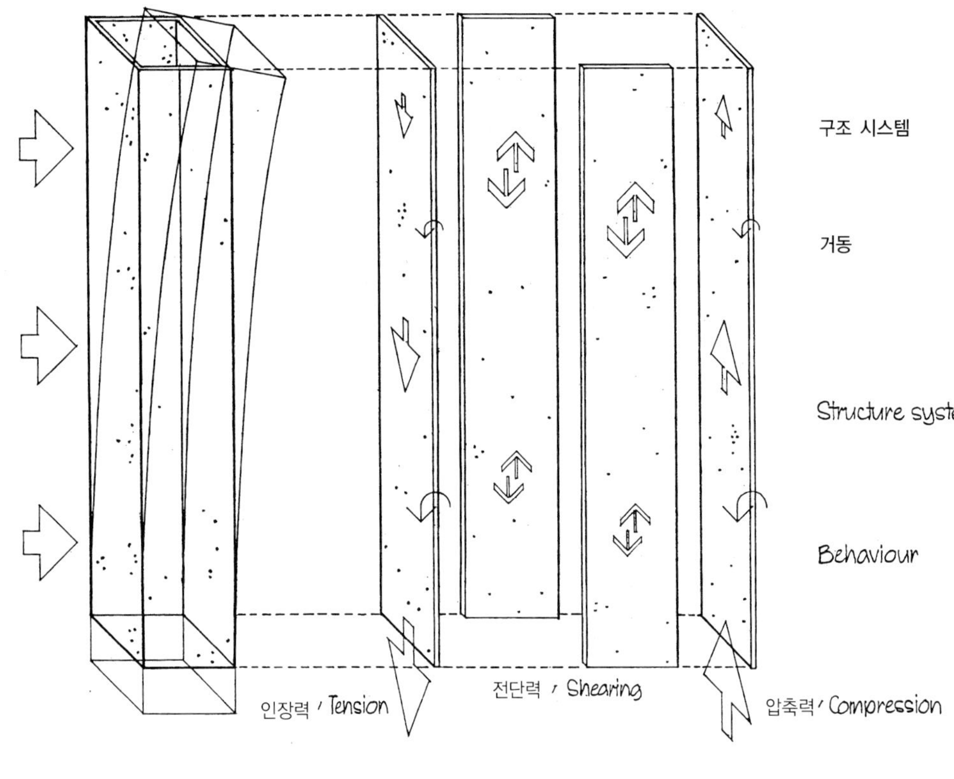

수직보강의 튜브 원리
The tube principle of vertical stiffening

구조 시스템

1. 전단력, 압축력 및 인장력에 저항하기 위해 각 외벽을 캔틸레버식 수직 거더로 계획
2. 하나의 수직 박스 거더로 만들기 위해 모든 외벽의 강접

거동

풍향방향의 외벽은 전단벽으로 작용하고 나머지 두 벽은 압축재, 또는 인장재이자 휨 저항부재로 작용하고, 또한 수직하중전달을 위한 외부기둥은 횡력에 저항하는 저항 메카니즘으로 통합된다.

Structure system

1. Construction of each external wall as cantilevered, vertical girder resistant to shear and to compressive and tensile stresses
2. Rigid connection of all external walls to form a single vertical box girder = cantilever tube

Behaviour

The external walls standing in wind direction act as shear walls, the other two as compressive or tensile members, also as bending resistant agents. I.e., also the external columns for vertical load transfer are fully integrated into the resistance mechanics against lateral forces

고층건물 튜브의 역학적 작용은 수평하중 상태의 박스형 수평 캔틸레버 거더의 거동과 같다.

The mechanical action of the highrise tube is identical with the behaviour of a box-shaped horizontal cantilever girder under horizontal loading

일반적인 튜브 구조 / Typical tube structures

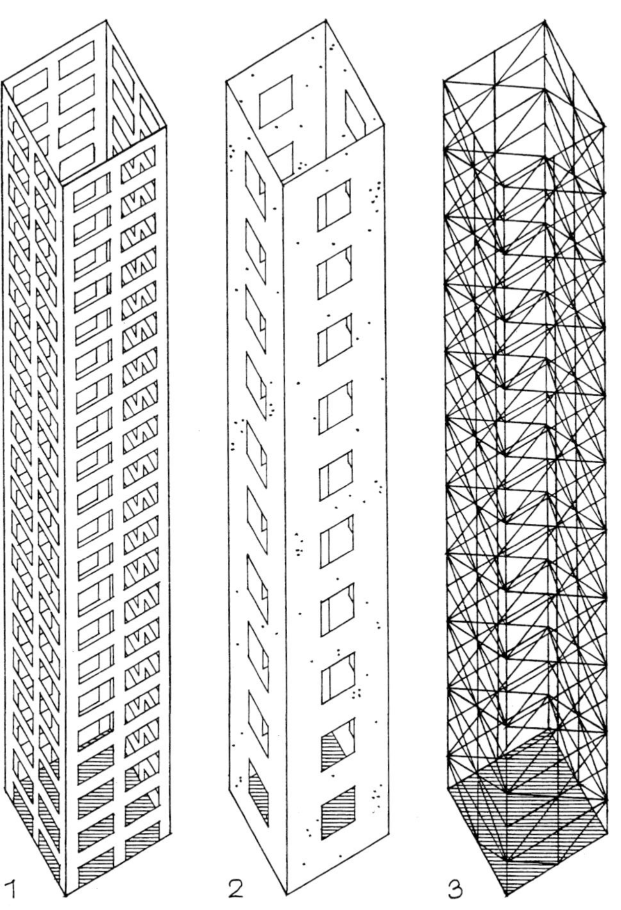

1 고정 프레임 튜브 Rigid-frame tube
2 판 튜브 Structural plate tube
3 트러스식 튜브 Trussed tube

프레임 + 전단벽 조합의 안정 메카니즘

Stabilization mechanics of frame+shear wall combination

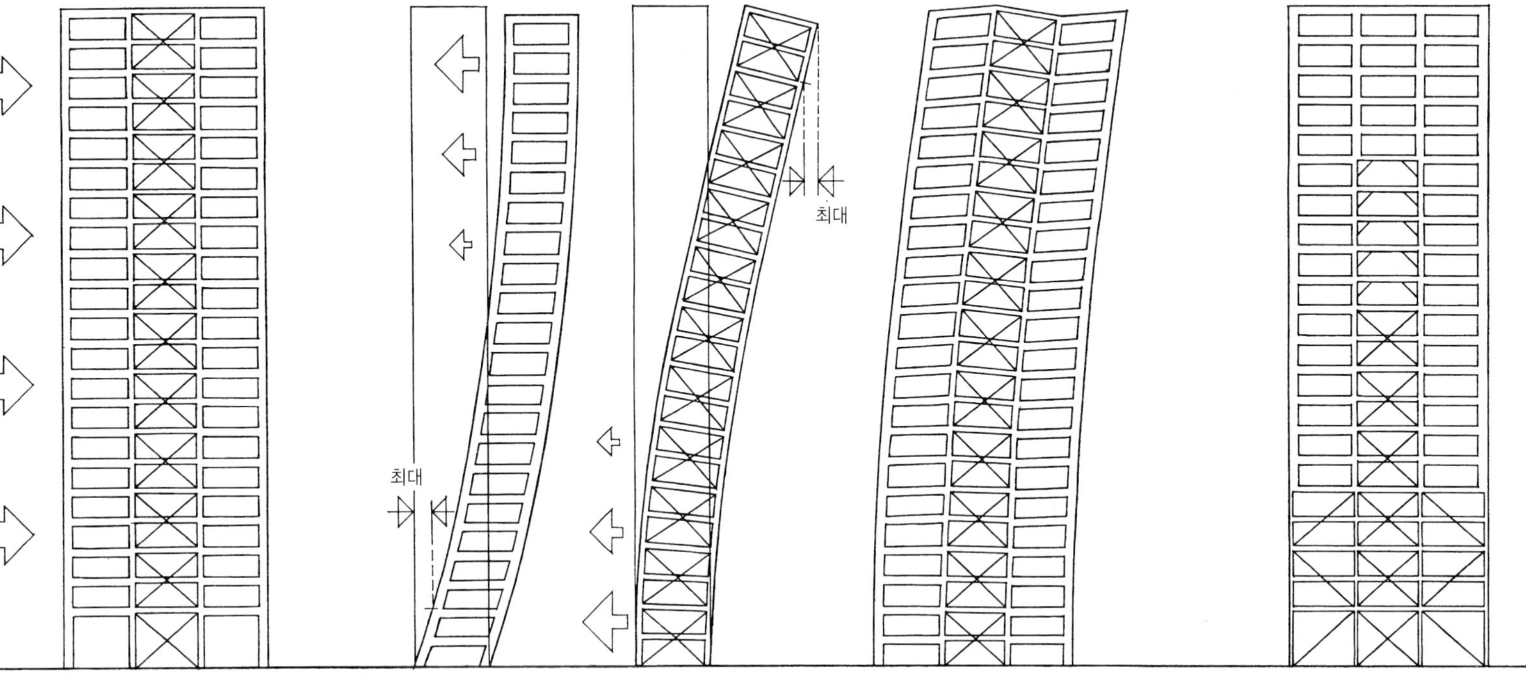

프레임 + 전단벽 시스템
Frame+shear wall system

고정 프레임과 전단벽 그리고 이들의 상호 안정화 거동
Behaviour of rigid frame and shear wall and their mutual stabilization

합리적인 구조물 설계
Idealized design of structure

프레임 구조에서는 주로 수평전단변형이 발생하며, 지반 부분에서 가장 크다. 그렇기 때문에 시스템의 강성은 상부에 있다.
전단벽 구조에서는 주로 휨 변형이 발생하며, 수평전단력이 상부에서 가장 크다. 그렇기 때문에 시스템의 강성은 하부에 있다.
이들의 조합을 통해 두 개의 상반된 변형이 서로를 저지한다. 구조물의 전체변형을 획기적으로 줄일 수 있다.

In RIGID FRAME structures mainly horizontal thrust deformations develop, being max. at the base. The system stiffness, thus, is in the upper portion
In SHEAR WALL structures mainly bending deformations develop, horizontal shear being max. at the top. The system stiffness, thus, is in the lower portion
Through COMBINATION the two opposing deformations hinder each other. The total drift of the structure, thereby, will be markedly reduced

메카니즘을 스테이 케이블(Stay Cable)을 통한 안정화: 인장 기둥 시스템

Stabilization by restraining mechanism: Tensioned column system

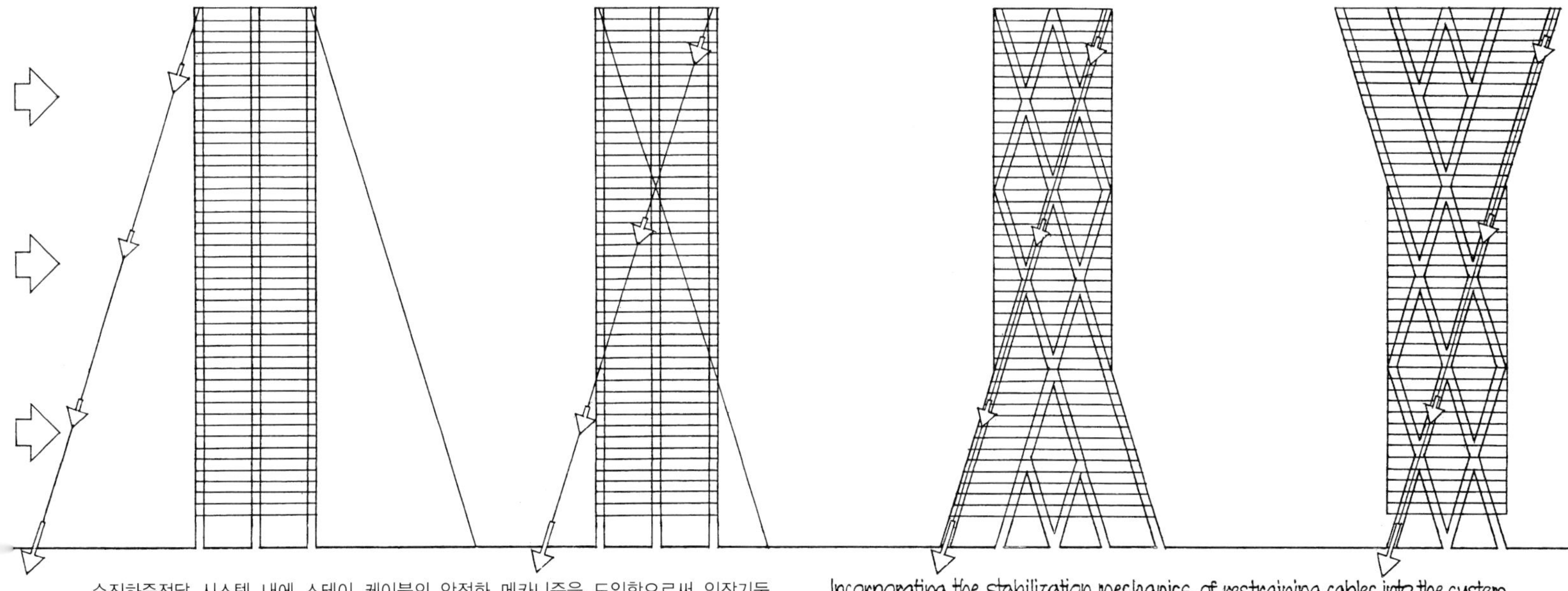

수직하중전달 시스템 내에 스테이 케이블의 안정화 메카니즘을 도입함으로써 인장기둥 시스템을 만들 수 있다: 경사기둥 내에 프리스트레스 케이블은 임계변형을 방지한다.

Incorporating the stabilization mechanics of restraining cables into the system of vertical load transmission leads to the TENSIONED COLUMN system: Prestressed cables within skew columns prevent critical drift

구조물의 수직보강의 기본역학

Principal mechanics for vertical stiffening of structures

수평하중에 대한 저항결여
Lacking resistance against horizontal loads

1 연속 프레임
Continuous rigid frame

2 트러스식 프레임
Trussed framework

3 구조적 다이어프램
Structural diaphragm

4 연속 전단벽
Continuous shear wall

수직적 안정화 시스템의 표준형태

Standard forms for vertical stabilization systems

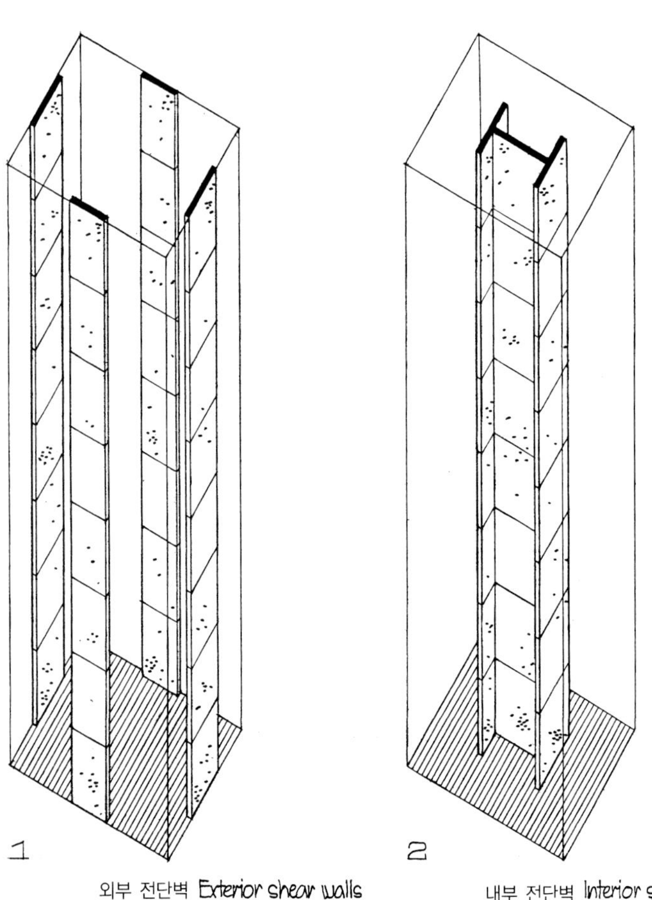

1 외부 전단벽 Exterior shear walls

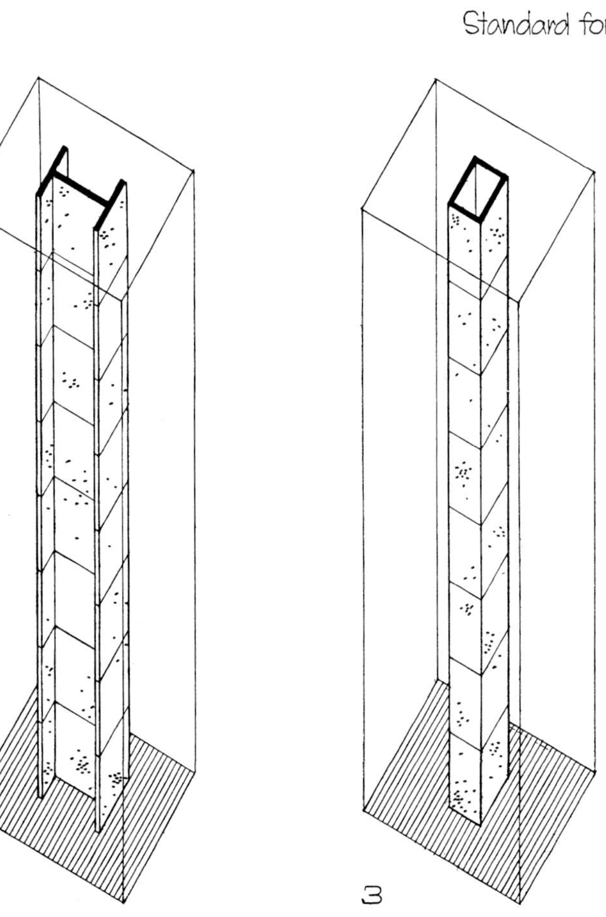

2 내부 전단벽 Interior shear walls

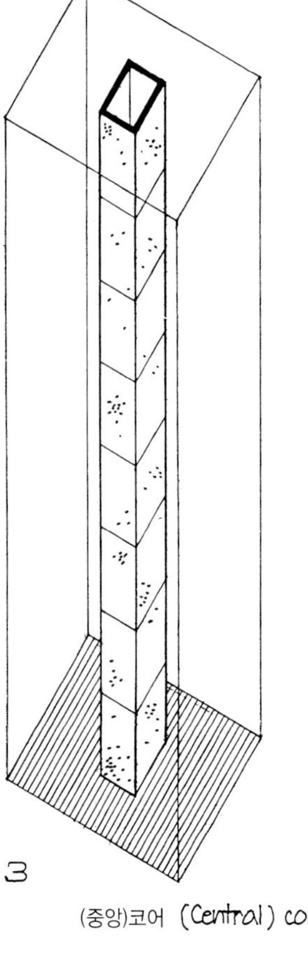

3 (중앙)코어 (Central) core

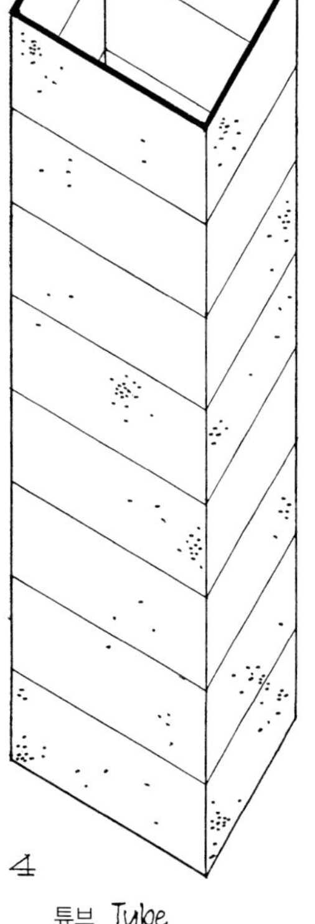

4 튜브 Tube

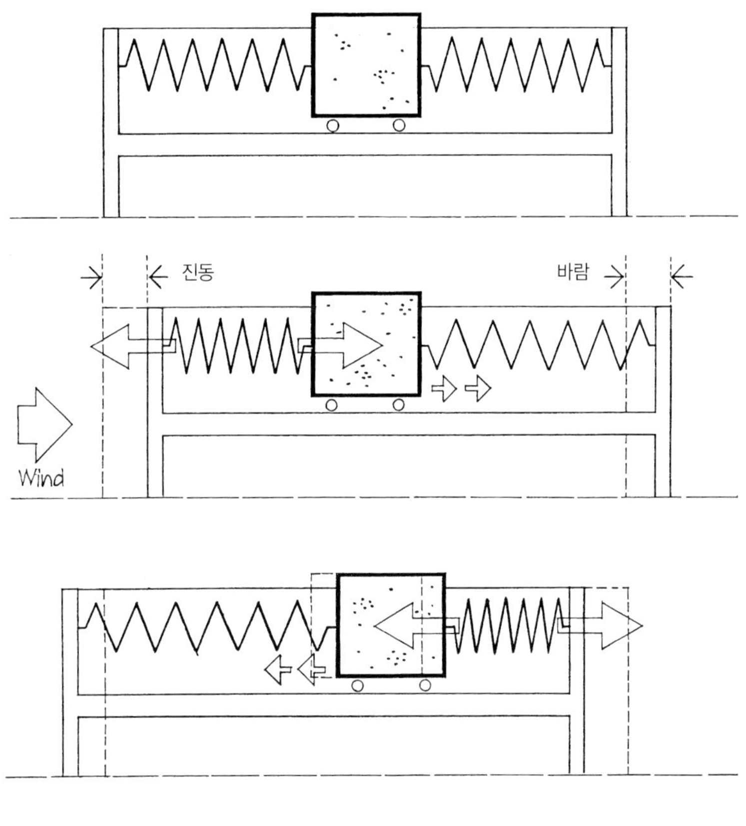

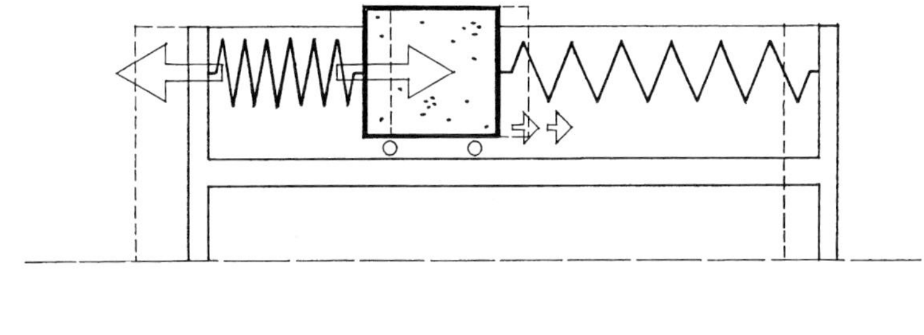

고층건물의 동적 진동 댐퍼

Dynamic vibration dampers in highrise structures

이동식 지지 위의 무거운 물체 –스프링으로 고층건물의 상부에 횡적으로 고정시키고 건물과 동일한 진동주기를 지닌 물체– 는 풍진동을 저항하는 안정화 요소로 거동한다(진동 댐퍼).
건물의 이동은 스프링 작용을 통해 물체가 반대방향으로 이동하게 한다: 이것이 반–공명이다. 이렇게 함으로써 건물의 진동을 감소시키거나 완벽히 댐퍼된다.

A heavy solid upon mobile supports – laterally fastened to the top of the highrise by springs and having equal oscillation period as the building – behaves as stabilizing agent against wind swaying = tuned dynamic wind damper
Due to the spring action the movements of the building make the mass of the solid oscillate just in the opposite direction = -antiresonance-. Thereby the oscillation of the building will be reduced or completely damped out

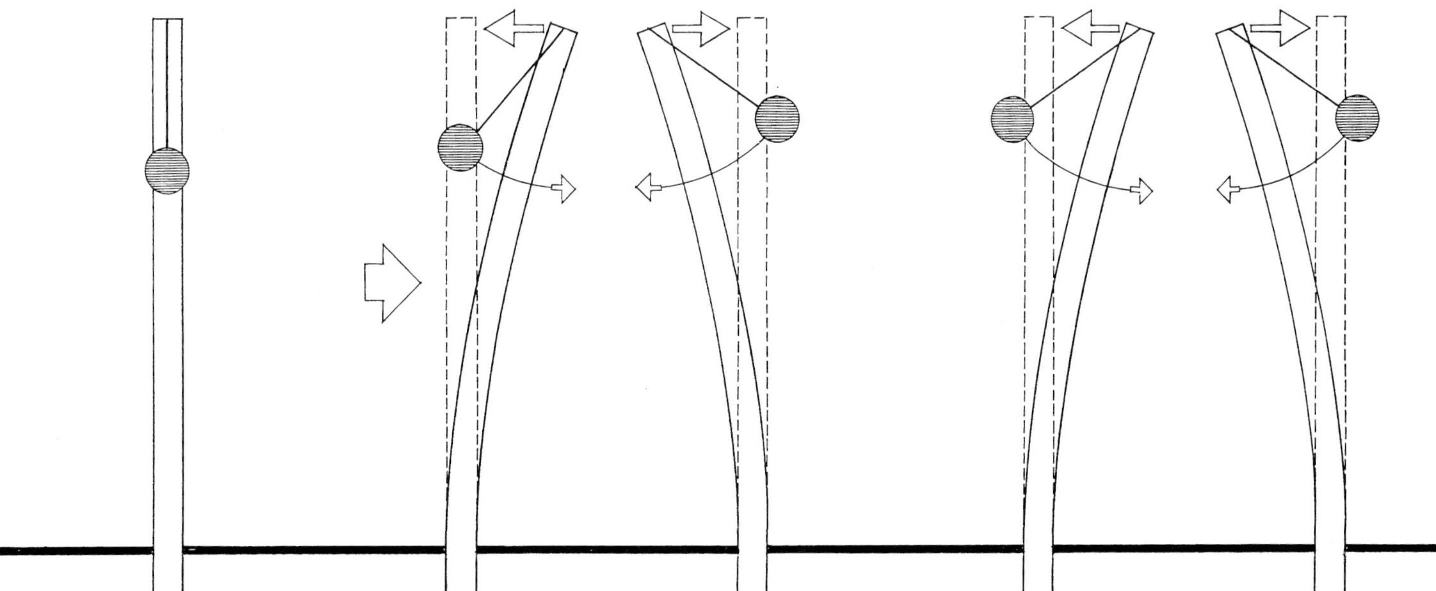

"진동 댐퍼"의 거동은 막대기 위에 걸어 놓은 무거운 물체의 진동이동과 비교할 수 있다. 막대 위의 추는 막대의 진동과 반대방향으로 움직이며, 이를 통해 막대의 이동을 줄여준다.

The behaviour of the 'tuned dynamic wind damper' can be compared with the oscillating movement of a heavy mass suspended from the top of a rod. The pendulum acts contrary to the rod's oscillation thus reducing the drift

평면계획에서 풍하중 보강의 통합

integration of wind bracing in the design of floor plan

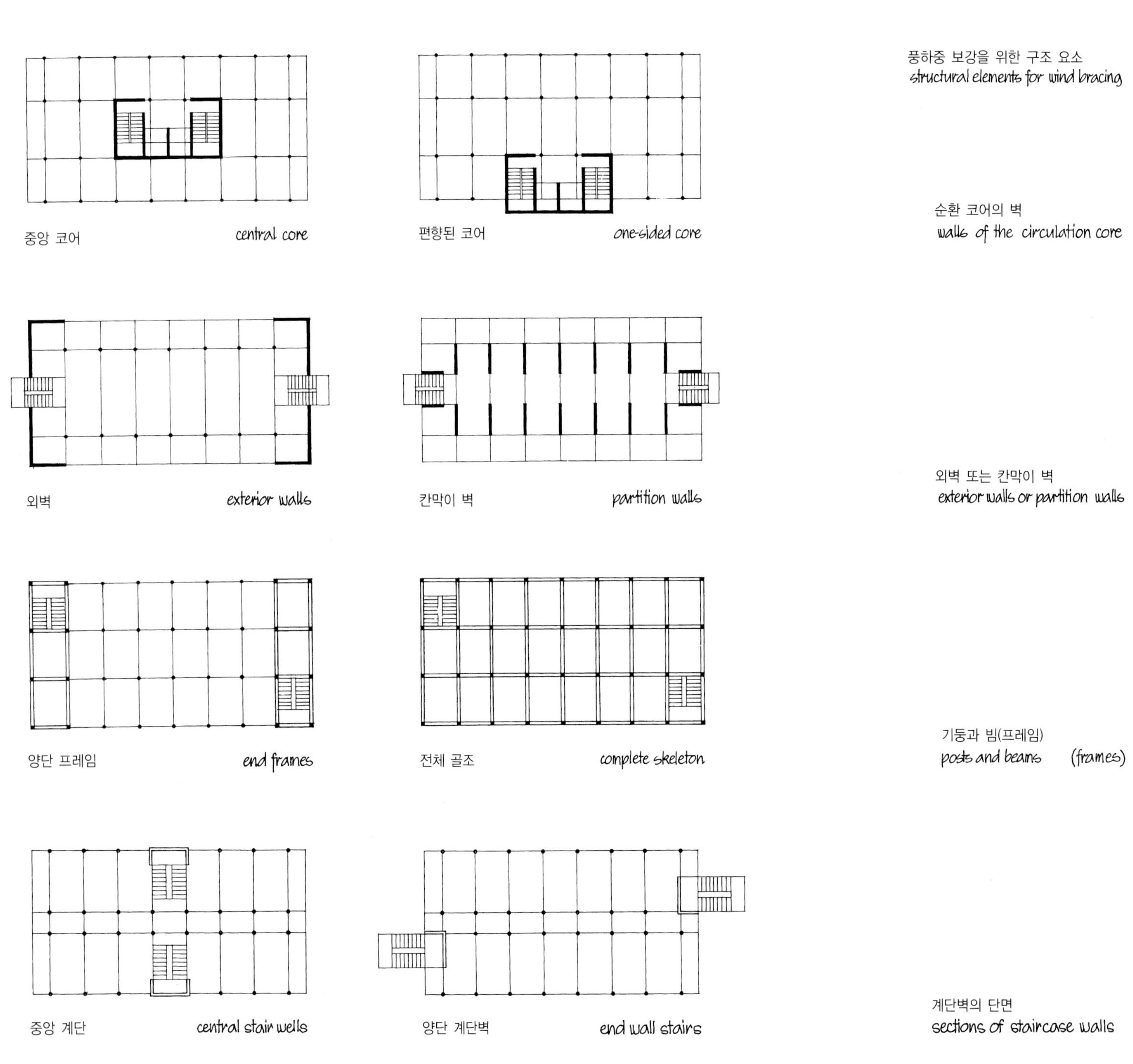

종횡방향에서 풍하중 보강

(앞 장의 평면도와 관련됨)

wind resistance in longitudinal and transverse direction

(related to floor plans of preceding page)

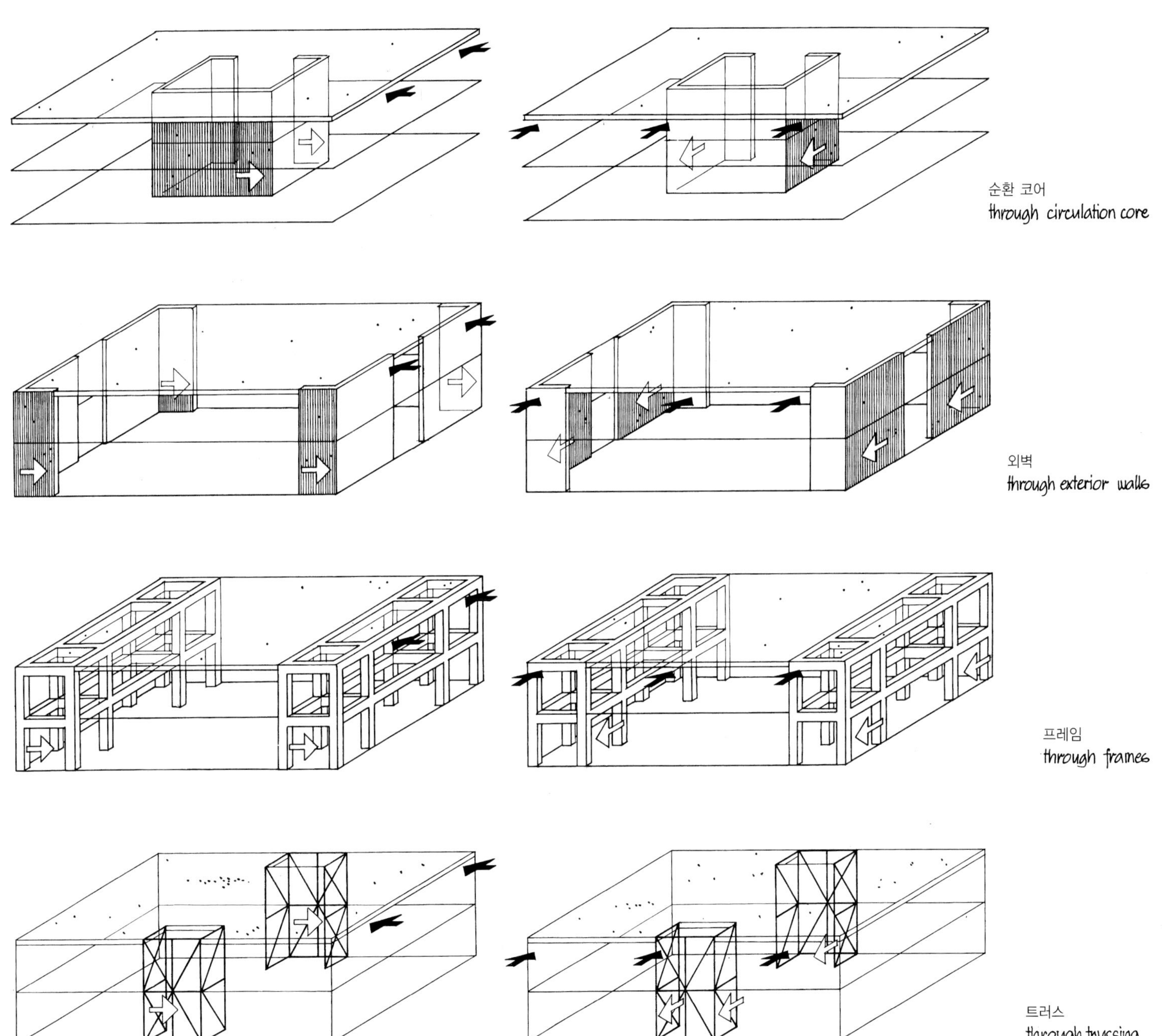

순환 코어
through circulation core

외벽
through exterior walls

프레임
through frames

트러스
through trussing

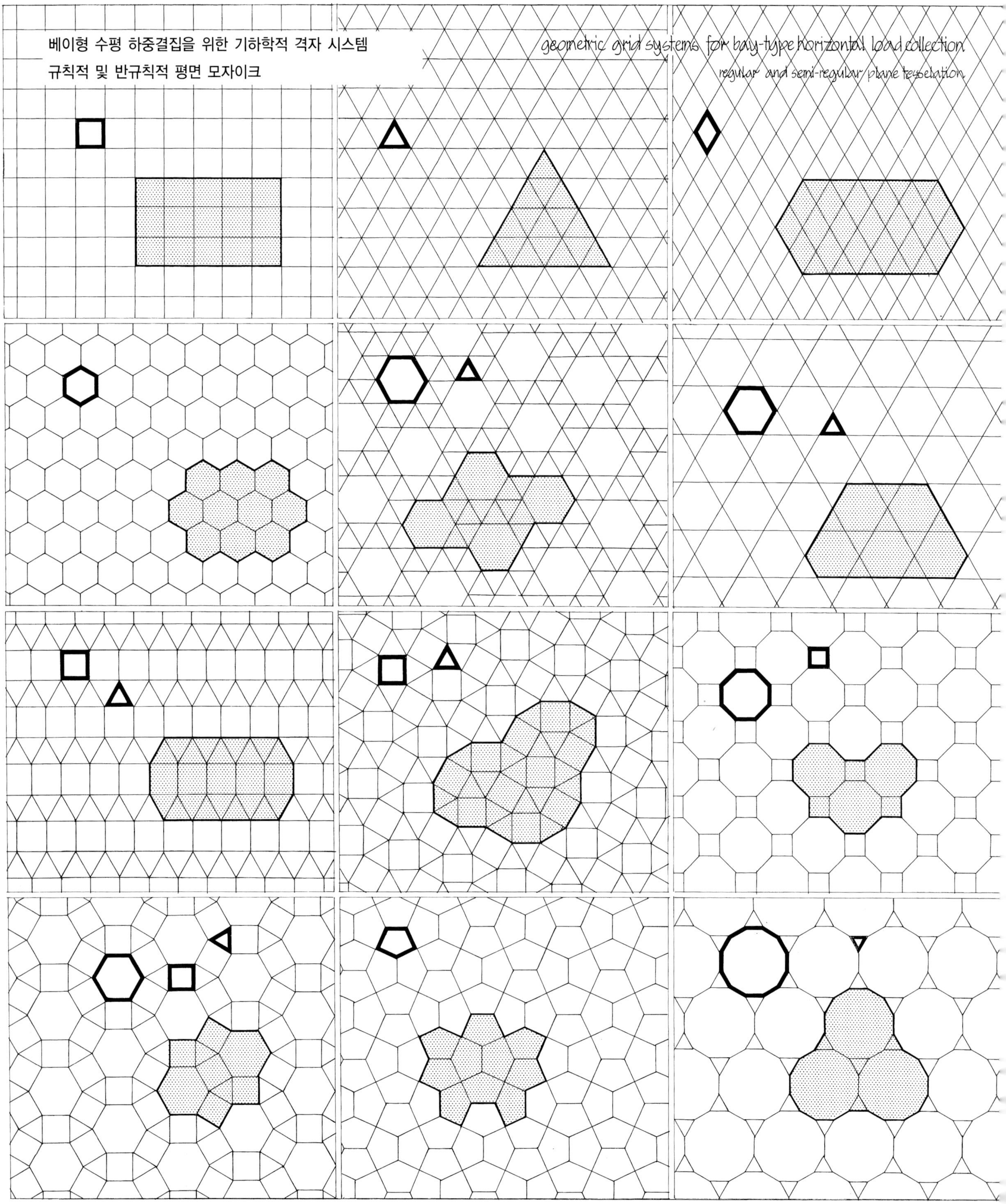

베이형 수평 하중결집을 위한 기하학적 격자 시스템
규칙적 및 반규칙적 평면 모자이크

geometric grid systems for bay-type horizontal load collection
regular and semi-regular plane tesselation

정방형 베이 시스템에서의 수직하중전달

vertical load transmission in square bay systems

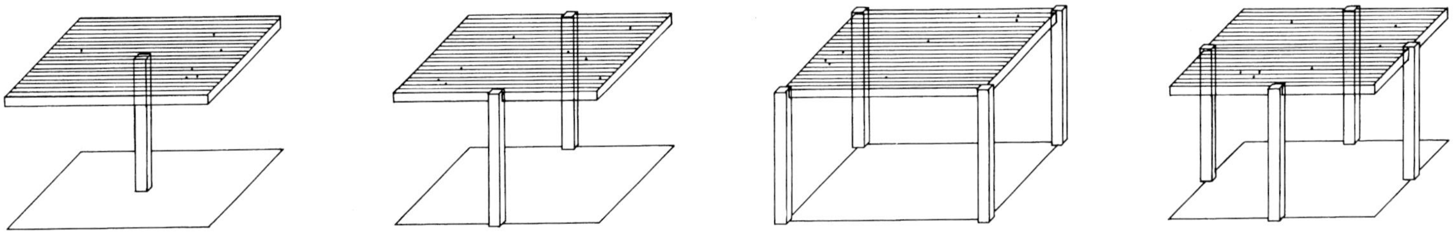

베이 유니트 내의 하중결집의 위치

location of points of load collection in relation to the bay unit

하중 결집점 당 베이 유니트 하중의 분할

portion of bay unit load per point of load collection

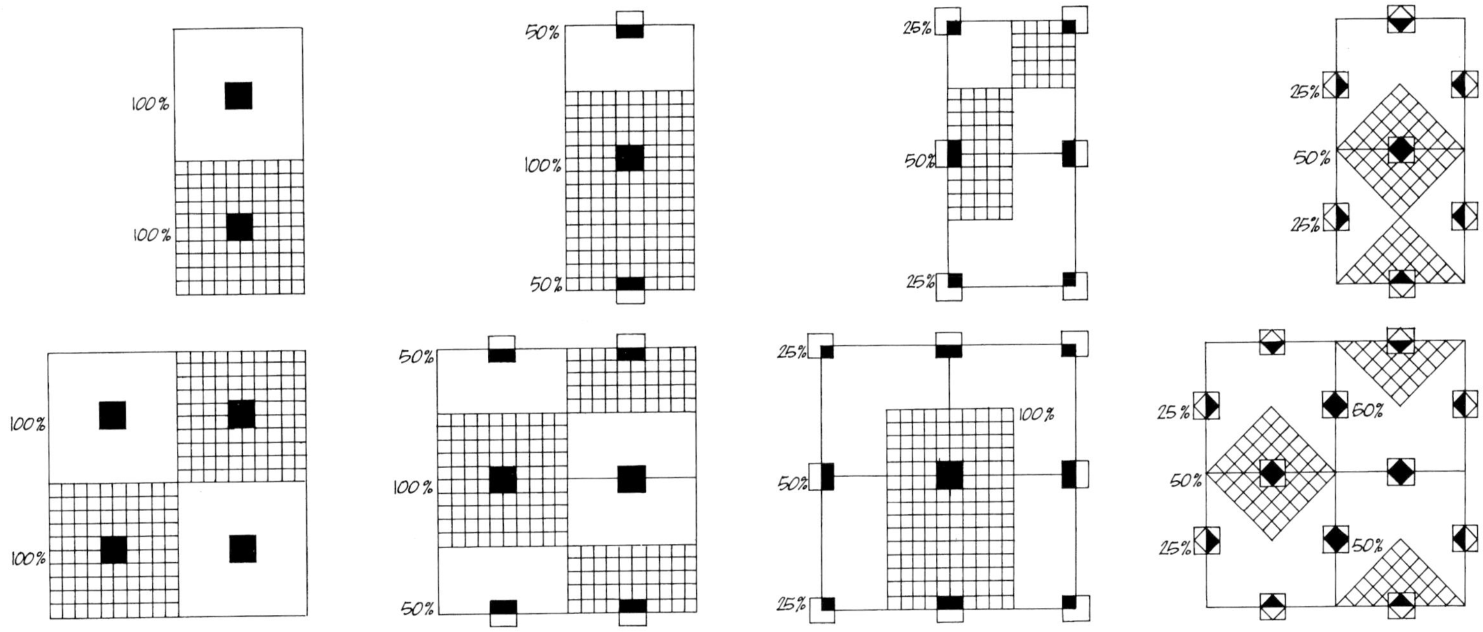

24개의 베이 유니트에 대한 하중결집점의 밀도

frequency of points of load collection for 24 bay units

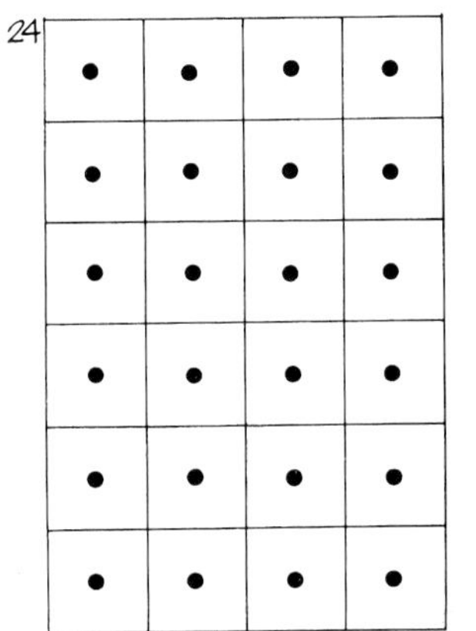

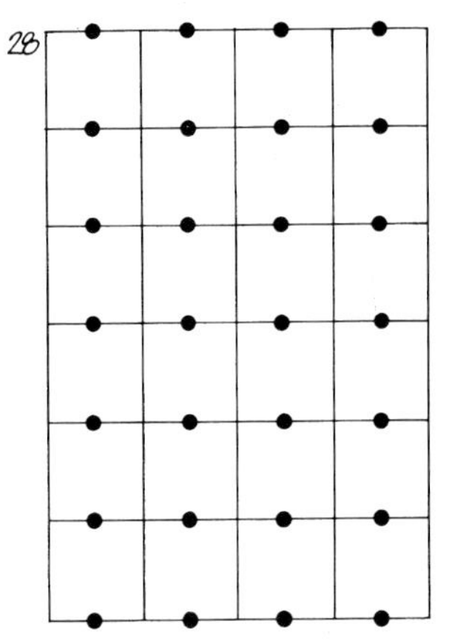

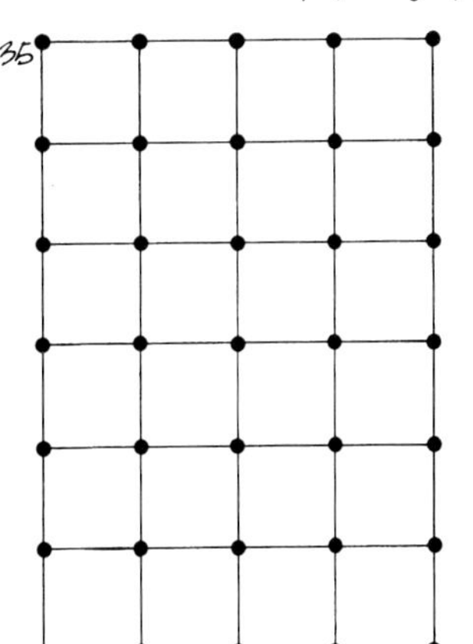

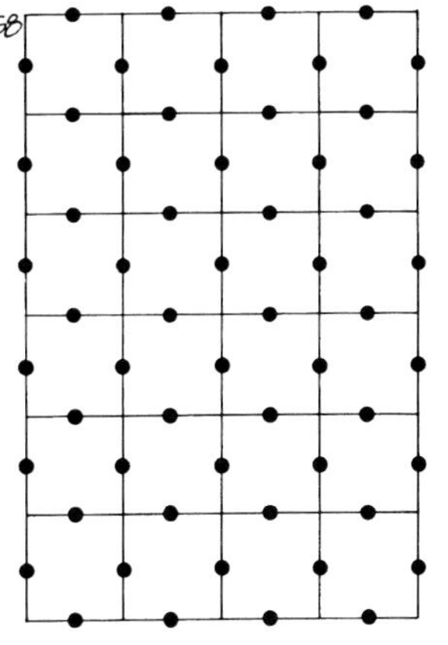

하중결집과 하중전달의 기본 시스템

principal systems of load collection and load transmission

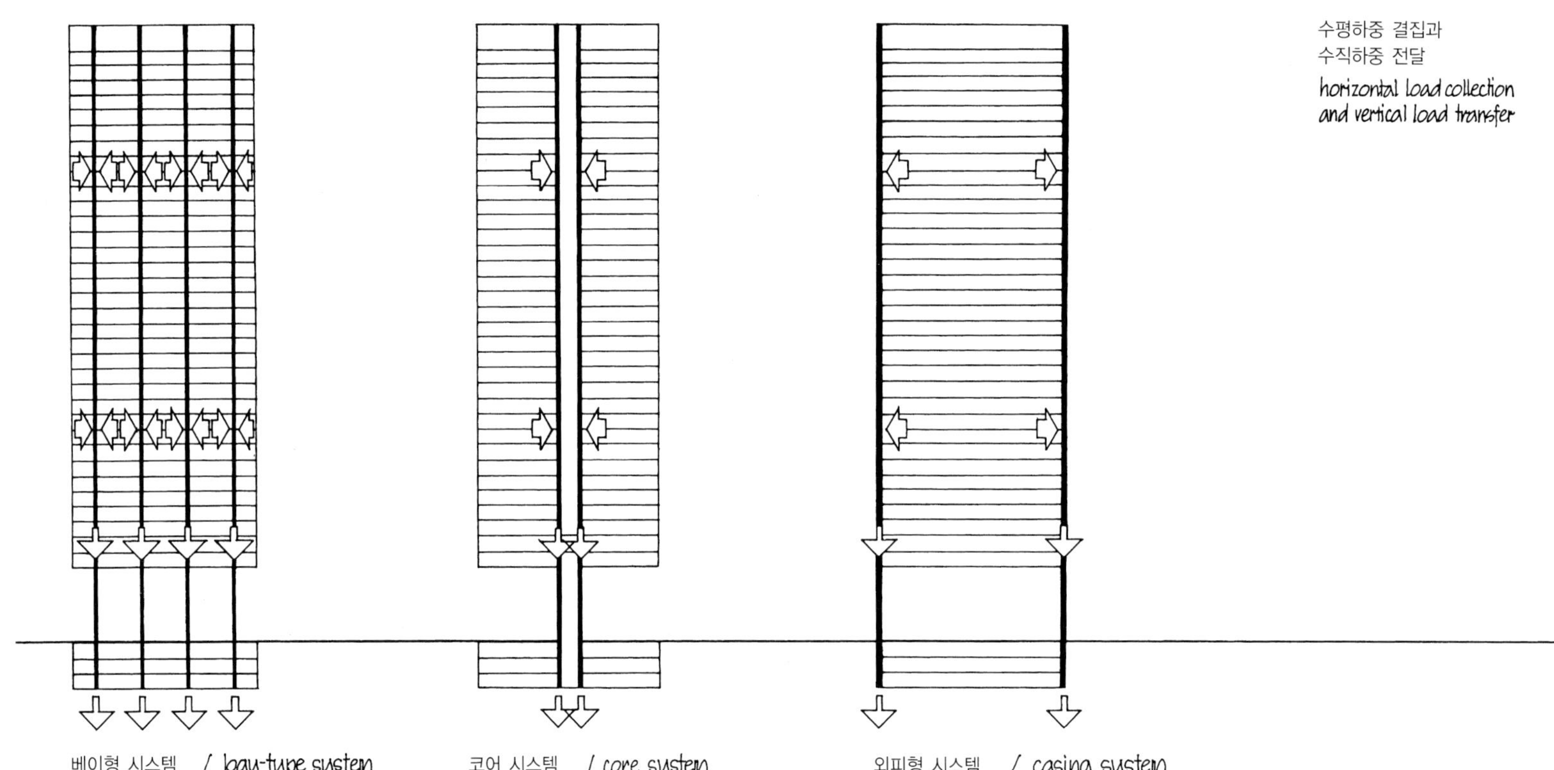

수평하중 결집과
수직하중 전달
horizontal load collection and vertical load transfer

베이형 시스템 / *bay-type system*
하중결집점이 균등하게 분배
points of load collection evenly distributed

코어 시스템 / *core system*
중앙에 하중결집점
points of load collection in center

외피형 시스템 / *casing system*
건물 외피에 하중결집점
points of load collection in skin of building

타워 형태 *tower form*
2방향 스팬 방향
two-way span direction

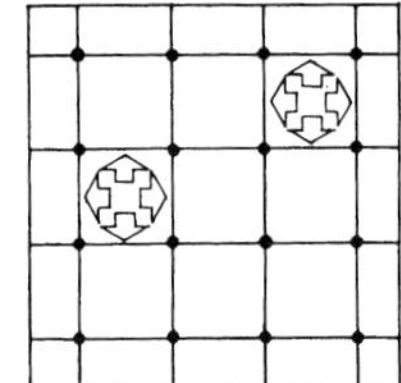

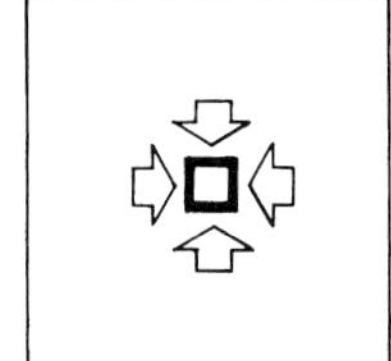

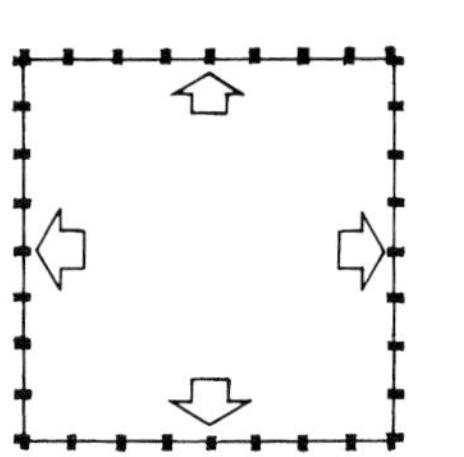

슬래브 형태 / *slab form*
1방향 스팬 방향
one-way span direction

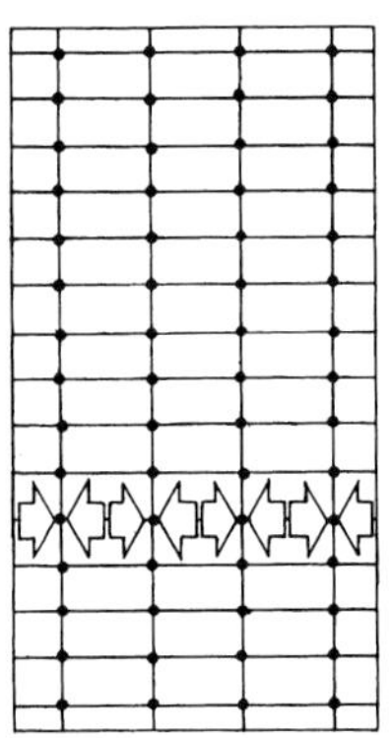

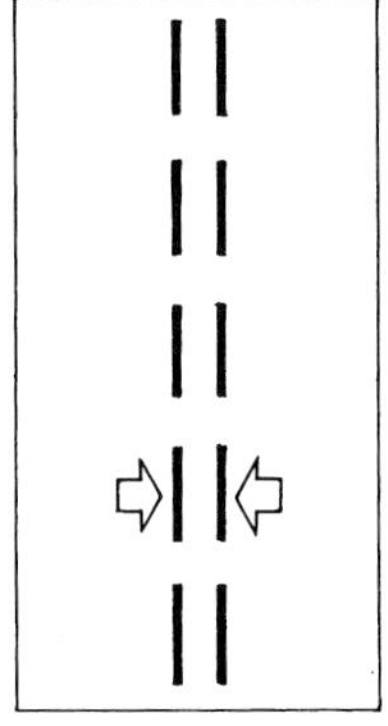

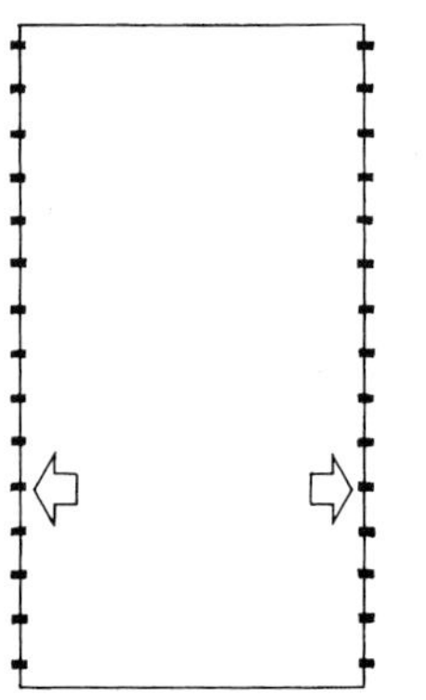

각 층의 하중은 각 단위면적 유니트(베이)마다 모아지며 개별적으로 지반까지 전달된다.
loads of each floor are collected per area unit (bay) and are individually led to the ground

각 층의 하중은 중앙의 축으로 모여 지반으로 전달된다.
loads are transmitted in each floor to the shaft in center and are centrally led to the ground

각 층의 하중은 외피에서 모아지며 지반까지 전달된다.
loads are transmitted in each floor to the external skin and peripherically led to the ground

하중결집과 하중전달의 복합 시스템

composite systems of load collection and load transmission

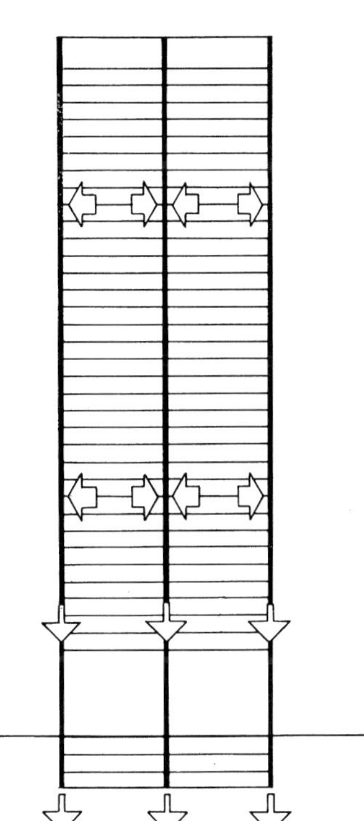

중앙지지를 지닌 외피 시스템
casing system with central support

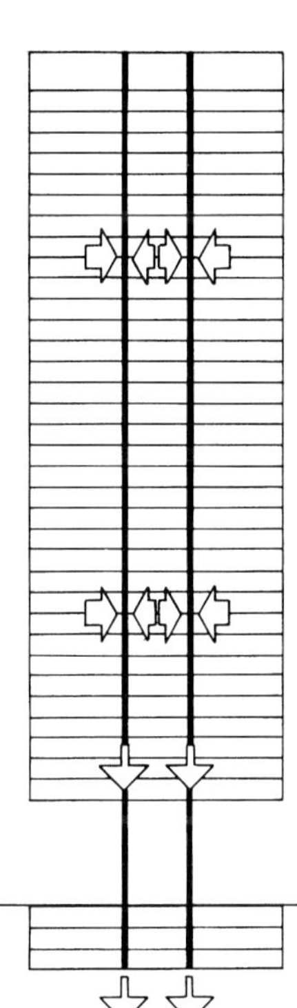

넓은 코어지지로 된 시스템
system with broadened core support

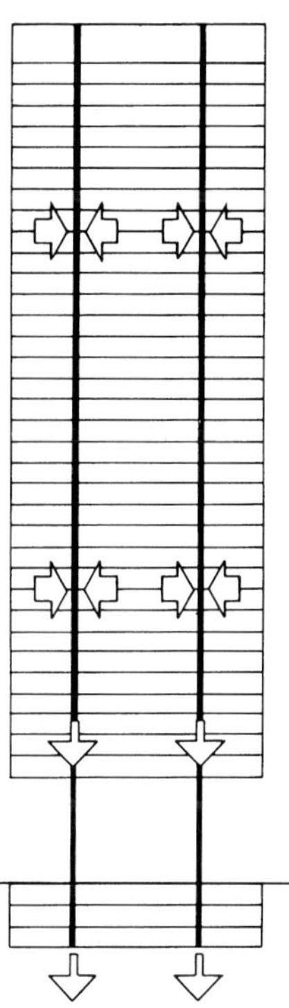

캔틸레버식 장스팬 시스템
cantilevered wide-span system

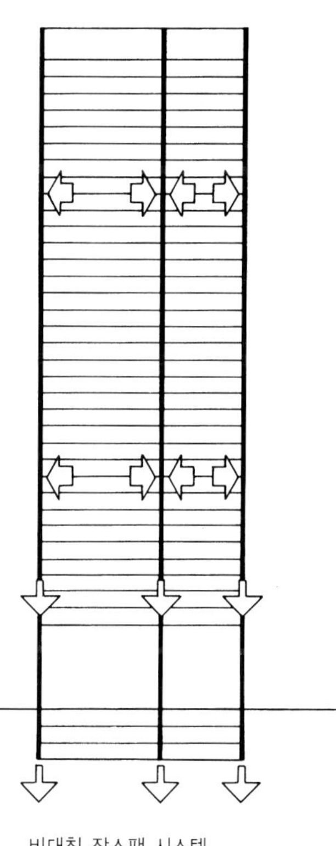

비대칭 장스팬 시스템
asymmetrical spanning system

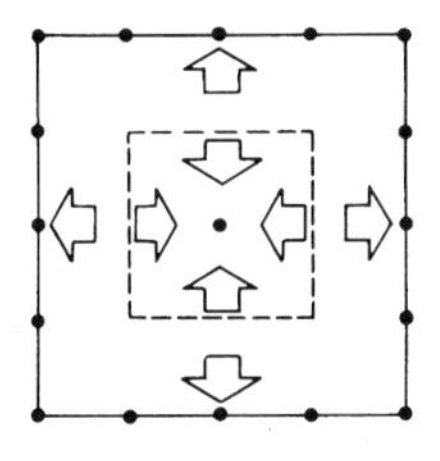

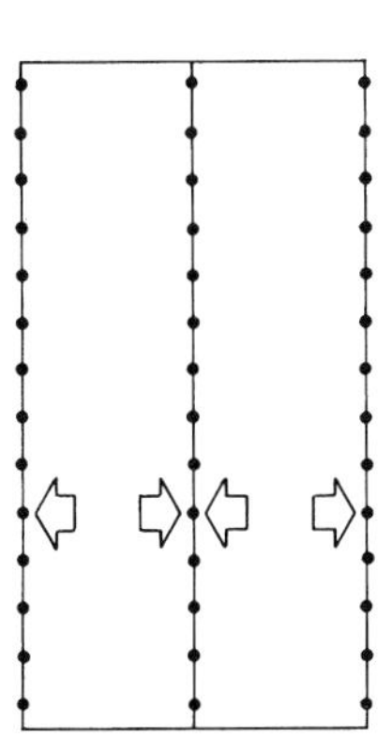

각 층의 하중의 일부는 중앙으로, 일부는 외부 벽으로 전달된다.
loads of each floor are directed partly to the center, partly to the exterior walls

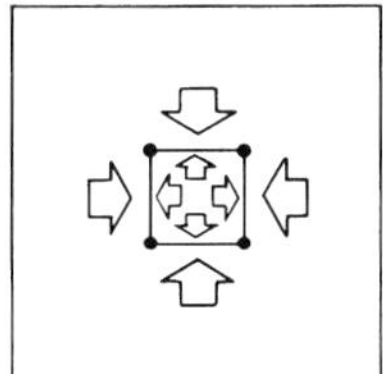

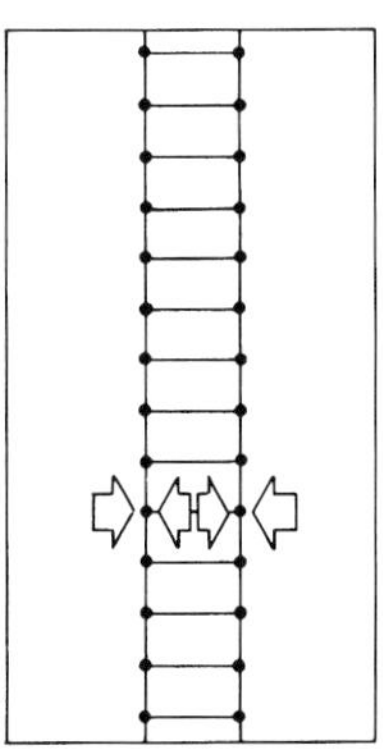

하중은 하중결집을 위한 중앙 베이 시스템의 점으로 전달된다.
loads are transmitted inwardly to the points of a central bay system of load collection

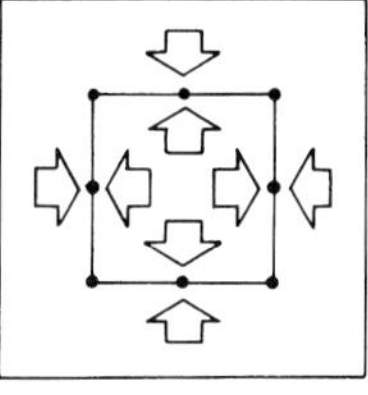

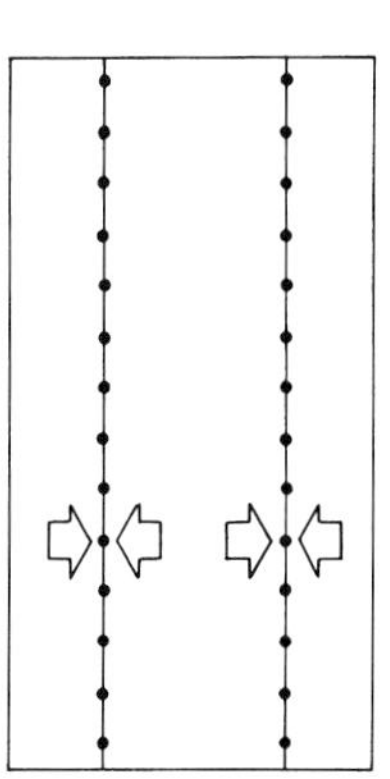

하중은 중앙과 측면에서 중간 하중결집점으로 전달된다.
loads are transmitted to intermediate points of collection both from the middle and from the sides

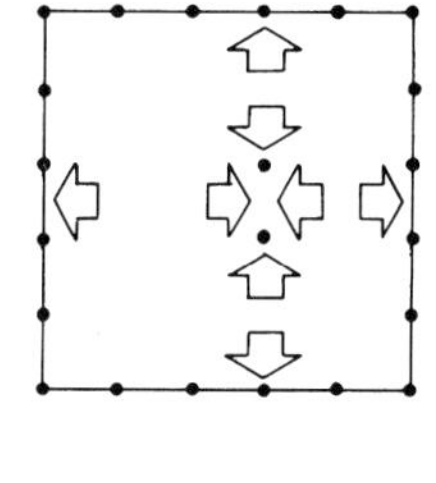

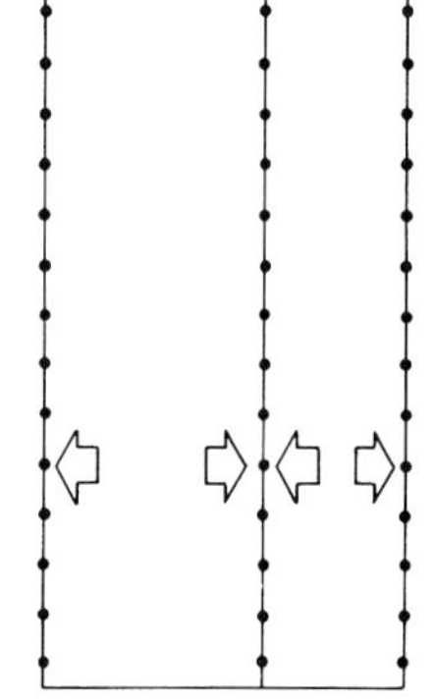

하중이 하중결집점으로 불균등하게 전달된다.
loads are unequally transmitted to the points of collection

베이형 결집에서 간접 수평하중전달 시스템
= 교량형 고층 건물

/ systems of indirect vertical load transmission in bay-type collection
= bridge highrises

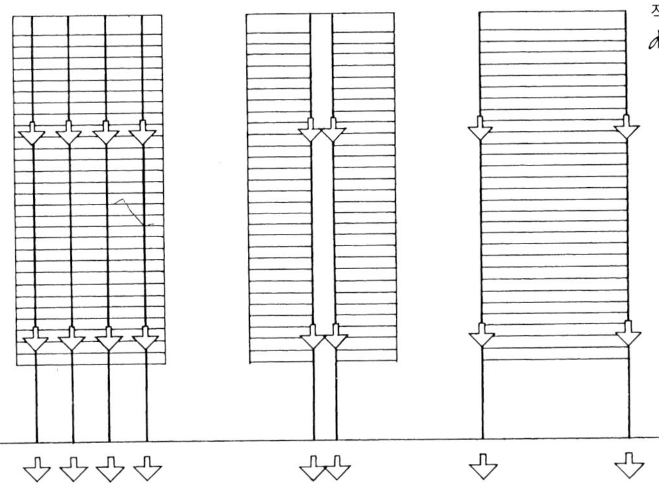

직접 하중전달
direct load transmission

케이블을 이용한 간접 하중전달
indirect load transmission through cables

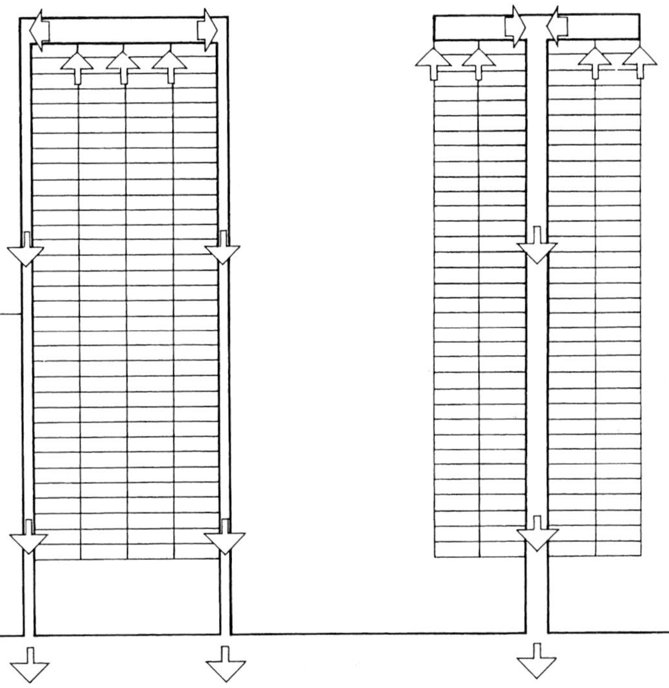

베이형 결집
bay-type collection

중앙결집
central collection

주변결집
peripheral collection

각 층의 하중을 모아 기둥을 통해 기초로 전달하는 것과는 달리, 하중을 케이블을 통해 위에 얹혀진 거더로 이동하여 이를 중앙과 또는 주변 기둥으로 전달시킨다.

instead of transmitting loads collected from each floor directly to the foundations by means of columns, loads can be carried by cables upwardly where superimposed girders receive and transmit them to central and/or peripheral pylons

연속 서스펜션 시스템

continuous suspension systems

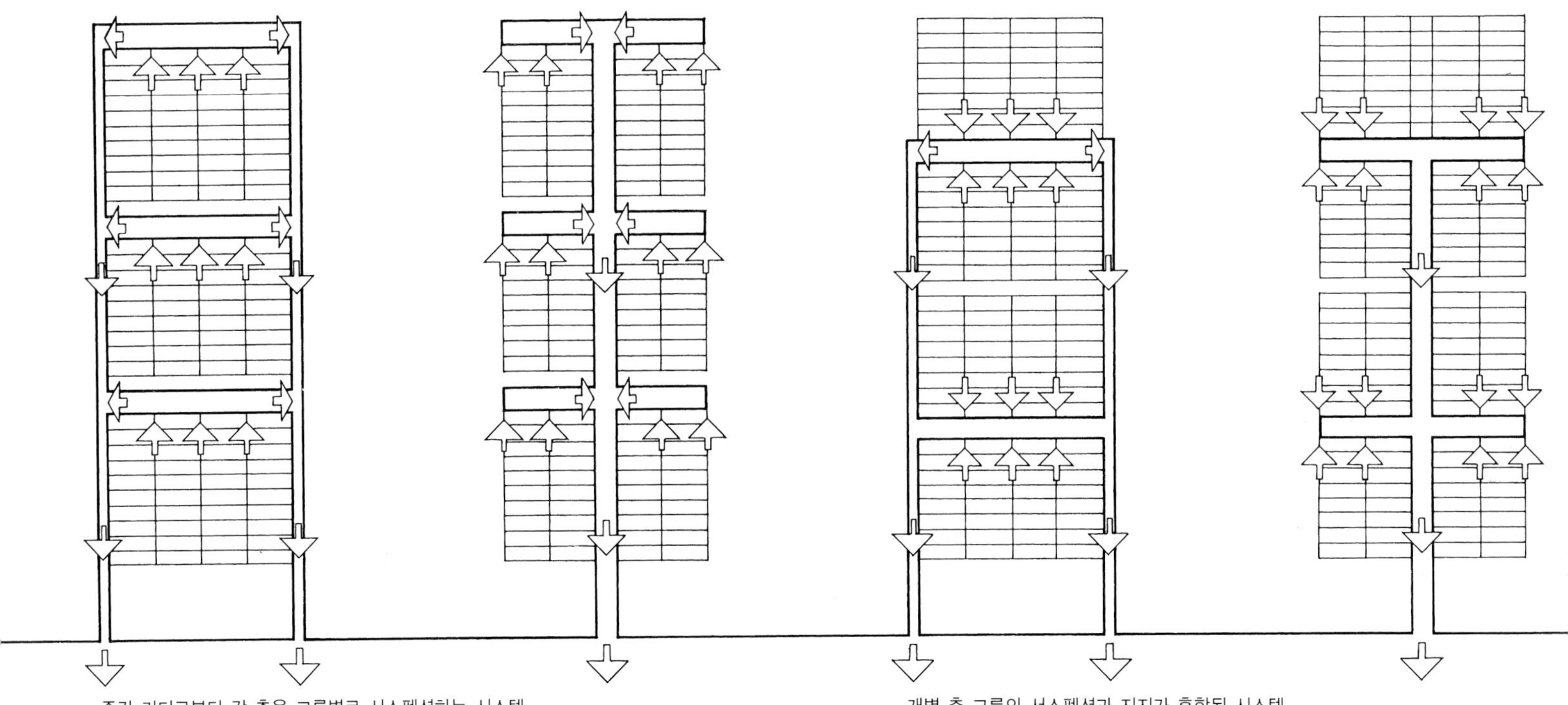

중간 거더로부터 각 층을 그룹별로 서스펜션하는 시스템
systems for groupwise suspension of floors from intermediate girders

개별 층 그룹의 서스펜션과 지지가 혼합된 시스템
systems for combined suspension and support of separate floor groupings

교량형 고층건물에서의 전층 거더 시스템 / full-story girder systems in bridge highrises

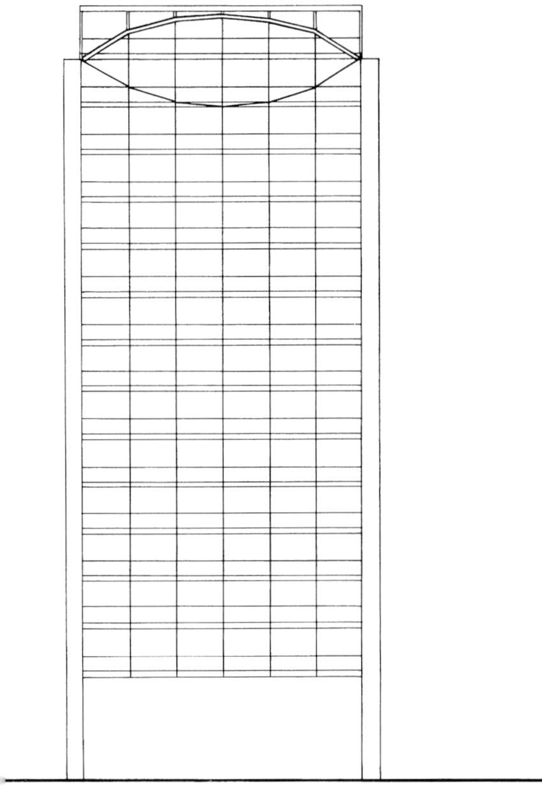

형태저항 거더 / form-active story girder:
서스펜션 케이블과 이에 매달린 층의 조합
arch/suspension cable combination with hung floors

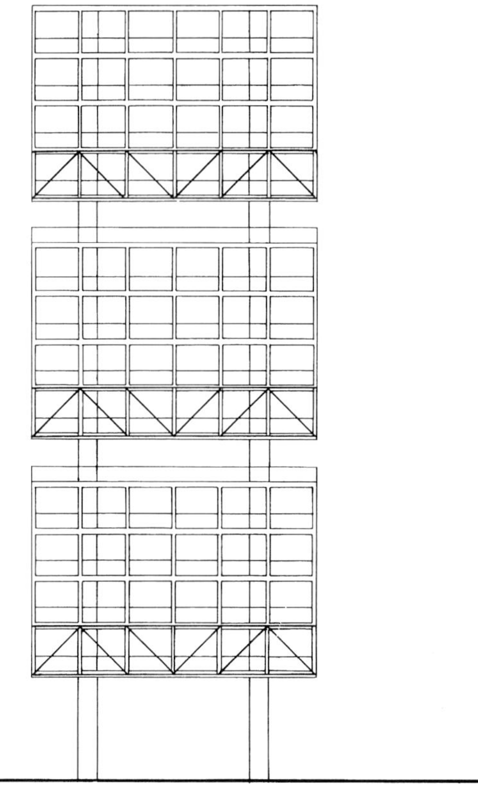

벡터저항 거더 / vector-active story girder
수 개의 층들을 위에 지지하는 트러스식 거더
trussed girders each supporting several floors atop

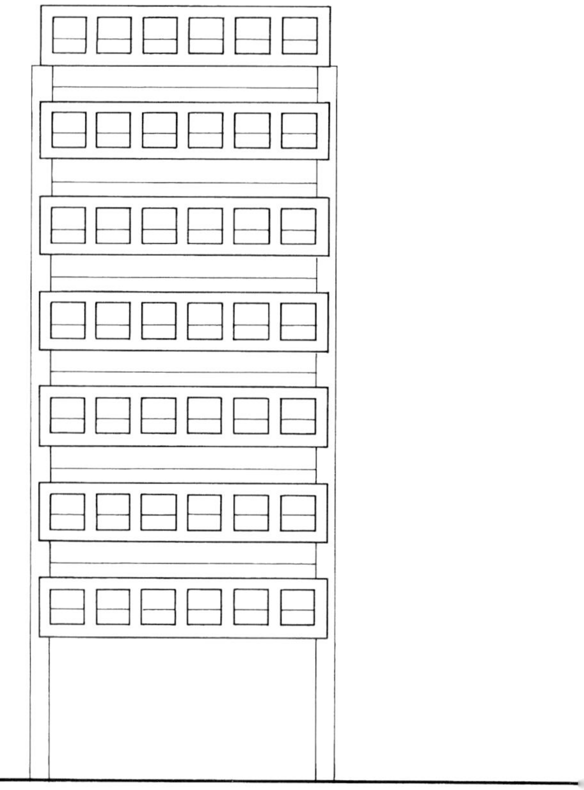

단면저항 거더 / section-active story girder
장애물이 없는 층을 중간에 둔 다 스팬 프레임 구조
multi-panel frames with unobstructed intermediate floors

지면 위에서 기둥 하중을 수용하는 시스템 / systems of receiving column loads above ground floor

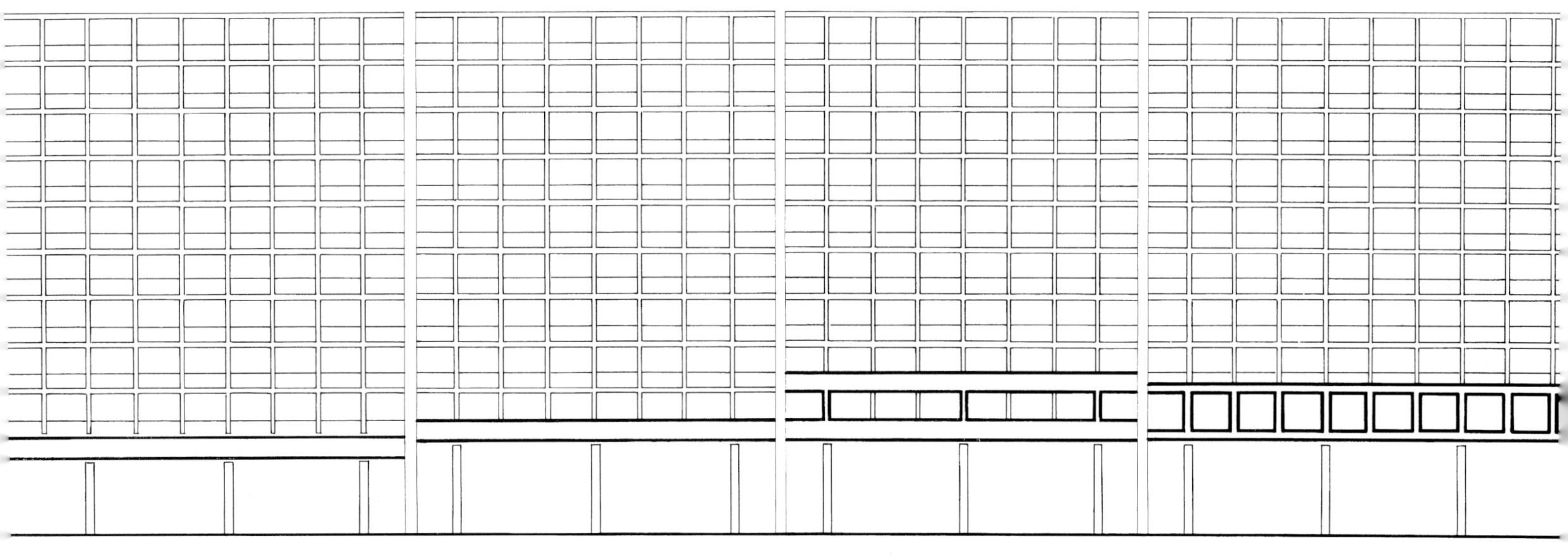

바닥 슬래브 하부에 스팬드럴 빔
spandrel beam below floor slab

바닥 슬래브 상부에 스팬드럴 빔
spandrel beam above floor slab

두 층에 걸친 스팬드럴 빔
spandrel beam in two stories

스팬드럴 빔으로서의 다 스팬 프레임
multi-panel frame as spandrel beam

철골 고층건물 공사의 표준 컨셉

1 적층 프레임 / 반 강성 프레임 베이
2 기둥-빔으로 된 프레임형 코어
3 연속 프레임 베이 / 전체 강성 프레임 베이
4 기둥-빔 베이로 된 전단벽 코어 또는 트러스 코어
5 보강층으로 된 연속 프레임 베이
6 트러스 코어 또는 프레임 베이와 보강층으로 된 전단벽 코어
7 기둥-빔으로 된 밀집된 프레임 외피
8 프레임 베이로 된 밀집된 프레임 외피
9 기둥-빔으로 된 트러스 외피
10 트러스 코어 또는 전단벽 코어와 기둥-빔 베이로 된 트러스 외피

Standard concepts of highrise construction in steel

1 Mounted frames / Semi-rigid framed bays
2 Framed core with post-beam bays
3 Continuous framed bays / All-rigid framed bays
4 Trussed core or shear wall core with post-beam bays
5 Continuous framed bays with stiffener storeys
6 Trussed core or shear wall core with framed bays and with stiffener storeys
7 Densified framed casings with post-beam bays
8 Densified framed casings with framed bays
9 Trussed casings with post-beam bays
10 Trussed casings with trussed core or shear wall core and with post-beam bays

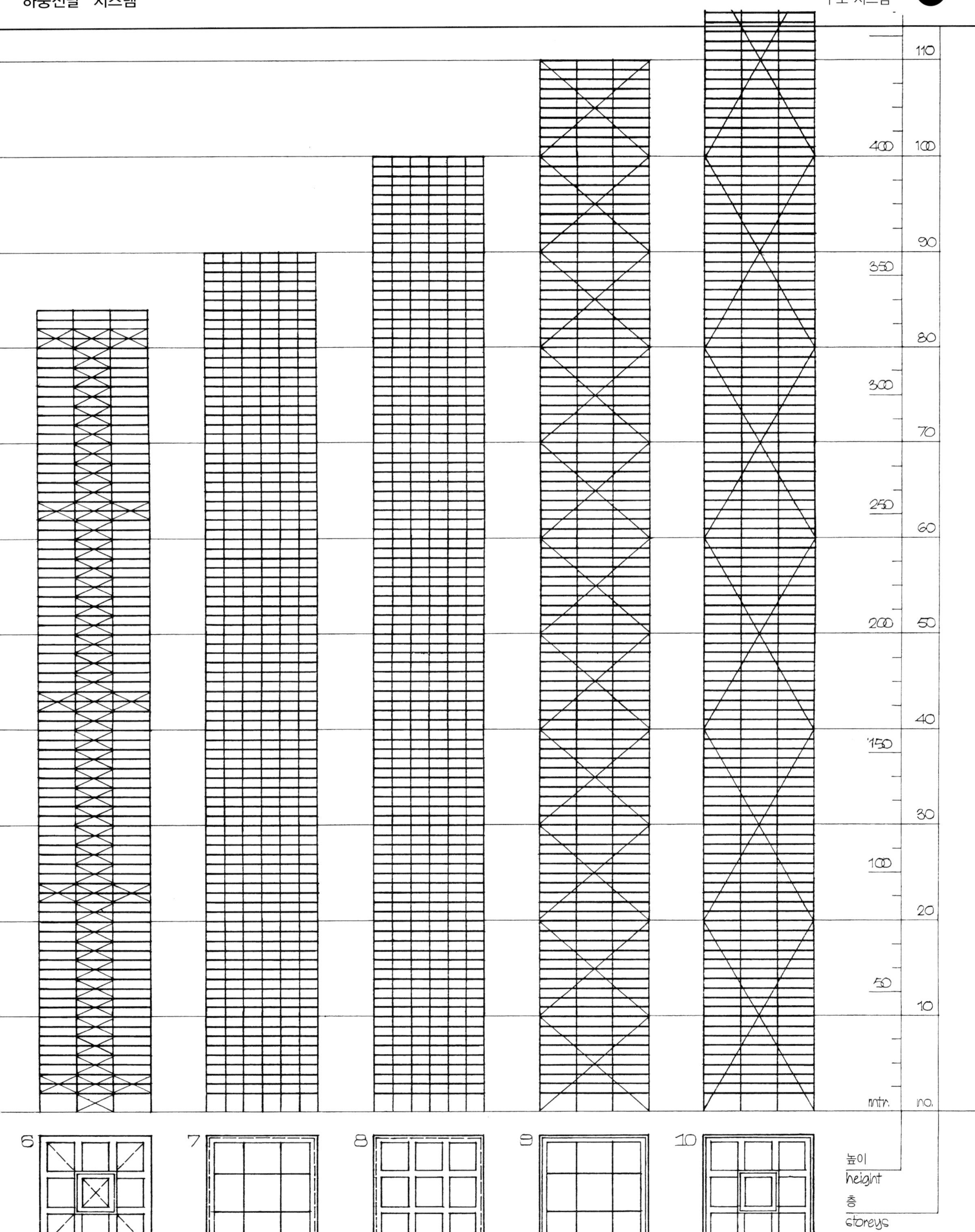
110
400
100
90
350
80
300
70
250
60
200
50
40
150
30
100
20
50
10
mtr.
no.
6
7
8
9
10
높이
height
층
storeys

정방형 평면의 일반적인 타워 형태

typical tower forms developed from a square plan

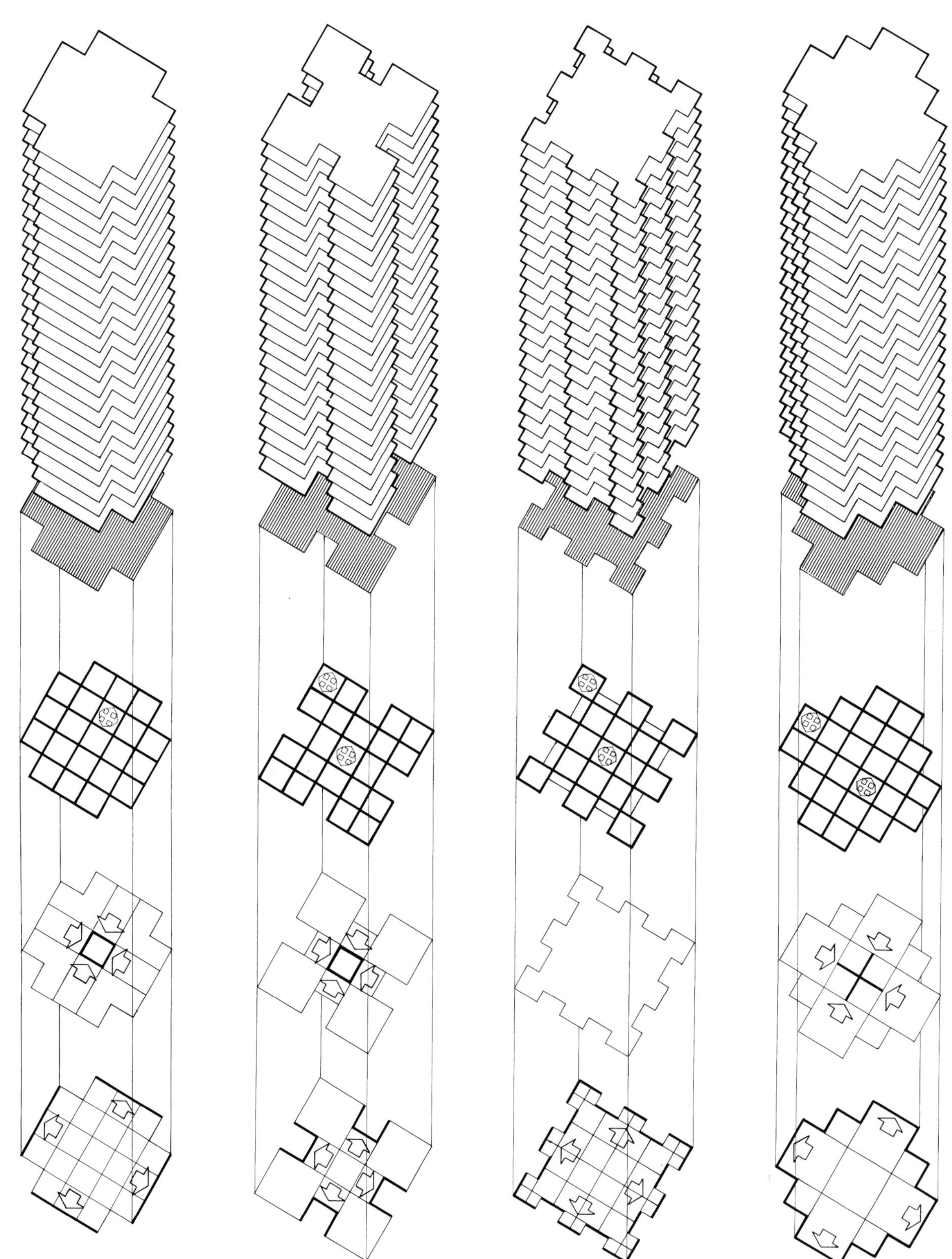

원형 평면의 타워 형태

tower forms developed from circular plan

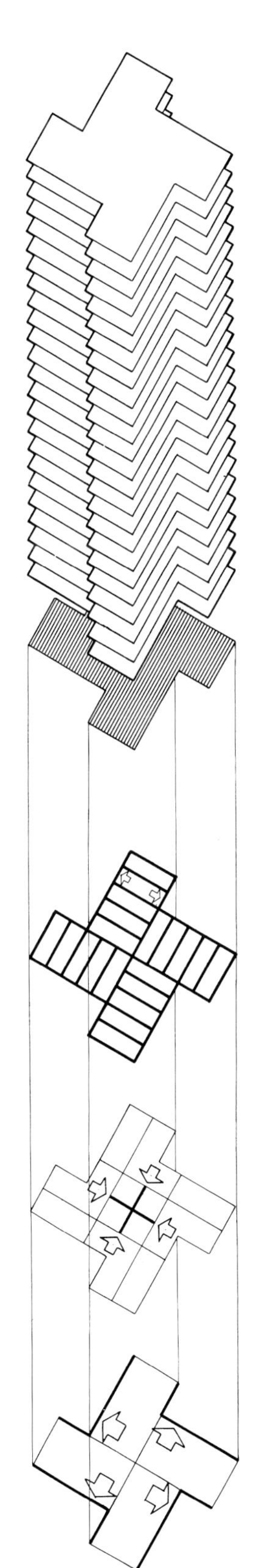

하중결집
load collection

베이형 시스템
as bay-type system

코어형 시스템
as core system

외피형 시스템
as casing system

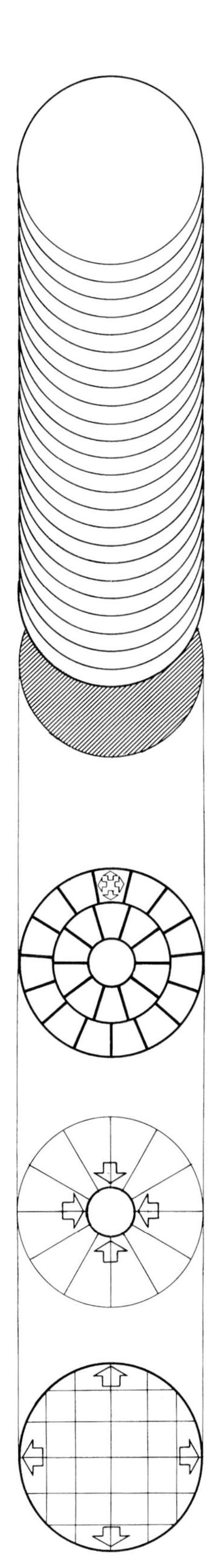

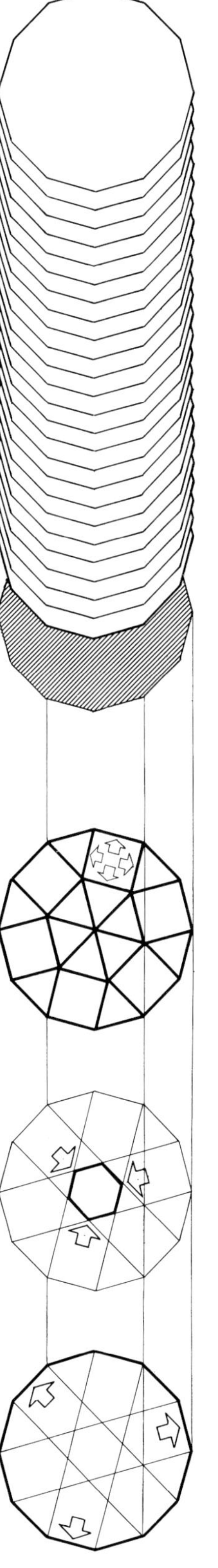

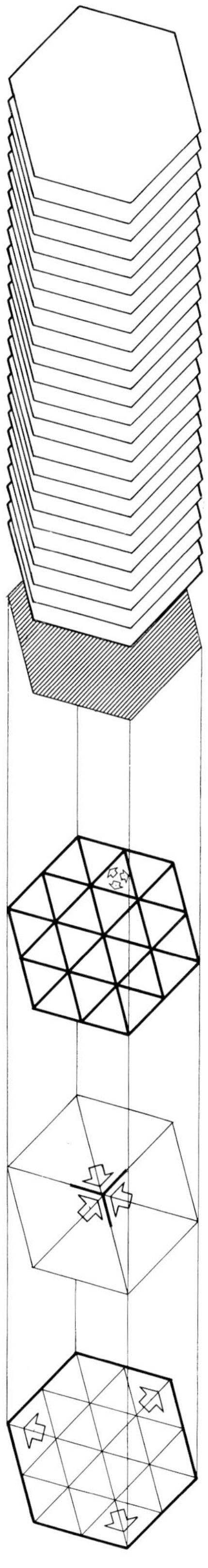

장방형 평면의 일반적인 슬래브 형태

typical slab forms developed from rectangular plan

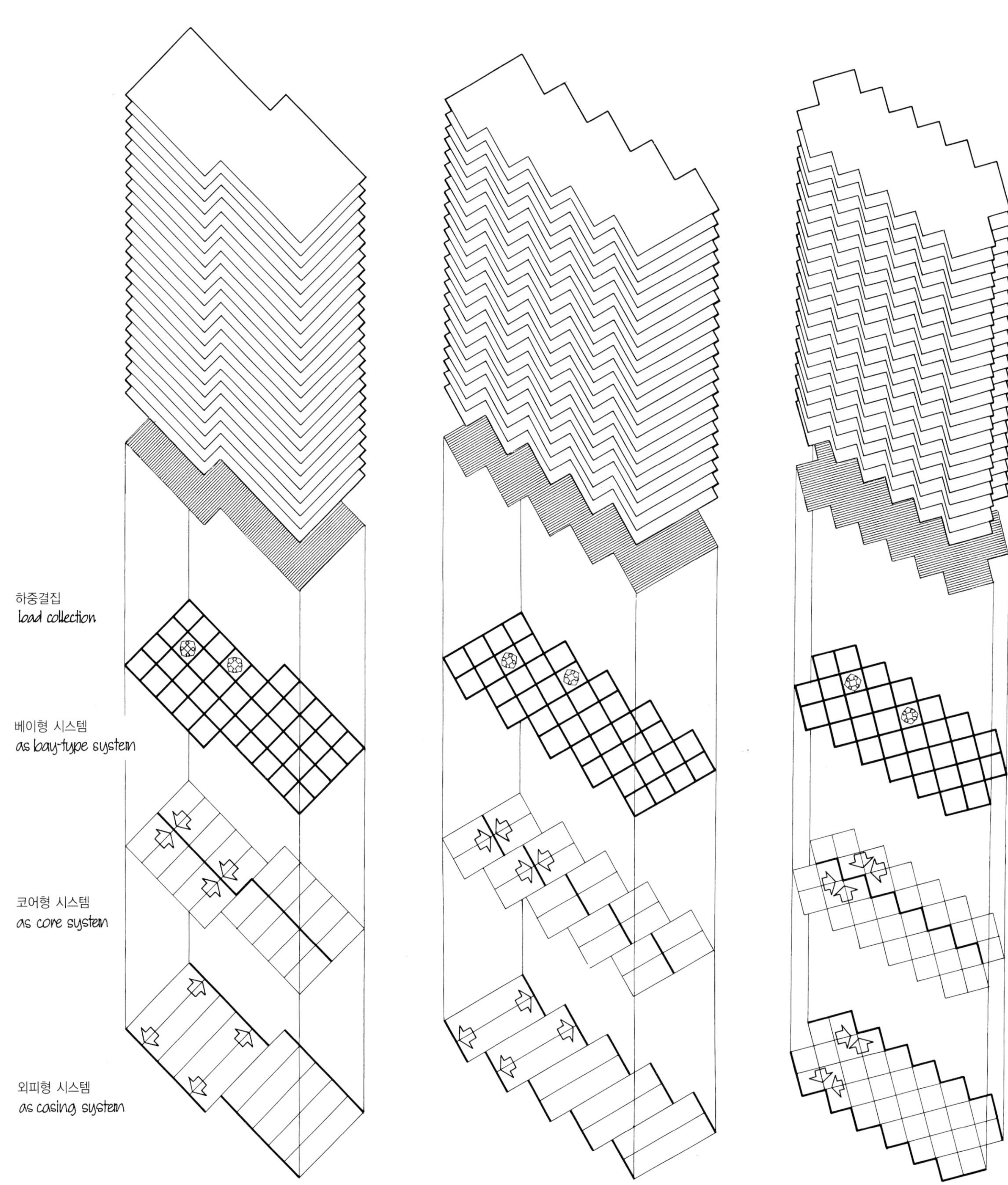

곡선형 평면의 슬래브 형태

slab forms developed from curved floor plan

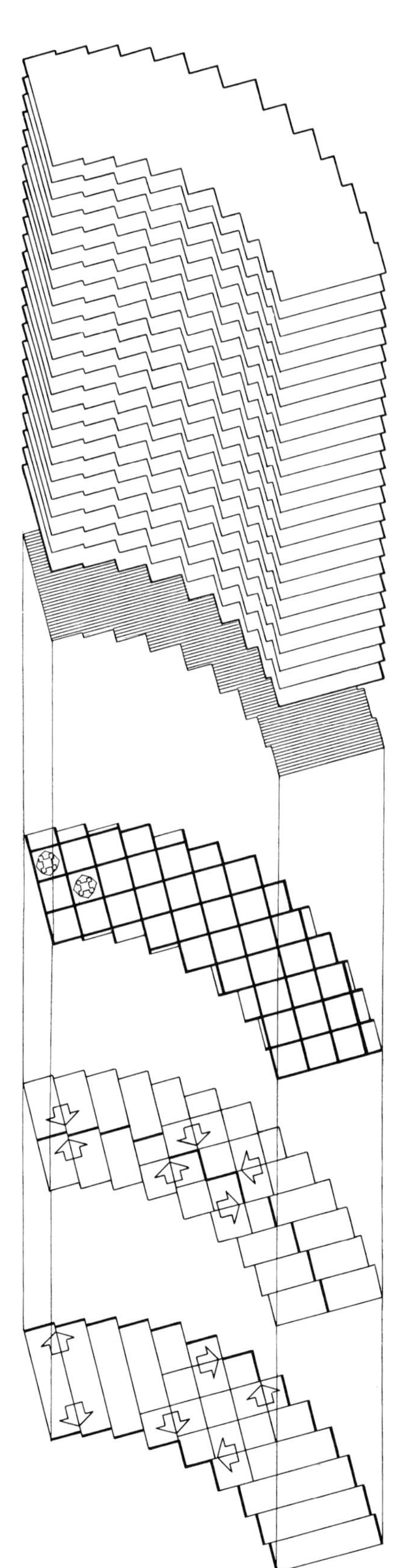

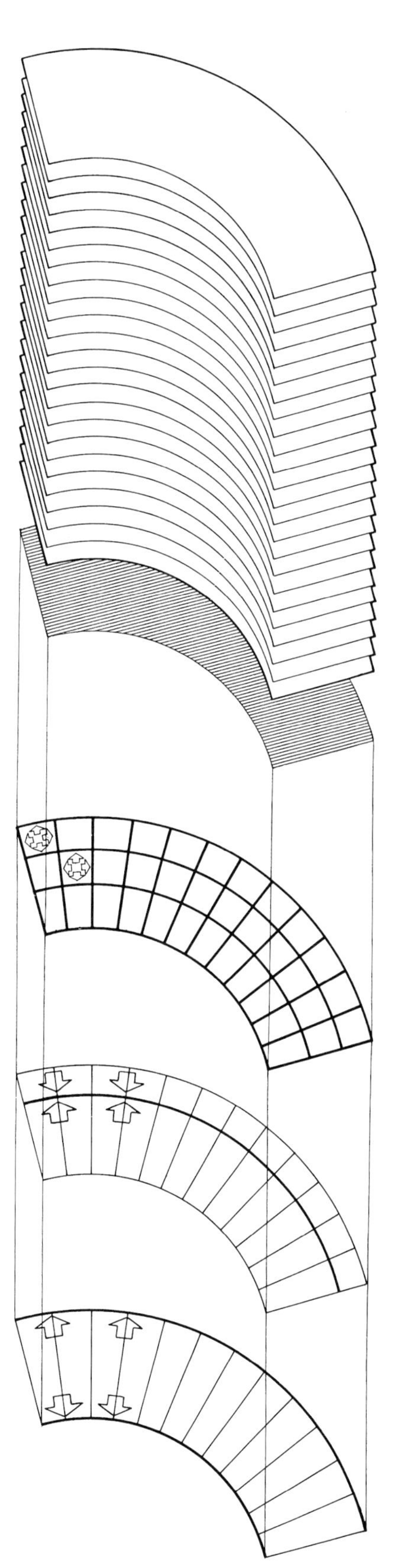

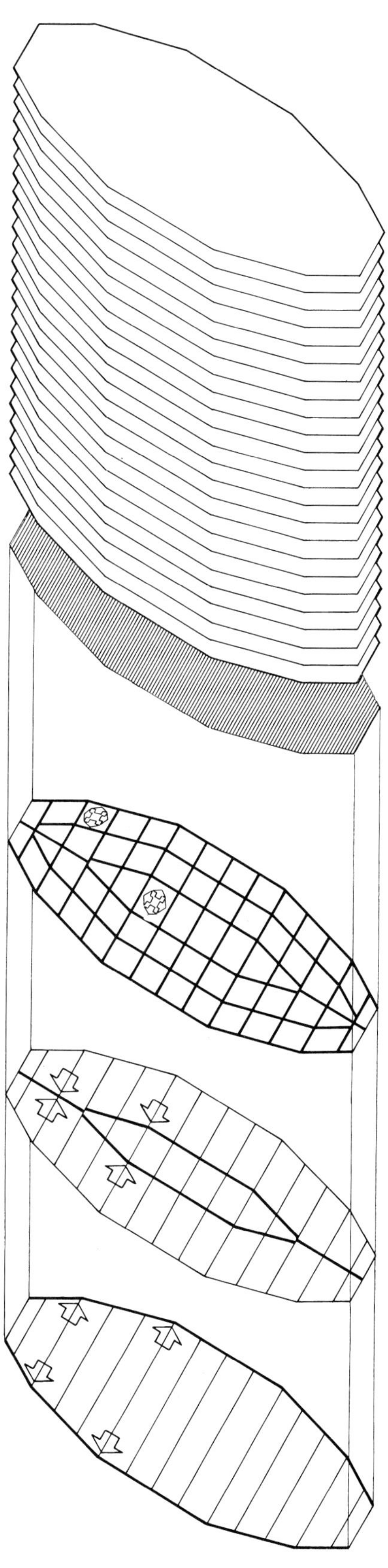

베이형 고층건물

단일 베이 보강된 기둥-빔 베이

Post-beam bays
with single-bay bracing

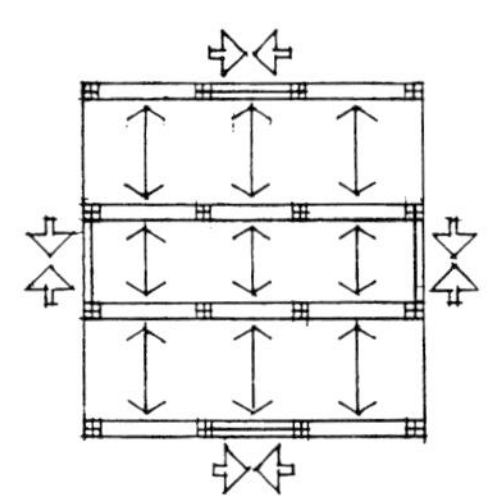

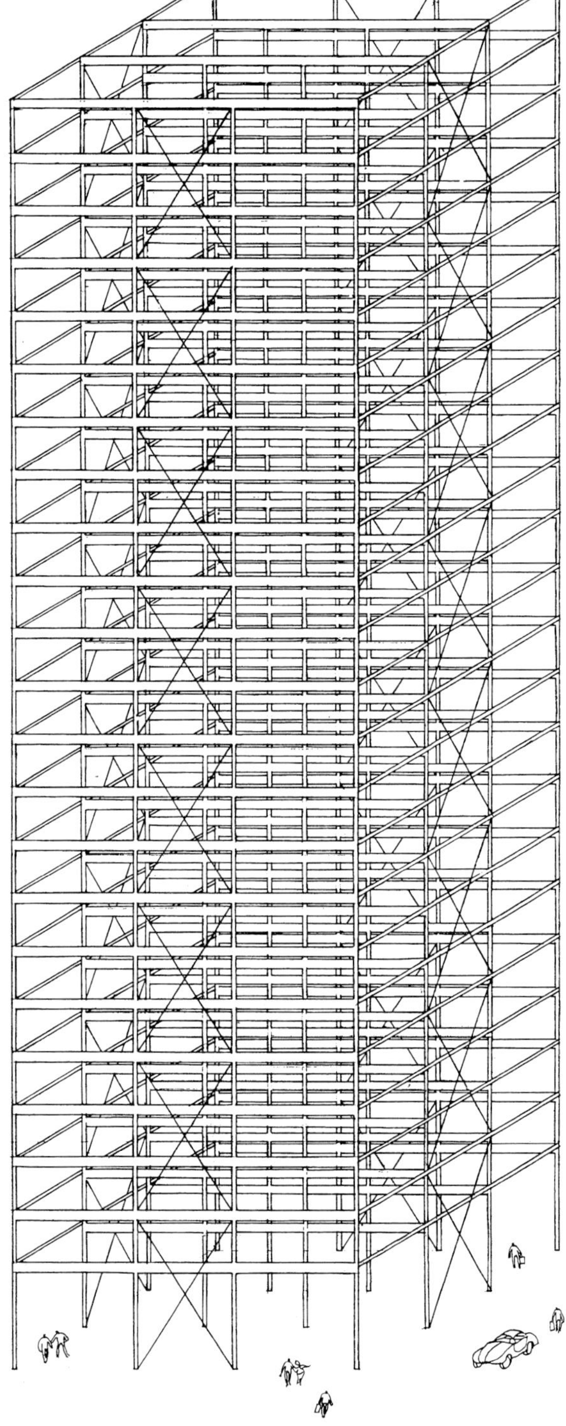

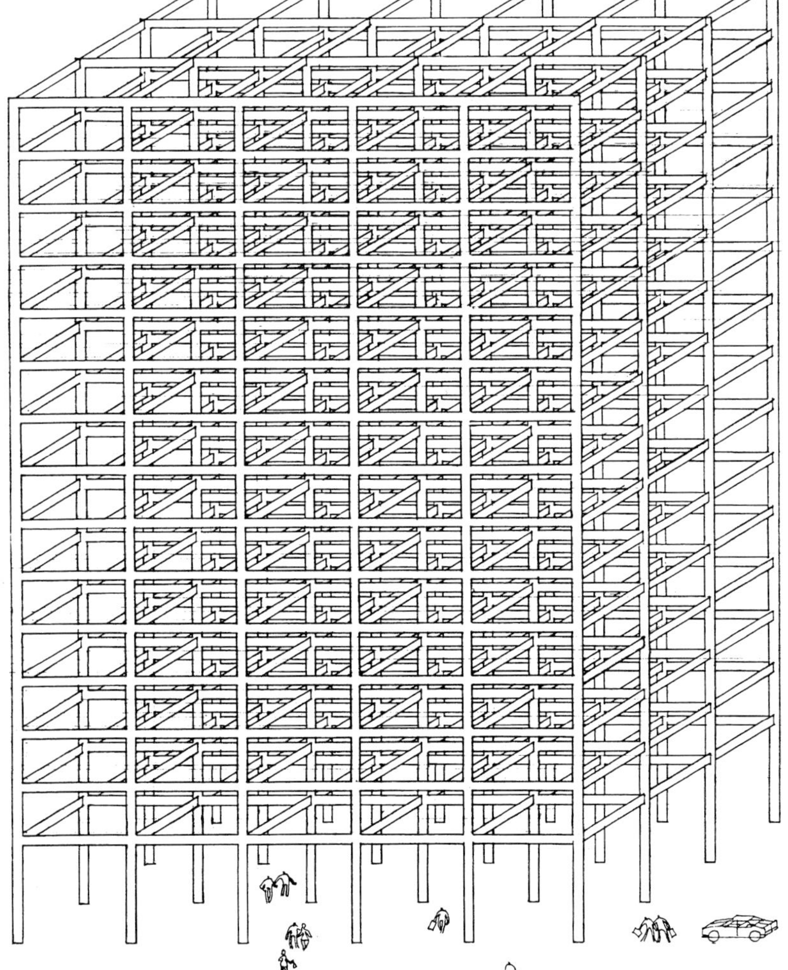

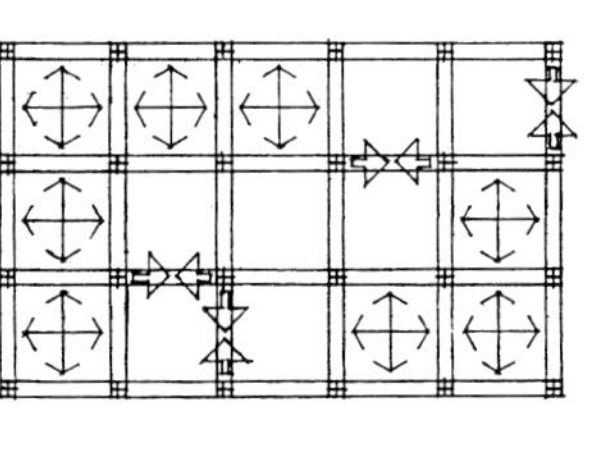

연속 강성 프레임으로 된 프레임 베이

Framed bays
with continuous rigid frames

외피형 고층 건물 / *Casing highrises*

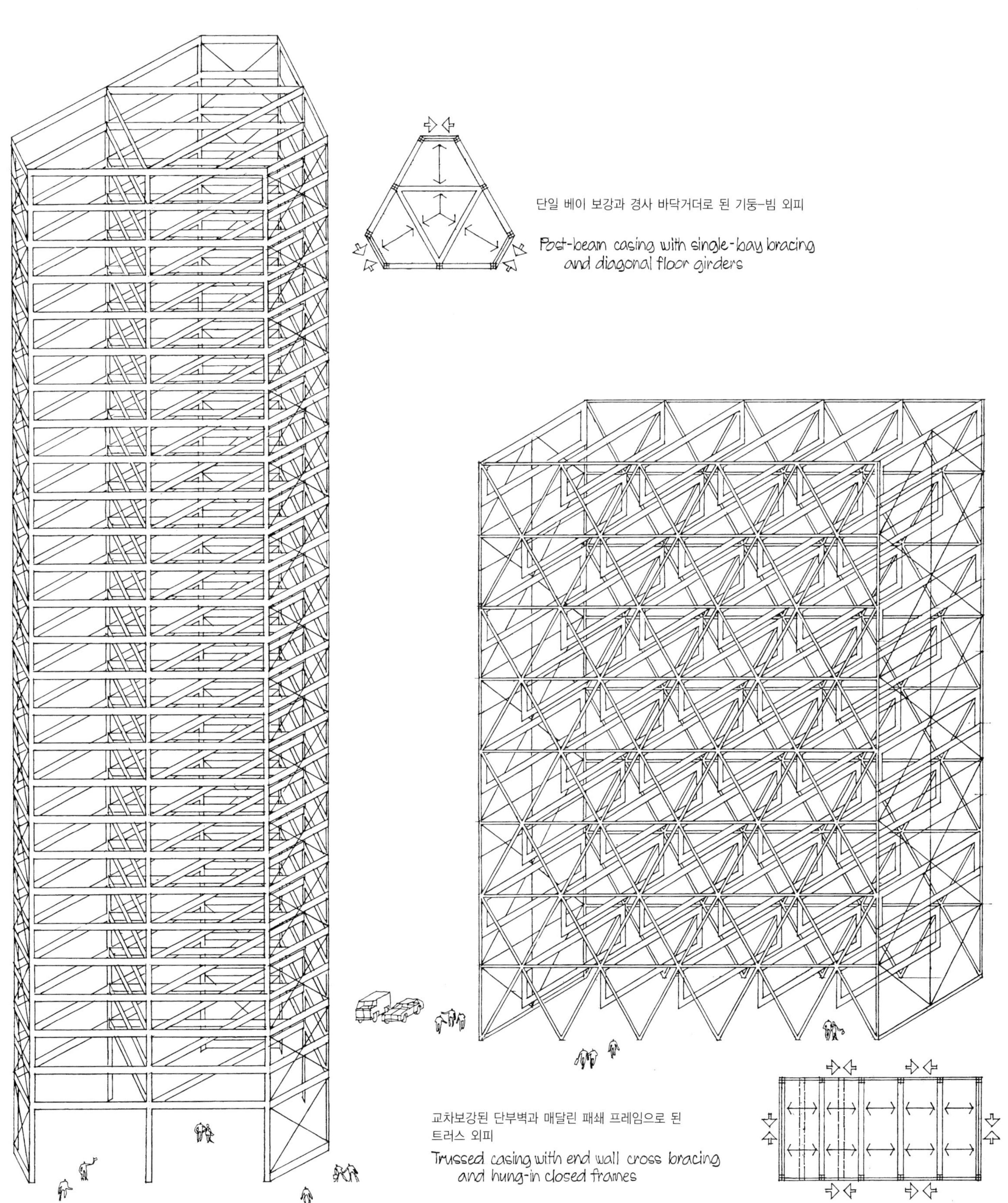

단일 베이 보강과 경사 바닥거더로 된 기둥-빔 외피

Post-beam casing with single-bay bracing and diagonal floor girders

교차보강된 단부벽과 매달린 패쇄 프레임으로 된 트러스 외피

Trussed casing with end wall cross bracing and hung-in closed frames

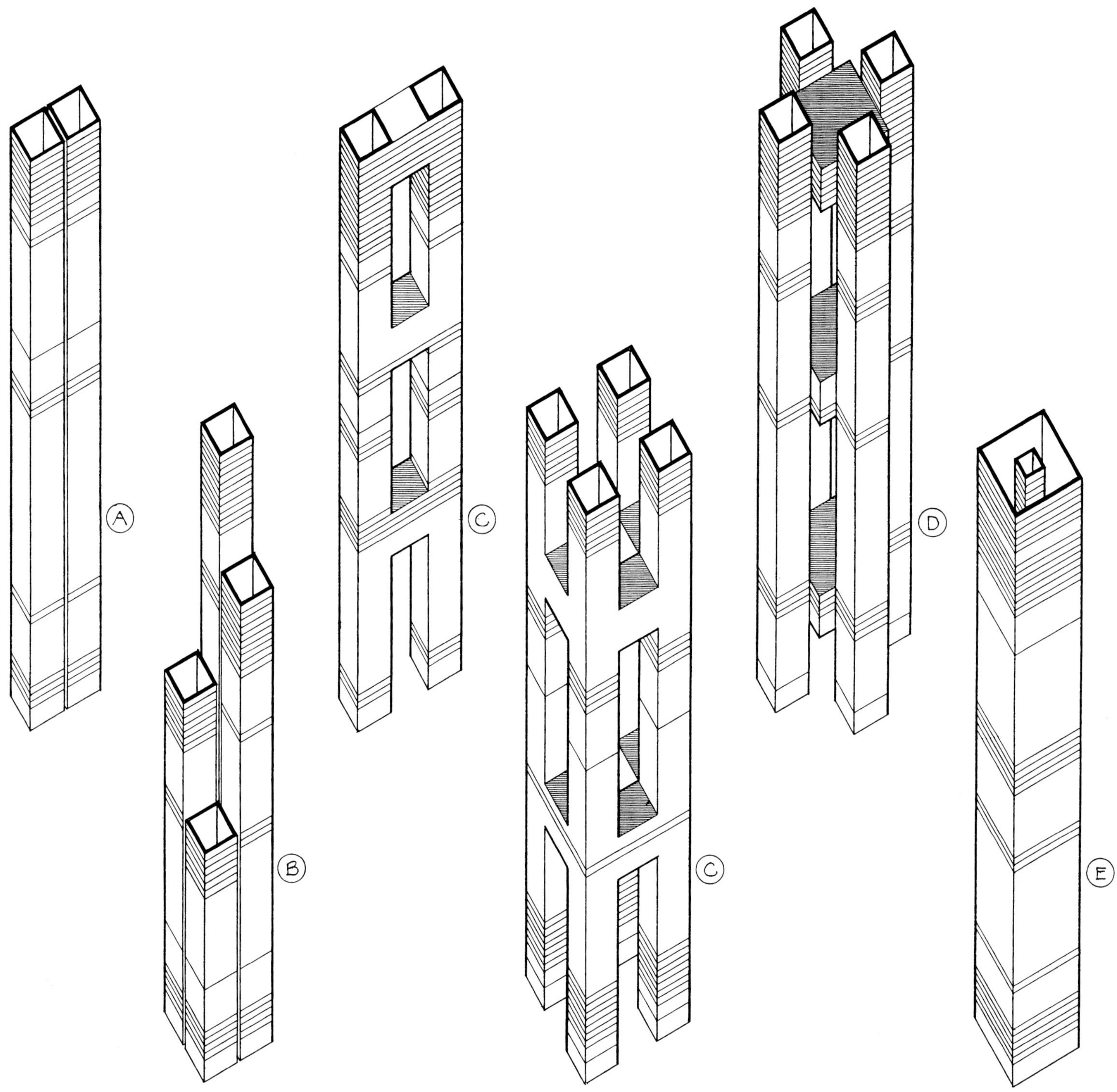

사각형 튜브의 발전

Developments based upon quadrangular tubes

고층건물의 수직강성을 위한 최적의 구조형태로서 구조 시스템인 튜브는 대규모 안정화 시스템의 개발을 위한 모듈로도 사용할 수 있으며, 이는 하나의 튜브가 지닌 잠재력을 훨씬 뛰어넘는 구조적 메카니즘을 지닌다: 세 가지 표준적 조합은 다음과 같다:

1. 벽과 벽의 직접결합 : (A) (B) — 다중-관 튜브
2. 교량 유니트와의 간접연결 : (C) (D) — 강성 튜브 프레임
3. 망원경 형 내부 외피 : (E) — 다중-외피 튜브

The structure system TUBE as optimum structural form for vertical stiffness of highrises also qualifies as module for the development of larger scale stabilization systems with structural mechanisms that largely surpass the potential of the single tube. The three standard combinations are:

1 Direct wall-to-wall junction: (A)(B) — multi-duct tube shaft
2 Indirect linkage with bridge units: (C)(D) — rigid tube frame
3 Telescopic in-casement: (E) — multi-casing tube shaft

수직 안정화를 위한 튜브 모듈의 조합

Combinations of tube modules for vertical stabilization

Ⓐ	이중 튜브	Double tube
Ⓑ	튜브 다발	Tube bundle
Ⓒ	튜브 프레임	Rigid tube frame
Ⓓ	튜브 회랑	Tube portico
Ⓔ	이중-외피 튜브	Two-casing tube

삼각형과 육각형 튜브의 발전

Developments based upon triangular and hexagonal tubes

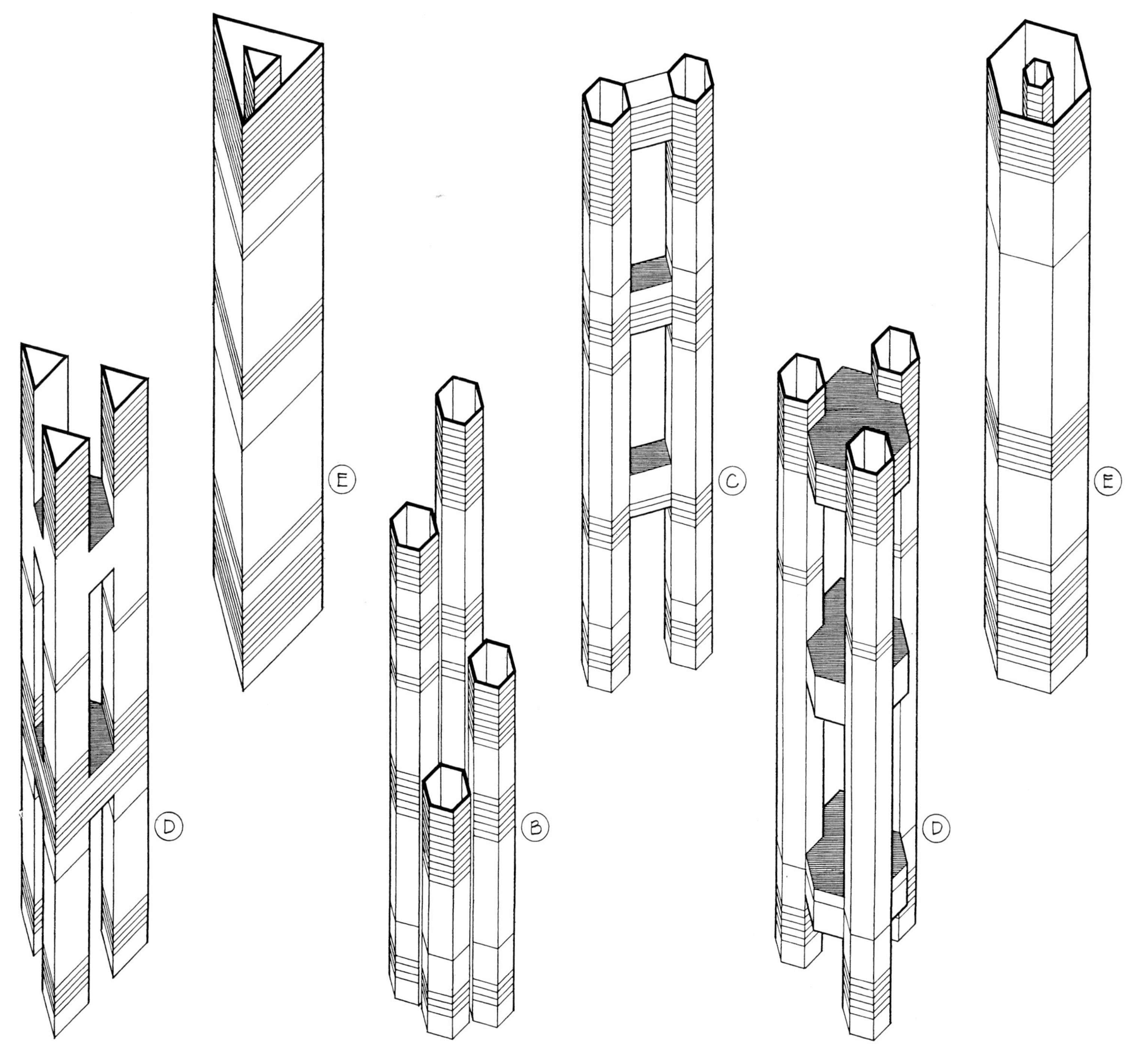

코어형 고층건물 / Core highrises

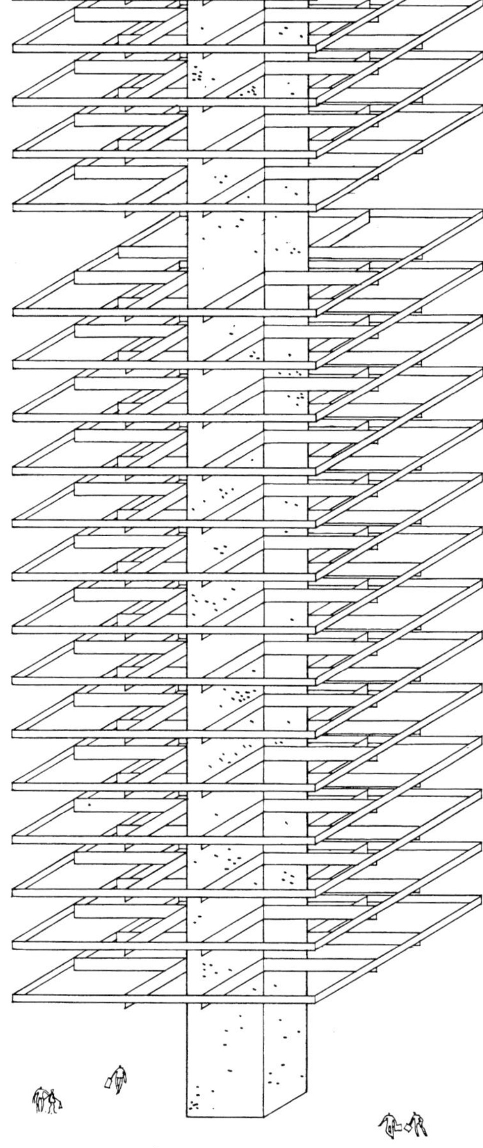

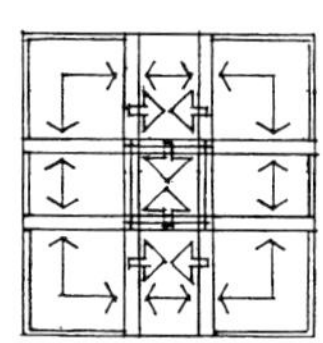

캔틸레버식 바닥 빔과 가장자리 빔을 지닌 안정형 포인트-코어

Stabilized point-core with cantilevered floor girders and edge beams

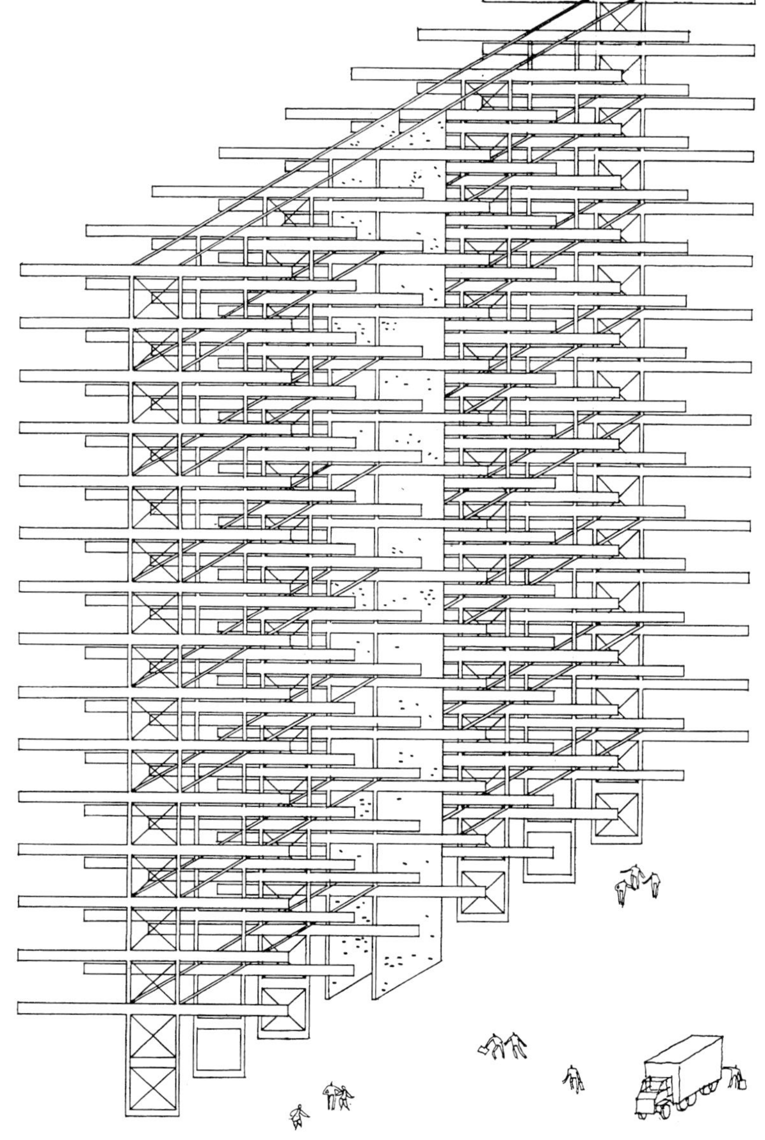

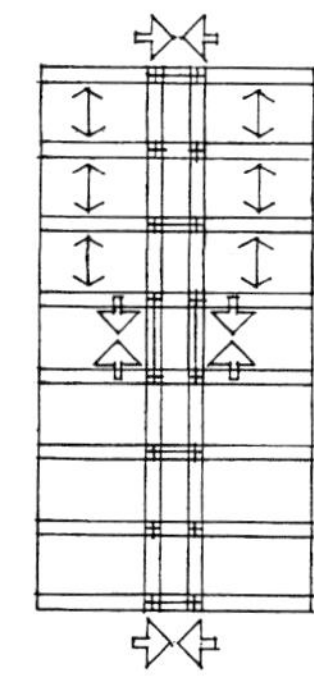

캔틸레버식 바닥 거더를 지닌 안정화된 축(軸) 형태의 기둥-빔 코어

Stabilized, axial post-beam core with cantilevered floor girders

코어형 고층건물 / Core highrises

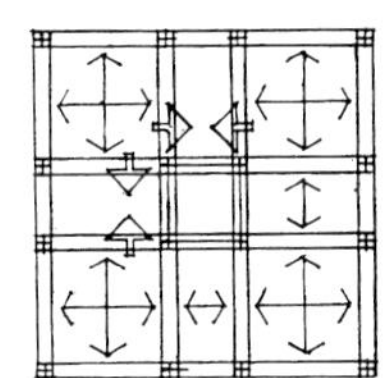

층을 현수하고 적층하여 하중이 간접적으로 작용하는, 안정형 포인트 코어

Stabilized point core, indirectly loaded, with suspended and mounted storeys

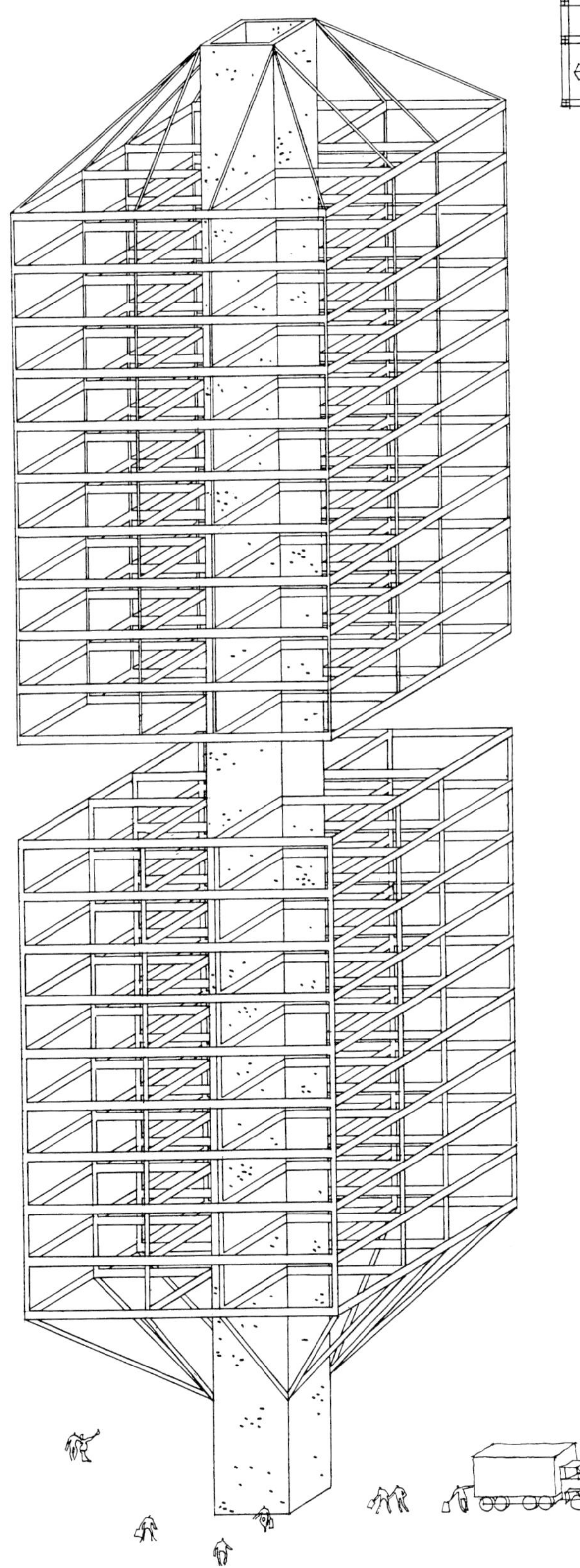

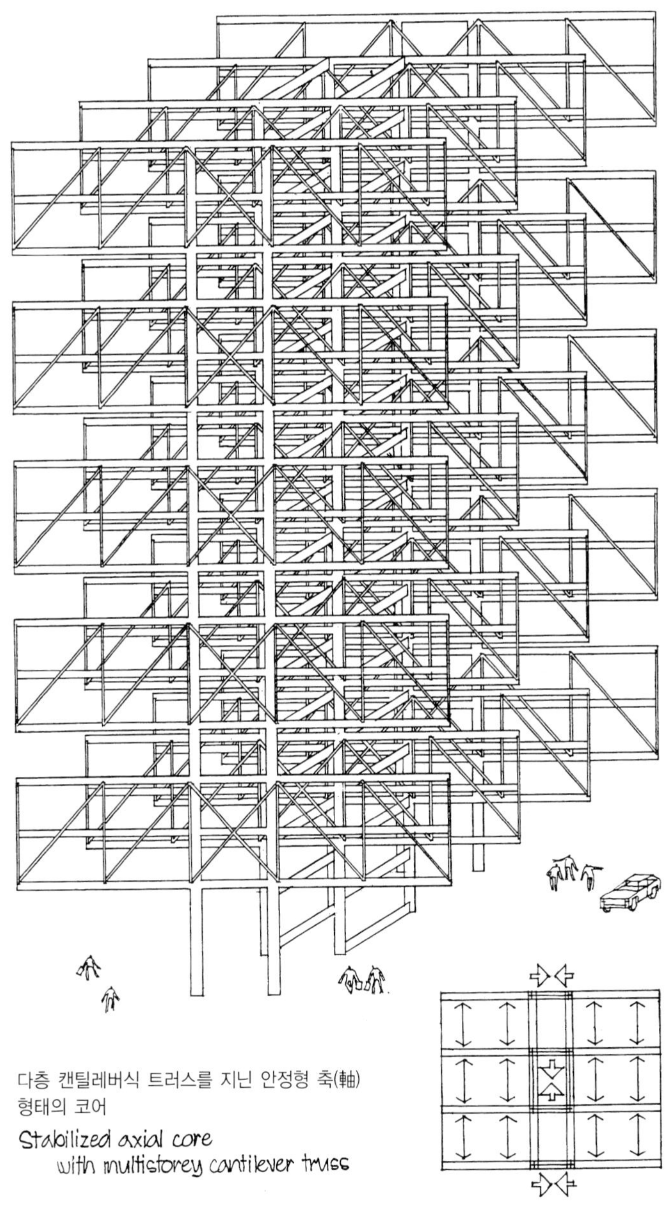

다층 캔틸레버식 트러스를 지닌 안정형 축(軸) 형태의 코어

Stabilized axial core with multistorey cantilever truss

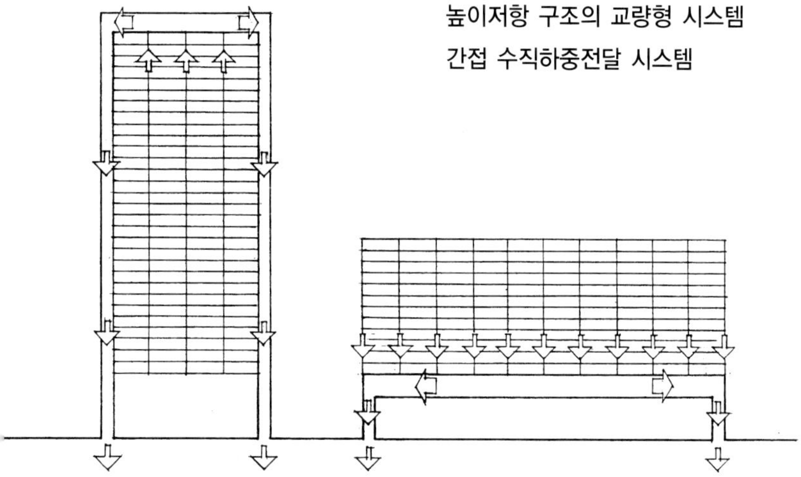

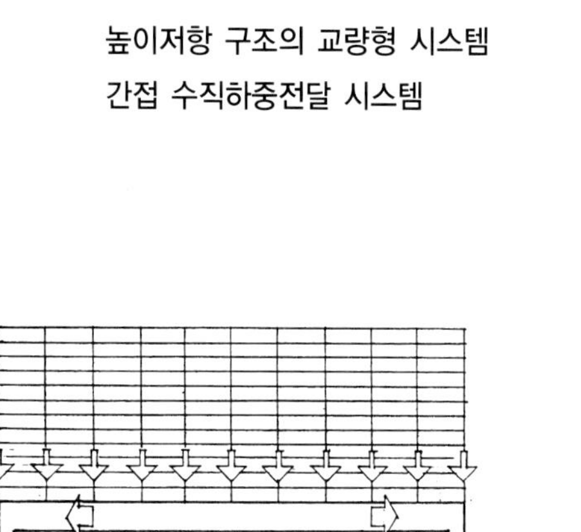

높이저항 구조의 교량형 시스템
간접 수직하중전달 시스템

Bridge systems of height-active structures
Systems of indirect vertical load transmission

간접 수직하중전달 시스템들에는 일반적으로 적층된 별도의 구조 시스템이 요구된다. 이 시스템은 크게 독립적인 높이저항 구조로부터 전체하중을 받으며 (지면에서 무주공간을 위하여) 이를 장스팬 교량처럼 하중을 몇개의 지주로 전달한다: 교량형 고층건물

In systems with indirect vertical load transmission as a rule a superimposed separate structure system is required. This system receives the total loads from a largely independent height-active structure and (for keeping the ground space clear from supporting framework) carries them over large distances to some few pylons similar to the mechanics of bridges: BRIDGE HIGHRISES

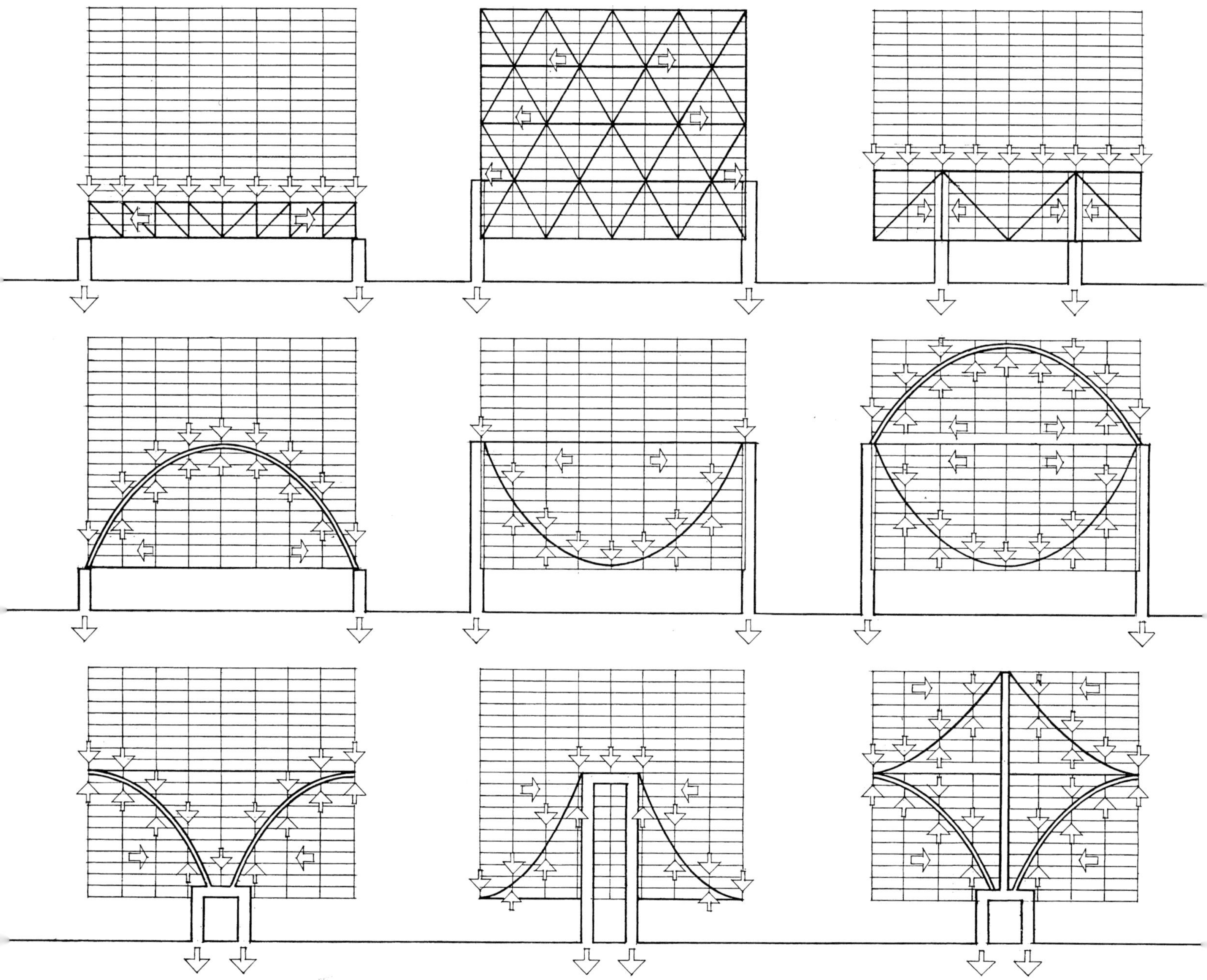

교량형 고층건물 / Bridge highrises

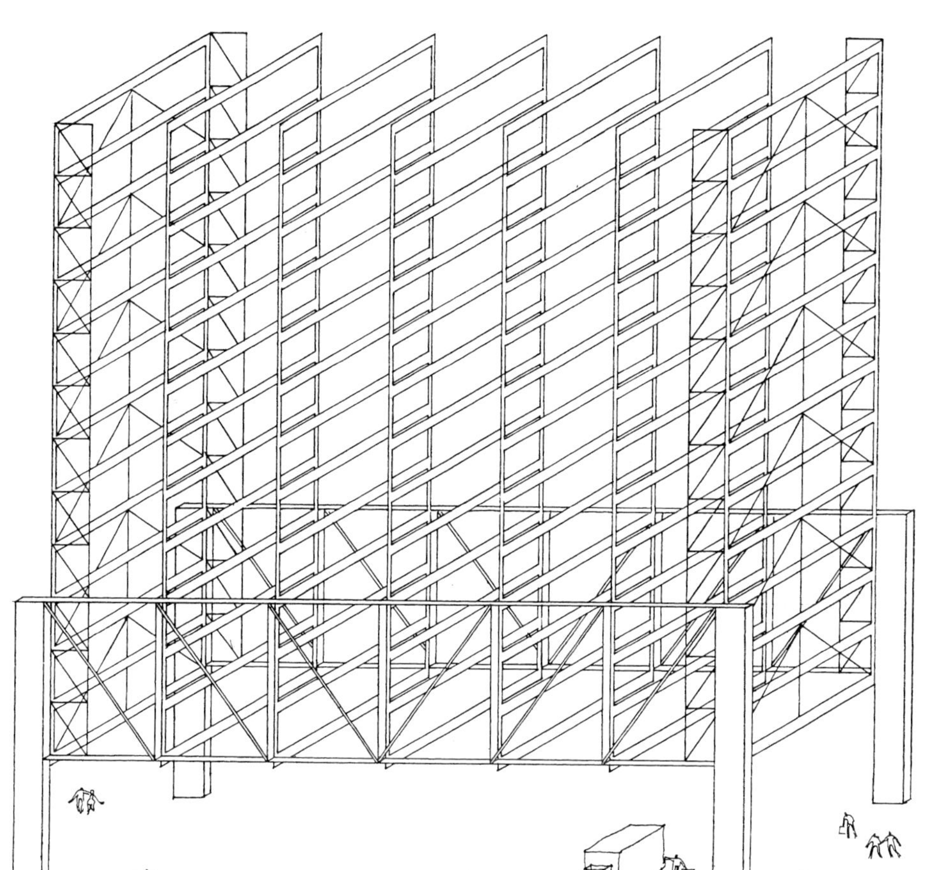

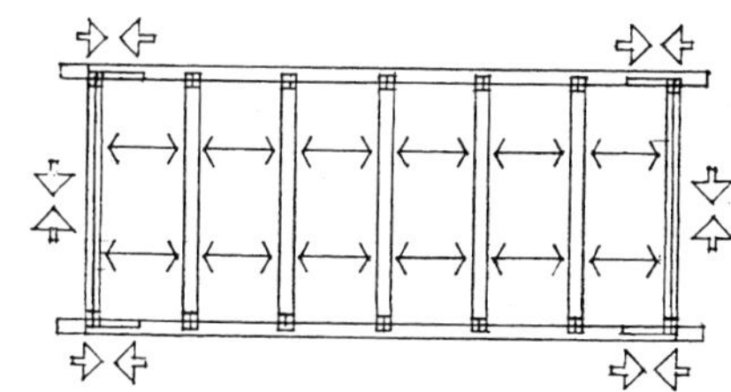

전체 층을 적층한 3층 교량:
단일 베이가 보강된 외피 시스템

3 storey bridge with all-storey mounting: Casing system with single-bay bracing

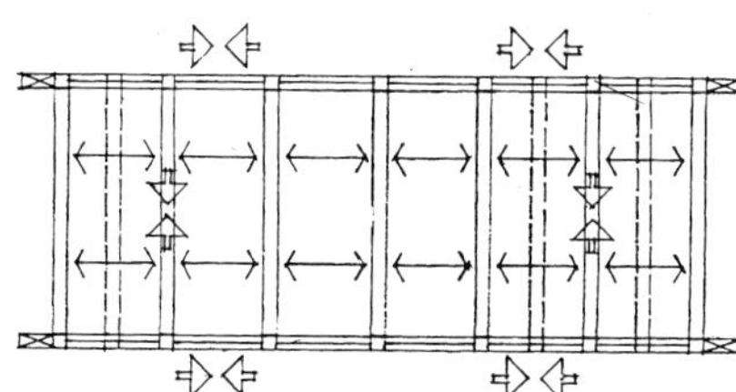

폐쇄형 프레임이 매달린 외피형 고층건물로서,
트러스 건축에서 전층 교량

All-storey bridge in truss construction as casing highrise with hung-in closed frames

교량형 고층건물
Bridge highrises

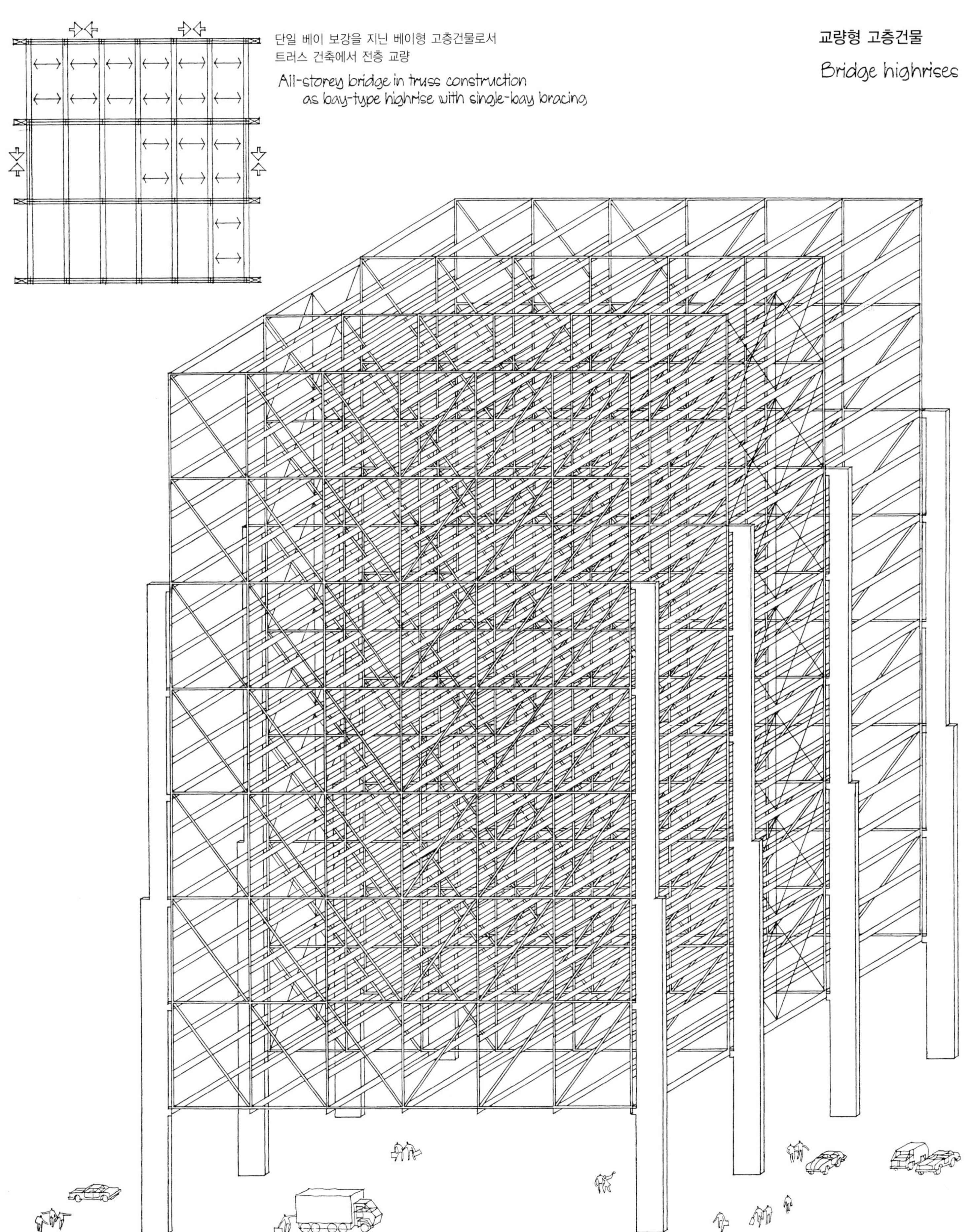

단일 베이 보강을 지닌 베이형 고층건물로서
트러스 건축에서 전층 교량

All-storey bridge in truss construction as bay-type highrise with single-bay bracing

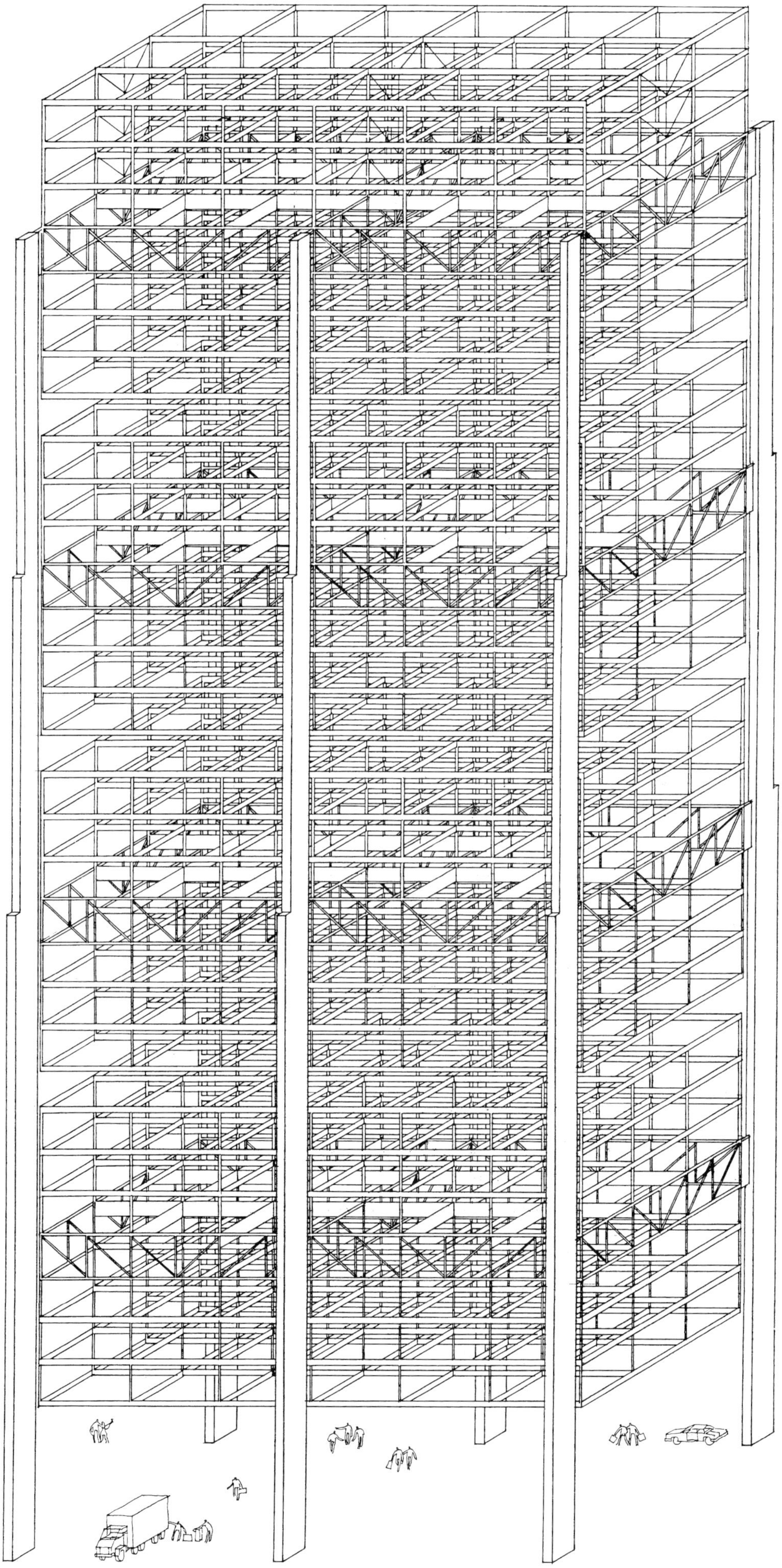

교량형 고층건물

Bridge highrises

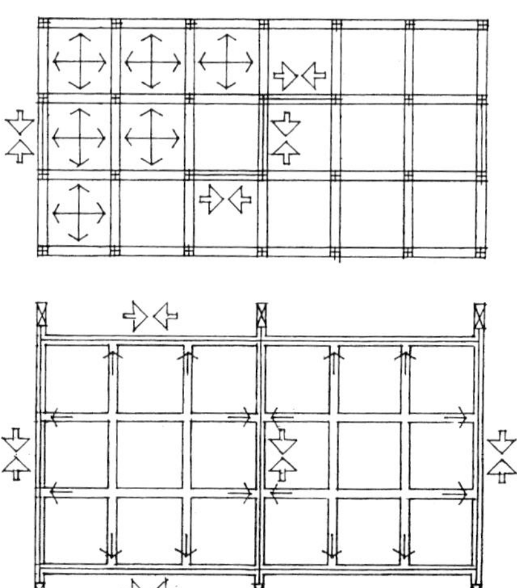

중첩식 단층 교량

트러스 건축에서(보강층), 베이형 시스템에서 부분적으로 적층되고 부분적으로 현수된 층으로 됨

Stacked single-storey bridges in truss construction (= stiffener storey) with partly mounted, partly suspended stories in bay-type system

고층건물에서 입면도 기하학의 변화

Differentiation of elevation geometry in highrises

동일한 층을 연속적으로 중첩시키고, 이로써 획일적인 높이가 전개되는 점은 높이저항 구조 시스템의 특징이다. 이들은 자중을 직접적이고 경제적인 전달을 통해 구체화된 것이다.

나아가, 단순 하중전달이라는 조건 하에서도, 평면도 구성을 변경함으로써 높이 차별화의 다양한 가능성을 달성할 수 있으며, 이는 주로 위쪽으로 갈수록 아웃트라인(Outline)을 셋백(Setback) 함으로서 이룬다.

The succession of stacked identical storeys, and hence the undifferentiated height development are a characteristic of height-active structure systems. They are substantiated by the direct, and therefore economical transfer of gravitational loads

Still, even under the condition of simple load transfer multiple possibilities of height differentiation are given through altering the configuration of the floor plan, mainly through setbacks of its circumference in upward direction

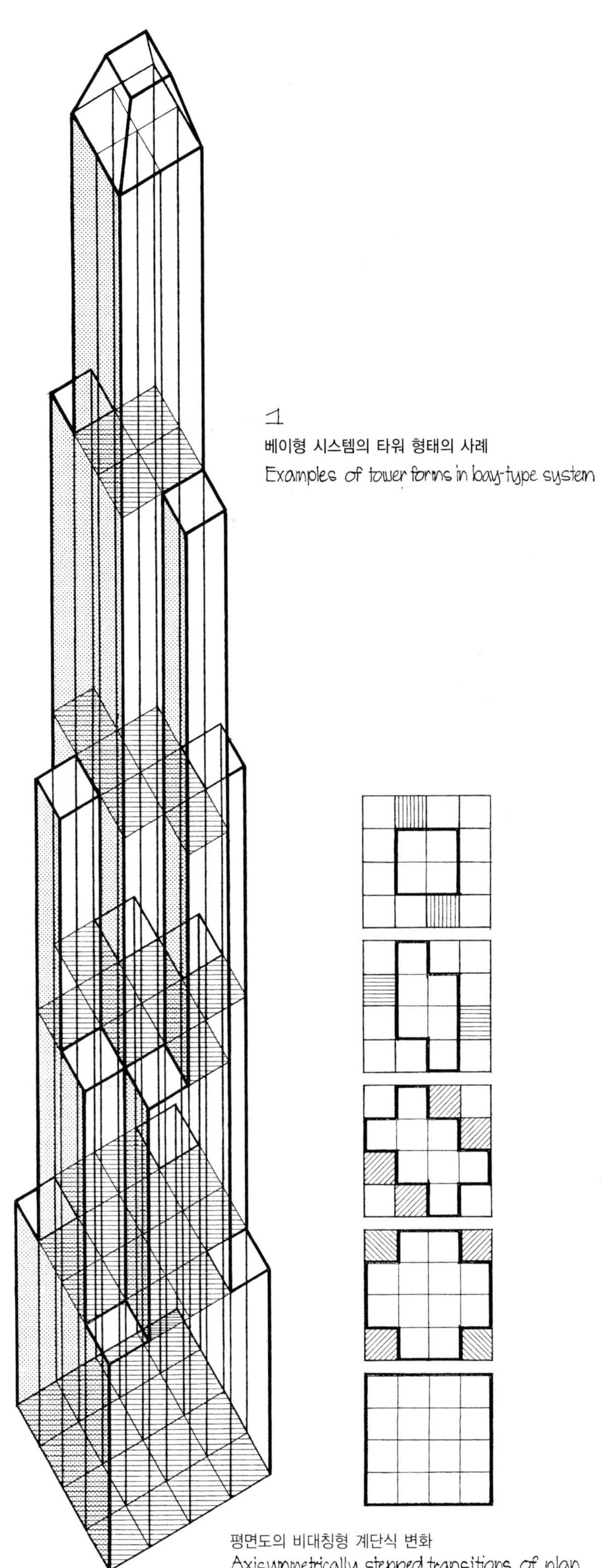

1
베이형 시스템의 타워 형태의 사례
Examples of tower forms in bay-type system

평면도의 비대칭형 계단식 변화
Axisymmetrically stepped transitions of plan

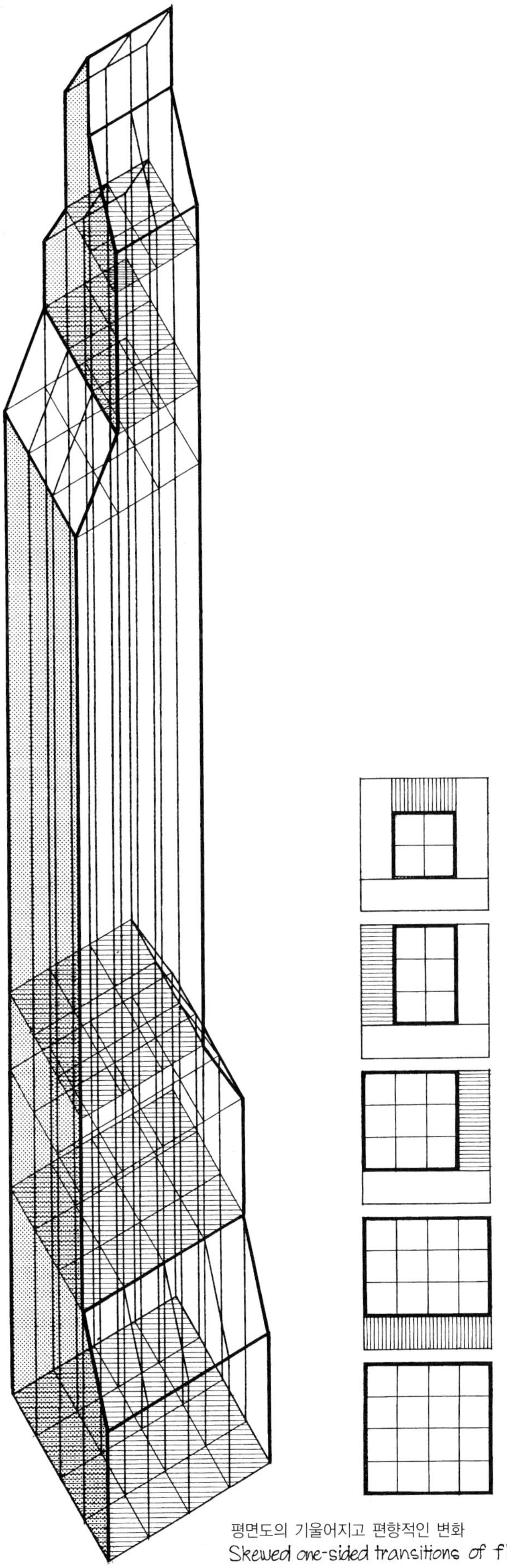

평면도의 기울어지고 편향적인 변화
Skewed one-sided transitions of floor plan

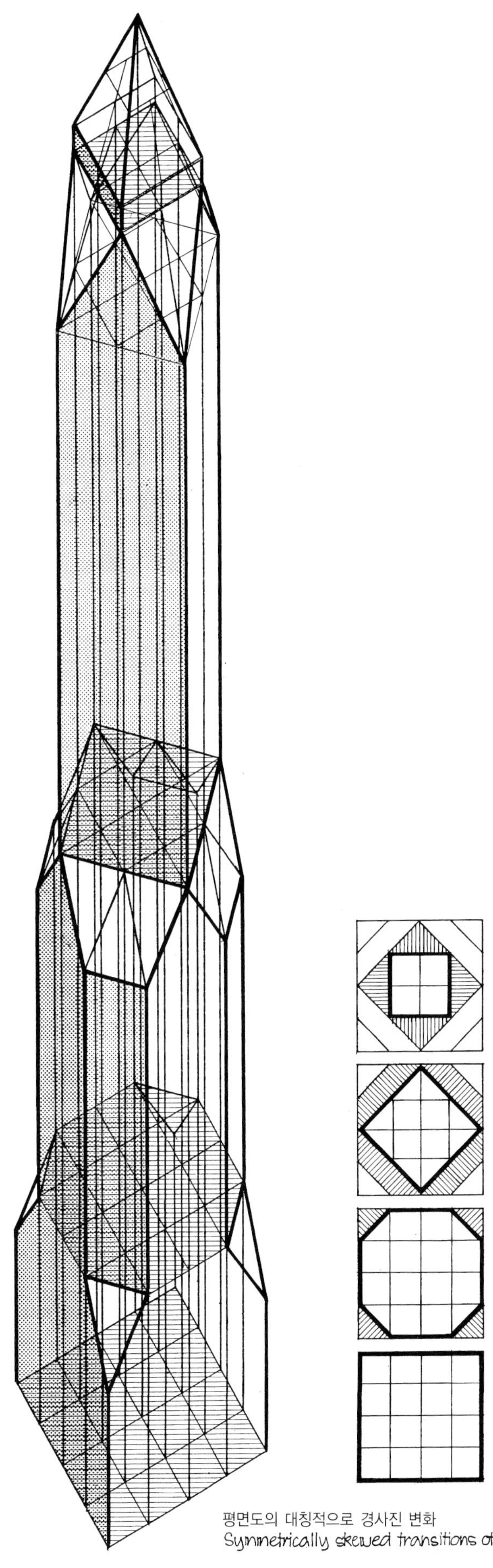

평면도의 대칭적으로 경사진 변화
Symmetrically skewed transitions of floor plan

입면 기하학의 변화
Differentiation of elevation geometry

1
베이형 시스템에서 타워 형태의 사례
Examples of tower forms in bay-type system

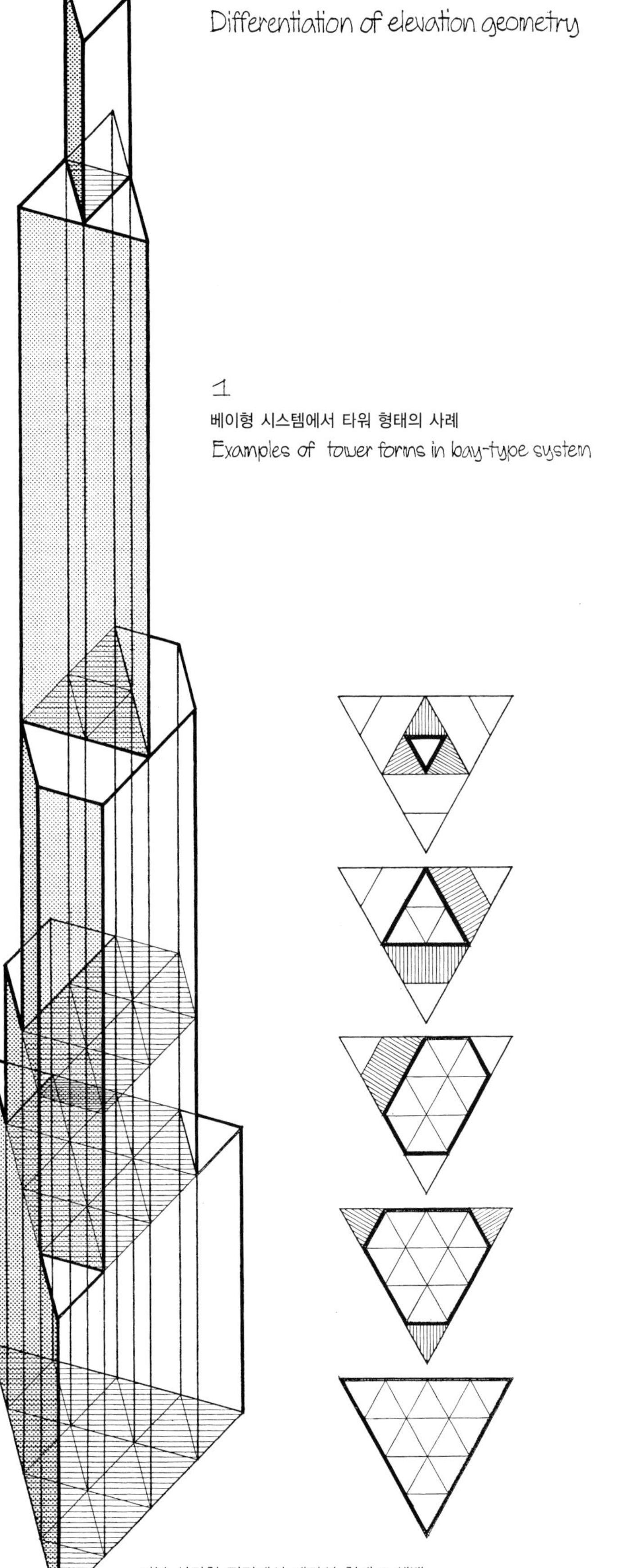

기본 삼각형 평면에서 계단식 형태로 셋백
Stepped setbacks in plan above triangle as basic figure

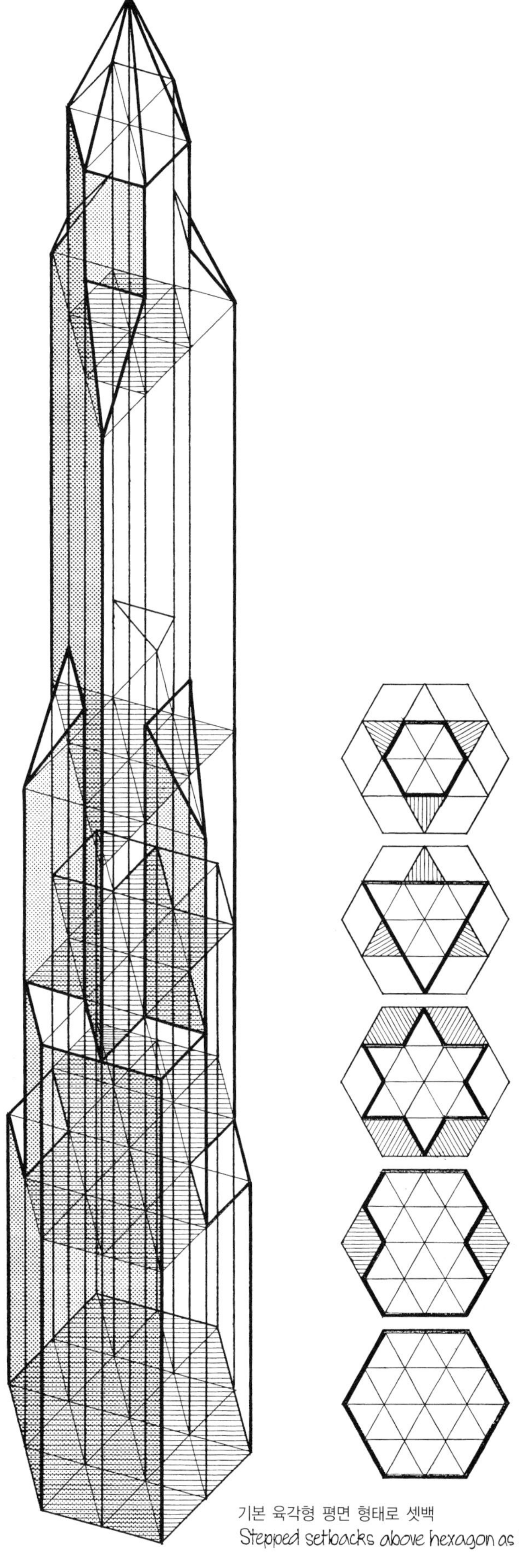

기본 육각형 평면 형태로 셋백
Stepped setbacks above hexagon as basic form

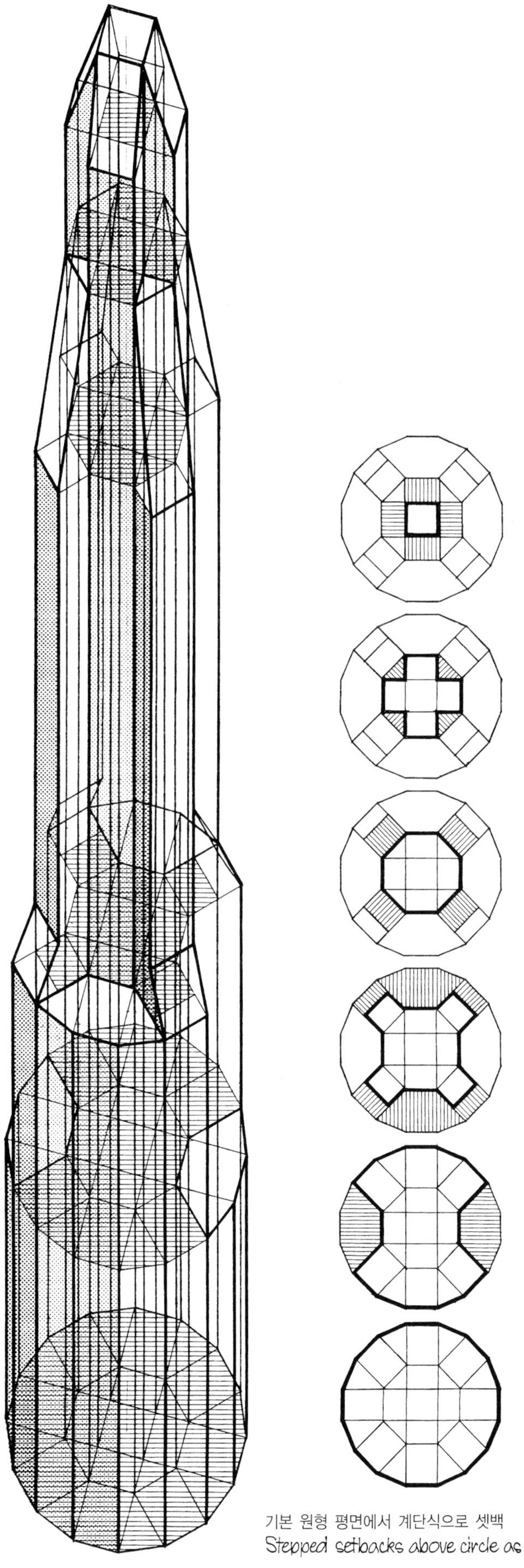

기본 원형 평면에서 계단식으로 셋백
Stepped setbacks above circle as basic form

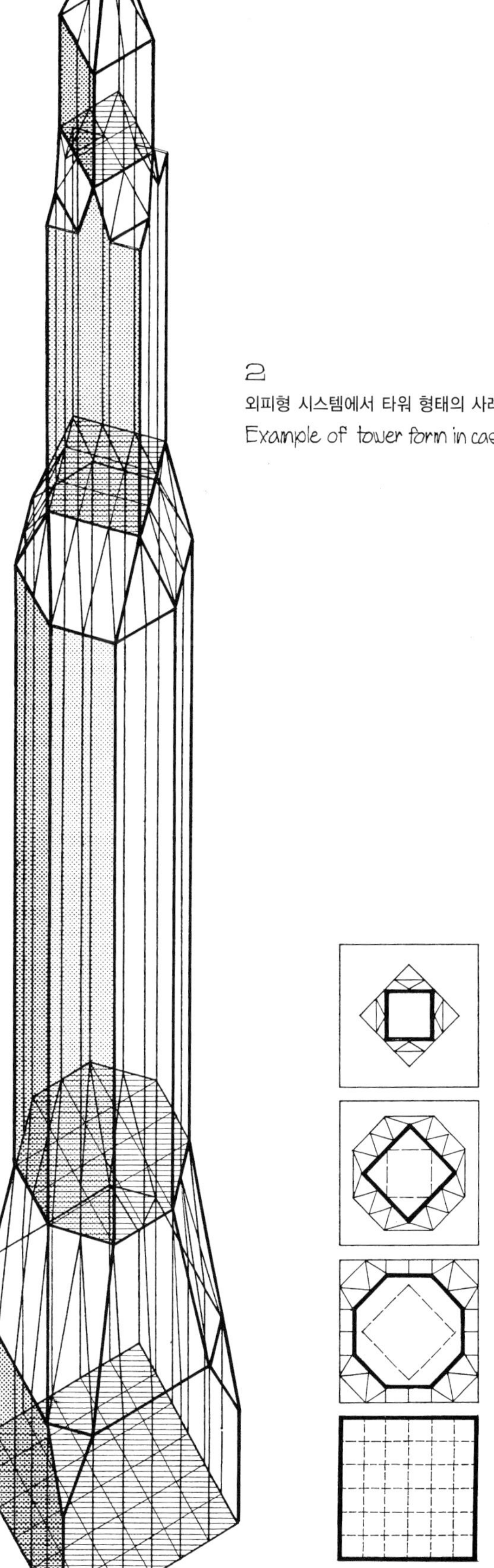

2
외피형 시스템에서 타워 형태의 사례
Example of tower form in casing system

여러 층에 걸친 평면도의 점진적 변화
Gradual transitions in plan covering several stories

전단벽

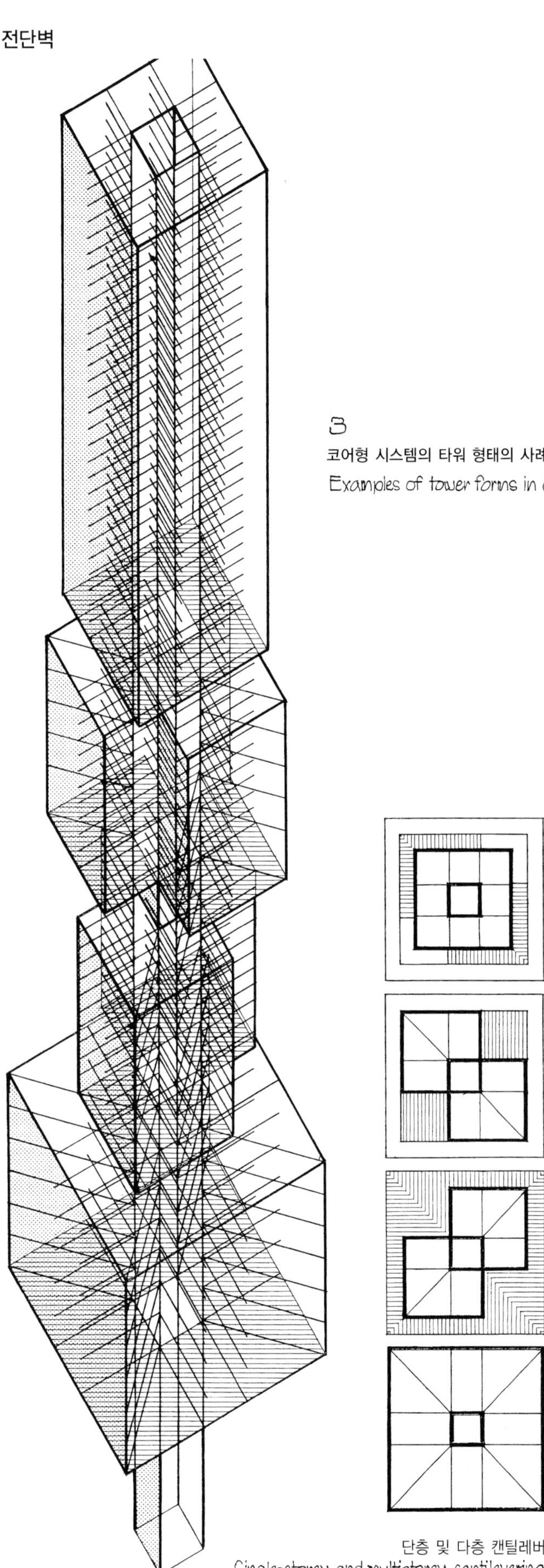

3
코어형 시스템의 타워 형태의 사례
Examples of tower forms in core system

단층 및 다층 캔틸레버
Single-storey and multistorey cantilevering

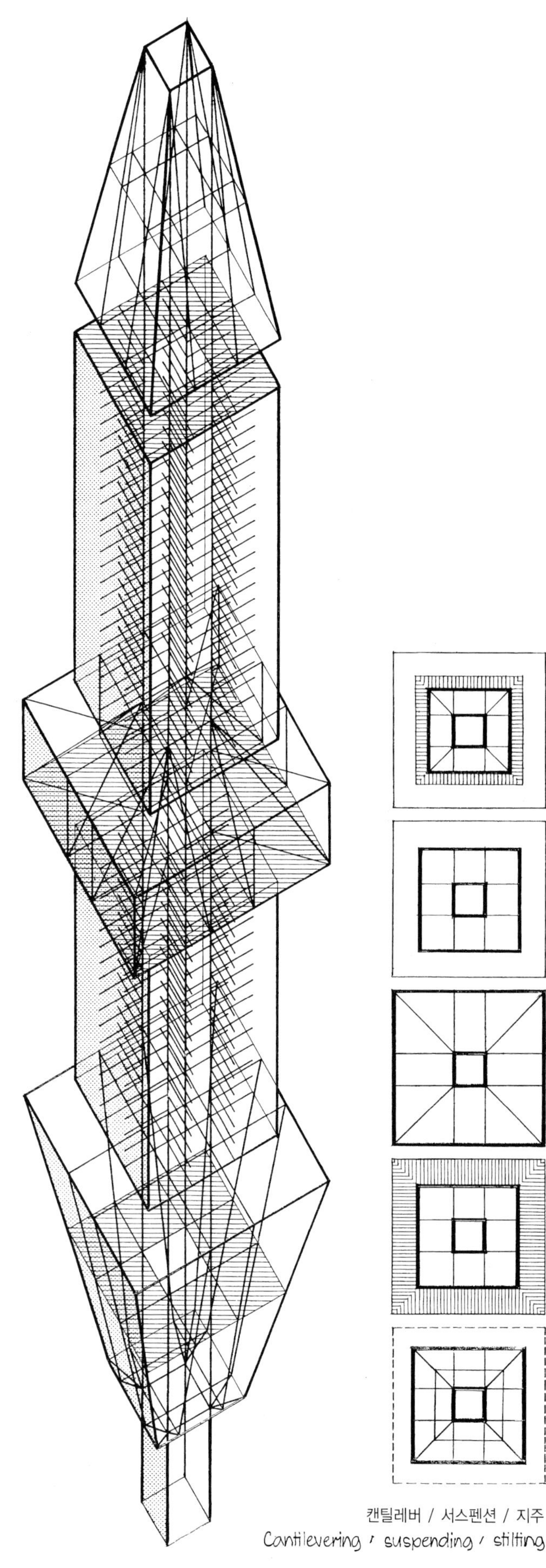

캔틸레버 / 서스펜션 / 지주
Cantilevering / suspending / stilting

고층건물의 입면 기하학의 변화

Differentiation of elevation geometry in highrises

4
베이형 시스템에서의 슬래브 형태의 사례

Examples of slab forms in bay-type system

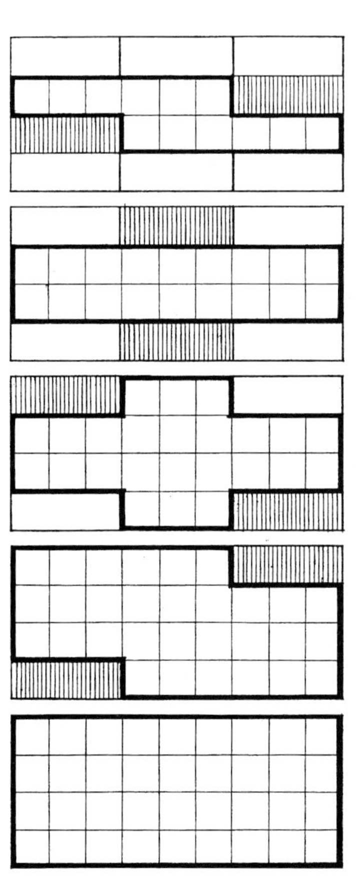

평면도의 비대칭형 계단식의 변화

Axisymmetrically stepped transitions of floor plan

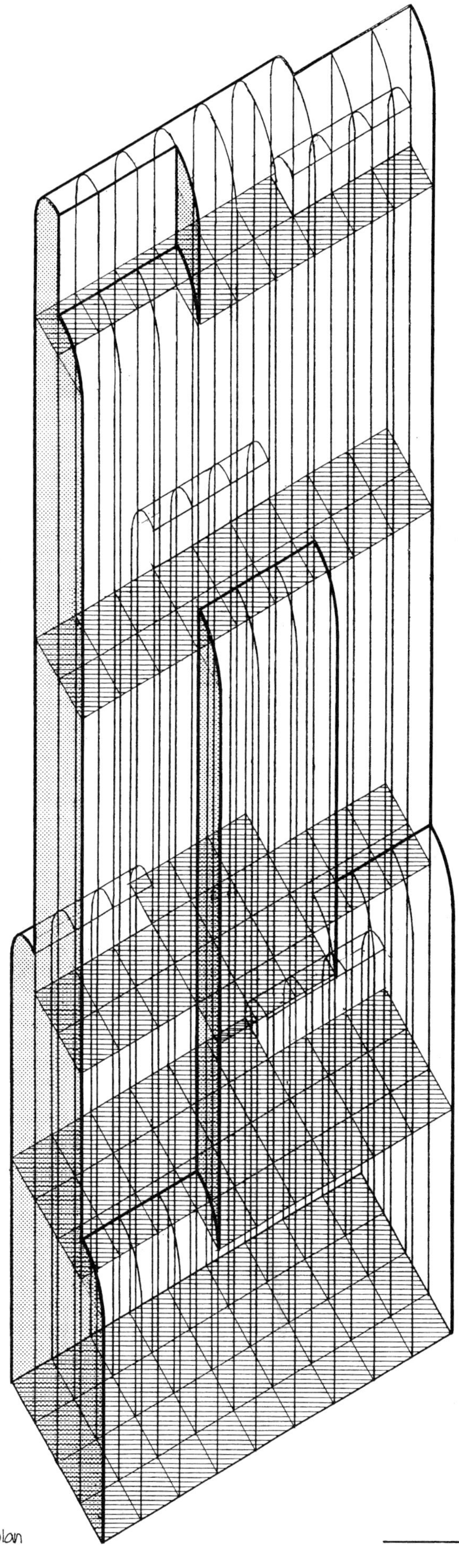

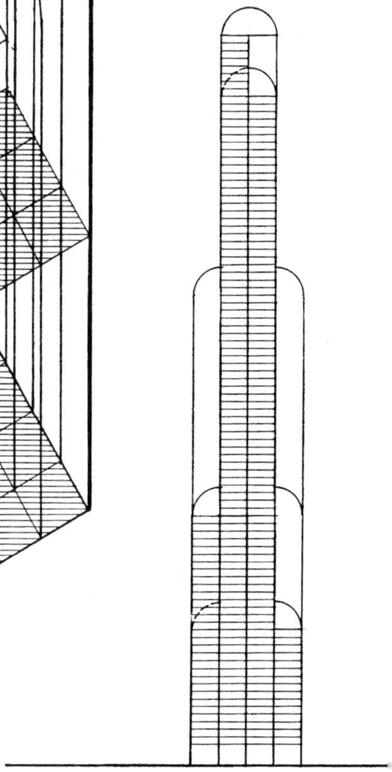

고층건물에서 입면 기하학의 변화

Differentiation of elevation geometry in highrises

4

베이형 시스템에서 슬래브 형태의 사례

Examples of slab forms in bay-type system

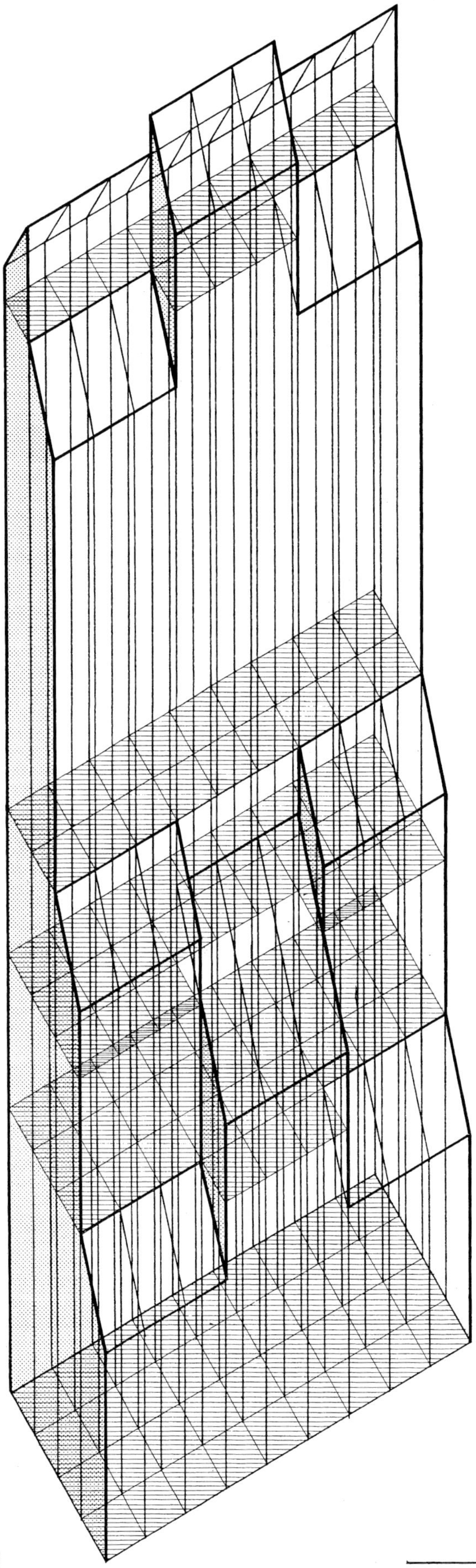

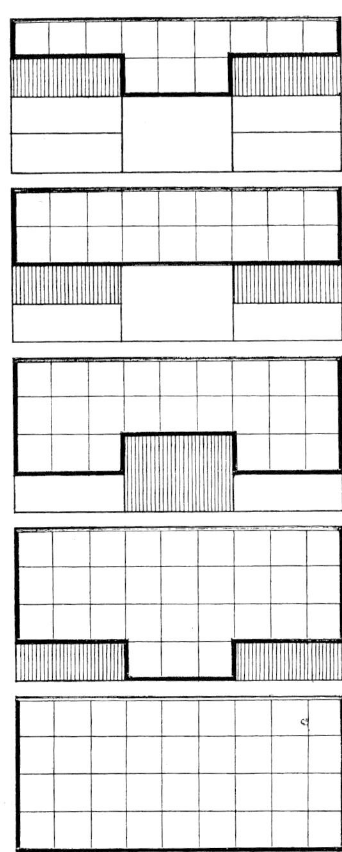

평면도의 단방향에서 경사변화

Single-sided skewed transitions of floor plan

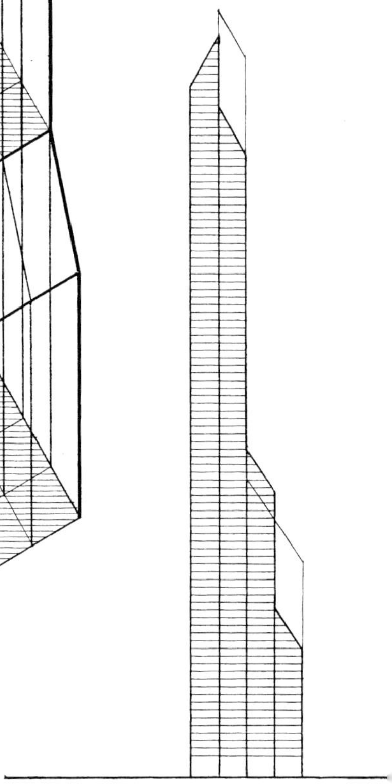

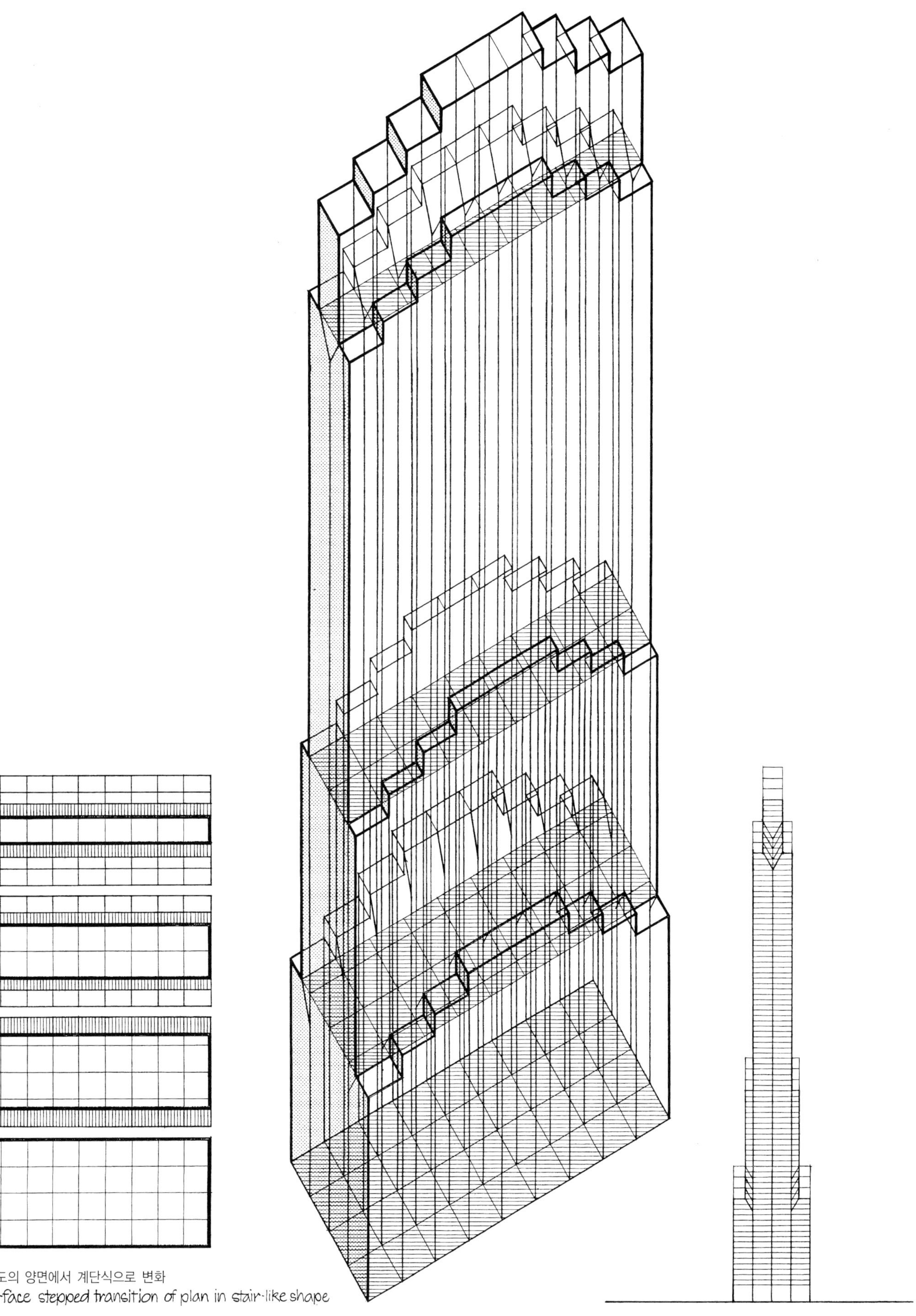

평면도의 양면에서 계단식으로 변화
Two-face stepped transition of plan in stair-like shape

Two structure systems with dissimilar mechanics of redirecting forces can be locked together to form a single operational construct with new mechanics: hybrid structure systems.

Precondition for the hybrid structure system is that the two parental systems in their bearing function are basically equipotent and that in their novel behaviour they are dependent upon one another.

Hybrid systems are not to be understood as such system combinations in which one of the parental systems plays a minor role in the redirection of forces or in which each system in the bearing process performs a separate function for itself such as load reception, load transfer, stabilization, etc.

Hybrid systems do not qualify as a unique structure 'family' or as a characteristic structure 'type':
- They do not possess an inherent mechanism for redirection of forces
- They do not develop a specific condition of acting forces or stresses
- They do not command structural features characteristic to them

Differing from the typical structure families, hybrid structure systems, then, are characterized not by a particular mechanism of redirecting forces and by a distinctiveness of structural forms but by the specific behaviour stemming from the systems pairing and by the kind of systems linkage resulting therefrom.

The interlocking of different structure families, for forming a single operational hybrid construct, is rendered possible through three basic kinds of systems linkage:
1. Parallel joining = Superposition or alignment
2. Successive joining = Coupling
3. Cross joining = Interpenetrating

In the superposition kind of hybrid systems linkages, redirection of forces will be collectively performed by two different structure systems joined in parallel order over the full functional length. Usually the parallel linkage superimposes one system on top of the other, but also a lateral systems alignment is theoretically possible.

In the coupling type of hybrid systems linkage, redirection of forces will be per formed in that different structure systems are selected according to the mechanical requirements prevailing in the various sections of the functional length and are joined successively one behind the other. Thus, also multiple couplings are possible.

A hybrid linkage can also be attained by having the elements of the one structure type cross those of another in gridlike fashion: cross joining. This type of linkage, however, has thus far remained unrecognized in theory and practice and hence will not be accepted as a valid alternative as yet.

A wide field for the application of hybrid structure systems is provided in particular through the interlocking of vector-active or section-active linear girders with cable structures:
- systems with external cable supports
- systems with integrated cable stressing

The border line to the well-known prestressed systems with their simple, occasionally only partial, extension of the stressing tendon is fluctuating.

The potential of hybrid structure systems, however, is not to be seen in merely joining the bearing capacity of two systems, but rather in the synergetic possibilities emanating from exploiting the systems disparities:
- reciprocal compensation of critical stresses
- system-transgressing double or multiple function of individual systems components
- increase in rigidity through opposite systems deflection

Designing hybrid structure systems essentially is concerned with two objectives:
1. Creating a oneness out of two independent systems in both, mechanical and aesthetic sense
2. Tracing out and bringing to bear the synergetic relationships between the systems families

To master these tasks requires a comprehensive knowledge about all different structure systems, especially the images of their flow of forces and their form deflections under varying loading.

Hybrid structure systems are particularly appropriate for buildings exposed to extreme stressings: widespan structures and highrises. Here the possibilities resulting from the linkage of two systems with opposite phenomena of member stresses and of form deflections have yet to be uncovered.

Though the mechanical causality of hybrid systems is beyond question, still visual-aesthetic considerations can become a starting-point and final goal for the development of new hybrid systems; such design approach too, has thus far remained largely unexplored.

Out of the lockage of dissimilar structure systems each with distinct mechanical and formal characteristics evolve promising means and possibilities for developing new structure systems with high-level performance and with definite impulses for the design of form and space in architecture.

Hybride structure systems, then, occupy a particular field within the theory of structures. Although not commanding a mechanism of their own and consequently not qualifying as a systems type, still their synergetic potential plus an infinite variety of combinative possibilities are license enough to forming a separate and important, though quite dissimilar branch of structure systems.

하이브리드 구조 시스템

…은 구조적 기능의 힘이 동등하지만 서로 다른 메카니즘을 가진 두 개 또는 여러 개의 구조 '계열'을 통해 힘의 방향을 전환하는 시스템이다.
이들의 공동 작용은 두 가지 시스템 연결을 통해 수행된다: 중첩 또는 결합

HYBRID STRUCTURE SYSTEMS

are systems, in which the redirection of forces is effected through the coaction of two or several - in their structural function basically equipotent - mechanisms from different structure 'families'

The coaction is being performed by two possible kinds of systems linkage: SUPERPOSITION or COUPLING

하이브리드의 '정의'

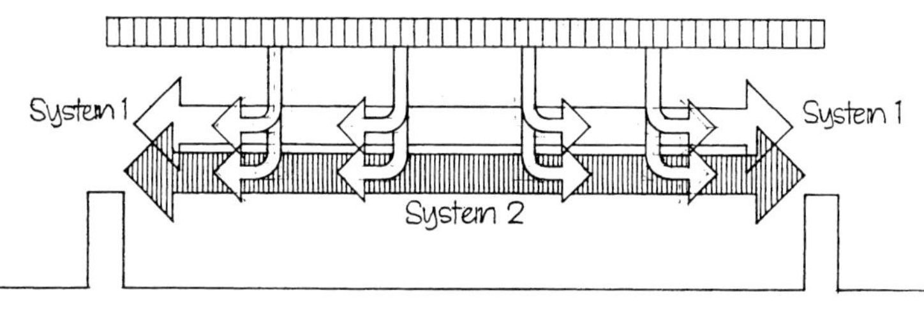

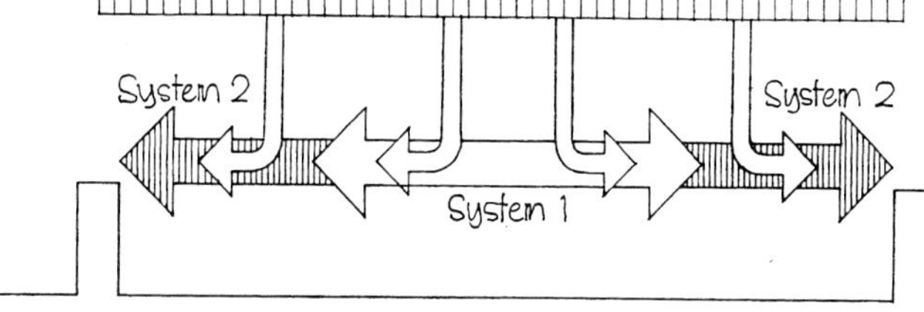

시스템 중첩 Systems superposition

시스템 결합 Systems coupling

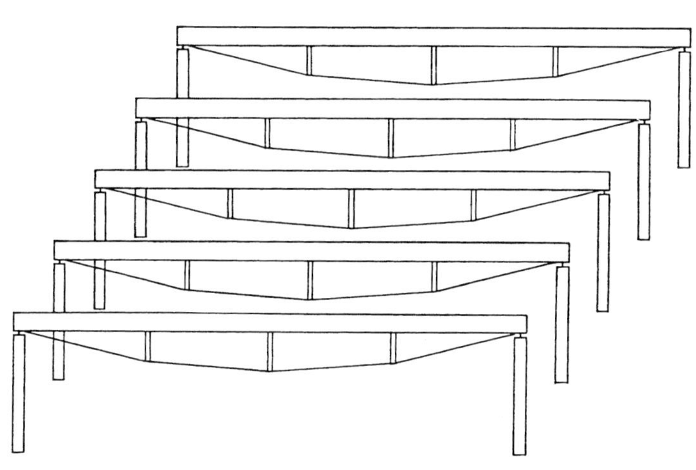

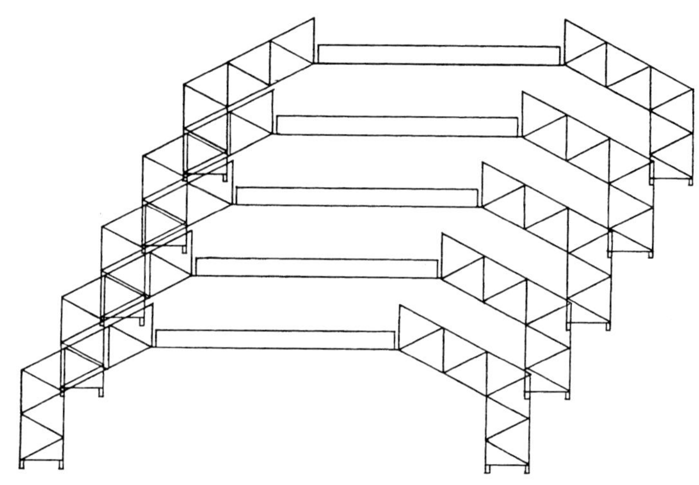

전문용어상의 구분 / Terminological demarcations

부적절한 '하이브리드' 정의

구성요소의 기능들(하중수용, 하중전달, 하중전출, 안정화 등)이 각기 다른 구조 '계열'에 의해 각자 수행되는 시스템은 하이브리드 구조 시스템이 아니다.

Incorrect 'hybrid' denomination

Hybrid structure systems are NOT to be understood as those systems in which component bearing functions (load reception, load transfer, load discharge, stabilizations, etc.) are performed by constructions each belonging to a different structure 'family'

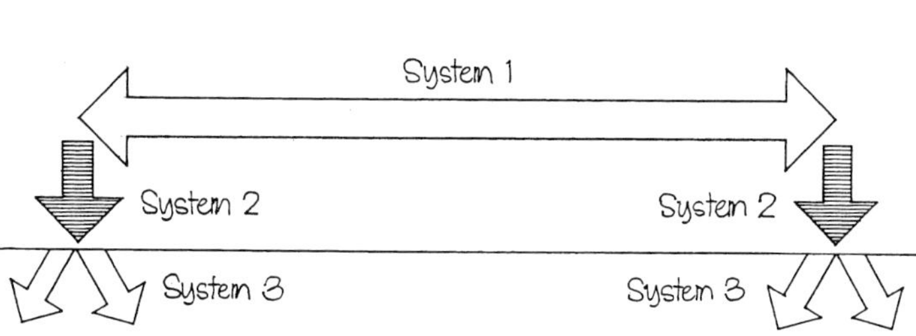

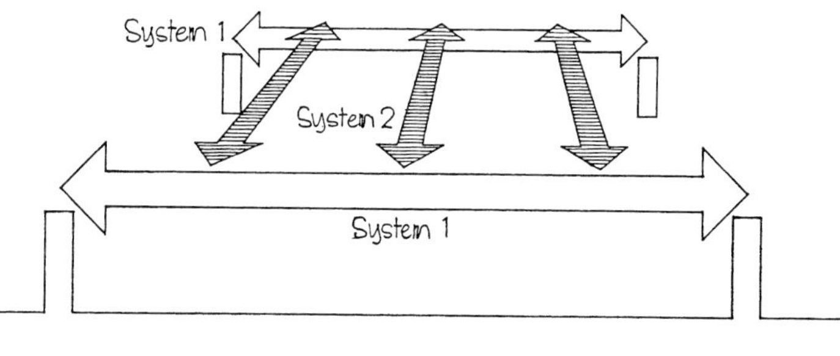

하이브리드 구조 시스템의 오해

하이브리드 구조 시스템들은 구조적 특징들을 정의할 수 있는, 자체적인 구조 '계열'이나 구조 '유형'이 될 수 없다:
1. 이것들은 힘의 방향을 전환하기 위한 내재적인 메카니즘이 없다.
2. 이것들은 힘이나 응력이 작용하는 조건을 별도로 형성하지 않는다.
3. 이것들은 자체적인 구조적 특징들을 나타내지 않는다.

Misinterpretation of hybrid structure systems

Hybrid structure systems do NOT qualify as a unique structure 'FAMILY' or as a structure 'TYPE' definable by specific structural characteristics:
1 They do not possess an inherent mechanism for redirection of forces
2 They do not develop a specific condition of acting forces or stresses
3 They do not command structural features characteristic to them

하이브리드 중첩 시스템의 잠재력

Potential of hybrid superposition systems

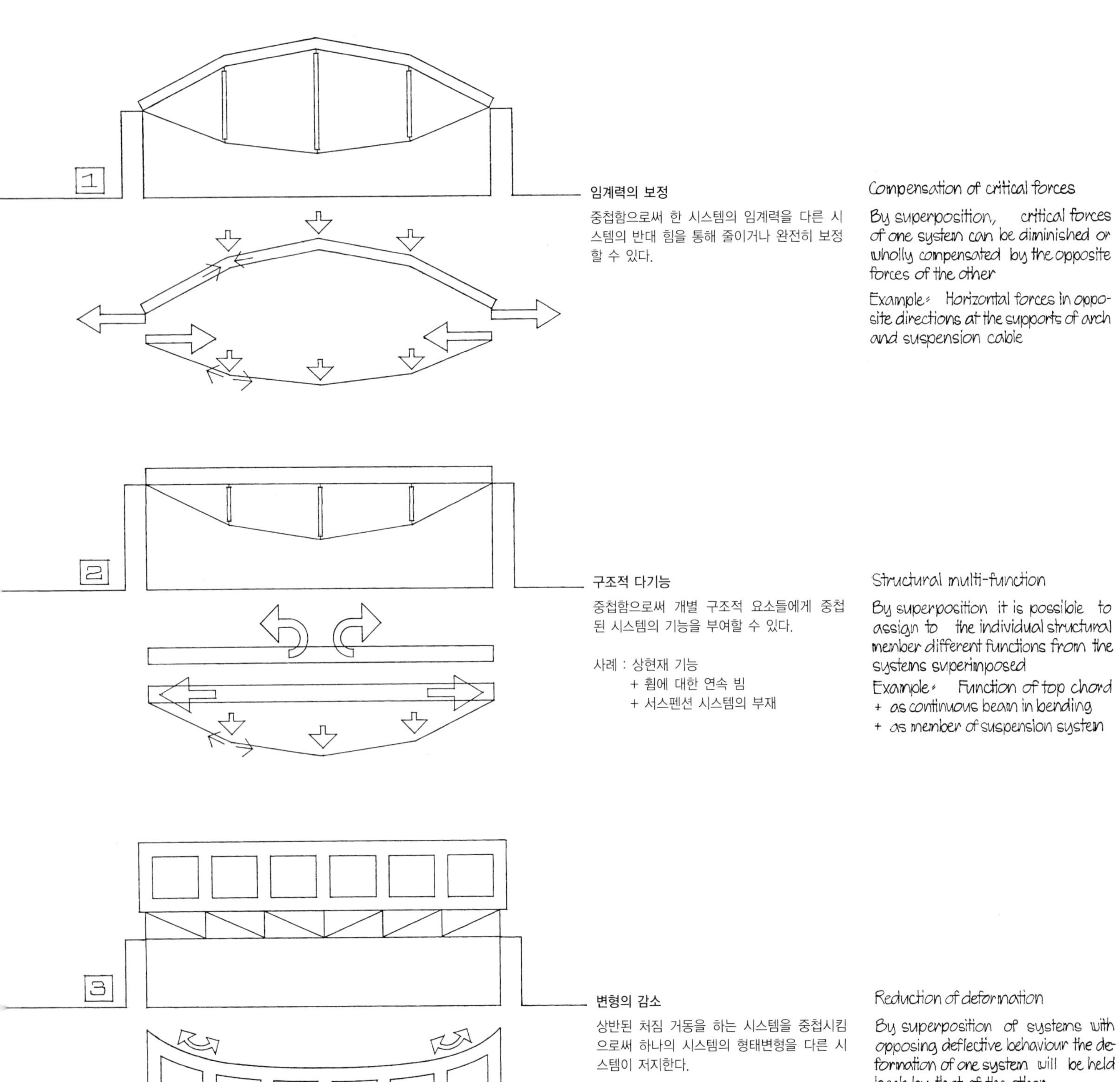

임계력의 보정

중첩함으로써 한 시스템의 임계력을 다른 시스템의 반대 힘을 통해 줄이거나 완전히 보정할 수 있다.

Compensation of critical forces

By superposition, critical forces of one system can be diminished or wholly compensated by the opposite forces of the other

Example: Horizontal forces in opposite directions at the supports of arch and suspension cable

구조적 다기능

중첩함으로써 개별 구조적 요소들에게 중첩된 시스템의 기능을 부여할 수 있다.

사례 : 상현재 기능
+ 휨에 대한 연속 빔
+ 서스펜션 시스템의 부재

Structural multi-function

By superposition it is possible to assign to the individual structural member different functions from the systems superimposed

Example: Function of top chord
+ as continuous beam in bending
+ as member of suspension system

변형의 감소

상반된 처짐 거동을 하는 시스템을 중첩시킴으로써 하나의 시스템의 형태변형을 다른 시스템이 저지한다.

예: 양단에서 최대변이(수직전단)를 일으키는 프레임 구조와 중앙에서 최대변이(휨)가 발생하는 트러스 구조

Reduction of deformation

By superposition of systems with opposing deflective behaviour the deformation of one system will be held back by that of the other

Example: Rigid frame structure with max shift (= vertical shear) at both ends and trussed girder with max shift (= bending) in the middle

면저항 및 형태저항 구조 시스템의 중첩
Superposition of section-active and form-active structure systems

언더텐션 거더 / Cable supported girders

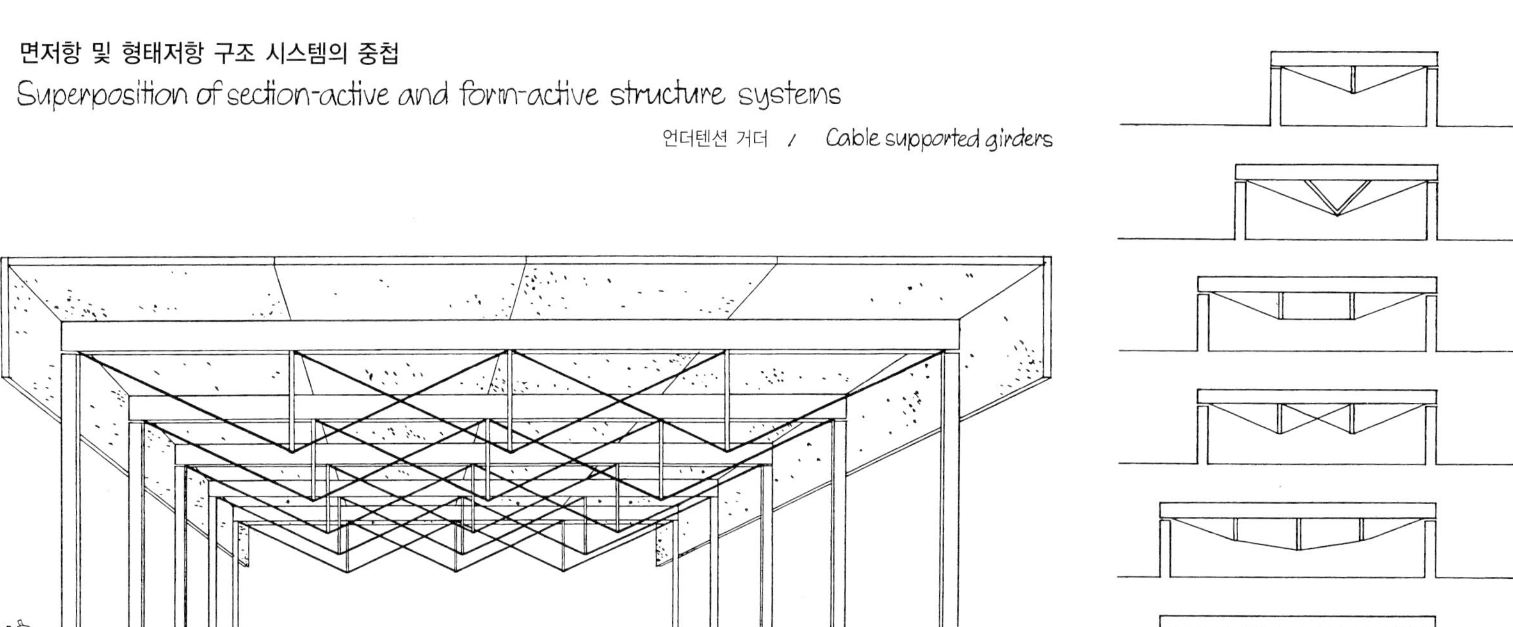

언더텐션 평행 빔 / Cable supported paralell beams

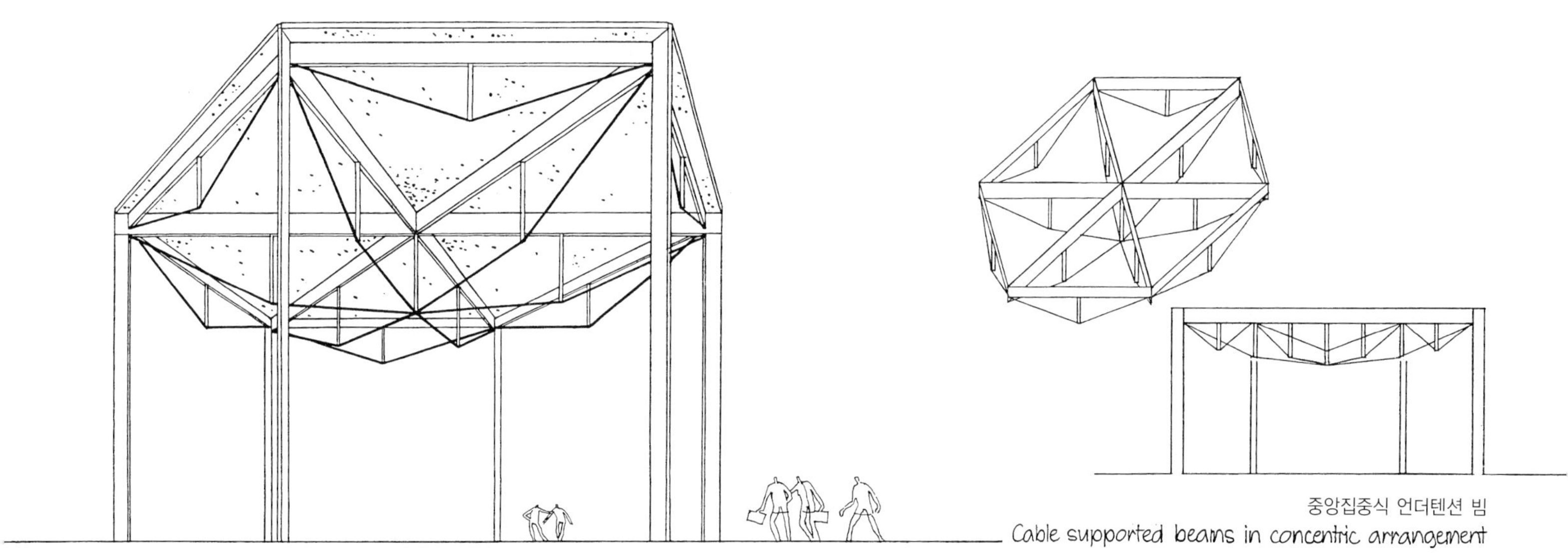

중앙집중식 언더텐션 빔
Cable supported beams in concentric arrangement

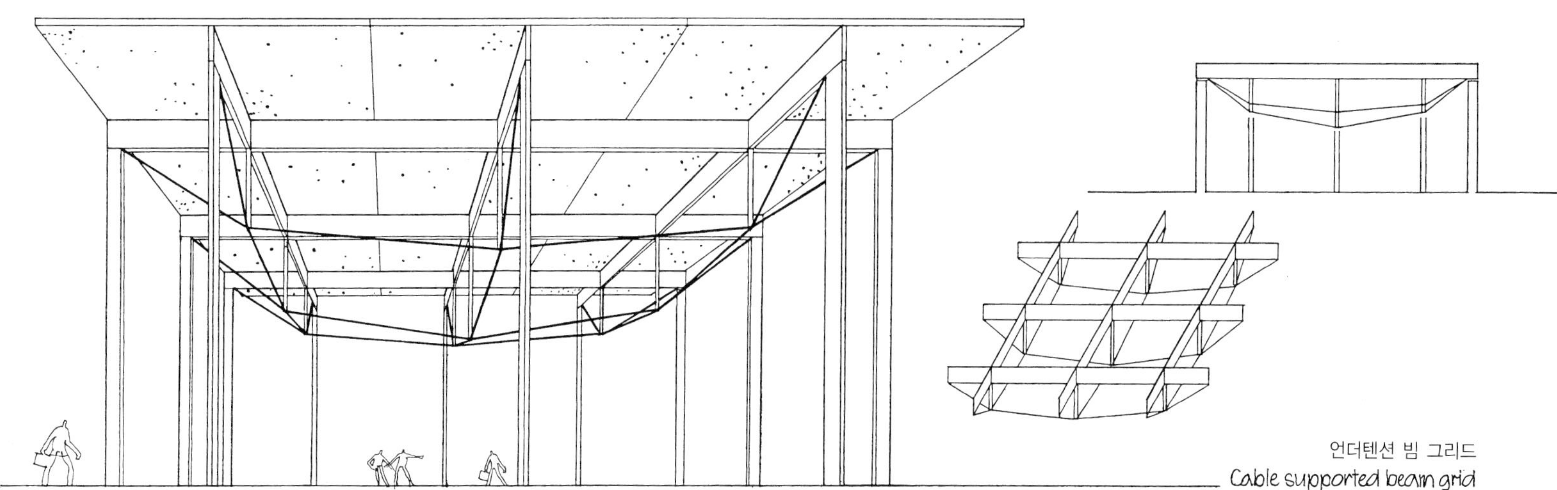

언더텐션 빔 그리드
Cable supported beam grid

단면저항 및 형태저항 구조 시스템의 중첩
케이블 지지 힌지 프레임

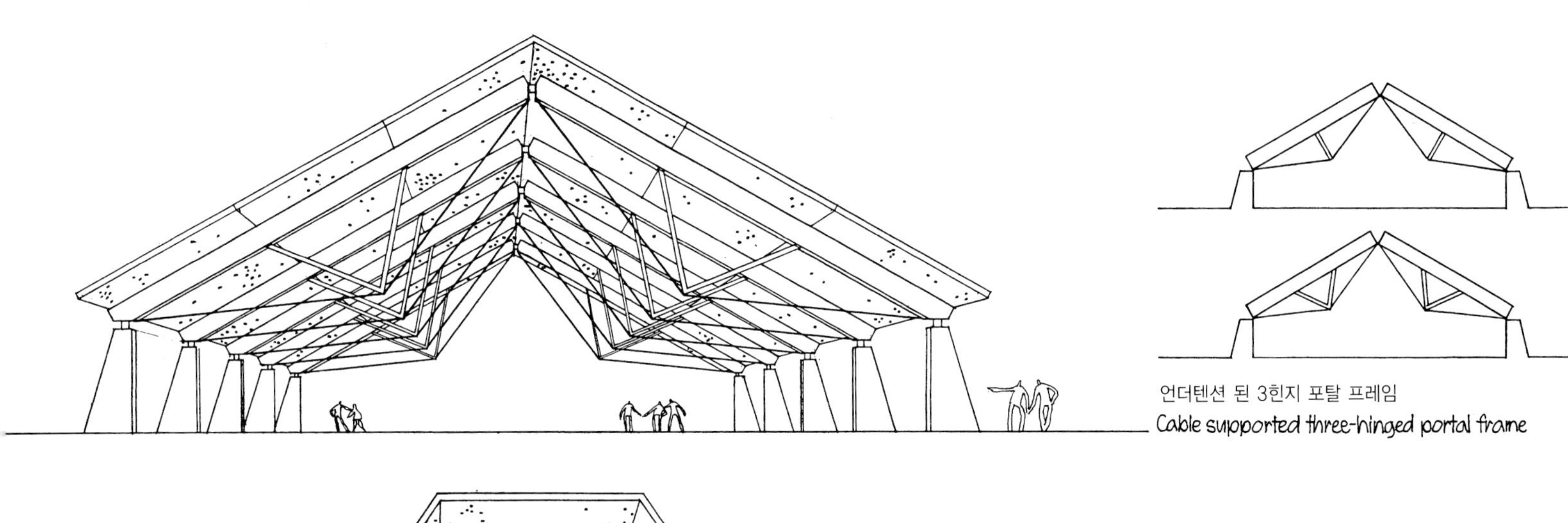

언더텐션 된 3힌지 포탈 프레임
Cable supported three-hinged portal frame

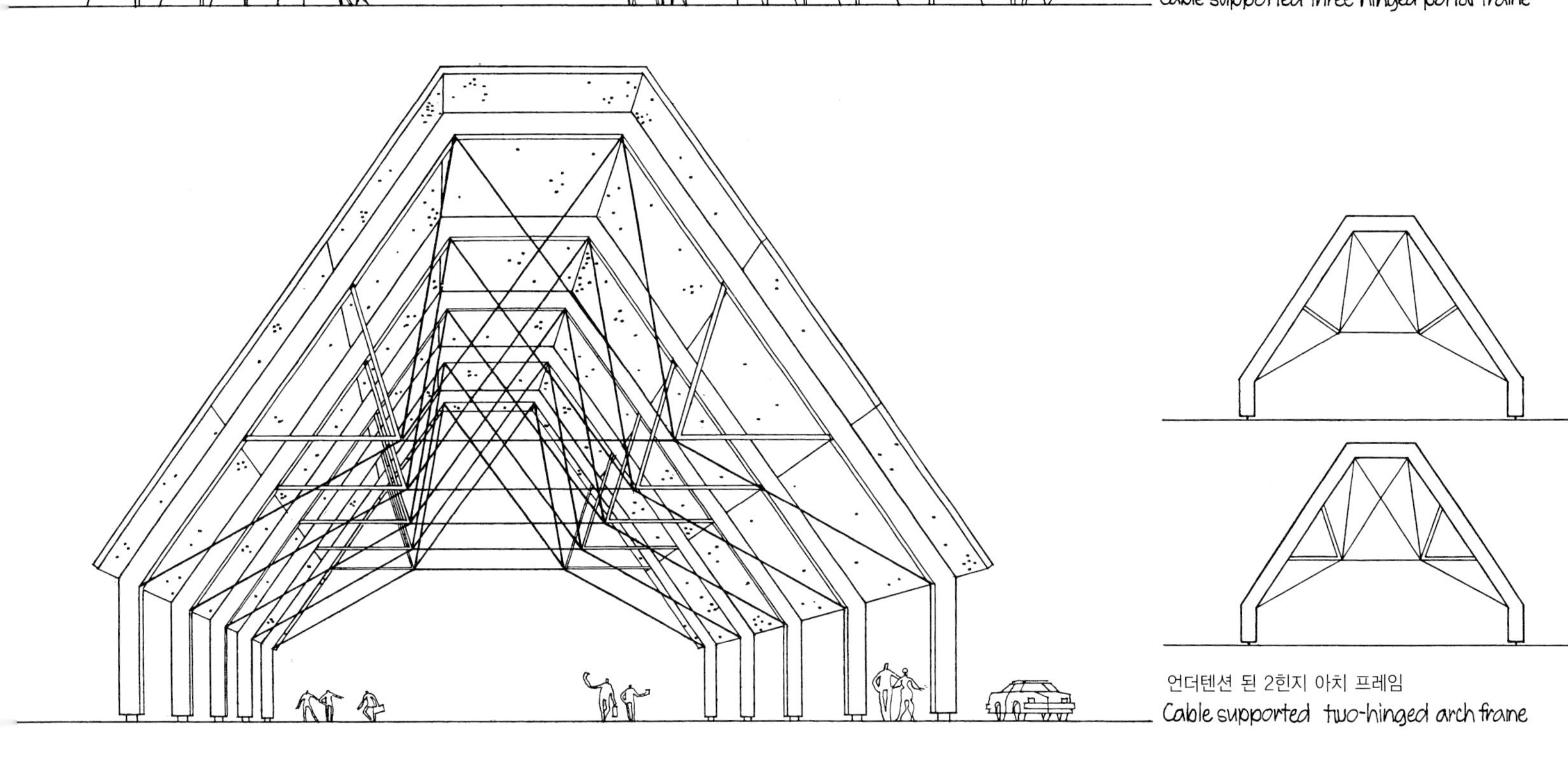

언더텐션 된 2힌지 아치 프레임
Cable supported two-hinged arch frame

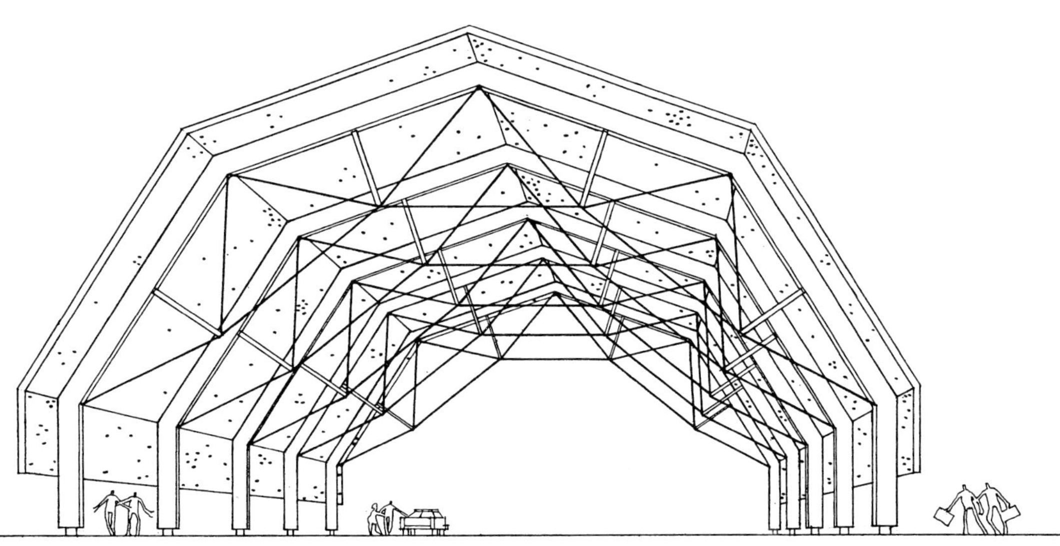

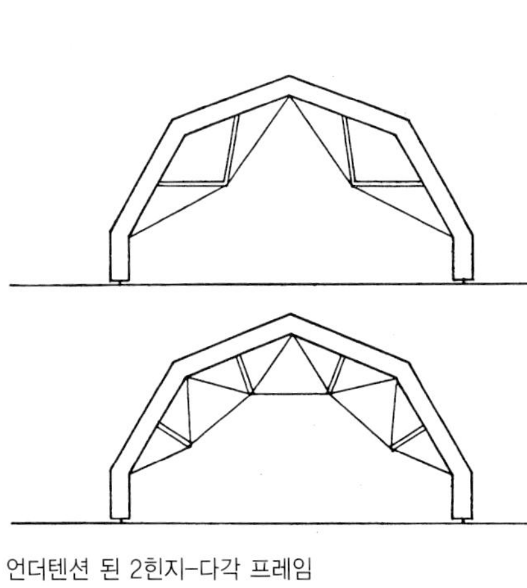

언더텐션 된 2힌지-다각 프레임
Cable supported two-hinged polygonal frame

Superposition of section-active and form-active structure systems
Cable supported hinged frames

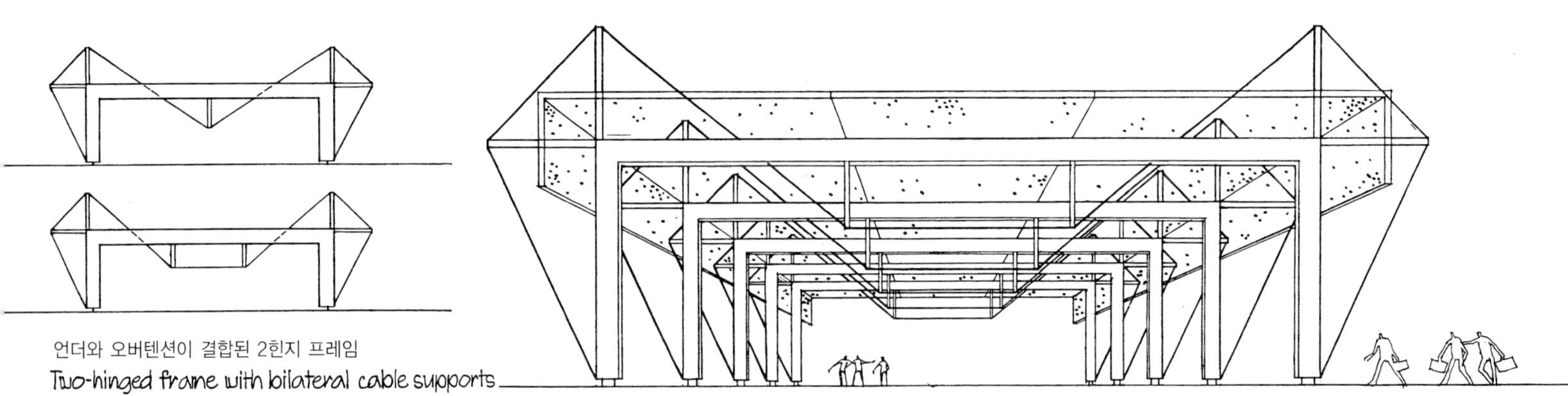

언더와 오버텐션이 결합된 2힌지 프레임
Two-hinged frame with bilateral cable supports

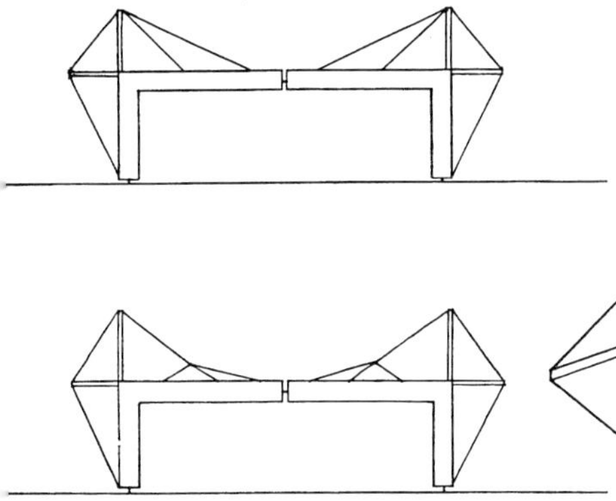

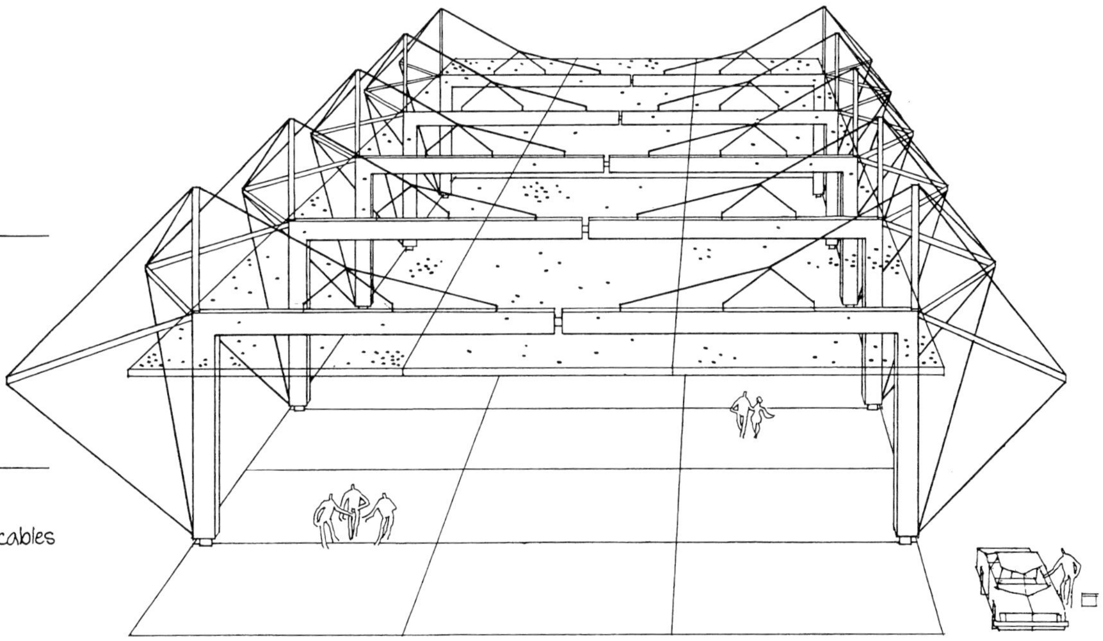

오버텐션 된 3힌지 프레임
Three-hinged frame with restraining cables

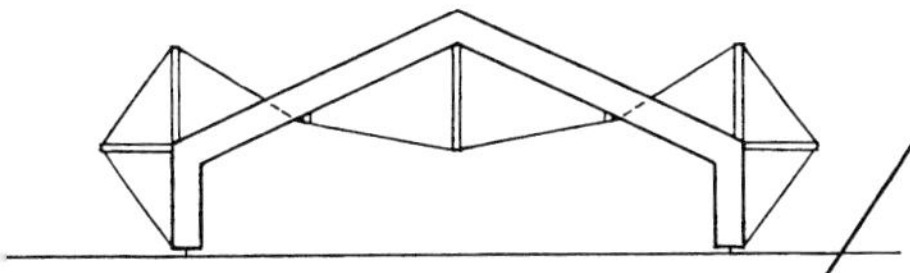

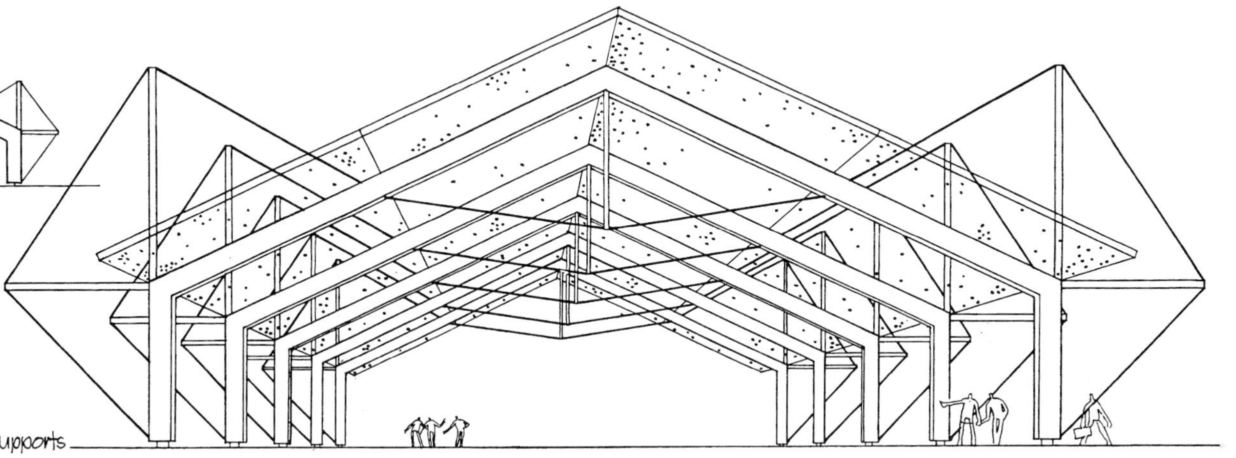

언더와 오버텐션이 결합된 포탈 프레임
Portal frame with bilateral cable supports

다른 구조 시스템의 결합: 형태저항 및 벡터저항 시스템

Coupling of dissimilar structure systems: Form-active and vector-active systems

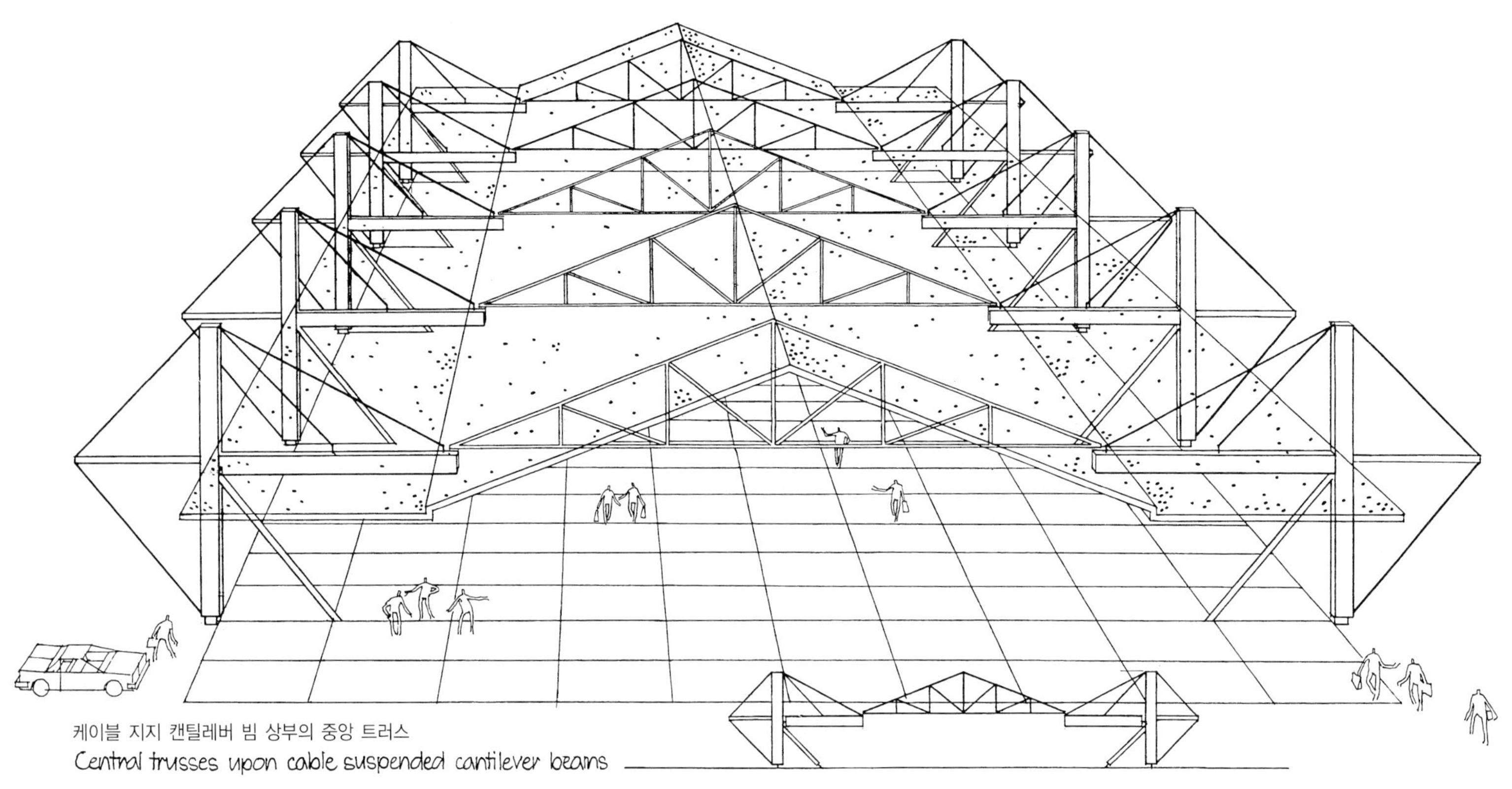

케이블 지지 캔틸레버 빔 상부의 중앙 트러스

Central trusses upon cable suspended cantilever beams

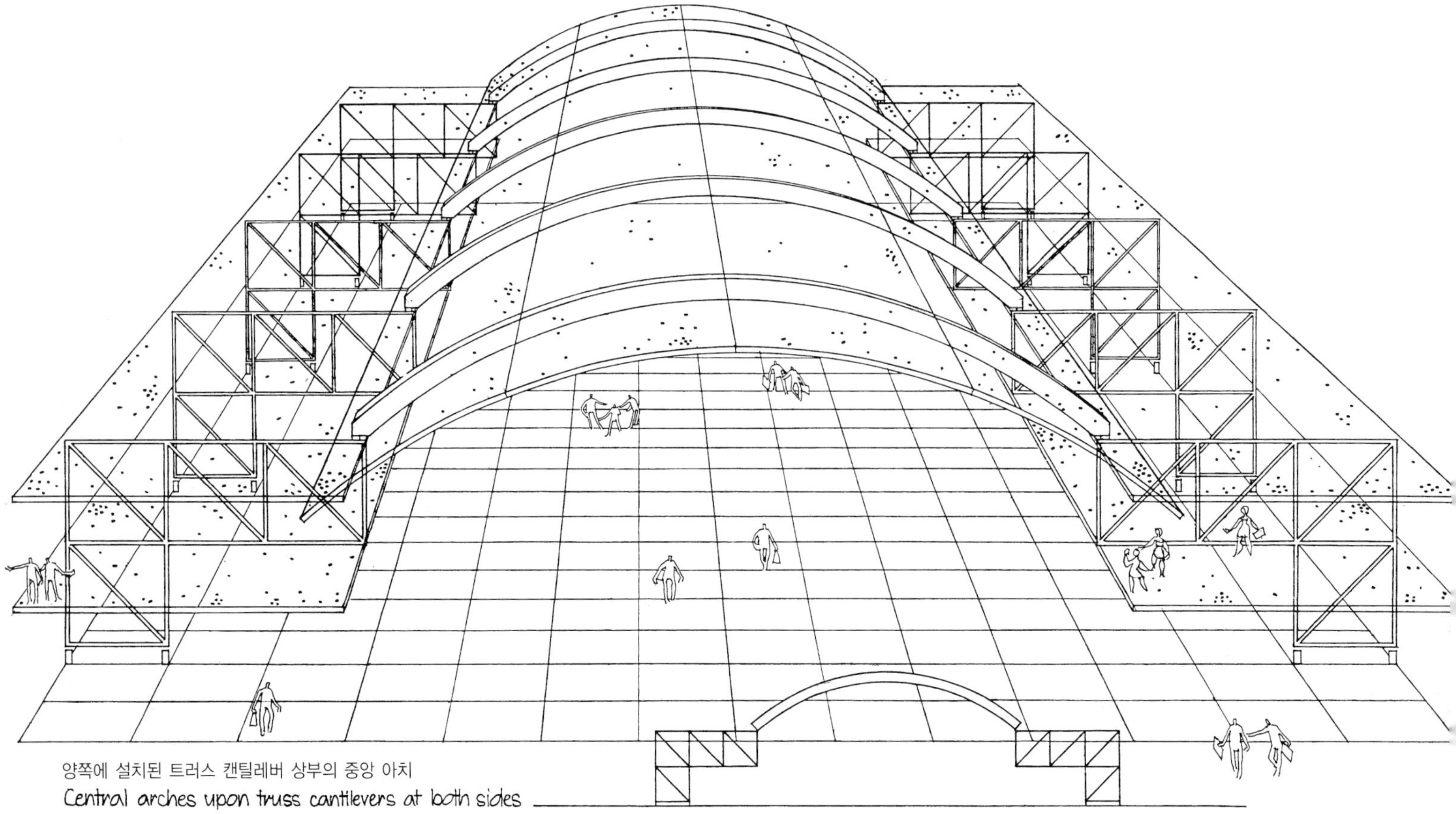

양쪽에 설치된 트러스 캔틸레버 상부의 중앙 아치

Central arches upon truss cantilevers at both sides

중첩 및 결합구조 시스템의 조합
Combination of superposition and coupling of structure systems

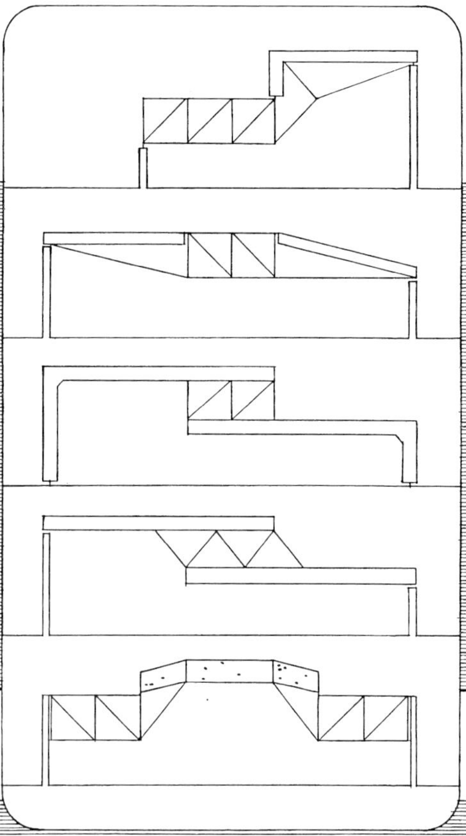

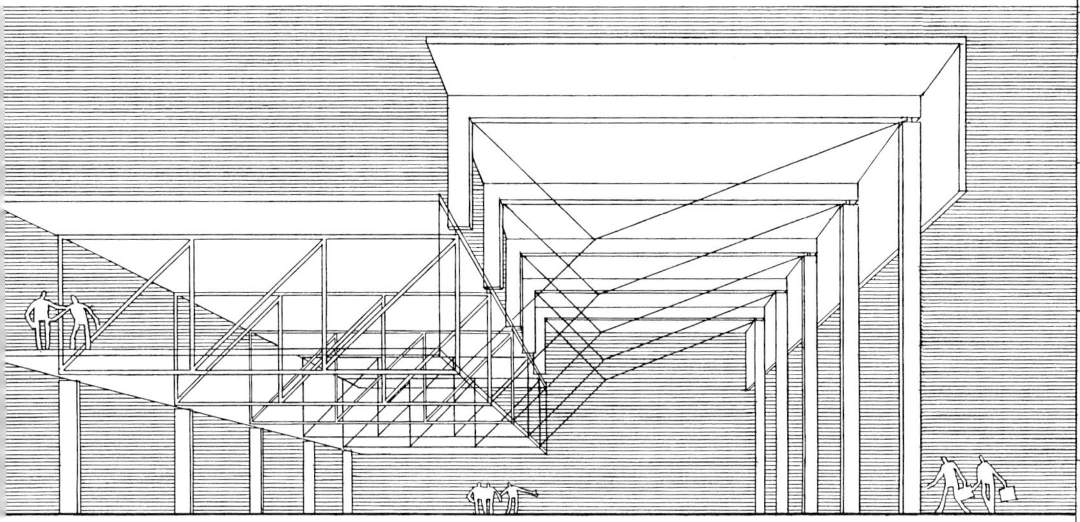

트러스와 언더텐션 프레임
Truss and cable-stabilized rigid frame

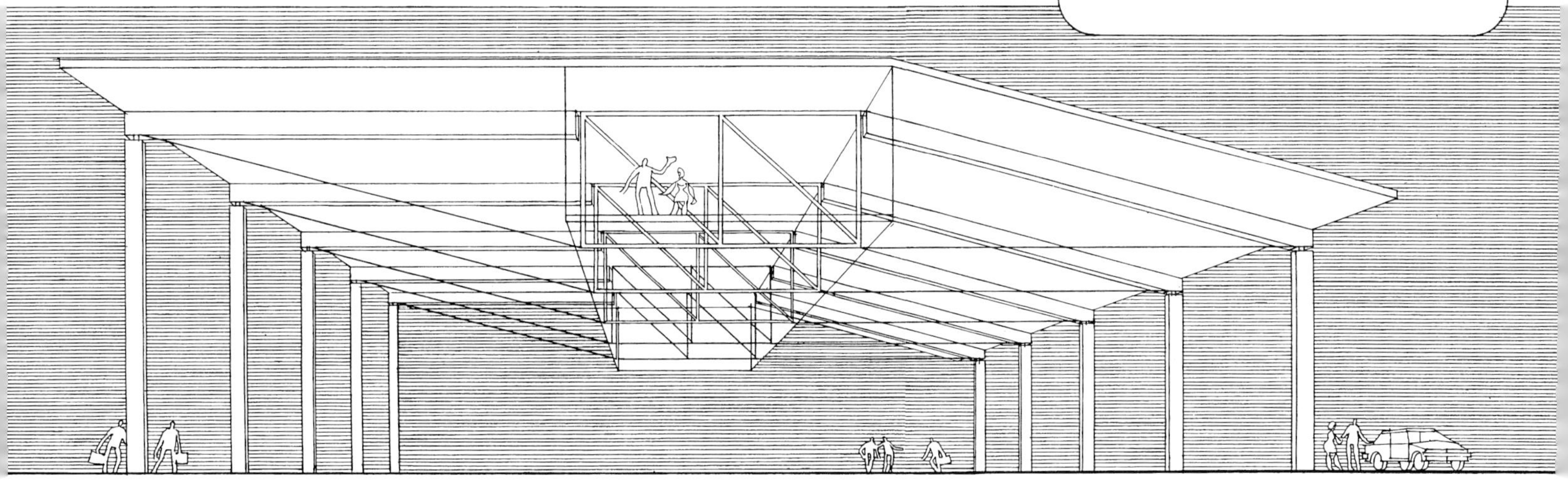

빔과 케이블이 결합된 중앙 트러스
Central truss connected with lateral beam-guy combination

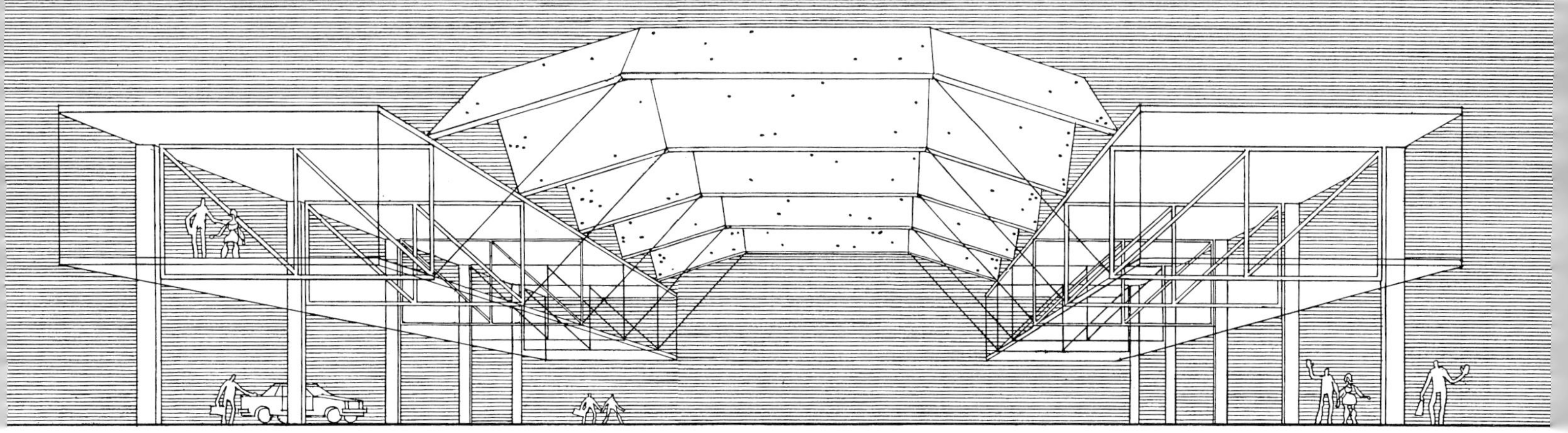

트러스와 케이블이 연결된 중앙절판 구조
Central folded plate section cable-connected with lateral trusses

기하학과 구조형태
Geometry and Structure Form

7

건축에서의 구조형태는 다양한 평형상태를 통해 작용하는 여러 힘들의 방향을 전환하기 위한 구조적 기능으로부터 도출된 기술적 형상들이다.

구조형태들은 중력과 힘의 역학의 법칙의 지배를 받는다. 따라서 이것들은 계산하고, 검증하며 재현해낼 수 있는 것들이다; 자체적인 논리가 있다; 고유의 설계언어를 형성한다: 이것이 구조형태의 기하학이다.

구조형태의 영역 속의 기하학은 힘의 방향전환을 구사하는 전형적이고 긍정적인 성격들을 지닌 선, 면 그리고 부피의 정확한 형태들이다. 이들의 배열은 건축구조의 설계에 있어서 절대적인 규범을 구성한다.

그러나 기술적 구조형태의 기하학은 그 근원과 인과관계가 운동역학의 논리에 있지 않다. 오히려, 이는 사람이 그의 환경적 세계의 공간과 이것의 형태 및 법칙을 이해하고 이를 그의 사고와 행위를 통해 접근하고자 하는 노력에서 비롯된 것이다.

공간 속에서 선, 면, 그리고 부피의 추상적 기학학이 공간 속에서 구사하는 역학측면에서의 장점들과, 건축에 제공하는 구조형태의 원형들은 현재에도 연구할 여지가 많다. 하지만, 공간 속의 힘의 형태는 사람이 공간을 자신이 접근하고 이해하며 이를 그의 필요에 따라 재구성하기 위해 고안해낸 형상들과 같거나 비슷하다고 할 수 있다.

원, 삼각형, 포물선, 구, 원통, 사면체 등 전형적인 기하학적형태들은 모두 특정 외력이 작용할 때 힘을 특정 방향으로 전환하며 힘의 평형상태를 이룬다. 역으로, 힘의 특정 배열은 역학조건에 상응하는 기하학적 구조형태를 이루기도 한다.

수학적 바탕을 둔 공간 기하학과, 역학적 배경을 둔 힘의 기하학의 구조적 형상들이 공유하는 유사성은 이 둘 사이의 깊은 관계를 드러내며, 이 관계는 기하학의 보편타당성을 증명하며 모든 3차원적 노력에 사용될 기초형태들을 제공해준다.

일반적으로 기하학은 공간 속에서 정확한 궤적을 결정하며 평면 및 공간 내의 형상과 형태의 현상들이 지니는 타당성에 관한 이론이다. 이러한 이유로 기하학은 물질적 및 공간적 환경, 건물들 그리고 이들의 구조들의 모양을 다듬는 데에 있어서 뺄 수 없는 도구이다.

기하학을 통해서만이 상상적 형태개념들은 물질적 개체, 공간적 이미지 또는 기술적 개념들로 가시화하고 규명할 수 있다; 이럴 때만이 이들을 교환하며 검증하고 최적화하며 결국에는 구현까지 할 수 있다. 기하학은 건축가와 공학자가 설계하고 형태를 부여하는 일을 수행하는 데에 있어서 기초적인 학문이다.

기하학이 비록 수학논리의 지배를 받으며 임의적인 일탈을 허용하지 않는다 하더라도, 창의적 설계의 장애물은 결코 아니다. 반대로, 창의적 문학에 있어서 언어의 엄격한 훈련이 필요한 것처럼, 기하학의 체계도 실제로는 구조형태의 서사적 잠재력을 드러내도록 판타지를 일깨운다.

기하학은 일반적인 건축설계와 마찬가지로 구조설계에 대하여 세 가지 중요한 기능을 수행한다:

1. 설계의 결과를 가시화하는 수단이자 매개체 = 서술적 기하학
2. 구조의 발상을 창출하기 위한 원형적 형태 및 시스템의 목록 = 구조적 형태의 기하학
3. 공간과 이의 법칙들을 연구하기 위한 과학적 기초 = 선, 면, 부피의 기하학

구조적 형태의 기하학은 특정 구조 시스템이나 특정 종류의 구조에 매여 있지 않다. 비록 하나의 구조에 대해서 특정 기하학적 형태가 다른 기하학적 형태들보다 더 많은 가능성을 보일 수는 있을지라도, 기하학은 종류의 경계를 초월하며 보편성을 추구하는 학문이다.

기하학은 또한 형태의 보편적 언어이다. 설계를 위한 절대적인 형태원리는 여러 가지 이유로 의문의 여지가 많다는 것은 사실이지만, 만일 이것을 공간의 질서부여 법칙이라고 여긴다면, 이는 개인적, 전문적 및 적합성의 차이를 초월하는 통합요소로서 작용할 수 있을 것이다.

기술계에서의 구조형태의 기하학에 대한 지식은 자연계의 구조형태를 연구함으로써 추가적인 관점을 얻을 수 있을 것이다. 그 이유는 후자가 생기게 된 이유 자체가 자연계 내의 물질들이 외부 및 내부 힘의 영향력을 최소화하여 에너지 소모를 최소화 하려는 법칙을 지배하기 때문이며, 이를 힘의 형상이 물체화되었다고 생각해도 좋을 것이다.

설계의 보편적 학문으로서의 구조형태의 기하학은 현대환경에 질서를 재부여하는 데에 기여할 수 있으며, 다시 말해 고대 그리스 철학자들이 형태와 공간을 탐험하기 위해 질서의 시스템을 정의하고자 노력했던 때에 구조형태가 수행했던 기능들을 재현해낼 수 있다는 것이다.

공간과 형태는 건축이 스스로를 표현하고 나타내는 기본소재이다. 공간과 형태, 이들의 결정, 조정, 분절 그리고 둘러싸는 것을 연구하는 것은 과학적 수단으로서의 기하학을 필요로 한다. 기하학에 대한 포괄적인 지식은, 사람이 살고 있는 세상처럼 구조와 건물의 형태를 계획하는데 반드시 필요하다.

Structural forms in architecture are technical figures being deduced from the function of structures to redirect oncoming forces in other directions through different states of equilibrium.

Structural forms are submitted to the laws of gravity and of force mechanics. Therefore they can be calculated, be checked and be reenacted; they have their own logic; they constitute an indigenous design vocabulary: Geometry of structural forms.

Geometry in the realm of structural forms is the exact definition of lines, planes and solids that command typical and positive characteristics in the redirection of forces. Their configurations constitute absolute norms in the design of architectural structures.

The geometry of technical structure forms, however, as to origination and causality, cannot be traced back to the logic of force mechanics. Instead, it is consequence of man's early striving to comprehend the space of his environmental world, its forms and its legalities, and thus to make it accessible for his thinking and acting.

The phenomenon that the abstract geometry of lines, planes and solids in space commands merits in the mechanics of forces and provides prototypical structural forms for architecture thus far has remained largely unexplored. Yet, with good reason it can be assumed, that the images of forces in space are equal or similar to the figures that man has thought out for rendering the empty space accessible and comprehensible to himself and for shaping substance to his wants.

The typical geometric figures such as circle, triangle, parabola, sphere, cylinder, tetrahedron etc. All induce, under external force action, a certain flow of forces and form a specific image of force equilibrium. Vice versa, the particular constellation of forces cause a geometric structure form corresponding to the mechanical condition.

The affinity, existing between the figures of space geometry with their mathematical roots on the one hand and the structural figures of force geometry with their mechanical background on the other, uncovers a profound association between the two, a kind of cohesion that confirms the universal validity of geometry and its elementary figures for any three-dimensional endeavour.

Geometry in general is the theory about the exact determination of loci in space and about the legality of planer and spatial figures and form phenomena. As such, geometry is an indispensable instrument for shaping the material and spatial environment, the buildings and their structures.

Only through geometry can the imaginary form conceptions envisioning material objects, spatial images or technical constructs be made visible and be identified; and only then can they be communicated, be checked, be optimized and finally be implemented. Geometry is basic discipline in the designing and form-giving operations of the architect and engineer.

Geometry, though being subjected to the logic of mathematics and, hence, not allowing wilful deviations, still is no obstacle to creative design. To the contrary, much as the discipline of language is requisite to any form of creative literature, so too will the systematics of geometry actually free the phantasy to uncover the poetic potential in structural forms.

For structural design, as for architectural design in general, geometry performs three important functions:

1. as instrument and medium for making visible the results of design
   = Descriptive geometry
2. as catalogue of prototypical forms and systems for the generation of structure ideas
   = Geometry of structural forms
3. as scientific basis for the exploration of space and its principles
   = Geometry of lines, planes and solids

The geometry of structural forms is not bound to a particular structure system or to a specific kind of structure. Though a certain geometric figure may show more possibilities for the one kind of structure than for the other, geometry is a discipline transgressing the border lines of categories and attaining universality.

Geometry also is a universal language of form. True, a definite form canon for design is a notion to be questioned for many reasons, but if conceived as the ordering principle of space, it will function as a unifying agent beyond the differences of individuals, professions and qualifications.

The knowledge on the geometry of structure forms in technique will gain additional perspective through studies on the structural forms in nature. For, the latters, having come into being as a material response to the impact of external and internal forces under nature's law of minimum energy expense, can be considered as materialized diagrams of forces.

The geometry of structural forms as universal discipline for design can contribute to re-establishing order in the contemporary environment, i.e. it can perform a function that at one time had already served the Greek philosophers in antiquity in their endeavour to define an ordering system for the exploration of form and space.

Space and form are the basic matter through which architecture expresses and represents itself. The exploration of space and form, their determination, their modulation, their articulation and their enclosements require geometry as scientific instrument. Comprehensive knowledge of geometry is prerequisite to shaping structures and buildings like the whole world where man lives.

구조설계에 있어서의 서술적 기하학의 3가지 기능

기하학은 – 단순히 정의하자면 – 공간내의 위치와 면, 공간적인 형상과 외형을 정확히 결정하는 수학이론이다.
구조설계에 있어서 기하학은 본질적이고 결정적인 기능을 제공한다. 이 기능들의 창의적 기능들은 지금까지 광범위하게 사용된 적이 없다.

The 3 functions of descriptive geometry in the design of structures

Geometry – in a simplified definition – is the theory of the mathematical, i.e. exact locating of points in space and of the rationale underlying planar and spatial configurations and form phenomena

In the design of structures geometry serves in essential and determinant functions. The creative potential of these functions thus far has remained largely unused

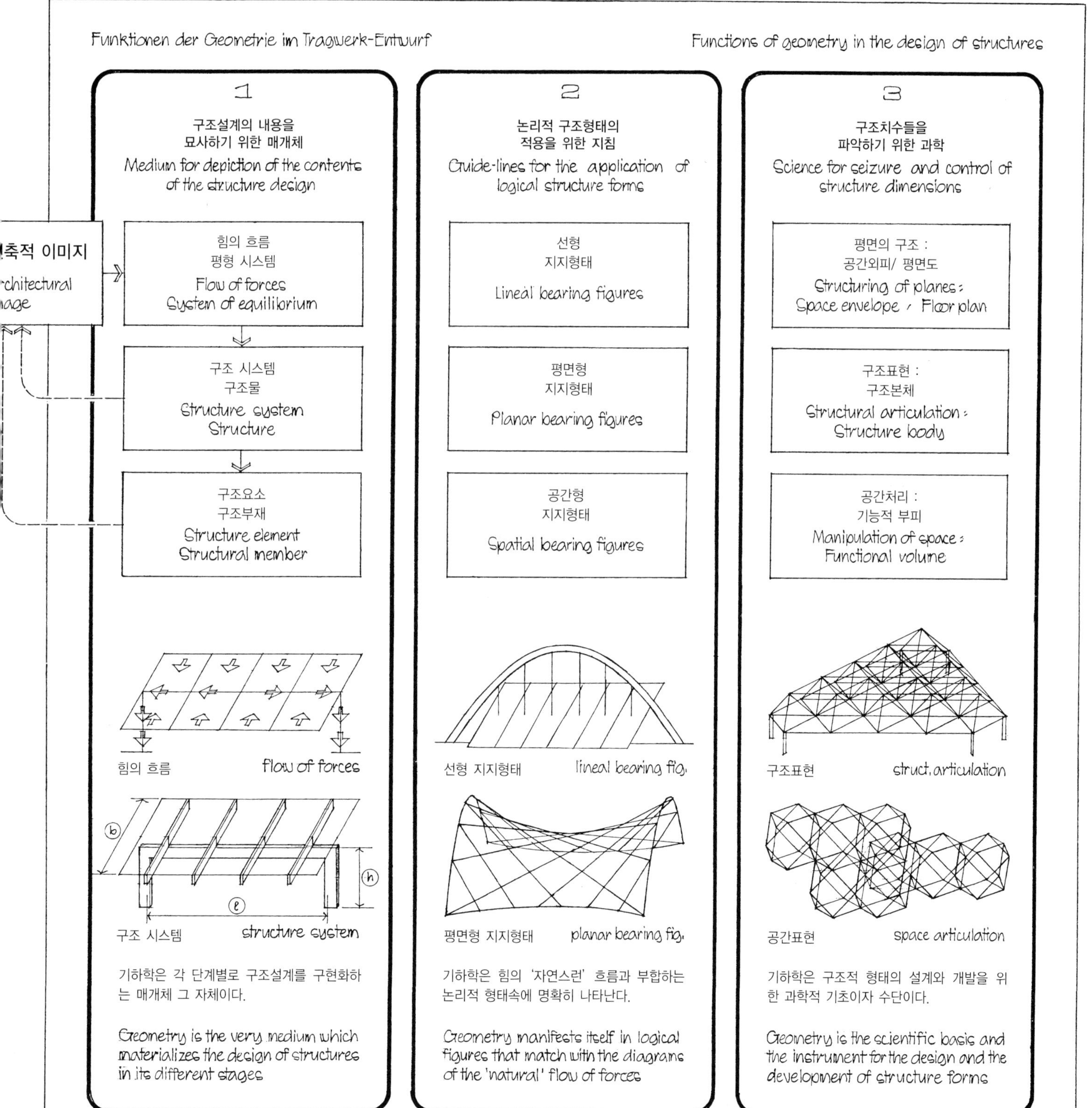

구조 요소들의 기하학적 분류

기하학과 단일부재들의 구조기능 관계
(여기에서는 주로 중력하중에 따라 논의됨)

구조형태는 공간에서 선과 면의 구성으로서 모델 또는 설계에서 이루어진다.
공간에서 장소나 위치에 따라 좌우되는 기하학의 각 기본형태는 본래의 구조 시스템 내에서 역학적인 기능과 구조적인 사용의 가능성으로 결정된다.

Geometric classification of structure members

Relationship between geometry and structural function of single members
(here essentially referring to gravitational loads)

Structure forms in conception, model or design originate as configurations of lines and planes in space. Structure forms, therefore, are basically composed of the elementary figures of geometry

To each elementary figure of geometry, depending on location and position in space, definite potentialities of structural function and constructional implementation within the structure system are inherent

기하학 Geometry	위치 / 형태 Position / figure			구조구성요소 / 건축부재 Structure components / Construction members	
점 ① POINT		•	1 2 3 4 5 6 7	지지 고정 힌지 연결 맞댐 절점 지반	support, bearing fixed-end joint hinge, pin joint connection, joint (butt) joint node point base
직선 ② straight LINE	수직적 vertical	|	1 2 3 4 5	지지, 기둥 서스펜션, 행거 (프레임) 수직재 수직재 버팀목	support, column suspension, hanger (frame) leg vertical rod, ~ bar spreader bar
	경사진 inclined	/	1 2 3 4	지주, 버팀대 스테이 케이블 브레이싱 경사재	strut, brace restraining cable bracing diagonal member
	수평적 horizontal	—	1 2 3 4 5 6	빔, 거더 상인방 프레임 거더 타이로드 상/하현재 (평행) 리브	beam, girder lintel, header frame girder tie rod top / bottom chord (parallel) rib
복합적인 선 ③ complex LINE	구부러진 bent	L	1 2 3 4	굽은 빔 박공 빔 고정 프레임 캔틸레버 기둥	bent beam gabled beam rigid frame, bent cantilevered column
	휘어진 curved	⌒	1 2 3 4 5 6 7	커브 빔 분할된 상인방 아치 하중 케이블 당김 케이블 하(상)현재 케이블 타이 빔	curved beam segmental lintel (funicular) arch load cable stabilization cable bottom (top) chord tie beam, base ring

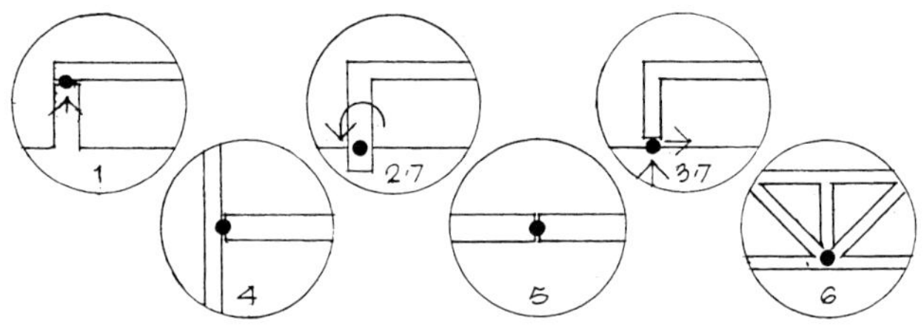

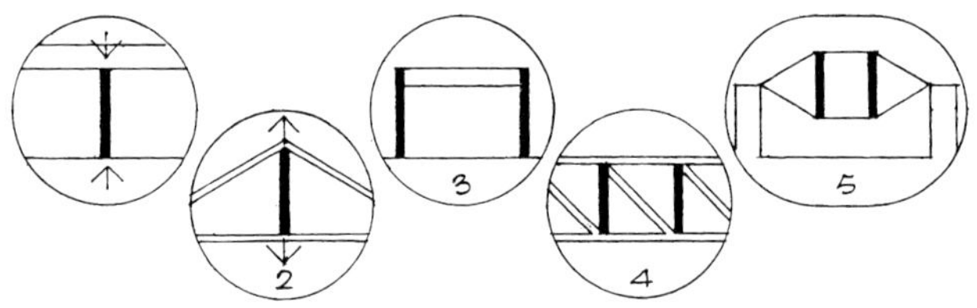

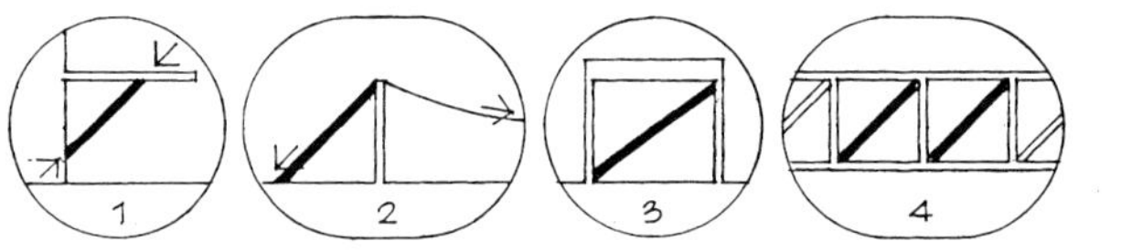

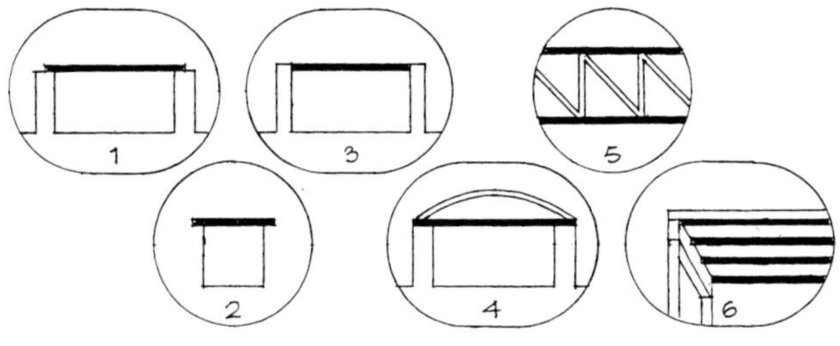

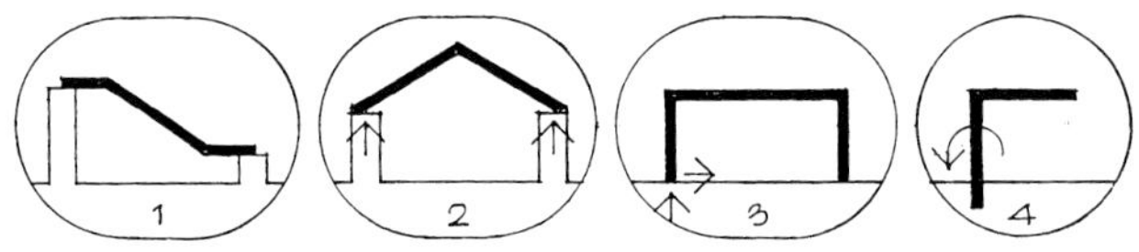

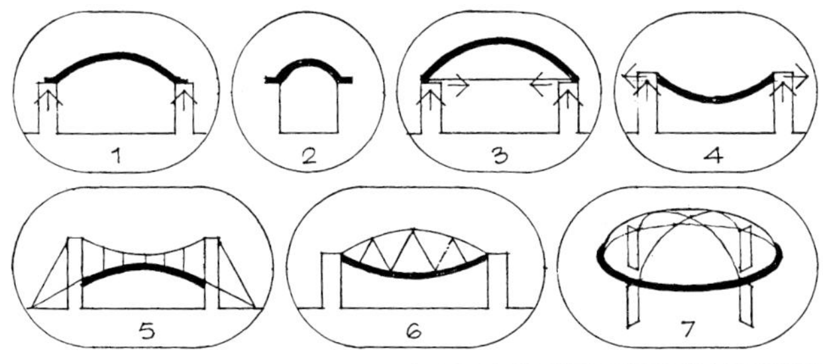

기하학 Geometry	위치 / 형태 Position / figure			구조구성요소 / 건축요소 Structure components / Construction members		
연결된 선 ④ jointed LINE	평평한 flat		1 2 3 4 5	트러스 다중-패널 프레임 빔 격자 와플 교차 리브	truss multi-panel frame beam grid waffles cross ribs	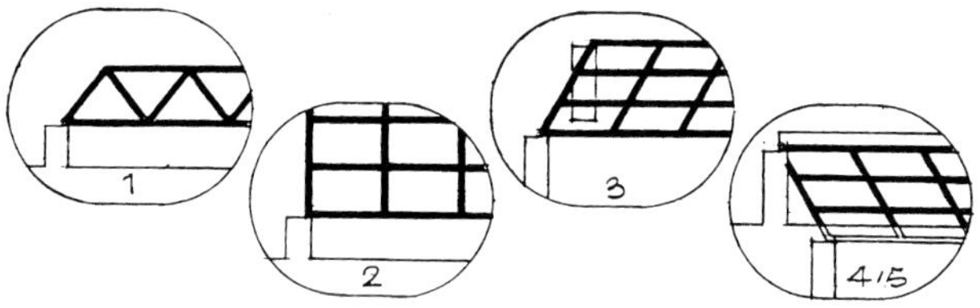 1 2 3 4/5
	휜 curved		1 2 3 4	트러스 라멜라 격자 (추력) 래티스 (서스펜션) 네트	truss lamella grid (thrust) lattice (suspension) mesh	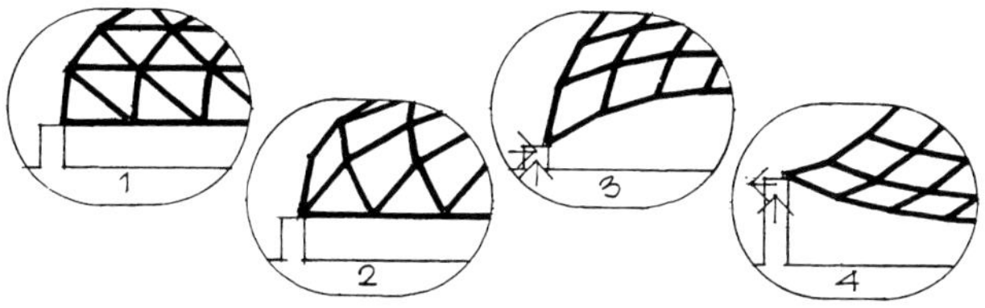 1 2 3 4
	공간적 spatial		1 2 3 4	공간 트러스 공간 격네트자 공간그물 2축 프레임	space truss space lattice space mesh / biaxial frame	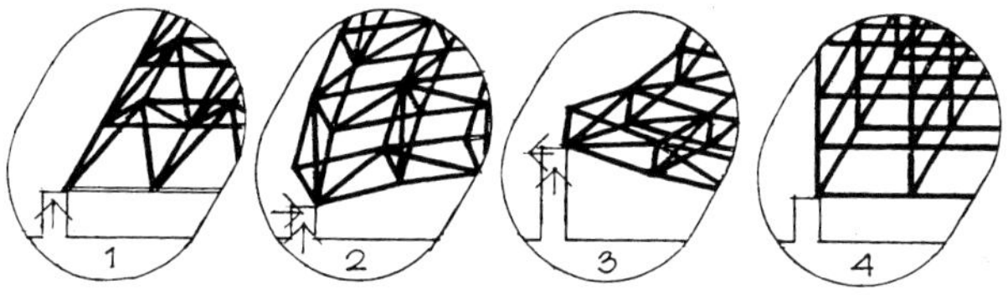 1 2 3 4
평면 ⑤ flat PLANE	수직적 vertical		1 2 3	구조판 내력벽 브레이싱	structural plate bearing wall bracing panel	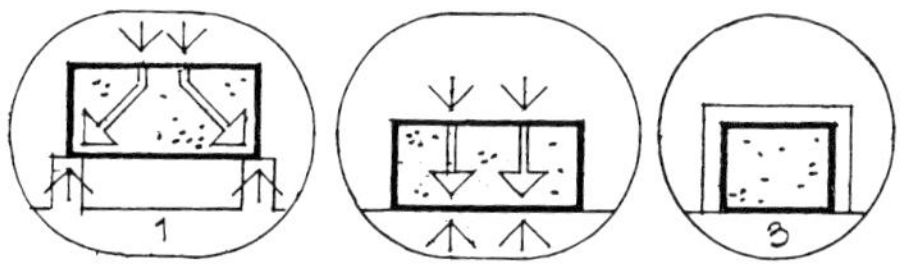 1 3
	수평적 horizontal	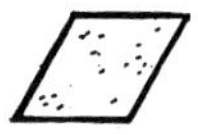	1 2 3	구조 슬래브 수평 판 거더 브레이싱 판	structural slab horiz. plate girder bracing plate	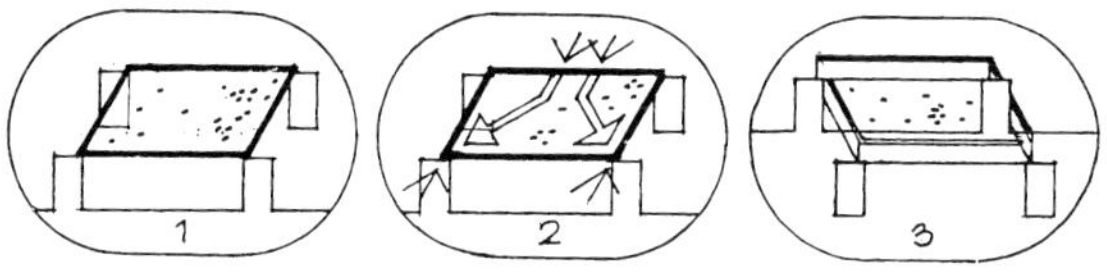 1 2 3
	접힌 folded		1 2 3 4 5	프리즘 절판 구조 피라미드형 절판 구조 절판 빔 절판 프레임 절판 아치	prismatic fold. str. pyramid fold. str. folded plate beam folded plate frame folded plate arch	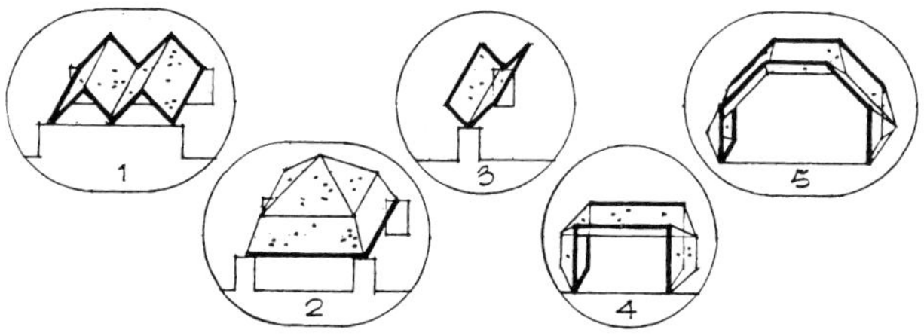 1 2 3 4 5
복합적인 평면 ⑥ complex PLANE	단일곡면 singly curved	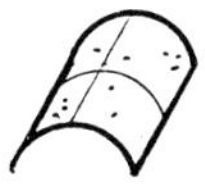	1 2 3 4	쉘 튜브/에어 튜브 보올트 공기 지지 지붕	shell tube / air tube vault air-supported roof	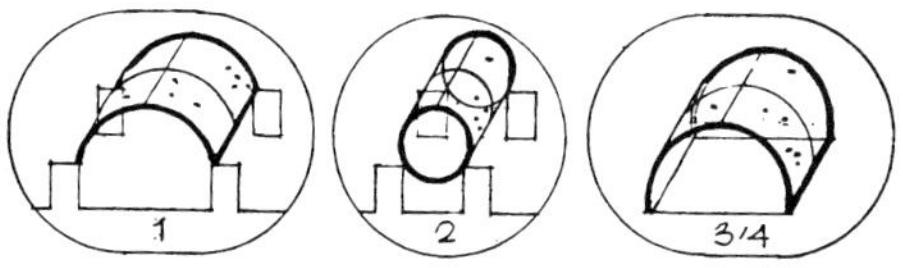 1 2 3/4
	이중곡면 doubly curved		1 2 3 4 5	쉘 텐트 막 에어 쿠션 에어 튜브 쉘 튜브	shell tent membrane air cushion air tube shell tube	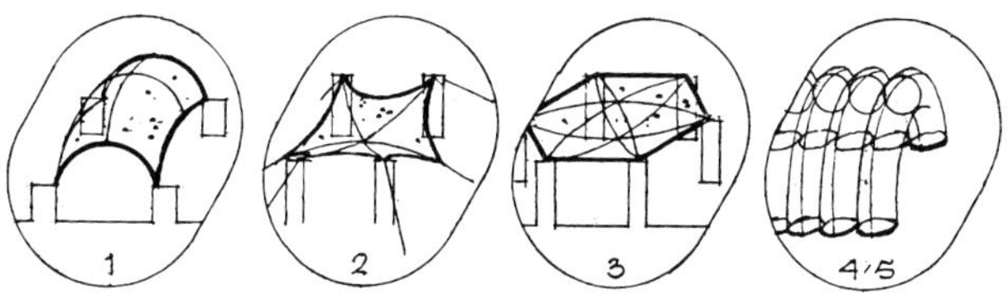 1 2 3 4/5
	혼합형 combined		1 2	박스 프레임 판 격자	box frame plate grid	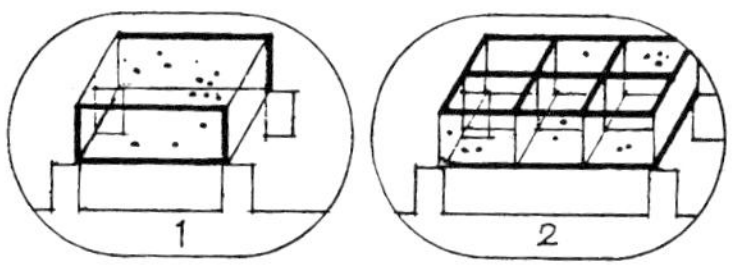 1 2

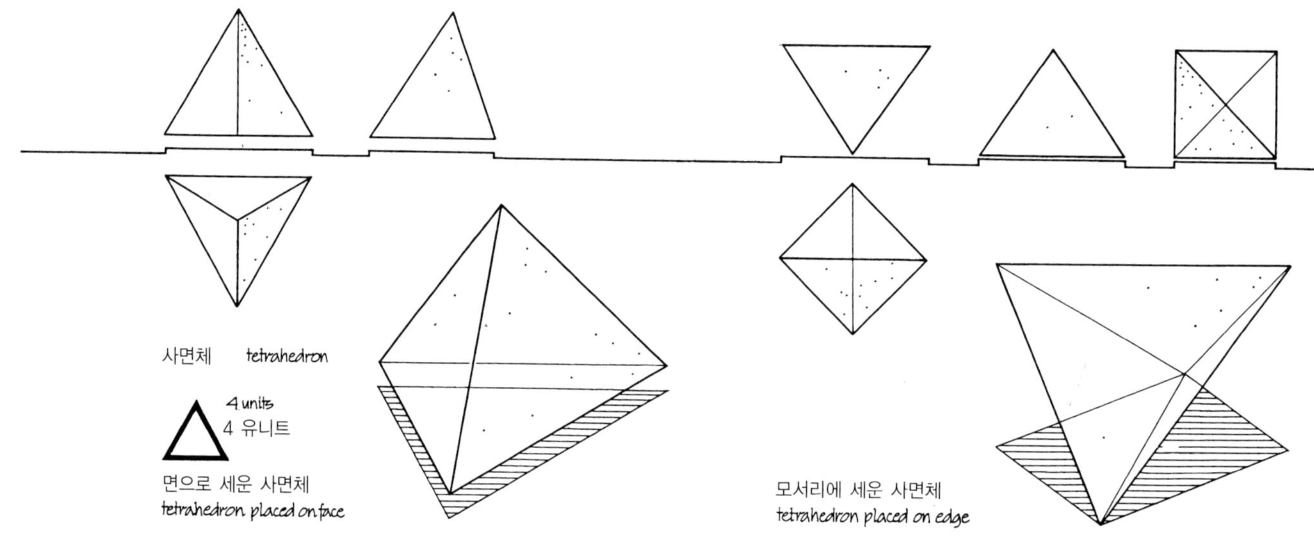

사면체 tetrahedron

4 units
4 유니트

면으로 세운 사면체
tetrahedron placed on face

모서리에 세운 사면체
tetrahedron placed on edge

동일한 면의 절면: 다면체의 기하학

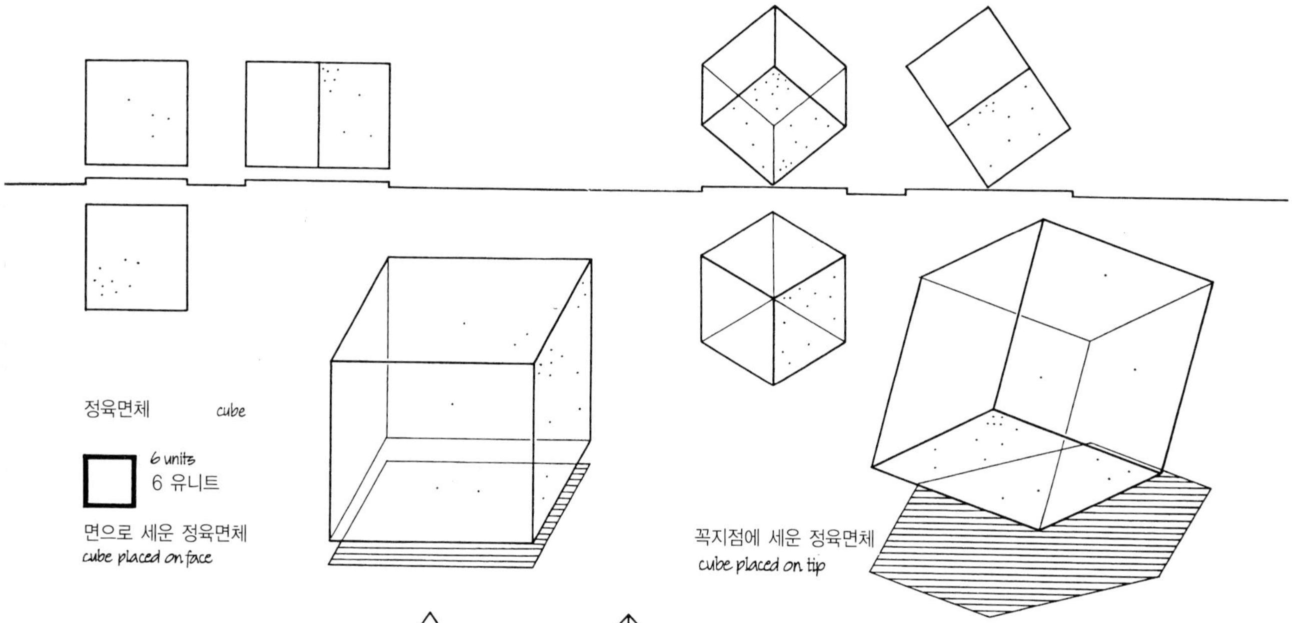

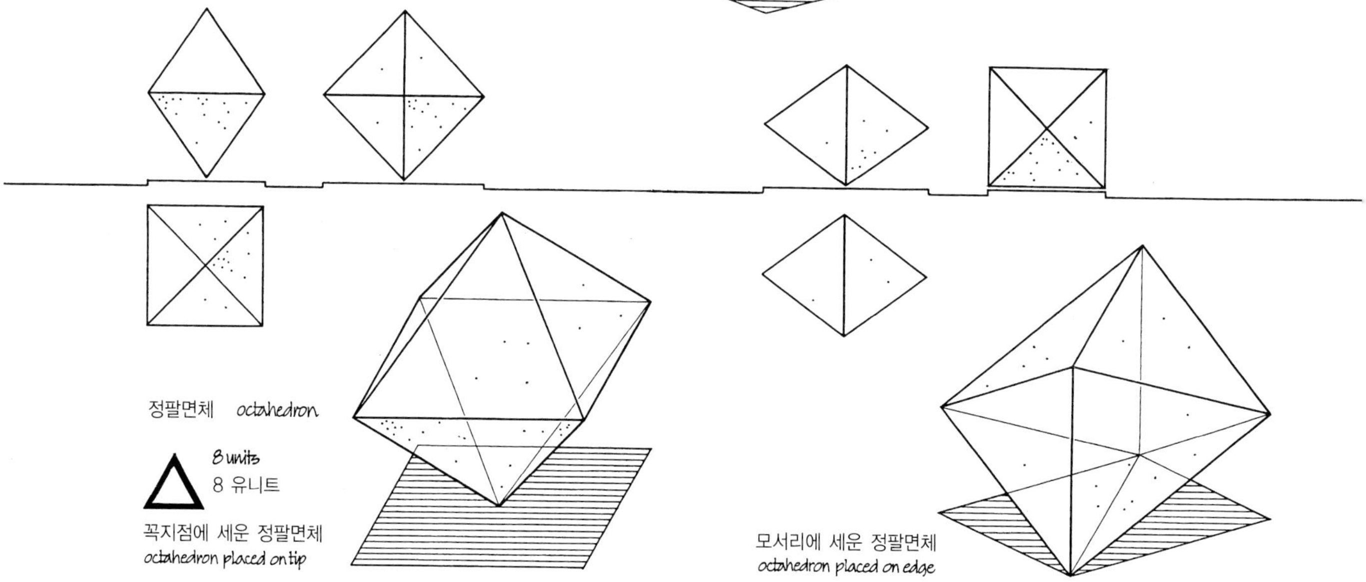

정육면체 cube

6 units
6 유니트

면으로 세운 정육면체
cube placed on face

꼭지점에 세운 정육면체
cube placed on tip

정팔면체 octahedron

8 units
8 유니트

꼭지점에 세운 정팔면체
octahedron placed on tip

모서리에 세운 정팔면체
octahedron placed on edge

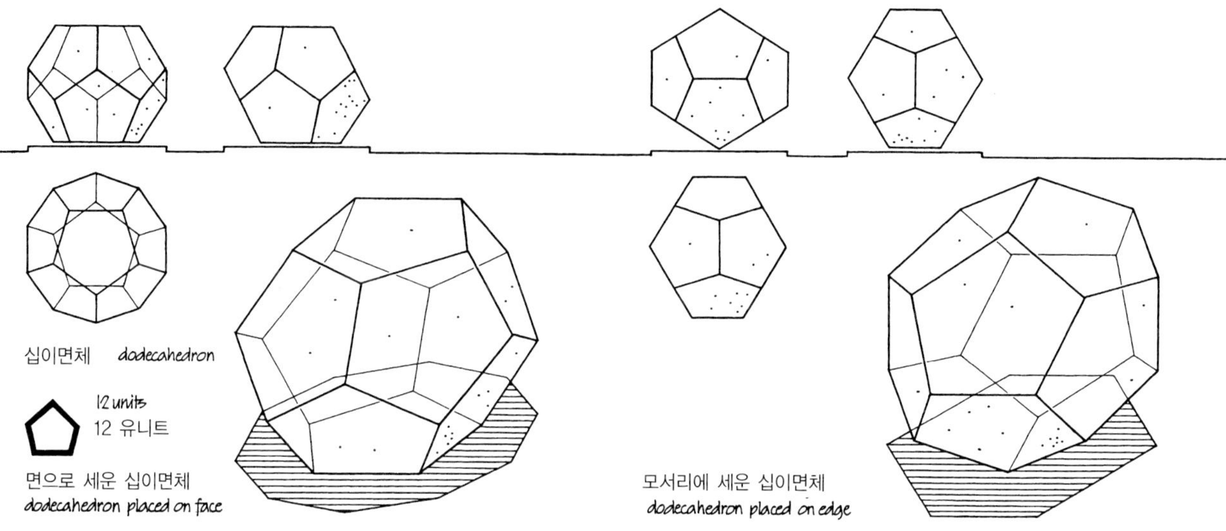

Foldings with equal planes: Geometry of polyhedra

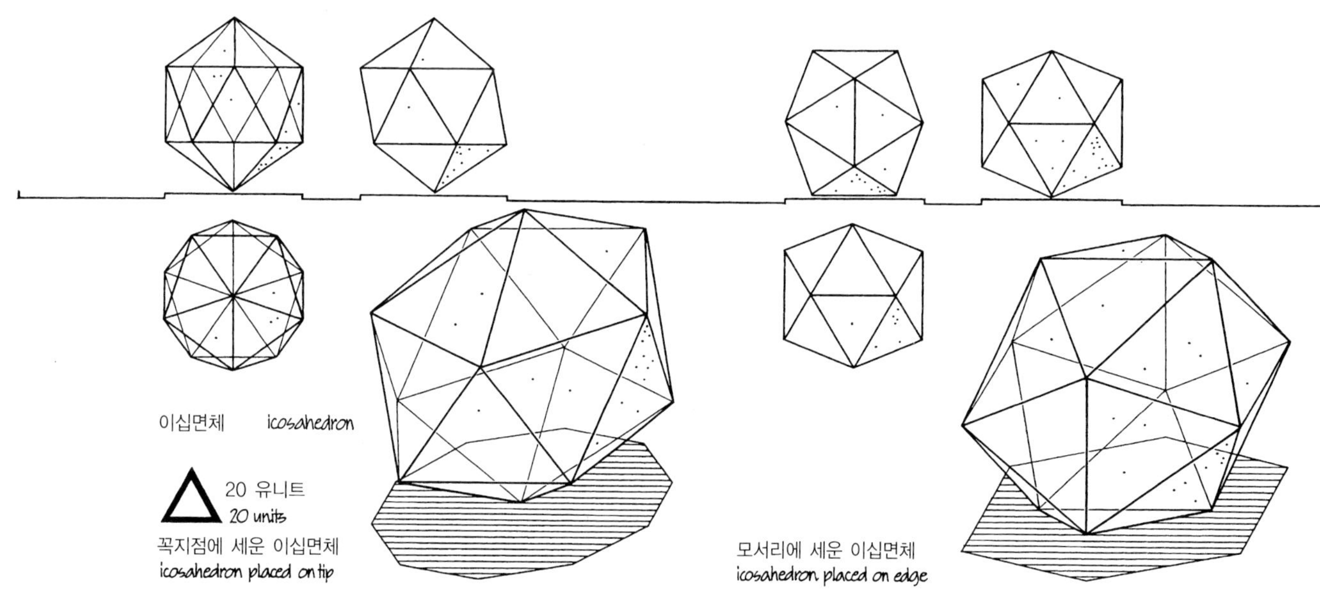

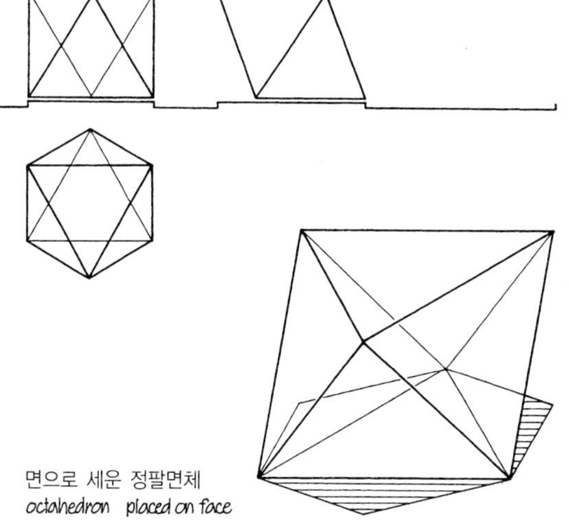

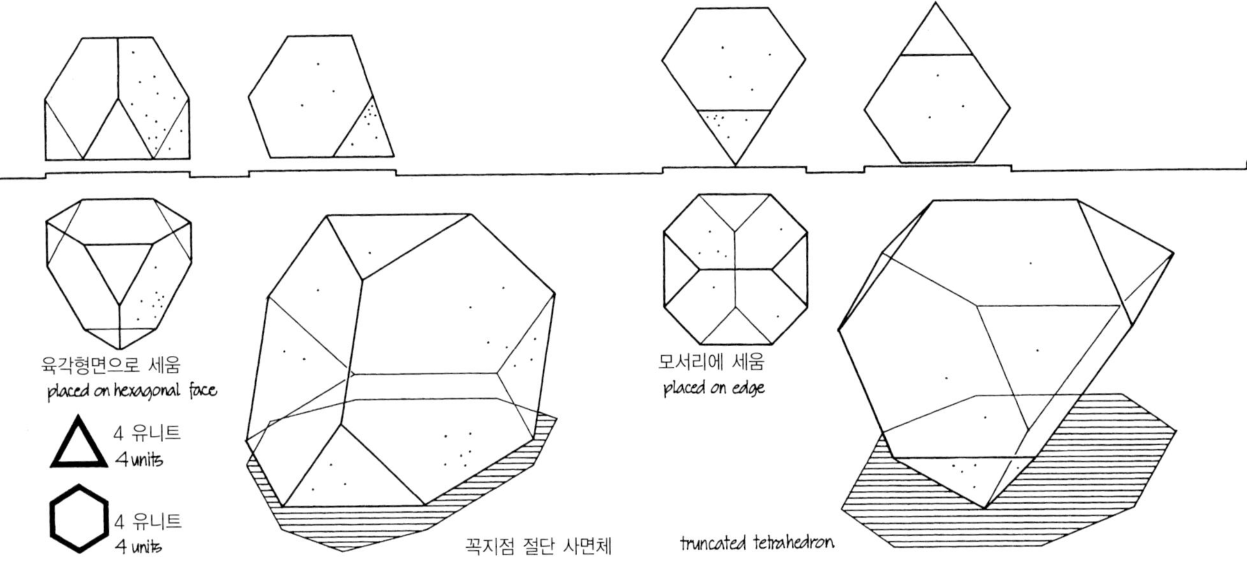

육각형면으로 세움
placed on hexagonal face
4 유니트
4 units
4 유니트
4 units
모서리에 세움
placed on edge
꼭지점 절단 사면체
truncated tetrahedron

동일한 평면의 절면: 다면체의 기하학

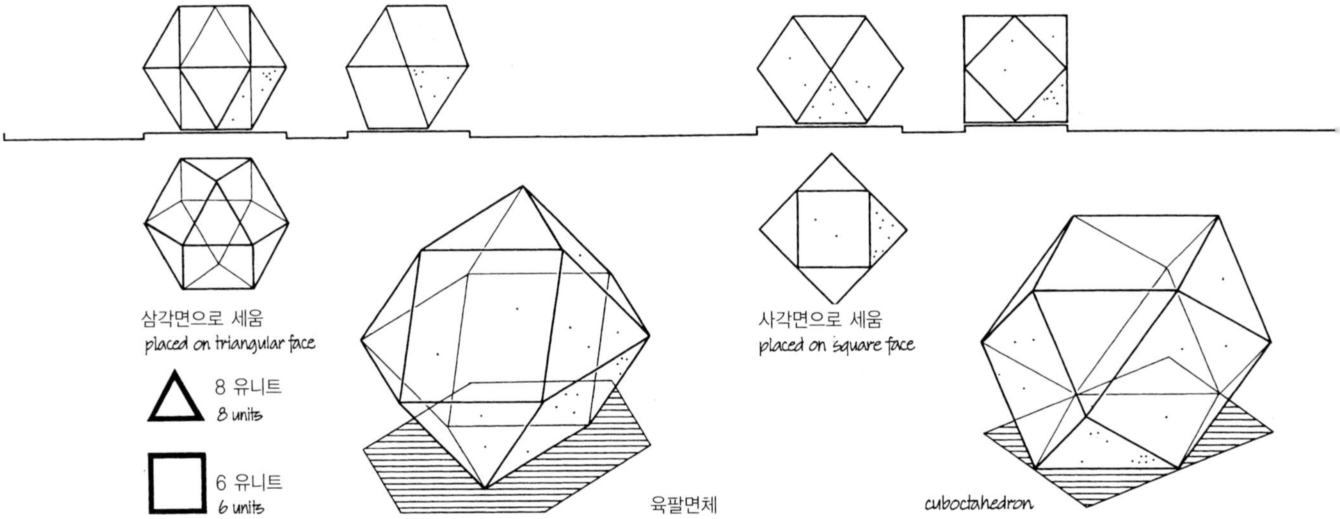

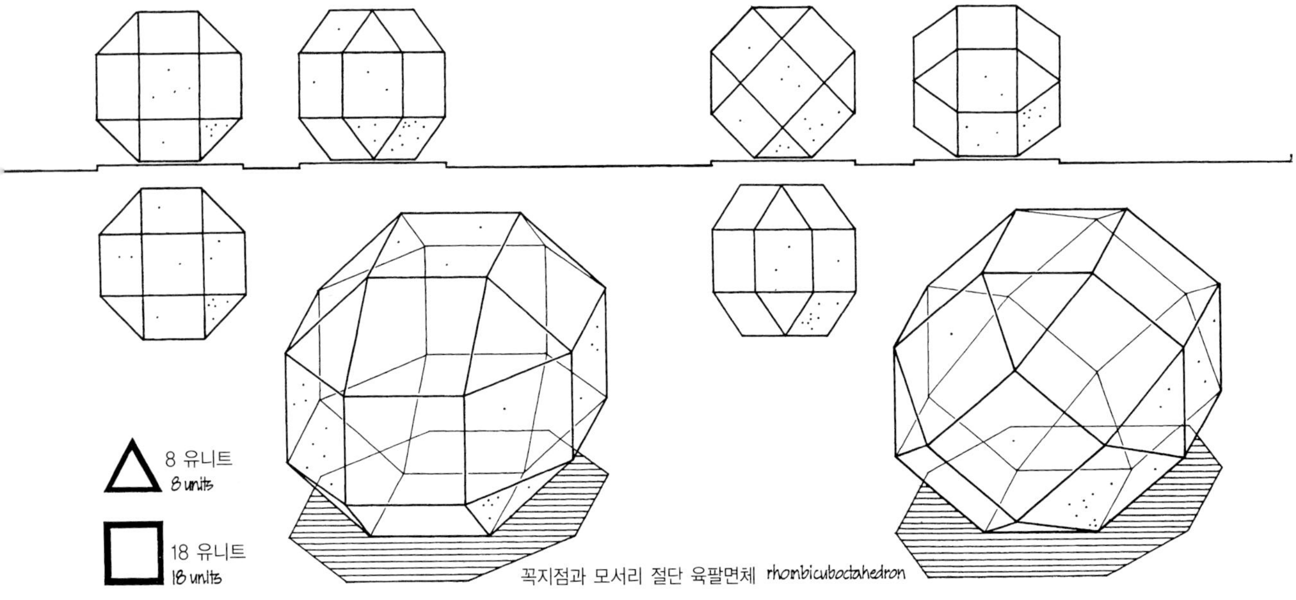

삼각면으로 세움
placed on triangular face
8 유니트
8 units
6 유니트
6 units
사각면으로 세움
placed on square face
육팔면체
cuboctahedron

8 유니트
8 units
18 유니트
18 units
꼭지점과 모서리 절단 육팔면체
rhombicuboctahedron

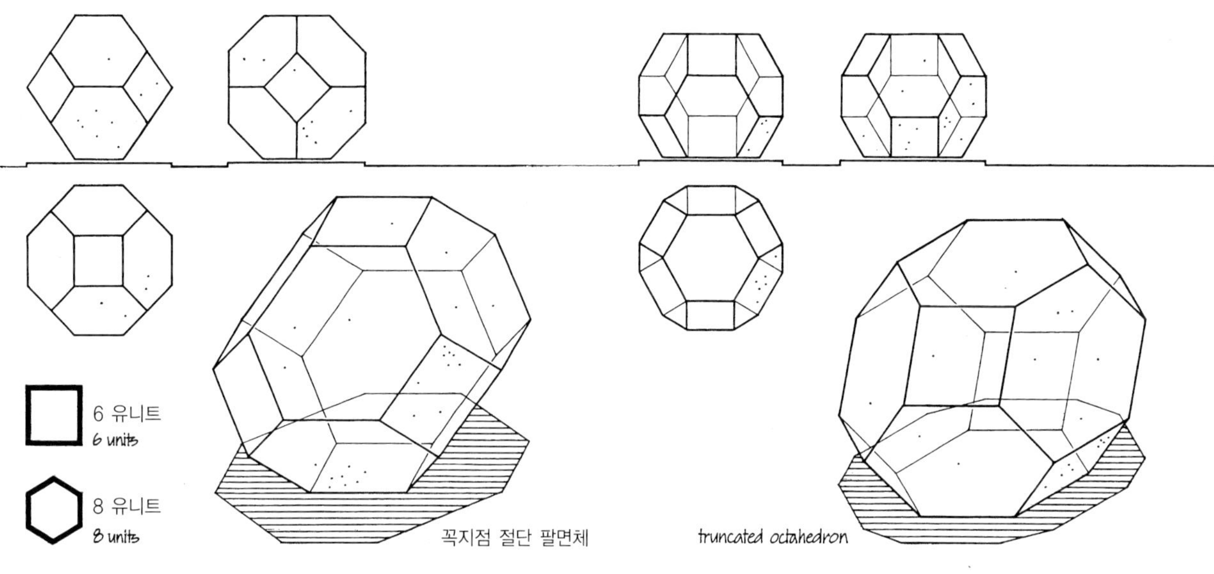

Foldings with equal planes : Geometry of polyhedra

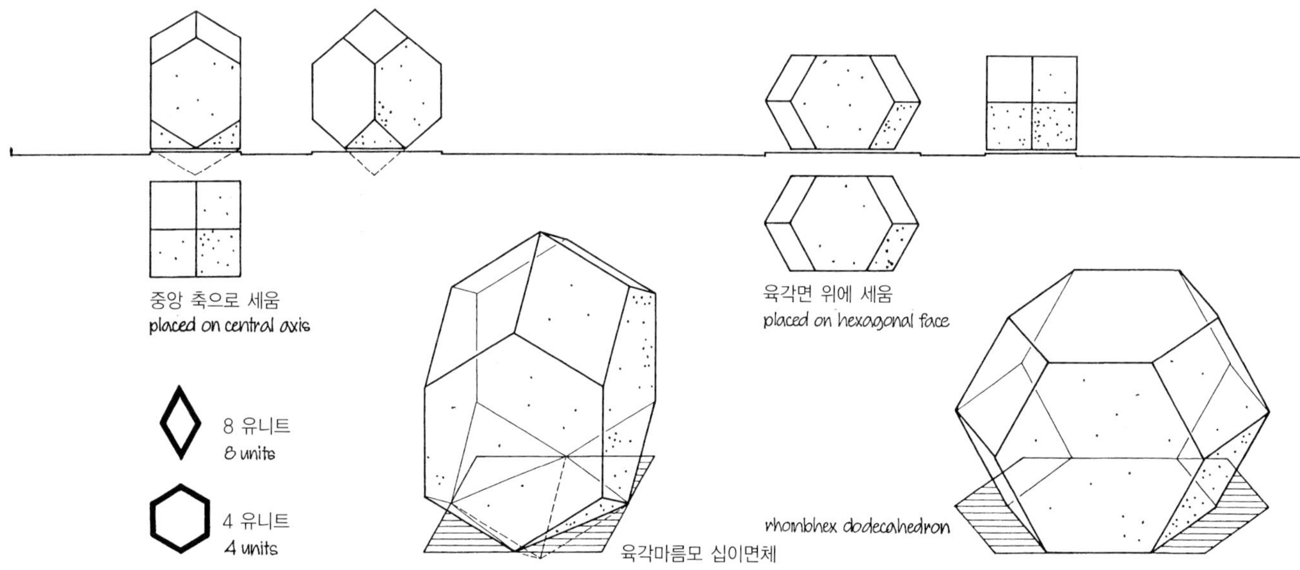

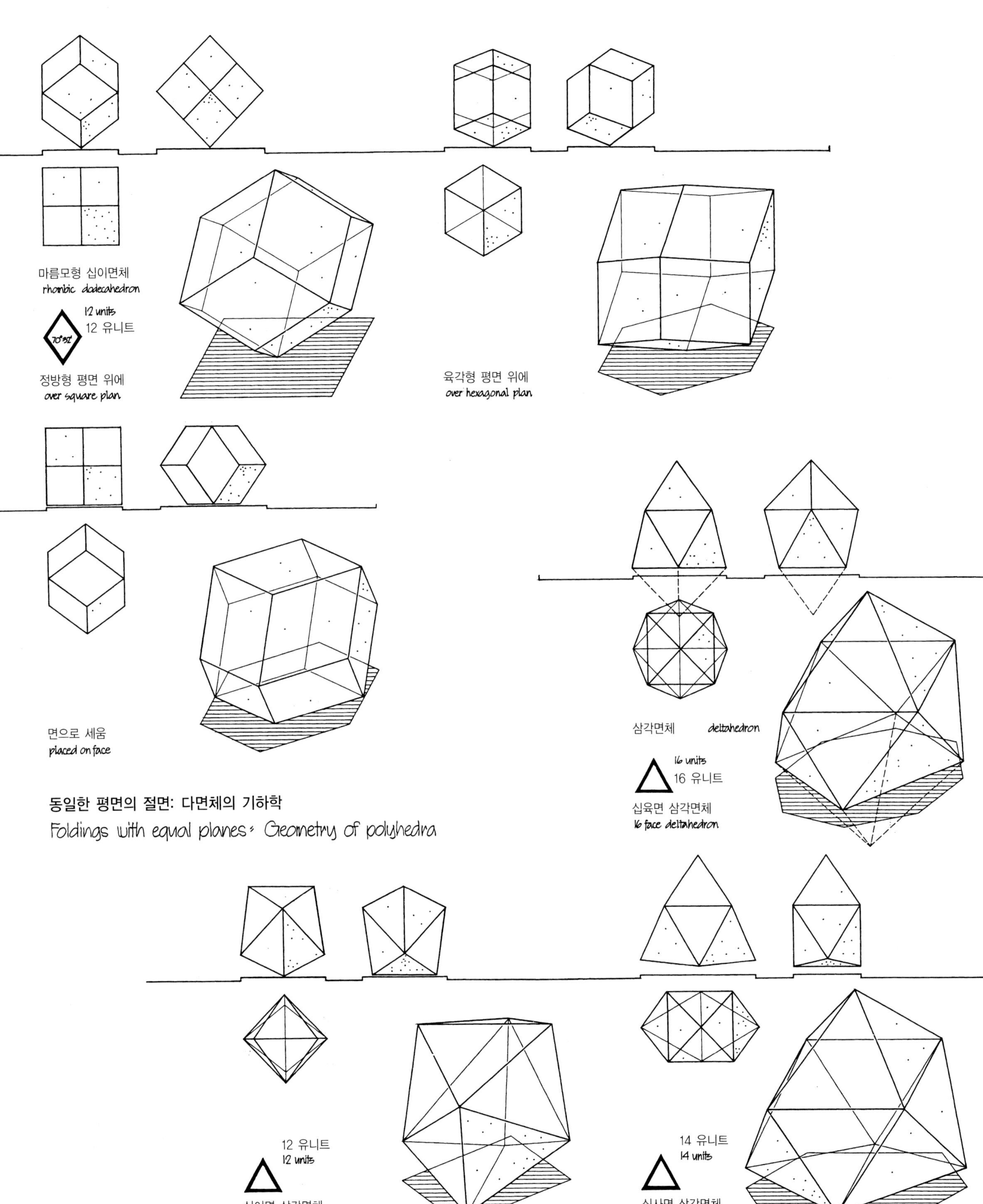

동일한 평면의 절면: 다면체의 기하학
Foldings with equal planes: Geometry of polyhedra

특수한 평면상의 피라미드형으로 접힌 평면

pyramidal folded surfaces over special plan geometry

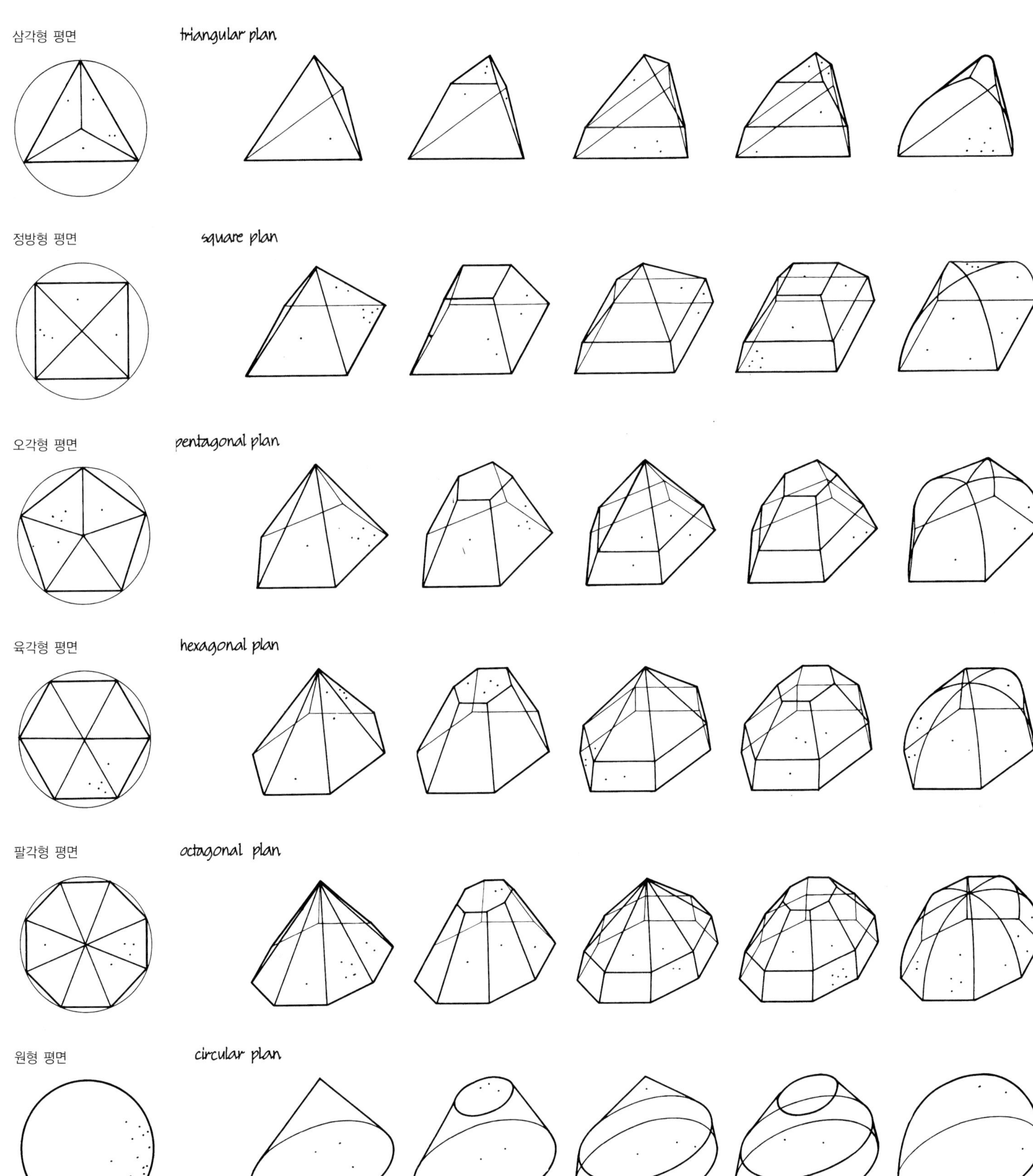

실린더 면의 기하학

geometry of cylindrical surfaces

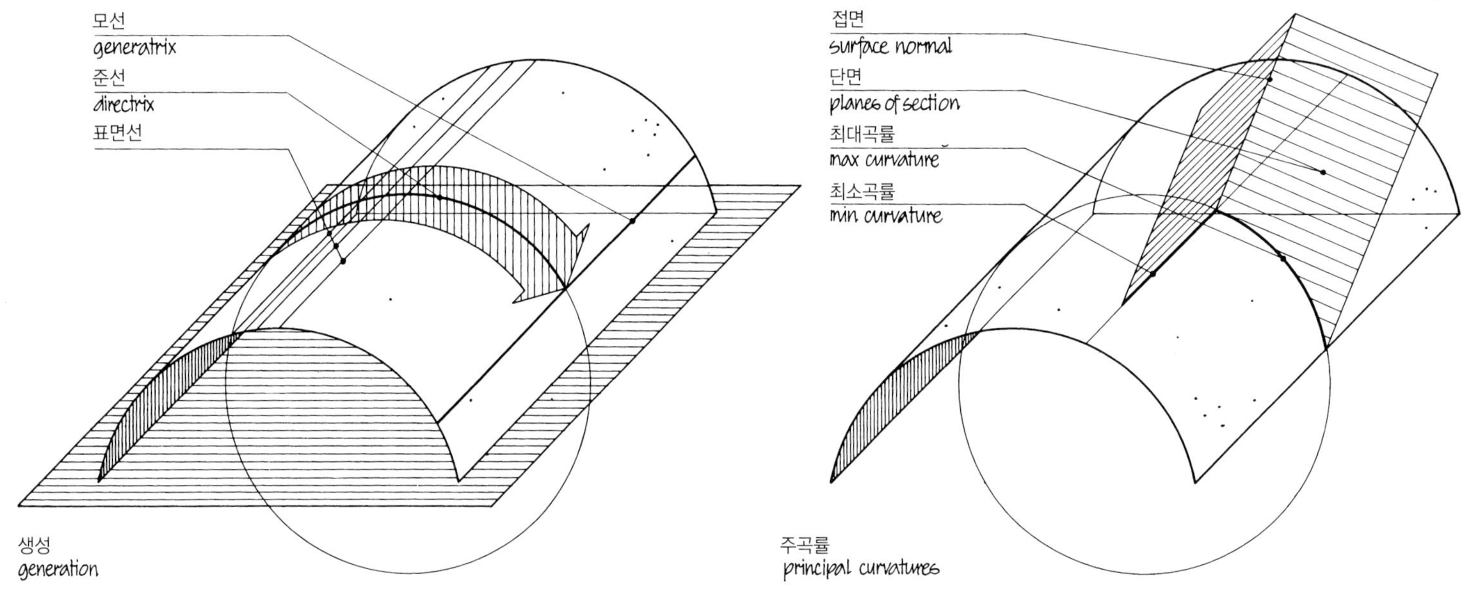

생성
generation

수평선(모선)을, 모선이 놓인 평면과 직각으로 놓인 곡선(준선)을 따라 이동함으로써 표면을 생성한다.

surface is generated by sliding a horizontal straight line (generatrix) along a curve (directrix) that lies in a plane at right angles to the generatrix

주곡률
principal curvatures

최대곡률은 준선의 모든 지점에서 일어나며, 최소곡률은 모선의 방향과 동일하며 0이다.

the maximum curvature of any point is given by the directrix, the minimum curvature is in direction of generator and equals zero

대공간을 위한 실린더 면의 평행배열

juxtaposition of cylindrical surfaces for covering larger areas

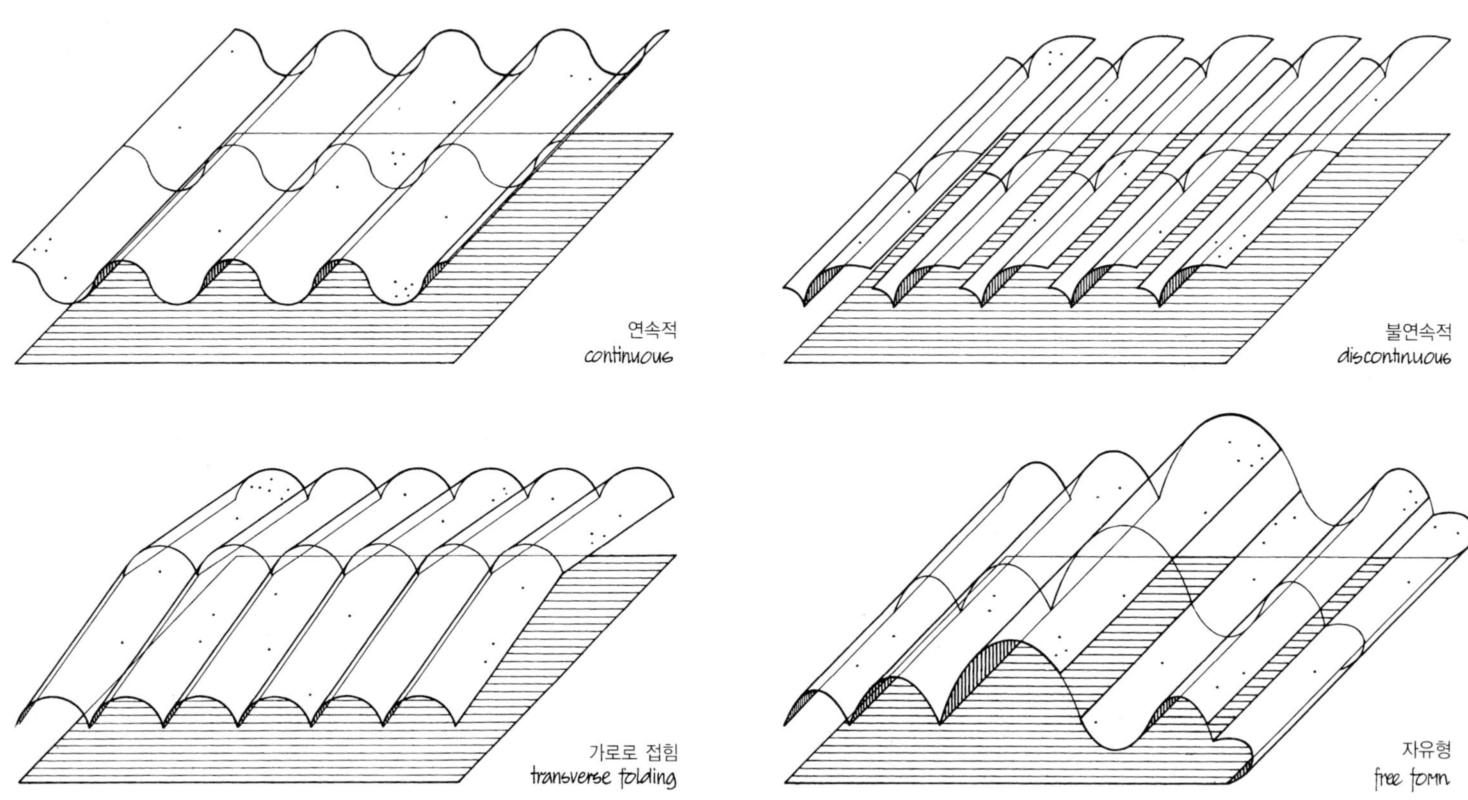

연속적
continuous

불연속적
discontinuous

가로로 접힘
transverse folding

자유형
free form

실린더 면의 교차를 통한 구조 시스템

structure systems through interpenetration of cylindrical surfaces

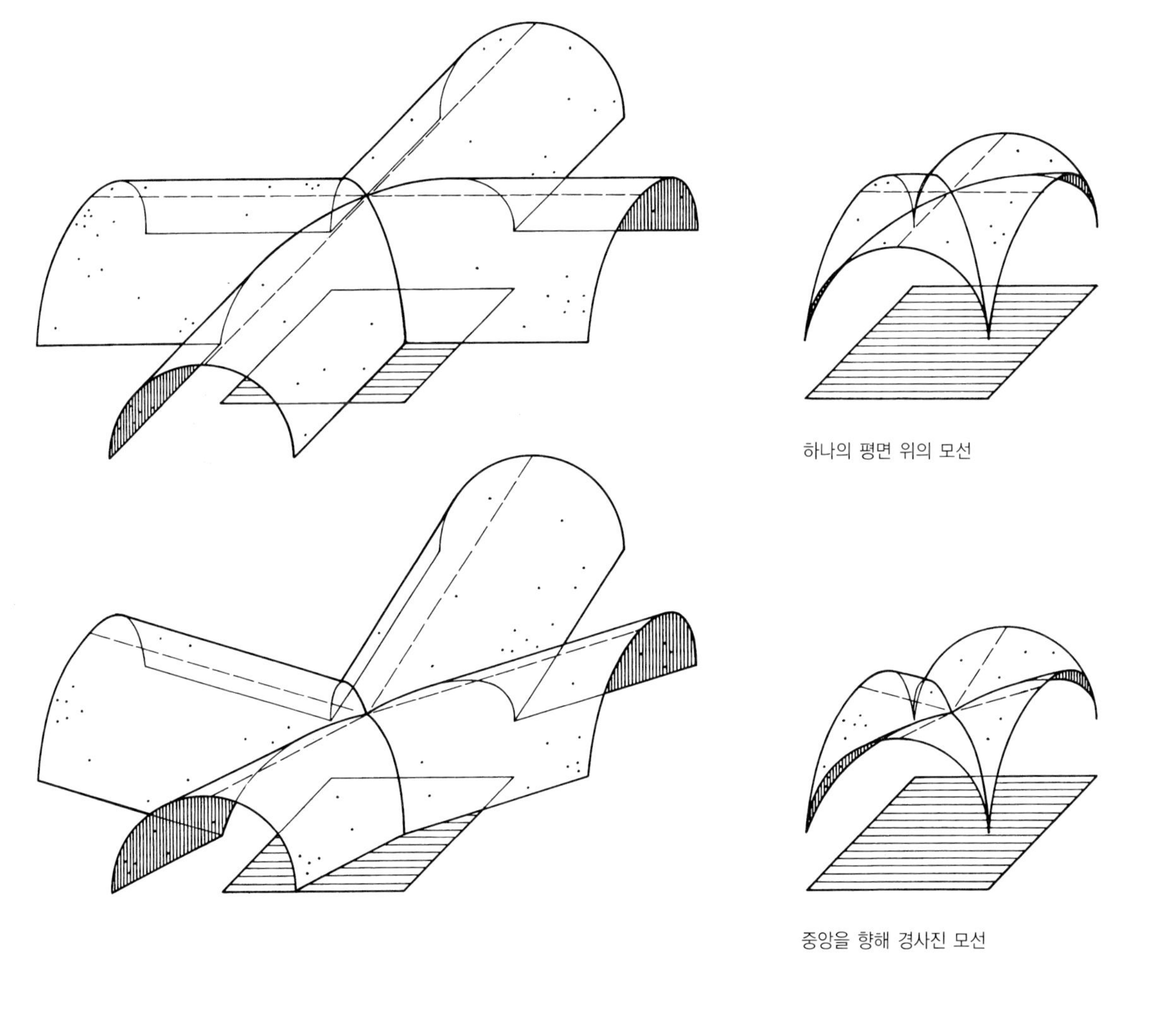

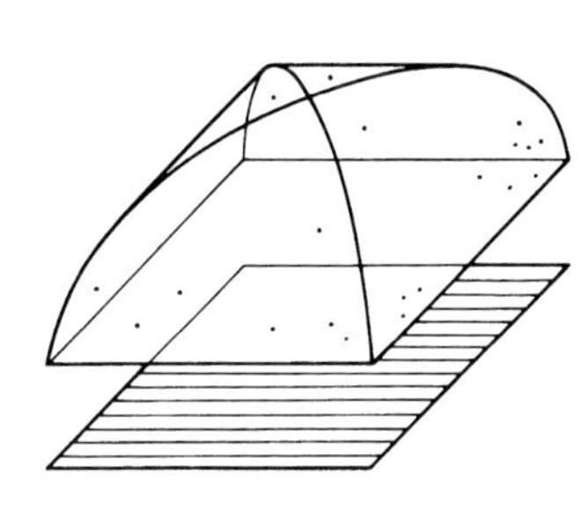

하나의 평면 위의 모선

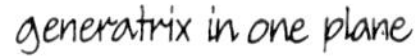

generatrix in one plane

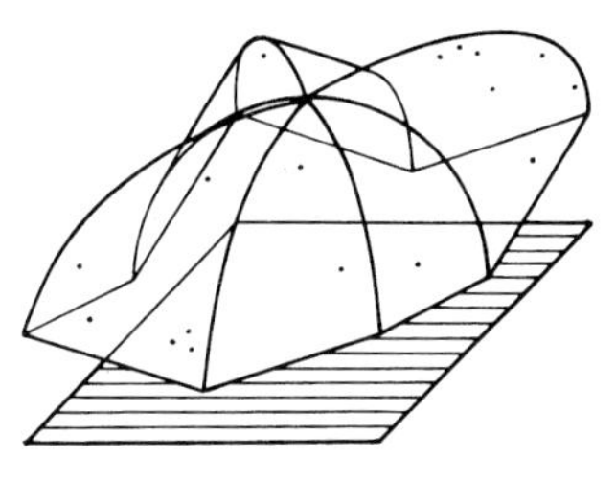

중앙을 향해 경사진 모선

generatrix sloping toward center

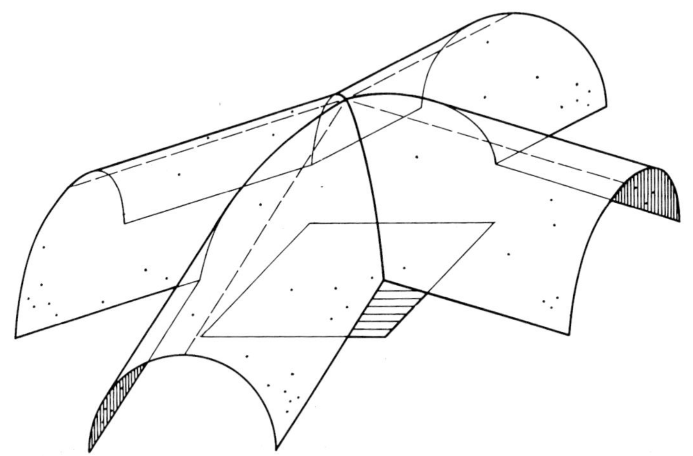

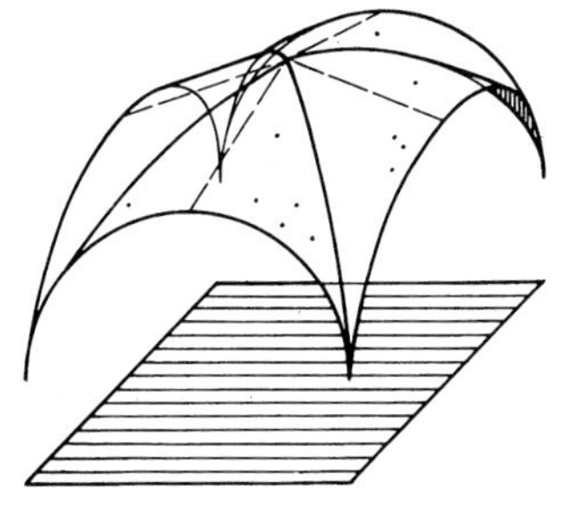

중앙을 향해 솟는 모선

generatrix rising toward center

회전면의 기하학: 회전체

geometry of rotational surfaces: solids of revolution

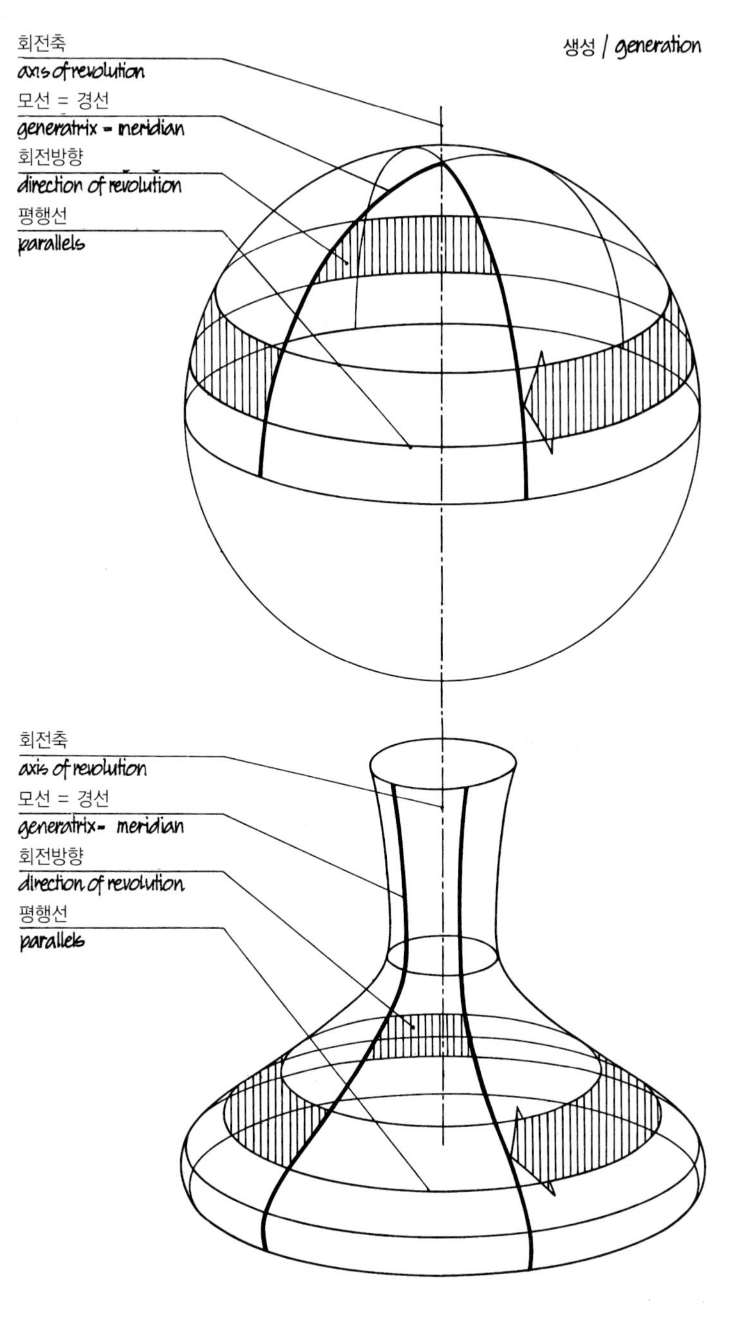

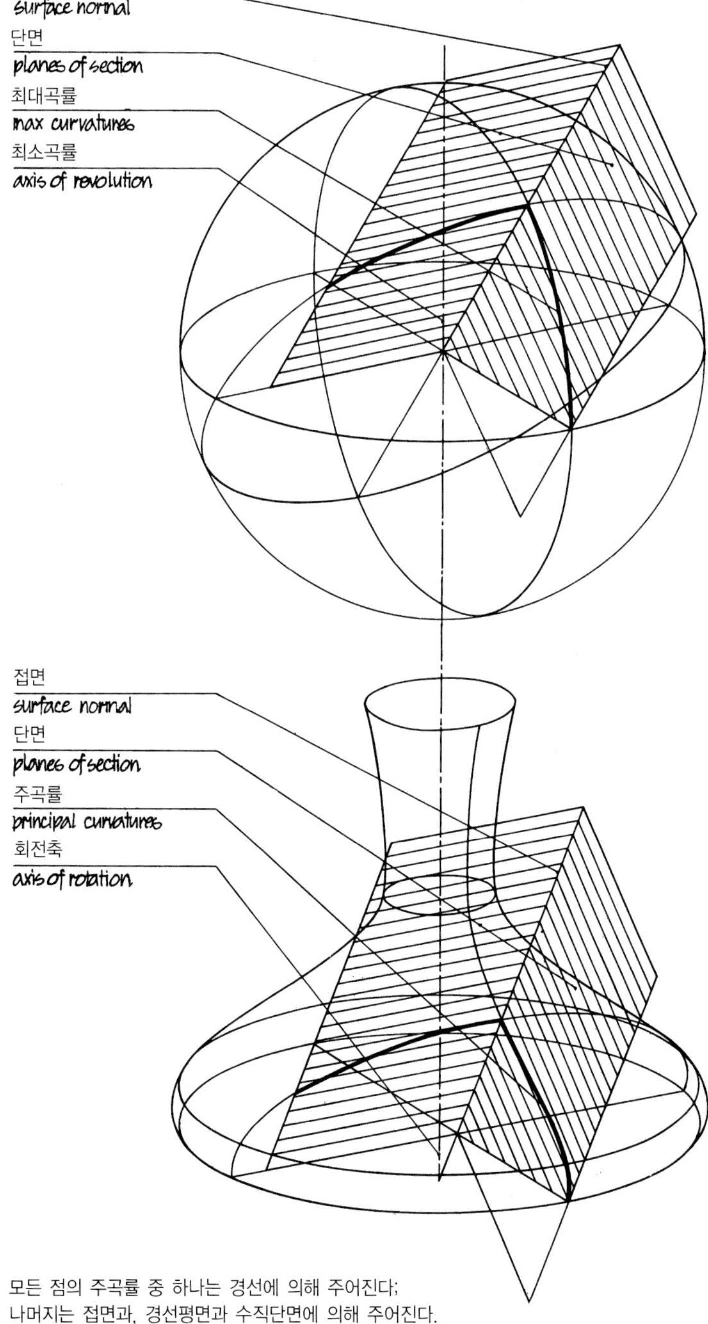

표면은 기하학적이거나 자유형태의 평면곡선(모선)을 수직축을 중심으로 회전함으로써 생성한다. 모든 수평단면곡선들은 원이다.

surface is generated by rotating a plane curve of geometric or free form, the generatrix, (meridian) around a vertical axis. all horizontal sectional curves are circles

모든 점의 주곡률 중 하나는 경선에 의해 주어진다;
나머지는 접면과, 경선평면과 수직단면에 의해 주어진다.

one principal curvature of any point is given by the meridian; the other by the section with a plane going through the surface normal and being vertical to the meridional plane

회전면의 특수형태
special forms of rotational surfaces

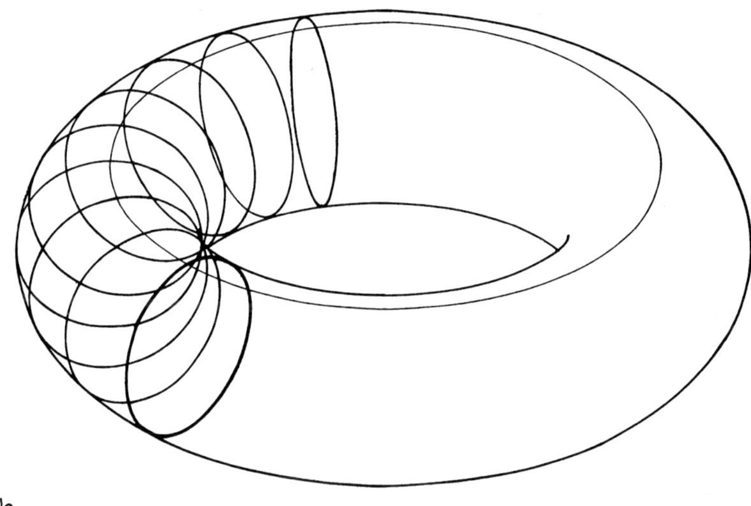

모선이 원이고 회전축이 이 원의 평면을 접하거나 외부에 있을 때, 토루스가 생성된다.

When the generatrix is a circle and when the axis of rotation is in the plane of this circle but either tangential to it or outside it, a torus is generated

토루스 torus

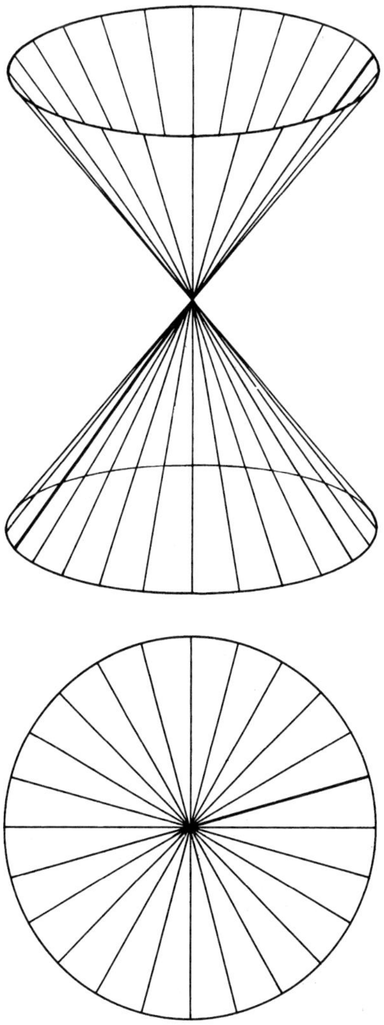

역 원뿔 inverted cones

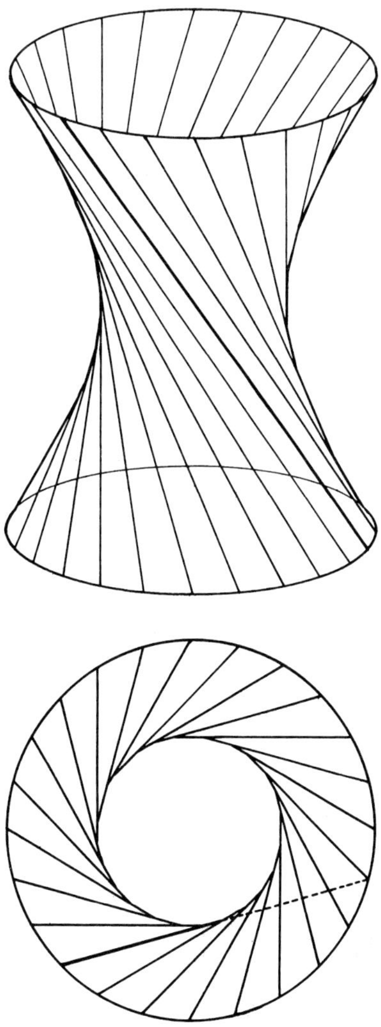

쌍곡면 hyperboloid

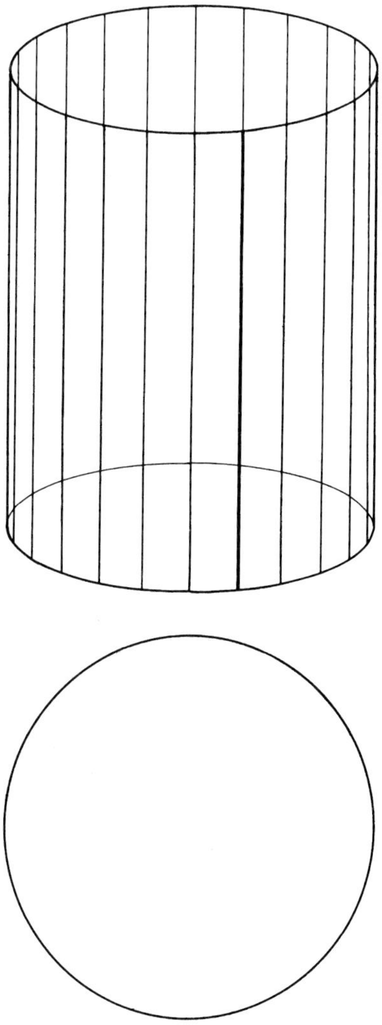

원형 실린더 circular cylinder

모선이 직선이면, 모선이 회전축에 대하여 어떤 공간적 위치에 있느냐에 따라 원뿔, 쌍곡면 또는 원통이 생성된다.

When the generatrix is a straight line, dependant on its position in space in relation to the axis of rotation, typical surfaces of cone, hyperboloid or cylinder will be generated

직선평면을 위한 돔형 면

hemispherical surfaces for straight-line plan geometry

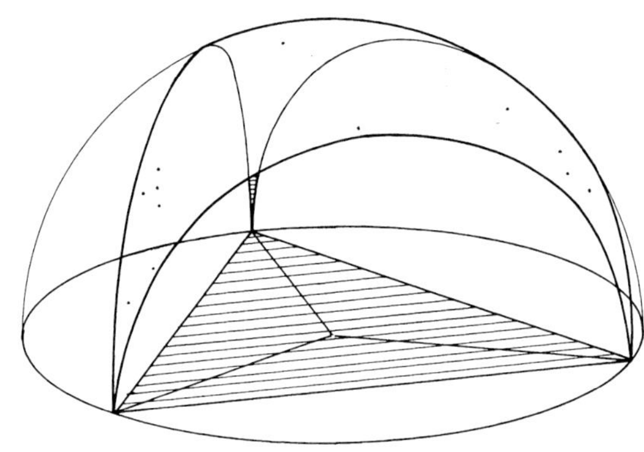

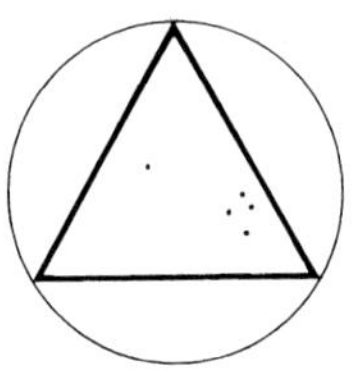

삼각형 평면
triangular plan

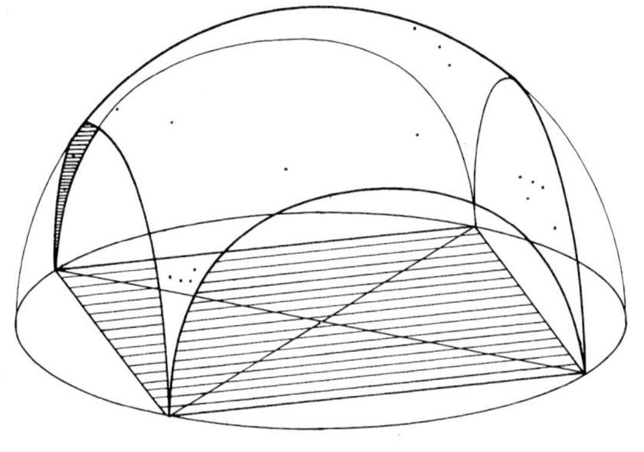

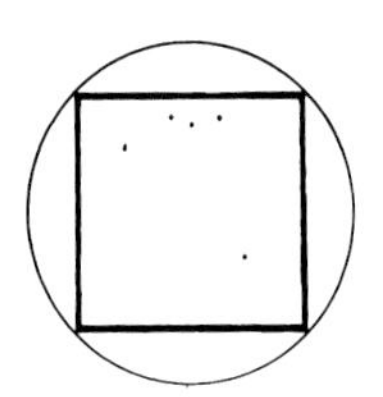

정방형 평면
square plan

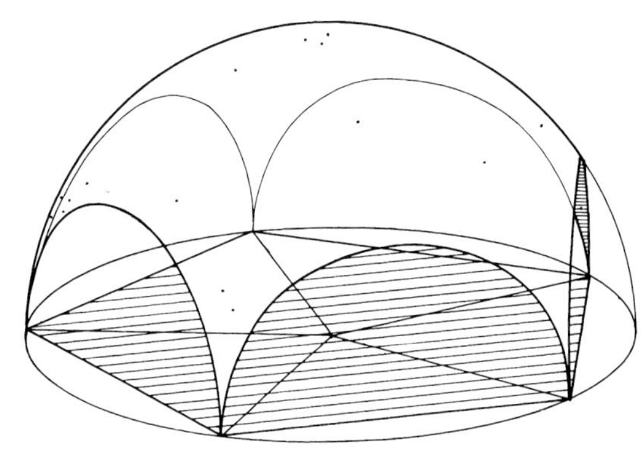

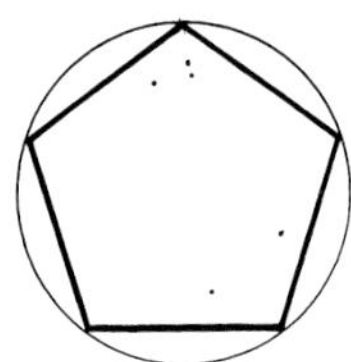

오각형 평면
pentagonal plan

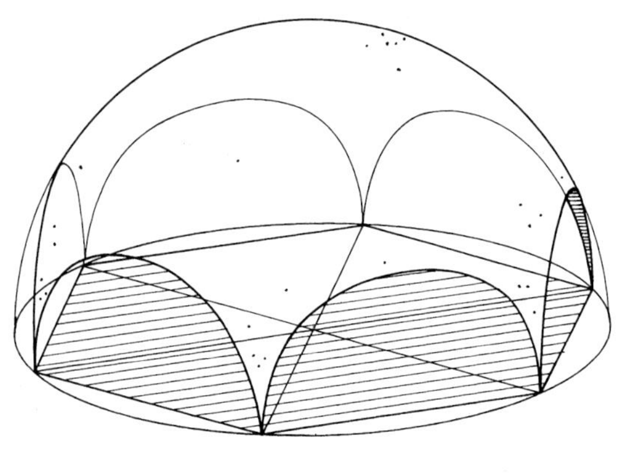

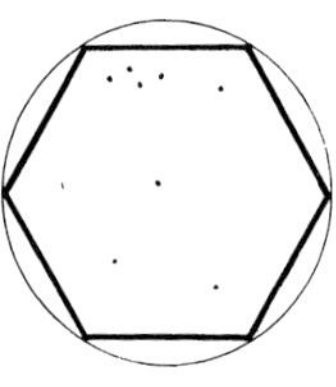

육각형 평면
hexagonal plan

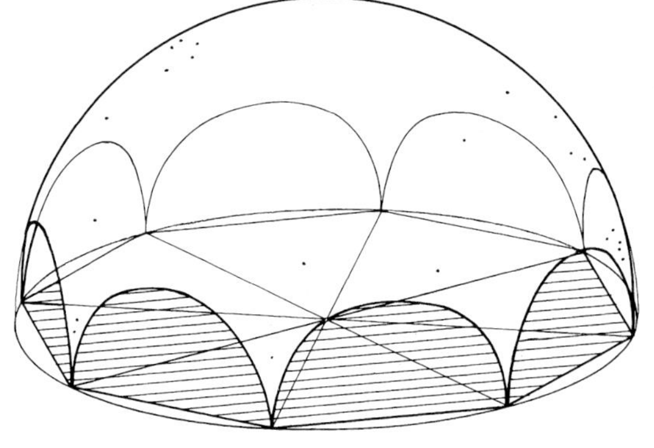

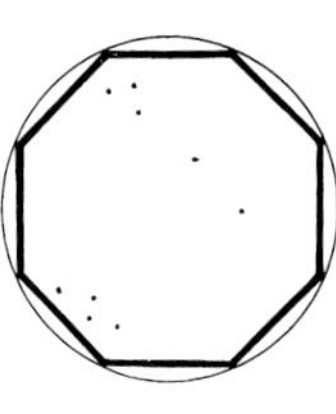

팔각형 평면
octagonal plan

직선을 통한 안장형 표면의 생성: 부곡률 선직면

generation of saddle surfaces with straight lines: anticlastic ruled surfaces

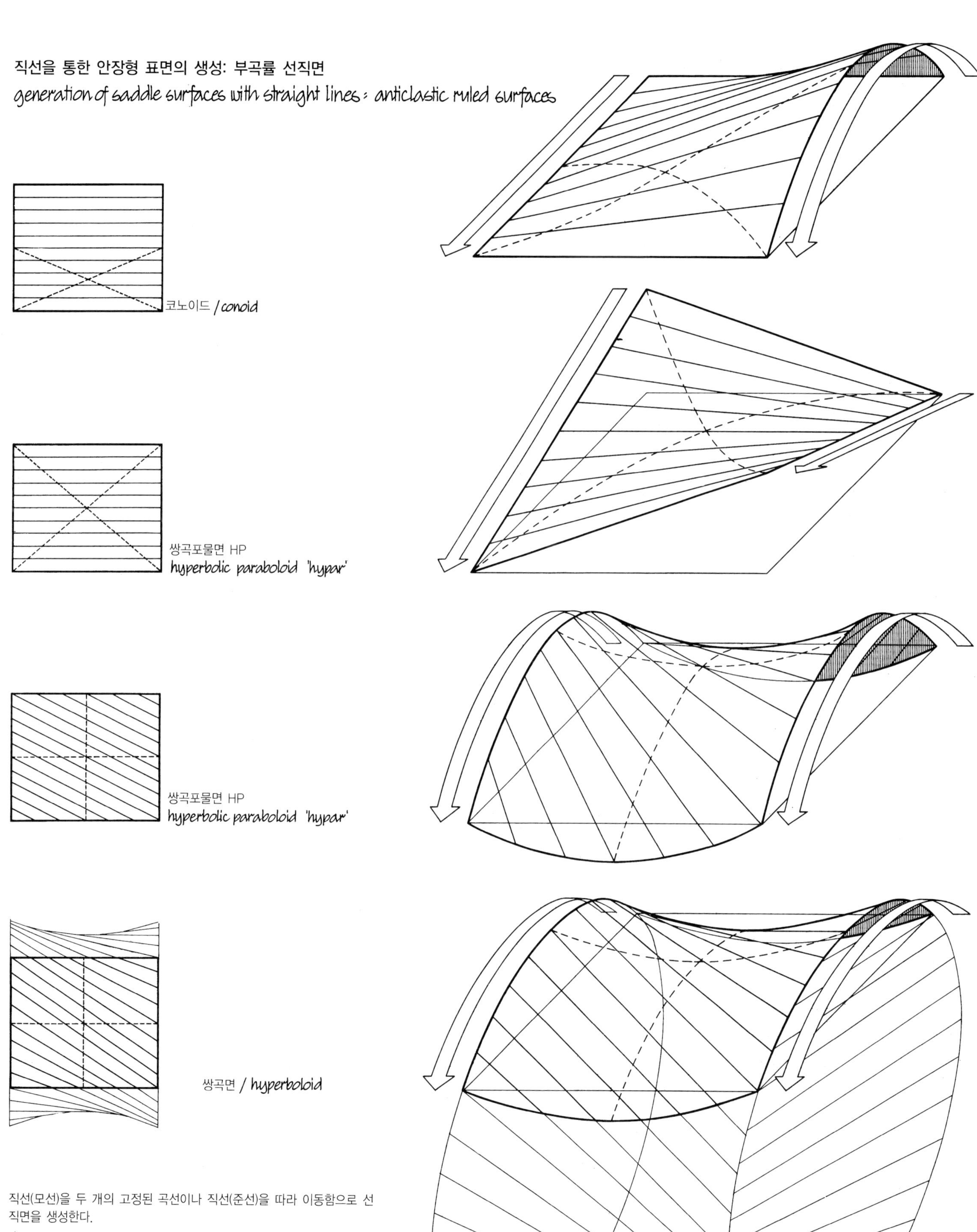

직선(모선)을 두 개의 고정된 곡선이나 직선(준선)을 따라 이동함으로 선직면을 생성한다.

a ruled surface is generated by moving a straight line (generator) upon two fixed curves or straight lines (directrices)

HP면(쌍곡포물면)의 생성

generation of hypar (hyperbolic-paraboloidal) surfaces

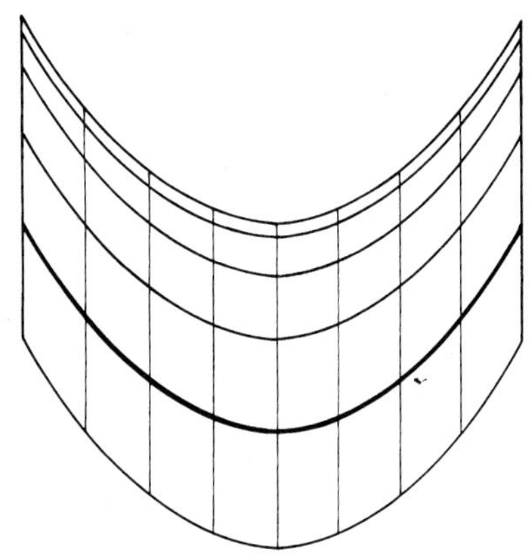

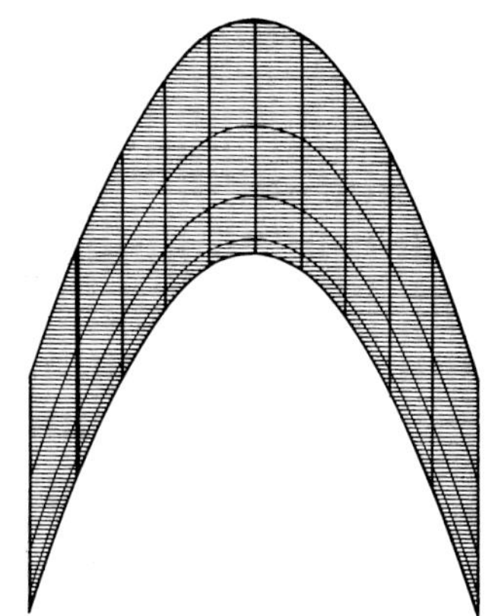

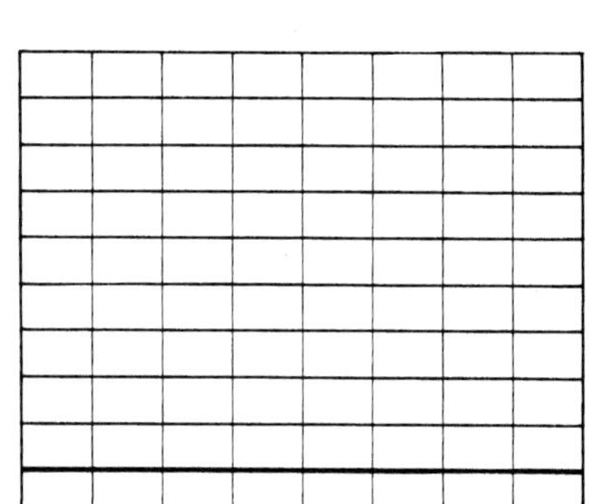

병진면으로서의 생성: 현수상태의 포물선(모선)을 직립 상태의 포물선(준선)을 따라 이동하며, 반대의 경우에도 성립함

generation as translational surface: hanging parabola (generatrix) is slid along upright parabola (directrix), or reversely

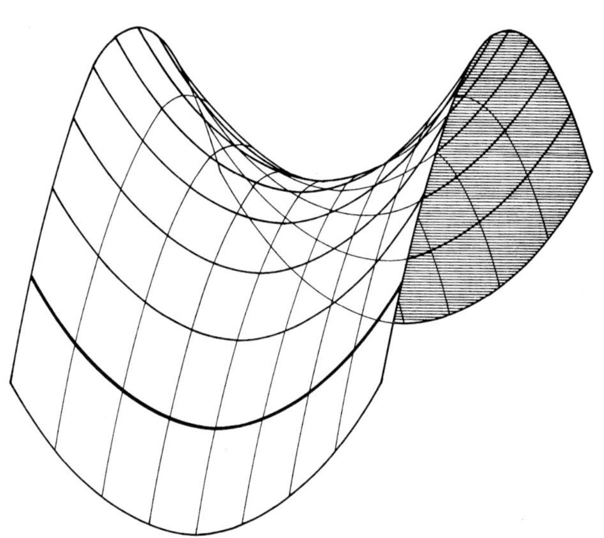

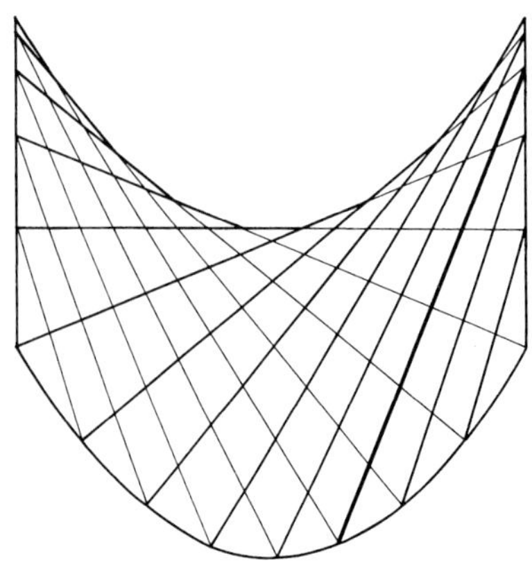

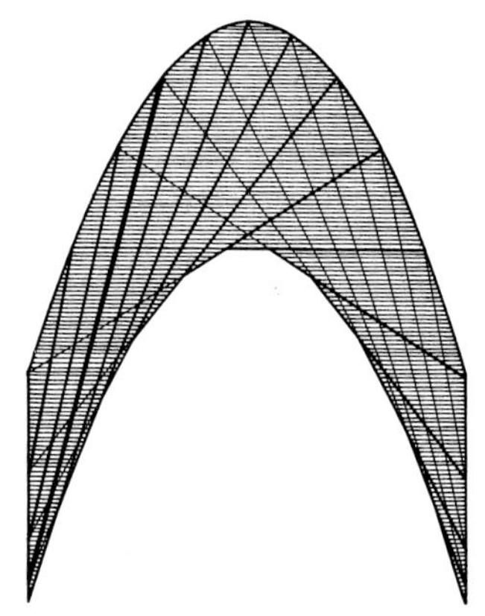

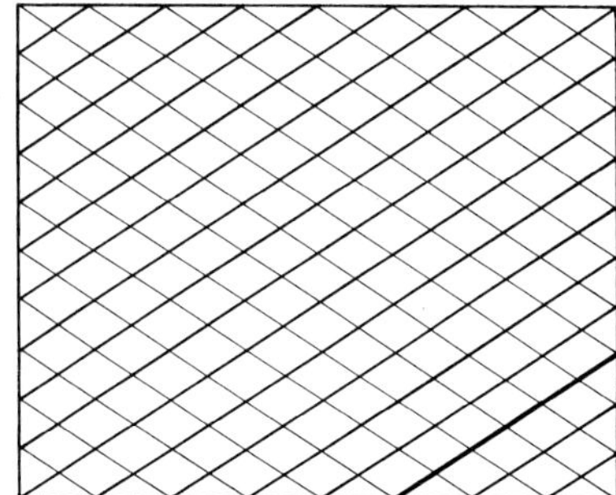

선직면으로서의 생성: 직선(모선)을 서로 다른 평면에 놓인 두 개의 포물선이나 두 개의 직선(준선)을 따라 이동

generation as ruled surface: straight line (generatrix) is slid over two parabolas or over two straight lines (directrices) that are not in one plane

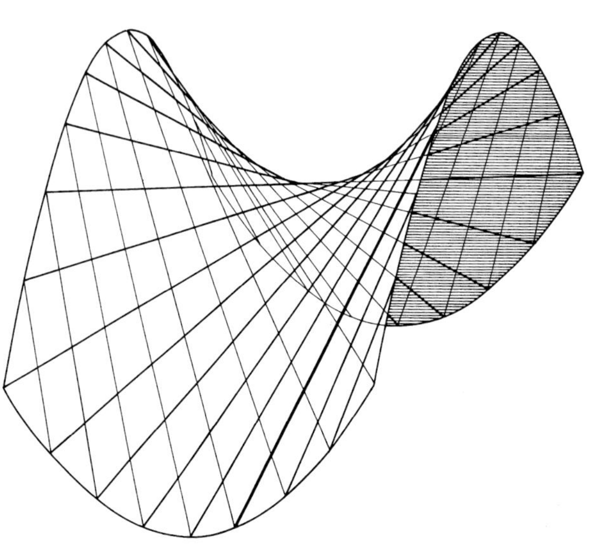

HP면(쌍곡선형 포물면)의 단면곡선

sectional curves of hypar (hyperbolic paraboloidal) surfaces

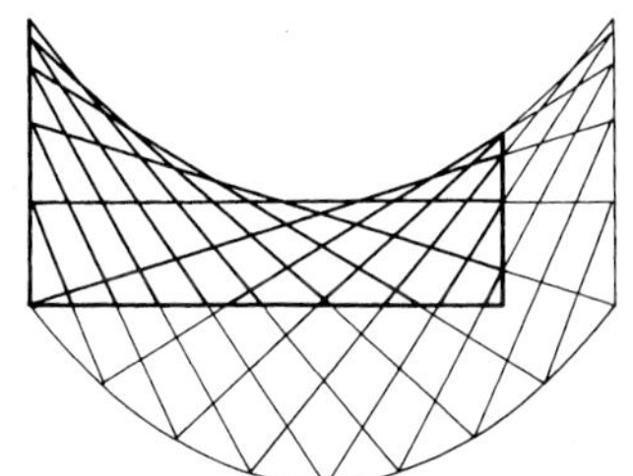

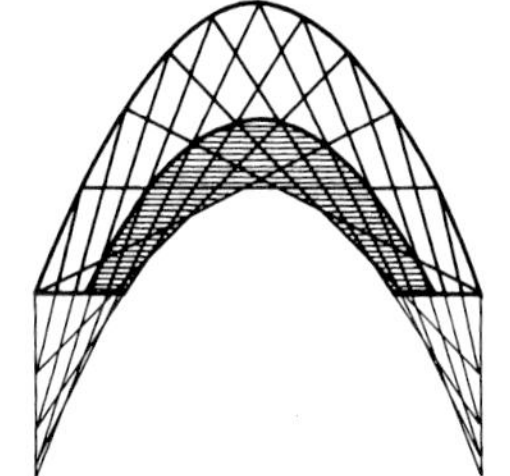

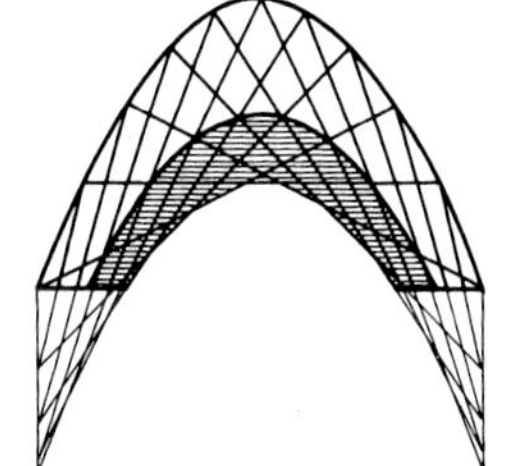

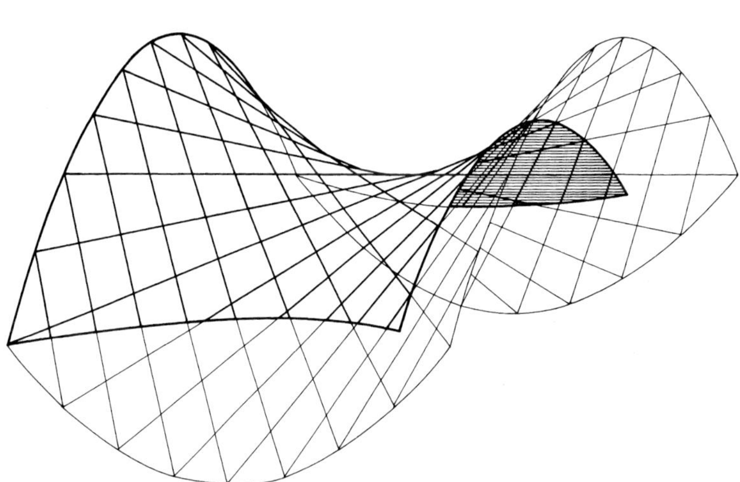

수직단면은 포물선을, 수평단면은 쌍곡선을 생성한다.

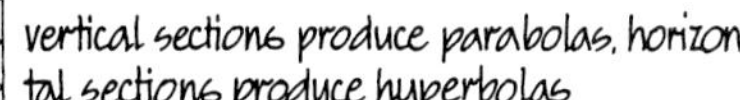

vertical sections produce parabolas, horizontal sections produce hyperbolas

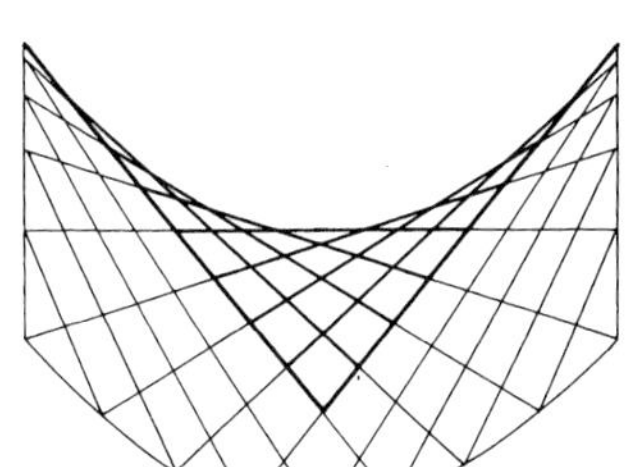

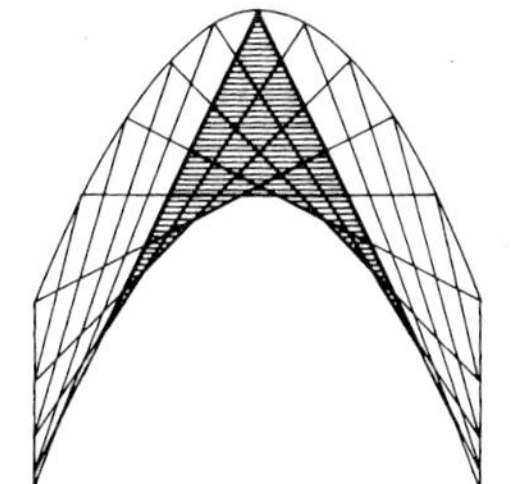

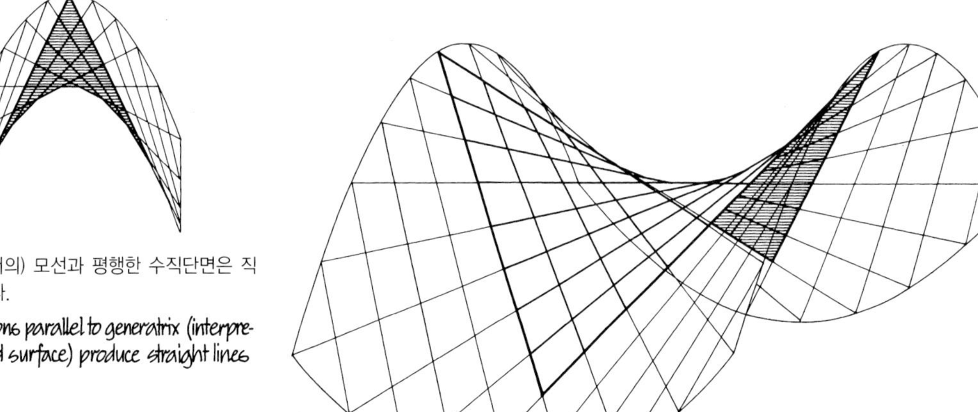

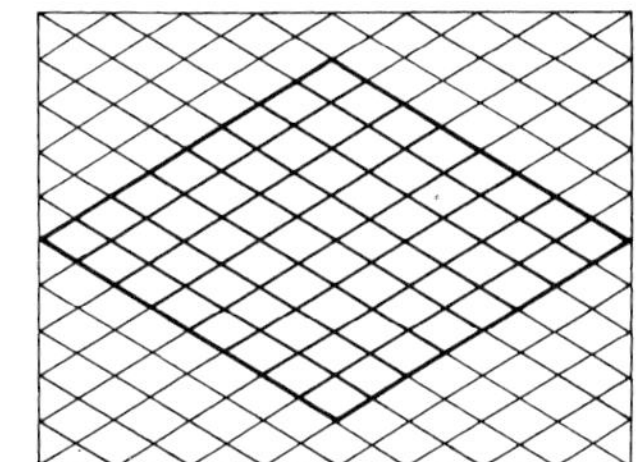

(선직면으로서의) 모선과 평행한 수직단면은 직선을 생성한다.

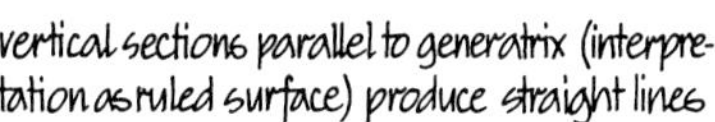

vertical sections parallel to generatrix (interpretation as ruled surface) produce straight lines

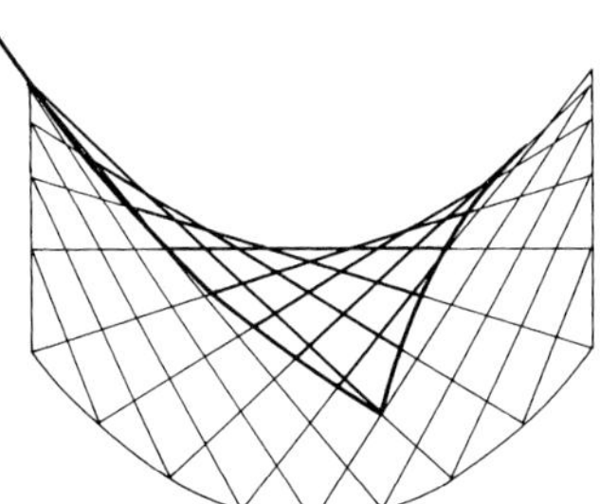

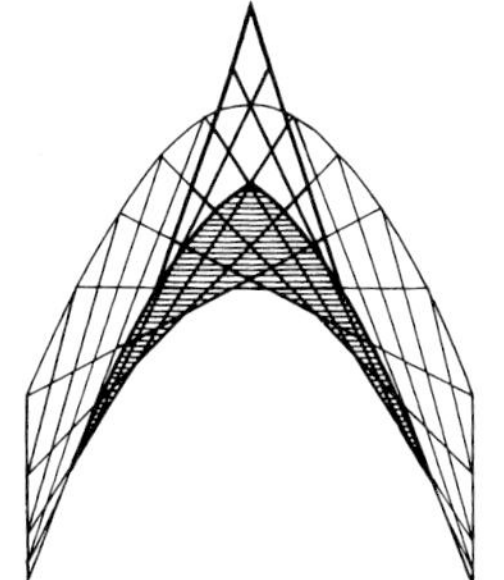

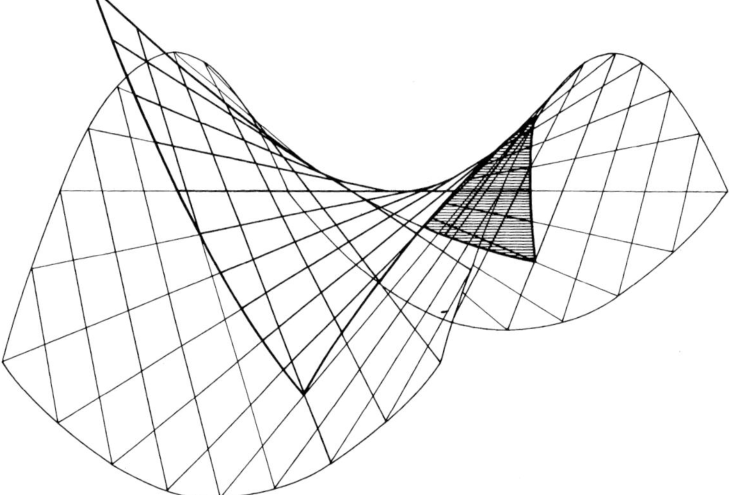

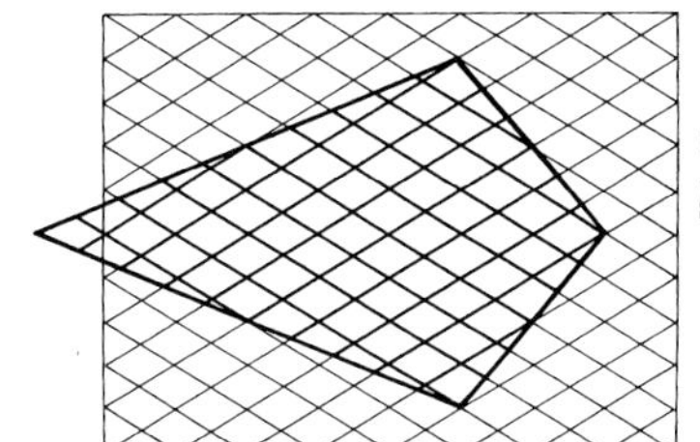

모선과 다른 각을 이루는 수직단면은 볼록한 포물선 및/또는 오목한 포물선을 생성한다.

vertical sections with angle to generatrix produce convex and/or concave parabolas

공간상의 HP 축이 면형태 및 평면에 끼치는 영향 / influence of position of hypar axis in space on surface form and plan

두 입면 모두에 대해 수직적인 HP 축
hypar axis vertical in both elevations

한 입면에서 경사진 HP 축
hypar axis inclined in one elevation

두 입면 모두에서 경사진 HP 축
hypar axis inclined in both elevations

정방형 평면 위의 4개의 HP면의 구성

compositions of 4 'hypar' surfaces over square plan

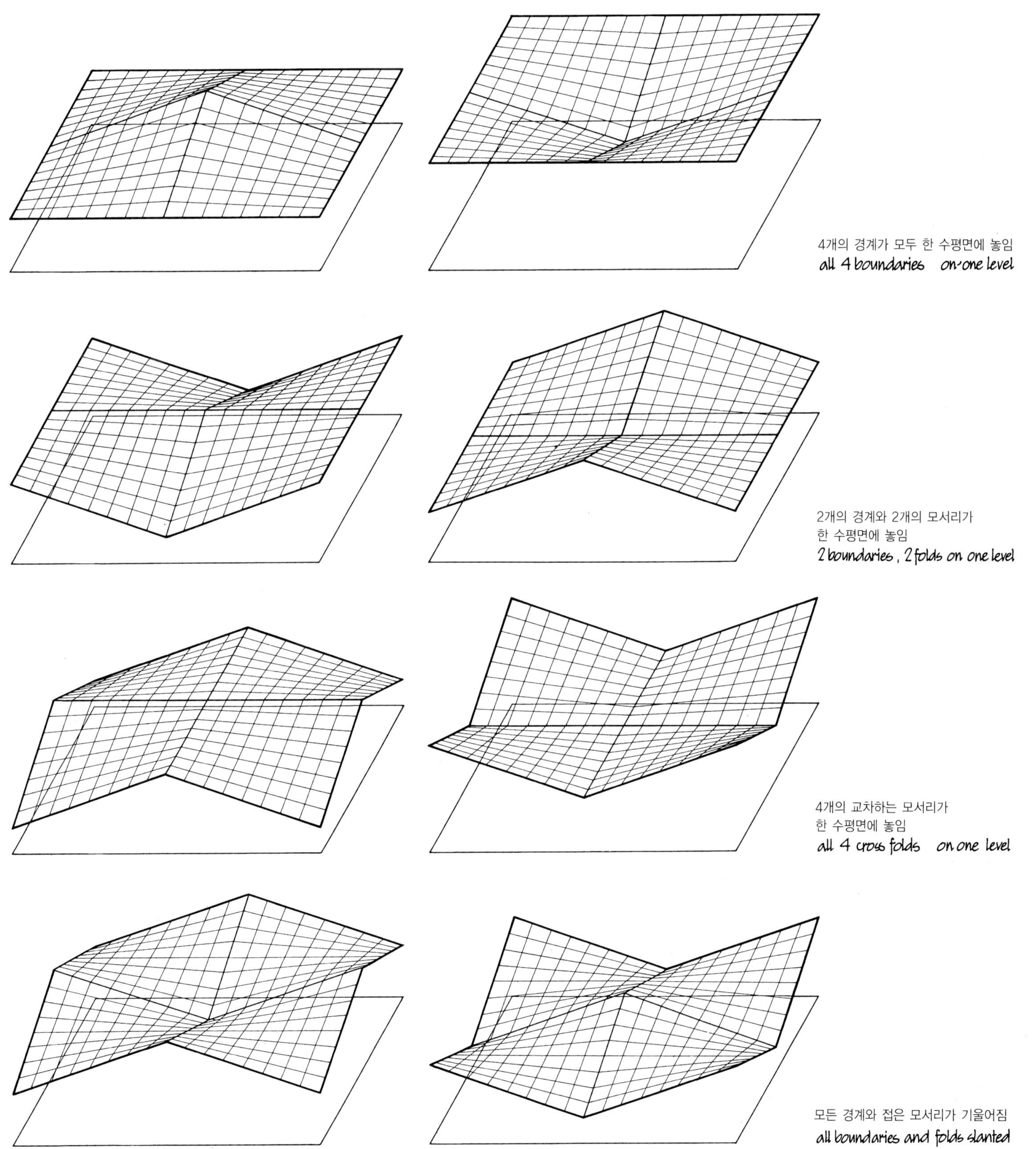

4개의 경계가 모두 한 수평면에 놓임
all 4 boundaries on one level

2개의 경계와 2개의 모서리가
한 수평면에 놓임
2 boundaries, 2 folds on one level

4개의 교차하는 모서리가
한 수평면에 놓임
all 4 cross folds on one level

모든 경계와 접은 모서리가 기울어짐
all boundaries and folds slanted

■ 참고문헌

Ackermann, Kurt : Trakwerke in der Konstruktiven Architektur. Stuttgart 1988
Ambrose, James : Structure Primer. Los Angeles, Cal. 1963
Ambrose, James : Building Structures. New York 1993
Angerer, Fred : Bauen mit tragenden Flächen. München 1960.(Surface Structures in Building, New York 1961)
Bachmann, Hugo : Hochbau für Ingenieure. Stuttgart 1994
Becker, Gerd : Tragkonstruktionen des Hochbaues, Teil 1. Konstruktionsgrundlagen. Düsseldorf 1983
Bill, Max: Robert Maillart, Brücken und Konstruktionen. Zürich 1965
Borrego, John: Skeletal Frameworks and Stressed Skin Systems. Cambridge Mass. 1968
Brennecke, Wolfgang / Folkerts, Heiko / Haferland, Friedrich / Hart, Franz: Dachtlas. München 1975
Büttner, Oskar / Hampe, Erhard: Bauwerk Tragwerk Tragstruktur. Band 1 und 2, Berlin 1977 und 1984
Catalano, Eduardo: Structures of Warped Surfaces, Raleigh, N.C.; Student Publication vol. 19, no. 1
COntini, Edgardo: Design and Structure. New York; Progressive Architecture 1958
Cowan, Henry J. / Wilson, Forrest: Structural Systems. New York 1981
Corkill / Puderbaugh / Sawyers: Structure and Architectural Design. Eldridge, Iowa 1984
Critchlow, Keith: Order in Space. New York 1978
Domke, Helmut: Grundlagen konstruktiver Gestaltun. Wiesbaden Berlin 1972
Dubas & Gehri: STahlhochbau. 1988
Faber, Colin: Candela – the Shell Builder. New York 1963. (Candela und seine Schalenbauten. München 1964)
Feininger, Andreas: Anatomy of Nature. New York 1956.
Führer, Wilfried / Ingendaaij, Susanne / Stein, Friedhelm: Der Entwurf von Tragwerken. Küln-Braunsfeld 1984
Gheorghiu, Adrian / Dragomir, Virgil: Geometry of Structural Forms. London 1978
Götz, Karl-Heinz / Hoor, Dieter / Möhler, Karl / Natterer, Julius: Holzbau-Atlas. München 1978
Hart, Franz: Kunst und Technik der Wölbung. Mönchen 1965
Hart, Franz / Henn, Walter / Sonntag, Hansjürgen: Stahlbauatlas. Ausburg / Köln 1982
Heidegger, Martin: Die Frage nach der Technik. Tübingen 1954
Herget, Werner: Tragwerkslehre. Stuttgart 1993
Herzon, Thomas: Pneumatische Konstruktionen. Stuttgart 1976
Howard, Seymour: Structural Forms. New York; Architectural Record 1951-1961
IL 21: Grundlagen – Basics. Stuttgart 1979
IL 27: Natürlich Bauen. Stuttgart 1980
IL 32: Leichtbau in Architektur und Natur. Stuttgart 1983
Joedicke, Jürgen: Schalenbau. Stuttgart 1962
Klinckowstroem, Carl Graf von: Geschichte der Technik. München/Zürich 1959
Kraus, Franz / Führer, Wilfried / Neukäter, Hans-Joachim: Grundlagen der Tragwerklehre 1. Käln – Braunsfeld 1980
Krauss, Franz / Willems, Claus Christian: Grundlagen der Tragwerklehre 2. Käln – Braunsfeld 1980
Leder, Gerhard: Kockbaukonstruktionen, Band 1: Tragwerke. Berlin 1985
Mann, Walther: Vorlesungen über Statik und Fertigkeitslehre. Stuttgart 1986
Marks, Robert W.: The Dymaxion World of Buckminster Fuller. New York 1960
Maskowski, Z.S.: Raumtragwerke. Berlin; Bauwelt 1965
Mengeringhausen, Max: Raumfachwerke aus Stäben und Knoten. Würzburg 1975
Nervi, Pier Luigi: Structures. New York 1956
Nervi, Pier Luigi: Neue Strukturen. Stuttgart 1963
Ortega y Gasset, José: Betrachtungen über die Technik. Stuttgart 1949
Otto, Frei: Das Hängende Dach, Gestalt und Struktur. Berlin 1954
Otto, Frei: Lightweight Structures. Berkeley, Cal. 1962
Pflüger, Alf: Elementare Schalenstatik. Berlin – Gättingen – Heidelberg 1960. (Elementary Statics of Shells. New York 1961)
Rapp, Robert: Space Structures in Steel. New York 1961
Roland, Conrad: Frei Otto – Spannweiten. Berlin – Frankfurt 1965
Rosenthal, H. Werner: Structure. London 1972
Salvadori, Mario: Teaching Structures to Architects. Greenville, S.C.; Journal of Architectural Education 1958
Salvadori, Mario with Heller, Robert: Structure in Architecture. Engelwood Cliffs, J.J., 1963
Salvadori, Mario: Why Buildings Stand up. New York 1980
Sandacker, Björn Norman / Eggen, Arne Petter: Die konstruktiven Prinzipien der Architektur. Basel 1994
Schadewaldt, Wolfgang: Natur – Technik – Kunst. Göttingen – Berlin – Frankfurt 1960
Sigel, Curt: Strkturformen der Modernen Architektur. München 1960. (Structure and Form in Modern Architecture. New York 1961)
Timber Companion: Kukan Kozu e no Appurochi. Tokyo 1990
Torroja, Eduardo: Phylosophy of Structures. Berkeley – Los Angeles 1953. (Logik der Form. München 1961)
Wachsmann, Konrad: Wendepunkte im Bauen. Wiesbaden 1959.(The Turning Point of Building. New York 1961)
Wilson, Forrest: Structure – The Essence of Architecture. New York 1971
Wormuth, Rüdiger: Grundlagen der Hochbaukonstruktion. Düsseldorf 1977
Zuk, William: Concepts of Structure. New York 1963

Joedicke, Jürgen: Schalenbau. Stuttgart 1962
Klinckowstroem, Carl Graf von: Geschichte der Technik. München/Zürich 1959
Kraus, Franz / Führer, Wilfried / Neukäter, Hans-Joachim: Grundlagen der Tragwerklehre 1. Köln – Braunsfeld 1980
Krauss, Franz / Willems, Claus Christian: Grundlagen der Tragwerklehre 2. Köln – Braunsfeld
Leder, Gerhard: Hochbaukonstruktionen, Band 1: Tragwerke. Berlin 1985
Mann, Walther: Vorlesungen über Statik und Fertigkeitslehre. Stuttgart 1986
Marks, Robert W.: The Dymaxion World of Buckminster Fuller. New York 1960
Maskowski, Z.S.: Raumtragwerke. Berlin; Bauwelt 1965
Mengeringhausen, Max: Raumfachwerke aus Stäben und Knoten. Würzburg 1975
Nervi, Pier Luigi: Structures. New York 1956
Nervi, Pier Luigi: Neue Strukturen. Stuttgart 1963
Ortega y Gasset, José: Betrachtungen über die Technik. Stuttgart 1949
Otto, Frei: Das Hängende Dach, Gestalt und Struktur. Berlin 1954
Otto, Frei: Lightweight Structures. Berkeley, Cal. 1962
Pflüger, Alf: Elementare Schalenstatik. Berlin – Göttingen – Heidelberg 1960. (Elementary Statics of Shells. New York 1961)
Rapp, Robert: Space Structures in Steel. New York 1961
Roland, Conrad: Frei Otto – Spannweiten. Berlin – Frankfurt 1965
Rosenthal, H. Werner: Structure. London 1972
Salvadori, Mario: Teaching Structures to Architects. Greenville, S.C.; Journal of Architectural Education 1958
Salvadori, Mario with Heller, Robert: Structure in Architecture. Englewood Cliffs, N.J., 1963
Salvadori, Mario: Why Buildings Stand up. New York 1980
Sandacker, Björn Norman / Eggen, Arne Petter: Die konstruktiven Prinzipien der Architektur. Basel 1994
Schadewaldt, Wolfgang: Natur – Technik – Kunst. Göttingen – Berlin – Frankfurt 1960
Siegel, Curt: Strukturformen der Modernen Architektur. München 1960. (Structure and Form in Modern Architecture. New York 1961)
Timber Companion: Kukan Kozu e no Appurochi. Tokyo 1990
Torroja, Eduardo: Phylosophy of Structures. Berkeley – Los Angeles 1953. (Logik der Form. München 1961)
Wachsmann, Konrad: Wendepunkte im Bauen. Wiesbaden 1959. (The Turning Point of Building. New York 1961)
Wilson, Forrest: Structure – The Essence of Architecture. New York 1971
Wormuth, Rüdiger: Grundlagen der Hochbaukonstruktion. Düsseldorf 1977
Zuk, William: Concepts of Structure. New York 1963